# 引黄入冀补淀工程环境影响及保护措施研究

王瑞玲　娄广艳　朱彦锋　黄文海　王化儒　著

黄河水利出版社
·郑州·

## 内 容 提 要

引黄入冀补淀工程是国务院批复的《海河流域综合规划》确定实施的水资源配置工程，工程建成后，对促进受水区工程沿线农业生产发展、改善白洋淀生态环境具有重要作用。本书在《引黄入冀补淀工程环境影响报告书》及其相关专题研究成果的基础上，对工程建设和运行对调水区、输水沿线和受水区可能造成的生态环境影响进行了深入预测研究，重点分析论证了工程调水方案的环境合理性和可行性，并提出避免、减缓不利环境影响的工程和非工程措施，旨在做到开发与保护并重，正确处理工程建设与区域、流域的生态环境稳定及河流水环境承载能力的关系。

本书可供从事跨流域调水研究和环境影响评价等相关科研及专业技术人员阅读参考。

**图书在版编目(CIP)数据**

引黄入冀补淀工程环境影响及保护措施研究/王瑞玲等著. —郑州：黄河水利出版社，2015.12
ISBN 978-7-5509-1333-2

Ⅰ.①引… Ⅱ.①王… Ⅲ.①黄河-引水-水利工程-区域生态环境-环境影响-研究-河北省 ②黄河-引水-水利工程-区域生态环境-环境保护-研究-河北省 Ⅳ.①TV67 ②X821.222

中国版本图书馆 CIP 数据核字(2015)第 314266 号

出 版 社：黄河水利出版社
地址：河南省郑州市顺河路黄委会综合楼 14 层　　邮政编码：450003
发行单位：黄河水利出版社
发行部电话：0371-66026940、66020550、66028024、66022620(传真)
E-mail：hhslcbs@126.com
承印单位：郑州瑞光印务有限公司
开本：787 mm×1 092 mm　1/16
印张：25.25
字数：580 千字　　印数：1—1 000
版次：2015 年 12 月第 1 版　　印次：2015 年 12 月第 1 次印刷

定价：78.00 元

# 前　言

河北省属典型的资源型缺水省份，缺水最严重的黑龙港地区人均水资源量 160 $m^3$，仅为全国平均值的 1/15，远低于人均 300 $m^3$"维持人类生存的最低标准"的水平。由于水资源短缺，该区经济社会发展主要依靠超采地下水、工业和城市用水挤占农业用水来维持，由于深层地下水的严重超采，出现了大面积深层漏斗区，已造成地面沉降、局部塌陷、咸淡水界面下移，以及河道断流、湿地萎缩、污染加重、海水入侵等多种环境危害。白洋淀是华北平原最大的淡水湖泊，号称华北明珠，对调节局部气候、改善区域环境、补充地下水源、保护物种多样性等具有重要作用。自 20 世纪 80 年代以来，随着上游经济社会快速发展，流域水资源供需矛盾日趋尖锐，入淀水量持续减少，水质变差，白洋淀发生了多次干淀，生态系统严重失衡。为解决白洋淀补水水源问题，近年来河北省通过引黄入冀工程从黄河位山闸引水向白洋淀应急生态补水，改善了白洋淀的生态环境，但由于没有固定的补水水源和专用输水通道，白洋淀仍面临缺水威胁。

河北省水资源贫乏，"先天不足"是引发生态问题的主要原因。目前，缺水已经成为影响经济社会发展、生态环境安全和社会政治稳定的重大问题，已成为制约河北省构建和谐社会、实现可持续发展的瓶颈，是当前迫切需要解决的问题。为此，河北省提出实施引黄入冀补淀工程。

本书在《引黄入冀补淀工程环境影响报告书》及相关专题研究的基础上，对工程建设环境影响及环境保护措施进行分析、预测和研究，提出避免、减缓不利环境影响的工程和非工程措施，旨在做到开发与保护并重，正确处理工程建设与区域、流域的生态环境稳定及河流水环境承载能力的关系。

本书共分为 12 章。第 1 章介绍了引黄入冀补淀工程的规划背景情况、工程设计方案及施工布置等。第 2 章对工程所处区域的生态环境现状进行了详细的调查研究。第 3 章对工程方案及施工布置的环境合理性进行了深入研究，系统分析了工程建设的主要环境影响因素。第 4 章按照国务院提出的"三先三后"调水原则，系统研究了工程调水方案的环境可行性。第 5 章系统地回顾了河北省已有引黄工程的生态环境影响，总结了引黄应急补淀存在的问题。第 6 章研究了不同水平年下工程引水对黄河下游水文情势及生态水量的影响。第 7 章通过构建地下水水文地质模型，分析研究了工程建设对项目区地下水水位及水质的影响。第 8 章深入预测研究了工程建设对项目区生态环境可能造成的影响。第 9 章研究了工程施工期可能造成的环境影响。第 10 章根据项目区生态环境特点，识别了工程在施工期和运行期可能存在的环境风险，提出风险防范措施并制订了相关应急预案。第 11 章在工程建设对环境影响分析预测的基础上，研究了减缓不利影响的对策和措施，并论证环保措施的经济性和可行性。第 12 章提出了研究结论及建议。

在本书的编写过程中，得到了彭勃教授等学者和专家的悉心指导与帮助，在此表示衷心的感谢。同时感谢河北水务集团、江河水利水电咨询中心、黄河勘测规划设计有限公司、河海大学、河北水文工程地质勘察院等相关单位的技术支持。

由于时间及研究水平有限，书中难免存在一些不足和错误之处，敬请专家、领导及读者批评指正。

作　者

2015 年 10 月

# 目　录

# 第 1 章　工程概况

## 1.1　项目背景及工程建设必要性

### 1.1.1　项目背景

引黄入淀工程由来已久,20 世纪 80 年代,河北省拟实施引黄入淀工程,原国家计委明确引黄入淀工程任务是:为河北中部城市生活、工业、华北油田和沿线农业供水,改善白洋淀的生态环境。1983 年 12 月,原水电部以水规字〔1983〕第 63 号文指示海河水利委员会开展“黄河下游北岸引水可行性研究”工作;1987 年 2 月原水电部召集三省市会议,确定引黄入淀采取“三口两线一出口”方案;嗣后,南水北调工程提上日程,按照原规划,南水北调工程是缓解北方农业、工业缺水的重要工程,随着形势的变化,其供水对象也发生了重大调整,变为以城市工业供水为主,兼顾农业和生态,华北地区农业和生态严重缺水问题未上升到国家战略层面。2008 年,河南省濮阳市与河北省邯郸市经积极协商实施了引黄入邯工程,于 2010 年底实现了通水,该工程的开通,为引黄入冀补淀工程奠定了基础。

引黄入冀补淀工程受水区大部分属黑龙港及运东低平原区,属典型的资源型缺水地区,地表水资源匮乏,只能靠抽取地下水以维持不断增加的用水需求,在国务院批复的《全国抗旱规划》(国函〔2011〕141 号)中,该区域为严重受旱县的集中分布地区。地下水的严重超采造成了地面沉降、局部塌陷等环境危害,已出现了大面积深层漏斗区。受水区内的浅层地下水多为苦咸水,严重威胁当地群众的饮水安全,该地区具备良好的土地、光热等自然条件,但由于水资源短缺,一般年份基本没有地表水可以利用,农业灌溉主要依靠超采深层地下水给庄稼浇“保命水”,致使当地农业产量低而不稳,影响粮食安全和农民增收。

白洋淀是华北平原最大、最典型的淡水浅湖型湿地,物种资源十分丰富。20 世纪 60 年代以前,白洋淀的水面面积基本维持在 300 $km^2$ 左右。在常年蓄水条件下,对调节局部气候、补充地下水源、保持生物多样性和改善华北地区生态环境具有不可替代的作用。随着经济社会的快速发展,流域上游拦蓄水库的陆续建成,入淀水量持续减少,使白洋淀水面面积逐渐萎缩,并由此出现干淀现象;区域地下水位持续下降,白洋淀受到干旱和污染的双重威胁,逐渐退化、萎缩,生态系统严重失衡,也直接影响到淀区人民的正常生活、生产。2006 年以来,通过位山引黄入冀线路工程实施了四次应急引黄补淀,有效改善了白洋淀的生态环境。但由于没有专用引水通道,为使引黄水能顺利进入白洋淀,必须修建大量的临时挡水工程,而在输水结束后又将其拆除,既耗时又浪费大量的人力、物力,同时也对环境造成了一些不利影响。

依据《全国水资源综合规划》(国函〔2010〕118号),河北省和天津市配置黄河水量18.44亿$m^3$,河北省已与天津市达成协议,引黄入冀补淀工程可按引黄指标全部归河北省进行相关设计。目前,河北省位山引黄入冀线路年设计引黄水量为5.0亿$m^3$,尚未达到河北省的引黄指标。2013年11月,国家发展和改革委批复了《引黄入冀补淀工程项目建议书》(发改农经〔2013〕2326号),该工程为全程自流输水,引水线路途经两省(河南省、河北省)六市(濮阳市、邯郸市、邢台市、衡水市、沧州市、保定市),工程建成后,可向工程沿线部分地区农业供水,改善农业生产条件,还可有效缓解地下水超采状况;并向白洋淀实施生态补水,实现生态补淀的长期机制,有效改善淀区生态环境状况;还可作为沿线备用水源,保障当地群众生活、生产条件;对促进地区经济社会协调可持续发展具有重要作用。

### 1.1.2 工程建设的必要性

引黄入冀补淀工程受水区大部分属黑龙港及运东低平原区,属典型的资源型缺水地区。该区域位于全国"黄淮海平原主产区"(农产品主产区),是我国粮食生产核心区,在维持我国粮食安全中具有重要的战略地位;受水区白洋淀是华北平原最大、最典型的淡水浅湖型湿地,白洋淀湖泊生态系统良性循环对维系华北平原和首都经济圈生态环境安全具有重要意义。随着干旱和污染的双重威胁,白洋淀逐步退化、萎缩,并数次出现干淀现象,干旱缺水已经成为影响经济社会发展、生态环境安全和社会政治稳定的重大问题。河北省水资源短缺,仅仅靠开源、节流、加强管理等措施已经不能满足经济社会和生态保护的要求,修建引黄入冀补淀工程已变得刻不容缓。

一是缓解白洋淀持续缺水、生态环境持续恶化的迫切需求。

白洋淀以上流域近10年平均水资源总量22.16亿$m^3$,地表、地下实际平均供水量为38.43亿$m^3$,远远大于水资源总量,水资源开发利用率达到177%,白洋淀流域入淀水量已近枯竭(见表1-1)。随着干旱和污染的双重威胁,白洋淀逐步退化、萎缩,并数次出现干淀

**表1-1 白洋淀流域水资源开发利用统计** (单位:亿$m^3$)

| 年份 | 水资源总量 | 供水量(地表水、地下水) | 开发利用率(%) |
|---|---|---|---|
| 2001 | 17.72 | 44.22 | 250 |
| 2002 | 20.47 | 43.03 | 210 |
| 2003 | 19.32 | 42.74 | 221 |
| 2004 | 31.01 | 37.88 | 122 |
| 2005 | 20.96 | 37.83 | 180 |
| 2006 | 15.56 | 36.44 | 234 |
| 2007 | 23.67 | 35.81 | 151 |
| 2008 | 36.50 | 36.79 | 101 |
| 2009 | 23.47 | 34.65 | 148 |
| 2010 | 22.94 | 34.92 | 152 |
| 平均 | 22.16 | 38.43 | 177 |

现象，生物资源遭到毁灭性破坏，珍贵生物种群几近绝迹，白洋淀已由畅流动态的开放环境向封闭或半封闭环境转化。白洋淀的兴衰存废不仅直接影响到淀区人民的生产生活，而且影响到华北地区经济社会发展和生态环境的平衡。

为缓解白洋淀地区干旱缺水状况，2006 年水利部、国家防办组织实施了首次引黄济淀应急生态调水。自此，于 2006 ~ 2007 年、2007 ~ 2008 年、2009 ~ 2010 年和 2010 ~ 2011 年共实施了四次应急引黄济淀生态调水，基本实现了白洋淀不干淀的底线目标，为缓解白洋淀生态环境恶化趋势起到了积极作用。

二是缓解工程沿线区域地下水超采严重、地质灾害频发严峻形势的迫切需求。

本工程河北受水区一般年份基本无地表水可以利用，只能靠大量开采地下水，牺牲环境来维持工农业生产需要，该区域多年平均地下水资源量 110 596 万 $m^3$，而近 10 年平均地下水开采量达到 266 304 万 $m^3$，开发利用率达到 241%，超采十分严重。

河北省是国务院批复《全国地面沉降防治规划(2011 ~ 2020 年)》中我国地面沉降的三大重大片区之一。河北省的 6 处地下水漏斗区中有高蠡清浅层漏斗区、肃宁浅层漏斗区、宁柏隆浅层漏斗区和冀枣衡深层漏斗区共 4 处在引黄受水区内。地下水的严重超采，造成了地面沉降、咸淡水界面下移等环境危害。

根据《河北省地下水超采综合治理方案》，压采治理重点是以衡水为主的黑龙港运东地区，涉及 45 个县(市、区)，国土面积 3.5 万 $km^2$，到 2017 年地下水超采量减少 20 亿 $m^3$ 以上，压采率达到 75%。引黄入冀补淀是河北省地下水压采重要的替代水源工程，在 27 个引黄受水县(市、区)中有 22 个处在压采治理重点区内。

本工程可为白洋淀补水 1.1 亿 $m^3$，压采地下水 2.0 亿 $m^3$，增加地下水补给 1.0 亿 $m^3$，是有效遏制地下水超采，修复地下水环境，实现水资源可持续利用和加快河北省地下水超采综合治理的重要手段。

三是解决我国“粮食生产核心区”水源条件、维持国家粮食安全的迫切需要。

河北省是我国 13 个粮食生产核心区之一，2010 年全国粮食总产量 54 641 万 t，河北省粮食总产量 2 976 万 t，占全国粮食总产量的 5.45%，在保障国家粮食安全方面发挥着重要作用。

河北省受水区分配粮食增产指标为 53.66 万 t，是国家 5 000 万 t 粮食增产计划的重点地区和河北省“粮食增产核心区”。该地区具有良好的土地、光热等自然资源，但由于水资源先天不足，灌溉主要靠超采深层地下水，只能浇“保命水”，粮食产量始终低而不稳，对照水土、光热条件相似但水资源条件好的相邻地区，该区域具有较大的增产潜力。若水源条件得以解决，引黄受水区以亩[1]产增加 200 kg 计，则年可增产 391 万 t。建设引黄入冀补淀工程对保障国家粮食安全意义重大。

四是促进区域经济协调发展和社会稳定的迫切需要。

黄河水作为引黄入冀补淀河北受水区最为可靠和可行的水源，是保证农业用水、优化农业结构、增加农民收入、改善区域经济落后局面的保障，是区域经济协调发展和构建和谐社会的必然要求。1988 年拟实施引黄入淀工程，补偿由于引拒济京而减少的白洋淀水

[1] 1 亩 = 1/15 $hm^2$ ≈ 666.67 $m^2$，下同。

量。目前北京已经实现拒马河引水,而引黄入淀工程却迟迟没有启动。20 世纪 80 年代以来,河北省在自身严重缺水的状况下,为支援京津无偿提供了 19.6 亿 $m^3$ 的用水指标,限制和影响了河北省经济的发展。

## 1.2 工程地理位置

引黄入冀补淀工程位于河南省东北部、河北省中南部,地跨黄河、海河两大流域,属于跨流域调水工程。输水线路为自黄河下游河南省濮阳市渠村引黄闸引水,入南湖干渠后穿金堤河,沿第三濮清南干渠经顺河闸、范石村闸,走第三濮清南西支至阳邵节制闸,向西北自清丰县南留固村穿卫河入河北省的东风渠、支漳河、老漳河、滏东排河、北排河、紫塔干渠、古洋河、小白河等,最终入白洋淀。输水线路途经河南、河北 2 省 6 市(濮阳市、邯郸市、邢台市、衡水市、沧州市、保定市)22 个县(市、区)(濮阳县、清丰县、南乐县、魏县、广平、肥乡、曲周、广宗、平乡、巨鹿、宁晋、新河、冀州市、桃城区、武邑、武强、泊头市、献县、肃宁、河间、高阳、任丘市)。工程全部为自流引水,线路总长 482 km,其中河南省境内为 84 km,河北省境内为 398 km。工程地理位置见图 1-1、图 1-2。

## 1.3 工程任务及规模

### 1.3.1 工程任务

引黄入冀补淀工程建设主要任务为:向工程沿线部分地区农业供水,缓解沿线地区农业灌溉缺水及地下水超采状况;为白洋淀实施生态补水,保持白洋淀湿地生态系统良性循环,并可作为沿线地区抗旱应急备用水源。

### 1.3.2 工程规模

本工程以河南适时引水方案叠加南水北调中、东线生效后河北冬四月引水方案作为拟订本工程规模的调水方案。经综合分析,确定渠村新、老引黄闸总引水设计流量为 150.0 $m^3/s$,其中渠村老引黄闸设计流量为 100.0 $m^3/s$,渠村新引黄闸设计流量为 50.0 $m^3/s$。

河北受水区设计引水流量为 67.8 $m^3/s$(包括入冀流量 61.4 $m^3/s$,调水损失流量 6.4 $m^3/s$),河南受水区设计引水流量为 82.2 $m^3/s$(包括引黄入冀总干渠引水流量 32.2 $m^3/s$,第一濮清南干渠、桑村干渠及市政供水流量 50.0 $m^3/s$)。

引黄入冀补淀输水总干渠渠首设计流量为 100.0 $m^3/s$,其中,河北调水入冀设计流量 61.4 $m^3/s$、河北调水在河南段损失流量 6.4 $m^3/s$,河南受水区设计流量 32.2 $m^3/s$。

最不利工况时,该引水规模满足河南受水区引水流量 82.2 $m^3/s$ 要求,河南受水区不灌溉时能满足河北受水区引黄要求。引黄入冀补淀工程设计流量关系见图 1-3。

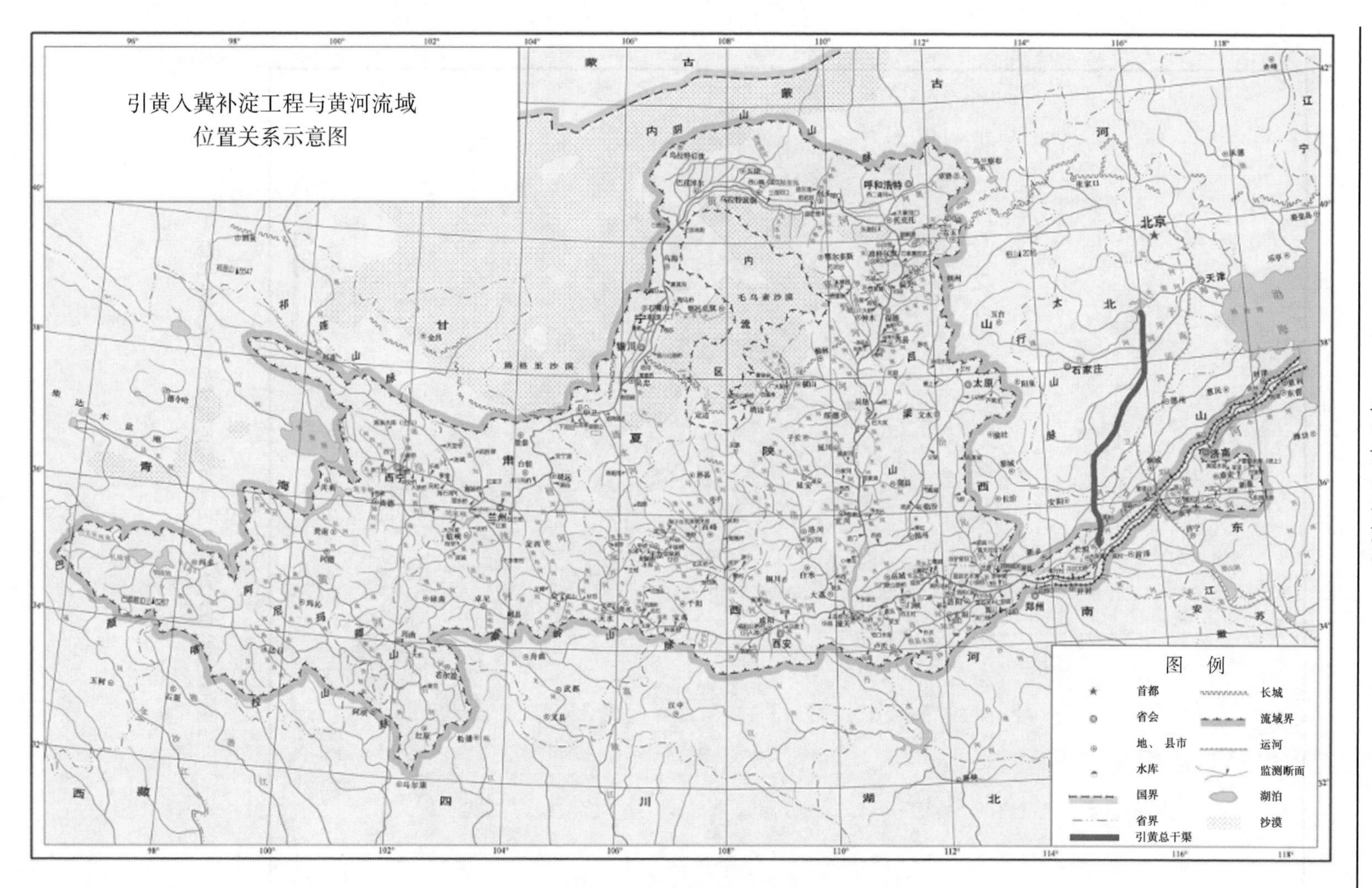


图1-1 引黄入冀补淀工程与黄河流域位置关系示意图

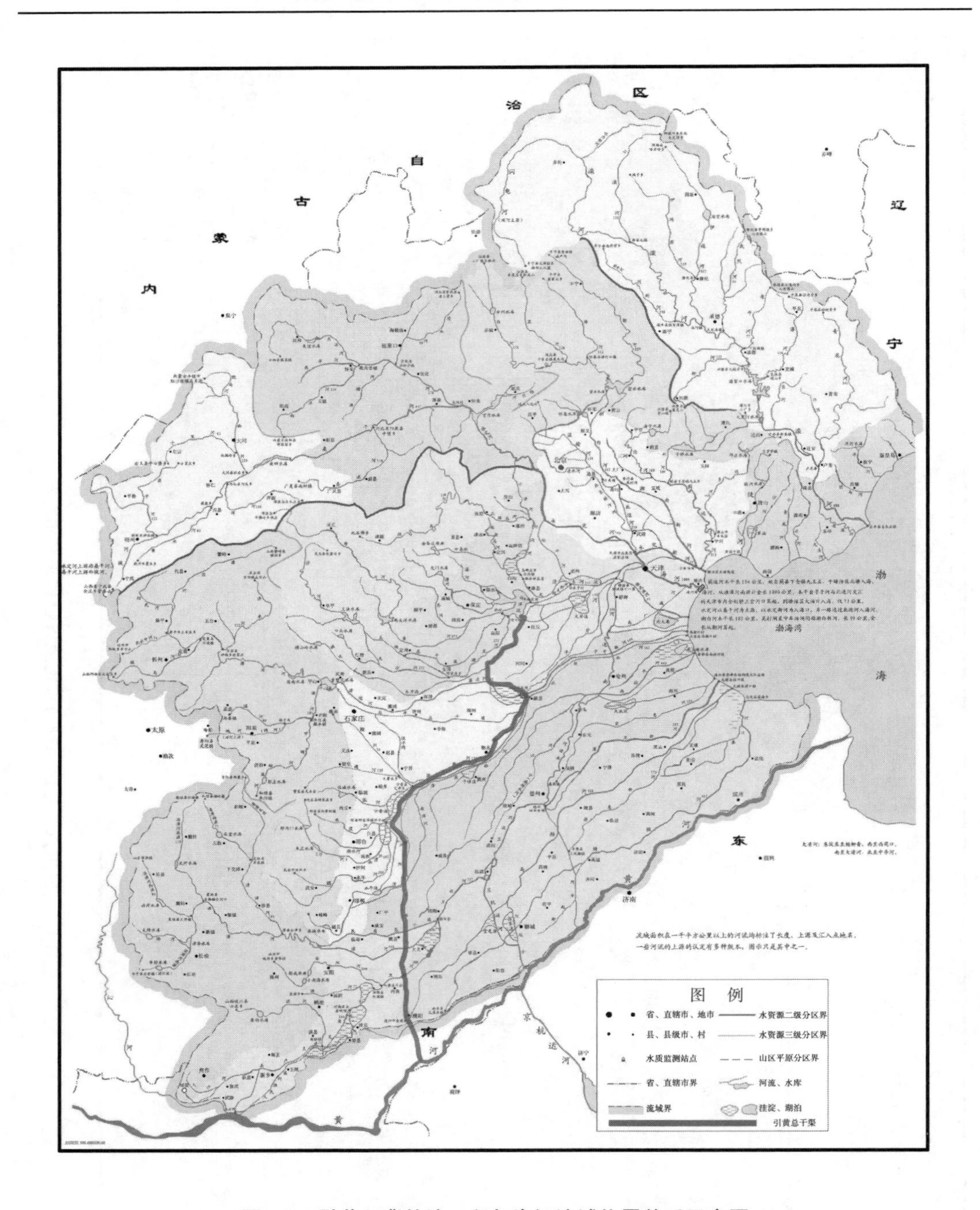


图 1-2　引黄入冀补淀工程与海河流域位置关系示意图

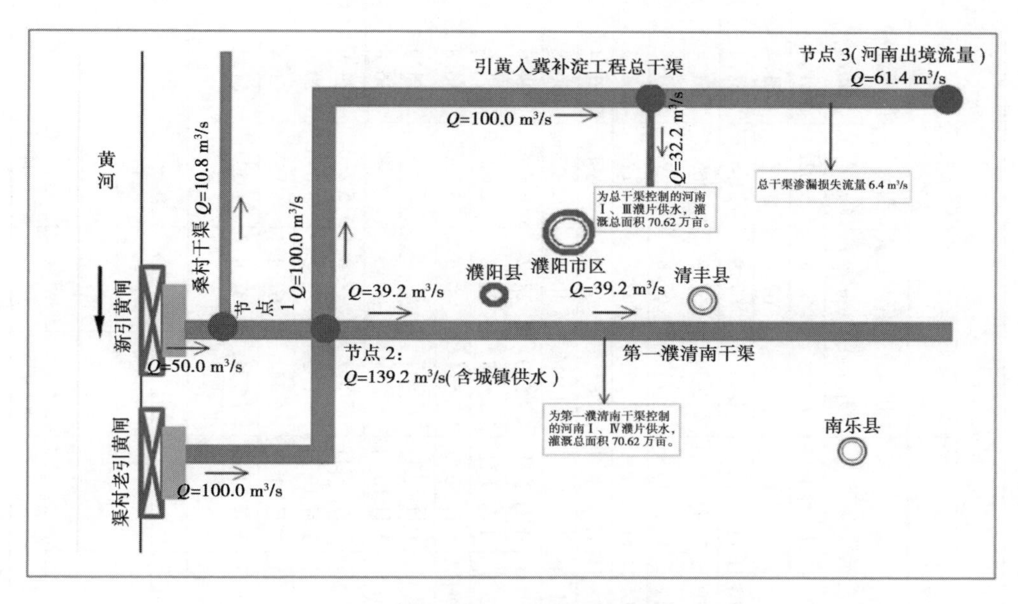


图 1-3　引黄入冀补淀工程设计流量关系图

## 1.4　调水方案及引水过程

根据黄委《关于引黄入冀补淀工程水资源论证报告书的批复》文件，本工程渠村新、老引黄闸供给河南的水量控制在 2.8 亿 $m^3$，引黄时段为适时灌溉。

本工程河北受水区多年平均引黄水量为 6.20 亿 $m^3$，最大引水量为 7.03 亿 $m^3$，引水时段为冬四月(11 月至次年 2 月)，其中白洋淀生态补水 2.55 亿 $m^3$(扣除输水损失后净补水量 1.1 亿 $m^3$)，农业灌溉用水分别为 3.64 亿 $m^3$(多年平均)、4.48 亿 $m^3$(最大)；在南水北调中、东线工程生效前，河北省通过相机延长引水时间增加引黄水量，多年平均引水量为 7.10 亿 $m^3$，最大引水量为 8.99 亿 $m^3$，引水时段为 10 月 21 日至次年 3 月 24 日，其中白洋淀生态补水 2.55 亿 $m^3$(扣除输水损失后净补水量 1.1 亿 $m^3$)，农业灌溉用水分别为 4.55 亿 $m^3$(多年平均)、6.44 亿 $m^3$(最大)。

引黄入冀补淀工程河北受水区渠首引水方案(包括引水量、引水流量、引水时段等)、河北受水区省境引水过程(包括引水量、引水流量、引水时段等)见表 1-2 ~ 表 1-4。

表 1-2 南水北调中、东线工程生效前引黄入冀补淀工程渠首及河北受水区引水过程

| 多年平均 | | | | | | | 最大引水情况 | | | | | | |
|---|---|---|---|---|---|---|---|---|---|---|---|---|---|
| 对象 | 引水时间 | | 渠首 | | 河北省 | | 对象 | 引水时间 | | 渠首 | | 河北省 | |
| | 起 | 止 | 引水量（万 $m^3$） | 引水流量（$m^3/s$） | 引水量（万 $m^3$） | 引水流量（$m^3/s$） | | 起 | 止 | 引水量（万 $m^3$） | 引水流量（$m^3/s$） | 引水量（万 $m^3$） | 引水流量（$m^3/s$） |
| 白洋淀 | 10月21日 | 11月1日 | 5 084 | 54.5 | 4 523 | 49.4 | 白洋淀 | 10月21日 | 11月1日 | 6 208 | 67.8 | 5 622 | 61.4 |
| 白洋淀 | 11月1日 | 11月10日 | 4 166 | 53.6 | 3 774 | 48.5 | 白洋淀 | 11月1日 | 11月10日 | 5 272 | 67.8 | 4 774 | 61.4 |
| 廊坊 | 11月10日 | 11月11日 | 467 | 53.6 | 419 | 48.5 | 廊坊 | 11月10日 | 11月10日 | 293 | 67.8 | 265 | 61.4 |
| 沧州 | 11月11日 | 11月17日 | 2 779 | 53.6 | 2 516 | 48.5 | 沧州 | 11月10日 | 11月11日 | 293 | 67.8 | 265 | 61.4 |
| 衡水 | 11月17日 | 11月20日 | 1 385 | 53.6 | 1 258 | 48.5 | 衡水 | 11月11日 | 11月14日 | 1 757 | 67.8 | 1 591 | 61.4 |
| 邢台 | 11月20日 | 11月24日 | 1 831 | 53.6 | 1 677 | 48.5 | 邢台 | 11月14日 | 11月18日 | 2 343 | 67.8 | 2 122 | 61.4 |
| 邯郸 | 11月24日 | 12月1日 | 3 259 | 53.6 | 2 935 | 48.5 | 邯郸 | 11月18日 | 12月1日 | 7 615 | 67.8 | 6 896 | 61.4 |
| 白洋淀 | 12月1日 | 1月1日 | 10 774 | 40.6 | 9 867 | 36.8 | 白洋淀 | 12月1日 | 1月9日 | 14 044 | 40.6 | 12 726 | 36.8 |
| 衡水 | 12月1日 | 12月23日 | 5 163 | 27.2 | 4 674 | 24.6 | 衡水 | 12月1日 | 1月2日 | 7 510 | 27.2 | 6 806 | 24.6 |
| 邢台 | 12月23日 | 1月1日 | 2 112 | 27.2 | 1 905 | 24.6 | 邢台 | 1月2日 | 1月9日 | 1 878 | 27.2 | 1 678 | 24.6 |
| 白洋淀 | 1月1日 | 1月24日 | 5 398 | 27.2 | 4 957 | 24.6 | 廊坊 | 1月9日 | 1月20日 | 3 511 | 40.6 | 3 336 | 36.8 |
| 邢台 | 1月1日 | 1月24日 | 3 599 | 18.1 | 3 305 | 16.4 | 邢台 | 1月9日 | 1月20日 | 2 347 | 27.2 | 2 224 | 24.6 |
| 廊坊 | 1月24日 | 2月1日 | 1 878 | 27.2 | 1 619 | 24.6 | 沧州 | 1月20日 | 3月10日 | 17 204 | 40.6 | 15 488 | 36.8 |
| 邢台 | 1月24日 | 1月31日 | 1 252 | 18.1 | 1 061 | 16.4 | 邢台 | 1月20日 | 2月14日 | 5 867 | 27.2 | 5 230 | 24.6 |
| 邯郸 | 1月31日 | 2月1日 | 0 | 18.1 | 18 | 16.4 | 邯郸 | 2月14日 | 3月10日 | 5 633 | 27.2 | 5 096 | 24.6 |
| 廊坊 | 2月1日 | 2月3日 | 475 | 27.4 | 505 | 24.8 | 邯郸 | 3月10日 | 3月21日 | 6 444 | 67.8 | 5 835 | 61.4 |
| 邯郸 | 2月1日 | 2月3日 | 317 | 18.3 | 337 | 16.6 | 邯郸 | 3月21日 | 3月23日 | 1 756 | 67.8 | 1 527 | 61.4 |
| 沧州 | 2月3日 | 3月1日 | 6 152 | 27.4 | 5 504 | 24.8 | | | | | | | |
| 邯郸 | 2月3日 | 3月1日 | 4 118 | 18.3 | 3 669 | 16.6 | | | | | | | |
| 沧州 | 3月1日 | 3月8日 | 3 299 | 54.5 | 3 107 | 49.4 | | | | | | | |
| 邯郸 | 3月8日 | 3月11日 | 1 414 | 54.5 | 1 162 | 49.4 | | | | | | | |
| 邯郸 | 3月11日 | 3月24日 | 6 127 | 54.5 | 5 550 | 49.4 | | | | | | | |
| 合计 | | | 71 049 | | 64 342 | | 合计 | | | 89 975 | | 71 049 | |

表 1-3　南水北调中、东线工程生效后引黄入冀补淀工程渠首及河北受水区引水过程

多年平均

| 对象 | 引水时间 | | 渠首 | | 河北省 | |
|---|---|---|---|---|---|---|
| | 起 | 止 | 引水量（万 $m^3$） | 引水流量（$m^3/s$） | 引水量（万 $m^3$） | 引水流量（$m^3/s$） |
| 白洋淀 | 11 月 1 日 | 11 月 10 日 | 3 412 | 43.8 | 3 088 | 39.7 |
| 廊坊 | 11 月 10 日 | 11 月 11 日 | 762 | 43.8 | 515 | 39.7 |
| 沧州 | 11 月 11 日 | 11 月 20 日 | 3 409 | 43.8 | 3 088 | 39.7 |
| 衡水 | 11 月 20 日 | 11 月 23 日 | 1 137 | 43.8 | 1 029 | 39.7 |
| 邢台 | 11 月 23 日 | 11 月 29 日 | 2 285 | 43.8 | 2 059 | 39.7 |
| 邯郸 | 11 月 29 日 | 12 月 1 日 | 773 | 43.8 | 515 | 39.7 |
| 白洋淀 | 12 月 1 日 | 1 月 1 日 | 10 884 | 40.6 | 9 867 | 36.8 |
| 衡水 | 12 月 1 日 | 12 月 18 日 | 4 225 | 27.2 | 3 718 | 24.6 |
| 邢台 | 12 月 18 日 | 1 月 1 日 | 3 051 | 27.2 | 2 861 | 24.6 |
| 白洋淀 | 1 月 1 日 | 2 月 1 日 | 10 984 | 40.6 | 10 167 | 36.8 |
| 邢台 | 1 月 1 日 | 1 月 7 日 | 1 641 | 27.1 | 1 441 | 24.5 |
| 邯郸 | 1 月 7 日 | 2 月 1 日 | 5 610 | 27.1 | 5 123 | 24.5 |
| 廊坊 | 2 月 1 日 | 2 月 6 日 | 1 531 | 35.4 | 1 521 | 32.1 |
| 邯郸 | 2 月 1 日 | 2 月 6 日 | 1 021 | 23.6 | 1 014 | 21.4 |
| 沧州 | 2 月 6 日 | 2 月 27 日 | 6 433 | 35.4 | 5 817 | 32.1 |
| 邯郸 | 2 月 6 日 | 2 月 27 日 | 4 288 | 23.6 | 3 878 | 21.4 |
| 邯郸 | 2 月 27 日 | 2 月 28 日 | 515 | 59.2 | 411 | 53.6 |
| 合计 | | | 61 959 | | 56 110 | |

最大引水情况

| 对象 | 引水时间 | | 渠首 | | 河北省 | |
|---|---|---|---|---|---|---|
| | 起 | 止 | 引水量（万 $m^3$） | 引水流量（$m^3/s$） | 引水量（万 $m^3$） | 引水流量（$m^3/s$） |
| 白洋淀 | 11 月 1 日 | 11 月 10 日 | 5 272 | 67.8 | 4 774 | 61.4 |
| 廊坊 | 11 月 10 日 | 11 月 11 日 | 1 072 | 67.8 | 796 | 61.4 |
| 沧州 | 11 月 11 日 | 11 月 17 日 | 3 415 | 67.8 | 2 918 | 61.4 |
| 衡水 | 11 月 17 日 | 11 月 21 日 | 2 629 | 67.8 | 2 387 | 61.4 |
| 邢台 | 11 月 21 日 | 11 月 25 日 | 2 343 | 67.8 | 2 122 | 61.4 |
| 邯郸 | 11 月 25 日 | 12 月 1 日 | 3 515 | 67.8 | 3 183 | 61.4 |
| 白洋淀 | 12 月 1 日 | 1 月 28 日 | 20 273 | 40.6 | 18 348 | 36.8 |
| 衡水 | 12 月 1 日 | 12 月 17 日 | 3 755 | 27.2 | 3 446 | 24.6 |
| 邢台 | 12 月 17 日 | 1 月 13 日 | 6 337 | 27.2 | 5 694 | 24.6 |
| 邯郸 | 1 月 13 日 | 1 月 28 日 | 3 520 | 27.2 | 3 092 | 24.6 |
| 廊坊 | 1 月 28 日 | 2 月 2 日 | 1 755 | 40.6 | 1 705 | 36.8 |
| 邯郸 | 1 月 28 日 | 2 月 2 日 | 1 173 | 27.2 | 1 137 | 24.6 |
| 沧州 | 2 月 2 日 | 2 月 27 日 | 8 777 | 40.6 | 8 024 | 36.8 |
| 邯郸 | 2 月 2 日 | 2 月 27 日 | 5 867 | 27.2 | 5 350 | 24.6 |
| 邯郸 | 2 月 27 日 | 2 月 28 日 | 587 | 67.8 | 682 | 61.4 |
| 合计 | | | 70 292 | | 63 657 | |

表 1-4　引黄入冀补淀工程河北受水区引黄水量分配

（单位：万 $m^3$）

| 市 | 供水目标 | 南水北调工程生效前引黄水量分配 | | | | | | 南水北调工程生效后引黄水量分配 | | | | | |
|---|---|---|---|---|---|---|---|---|---|---|---|---|---|
| | | 渠首 | | 省境 | | 市境 | | 渠首 | | 省境 | | 市境 | |
| | | 最大引水量 | 多年平均 | 最大引水量 | 多年平均 | 最大引水量 | 多年平均 | 最大引水量 | 多年平均 | 最大引水量 | 多年平均 | 最大引水量 | 多年平均 |
| 邯郸 | 大名、馆陶、魏县、广平、肥乡、曲周、邱县、鸡泽 | 21 372 | 15 095 | 19 355 | 13 671 | 15 871 | 11 210 | 14 844 | 12 081 | 13 443 | 10 940 | 11 023 | 8 971 |
| 邢台 | 平乡、广宗、巨鹿、新河、宁晋、任县、南和、隆尧、威县 | 12 426 | 8 777 | 11 253 | 7 948 | 8 440 | 5 961 | 8 631 | 7 024 | 7 816 | 6 361 | 5 862 | 4 771 |
| 衡水 | 桃城区、冀州、武邑、武强 | 9 273 | 6 550 | 8 398 | 5 931 | 5 626 | 3 974 | 6 441 | 5 242 | 5 833 | 4 747 | 3 908 | 3 180 |
| 沧州 | 泊头、河间、任丘、肃宁、献县 | 17 396 | 12 287 | 15 754 | 11 127 | 7 877 | 5 564 | 12 083 | 9 833 | 10 942 | 8 905 | 5 471 | 4 452 |
| 廊坊 | 文安 | 3 976 | 2 809 | 3 601 | 2 543 | 1 692 | 1 195 | 2 762 | 2 248 | 2 501 | 2 035 | 1 176 | 957 |
| 保定 | 白洋淀 | 25 532 | 25 532 | 23 122 | 23 122 | 11 000 | 11 000 | 25 532 | 25 532 | 23 122 | 23 122 | 11 000 | 11 000 |
| 合计 | | 89 975 | 71 049 | 81 482 | 64 342 | 50 506 | 38 904 | 70 292 | 61 959 | 63 657 | 56 110 | 38 440 | 33 331 |

# 1.5　工程调水区、受水区及输水线路

## 1.5.1　调水区

引黄入冀补淀工程调水区为黄河下游,该工程引水口为黄河下游濮阳段渠村引黄闸,引水口距上游小浪底水库约 310 km,距离下游高村水文站 6 ~ 7 km,距离利津水文站约 480 km。

## 1.5.2　受水区

引黄入冀补淀工程从河南省濮阳市渠村引黄闸引水至白洋淀,河北受水区除白洋淀外,按照尽量利用现有工程就近供水的原则,选择与输水干渠相通的现有沟渠控制的耕地作为受水区灌溉目标。河北受水区共涉及邯郸、邢台、衡水、沧州和廊坊的 27 个县(市、区)及白洋淀,其中农业灌溉面积 272 万亩。农业灌溉受水区为井渠双灌,引黄河水作为补水灌溉水源之一,引黄河水缺乏时采用井灌。本工程农业灌溉受水区见表 1-5 和图 1-4。

## 1.5.3　输水线路

引黄入冀补淀工程输水线路自河南省濮阳市渠村引黄闸引水,至河北省白洋淀止,全线基本利用已有渠道,全长 482 km。本工程输水渠道基本情况见表 1-6。

河南省境内输水线路为:自渠村引黄闸引水,经 1 号枢纽分流入南湖干渠后汇入第三濮清南干渠,沿第三濮清南干渠至金堤河倒虹吸,经皇甫闸、顺河闸、范石村闸,走第三濮清南西支至苏堤节制闸向西北,至清丰县南留固村穿卫河入东风渠,河南境内全长约 84 km。

河北省境内输水线路:分为省界至白洋淀主输水线路及滏阳河支线输水线路。其中主输水线路为由穿卫倒虹吸出口,经新开渠入留固沟、东风渠、南干渠、支漳河、老漳河、滏东排河、北排河、献县枢纽段、紫塔干渠、陌南干渠、古洋河、韩村干渠、小白河东支、小白河和任文干渠最终入白洋淀,线路全长 397.6 km;滏阳河支线由南干渠穿支漳河倒虹吸进口闸分水,通过穿支漳河倒虹吸进入滏阳河,沿滏阳河输水至邯邢边界,输水线路全长 26.6 km。见图 1-5。

表 1-5　引黄入冀补淀工程河北灌溉受水区控制范围

| 所属行政区 | 分水口门名称 | 控制范围 | 有效灌溉面积(万亩) |
|---|---|---|---|
| 邯郸市 | 超级支渠 | 魏县 | 3.8 |
| | | 大名 | 0.5 |
| | 魏大馆 | 魏县 | 5.0 |
| | 魏大馆 | 大名 | 1.7 |
| | 魏大馆 | 馆陶 | 6.1 |

**续表 1-5**

| 所属行政区 | 分水口门名称 | 控制范围 | 有效灌溉面积(万亩) |
|---|---|---|---|
| 邯郸市 | 北张庄 | 魏县 | 9. 8 |
| | 北张庄 | 大名 | 14. 0 |
| | 北张庄 | 馆陶 | 14. 8 |
| | 北张庄 | 肥乡 | 5. 3 |
| | 北张庄 | 广平 | 5. 6 |
| | 安寨 | 曲周 | 0. 8 |
| | 安寨 | 邱县 | 4. 7 |
| | 安寨 | 威县 | 2. 8 |
| | 南干渠 | 曲周 | 10. 6 |
| | 北干渠 | 曲周 | 11. 7 |
| | 北干渠 | 邱县 | 4. 7 |
| | 小计 | | 101. 9 |
| 邢台市 | 黄口 | 鸡泽 | 5. 6 |
| | 黄口 | 平乡 | 2. 6 |
| | 黄口 | 巨鹿 | 3. 4 |
| | 黄口 | 宁晋 | 0. 3 |
| | 黄口 | 南和 | 2. 8 |
| | 黄口 | 任县 | 5. 0 |
| | 黄口 | 隆尧 | 5. 0 |
| | 董固 | 平乡 | 2. 7 |
| | 合义渠 | 广宗 | 7. 2 |
| | 洪水口 | 巨鹿 | 3. 0 |
| | 孙家口 | 宁晋 | 5. 2 |
| | 贾家村 | 新河 | 5. 5 |
| | 小计 | | 48. 3 |
| 衡水市 | 冀码渠 | 冀州 | 25. 0 |
| | 北干渠 | 桃城区、滨湖新区 | 2. 0 |
| | 周言 | 桃城区 | 2. 0 |
| | 刘辛庄(一排支渠) | 武邑县 | 10. 0 |
| | 阎五门 | 武强县 | 7. 0 |
| | 小计 | | 46. 0 |
| 沧州市 | 韩村干渠 | 泊头市 | 10. 0 |
| | 西武庄 | 献县 | 15. 0 |
| | 段村 | 献县 | 6. 0 |
| | 于家河 | 肃宁县 | 5. 0 |
| | 许庄 | 河间市 | 10. 0 |
| | 胜利渠 | 任丘市 | 18. 0 |
| | 小计 | | 64. 0 |
| 廊坊市 | 任丘后赵节制闸 | 文安 | 12. 0 |
| 合计 | | | 272. 2 |

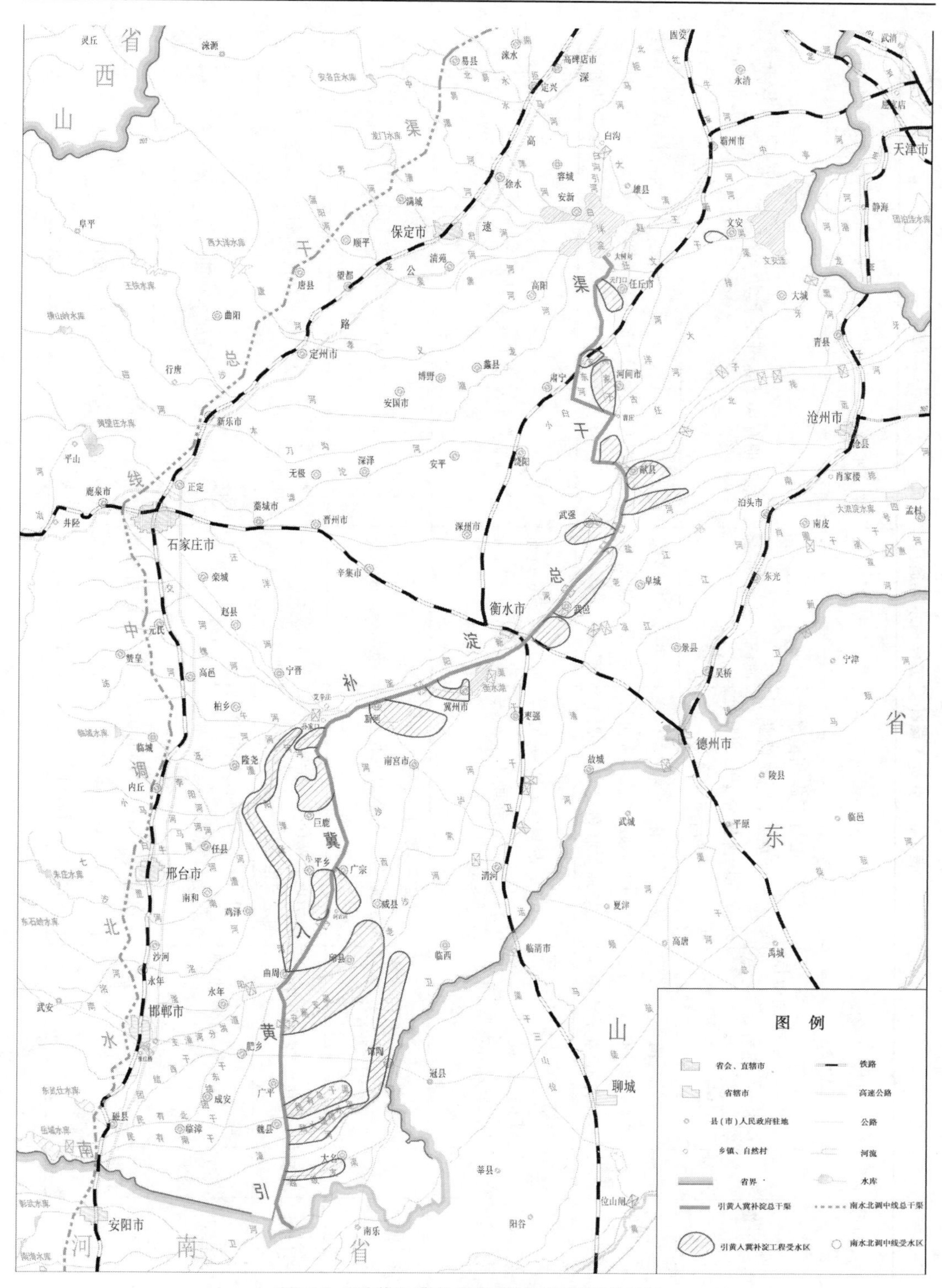


图1-4　引黄入冀补淀工程农业灌溉受水区

表 1-6 引黄入冀补淀工程输水渠道基本情况

| 省区 | 输水河渠 | 河渠功能 | 供水对象 | 本次利用渠段 | 现状 | 水文水资源 | 水功能区划 | 本次渠道工程布置 |
|---|---|---|---|---|---|---|---|---|
| 河南省 | 南湖干渠 | 濮阳引黄灌区 | 南湖干渠控制范围内 8.84 万亩农田，充分灌溉 | 南湖干渠自 1# 枢纽南湖干渠进水闸后始，先向西北后转折向北自桩号 19 + 800 处入原第三濮清南干渠 | 半挖半填渠段，现状渠道断面较小 | 灌溉期有水 | 未开展水功能区划 | 扩挖改建并衬砌，长度 17.6 km |
| | 第三濮清南干渠 | | 第三濮清南干渠控制的金堤河以南 10.5 万亩农田，充分灌溉 | 第三濮清南干渠利用段自桩号 19 + 800 处始，向北至金堤节制闸(桩号 32 + 635) | 半挖半填渠段，现状渠道断面较小 | 灌溉期有水 | 未开展水功能区划 | 扩挖改建并衬砌，长度 12.84 km (位于金堤以南) |
| | 第三濮清南干渠 | | 第三濮清南干渠控制的金堤河以北 51.28 万亩农田，非充分灌溉 | 金堤节制闸(桩号 32 + 635)至阳邵节制闸(桩号 80 + 388) | 现状满足过流要求，对渠坡进行修整 | 灌溉期有水 | 未开展水功能区划 | 本次利用长度 47.75 km |
| | 第三濮清南西支 | | 引黄入邯工程输水渠道，无灌溉任务 | 从阳邵节制闸(桩号 80 + 388)向西北走至卫河倒虹吸(桩号 82 + 126) | 现状渠道扩挖 | 引黄入邯供水期有水 | 未开展水功能区划 | 扩挖改建、渠坡衬砌，长度 1.9 km |
| 河北省 | 连接渠 | 灌溉 | 东风渠两侧农田 | 引黄入冀补淀工程利用渠段为东风渠张二庄至陈庄枢纽 | 不满足过流要求 | 除引水期外常年无水 | 未开展水功能区划 | 扩挖 5.55 km |
| | 留固沟 | 排沥/灌溉 | 卫河/东风渠两侧农田 | 引黄入冀补淀工程由穿卫工程出口接连接渠、留固沟，最终在张二庄入东风渠 | 不满足过流要求 | 除引水期外常年无水 | 未开展水功能区划 | 扩挖 4.1 km |
| | 东风渠 | 排沥/灌溉 | 老沙河/东风渠两侧农田 | 引黄入冀补淀工程利用渠段为东风渠张二庄至陈庄枢纽，线路全长 72.11 km | 该段渠道原断面较大，但淤积严重 | 据水文局站点数据，常年无水 | 未开展水功能区划 | 清淤长度 72.11 km |

续表 1-6

| 省区 | 输水河渠 | 河渠功能 | 供水对象 | 本次利用渠段 | 现状 | 水文水资源 | 水功能区划 | 本次渠道工程布置 |
|---|---|---|---|---|---|---|---|---|
| 河北省 | 南干渠 | 灌溉 | 南干渠及北干渠两侧农田 | 利用陈庄枢纽至南牛庄段，由南牛庄入支漳河 | 底板不符合要求 | 据水文局站点数据，常年无水 | 未开展水功能区划 | 扩挖长度 3.34 km |
| | 支漳河 | 排沥 | 老漳河 | 利用南牛庄至东水疃段，长度 26.7 km | 直接利用 | 据水文局站点数据，常年无水 | 支漳河邯郸农业用水(邯郸—滏阳河) | 满足本次输水要求，无渠道工程布置 |
| | 老漳河 | 排沥 | 滏东排河 | 利用老漳河干流全段，即东水疃至孙家口 | 直接利用 | 据水文局站点数据，常年无水 | 老漳河邢台农业用水区(平乡林儿桥—宁晋孙家口) | 满足本次输水要求，无渠道工程布置 |
| | 滏东排河 | 排沥/输水 | 老盐河/白洋淀 | 利用老漳河全段，即孙家口至冯庄闸，全长 112.9 km | 直接利用 | 水文局站点数据，冯庄闸下，1～4月、11～12月有水，东羡闸下5～8月有水，其他月份基本没水 | 滏东排河邢台过渡区、滏东排河邢台饮用水源区、滏东排河衡水饮用水源区、滏东排河沧州饮用水源区 | 满足本次输水要求，无渠道工程布置 |
| | 北排河 | 排沥/输水 | 入海/白洋淀 | 利用北排河泊头冯庄闸至献县杨庄涵洞段，线路长 18.3 km | 不满足过流要求 | 据水文局站点数据，常年无水 | 未开展水功能区划 | 清淤疏浚 18.3 km |
| | 献县枢纽段 | 输水 | 白洋淀 | 献县枢纽段输水线路起自献县杨庄涵洞，经滏阳河右滩地明渠，穿滏阳新河倒虹吸、滏阳新河左滩地明渠，穿滹沱河北大堤万家寨涵洞，最终入紫塔干渠 | 满足过流要求 | 除位山引黄应急补淀期间外无水 | 未开展水功能区划 | 复堤 6.57 km |
| | 紫塔干渠 | 排沥/灌溉/输水 | 子牙河/两侧农田/白洋淀 | 利用紫塔干渠南紫塔桥至李谢段，线路长 9.2 km | 不满足过流要求 | 除位山引黄应急补淀期间外无水 | 未开展水功能区划 | 扩挖 9.2 km |

续表 1-6

| 省区 | 输水河渠 | 河渠功能 | 供水对象 | 本次利用渠段 | 现状 | 水文水资源 | 水功能区划 | 本次渠道工程布置 |
|---|---|---|---|---|---|---|---|---|
| 河北省 | 陌南干渠 | 排沥/输水 | 子牙河/两侧农田/白洋淀 | 陌南干渠处在献县境内,为连通古洋河、紫塔干渠的渠道,起自李谢,终于团堤,线路全长9.71 km | 不满足过流要求 | 除位山引黄应急补淀期间外无水 | 未开展水功能区划 | 扩挖9.71 km |
| | 古洋河 | 排沥/输水 | 任文干渠/白洋淀 | 利用古洋河龙驹至韩村段,长4.32 km | 不满足过流要求 | 据水文局站点数据,除位山引黄应急补淀期间外无水 | 未开展水功能区划 | 扩挖4.32 km |
| | 韩村干渠 | 排沥/输水 | 古洋河/白洋淀 | 韩村干渠处在肃宁县境内,线路全长13.33 km,为连通古洋河、小白河的人工开挖渠道。全段利用 | 不满足过流要求 | 除位山引黄应急补淀期间外无水 | 未开展水功能区划 | 扩挖13.33 km |
| | 小白河东支 | 排沥/输水 | 小白河/白洋淀 | 利用小白河东支中的东王庄至张庄,全长18.85 km | 不满足过流要求 | 据水文局站点数据,除位山引黄应急补淀期间外无水 | 未开展水功能区划 | 扩挖18.85 km |
| | 小白河干渠 | 排沥/输水 | 任文干渠/白洋淀 | 利用小白河的张庄至任文干渠,全长26.06 km | 满足过流要求 | 据水文局站点数据,除位山引黄应急补淀期间外无水 | | 清淤26.06km |
| | 任文干渠 | 灌溉/输水 | 干渠两侧及文安农田/白洋淀 | 反向利用任文干渠后赵各庄至白洋淀段,全长6.73 km | 满足过流要求 | 据水文局站点数据,除位山引黄应急补淀期间外无水 | 任文干渠沧州工业用水区(白洋淀—沧州、廊坊交界) | 复堤6.73 km |
| | 滏阳河支线 | 排沥 | 滏阳新河 | 利用滏阳河黄口至东于口段(邯邢界) | 满足过流要求 | 常年无水 | 滏阳河邯郸农业用水区(东武仕水库出库口—邯郸、邢台交界) | 清淤26.66km |

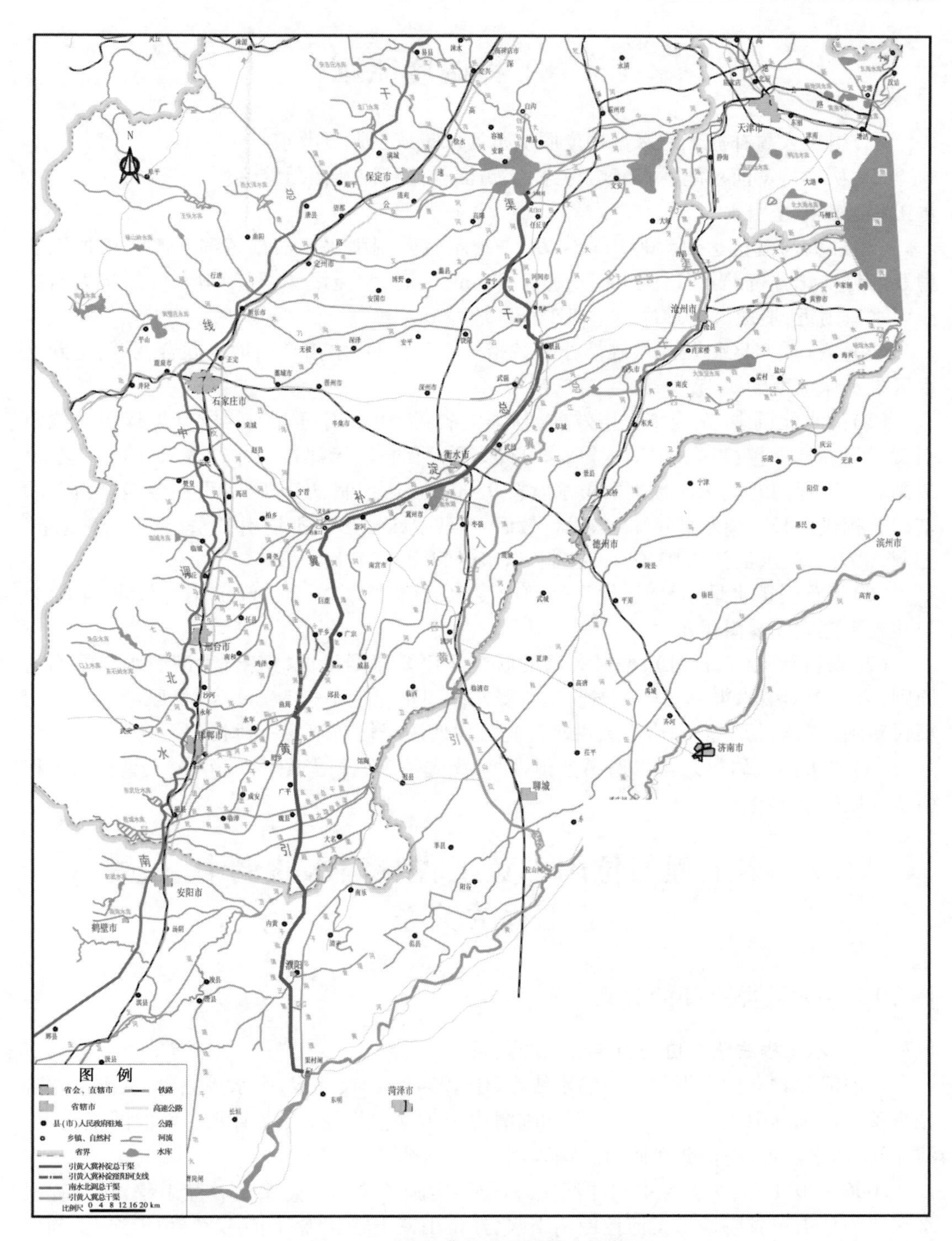


图 1-5　引黄入冀补淀工程输水线路图

## 1.6 工程调度原则

（1）引黄入冀补淀工程水量调度服从黄河水量统一调度要求。

（2）从维持黄河功能性不断流考虑，当黄河干流利津断面预警流量小于 100 $m^3/s$ 时，本工程渠首停止引水。

（3）在大河流量达到 5 000 $m^3/s$ 以上时，不宜开闸引水。根据黄河下游河道过流能力及河势变化分析，当河道洪水流量达 5 000 $m^3/s$ 时，水流漫滩，开闸引水可能将大溜拉至引水口附近，造成大溜顶冲引水口工程的危险。

（4）河南受水区引黄水量维持原引黄指标不变，引黄水需与当地水联合调度，达到受水区供水保证率的要求。

（5）南水北调中、东线工程生效前，与河北省、天津市引黄有关的所有工程包括位山引黄工程、潘庄引黄工程、本工程等，多年平均向河北省、天津市供水总量按 18.44 亿 $m^3$ 控制。本工程河北受水区最大引黄水量按 9.00 亿 $m^3$ 控制，引水时间可在冬四月引黄的基础上相机延长。南水北调中、东线生效后，河北受水区多年平均引黄水量按 6.20 亿 $m^3$ 控制，最大引黄水量按 7.03 亿 $m^3$ 控制，引水时间为冬四月。

（6）渠首引黄水量不足时，优先为河南受水区引水，其次为白洋淀生态供水，最后为河北受水区农业灌溉供水。

（7）渠村新闸（三合村）、渠村老闸的联合运用要以尽量保持各自大河引水渠畅通为原则，力争大河引水渠不淤或少淤。工程受水区引水流量小于 50 $m^3/s$ 时，原则上仅启用渠村新闸（三合村）。濮阳市市政供水优先考虑使用渠村新闸（三合村）。

（8）当天然文岩渠入黄口遇污染预警时，优先关闭渠村老闸，保证引黄入冀补淀工程引水水质安全。

## 1.7 本工程与位山引黄工程及南水北调中、东线工程的关系

### 1.7.1 引水线路之间的关系

#### 1.7.1.1 本工程线路与位山引黄线路的关系

目前河北省有位山引黄一条输水线路，于 1994 年建设完成，引水线路为：从山东省聊城市黄河位山闸引水，经位山三干渠到临清市引黄穿位枢纽，进入河北省境内的临清渠、清凉江、清南连渠，在泊头市附近入南运河。

2006～2011 年，为了保护白洋淀生态环境，实施了位山应急引黄补淀工程，该工程引水线路为从山东省聊城市黄河位山闸引水，经位山三干渠到临清市引黄穿位枢纽，由刘口闸进入河北境内的临清渠、清凉江、江河干渠、滏东排河、北排河、献县枢纽段、紫塔干渠、陌南干渠、古洋河、韩村干渠、小白河东支、小白河和任文干渠入白洋淀。

本次工程在衡水湖之后与位山应急引黄补淀工程线路重合，重合输水线路为滏东排

河、北排河、献县枢纽段、紫塔干渠、陌南干渠、古洋河、韩村干渠、小白河东支、小白河和任文干渠入白洋淀。

#### 1.7.1.2　本工程线路与南水北调中、东线工程输水线路的关系

本工程输水线路和南水北调中、东线工程输水线路没有关系。

#### 1.7.1.3　位山引黄线路与南水北调中、东线工程输水线路的关系

位山引黄工程与南水北调东线工程在临清市邱屯段平交，在穿卫枢纽至清凉江朱往驿段和泊头市南运河之后线路重合。考虑到共用段渠道输水能力受限，且一旦发生水污染事故波及面广等不利因素，为保障南水北调东线及引黄入冀输水的正常进行，南水北调中、东线工程生效后，位山引黄工程将不再延用，需要新开设引黄线路以满足河北引黄需求，这也是建设本工程的重要原因之一。

### 1.7.2　实施时间关系

由前面的位置关系可知，位山引黄工程与南水北调东线工程在泊头市南运河之后重合，为确保南水北调东线工程供水安全，南水北调中、东线工程生效后，位山引黄工程不再延用，河北引黄由本工程承担。

因此，本次工程主要以南水北调中、东线工程生效前后为分界，南水北调中、东线工程生效前，位山线路没有被南水北调东线工程占用，引黄规模包括本工程引水规模（多年平均引水量 7.06 亿 $m^3$）和位山引黄规模（多年平均设计引黄水量 6.20 亿 $m^3$）；南水北调中、东线工程生效后，位山引黄工程停止使用，引黄规模为本次工程引水规模（多年平均引水量 6.20 亿 $m^3$）。本次工程与位山引黄工程及南水北调中、东线工程实施时间关系见表 1-7。

表 1-7　本次工程与位山引黄工程及南水北调中、东线工程实施时间关系

<table>
<tr><th rowspan="2">引黄工程</th><th rowspan="2">黄河水量配置与南水北调中、东线工程的关系</th><th colspan="2">南水北调中、东线工程生效前</th><th colspan="2">南水北调中、东线工程生效后</th></tr>
<tr><th>引水规模</th><th>引水时段</th><th>引水规模</th><th>引水时段</th></tr>
<tr><td>本工程（渠村引黄工程）</td><td rowspan="2">南水北调中、东线工程生效前，河北、天津引黄水量为 18.44 亿 $m^3$；南水北调中、东线工程生效后至西线一期工程生效前，河北配置水量为 6.20 亿 $m^3$</td><td>多年平均引水量 7.06 亿 $m^3$</td><td>冬四月相机外延（10 月 21 日至次年 3 月 23 日）</td><td>最多年平均引水量 6.20 亿 $m^3$</td><td>冬四月（11、12、1、2）</td></tr>
<tr><td>位山引黄工程</td><td>5.0 亿 $m^3$</td><td>以冬四月为主，引水月份涵盖 11 月至次年 6 月</td><td>南水北调中、东线工程生效后，位山引黄线路废弃，不再引水</td><td></td></tr>
</table>

### 1.7.3　受水区之间的关系

引黄入冀补淀工程供水范围大多位于南水北调中线工程供水范围内，少部分位于南水北调东线工程供水范围内。

引黄入冀补淀工程供水范围与位山引黄工程供水范围不重叠。位山引黄工程供水目

标包括邢台、衡水、沧州3市的20个县(市、区)。两工程共同供水的县(市、区)包括桃城区、冀州、武邑和泊头,其中位山引黄工程供东部范围,引黄入冀补淀工程供西部范围。

### 1.7.4 供水对象之间关系

引黄入冀补淀工程和位山引黄工程的供水对象主要为农业和生态,南水北调中、东线工程供水对象是城市生活和工业。本次工程线路与位山引黄线路基本情况对比见表1-8。

**表1-8 本次工程线路与位山引黄线路基本情况对比**

| 工程情况 | 引黄入冀补淀线路 | 位山引黄线路 | 对比 |
| --- | --- | --- | --- |
| 输水线路 | 自河南省濮阳市渠村引黄闸引水入南湖干渠后穿金堤河,沿第三濮清南干渠经顺河闸、范石村闸,走第三濮清南西支至阳邵节制闸,向西北自清丰县南留固村穿卫河入河北省境内东风渠、支漳河、老漳河、滏东排河、北排河、紫塔干渠、古洋河、小白河等,最终入白洋淀 | 应急引黄补淀输水路线:从刘口闸进入河北境内的临清渠、清凉江、江河干渠、滏东排河、北排河、献县枢纽段、紫塔干渠、陌南干渠、古洋河、韩村干渠、小白河东支、小白河和任文干渠入白洋淀 | 两条线路自滏东排河之后重合:滏东排河、北排河、献县枢纽段、紫塔干渠、陌南干渠、古洋河、韩村干渠、小白河东支、小白河和任文干渠入白洋淀 |
| 受水区 | 包括邯郸、邢台、衡水、沧州和廊坊的27个县(市、区)及白洋淀,灌溉面积272万亩 | 包括邢台、衡水、沧州3市的20个县(市、区) | 工程供水范围不重叠。两工程共同供水的县(市、区)包括桃城区、冀州、武邑和泊头,位山引黄工程供东部范围,引黄入冀补淀工程供西部范围 |
| 供水对象 | 农业、生态 | 农业、生态 | 供水对象均为农业、生态,而南水北调中、东线工程供水对象为城市生活、工业 |

## 1.8 工程总布置及主要建筑物

引黄入冀补淀工程等级为Ⅰ等工程,工程规模为大(1)型,工程主要由渠道工程和交叉建筑物工程组成。交叉建筑物主要包括节制建筑物、引排水建筑物、沉沙池、倒虹吸、泵站工程、跨渠桥梁、渡槽等。

### 1.8.1 工程总布置

本次工程类型主要包括渠首工程、沉沙池工程、渠道工程、建筑物工程等。

#### 1.8.1.1 工程布置原则

由于渠线所经区域现状水利工程众多,为尽量减少对现有工程体系的干扰和破坏,在

进行工程布置时应遵循以下原则:

(1)充分利用现有工程体系,以节约占地和工程投资。

(2)尽量减少对现有工程体系的干扰和破坏,适当兼顾当地政府和群众的合理化建议。

(3)渠线布置应在保证原渠线不变的情况下尽量平滑、顺直,对一侧占压房屋较多的渠段可适当将渠线向另一侧偏移。

(4)沉沙池布置要通过选址、选型尽量少占地、少拆迁,同时要沉沙、清淤、泥沙利用相结合,减少泥沙在渠道内淤积和废弃泥沙的堆积。

(5)水闸布置应当结合现有水闸的过流能力、渠底高程、闸顶超高、工程安全性等分析已有水闸的建设性质,同时根据沿线工程需求对新建水闸的必要性进行论述。

(6)倒虹吸布置要满足河道防洪除涝要求,对现状倒虹吸进行扩建的要做好新老孔口之间的分流与衔接。

(7)因渠道扩宽、水位抬高使现状桥梁不满足交通要求的,应不低于现状标准重建,对现状相距较近的生产桥,在征得地方同意的前提下可以适当加大规模进行合并。

(8)口门、小型提灌站等引水建筑物因渠道改(扩)建遭到破坏的,应不小于原数量、原规模进行重建。

#### 1.8.1.2　工程总布置

引黄入冀补淀工程根据行政区划分及可行性研究设计需要划分为渠首段(引黄口至 1 号分水枢纽及南湖干渠段)、河南段(1 号分水枢纽及南湖干渠段至卫河倒虹吸出口)、河北段(卫河倒虹吸出口至白洋淀)。

1. 渠首段工程布置

渠首段工程内容主要包括老渠村引黄闸、引黄闸连接渠道工程、引黄闸闸前引水渠道工程、1 号分水枢纽、供水工程、南湖干渠分水闸及南湖干渠连接段等。渠首段输水渠道为新老引黄闸至 1 号分水枢纽及南湖干渠段,其中新引黄闸及其连接渠道维持现状,本次进行老引黄闸前、后渠道扩挖整理工程。

2. 河南段工程布置

河南段工程内容主要包括渠道工程、沉沙池工程、倒虹吸及建筑物工程。河南段输水渠道基本沿现有线路改造而成,对不满足过流条件的部分进行适当扩挖,长度为 30.44 km。

3. 河北段工程布置

河北段工程位于河南、河北省界至白洋淀段,工程内容主要包括渠道工程和建筑物工程两类。河北段输水渠道基本沿现有线路改造而成,对不满足过流条件的进行适当扩挖及疏浚,扩挖长度为 86.60 km,清淤疏浚长度为 142.13 km。

### 1.8.2　渠首工程布置

渠首工程主要包括引水工程、连接渠道工程和渠首段灌溉工程。在黄河与 1 号分水枢纽之间已有的工程为新渠村闸及其连接渠道、穿堤涵洞等工程,老渠村引黄闸(已经作为废弃处理)和渠村分洪闸。渠首工程布置情况见表 1-9。

表 1-9　渠首主要工程布置及已有工程基本情况

| 类别 | 主要工程 | 已有工程基本情况 | 本次工程安排 |
| --- | --- | --- | --- |
| 新建工程 | 生产桥和交通桥 | | 新建 2 座 |
| 改(扩)建工程 | 老渠村引黄闸工程 | 渠村老引黄闸建于 1979 年,设计引水流量 100 $m^3/s$,因受天然文岩渠污染影响,该闸于 2007 年废弃 | 老渠村闸及穿堤涵洞拆除重建 |
| | 老渠村引黄闸闸前渠道等工程 | 现有老渠村引黄闸闸前渠道长 484 m,为土渠,老渠村闸废弃后该渠道淤积严重 | (1)老渠村闸前渠道修坡整理工程;<br>(2)黄河主流段到青庄险工 2、3 号坝河滩引渠开挖工程 |
| | 老渠村闸出口渠道及供水工程 | 老渠村闸废弃停用后,老渠村闸出口原渠道目前为坑塘 | (1)供水渠道长度约 175 m,在预沉池东南角汇入预沉池;<br>(2)灌溉渠道基本沿老渠道布置,需要对此整理,长度约 648.5 m |
| | 1 号分水枢纽 | 现 1 号分水枢纽由南湖干渠进水闸、第一濮清南干渠节制闸、新渠村引黄闸穿堤涵洞出口连接渠道(灌溉渠道和供水渠道)等组成 | (1)倒虹吸工程(总长 111 m,由进口前池、进口闸、管身段、出口闸组成);<br>(2)控制闸(3 个)及连接建筑物工程;<br>(3)蓄水池工程(50 m×100 m) |
| | 生产桥和交通桥 | 已有 5 座 | 重建 4 座 |
| | 田间分水闸 | 已有 7 座 | 重建 7 个 |
| 利用原有工程 | 新渠村引黄闸及其连接建筑物工程 | 新渠村引黄闸建于 2006 年,设计引水流量 100 $m^3/s$。2010 年以来,新渠村引黄闸发生了变化,目前引水能力可达 50 $m^3/s$ | 维持现状 |

#### 1.8.2.1　新、老引黄闸运用方式及引黄闸工程

1. 已有新、老引黄闸建设及运用情况

引黄入冀补淀工程引水口目前有两个引黄闸:新渠村引黄闸和老渠村引黄闸,分别位于黄河支流天然文岩渠入黄口上下游,新、老渠村引黄闸及引水口位置见图 1-6。

老渠村引黄闸建于 1979 年,位于天然文岩渠入黄口下游约 800 m,设计引水流量 100 $m^3/s$,担负着濮阳市城市供水和 193 万亩农田灌溉等任务,其中城市供水设计引水流量为 10 $m^3/s$。受天然文岩渠水污染影响,2006 年经河南省政府、黄委批准,濮阳市多方筹措资金建设了渠村新引黄闸,2007 年老渠村引黄闸就此废弃。

新渠村引黄闸建于 2006 年,位于天然文岩渠入黄河口上游 930 m 处,设计引水流量 100 $m^3/s$,供水对象为濮阳市城市供水和农田灌溉,其中城市供水在 1 号分水枢纽处供水

图 1-6　新、老渠村引黄闸取水口位置图

渠道汇入1号分水枢纽濮阳市城市供水预沉池。2010年以来,受河势变化影响,新渠村引黄闸引水条件越来越差,引水口全部淤死。为提高供水保障,濮阳市制订并实施了引水应急方案,在青庄险工4坝开挖1 700 m渠道回流引水,引水能力正常为20~25 $m^3/s$。在大河流量580 $m^3/s$情况下,引水能力可达50 $m^3/s$。

2. 本次工程新、老渠村闸应用方式

老渠村引黄闸引水条件好,所处位置受黄河调水调沙影响较小,大河主流长期稳定,引水保证率高,但其上游天然文岩渠存在一定水污染;新渠村引黄闸回避了天然文岩渠污染,但闸前河势不稳定,引水条件差,一遇高含沙水流极易淤死引水通道,造成用水危机,供水条件较难得到保障。

从取水条件,应优先考虑老渠村闸取水口,其次为新渠村闸取水口;从保障供水水质安全,应优先考虑新渠村闸取水口,其次为老渠村闸取水口。综合考虑新、老闸引水条件、供水安全、供水保障,可行性研究设计确定新老闸同时启用,最大限度地满足本工程供水任务和保障供水安全。

3. 老渠村闸拆除重建工程

需要对老渠村引黄闸进行拆除重建工程。本次总灌溉规模约150 $m^3/s$,新渠村闸引水能力按50 $m^3/s$计,老渠村闸总设计按100 $m^3/s$计,其中城市供水流量最大按10 $m^3/s$设计。穿堤涵闸共分5孔灌溉涵闸、1孔供水涵闸,涵闸总长度约182 m。本方案水闸位于黄河大堤上,挡水高度比较高,同时还需穿越大堤,因此本方案闸型采用胸墙+涵洞式闸型。新闸建成之前原闸需要全部拆除,拆除项目主要包括闸室混凝土、启闭机、闸门和电气设备等。

#### 1.8.2.2 老渠村引黄闸闸前渠道工程

本工程自黄河主流取水,经约1 500 m河滩引渠至青庄险工2、3号坝,再经长度约为500 m的进口引渠(土渠)输水至老渠村穿堤涵闸。老渠村闸停用后,其闸前到黄河主流之间大部分淤积成了高滩,本工程需要启用老渠村闸,因此需要对老渠村闸前到黄河主流之间原渠道和部分滩地进行整理、开挖、清淤。

1. 黄河主流段到青庄险工2、3号坝河滩引渠清淤

青庄险工2、3号坝到黄河主流距离约1 500 m段为河滩,需要进行开挖引渠,本段范围不可能采用干地施工,施工设计采用泥浆泵清淤开挖引渠,渠道宽度30 m,底部高程55.90 m,清淤边坡1∶5左右。

2. 青庄险工2、3号坝到老引黄闸渠道修坡整理

青庄险工2、3号坝至老渠村闸渠道长度484 m,原状为土渠,淤积严重,本段工程施工设计为在青庄险工2、3号坝之间修建进口引渠围堰,保证引渠开挖修整及老闸的拆除重建等工程施工为干地施工。施工需将现状渠道按照设计断面开挖、修整边坡,渠道设计底宽度28 m,边坡1∶2,纵坡1/8 000。同时,需要对青庄险工3号坝进行加固。青庄险工3号坝长期受到浸泡和冲刷,可能会引起3号坝根石走失,需要对青庄险工3号坝垛进行抛石加固处理。

#### 1.8.2.3 城市供水工程

依据《濮阳市渠村引黄闸改建工程可行性研究报告》(2006年)濮阳市城市供水按间

歇式供水方式,设计最大引水流量 10 $m^3/s$,可以满足 2010 年供水规模 20 万 t/d 的需求。

1. 已有供水工程现状

濮阳市城市供水由新渠村引黄闸引水。经输水干渠通过倒虹吸穿越天然文岩渠至穿堤闸,供水渠道与灌溉渠道基本平行,分别输水至濮阳市供水工程预沉池和渠村灌区第一濮清南输水总干渠 1 号分水枢纽,其中城市供水在 1 号分水枢纽处供水渠道汇入 1 号分水枢纽濮阳市城市供水预沉池。濮阳已有城市供水线路见图 1-7。

图 1-7　濮阳市现有城市供水及本次供水工程布置示意图

2. 新老渠村引黄闸供水方案

为提高濮阳供水保障程度,2010 年濮阳市人民政府向河南省人民政府提出《关于启用渠村老引黄闸引水的请示》(濮政文〔2011〕42 号),提出“为了提高濮阳市城市居民生活用水和工农业用水的保证率,保证供水安全,特请求省政府协调黄委尽快批复启用渠村老引黄闸,使新闸、老闸联合调度运用,以满足我市用水需求”。河南省人民政府征求了黄委意见,黄委河南黄河河务局报告了有关情况(豫黄〔2011〕8 号),“如果鉴定渠村老引黄闸具备重新启用条件,我局原则同意启用该闸,并上报黄委审批”。

本次工程根据濮阳市人民政府关于新老闸应用的请示要求,综合考虑供水安全、供水保障,提出了新老闸同时启用及联合应用方案。考虑到濮阳市城市供水安全的重要意义,综合考虑供水水质安全和供水条件保障两方面,经分析对比推荐采用新渠村引黄闸为主、老渠村引黄闸为辅,二者联合运用的城市供水方案。一般情况下濮阳城市供水采用新渠村闸供水的主供水方案,非常情况下(新渠村引黄闸无法引水时)且老渠村引黄闸水质满足要求时,采用老渠村引黄闸供水的备用供水方案。

3. 供水工程布置

因本工程要启用老渠村引黄闸,新老闸联合应用,老渠村引黄闸穿堤涵洞出口后老渠村灌溉渠道与原供水渠道平面交叉,阻断了现有供水渠道,需要对现有供水线路进行改造,以穿越老渠村闸连接灌溉渠道,包括新渠村引黄闸供水的倒虹吸穿越老渠村灌溉渠道供水工程和老渠村闸后新建供水渠道供水工程。

(1)倒虹吸穿越老渠村灌溉渠道供水工程(濮阳市城市主供水方案):该方案城市供水仍由新渠村闸引水,因现有濮阳市城市供水渠道在1号分水枢纽处与老渠村闸穿堤涵洞出口灌溉渠道相交,阻断了现有供水渠道。本工程设计了倒虹吸方案,总长度约100 m,涵洞尺寸2.0 m×2.0 m,由进口前池、进口闸、管身段、出口闸(接预沉池)组成。该供水方案倒虹吸引用流量较少时涵洞存在淤积的可能,对运行管理要求较高,需要控制倒虹吸的引用流量和预沉池水位方能保证倒虹吸的运行。如图1-8所示。

(2)老渠村闸后新建供水渠道工程(濮阳市城市备用供水方案):该方案城市供水由老渠村闸取水,供水涵闸与新建老渠村闸并排布置,出口新建供水渠道175 m直接汇入预沉池。如图1-9所示。

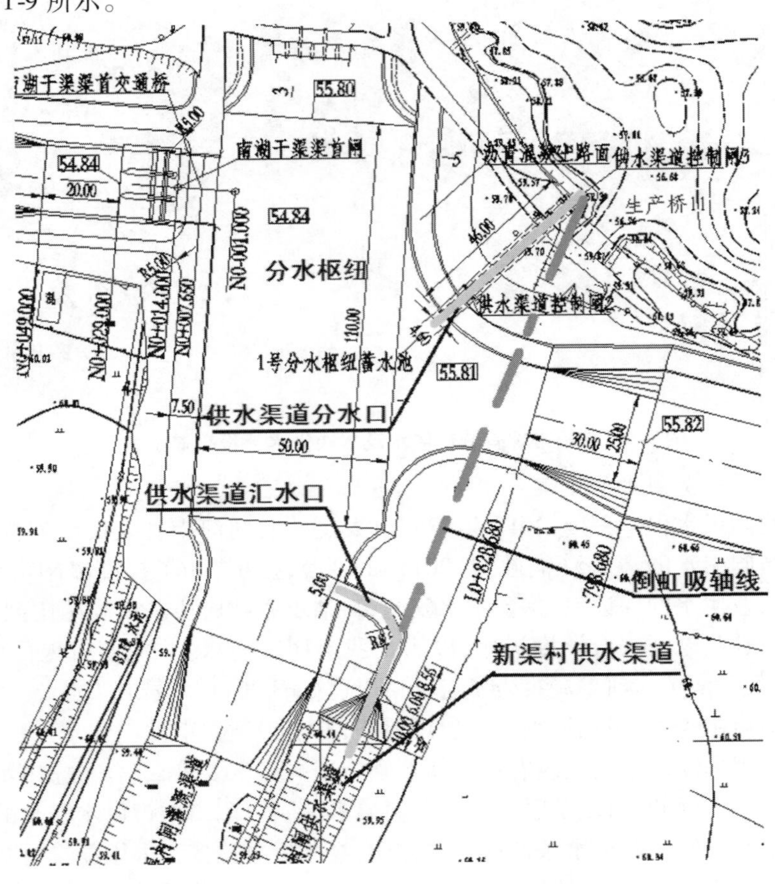


图1-8 濮阳市城市供水倒虹吸工程平面布置示意图

### 1.8.2.4 分水枢纽工程

本工程老渠村引黄闸出口连接渠道、新建南湖干渠、第一濮清南干渠、新渠村引黄闸穿堤涵洞出口连接渠道、新渠村供水渠道末端分水口和控制闸等均在1号分水枢纽处交汇。

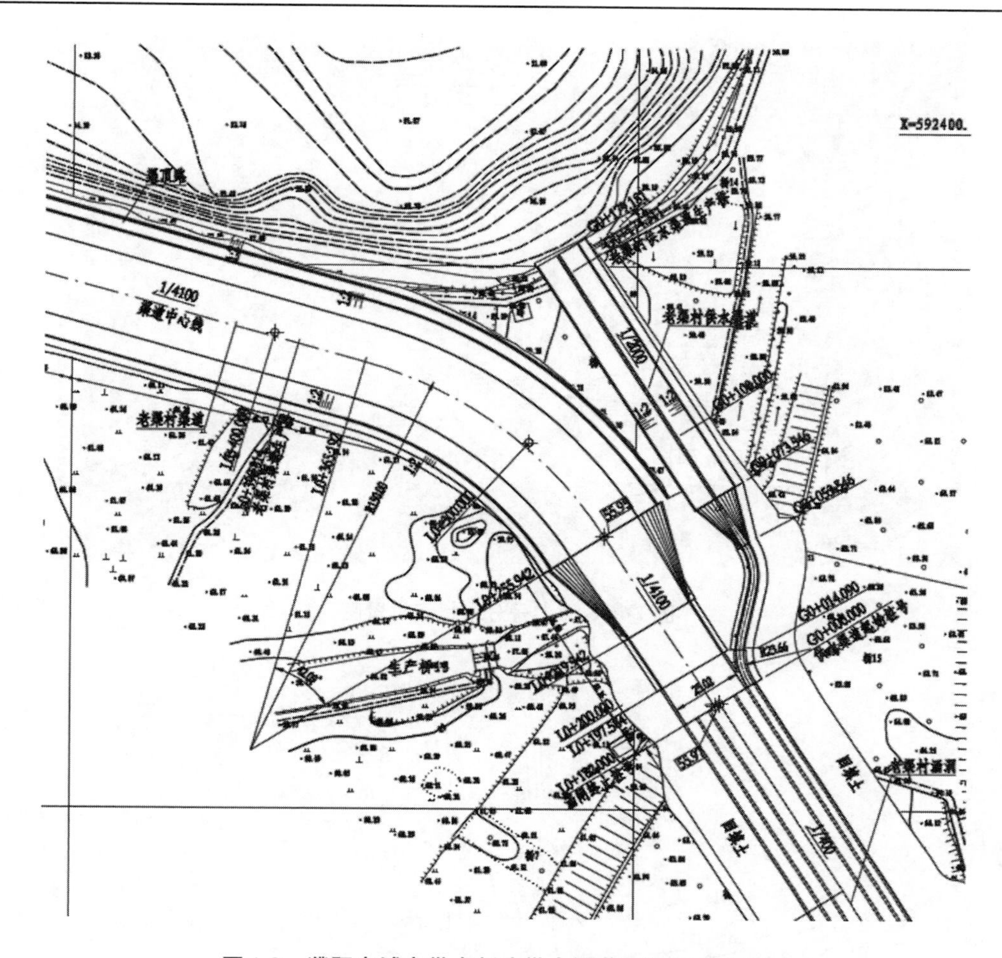


图 1-9　濮阳市城市供水新建供水渠道工程平面示意图

现 1 号分水枢纽由南湖干渠进水闸、第一濮清南干渠节制闸、新渠村引黄闸穿堤涵洞出口连接渠道(灌溉渠道和供水渠道)等组成,其位置及原有建筑物见图 1-10。

本次 1 号分水枢纽工程新增工程包括穿越老渠村灌溉渠道倒虹吸、1 ~ 3 号控制闸及其连接建筑物、蓄水池,其中 1 号控制闸位于新渠村供水渠道末端与老渠村灌溉渠道交汇处,2 号控制闸位于 1 号分水枢纽蓄水池东北角圆弧挡土墙中间部位,3 号控制闸位于 1 号分水枢纽蓄水池东北角;蓄水池工程为 50 m × 100 m。本工程 1 号分水枢纽工程布置图见图 1-11。

## 1. 8. 3　沉沙池布置

黄河是一条多泥沙的河道,引水必然引沙,沉沙池是引黄工程不可缺少的组成部分。为了满足引黄入冀总干渠沉沙的需要,本次在总干渠下游 2. 5 km 处设置沉沙池。

### 1. 8. 3. 1　渠村引黄灌区已有沉沙池运用现状

渠村引黄灌区至今已使用九方沉沙池,每方沉沙池平均使用 2 ~ 3 年,占地 2 000 ~ 3 100亩。第一方至第六方沉沙池使用时,由于渠首附近有低洼地,建成沉沙池后,通过淤地改造使背河洼地、盐碱地变良田,深受群众欢迎。

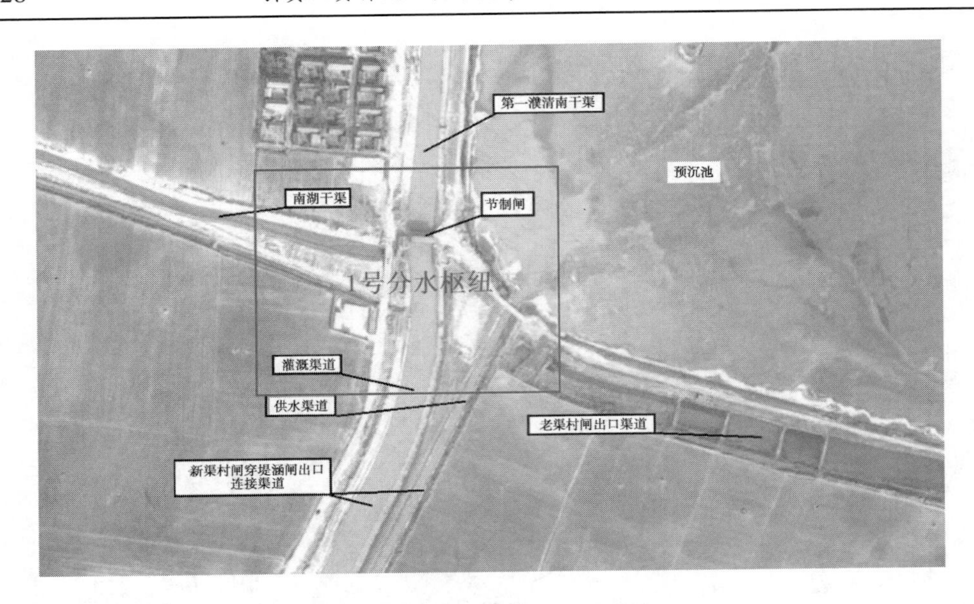


图 1-10　原 1 号分水枢纽位置图

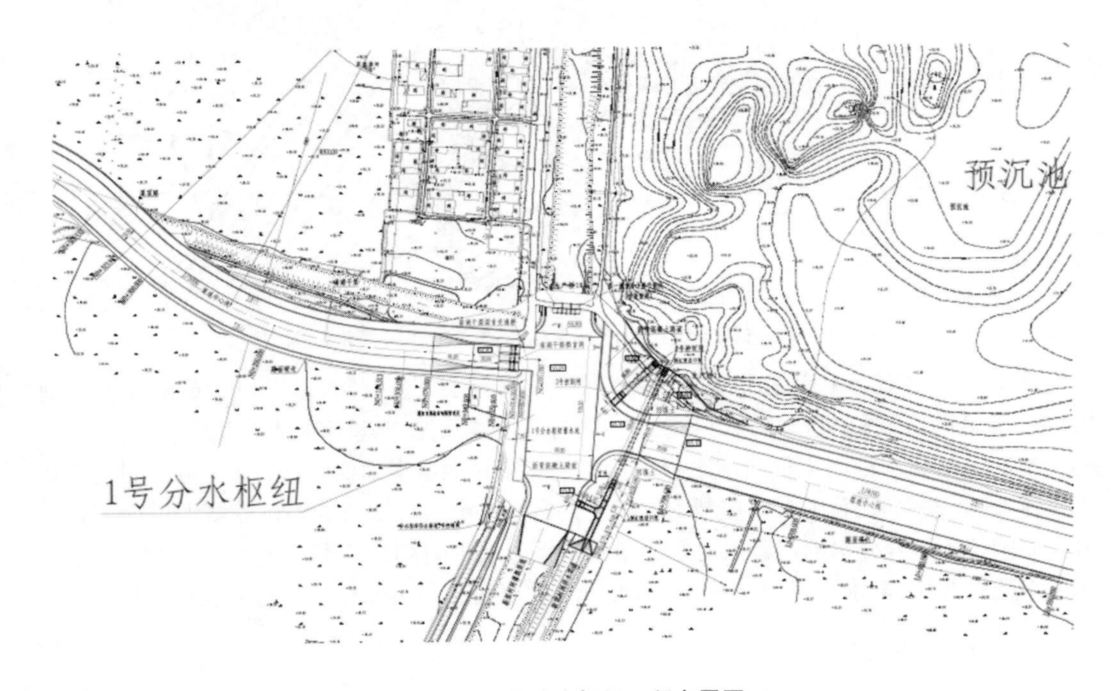


图 1-11　1 号分水枢纽工程布置图

2000 年以来，即从第七方沉沙池开始，背河洼地已基本淤完，沉沙池占地以租用良田为主，建设越来越困难，占地赔偿越来越高。其中第八方沉沙池占地 2 500 亩，2006 年初投入使用，目前正在复耕。第九方沉沙池占地 3 100 亩，2009 年投入使用，截至 2012 年底，已淤积泥沙约 200 万 $m^3$，已基本不具备沉沙功能。

目前渠村引黄灌区通过租地方式设置沉沙池，但在运行过程中，每次清淤均存在租地补偿和临时占压土地问题。本工程引水引沙量大,处理泥沙压力更大,借鉴渠村灌区的经验教训,本工程拟定修建永久性沉沙池处理泥沙。

#### 1.8.3.2　本工程沉沙池方案

1. 沉沙池位置选择

根据渠村灌区目前的沉沙模式和借鉴其他引黄灌区的泥沙处理经验,本工程沉沙池位置的选取应遵循以下原则:①沉沙池位置应尽量选在距渠首引黄闸位置较近的地方;②沉沙池位置应尽量选择地势开阔的自然洼地,长度和宽度方向各有一定空间,便于工程布置;③沉沙池位置附近应有较便利的交通运输条件,以便于池区大量沉积泥沙的挖掘、运输和处理。

根据以上原则,经多次查勘及沿线优化选址,并与濮阳市协商,本工程沉沙池位置选定在渠线桩号2+500~5+000之间,巴寨村以东一长2.5 km、宽1.45 km的地块,占地面积3 571亩。此区域为濮清南总干渠原规划沉沙池位置,与濮清南总干渠现使用沉沙池的位置基本平行。沉沙池位置示意图见图1-12。

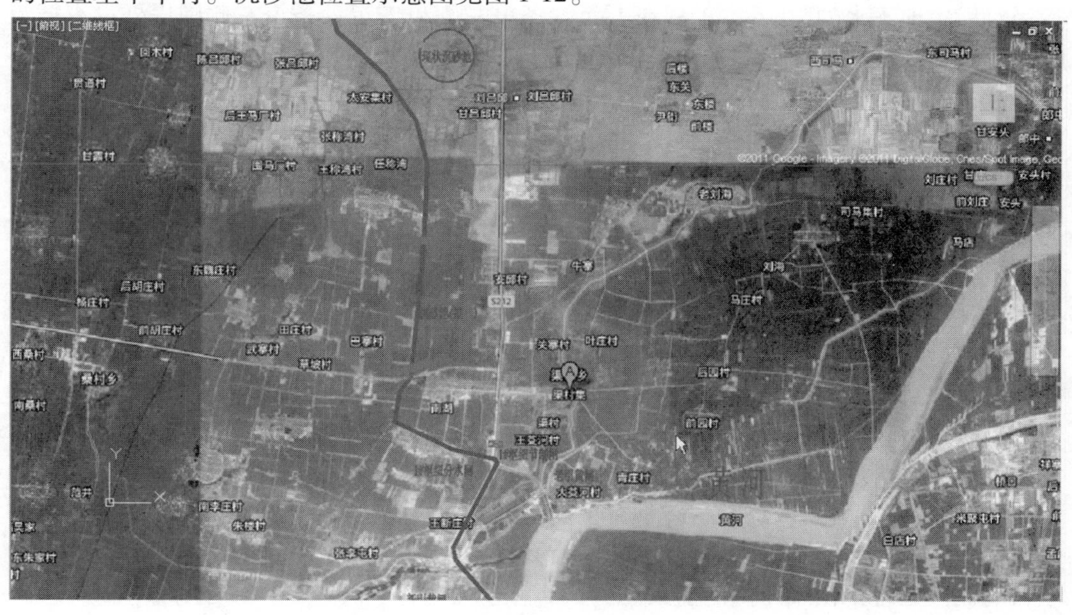


图1-12　沉沙池位置分布示意图

2. 沉沙池方案

根据区内地形、交通条件选择条渠为梭形,设两条梭形条渠,当一条条渠淤满后,启用另外一条条渠,总干渠不会因为清淤而断流。每渠使用0.985年,当使用1#沉沙条渠时,开启1#条渠进水闸和1#条渠退水闸,同时关闭2#条渠进水闸和2#条渠退水闸,使渠水通过沉沙池使泥沙沉淀后进入下游渠道;当使用2#沉沙条渠时,开启2#条渠进水闸和2#条渠退水闸,同时关闭1#条渠进水闸和1#条渠退水闸,使渠水通过引水渠进入沉沙池沉淀后再进入下游渠道中。沉沙池方案计算成果见表1-10。

表 1-10 沉沙池方案计算成果

| 条渠宽度(m) | 出口含沙量(kg/m³) | 沉沙效率(%) | 累计使用时间(d) | 使用年限(a) | 总淤积体积(m³) | 占地面积(亩) |
|---|---|---|---|---|---|---|
| 450 | 1.06~1.09 | 78.6~78.0 | 152 | 0.929 | 2 298 066 | 3 571 |

#### 1.8.3.3 沉沙池工程布置

沉沙池工程由进口闸枢纽、沉沙条渠、出口闸枢纽组成。

1. 沉沙池条渠工程

沉沙池共设2条沉沙条渠，1#沉沙条渠和2#沉沙条渠四周设围堤，两条渠之间设隔堤。1#沉沙条渠为不规则的长方形，底宽450 m，中轴线处长2 356 m；2#沉沙条渠外形为梯形，底宽450 m，中轴线处长2 138 m。

围堤、隔堤的堤顶宽均为5 m，采用M7.5浆砌石护砌，护砌厚30 cm。为减少沉沙池运用对周边地下水的影响，本工程在1#沉沙条渠左侧和2#沉沙条渠右侧围堤外设有截流沟，截流沟底宽1 m，沉沙池的渗水通过截流沟排入公路边沟。

2. 进、出口闸工程

在沉沙条渠的上游端和下游端建有进、退水闸枢纽，共4座，包括1#条渠进水闸、2#条渠进水闸和1#条渠退水闸、2#条渠退水闸。进退水闸由左侧上游段、闸室段、出口段组成，设计流量100 m³/s，设计水头差0.2 m。

#### 1.8.3.4 沉沙池运行及处理

沉沙池多年平均淤积量248.51万m³，清淤时在沉沙池周边临时征地，堆沙高度2.5 m左右，堆后复耕。每年清淤堆放需占用土地1 308亩。借鉴黄河下游其他灌区泥沙处理经验，可行性研究提出了近期沉沙池泥沙处理的几种方案：①供工程用土。随着城乡经济的发展，农村房屋及城市基础设施建设力度不断加大，施工用土量越来越大，黄河泥沙作为土源可以满足工程施工的需要。②利用泥沙代替建筑材料。如烧制成砖、烧结石等。研究证明，使用黄河泥沙烧制的砖具有重量轻、强度高、隔热保温性能好的特点，是很好的黏土砖代替品，用其建造房屋，可提高房屋的抗震性能，改善居住的热环境，凡此种种，为项目的泥沙处理提供了广阔的前景。

#### 1.8.3.5 沉沙池运行环境保护

为了尽量减少沉沙对周围居民生产、生活的影响，可行性研究设计拟对沉沙池区域实行环境保护措施。包括以下几种：①沉沙池围堤外坡植草，外坡脚种植灌木；②设置截流沟，减少沉沙池蓄水侧渗对周围村庄的影响；③泥沙清运时对表面洒水，避免扬尘。

### 1.8.4 输水渠道工程布置

本工程输水渠道基本利用已有渠道，其中已有输水渠道满足本次工程过流要求的河段长度为230.05 km，维持现状，其中河南段22.55 km，河北段207.5 km。不满足过流要求的输水渠道长度为271.47 km，其中需要扩挖长度117.04 km，清淤疏浚长度141.13 km，复堤长度13.3 km。输水渠道具体布置见表1-11。

**表 1-11　输水渠道布置基本情况**

<table>
<tr><th>工程性质</th><th colspan="2">渠段</th><th>渠道基本情况</th><th>本次利用长度</th><th>渠道工程布置</th></tr>
<tr><td rowspan="10">扩挖渠段</td><td rowspan="2">河南段</td><td>南湖干渠段</td><td>南湖干渠自 1 号枢纽(桩号 0 + 000)南湖干渠进水闸后始,先向西北后转折向北自桩号 19 + 800 处入原第三濮清南</td><td>17.6 km</td><td>两侧扩挖长度 17.6 km</td></tr>
<tr><td>第三濮清南干渠</td><td>第三濮清南利用段自桩号 19 + 800 处始,向北自桩号 32 + 640 处穿金堤河,后至范石村闸</td><td></td><td>两侧扩挖 12.84 km</td></tr>
<tr><td rowspan="7">河北段</td><td>连接渠、留固沟段现状</td><td>引黄入冀补淀工程由穿卫工程出口接连接渠、留固沟,最终在张二庄入东风渠</td><td>5.55 km</td><td>扩挖长度 5.55 km,主要为边坡开挖</td></tr>
<tr><td>南干渠段</td><td>利用陈庄枢纽至南牛庄段,由南牛庄入支漳河,线路全长 3.34 km</td><td>3.34 km</td><td>现状渠底宽 8 m,本次设计底宽 20 m。扩挖长度 3.34 km,最大挖深不足 1 m</td></tr>
<tr><td>紫塔干渠</td><td>利用紫塔干渠南紫塔桥至李谢段,线路长 9.2 km</td><td>9.2 km</td><td>现状河底宽 6 ~ 15 m,设计底宽 15 m。扩挖长度 9.2 km,平均挖深 0.5 ~ 1 m</td></tr>
<tr><td>陌南干渠</td><td>陌南干渠处在献县境内,为连通古洋河、紫塔干渠的渠道,起自李谢,终于团堤,线路全长 9.71 km</td><td>9.71 km</td><td>现状底宽 3 ~ 12 m,设计底宽 15 m。扩挖长度 9.71 km,平均挖深 0.5 m 左右</td></tr>
<tr><td>古洋河段</td><td>利用古洋河龙驹至韩村段,长 4.32 km</td><td>4.32 km</td><td>现状底宽 7 ~ 21 m,设计底宽大于 15 m。扩挖长度 4.32 km,最大挖深不足 1 m</td></tr>
<tr><td>韩村干渠段</td><td>韩村干渠处在肃宁县境内,线路全长 13.33 km,为连通古洋河、小白河的人工开挖渠道。全段利用</td><td>13.33 km</td><td>现状底宽 5 ~ 15 m,设计底宽 15 m。扩挖长度 13.33 km,平均挖深 0.5 m 左右</td></tr>
<tr><td>小白河段<br>小白河东支</td><td>利用小白河东支中的东王庄至张庄,全长 18.85 km</td><td>18.85 km</td><td>现状底宽 8 ~ 22 m,设计底宽大于 15 m。扩挖长度 18.85 km,最大挖深不足 1 m</td></tr>
<tr><td></td><td></td><td></td><td></td><td></td></tr>
</table>

续表 1-11

| 工程性质 | 渠段 | | 渠道基本情况 | 本次利用长度 | 渠道工程布置 |
|---|---|---|---|---|---|
| 维持现状渠段 | 河南段 | 第三濮清南干渠 | 第三濮清南利用段自桩号 19 + 800 处始,向北自桩号 32 + 640 处穿金堤河,后至范石村闸 | 52. 33 km | 适当削坡 22. 3 km,现状利用 17. 19 km |
| | | 第三濮清南西支 | 从范石村闸利用第三濮清西支(原加五支下段),继续向北至苏堤节制闸(桩号 80 + 388)处向西北走 1. 9 km 渠道后穿卫河 | 11. 36 km | 满足过流能力,无渠道工程安排 |
| | 河北段 | 支漳河段 | 利用南牛庄至东水疃段,长度 26. 69 km | 26. 69 km | 满足过流能力,无渠道工程安排 |
| | | 老漳河段 | 利用老漳河干流全段,即东水疃至孙家口,全长 63. 91 km | 63. 91 km | 满足过流能力,无渠道工程安排 |
| | | 滏东排河段 | 利用老漳河全段,即孙家口至冯庄闸,全长 112. 9 km | 112. 9 km | 满足过流能力,无渠道工程安排 |
| | | 献县枢纽段 | 献县枢纽段输水线路起自献县杨庄涵洞,经滏阳河右滩地明渠,穿滏阳新河倒虹吸、滏阳新河左滩地明渠,穿滹沱河北大堤万家寨涵洞,最终入紫塔干渠 | 6. 57 km | 满足过流能力,无渠道工程安排 |
| | | 任文干渠段 | 反向利用任文干渠后赵各庄至白洋淀段,全长 6. 73 km | 6. 73 km | 复堤 |
| 清淤渠段 | 河北段 | 东风渠段 | 引黄入冀补淀工程利用渠段为东风渠张二庄至陈庄枢纽,线路全长 72. 11 km | 72. 11 km | 清淤河段长度 57. 11 km,本段清淤深度较大,最大清淤深度可达 4 m |
| | | 北排河段 | 利用北排河泊头冯庄闸至献县杨庄涵洞段,线路长 18. 3 km | 18. 3 km | 疏浚河段长度 18. 3 km |
| | | 小白河干流 | 利用小白河的张庄至任文干渠,全长 26. 06 km | 26. 06 km | 疏浚河段长度 26. 06 km |
| | | 滏阳河支线 | 利用滏阳河黄口至东于口段,全长 26. 66 km | 26. 66 km | 清淤 |

衬砌长度64.16 m(全部位于河南段),其中河南段金堤河以南,地下水位相对较浅,布置有渠道衬砌,具体如下:

总干渠在桩号0+000~44+000段及1号枢纽前渠道采用现浇混凝土衬砌,渠底和渠坡衬砌厚度均采用10 cm,衬砌高度为设计水位以上1.2 m;设计桩号44+000~55+000之间的城区段渠底和渠坡采用现M7.5浆砌石衬砌,衬砌厚度为30 cm,下设10 cm厚碎石垫层,衬砌高度为设计水位以上1.2 m,衬砌高度以上采用草皮护坡;设计桩号55+000~72+101之间的渠段内坡不衬砌,仅对现状渠坡稍加清理整平后采用土质渠坡,设计水位以上渠坡采用草皮护坡;设计桩号72+101~83+549.20之间的渠段为补源区域,对渠道两侧边坡采用现M7.5浆砌石衬砌,渠底不衬砌。渠坡衬砌厚度为30 cm,下设10 cm厚碎石垫层,衬砌高度为设计水位以上1.2 m,衬砌高度以上采用草皮护坡。

### 1.8.5 建筑物工程布置

本着在满足工程要求的前提下尽可能利用已有工程、布置尽量考虑方便使用及原址布置等原则,引黄入冀补淀工程共涉及引水闸、节制闸、引排水构筑物、桥梁、倒虹吸、渡槽等建筑物672座(不含三合村引水线路上的建筑物),新建106座,其中渠首段6座,河南段5座,河北段95座;拆除重建366座,其中渠首段14座,河南段216座,河北段136座;扩建16座,其中渠首段1座,河南段4座,河北段11座;加固56座,其中河南段10座,河北段46座;维持现状124座,全部位于河北段;废弃4座,全部位于河北段。具体情况见表1-12。

**表1-12 输水渠道建筑物汇总**

| 工程性质 | 编号 | 位置 | 类型 | 数量 |
|---|---|---|---|---|
| 新建 | 渠首段 | 引黄闸—南湖干渠2+200 | 倒虹吸 | 1 |
| | | | 退水及连通闸 | 3 |
| | | | 桥梁 | 2 |
| | 河南段 | 南湖干渠2+200—卫河倒虹吸出口 | 节制闸 | 3 |
| | | | 沉沙池 | 1 |
| | | | 跨渠桥梁 | 1 |
| | 河北段 | 卫河倒虹吸—白洋淀 | 节制建筑物 | 2 |
| | | | 引排水建筑物 | 87 |
| | | | 泵站 | 1 |
| | | | 桥梁 | 5 |

续表 1-12

| 工程性质 | 编号 | 位置 | 类型 | 数量 |
|---|---|---|---|---|
| 重建、扩建、加固 | 渠首段 | 引黄闸—南湖干渠 2 + 200 | 引黄闸 | 1 |
| | | | 汇水池 | 1 |
| | | | 分水闸 | 1 |
| | | | 分水口门 | 7 |
| | | | 桥梁 | 4 |
| | 河南段 | 南湖干渠 2 + 200—卫河倒虹吸出口 | 节制闸 | 3 |
| | | | 防洪闸 | 1 |
| | | | 渠道倒虹吸 | 2 |
| | | | 跨渠桥梁 | 124 |
| | | | 分水口门 | 98 |
| | | | 排水倒虹吸 | 2 |
| | 河北段 | 卫河倒虹吸—白洋淀 | 节制建筑物 | 21 |
| | | | 引排水建筑物 | 32 |
| | | | 泵站 | 2 |
| | | | 桥梁 | 132 |
| 维持现状 | 河北段 | 卫河倒虹吸—白洋淀 | 节制建筑物 | 9 |
| | | | 引排水建筑物 | 12 |
| | | | 桥梁 | 103 |
| 废弃 | 河北段 | 卫河倒虹吸—白洋淀 | 桥梁 | 4 |

本工程有金堤河倒虹吸、卫河倒虹吸等大型的河渠交叉建筑物。

金堤河倒虹吸：本工程对原有金堤河倒虹吸进行拆除重建，金堤河渠道倒虹吸主要建筑物有进口渐变段、进口检修闸、管身段、出口检修闸、出口渐变段和右岸退水闸六部分。金堤河渠道倒虹吸建筑物设计洪水标准为 20 年一遇，相应洪峰流量 650 $m^3/s$，洪水位 52. 14 m；校核洪水标准为 50 年一遇，相应洪峰流量 873 $m^3/s$，洪水位 52. 40 m。河道冲刷计算采用洪水标准，取 50 年一遇。

卫河倒虹吸：卫河倒虹吸轴线处现状有引黄入邯工程建设的穿卫河倒虹吸 1 座，该倒虹吸设计流量 25 $m^3/s$，为两孔一联，河槽段单孔孔径 3 m × 3 m。本次工程计划在充分利用原有倒虹吸过流能力的基础上，在原有倒虹吸轴线左侧净距约 20 m 处增孔，以满足本工程设计流量要求。

### 1. 8. 6　调蓄工程说明

本次工程仅是输水主干渠相关工程，不包括调蓄等配套工程，本工程可行性研究设计仅提出了调蓄工程初步布置方案，具体调蓄工程布置、规模、设计等在下一阶段开展。本阶段仅提出调蓄工程初步布置方案，全部利用已有的河道进行调蓄。

南水北调中、东线工程生效前最大引水过程需要调蓄的引水量最大，满足南水北调中、东线工程生效前最大引水调蓄要求，也就满足了其余 3 种引水情况的调蓄要求。南水北调中、东线工程生效前最大引水方案河北省界引水 9.0 亿 $m^3$ 时，扣除直灌用水外，尚需各市调蓄 2.97 亿 $m^3$，各市调蓄水量及调蓄位置见表 1-13。

**表 1-13　南水北调中、东线生效前最大引水过程需调蓄水量成果**　（单位：万 $m^3$）

| 地级市 | 需调蓄水量 | | 利用现有工程及调蓄量 | | 新建调蓄工程量 |
|---|---|---|---|---|---|
| | 省界 | 市界 | 调蓄位置(调蓄量) | 调蓄量 | |
| 邯郸 | 10 931 | 8 964 | 老沙河(1 029)、民有总干渠(387)、超级支渠(685)、魏县坑塘(1 200)、连接渠(23)、留固沟(67)、东风渠(1 328)、南干渠(28)、滏阳河支线(639)、支漳河(727)、卫西干(630)、魏县水网(1 000)、邱县坑塘(217)、大名南湖(100)、大名北湖(130)、大名坑塘(400)、馆陶坑塘(540) | 9 130 | — |
| 邢台 | 9 131 | 6 848 | 任县河渠(2 465)、南和县溜澧河(1 125)、隆尧河渠(606)、新河县河渠(1 585)、任县坑塘(495)、平乡坑塘(168)、巨鹿坑塘(183)、隆尧坑塘(219)、新河坑塘(167) | 7 013 | — |
| 衡水 | 6 806 | 4 560 | 冀码渠(600)、冀南渠(500)、冀县西沙河(300)、冀午渠(500)、冀吕渠(200)、冀州湖(500)、桃城区滏泸河(600)、桃城区滏阳河(300)、武邑六排支(500)、武邑东风渠(500)、武邑滏东排河(200)、武强刘坑塘(40) | 4 740 | — |
| 沧州 | 15 488 | 7 744 | 泊头老盐河(661)、泊头连接河(208)、韩屯干渠(63)、泊头六号干渠(78)、泊头七号干渠(80)、鲁屯支渠(18)、周英庄支渠(25)、司屯支渠(13)、杨王支渠(20)、泊头坑塘(200)、献县段村干渠(40)、献县南庄支渠(5)、献县冯家河支渠(7)、献县商林干渠及运粮河(437)、献县港河西支(100)、献县北排河(300)、郭庄支渠(15)、献县垒头渠(8)、献县韩村渠(12)、献县白龙江(50)、献县坑塘(60)、河间兴村灌区水系(3 003)、肃宁河网(1 400)、任丘胜利渠(135)、任丘芦庄洼渠(14)、胜利路西沟(47)、任丘任文干渠(770)、任清渠(62)、任丘坑塘(28) | 7 859 | — |
| 廊坊 | 3 336 | 1 568 | 赵王新河(2 300) | 2 300 | — |
| 合计 | 45 693 | 29 684 | | 31 042 | — |

# 1.9　工程施工总体情况

## 1.9.1　施工方法

引黄入冀补淀工程施工方式主要有土石方工程施工、混凝土工程施工、机电设备及金属结构安装。

### 1.9.1.1　土石方工程施工

本工程的土石方工程主要是输水渠道、老引黄闸前引水渠、沉沙池和建筑物土方开挖回填等。

1. 输水渠道施工

由于工程线路较长，各条河道的地形情况不尽相同，根据地形条件、运距远近、开挖断面大小等因素，对于局部修整边坡、施工场地狭窄的部位采用人工开挖；对于场地开阔、有机械开挖条件的部位采用 1 $m^3$ 挖掘机开挖，并进行人工削坡。有回填要求的土方采用 10 t 自卸汽车运输至临时堆土场堆放，平均运距 500 m，弃土直接运至弃土（渣）场。土方填筑优先利用工程开挖料，不足土料可就地取材。

2. 老引黄闸前引水渠工程

老引黄闸前引水渠包括黄河主流段到青庄险工 2、3 号坝河滩引渠清淤，青庄险工 2、3 号坝到老闸闸室段开挖修坡。其中黄河主流到青庄险工 2、3 号坝约 1 500 m，施工方式主要是采用泥浆泵清淤开挖引渠，渠道宽度 30 m，底部高程 55.90 m，清淤边坡 1∶5左右；青庄险工 2、3 号坝到老闸闸室段开挖修坡，渠道长度 484 m，施工方式为在青庄险工 2、3 号坝之间修建进口引渠围堰，将现状渠道进行断面开挖、修整边坡，并对青庄险工 3 号坝垛进行抛石加固处理。

3. 沉沙池施工

沉沙池总开挖量为 822.34 万 $m^3$，总筑堤量为 34.59 万 $m^3$。沉沙池施工工序为先筑堤后开挖。围堤和隔堤施工工序同堤防，土方用 2.75 $m^3$ 铲运机进行开挖，运距控制在 200 m 以内，直接运至填筑面。多余的土方一部分调运到渠道内的缺土区，一部分用 1 $m^3$ 挖掘机配合 8 t 自卸汽车运至弃土区，运输距离暂按 5 ~ 6 km 考虑。

4. 建筑物土方开挖回填

建筑物土方开挖，是在导流工程完成和排除基坑内集水后进行的。根据导流方式，两座倒虹基坑分二次开挖，其他建筑物基坑开挖均为一次成形。大型建筑物土方开挖采用 1 $m^3$ 挖掘机挖装，8 ~ 10 t 自卸汽车运至基坑外或滩地堆放待回填，多余土料弃至弃土场。穿堤涵管采用 1 $m^3$ 挖掘机挖，推土机推离现场待回填。

### 1.9.1.2　混凝土工程施工

整个工程的混凝土浇筑，除少量用于渠道护砌外，其他均为建筑物的混凝土浇筑工程。

1. 桥梁施工

桥梁现浇混凝土施工，主要包括地下灌柱桩、桥台、桥墩、墩帽及混凝土桥面铺装的浇筑。

2. 其他施工

水闸混凝土工程施工时，依次按基础垫层→底板→闸墩（洞身）→上部结构→上、下游段的顺序进行浇筑。

倒虹吸混凝土工程由进出口段、闸室段（渠倒虹吸）、管身段等组成，浇筑分期进行施工，各单项工程施工时依次按基础垫层→底板→侧墙（闸墩）→顶板（上部结构）的顺序进行浇筑。

### 1.9.2 施工导流

本次输水河渠大部分是已有人工渠道，不是自然河流，非汛期大部分无水，汛期水量主要来自降雨，流量非常小，总体上施工导流规模较小。

#### 1.9.2.1 渠首段工程施工导流

渠首段需要导流的工程有老渠村穿堤涵闸工程、1号分水枢纽工程，导流标准及流量、导流方式及程序具体见表1-14。

其中1号分水枢纽工程位于新渠村（三合村）闸和老渠村穿堤涵闸引水渠道交汇处，为了满足施工期城市供水及下游灌区供水要求，必须解决涉水施工的导流问题。因河道狭窄（宽仅22 m），不具备分期导流条件，故可行性研究推荐采用将引水渠道一次拦断，从导流明渠引水的导流方式，由导流明渠供濮阳市城市用水及下游灌区用水。

导流建筑物工程量见表1-15、表1-16。

#### 1.9.2.2 河南段工程施工导流

河南段工程分为引水渠道工程和建筑工程，其中引水渠道工程施工时不需要采取导流措施。但是，由于该设计渠道是在现有渠道上扩挖加宽，而现有渠道为灌排合一渠道，因此渠道中存水较多，渠道和各建筑物施工时需要修筑上下游围堰保护基坑。考虑到工期、交通等问题，整个渠线按每千米1处围堰设计，共需设置施工围堰80处。

建筑工程需要施工导流的有卫河倒虹吸和金堤河倒虹吸。导流标准及流量、导流方式及程序具体见表1-17。

两座倒虹吸导流工程施工，安排在10月初实施，其他建筑物可根据工程规模自行安排，但是要求在一个非汛期内完成全部工程。

**表 1-14　渠首段工程施工导流情况**

<table>
<tr><th>工程</th><th>工程情况</th><th>施工时间</th><th>导流标准</th><th>导流方式</th><th>导流建筑物</th><th>施工方式</th></tr>
<tr><td>老渠村穿堤涵闸工程</td><td>由进口引渠、穿堤涵闸、出口连接渠道等组成</td><td>非汛期10月至翌年5月</td><td>拟采用枯水期(10月至翌年5月)20年一遇设计洪水标准,相应的黄河流量为4 150 $m^3/s$,黄河水位为62.11 m</td><td>采用土石围堰将进口引水渠一次拦断</td><td>土石围堰,堰顶高程为62.7 m;围堰堰顶宽3.0 m,最大高度5.0 m,围堰迎水面边坡1∶2.5,背水面边坡1∶2.0,迎水面采用编织袋装土防护</td><td rowspan="3">围堰清基、明渠开挖以及围堰拆除均采用1.0 $m^3$挖掘机挖除,10 t自卸汽车运1.5 km;围堰填筑采用2.75 $m^3$铲运机运300 m,59 kW拖拉机碾压,人工配合1.0 $m^3$挖掘机装填土袋,人工砌筑</td></tr>
<tr><td rowspan="2">1号分水枢纽工程</td><td rowspan="2">位于新渠村(三合村)闸和老渠村穿堤涵闸引水渠道交汇处</td><td rowspan="2">4~7月</td><td rowspan="2">本工程导流设计流量取44 $m^3/s$</td><td rowspan="2">将引水渠道一次拦断,从导流明渠引水的导流方式</td><td>$1^{\#}$导流明渠进口高程57.6 m,出口高程56.94 m,底坡0.024%,底宽12.0 m,边坡1∶2,长277 m。经计算,导流明渠平均流速2.13 m/s,渠道水深1.4 m,导流明渠采用土工布防冲</td></tr>
<tr><td>$2^{\#}$导流明渠进口高程56.94 m,出口高程56.6 m,底坡0.024%,底宽12.0 m,边坡1∶2,长142 m。经计算,导流明渠平均流速2.13 m/s,渠道水深1.4 m,导流明渠采用土工布防冲</td></tr>
</table>

**表 1-15　老渠村穿堤涵闸工程施工导流临建工程量**

| 项目名称 | 单位 | 工程量 |
|---|---|---|
| 围堰基础清基 | $m^3$ | 979 |
| 土方填筑 | $m^3$ | 5 400 |
| 编织袋装土 | $m^3$ | 384 |
| 围堰拆除 | $m^3$ | 5 784 |

表 1-16　1 号分水枢纽工程施工导流临建工程量

| 项目名称 | | 单位 | 工程量 |
|---|---|---|---|
| 围堰 | 围堰基础清基 | $m^3$ | 979 |
| | 土方填筑 | $m^3$ | 5 400 |
| | 编织袋装土 | $m^3$ | 384 |
| | 围堰拆除 | $m^3$ | 5 784 |
| 明渠 | 土方开挖 | $m^3$ | 27 864 |
| | 土工布 | $m^2$ | 15 480 |
| | 明渠回填 | $m^3$ | 25 078 |

表 1-17　河南段建筑工程施工导流情况

| 工程 | 工程情况 | 导流标准 | 导流方式 | 导流建筑物 | 施工方式 |
|---|---|---|---|---|---|
| 卫河倒虹吸 | 卫河设计流量 59.70 $m^3/s$，渠道堤防级别为 2 级 | 采用非汛期 10 年一遇（1～5 月），流量为 85.3 $m^3/s$。汛期河床内停止施工 | 在河床内的子槽上，采用全断面一次性截流明渠导流方式 | 导流明渠进出口布置在上下游围堰以外 20 m 处，渠道设计进口高程 39.6 m，出口高程 39.5 m，底宽 25 m，边坡 1∶2，长 200 m，坡降 $i=1/2\ 000$ | 卫河导流明渠施工程序从中间向两端开挖，采用 1 $m^3$ 挖掘机挖，推土机推离现场待回填 |
| 金堤河倒虹吸 | 金堤河设计流量 95.26 $m^3/s$；渠道堤防级别为 3 级 | 采用非汛期 5 年一遇（10 月至翌年 5 月） | 采用 U 形围堰在一个非汛期内进行两次导流，完成全部管身段的施工方式 | 本工程施工 U 形围堰布置在基坑开挖边沿以外 20 m 处，一期 U 形围堰束窄河床约 80 m，预留过水断面底宽 20 m，按照渠道现状边坡 1∶3，坡降 $i=1/6\ 000$ | 各围堰施工，填筑采用明渠或基坑开挖的土料，从两岸沿围堰轴线同时进占填筑，用 1 $m^3$ 挖掘机挖装 8 t 自卸汽车运输至工作面，推土机平料拖拉机压实，另配备 2.8 kW 蛙式打夯机配合压实 |

当工程完工后，立即将导流工程拆除，围堰拆除采用 1 $m^3$ 反铲挖掘机配合 8 t 自卸汽车进行施工；卫河导流明渠回填，采用 74 kW 推土机推运，履带式拖拉机压实。

施工导流工程量见表 1-18。

表 1-18 施工导流工程量汇总表(河南段)

| 序号 | 项目 | 单位 | 围堰填筑 | 导流渠开挖 | 导流渠堤防 | 合计 |
|---|---|---|---|---|---|---|
| 1 | 卫河倒虹吸 | $m^3$ | 5 119 | 8 900 | 1 089 | 15 108 |
| 2 | 金堤河倒虹吸 | $m^3$ | 5 523 | | | 5 523 |
| | 一期围堰 | $m^3$ | 3 822 | | | 3 822 |
| | 二期围堰 | $m^3$ | 1 701 | | | 1 701 |
| 3 | 其他建筑物 | $m^3$ | 203 000 | | | 203 000 |
| | 19 +800 以上 | $m^3$ | 15 560 | | | 15 560 |
| | 19 +801 以下 | $m^3$ | 187 440 | | | 187 440 |
| 合计 | | $m^3$ | 213 642 | 8 900 | 1 089 | 223 631 |

### 1.9.2.3 河北段工程施工导流

河北段渠道工程可以在一个非汛期内完成,工程导流时段安排在非汛期,拟定于 10 月 1 日至第二年 5 月 31 日。支渠一般为小的天然或人工沟壑,非汛期大部分干涸,因此支渠施工时不进行施工导流。干渠非汛期流量也不大。考虑工程失事后对下游及工程本身的影响程度,将施工导流标准定为 5 年一遇洪水标准。

根据不同建筑物情况,施工导流采用不同方式,新建干渠挡水建筑物一般采用一次拦断明渠导流方式;桥梁一般采用束窄河床、分期导流的方式。束窄后河道过流宽度一般不小于 5 m,过流水深 0.6 ~0.8 m,围堰考虑 0.5 m 安全超高。围堰顶宽 2 m,边坡 1:2。导流明渠过流水深控制在 1 m 左右,并考虑 0.5 m 安全超高,明渠底宽 2 ~3 m,边坡 1:2。根据以上原则进行导流建筑物布置,施工导流工程量见表 1-19。

表 1-19 河北段施工导流工程量 (单位:$m^3$)

| 序号 | 县(市、区) | 渠道名称 | 明渠开挖/回填 | 围堰填筑/拆除 |
|---|---|---|---|---|
| 1 | 魏县 | 漳河 | 11 160 | 6 600 |
| 2 | 曲周 | 支漳河 | 3 324 | 23 275 |
| | | 老漳河 | | 1 109 |
| 3 | 平乡 | 老漳河 | 2 218 | 11 090 |
| 4 | 广宗 | 老漳河 | 1 109 | 8 872 |
| 5 | 巨鹿 | 老漳河 | 1 109 | 19 962 |
| 6 | 宁晋 | 老漳河 | | 7 763 |
| 7 | 新河 | 滏东排河 | 1 620 | 21 600 |
| 8 | 冀州市 | 滏东排河 | 1 620 | 151 20 |
| 9 | 桃城区 | 滏东排河 | 1 620 | 19 440 |
| 10 | 武邑 | 滏东排河 | 3 240 | 47 520 |

续表 1-19

| 序号 | 县(市、区) | 渠道名称 | 明渠开挖/回填 | 围堰填筑/拆除 |
| --- | --- | --- | --- | --- |
| 11 | 武强 | 滏东排河 | | 6 480 |
| 12 | 泊头 | 滏东排河 | 1 620 | 8 640 |
| 13 | | 北排河 | | 2 870 |
| 14 | 献县 | 北排河 | | 5 740 |
| 15 | 肃宁 | 小白河东支 | 1 950 | 1 920 |
| 16 | 河间 | 小白河东支 | 975 | 1 920 |
| | | 小白河 | | 887 |
| 17 | 任丘 | 小白河 | | 21 288 |
| 合计 | | | 31 565 | 232 096 |

## 1.9.3　料场与弃土场

该工程以土方工程为主,局部需修建小型建筑物,工程所需砂子、碎石、块石可就近从附近砂石料场购运,其他建筑材料如水泥、钢筋、油料可在县城建材市场采购。不再另外布置料场。

本工程因渠道工程和沉沙池工程开挖量较大,弃土场布置较多。弃土场的布置应遵循以下原则:

(1)弃土场的布置应符合国家有关安全、防火、卫生、水土保持、环境保护等规定。

(2)弃土场应避开自然保护区、水源地保护区、水产种质资源保护区等敏感生态保护区。

(3)弃土场应尽量避开学校、医院等人口密度较大的区域。

(4)通过合理安排施工进度,最大限度地利用开挖料作为工程填筑料,减少堆、弃渣量。

### 1.9.3.1　土石方平衡

工程开挖及拆除总量 2 302.0 万 $m^3$,土方填筑总量 535.9 万 $m^3$,弃渣 1 674.3 万 $m^3$;土方填筑基本利用开挖料,利用开挖料 618.6 万 $m^3$,仅河北段外购土料 12.1 万 $m^3$。

1. 渠首段

渠首段工程土方开挖及水闸拆除共计 66.8 万 $m^3$,土方填筑 15.2 万 $m^3$ 全部使用开挖料,利用开挖料 17.9 万 $m^3$,其余运至渣场,共弃渣 48.9 万 $m^3$。

2. 河南段

河南段主体工程总开挖量 1 260.24 万 $m^3$,总回填量 348.86 万 $m^3$,渠道内和部分建筑物开挖出的土料不满足填筑要求,需要从沉沙池内调运土方 97.31 万 $m^3$。共利用开挖土料 411.64 万 $m^3$,弃渣 839.5 万 $m^3$。

3. 河北段

引黄入冀补淀工程清表土方 32.04 万 $m^3$(自然方),土方开挖 943.63 万 $m^3$(自然方),土方回填 171.90 万 $m^3$(压实方),弃土 785.89 万 $m^3$(自然方),共利用开挖土方 189.1 万 $m^3$(自然方),外购土方 13.07 万 $m^3$(自然方)。

#### 1.9.3.2 弃土场布置

根据工程土石方平衡计算结果,该工程土料利用开挖土地或者购买,工程不布置取土场;由于输水渠道及沉沙池工程开挖土地量较大,工程共布置弃土场 76 处,其中渠首段 2 处、河南段 12 处、河北段 62 处。渠首段及河南段弃土场占地类型大部分是耕地,河北段弃土场占地为耕地、砖场、弃土坑、洼地等。

### 1.9.4 施工交通运输

施工交通原则上充分利用已有道路,基本不再新建对外交通道路,只修建必需的场内道路。

#### 1.9.4.1 对外交通

本工程区内公路四通八达,交通方便。S212 省道、黄河大堤堤顶道路从渠首段通过;河南段,在长 81.3 km 的工区内,分布着 106 国道、省道及 70 多条县乡公路;河北段,沿线有邯大公路、309 国道、邯临公路、大广高速公路、106 国道、107 国道、307 国道,石黄、沧石、津保高速公路以及石德、朔黄、京九、京沪铁路纵横交织穿过,区内县与乡、乡与村、村与村的道路均能与国道、省道相通,为工程施工提供了方便快捷的对外交通。

根据对外交通运输条件,工程施工期间外来物资运输主要采用公路运输,由工区至附近县市,可利用四通八达的当地公路,基本不再新修对外交通道路。建筑材料和设备可直接运至施工场地。

河南段施工时,两座渠道倒虹吸需各新修 2 km 的进场道路。道路为矿山Ⅲ级,路面宽 6 m,碎石路面。

#### 1.9.4.2 场内交通

施工期间场内运输以土料开挖、土方填筑及混凝土运输为主,兼有施工机械设备及人员的进场要求,因此设计修建施工干线道路连接工区、工厂区及渣场区等;场内交通尽量利用工程区内现有交通道路,对于现有道路不能满足场内交通运输要求的,修建场内临时施工道路。根据施工顺序先建建筑物的原则,需在渠道一侧修筑一条能贯穿整个渠线的场内主干道,来连接建筑物的生活、生产区。

根据施工方法、施工强度、场内交通运输强度,场内道路等级参照矿山Ⅲ级,路面宽 6 ~ 7 m,路面为碎石路面或改善土路面。

根据地形特点、工程布置和施工需要,本工程施工共布置场内施工道路的总长度为 318.4 km。

### 1.9.5 施工营地布置

施工营地布置原则:①施工布置要本着有利于生产、方便生活、易于管理、经济合理的原则,集中布置生产生活设施;②施工布置应尽量紧凑,节约用地,取土和弃土尽量利用荒地、滩地,少占或不占耕地,并不妨碍渠道输水、排涝河道的排水;③根据工程的建设顺序,保持各施工期之间工艺的衔接和施工的连续性,避免迁建、改建和重建。根据施工营地布置原则,本项目区共布置施工营地49处,其中渠首2处,河南段14处,河北段33处。施工设施包括施工生活区、混凝土生产系统、综合加工厂、机械保养厂、施工仓库、供水、供电等。

### 1.9.6　施工进度安排

#### 1.9.6.1　编制施工总进度原则

1. 施工总进度原则

(1)严格执行基本建设程序,遵照国家政策、法令和有关规程规范。

(2)力求缩短工程建设周期,对控制工程总工期的工程和关键项目重点研究,采取有效的技术和安全措施。

(3)各项目施工程序前后兼顾、衔接合理、干扰少、施工均衡。

(4)采取平均先进指标,并适当留有余地,在保证工程质量和施工总工期的前提下,充分发挥投资效益。

2. 施工程序

由于地形条件不同,输水管线建筑物类型、数量与特点也有所不同,为避免施工交叉干扰,节省投资,保证工程施工质量,各段工程项目的施工顺序应合理安排。总体原则如下:

(1)各穿越河道工程均利用非汛期施工。

(2)其他建筑物单独安排施工,与渠道工程平行交叉作业。

#### 1.9.6.2　施工进度

本工程施工总工期为24个月,其中工程净准备期3个月,主体工程施工期20个月,工程完建期1个月。各期控制性关键项目及进度安排分述如下。

1. 工程准备期

工程准备期为7~10月,与主体工程搭接1个月,主要完成两岸、场内外主要交通道路建设、场地平整、施工单位生产生活用房建设、施工工厂建设等工作,建设完成生活区、生产施工区等处的风、水系统和导流工程施工,为主体工程顺利进行施工创造条件。

2. 主体工程施工期

主体工程在施工期内,完成开挖、回填、混凝土浇筑及设备安装等施工项目。为减少导流工程量,雨季不进行河道内工程施工,并做好防护措施。为加快工程进度,建议分成若干段同时施工,主管部门提前协调安排,避免各段干扰。

河南段,为了减少沿线灌区的灌溉影响,南湖干渠渠道施工从第二年2~6月,完成渠道开挖和填筑工程。由于南湖干渠属半挖半填段,回填断面需经过一个汛期的自然沉降,方能确保衬砌面的质量。因此,南湖干渠段的渠道衬砌安排在第二年10~12月完成。南湖干渠建筑物等工程从第一年10月至第二年9月陆续完成;同时还需要完成一条沉沙条渠的工程,以及完成卫河倒虹吸部分工程和金堤河倒虹吸的全部工程。

下游第三濮清南干渠渠段从第一年10月至第二年9月,在灌溉间歇期间完成全部分水口门、渠道开挖堤防填筑衬砌和部分节制闸、桥梁等工程；从第二年10月至第三年5月，完成剩余部分的节制闸、桥梁及其他小型建筑物等工程。

河南段、渠首段及河北段主体工程施工平行作业，互不干扰。

渠首段主体工程主要由老渠村闸引渠、涵闸、出口连接渠道、供水渠道、南湖干渠连接渠道、分水枢纽和渐变段、天然文岩渠入黄河口部分渠段改道、黄河主流段到青庄险工2、3号坝河滩引渠清淤等部分组成，主体工程施工从第一年10月中旬至第二年8月中旬，工期10.5个月。

河北段总工期安排两年，根据各县市工程规模情况，单个县市均可在1年内完工，为降低施工强度，因此安排渠道工程线路较短的县市第二年开工。

3. 工程完建期

第三年6月，完成场地清理、工程验收工作。

## 1.10　工程占地及移民安置

### 1.10.1　工程占地

工程建设用地包括渠道工程用地、建筑物工程用地、管理用地、施工用地，按建设用地性质分为永久征地和临时用地。根据工程布置，引黄入冀补淀工程建设用地总面积26 115.28亩，其中永久征地12 791.81亩（包括河南已有渠道占地3 278.55亩），临时用地13 323.47亩（见表1-20）。工程占用耕地17 362.15亩，占总占地面积的66.48%，林地3 792.97亩，其他用地930.59亩。

河南段占地面积为16 787.74亩（包括已有渠道占地3 278.55亩），占总占地面积的64.28%。主要占地类型为耕地，占地10 366.12亩，占河南段工程用地面积的61.74%；其次是水域及水利设施用地，占20.82%，其中包含了濮阳市已有渠道占地3 278.55亩（目前是以租赁方式占用）；林地占用规模也较大，面积为2 003.23亩，比例为11.93%。

河北段占地面积为9 327.54亩，占总占地面积的35.72%。主要占地类型为耕地，占地6 996.03亩，占河北段工程用地面积的75%；其次为林地，占地1 789.74亩，占河北段工程用地面积的19.19%。

**表1-20　引黄入冀补淀工程占地情况**　（单位：亩）

| 区域 | 面积及比例 | 永久占地 | | | | | 临时占地 | | |
|---|---|---|---|---|---|---|---|---|---|
| | | 耕地 | 林地 | 住宅及交通用地 | 水域及水利设施用地 | 其他用地 | 耕地 | 林地 | 水域及水利设施用地 |
| 河南省 | 面积 | 3 479.43 | 2 003.23 | 60.12 | 3 495.7 | 862.57 | 6 886.69 | — | — |
| | 比例 | 20.73% | 11.93% | 0.36% | 20.82% | 5.14% | 41.02% | — | — |
| | 小计 | 9 901.05 | | | | | 6 886.69 | | |

续表 1-20

| 区域 | 面积及比例 | 永久占地 | | | | | 临时占地 | | |
|---|---|---|---|---|---|---|---|---|---|
| | | 耕地 | 林地 | 住宅及交通用地 | 水域及水利设施用地 | 其他用地 | 耕地 | 林地 | 水域及水利设施用地 |
| 河北省 | 面积 | 1 404. 34 | 1 011. 15 | 68. 84 | 338. 92 | 67. 52 | 5 591. 69 | 778. 59 | 66. 49 |
| | 比例 | 15. 06% | 10. 84% | 0. 74% | 3. 63% | 0. 72% | 59. 95% | 8. 35% | 0. 71% |
| | 小计 | 2 890. 76 | | | | | 6 436. 78 | | |
| 合计 | 面积 | 4 883. 77 | 3 014. 38 | 128. 96 | 3 834. 62 | 930. 09 | 12 478. 38 | 778. 59 | 66. 49 |
| | 比例 | 18. 7% | 11. 54% | 0. 49% | 14. 68% | 3. 56% | 47. 78% | 2. 98% | 0. 25% |
| | 合计 | 12 791. 81 | | | | | 13 323. 47 | | |

## 1. 10. 2　移民安置规划方式

工程规划水平年涉及河南、河北 2 省 2 市 3 县(区)17 个行政村共 1 288 人,其中河南省1 285人,河北省 3 人。河南省段受工程影响单位共 7 家,分别为渠村乡水利站、渠村闸管所、渠村灌区管理所、曾小邱中心小学、濮阳市环境卫生管理处、濮水河管理处及加油站。

生产安置:农村移民以农业安置为主,主要采取后靠和近迁调地进行生产安置。工程建设永久征收耕地和移民安置调剂耕地使部分村民的人均耕地面积有所减少,其生产生活会受到一定影响,需通过土壤培肥、开展科学种田培训、提高土地利用率等生产发展措施规划,加强安置区农业基础设施建设,改善生产条件,增强耕地的抗灾能力,提高耕地的综合产出能力,使移民及安置区居民达到或超过原来的生产生活水平。

搬迁安置人口:根据施工布置方案和实物调查成果,工程建设区共涉及河南、河北 2 省 2 市 3 县(区)17 个行政村 1 276 人,计算水平年搬迁人口为 1 288 人。本工程用地拆迁居民共涉及 17 个行政村,其中河南省濮阳县南湖村 634 人和安邱村 271 人采取集中安置,其余 15 个行政村 383 人均采取分散安置。

### 1. 10. 2. 1　生产安置人口

经计算,本工程用地基准年生产安置人口 3 936 人,其中河南省段生产安置人口2 994 人,河北省段生产安置人口为 942 人;规划水平年生产安置人口 3 985 人,其中河南省生产安置人口 3 024 人,河北省生产安置人口 961 人。

本工程为线形,呈分散分布,永久用地量小而分散,涉及村庄多,单块征地面积较小,对当地农业生产影响非常小,占压前后人均耕地占有量降低甚小。河北省涉及生产安置人口全部在本村内调地安置;河南省段除南湖村、安邱村因沉沙池占用耕地面积较大需出村安置外,其余均在本村内进行调地安置。

### 1. 10. 2. 2　农村搬迁安置人口

根据引黄入冀补淀工程实物调查成果和规划方案,设计基准年农村移民搬迁安置任务为 1 276 人,其中河南省段 1 273 人(其中 895 人为占地不占房影响人口),河北省段 3

人(见表 1-21)。

**表 1-21　引黄入冀补淀工程搬迁安置人口计算**

| 省 | 市 | 县(区) | 村 | 基准年搬迁安置人口 | 水平年搬迁安置人口 |
| --- | --- | --- | --- | --- | --- |
| 河南省 | 濮阳市 | 濮阳县 | 南湖村 | 627 | 634 |
| | | | 安邱村 | 268 | 271 |
| | | | 团罡村 | 6 | 6 |
| | | | 刘辛庄 | 27 | 27 |
| | | | 铁炉村 | 38 | 38 |
| | | | 王月城村 | 104 | 105 |
| | | | 曾小邱村 | 18 | 18 |
| | | | 西台上 | 7 | 7 |
| | | | 毛寨村 | 40 | 40 |
| | | 濮阳县小计 | | 1 135 | 1 146 |
| | | 开发区 | 张庄 | 1 | 1 |
| | | | 李凌平 | 7 | 7 |
| | | | 马凌平 | 7 | 7 |
| | | | 南新习 | 14 | 14 |
| | | | 前范庄 | 31 | 31 |
| | | | 天阴村 | 17 | 17 |
| | | 开发区小计 | | 77 | 77 |
| | | 示范区 | 后范庄 | 61 | 62 |
| | 合计 | | | 1 273 | 1 285 |
| 河北省 | 沧州市 | 献县 | 隋庄村 | 3 | 3 |
| 总计 | | | | 1 276 | 1 288 |

本工程规划水平年搬迁安置共涉及河南、河北 2 省 2 市 3 县(区)17 个行政村 1 288 人。结合生产安置去向方案,规划水平年濮阳县渠村乡南湖村 634 人、安邱村 271 人采取集中安置,其余 15 个行政村 383 人均采取本村后靠分散安置。具体安置规划见表 1-22。

根据地方政府和移民群众意见,南湖村、安邱村移民采取集中安置的方式,分别安置于牛寨村和翟庄村,牛寨村安置点位于南湖村东南约 4 km,黄河大堤西北,紧邻牛寨老村庄,以牛寨干渠为界,拟安置南湖村居民 159 户 634 人;翟庄村安置点位于安邱村东南约 3 km,黄河大堤西北,紧邻翟庄老村庄,拟安置安邱村居民 68 户 271 人。

表1-22 引黄入冀补淀工程农村移民搬迁安置汇总

<table>
<tr><th rowspan="2">省</th><th rowspan="2">市</th><th rowspan="2">序号</th><th rowspan="2">县(区)</th><th rowspan="2">村</th><th rowspan="2">安置区域</th><th rowspan="2">安置方式</th><th colspan="2">搬迁安置人口(人)</th><th rowspan="2">安置用地(亩)</th></tr>
<tr><th>基准年</th><th>水平年</th></tr>
<tr><td rowspan="19">河南省段</td><td rowspan="19">濮阳市</td><td>1</td><td>濮阳县</td><td>南湖村</td><td>牛寨村</td><td>集中</td><td>627</td><td>634</td><td>76.08</td></tr>
<tr><td>2</td><td>濮阳县</td><td>安邱村</td><td>翟庄村</td><td>集中</td><td>268</td><td>271</td><td>32.52</td></tr>
<tr><td>3</td><td>濮阳县</td><td>团罡村</td><td>本村</td><td>分散</td><td>6</td><td>6</td><td>0.72</td></tr>
<tr><td>4</td><td>濮阳县</td><td>刘辛庄</td><td>本村</td><td>分散</td><td>27</td><td>27</td><td>3.24</td></tr>
<tr><td>5</td><td>濮阳县</td><td>铁炉村</td><td>本村</td><td>分散</td><td>38</td><td>38</td><td>4.56</td></tr>
<tr><td>6</td><td>濮阳县</td><td>王月城村</td><td>本村</td><td>分散</td><td>104</td><td>105</td><td>12.60</td></tr>
<tr><td>7</td><td>濮阳县</td><td>曾小邱村</td><td>本村</td><td>分散</td><td>18</td><td>18</td><td>2.16</td></tr>
<tr><td>8</td><td>濮阳县</td><td>西台上</td><td>本村</td><td>分散</td><td>7</td><td>7</td><td>0.84</td></tr>
<tr><td>9</td><td>濮阳县</td><td>毛寨村</td><td>本村</td><td>分散</td><td>40</td><td>40</td><td>4.80</td></tr>
<tr><td colspan="3">濮阳县小计</td><td></td><td></td><td>1 135</td><td>1 146</td><td>137.52</td></tr>
<tr><td>10</td><td>开发区</td><td>张庄</td><td>本村</td><td>分散</td><td>1</td><td>1</td><td>0.12</td></tr>
<tr><td>11</td><td>开发区</td><td>李凌平</td><td>本村</td><td>分散</td><td>7</td><td>7</td><td>0.84</td></tr>
<tr><td>12</td><td>开发区</td><td>马凌平</td><td>本村</td><td>分散</td><td>7</td><td>7</td><td>0.84</td></tr>
<tr><td>13</td><td>开发区</td><td>南新习</td><td>本村</td><td>分散</td><td>14</td><td>14</td><td>1.68</td></tr>
<tr><td>14</td><td>开发区</td><td>前范庄</td><td>本村</td><td>分散</td><td>31</td><td>31</td><td>3.72</td></tr>
<tr><td>15</td><td>开发区</td><td>天阴</td><td>本村</td><td>分散</td><td>17</td><td>17</td><td>2.04</td></tr>
<tr><td colspan="3">开发区小计</td><td></td><td></td><td>77</td><td>77</td><td>9.24</td></tr>
<tr><td>16</td><td>示范区</td><td>后范庄</td><td></td><td></td><td>61</td><td>62</td><td>7.44</td></tr>
<tr><td colspan="3">合计</td><td></td><td></td><td>1 273</td><td>1 285</td><td>154.20</td></tr>
<tr><td rowspan="2">河北省段</td><td>沧州市</td><td>17</td><td>献县</td><td>隋庄村</td><td>本村</td><td>分散</td><td>3</td><td>3</td><td>0.36</td></tr>
<tr><td colspan="4">合计</td><td></td><td></td><td>3</td><td>3</td><td>0.36</td></tr>
<tr><td colspan="5">总计</td><td></td><td></td><td>1 276</td><td>1 288</td><td>154.56</td></tr>
</table>

安置区场地地势较平坦,地面高程一般在58.8～57.8 m,均为水浇地。本区浅层地下水水质较差,深层地下水为第三系基岩孔隙裂隙岩溶水和第四系松散岩类孔隙水,水量丰富,水质较好。本渠段以半挖半填段为主,多为挖方,建议根据总干渠施工土方平衡,就地取材,采用总干渠挖方段的弃土,进行村台填筑。

1.10.2.3 集镇居民搬迁安置人口

工程建设涉及河北省邯郸市魏县段留固沟,扩挖占压张二庄镇居民7户,其中涉及居住人口的5户,基准年人口30人,规划水平年人口30人。按照张二庄镇统一建设规划,对5户30人采取就近后靠集中安置,建设用地按人均80 $m^2$ 计列;另外2户为工程占压房屋附属设施，不影响居民正常居住，采取一次性补偿，不需要进行搬迁。城镇居民安置规划见表 1-23。

**表 1-23　引黄入冀补淀工程城镇居民安置规划**

| 县 | 乡（镇） | 户数 | 人口（人） | | 占压宅基地（亩） | 一次性补偿 | | 搬迁安置 | |
|---|---|---|---|---|---|---|---|---|---|
| | | | 基准年安置人口 | 规划水平年安置人口 | | 户数 | 补偿面积（亩） | 户数 | 安置面积（亩） |
| 邯郸 | 张二庄镇 | 7 | 30 | 30 | 0.47 | 2 | | 5 | 3.60 |

1.10.2.4　单位迁建安置规划

本工程影响单位共 7 家，分别为渠村乡水利站、渠村闸管所、渠村灌区管理所、曾小邱中心小学、濮阳市环境卫生管理处、濮水河管理处及加油站。单位总占地面积 6.73 亩，其中工程占压 2.1 亩；房屋总面积 3 669.56 $m^2$，工程占压及影响面积 2 842.88 $m^2$。各单位基本情况及受影响情况详见表 1-24。

**表 1-24　河南省段引黄入冀补淀工程影响单位情况**

| 县（区） | 单位名称 | 所在位置 | 桩号 | 土地面积（亩） | | 房屋面积（$m^2$） | | 受影响情况 | 迁建方案 |
|---|---|---|---|---|---|---|---|---|---|
| | | | | 总面积 | 占压面积 | 总面积 | 占压及受影响面积 | | |
| 濮阳县 | 渠村乡水利站 | 渠首段 | 9 +932 | | | 361.92 | 361.92 | 占压房屋为租用黄河河务局房屋 | 补偿处理 |
| | 渠村闸管所 | 渠首段 | | | | 440.15 | 440.15 | 占压房屋为租用黄河河务局房屋 | 补偿处理 |
| | 渠村灌区管理所 | 渠首段 | 13 +130 | | | 223.00 | 223.00 | 占压房屋为租用黄河河务局房屋 | 补偿处理 |
| | 曾小邱中心小学 | 渠道左岸、曾小邱村南 | 15 +875 | | | 1 587.59 | 1 587.59 | 教学楼均被占，影响使用功能 | 补偿处理 |
| 濮阳县小计 | | | | | | 2 612.66 | 2 612.66 | | |
| 开发区 | 加油站（S101 旁） | 渠道左岸 | 38 +800 | 2.17 | 0.09 | 889.50 | 62.82 | 占压一间休息室，不影响使用功能 | 补偿处理 |
| | 濮阳市环境卫生管理处 | 渠道右岸 | 46 +800 | 4.56 | 2.01 | 167.40 | 167.40 | 主要设施被占压 | 补偿处理 |
| | 濮水河管理处 | 渠道右岸 | 47 +600 | | | | | 仅占围墙 | 补偿处理 |
| 开发区小计 | | | | 6.73 | 2.10 | 1 056.90 | 230.22 | | |
| 濮阳市合计 | | | | 6.73 | 2.10 | 3 669.56 | 2 842.88 | | |

## 1.11　工程投资

引黄入冀补淀工程总投资438 614.23万元,其中工程投资297 909.24万元,环保投资6 411.03万元,水土保持投资4 395.14万元,移民安置投资129 898.82万元。按照工程段分,其中渠首段投资20 909.57万元,河南段投资216 646万元,河北段投资201 058.23万元。

# 第2章 环境现状调查分析

## 2.1 流域概况

本项目是两个资源型缺水流域之间的跨流域调水工程，主要涉及黄河流域和海河流域。

### 2.1.1 黄河流域

#### 2.1.1.1 自然概况

黄河是我国第二大河，流经青海、四川、甘肃、宁夏、内蒙古、陕西、山西、河南、山东等9省(区)，在山东省垦利县注入渤海。干流河道全长5 464 km，流域面积79.5万$km^2$。

黄河横跨青藏高原、内蒙古高原、黄土高原和华北平原等四个地貌单元，地形上大致可分为三级阶梯。流域西部地区属青藏高原，平均海拔在3 000 m以上；中部地区绝大部分属黄土高原，海拔在1 000～2 000 m；东部属黄淮海平原，河道高悬于两岸地面之上。黄河流域气候条件差异明显，东南部基本属半湿润气候，中部属半干旱气候，西北部为干旱气候。全流域多年平均降水量446 mm，总的趋势是由东南向西北递减，流域东南部地区降水量最多，流域西北部降水量最少。

黄河流域分上、中、下游，河源至内蒙古托克托县的河口镇河段为黄河上游，是黄河径流的主要来源区和水源涵养区；河口镇至河南郑州桃花峪河段为黄河中游，是黄河洪水和泥沙的主要来源区；桃花峪以下至入海口为黄河下游，河床高出背河地面4～6 m，成为淮河和海河流域的分水岭，是举世闻名的“地上悬河”。引黄入冀补淀工程取水口位于黄河下游。

#### 2.1.1.2 社会经济背景

黄河流域总人口1.1亿人，占全国总人口的8.6%，流域人口分布不均，70%左右的人口集中在龙门以下河段；流域城镇化率为40.0%。流域大部分地处我国中西部地区，经济社会发展相对滞后，仅占全国的8%。流域及相关地区是我国农业经济开发的重点地区，现状年流域总耕地面积2.44亿亩，粮食总产量3 958万t，人均粮食产量350 kg，为全国平均值的93%。黄河流域主要农业基地多集中在灌溉条件好的平原及河谷盆地，包括上游的宁蒙河套平原、中游的汾渭盆地、下游的黄淮海平原等。

#### 2.1.1.3 水资源特点

根据黄河流域水资源调查评价，1956～2000年系列黄河水资源总量647.0亿$m^3$，其中多年平均河川天然径流量534.8亿$m^3$。黄河地表水资源与其他江河相比具有以下几个特点：一是水资源贫乏。黄河流域面积占全国国土面积的8.3%，而年径流量只占全国的2%。流域内人均水量473 $m^3$，为全国人均的23%；耕地亩均水量220 $m^3$，仅为全国亩均水量的15%。考虑向流域外供水后，实际人均、亩均占有水资源量更少。二是径流年内、年际变化大。三是地区分布不均。黄河兰州以上流域面积仅占全河的28%，年径流量占全河的61.7%；兰州至河口镇区间产流很少，区域面积占全河的20.6%，年径流量仅占其0.3%；龙门至三门峡区间的流域面积占全河的24%，年径流量占全河的19.4%。

黄河下游是黄河流域社会经济比较发达的区域，也是取用黄河水量较多的区域，2010年花园口以下总取水量130.52亿$m^3$，其中地表水取水量113.22亿$m^3$，占总取水量的86.7%。

#### 2.1.1.4　生态环境特征

黄河流域横跨三大地形阶梯，跨越干旱、半干旱、半湿润等多个气候带和温带、暖温带等多个温度带，地貌类型多样，土壤类型较多，形成了极为丰富的流域生境类型和河流沿线各具特色的生物群落。加之流域农业生产历史悠久，社会背景复杂，人类活动频繁，流域生态环境深受人类活动影响。黄河流域从河源区到河口区随高度梯度、水分梯度、人类活动强弱等形成了丰富多样的景观类型，同一景观类型由于微地貌、区域小气候、水文条件、土壤条件及人类活动程度等不同，又形成了生态系统和群落尺度上的多样性。同时，由于黄河流域大部分地区位于干旱、半干旱地区，水资源十分贫乏，而水沙关系不协调和水污染严重又加剧了流域水资源短缺问题；流域分布有世界上面积最大的黄土高原，水土大量流失，植被遭到严重破坏，流域生态环境脆弱。在流域气候条件、水资源条件制约下，加之流域人类活动的频繁干扰，流域生态体系极度脆弱，对水土资源开发响应强烈。

### 2.1.2　海河流域

#### 2.1.2.1　自然概况

海河流域地跨北京、天津、河北、山西、河南、山东、内蒙古和辽宁等8个省（自治区、直辖市），面积32.06万$km^2$，占全国总面积的3.3%。流域海岸线长920 km。

海河流域总的地势是西北高、东南低。流域的西部、北部为山地和高原，西有太行山，北有燕山，海拔一般在1 000 m上下，山地和高原面积18.96万$km^2$，占59%；东部和东南部为广阔平原，平原面积12.10万$km^2$，占41%。海河流域地处温带半湿润、半干旱大陆性季风气候区，年平均气温在0～14.5 ℃。海河流域是我国各大流域中降水量较少的地区，多年平均年降水量535 mm，且降水量年内分配不均匀。全年75%～85%的降水量集中在汛期（6～9月），尤其集中在7、8月两个月，其降水量占全年的45%～65%。最小4个月（11月至翌年2月或12月至翌年3月）降水量仅占全年的3%～10%。

#### 2.1.2.2　社会经济背景

海河流域总人口1.37亿人，占全国的10.4%，其中城镇人口6 514万人，城镇化率47.6%；农村人口7 179万人，占52.4%。流域平均人口密度427人/$km^2$。流域人口主要集中在京津平原地区和水资源条件相对较好的山前平原，这些区域的人口占流域总人口的一半左右。海河流域属于经济较发达地区之一，20世纪80年代以来，流域的经济呈快速增长趋势。流域GDP从1980年的1 592亿元增加到现状水平年的3.56万亿元，增长了20倍以上，年均增长率达到12.2%。

海河流域土地、光热资源丰富，适于农作物生长，是我国粮食主产区之一，为保障我国的粮食安全发挥着重要作用。现状水平年全流域耕地面积1.54亿亩，其中有效灌溉面积

1.12 亿亩。现状水平年粮食总产量 5 320 万 t,占全国的 10.6%,平均亩产 346 kg。

#### 2.1.2.3 水资源特点

海河流域 1956~2000 年平均水资源总量为 370 亿 $m^3$,其中地表水资源量为 216 亿 $m^3$,地下水资源量为 154 亿 $m^3$。海河流域水资源主要特点包括:一是人均水资源量最少。按现状水平年总人口计,海河流域人均水资源量只有 270 $m^3$,全国人均水资源量 2 109 $m^3$,占全国平均的 12.8%。二是海河流域地表水资源时空分布不均。在地域分布上,地表水资源量由多雨的太行山、燕山迎风坡,分别向西北和东南两侧减少。在年际分布上,年际变化幅度大,且经常出现连续丰、枯水年。在年内分布上,山区年径流的 45%~75%、平原年径流的 85% 以上集中在汛期(6~9 月),枯季河川年径流所占比重较小。三是地下水超采现象严重。目前,超采面积已逾 4 万 $km^2$,分布着 21 个大小不等的漏斗,其中以沧州漏斗和衡水冀枣衡漏斗这两个深层地下水漏斗最严重。

总体来看,海河流域资源性缺水严重,海河流域水资源总量不足全国的 1.3%,却承担着全国 10% 以上的人口、粮食生产和 GDP 用水。流域人均水资源量只有 270 $m^3$,仅为全国平均的 1/8,是全国水资源最紧缺的地区之一。

#### 2.1.2.4 生态环境状况

海河流域农业生产历史悠久,人类活动干扰严重,天然植被大都遭到人为砍伐破坏,只有山区有少量自然植被分布。天然次生林主要分布在海拔 1 000 m 以上的山峰和山脉。燕山、太行山迎风坡存在一条年降水量 600 mm 以上的弧形多雨带,植被生长良好,形成了一道绿色屏障。燕山、太行山背风坡受到山脉阻隔,降水量只有 400 mm 左右,植被稀疏,生态脆弱。

同时,项目区分布有白洋淀、衡水湖等华北地区重要的湿地资源,但由于流域水资源供需矛盾日益尖锐,自 20 世纪 80 年代以来,随着入淀水量减少,白洋淀发生多次干淀,且水质较差,难以发挥湿地的各项正常生态功能。

## 2.2 区域环境概况

### 2.2.1 调水区

本次工程自河南省濮阳市渠村引黄闸取水口引水,调水河段为黄河下游,工程引水口距上游小浪底水库约 310 km,距离下游高村水文站约 7 km,距离利津水文站约 480 km。

#### 2.2.1.1 自然概况

黄河下游指郑州桃花峪至入海口段,河道长 785.6 km,泥沙淤积严重,河道摆动频繁,堤内滩面高出堤外地面 3~5 m,成为举世闻名的"地上悬河"。黄河下游河段属于平原河段,河道形态上陡下缓,上宽下窄,其中渠村引水口所在的黄河河道相当宽浅,是冲淤变化剧烈,水流宽、浅、散、乱的游荡性河段。

#### 2.2.1.2 社会经济

黄河下游是黄河流域社会经济比较发达的区域,沿河城市众多,集中分布在河南省的郑州市、新乡市及山东省的济南市和荷泽市。该区域是我国重要的工农业生产基地之一,也是我国主要粮棉基地之一，粮食和棉花产量分别占全国的 7.7% 和 34.2%，农业产值占全国的 8%。

#### 2.2.1.3　水资源开发利用状况

黄河下游是黄河流域社会经济比较发达的区域，因此水资源开发利用程度较高，2012 年花园口以下总取水量 142.88 亿 $m^3$，其中地表水取水量 125.44 亿 $m^3$，占总取水量的 87.8%，水资源开发利用率达到 66%。

黄河下游取水量较大的主要是引黄灌溉，较大的灌区主要有位山灌区和潘庄灌区。黄河下游引黄灌区涉及豫、鲁 2 省 16 个市，总土地面积约 8.16 万 $km^2$。据 1981 ~ 2010 年小浪底以下河段引黄资料统计，多年平均引黄水量 92.82 亿 $m^3$。其中，河南多年平均引黄水量 23.94 亿 $m^3$，山东（含引黄入卫）多年平均引黄水量 68.88 亿 $m^3$。

总体来看，黄河下游引黄取水口众多，水资源开发利用程度较高，生态用水被挤占严重，随着流域经济社会的快速发展，水资源供需矛盾将更加突出。

#### 2.2.1.4　生态环境

黄河下游进入平原区域后，河面宽阔，水流缓慢，泥沙淤积。由于下游宽浅河道的游荡摆动及汛期漫滩，黄河下游低洼的滩地常年积水，水流分支在河床中留下夹河滩地，形成黄河特有的河漫滩湿地，在蓄滞洪水、保护生物多样性、调节气候、净化水质、为珍稀濒危生物提供良好栖息地、净化水体和景观与旅游等方面发挥了重要的作用，也成为黄河土著鱼类觅食、产卵的重要栖息地。为保护黄河下游生态系统，相关部门在黄河下游建立了自然保护区和水产种质资源保护区等重要生态敏感区，其中本次工程引水口下游段分布有濮阳黄河湿地省级自然保护区、黄河鲁豫交界段国家级水产种质资源保护区。

#### 2.2.1.5　水环境

根据现状监测结果，黄河小浪底以下河段水质相对较好，基本能满足水功能区水质目标的要求。

### 2.2.2　输水沿线

本次工程输水线路为自河南省濮阳市渠村引黄闸引水，途经河南、河北 2 省 6 市 22 个县（区），线路总长 482 km，其中河南省境内为 84 km，河北省境内为 398 km。

#### 2.2.2.1　自然概况

输水沿线河南省段位于黄河冲积扇平原，地形地貌主要为黄河左岸大堤临河侧黄河河漫滩和高滩及大堤背河侧黄河冲积扇平原。河南段属暖温带大陆性季风气候，四季分明，年平均降水量 500 ~ 600 mm。

输水沿线河北省段主要为平原地貌，大致以曲周为界，以南以西为冲积扇平原、以北以东为冲积平原，区域内微地貌主要有古河床高地、微倾斜平原、平地、河漫滩、扇前洼地、槽型洼地等。河北项目区属温带季风气候—暖温带、半湿润—半干旱大陆性季风气候，年均降水量在 400 ~ 800 mm。

#### 2.2.2.2　社会经济

引黄入冀补淀工程输水沿线河南段主要涉及濮阳市。濮阳灌区范围内现状年（2010 年）总人口 196 万人，其中农业人口 124.51 万人，城市化率 36.5%，国内生产总值 472 亿元,万元工业增加值 260 亿元。共有耕地面积 192. 1 万亩,主要种植作物为小麦、玉米、棉花和水稻。

引黄入冀补淀输水沿线河北段所涉及的邯郸、邢台、沧州、衡水、保定 5 个地市位于黑龙港平原区,耕作历史悠久,光、热资源充足,是国家和河北省重要的粮食、棉花与油料主产区。根据 2010 年统计数据,区域内总人口 1 260 万人,其中城镇人口 527 万人,城镇化率 42%。区域内共有耕地 1 290 万 $hm^2$,有效灌溉面积 1 034 万 $hm^2$,实际灌溉面积 1 008 万 $hm^2$,主要种植作物为小麦、棉花和玉米。

#### 2.2.2.3 水资源状况

输水沿线河南段多年平均当地水资源总量为 2. 68 亿 $m^3$,其中地表水资源量 0. 73 亿 $m^3$,地下水资源量 2. 24 亿 $m^3$。人均水资源量 136 $m^3$,亩均占有水资源量 138 $m^3$,分别是河南省人均和亩均水资源量的 44. 2% 和 36. 6%。总体来看,引黄入冀补淀工程输水沿线人均水资源量均处于较低水平,且水资源利用程度较高,特别是输水沿线河北段水资源开发利用程度达到 70%,属于过度开发。地下水资源也处于严重超采状态。

#### 2.2.2.4 生态环境

本工程输水沿线大部分地区位于华北平原地带,由于耕作历史悠久,生态结构简单,种植业占主导地位,是国家重要的粮食产区。本次工程输水渠道多为原有灌溉和排沥渠道,现状水质较差,水生生物较为贫乏。

### 2.2.3 受水区

引黄入冀补淀工程建设的主要任务是为白洋淀实施生态补水和工程沿线部分地区农业供水,缓解沿线地区农业灌溉缺水及地下水超采状况。

#### 2.2.3.1 自然概况

白洋淀位于大清河流域中部,上承大清河水系潴龙河、孝义河、唐河、府河、漕河、瀑河、萍河、白沟引河等河流的洪水和沥水,形成华北平原上仅存的常年积水的较大淡水湖泊,是华北平原最大、最典型的淡水浅湖型湿地。

白洋淀属暖温带半干旱地区,大陆性气候特点显著,年平均降水量 522. 7 mm 左右。

#### 2.2.3.2 社会经济

白洋淀及其周边涉及 10 个乡镇,39 个纯水村,134 个淀边村,淀区人口约 34. 3 万人,其中淀内人口约 10 万人,占淀区人口的 29. 2%。

#### 2.2.3.3 水资源状况

根据 1956 ~ 2000 年 45 年资料系列成果,白洋淀多年平均水资源量 36. 52 亿 $m^3$,其中地表水资源量 20. 29 亿 $m^3$,地下水资源量 29. 62 亿 $m^3$。白洋淀流域近 10 年平均水资源总量 22. 16 亿 $m^3$,地表、地下实际平均供水量为 38. 43 亿 $m^3$,远远大于水资源总量,水资源开发率达到 177%,白洋淀流域入淀水量已近枯竭。

#### 2.2.3.4 生态环境

受水区白洋淀是华北平原第一大淡水湖泊,在常年蓄水条件下,对调节局部气候、补充地下水、保持生物多样性和改善华北地区生态环境具有不可替代的作用。目前已建立白洋淀湿地省级自然保护区和白洋淀国家级水产种质资源保护区,生态地位极其重要。

# 2.3　生态环境状况

## 2.3.1　土地利用现状

根据引黄入冀补淀工程 2013 年 Landsat 卫星图片解译成果，结合项目区实地生态调查分析，结果表明：项目影响区（输水沿线河渠两侧 3 km 内）土地总面积为 3 504.43 $km^2$，其土地利用方式可分为耕地、林地、草地、住宅及交通用地、水域及水利设施用地、其他土地共 6 种类型。项目影响区土地利用类型以耕地为主，占 76.68%；其次是水域及水利设施用地（14.34%）和住宅及交通用地（8.47%）。项目区土地利用现状见表 2-1。

**表 2-1　引黄入冀补淀工程土地利用现状**

| 土地利用类型 | 面积（$km^2$） | 比例（%） |
| --- | --- | --- |
| 耕地 | 2 687.16 | 76.68 |
| 林地 | 15.42 | 0.44 |
| 草地 | 1.21 | 0.03 |
| 住宅及交通用地 | 296.95 | 8.47 |
| 水域及水利设施用地 | 502.49 | 14.34 |
| 其他用地 | 1.2 | 0.03 |
| 合计 | 3 504.43 | 100 |

由表 2-1 可知，各种土地生态利用类型的现状如下：

耕地：项目影响区内耕地面积 2 687.16 $km^2$，占项目区总面积的 76.68%，主要以旱地为主。

水域及水利设施用地：占项目区总面积的 14.34%，为耕地外第二大土地利用类型。项目区水域主要包括调水区黄河取水口段、输水沿线河渠及受水区白洋淀等，水生植被主要分布在衡水湖和白洋淀内，植被类型主要是芦苇、香蒲等。

住宅及交通用地：占项目区总面积的 8.47%，主要为输水沿线村庄、城镇及交通用地。

林地：林地面积 15.42 $km^2$，占总面积的 0.44%。现场调查发现区域内无天然林，取而代之的是人工森林生态系统，主要为输水沿线及周边农田、村落防护林群落，建群种主要为杨树，林下灌木种类稀少。

草地：项目影响区内草地极少，仅占 0.03%，主要种类包括狗尾草、狗牙根、葎草、虎尾草等常见种。

其他用地：项目区其他用地面积 1.2 $km^2$，占项目区总面积的 0.03%。其他用地主要为项目区裸荒地及一些难利用地。

总的来看，评价区域大部分地处华北平原，人口密集，耕作历史悠久，种植业发达，土地利用现状以耕地为主。

### 2.3.2　植被类型及分布

根据现场调查和遥感影像解译结果，项目区以农业植被为主，占95.23%。项目区植被类型现状见表2-2。

表2-2　项目区植被类型现状

| 植被类型 | 面积($km^2$) | 比例(%) |
| --- | --- | --- |
| 农作物 | 2 687.16 | 95.23 |
| 林地 | 15.42 | 0.55 |
| 水生植被 | 117.87 | 4.18 |
| 草地 | 1.21 | 0.04 |
| 合计 | 2 821.66 | 100 |

项目区植被类型具体情况如下：

农作物群落：主要包括以小麦、玉米/花生为主的旱作农作物群落和以水稻为主的水作农作物群落。其中旱作农作物群落类型为广泛分布的群落类型。水作农作物群落类型主要分布范围均在黄河大堤外侧。

杨树林群落：调查范围内杨树林群落的乔木层建群种为杨树，林下的灌木层植被极少，草本层主要有狗尾草、茅草、藜等，高度相对较低。

水生、湿生植物群落：主要分布于项目区输水沿线河渠、受水区白洋淀及取水口黄河滩地处。主要优势种为芦苇、香蒲和莲藕。

草地：多分布在输水沿线河岸带及两侧，主要以禾本科草本植物为主，常见的如葎草、狗尾草、白茅、艾蒿、沙蓬、蒲公英等。

总体来看，项目区地处华北平原地带，生态结构简单，耕作历史悠久，种植业占主导地位，是国家重要的粮食产区。因此，本区域植被类型总体组成简单，主要以农业生态系统为主。

### 2.3.3　陆生生态现状

#### 2.3.3.1　植物资源

1. 调查方法

本工程项目区大部分位于华北平原，耕作历史悠久，土地利用主要以耕地为主，植被类型组成较为简单。生态调查结合遥感解译结果，采用线路踏察、样带调查与样方调查相结合的方法，2012年8月在输水沿线200～500 m范围及濮阳黄河湿地省级自然保护区、衡水湖国家级自然保护区等特殊生态敏感区内共设置39个生态样方调查点，其中渠首段8个样点(自然保护区5个样点)，输水沿线设置31个样点(衡水湖4个样点)，每个采样点布设3～5个样方，乔木样方10 m×10 m，灌木样方5 m×5 m，草本样方1 m×1 m。在每个观测点的所有样方内统计植物种类组成、盖度及植物的数量、生长形态、高度、盖度和平均基径等，同时对典型样方进行生物量统计。项目区样点设置情况见表2-3。

**表 2-3　引黄入冀补淀工程生态调查样点布置情况**

| 省 | 地点 | 样点号 | 地理位置 | | 植被类型 |
|---|---|---|---|---|---|
| | | | 北纬(N) | 东经(E) | |
| 河南 | 濮阳县渠村乡王瑶村 | P1 | 35°21.766′ | 114°59.109′ | 杨树群落、鬼针+蓟群落 |
| | 濮阳县渠村乡大芟河村 | P2 | 35°22.530′ | 115°01.130′ | 加拿大蓬群落、莎草+蓼群落、杨树群落 |
| | 濮阳县郎中乡甘安头村 | P3 | 35°25.270′ | 115°06.252′ | 杨树群落、农田 |
| | 濮阳县刁城乡刁城村与于林村交界 | P4 | 35°26.557′ | 115°09.024′ | 杨树群落、狗尾草群落 |
| | 濮阳县刁城乡胡寨村 | P5 | 35°26.727′ | 115°11.994′ | 杨树群落、农田 |
| | 濮阳县渠村乡三合村 | P6 | 35°21.686′ | 115°00.643′ | 芦苇、香蒲、杨树群落 |
| | 濮阳县渠村乡大芟河村与王新庄村交界处 | P7 | 35°22.515′ | 115°01.116′ | 加拿大蓬群落、莎草+蓼群落、农杨间作群落 |
| | 濮阳县渠村乡青庄村 | P8 | 35°22.805′ | 115°02.738′ | 芦苇+狗尾草群落、杨树群落 |
| | 濮阳县渠村乡南湖村 | P9 | 35°23.009′ | 115°00.494′ | 杨树群落、农田 |
| | 濮阳县渠村乡巴寨村 | P10 | 35°23.714′ | 114°59.664′ | 狗牙根+决明子群落、杨树群落、农田 |
| | 濮阳县渠村乡与甘称湾乡交界处巴寨附近南湖干渠 | P11 | 35°23.744′ | 114°59.666′ | 农杨间作群落 |
| | 濮阳县海通乡 | P12 | 35°26.136′ | 115°00.073′ | 芦苇+菖蒲群落、杨树群落、农田 |
| | 濮阳县海通乡团堽村与铁炉村交界 | P13 | 35°29.104′ | 114°58.432′ | 杨树群落、农田 |
| | 濮阳县子岸乡岳辛庄 | P14 | 35°37.108′ | 114°57.180′ | 茅草+蒿群落、农杨间作群落 |
| | 濮阳市新习乡与王助乡交界 | P15 | 35°41.503′ | 114°55.373′ | 蔬菜群落、农田 |
| | 濮阳市皇甫节制闸至胡村 | P16 | 35°46.780′ | 114°57.422′ | 狗尾草+苋菜群落、杨树群落 |
| | 濮阳市王什乡天阴村 | P17 | 35°50.469′ | 114°58.341′ | 马唐+苋菜群落、杨树群落、农田 |
| | 清丰县董石村 | P18 | 35°58.282′ | 114°59.089′ | 茅草+苍耳群落、杨树群落、农田 |
| | 清丰县阳绍乡苏堤村卫河 | P19 | 36°03.740′ | 114°58.412′ | 狗尾草+莎草群落、农杨间作群落 |
| | 清丰县阳绍乡阳绍集西 | P20 | 36°02.286′ | 114°58.813′ | 杨树群落、农田 |

续表 2-3

| 省 | 地点 | 样点号 | 地理位置 | | 植被类型 |
|---|---|---|---|---|---|
| | | | 北纬(N) | 东经(E) | |
| 河北 | 新开渠段 | S1 | 36.074 1° | 114.964 5° | 狗尾草+葎草群落、杨树群落、农田 |
| | 东风渠段 | S2 | 36.386 8° | 114.983 7° | 葎草+狗牙根群落、柳树、果园 |
| | | S3 | 36.701 5° | 114.956 6° | 狗尾草+葎草群落、杨树群落 |
| | | | | | 浮萍群落 |
| | 滏阳河段 | S4 | 36.753 3° | 114.926 4° | 荩草+葎草群落、杨树+柳树群落 |
| | 老漳河段 | S5 | 36.980 2° | 115.099 8° | 葎草+碱蓬群落 |
| | | S6 | 37.217 5° | 115.123 1° | 荩草+稗+白茅群落 |
| | | | | | 紫萍+浮萍群落 |
| | 滏东排干段 | S7 | 37.914 3° | 115.971 0° | 虎尾草+牛鞭草群落、杨树+柳树群落 |
| | | S8 | 37.690 7° | 115.732 4° | 稗+葎草+反枝苋群落、榆树群落 |
| | | S9 | 37.489 5° | 115.102 9° | 葎草+牛筋草群落 |
| | 北排河段 | S10 | 38.170 5° | 116.090 5° | 狗尾草+芦苇群落 |
| | 紫塔干渠段 | S11 | 38.226 8° | 116.030 4° | 狗尾草+葎草群落 |
| | 韩村干渠段 | S12 | 38.371 2° | 115.931 8° | 狗尾草+葎草群落、槐树+杨树群落 |
| | 小白河段 | S13 | 38.627 3° | 115.949 6° | 狗尾草+华北风毛菊群落 |
| | 任文干渠段 | S14 | 38.777 0° | 116.008 3° | 狗尾草+葎草群落、杨树群落 |
| | 滏阳河支线段 | S15 | 36.971 6° | 114.950 2° | 葎草+藜群落、杨树群落 |
| | 衡水湖 | H1 | 37.566 0° | 115.579 9° | 虎尾草+狗尾草群落 |
| | | | | | 芦苇群落 |
| | | H2 | 37.609 8° | 115.623 4° | 虎尾草+狗尾草 |
| | | | | | 芦苇+香蒲群落 |
| | | H3 | 37.572 9° | 115.573 1° | 虎尾草+猪毛菜群落 |
| | | | | | 香蒲群落 |
| | | H4 | 37.616 7° | 115.591 5° | 长芒稗+牛筋草群落 |
| | | | | | 芦苇+香蒲群落 |

2. 植物资源

根据现场调查结合历史资料,项目区共有维管束植物 76 科 265 属 492 种。从陆生植物种类的科属分布来看,评价范围内占优势的科主要是禾本科、菊科、豆科、蔷薇科、莎草科、藜科和杨柳科;水生植物中,优势科主要为眼子菜科、金鱼藻科、睡莲科、禾本科、浮萍科;挺水植物以禾本科、香蒲科和睡莲科等为主要优势科。

3. 保护植物

评价范围内河南段分布有国家二级重点保护植物野大豆。

野大豆属豆科大豆属,一年生草本,多生于山野及河流沿岸、湿草地、湖边、沼泽附近或灌丛中,常以其茎缠绕于其他植物上生长。

评价范围内野大豆在引水渠堤附近生长良好,常集中分布,主要分布于濮阳县境内的子岸乡、海通乡、渠村乡等区域内,尤其以渠村乡内集中分布地较多。

4. 不同植被类型现状

调查范围内已基本没有天然植物群落,多为人工林及农作物群落,以及面积较小的草本植物群落。人工林多为农田防护林及其砍伐后的更新次生林,主要群落类型有农作物群落、杨树林群落等。调查范围内的不同植被类型现状如下。

1) 作物群落

农作物群落主要包括以小麦、玉米及花生为主的旱作物群落和以水稻为主的水作农作物群落。其中旱作物群落为调查范围内广泛分布的群落类型,分布面积大,主要种植作物为小麦、玉米、花生等,伴生的杂草主要有王不留行、米瓦罐等;与玉米、花生等作物伴生的杂草主要有刺藜、反枝苋、牛筋草、虎尾草、狗尾草、马唐、画眉草等。以水稻为主的水作农作物分布面积相对较小,主要在用水较为方便、供水较为充分的地段才有此种植群落,其主要分布范围均在黄河大堤外侧向北,大致在濮阳县的渠村乡、海通乡一带。

2) 树林群落

调查范围内杨树林群落的乔木层建群种为杨树,林下的灌木层极少,草本层主要有狗尾草、茅草、藜等。

3) 农杨间作群落

农杨间作群落类型在调查范围内分布十分广泛,该类型群落在实际组建过程中,通常是利用各类沟渠、河流、道路等的两侧种植数行杨树。该类型的群落中,上层乔木的建群层片为杨树,其下往往生长有常见的田间杂草,较稀疏,盖度较小,但通常生长较良好。

4) 村落林群落

该群落为村庄片林,主要以人工种植的乔木树种构成。树种组成上主要以平原地区常见的杨树、柳树、榆树、槐树、椿树、泡桐及少量的村庄绿化树种、果树等为主,此类型的群落常常与村庄周边的片林或农林间作群落相连接,从而使整个区域内的森林群落形成一个整体。

5) 河岸带草本群落

样方区共计 68 种草本植物,隶属 22 科 56 属,其中,禾本科所含属数和种数最多,共有 15 属 17 种。调查区河、湖岸低地(邻近水体)处土壤水分条件较好,高地(远离水体)处土壤含水量相对较低,决定了二者群落类型的差异。在岸边高地,主要是以禾本科植物稗、狗尾草、虎尾草等建群,在养分条件较好的地方,通常为葎草群落。另外,猪毛菜、藜、反枝苋等常见杂草经常作为伴生种出现。岸边低地土壤含水量较高，但也明显分为不同等级，体现在群落类型的梯度变化上。在土壤含水量很高的样点，发育有藨草、水蓼、两栖蓼等小群丛；土壤含水量中高的样点，则群落多以禾本科植物稗、长芒稗、光头稗、荩草、虎尾草等建群；若河岸土壤水分条件较差，则转变为狗尾草、葎草建群。

总之，一、二年生草本构成了调查区植物区系的主体，多年生植物相对较少，河流水生植物缺乏，反映了调查区河岸带环境不稳定，人为干扰较强。

6）水生、湿生植物群落

调查范围内的水生及湿生群落主要分布于黄河滩地、衡水湖及其附近的积水处，以及沿沟渠线路及其两侧的积水处的部分地段，优势种主要有芦苇、莲和香蒲。

5. 典型样方生物量

群落生物量调查是在典型样方调查的基础上进行的，因此调查的样方基本情况与典型样方调查的一致。其中生物量调查方法如下。

1）乔木生物量

乔木生物量采用目前使用较多的相对生长方程的方法计算。

相对生长方程的方法是根据已有研究建立的乔木生物量与某一测树学指标之间的相关方程进行测算的，一般采用胸径指标。因此，可以利用样方调查的数据进行乔木生物量的推算。

根据调查，评价区域内的主要优势树种为杨树，分别具有林带与片林两种模式，此两种模式因为密度不同，其生长过程不完全一样，且各地段的生长年龄差异较大。因此，杨树生物量估算采用两种方程测算。

对于林带模式的杨树单株生物量，采用如下回归方程测算：

$$W_t = 0.026\,2D^{2.944} \tag{2-1}$$

式中：$W_t$ 为标准单株生物量；$D$ 为标准木的胸径（公式来源：万猛，田大伦，樊巍，等．豫东平原杨农复合系统物质生产与碳截存．林业科学，2009，45(8)：27－33. 该公式的数据来源于河南省商丘市民权林场）。

对于片林模式的杨树单株生物量，采用如下回归方程测算：

$$W_t = 0.073D^{2.525} \tag{2-2}$$

式中：$W_t$ 为标准单株生物量；$D$ 为标准木的胸径（公式来源：李建华，李春静，彭世揆．杨树人工林生物量估计方法与应用．南京林业大学学报（自然科学版），2007，31(4)：37－40. 该公式的数据来源于河南省武陟县林场）。

上述公式计算的为标准单株生物量，因此单位面积生物量可以用标准单株生物量乘以种植密度计算得到，即：

$$W = W_tN \tag{2-3}$$

式中：$W$ 为单位面积生物量；$N$ 为单位面积株数。

2）灌木与草本生物量

灌木与草本生物量采用全收获的方法。其方法是在典型样方调查结束之后，将样方内的所有植物种类全部挖取，在现场分地上与地下部分、分种类分别称取鲜重（地下根系部分称重前需注意清洗干净），记录；同时收集 100～150 g 的鲜样带回，经清洗、置烘箱中 80 ℃烘干至恒重，得到相应的生物量，换算成单位面积的生物量。

3)农作物生物量与生产力

由于农业生产属经济类产品,无法直接用生物量来衡量,因此本次调查采用现场调查法和统计资料分析法结合进行。尽量现场对农作物的生物量进行测定,或现场调查后进行折算。主要调查指标是评价范围内的农作物种类、种植结构、产量等指标;不能现场调查的则依据统计资料与相关文献确定。

根据现场调查,项目区草本植被平均生物量为4.3 t/(hm$^2$·a),乔本植物主要以杨树为主,平均生物量为89.7 t/(hm$^2$·a),农业生产力平均为10.2 t/(hm$^2$·a)。具体生物量统计见表2-4~表2-6。

表2-4　引黄入冀补淀工程草本生物量统计

| 区域 | 河段 | 优势种 | 生物量(t/(hm$^2$·a)) |
|---|---|---|---|
| 河北 | 新开渠段 | 狗尾草、葎草 | 1.101 |
| | 东风渠段 | 葎草、狗牙根 | 1.49 |
| | | 狗尾草、葎草 | 0.944 |
| | | 浮萍 | 0.039 |
| | 滏阳河段 | 荩草、葎草 | 0.678 |
| | 老漳河段 | 葎草、碱蓬 | 1.429 |
| | | 荩草、稗 | 1.459 |
| | | 紫萍、浮萍 | 0.106 |
| | 滏东排干段 | 虎尾草、牛鞭草 | 1.544 |
| | | 稗、葎草 | 2.546 |
| | | 葎草、牛筋草 | 2.772 |
| | 北排河段 | 狗尾草 | 1.121 |
| | 紫塔干渠段 | 狗尾草、葎草 | 0.853 |
| | 韩村干渠段 | 狗尾草、葎草 | 1.578 |
| | 小白河段 | 狗尾草、华北风毛菊 | 1.412 |
| | 任文干渠段 | 狗尾草、葎草 | 2.221 |
| | 滏阳河支线段 | 葎草、藜 | 3.45 |
| | 衡水湖 | 虎尾草、狗尾草 | 2.897 |
| | | 芦苇 | 14.549 |
| | | 虎尾草、狗尾草 | 0.524 |
| | | 芦苇、香蒲 | 54.334 |
| | | 虎尾草、猪毛菜 | 1.395 |
| | | 香蒲 | 41.191 |
| | | 稗、牛筋草 | 1.618 |
| | | 芦苇、香蒲 | 46.631 |

续表 2-4

| 区域 | 河段 | 优势种 | 生物量(t/(hm² · a)) |
|---|---|---|---|
| 河南 | 濮阳县渠村乡三合村 | 芦苇、香蒲 | 2.164 |
| | 濮阳县渠村乡大芟河村与王新庄村交界 | 加拿大蓬 | 0.992 |
| | | 莎草、蓼 | 3.365 |
| | 濮阳县渠村乡青庄村 | 茜草、地丁 | 0.532 |
| | | 芦苇、狗尾草 | 1.741 |
| | 濮阳县海通乡 | 芦苇、菖蒲 | 3.314 |
| | 濮阳县子岸乡岳辛庄 | 茅草、蒿 | 1.148 |
| | 濮阳市皇甫节制闸/胡村 | 狗尾草、苋菜 | 1.119 |
| | 濮阳市王什乡天阴村 | 马唐、苋菜 | 1.061 |
| | 清丰县董石村 | 茅草、苍耳 | 1.138 |
| | 清丰县阳绍乡苏堤村卫河 | 狗尾草、莎草 | 0.679 |

表 2-5　项目区乔木生物量统计

| 序号 | 地点 | 群落类型 | 生物量(t/(hm² · a)) |
|---|---|---|---|
| 1 | 濮阳县渠村乡三合村 | 杨树防护林 | 132.126 |
| 2 | 濮阳县渠村乡大芟河村与王新庄村交界 | 杨树片林 | 16.851 |
| 3 | 濮阳县渠村乡青庄村 | 杨树防护林 | 83.687 |
| 4 | 濮阳县渠村乡南湖村 | 杨树片林 | 75.734 |
| 5 | | 杨树间作林 | 77.221 |
| 6 | 濮阳县渠村乡巴寨村 | 杨树间作林 | 76.123 |
| 7 | 濮阳县海通乡 | 杨树堤岸林 | 127.321 |
| 8 | 濮阳县子岸乡岳辛庄 | 杨树村落林 | 153.912 |
| 9 | 濮阳市皇甫节制闸/胡村 | 杨树堤岸林 | 49.189 |
| 10 | 濮阳市王什乡天阴村 | 杨树村落林 | 86.407 |
| 11 | 清丰县董石村 | 杨树片林 | 125.315 |
| 12 | 清丰县阳绍乡阳绍集 | 杨树廊道林 | 71.096 |

表 2-6　项目区农田群落生物量

| 群落类型 | 组成种类 | 生物量(t/(hm² · a)) |
| --- | --- | --- |
| 耕地 | 小麦 | 20.7 |
|  | 玉米 | 9.0 |
|  | 花生 | 7.3 |
|  | 大豆 | 3.8 |

#### 2.3.3.2　动物资源

项目影响区内土地耕作历史悠久，主要为农田生态系统，人类活动干扰强烈，野生动物资源贫乏。项目区已有野生动物资源集中分布于濮阳黄河湿地省级自然保护区、衡水湖国家级自然保护区和白洋淀湿地省级自然保护区内。

其中濮阳黄河湿地省级自然保护区共有鸟类 162 种，隶属于 16 目 48 科。其中国家Ⅰ级重点保护的野生鸟类有黑鹳和大鸨 2 种，属于国家Ⅱ级重点保护的野生鸟类有大天鹅、鸳鸯、长耳鸮等 23 种。

衡水湖国家级自然保护区共有鸟类 145 种，其中国家Ⅰ级重点保护鸟类 10 种，主要栖息生境类型为农田和沼泽水域；国家Ⅱ级重点保护鸟类 26 种，主要栖息生境类型为农田、林地及水域。

白洋淀湿地省级自然保护区内共有鸟类 192 种，隶属 16 目 46 科 102 属。其中国家Ⅰ级重点保护鸟类 4 种，为丹顶鹤、白鹤、大鸨、东方白鹳；国家Ⅱ级重点保护鸟类 26 种，如大天鹅、小天鹅、灰鹤、白琵鹭、游隼等。

### 2.3.4　水生生物及鱼类现状

#### 2.3.4.1　调水区水生生物及鱼类调查与评价

2012 年 5 月及 2013 年 6 月，在引黄口下游共设置 5 个水生生物监测断面，分别为高村、孙口、艾山、泺口、利津(见图 2-1)。监测因子包括浮游植物、浮游动物、底栖动物、鱼类等。监测方法依据《内陆水域渔业自然资源调查规范》《淡水生物资源调查方法》《渔业生态环境监测规范》等。

1. 水生生物

根据 5 个水生生物监测断面监测结果，黄河下游本次调查发现浮游植物 6 门 66 种属，以原生动物为优势种群；浮游动物 3 门 20 属 18 种，其中节肢动物 10 属 13 种，占浮游动物数量的 72.22%；底栖动物 12 种。

2. 鱼类

黄河下游的主要保护鱼类为黄河特有土著鱼类黄河鲤，本次共调查到鱼类 35 种，隶属 9 目 15 科，以鲤科鱼类为主，主要的优势种类为鲤、鲢、鳙、鲫等(见表 2-7)。

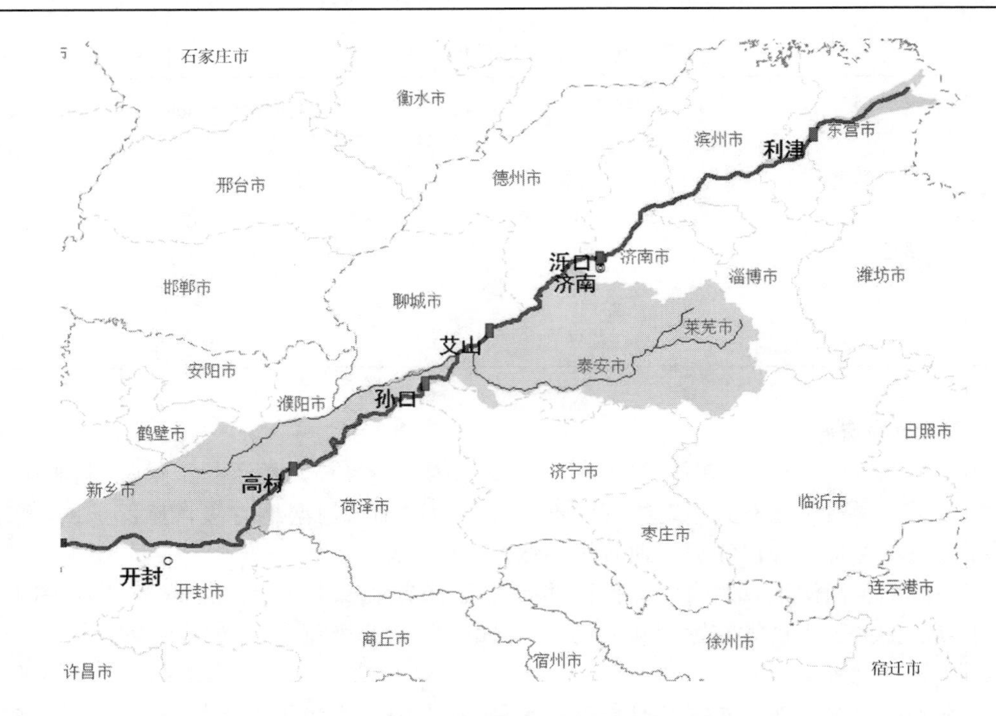


图 2-1　黄河下游水生生物监测断面布置图

表 2-7　黄河引水口下游河段鱼类种类组成

| 种类 | 高村 | 艾山 | 泺口 | 高青 | 利津 | 产卵类型 |
|---|---|---|---|---|---|---|
| 胡瓜鱼目 Osmeriformes | | | | | | |
| 银鱼科 Salangidae | | | | | | |
| 大银鱼 Protosalanx hyalocranius | + + + | + + + | + + + | + + + | | 沉性卵 |
| 鲤形目 Cypriniformes | | | | | | |
| 鲤科 Cyprinidae | | | | | | |
| 鲤 Cyprinus carpio | + + + + | + + + + | + + + | + + + + | + + + + | 黏性卵 |
| 鲫 Carassius auratus | + + + | + + + + | + + + + | + + + + + | + + + + + | 黏性卵 |
| 草鱼 Ctenpoharyngodon idellus | | + + + | + + | + + + | + + | 漂流性卵 |
| 青鱼 Mylopharyngodon piceus | | | | | + | 漂流性卵 |
| 赤眼鳟 Squaliobarbus curriculus | + + | | | + + + | + + + + | 漂流性卵 |
| 黄河雅罗鱼 Leuciscus chuanchicus | + + | | | | | 沉性卵 |
| 鰺 Hemiculter leucisculus | + + + + | + + + + + | + + + + | + + + + | + + + + | 沉性卵 |
| 贝氏鰺 H. bleekeri | | | + + + + | | | 黏性卵 |
| 翘嘴鲌 Culter alburnus | + + + | + + + + | | + + + + | + + + + | 黏性卵 |
| 鳊 Parabramis pekinensis | | | | + + + + | | 漂流性卵 |

续表 2-7

| 种类 | 高村 | 艾山 | 泺口 | 高青 | 利津 | 产卵类型 |
| --- | --- | --- | --- | --- | --- | --- |
| 团头鲂 Megalobrama amblycephala | | | + | + + + + | | 黏性卵 |
| 似鳊 Pseudobrama simony | | + + + | + + + | | | 漂流性卵 |
| 鲢 Hypophthalmichthys molitrix | + + | + + + + | + + + | + + + + | + | 漂流性卵 |
| 鳙 Aristichthys nobilis | + + + | + + + + | + | + + + + | + + + | 漂流性卵 |
| 花䱻 Hemibarbus maculatus | | + + + + | + + | + + + | | 黏性卵 |
| 麦穗鱼 Pseudorasbora parva | | | | + + | | 沉性卵 |
| 大鼻吻鮈 Rhinogobio nasutus | + + | + + + + | | + + + | + + + + | 沉性卵 |
| 蛇鮈 Saurogobio dabryi | + + + | + + + + | + + + | + + + | | 漂流性卵 |
| 黄河鮈 Gobio huanghensis | | | | + + + | | 漂流性卵 |
| 大鳍鱊 Acheilognathus macropterus | + + | | + + + | + + + + | | 沉性卵 |
| 鳅科 Cobitidae | | | | | | |
| 泥鳅 Misgurnus anguillicaudatus | + + + | + + + + | + + + + | + + + + | + + | 沉性卵 |
| 鲇形目 Siluriformes | | | | | | |
| 胡子鲇科 Clariidae | | | | | | |
| 胡子鲇 Clarias fuscus | + + + | | + + | | + + + + | 沉性卵 |
| 鲇科 Siluridae | | | | | | |
| 鲇 Silurus atotus | + + + + | + + + + + | + + + + | + + + | + + + + | 沉性卵 |
| 鲿科 Bagridae | | | | | | |
| 黄颡鱼 Pelteobagrus fulvidraco | + + + + | | | + + + | + + + + + | 沉性卵 |
| 瓦氏黄颡鱼 Pelteobagrus vachelli | + + + | + + + + + | + + + + + | + + + + | | 沉性卵 |
| 颌针目 Beloniformes | | | | | | |
| 鱵科 Hemiramphidae | | | | | | |
| 间下鱵 Hyporhamphus intermedius | | | | + + | + + | 沉性卵 |
| 合鳃目 Symbranchiformes | | | | | | |
| 合鳃科 Symbranchidae | | | | | | |
| 黄鳝 Monopterus albus | + + | + + + + | | + + | + + + + | 沉性卵 |
| 鲈形目 Perciformes | | | | | | |
| 鮨科 Serranidae | | | | | | |

续表 2-7

| 种类 | 高村 | 艾山 | 泺口 | 高青 | 利津 | 产卵类型 |
| --- | --- | --- | --- | --- | --- | --- |
| 鲈鱼 Lateolabrax Japonicus | | | + | + + + | + + + + | 黏性卵 |
| 塘鳢科 Eleotridae | | | | | | |
| 小黄黝鱼 Micropercops swinhonis | | | | + + + | | 沉性卵 |
| 鰕虎鱼科 Goiidae | | | | | | |
| 陵吻鰕虎鱼 Rhinogobius giurinus | | | | + + | | 沉性卵 |
| 鳢科 Channidae | | | | | | |
| 乌鳢 Channa argus | + + | | + + + | + + + + | + + | 浮性卵 |
| 鲻形目 Mugiliformes | | | | | | |
| 鲻科 Mugilidae | | | | | | |
| 梭鱼 Mugil soiuy | | | | + + + + | | 浮性卵 |
| 鲱行目 Clupeiformes | | | | | | |
| 鳀科 Engraulidae | | | | | | |
| 短颌鲚 Coilia brachygnathus | | + + + | | | + + | 黏性卵 |
| 鳗鲡目 Anguilliformes | | | | | | |
| 鳗鲡科 Anguillidae | | | | | | |
| 白鳝 Anguilla japonica | | | | | + + + | 沉性卵 |

3. 产卵场分布

本次调查取水口下游河段存在 4 处较大产卵场，分别为谢寨产卵场、董口产卵场、高村浮桥产卵场、利津浮桥产卵场。总的看来，该河段产卵场主要分布于黄河主河道形成的河湾区域，且河湾处均为静水区域，主要为产沉、黏性卵鱼类产卵场，由于该河段为黄河游荡性河段，黄河主河道不断地来回摆荡，形成了多个规模各异的河湾，河湾的静水区成为了产沉、黏性卵鱼类的良好繁殖地。

4. 越冬场分布

黄河下游越冬场分布较为分散，其中鲤科、鳅科及一些小型鱼类等喜栖息于缓静水域，其索饵场一般位于靠近岸边的静水区，水体水流较缓或为静水，水体透明度较高，岸边多水生植物，多数索饵场位于产卵场下端或其附近区域，或者位于主河道靠近岸边的静缓水域；另一类鲿科及鲇科等底栖性鱼类的索饵场一般位于紧靠主河道的人工控导区域，在该区域主河道水流受到人工控导的影响形成了一定的洄水湾，具有一定的湍流。越冬场则一般位于主河道深水区，主要位于人工控导形成的洄水湾区域，该区域受到主河道水流洄水的影响形成了一个个较深的深潭状洄水湾。

5. 主要保护鱼类生态习性

黄河下游主要保护鱼类为黄河特有土著鱼类黄河鲤，根据调查及相关研究，黄河下游黄河鲤繁殖时间为 4 ~6 月,水温 18 ℃以上,要有较为适宜的产卵条件如水温、鱼卵附着物等才能正常产卵。鲤鱼属分批产卵鱼类,繁殖期延续时间较长,一般持续 2 个月左右。

生长期对黄河鲤影响最大的是食物因素,黄河沿河洪漫湿地生态系统丰富的食物资源、特殊的生境条件为黄河鲤觅食、育肥、产卵等提供了很好的场所。汛期 7 ~10 月为黄河鱼类的育肥期,此时期一定量级的洪水对黄河鲤生长至关重要,黄河鲤靠漫滩洪水到食物丰富的洪漫湿地(滩地)觅食,同时湿地依靠漫滩洪水得到充足的水分补充,进而为黄河鲤等鱼类提供更加丰富的食物资源。

越冬期栖息环境要求水深大于 1. 5 ~2 m,黄河河床中的大坑深槽、深沟处及引水闸涵、控导工程附近深水区,或者深浅交界处、堤岸突出部,或者水底有许多障碍物处均是黄河鲤的越冬场所,因黄河鲤越冬期活动范围非常有限,对越冬期栖息地规模要求不大,只要有一定范围的深水区即可。黄河鲤繁殖期、生长期和越冬期生态习性如表 2-8所示。

**表 2-8　黄河鲤繁殖期、生长期和越冬期生态习性**

| 阶段 | 水文 | 水环境 | 底质 | 河势 | 位置 | 食性 |
| --- | --- | --- | --- | --- | --- | --- |
| 繁殖期 | 流速:0 ~1. 5 m/s<br>适宜流速:0. 1 ~ 0. 7 m/s<br>水流:一定流速刺激可以促进产卵;<br>水深:0. 25 ~3. 25 m<br>适宜水深:0. 5 ~1. 25 m<br>水位:保持相对稳定<br>水面宽:一般大于 50 m | 水温:18 ~28 ℃<br>适宜水温:19 ~24 ℃<br>水质:Ⅱ ~ Ⅲ 类 | 底质有机物较丰富,为产卵提供附着物 | 河道宽浅、水流散漫,分布有大面积河心洲和滩地,河道拐弯处、支流入河口、岸边浅水滩地等处 | 水流较缓、有水草分布或者有附着物的浅水区(敞水区) | 春季是黄河鲤性腺发育阶段,摄食量增大 |
| 生长期 | 流速:0 ~1. 5 m/s<br>水深:0. 25 ~3. 25 m<br>洪水过程:有一定量级洪水发生,持续时间为 7 ~10 d | 水质:Ⅲ ~ Ⅳ类 | 沙质 | 河势散乱,有大面积河漫滩分布 | 饵料丰富的岸边河滩 | 黄河鲤春季生殖后至夏秋大量摄食肥育,其中夏季摄食强度稍大 |
| 越冬期 | 水深:大于 1. 0 ~1. 5 m 的深潭 | 水质:Ⅲ ~ Ⅳ类 | 沙质 |  | 大坑深槽、深沟及引水闸涵、控导工程附近深水区 | 冬季基本处于半咸眠停食状况 |

6. 水生生物及鱼类生境

黄河下游是游荡性河道,两岸大堤之间存在经常性过水的湿地,在汛期为行洪河道,枯水期为裸露地面,通常称之为嫩滩,还有不定期被水漫过的地段,称为老滩。黄河沿河洪漫湿地丰富的食物资源、特殊的生境条件为黄河鲤觅食、育肥、产卵等提供了很好的场所。其中水域湿地是鱼类主要栖息生境,嫩滩湿地是鱼类主要觅食及产卵生境(见表 2-9)。

**表 2-9　黄河下游鱼类生境**

| 地段类型 | 水分条件 | 植被特点 | 鱼类生境 |
|---|---|---|---|
| 主河道（水域） | 有稳定积水地段 | 植被主要以水生藻类为主，部分地段有挺水植物群落出现；主河道的夹河滩是鸟类栖息主要区域 | 鱼类主要栖息生境 |
| 嫩滩区（紧邻主河道） | 在汛期为行洪河道，枯水期为裸露地面的地段 | 植被有藻类、禾本科草本植物，高草植物和中高挺水植物群落；是鸟类活动的重要场所，也是本地留鸟和夏候鸟的繁殖地 | 鱼类主要觅食区和产卵区 |

黄河下游主要保护鱼类生境条件如下。

1）流速

根据相关调查及研究，黄河下游主要保护鱼类栖息生境的流速范围为 0～1.5 m/s，其中 85% 的个体分布于流速 0.1～0.7 m/s 水域。

2）水深

一定水深为鱼类提供适当的活动空间和觅食空间，黄河下游主要保护鱼类栖息地的水深范围为 0.25～3.25 m，其中 80% 的个体分布于水深为 0.5～1.25 m 水域。

3）水温

水温变化决定黄河下游主要鱼类产卵的开始或终结，以黄河鲤为例，在春季温度上升为 18 ℃以上时才产卵。根据实验室模拟和野外调查结果，亲鱼在不同温度下性腺发育是不同的，亲鱼性腺开始发育水温需在 17～18 ℃，繁殖水温 18～28 ℃，适宜水温 19～24 ℃。水温过高或过低对鲤鱼胚胎发育都不利，温度适宜且稳定是保证黄河鲤鱼繁殖成功的关键。

4）溶解氧

溶解氧是影响鱼类新陈代谢强度的基本因子之一，亲鱼只有在溶解氧充足的环境中，性腺才能得到良好的发育，特别是开春后随着性腺的迅速发育，亲鱼对溶解氧量的需求也越来越大。根据黄河重点河段鱼类及栖息地野外调查结果，产卵期黄河下游主要保护鱼类适宜溶解氧浓度应大于 6 mg/L，底限溶解氧浓度不能低于 4 mg/L。

5）水质

水质直接影响着黄河水生生物的繁殖及栖息，根据野外监测结果和实践经验，地表水Ⅲ类的标准可以满足和保证鱼类繁殖，如果水质恶化将影响鱼类产卵和孵化。

6）水面宽

黄河下游鱼类在选择产卵场的时候，一般是在一些水草丰富或者浅水滩涂的敞水区，繁殖对流水的水面宽度没有具体的要求，但大的水面提供动力学就大，提供的能量和养分就多，可以使受精卵和胚胎更好地发育，根据实践经验和监测结果，产卵场一般要求水面宽大于 50 m。

7）泥沙和底质

根据调查，黄河下游主要鱼类产卵期间黄河水体泥沙含量不大，对产卵场影响较小，对鱼卵发育和鱼苗生长影响较小。各产卵场底质有机物较丰富，鱼类大多在河底丝状物上产卵,为鱼卵提供了附着条件,同时也为浮游动植物的生长繁殖提供了有利条件,浮游动植物的大量繁殖为亲鱼和鱼苗提供了丰富的饵料。

#### 2.3.4.2　输水沿线水生生物现状

本次工程输水线路区域为资源型缺水地区,特别是本次输水线路沿线,枯水期各河渠基本呈无水状态,同时由于输水河渠大多为当地灌溉、排沥河道,沿线现状排污口较多,现状水质较差,大部分为 V 类和劣 V 类,输水沿线河渠水生生物极其贫乏。河南段输水线路以倒虹吸的形式穿越濮阳境内卫河及金堤河,涉及河段水生生物情况如下。

1. 卫河

根据《河南省环境质量公报》,2012～2014 年卫河大名龙王庙和南乐元村集断面水质基本为Ⅴ类和劣Ⅴ类,超标因子主要为氨氮和化学需氧量。工程在苏堤村涉及卫河河段水质较差,水生生物稀少,无水产种质资源保护区分布。

2. 金堤河

金堤河有浮游植物 5 门 112 种,其中硅藻门 63 种,占 56.25%,为优势种群;其次是绿藻门 34 种,占 30.4%;其他门类比例较少,依次为裸藻门 11 种,占 9.82%,蓝藻门 3 种,占 2.7%,黄藻门 1 种,占 0.8%。浮游动物 3 门 39 种,其中,原生动物 19 种,轮虫类 16 种,枝角类 4 种。底栖动物 3 门 5 纲 13 种。共有鱼类 27 种,以鲤科鱼类为主,没有国家重点保护鱼类。工程涉及的金堤河段不存在鱼类产卵场、索饵场、越冬场和洄游通道,无水产种质资源保护区分布。

#### 2.3.4.3　受水区水生生物调查与评价

根据本次现状调查结果并结合近年来历次调查资料,受水区白洋淀浮游植物共 8 门 155 种,其中绿藻门最多,为 81 种,占藻类总数的 52.3%,其次为蓝藻门、硅藻门和裸藻门。浮游动物中共发现轮虫 110 种,枝角类 19 种,桡足类 16 种。底栖动物共 18 种,其中软体动物 10 种,节肢动物 4 种,以及少量鱼类和摇蚊幼虫。

根据调查,白洋淀鱼类共 5 目 12 科 37 种,其中鲤形目有 2 科 25 种,占总种数的 67.6%,其次为鲈形目有 6 科 7 种,占总种数的 19%,鲇形目有 2 科 3 种,占总种数的 8%,合鳃目和鳉形目各 1 科 1 种,分别占 2.7%。白洋淀鱼类组成如表 2-10 所示。

### 2.3.5　景观格局调查与评价

根据景观生态学结构与功能相匹配的理论,景观功能的优劣取决于其结构是否合理。景观性质在很大程度上取决于模地类型。模地是景观的背景区域,在组成景观生态系统的各类组分中,它对于景观的动态变化起着主导作用。

评价区内模地主要采用传统的生态学方法来确定,即计算组成景观的各类拼块的优势度值($D_o$),优势度值最大的为模地。优势度值通过计算评价区内各拼块的参数的方法判定某拼块在景观中的优势。

$$密度\ R_d = (嵌块\ i\ 的数目 / 嵌块总数) \times 100\% \tag{2-4}$$

$$频度\ R_f = (嵌块\ i\ 出现的样方数 / 总样方数) \times 100\% \tag{2-5}$$

(采用网格样方法,样方以面积 1 km×1 km 覆盖全景,共 6 868 块。)

$$景观比例\ L_p = (嵌块\ i\ 的面积 / 样地总面积) \times 100\% \tag{2-6}$$

表 2-10 白洋淀鱼类种类组成

<table>
<tr><th>目 Order</th><th>科 Family</th><th>种 Species</th></tr>
<tr><td>5</td><td>12</td><td>37</td></tr>
<tr><td rowspan="25">鲤形目<br>Cypriniformes</td><td rowspan="21">鲤科<br>Cyprinidae</td><td>翘嘴红鲌 Erythroculter ilishaeformis</td></tr>
<tr><td>红鳍鲌 Culter erythropterus Basilewsky</td></tr>
<tr><td>白鲦 Hemiculter leucisculus</td></tr>
<tr><td>鲫 Carassius auratus</td></tr>
<tr><td>鳙 Aristichthys nobilis</td></tr>
<tr><td>草鱼 Ctenopharyngodon idellus</td></tr>
<tr><td>青鱼 Mylopharyngodon piceus</td></tr>
<tr><td>鲤 Cyprinus carpio Linnaeus</td></tr>
<tr><td>鲢 Hypophthalmichthys molitrix</td></tr>
<tr><td>麦穗鱼 Pseudorasbora parva</td></tr>
<tr><td>团头鲂 Megalobrama amblycephala</td></tr>
<tr><td>马口鱼 Opsariichthys bidens</td></tr>
<tr><td>棒花鱼 Abbottina rivularis</td></tr>
<tr><td>银鲴 Xenocypris argentea Gunther</td></tr>
<tr><td>中华鳑鲏 Rhodeus sinensis</td></tr>
<tr><td>大鳍刺鳑鲏 Acanthorhodeus macropterus Bleeker</td></tr>
<tr><td>黑臀刺鳑鲏 Acheilognathinae aleanalis</td></tr>
<tr><td>彩石鲋 Pseudoperilampus lighti Wu</td></tr>
<tr><td>须鱊 Acheilognathus barbatus Nichols</td></tr>
<tr><td>鳊 Parabramis pekinensis</td></tr>
<tr><td>兴凯鱊 Acheilognathus chankaensis</td></tr>
<tr><td rowspan="4">鳅科 Cobitidae</td><td>泥鳅 Misgurnus anguillicaudatus</td></tr>
<tr><td>花鳅 Cobitis taenia Linnaues</td></tr>
<tr><td>黄沙鳅 Botia xanthi</td></tr>
<tr><td>大鳞副泥鳅 Paramisgurnus dabryanus</td></tr>
<tr><td rowspan="3">鲇形目<br>Siluriformes</td><td rowspan="2">鲿科 Bagridae</td><td>黄颡鱼 Pelteobagrus fulvidraco</td></tr>
<tr><td>瓦氏黄颡鱼 Pelteobagrus（Richardson）</td></tr>
<tr><td>鲇科 Siluridae</td><td>鲇 Silurus asotus</td></tr>
<tr><td>合鳃目<br>Symbranchiformes</td><td>合鳃科 Symbranchidae</td><td>黄鳝 Monopterus albus</td></tr>
</table>

续表 2-10

| 目 Order | 科 Family | 种 Species |
| --- | --- | --- |
| 鲈形目 Perciformes | 塘鳢科 Eleotridae | 黄黝 Hypseleotris swinhonis |
| | 攀鲈科 Anabantidae | 圆尾斗鱼 Macropodus chinensis |
| | 鮨科 Serranidae | 鳜 Siniperca chuatsi |
| | 刺鳅科 Mastacembelidae | 刺鳅 Mastacembelus aculeatus |
| | 鳢科 Ophiocephalidae | 乌鳢 Ophiocephalusargus |
| | 鰕虎鱼科 Gobiidae | 子陵栉鰕虎鱼 Ctenogobius giurinus |
| | | 蛛鰕虎鱼 Acentrogobius giurinus |
| 鳉形目 Cyprinodontiformes | 鳉科 Cyprinodontidae | 青鳉 Oryzias latipes |

通过以上三种参数密度($R_d$)、频度($R_f$)和景观比例($L_p$)计算优势度值 $D_o$：

$$D_o = [(R_d + R_f)/2 + L_p]/2 \times 100\% \tag{2-7}$$

在 ArcGIS 平台上用矢量网格数据拓扑生成的网格对土地利用矢量块数据进行重新划分，经过统计分析得到了各个地类所占的样方数，计算影响区的景观优势度及相关指标，如表 2-11 所示。

表 2-11　项目区各景观优势度

| 景观类型 | 景观面积($km^2$) | 景观比例(%) | 频度(%) | 密度(%) | 优势度(%) |
| --- | --- | --- | --- | --- | --- |
| 耕地 | 2 687.16 | 76.68 | 50.3 | 6.4 | 55.1 |
| 林地 | 15.42 | 0.44 | 0.4 | 1.2 | 0.1 |
| 草地 | 1.21 | 0.03 | 0.1 | 0.2 | 0.1 |
| 城镇居民点 | 296.95 | 8.47 | 35 | 87.8 | 36.9 |
| 水域 | 502.49 | 14.34 | 14.3 | 4.3 | 7.5 |
| 其他土地 | 1.2 | 0.03 | 0.3 | 0.1 | 0.3 |
| 合计 | 3 504.43 | 100 | | | |

从项目影响区各类景观优势度上看，耕地的优势度值(55.1%)、频度(50.3%)、景观比例(76.68%)均高于其他拼块类型，而其密度(6.4%)则远低于城镇居民点(87.8%)，可认为耕地为模地。评价区内的耕地主要种植小麦、玉米、棉花、杂粮等，其生产能力受人类活动的影响很大，抗干扰能力和系统调节能力都比较差。此外，城镇居民点的景观优势度值(36.9%)及其他指标值综合排在各景观类型的第二位，仅次于耕地。水域景观优势度排在第三，主要为项目区输水渠道及水利设施。

## 2.3.6　区域生态完整性评价

### 2.3.6.1　自然体系生产力评价

生态系统的生产能力是由生物生产力来度量的。生物生产力是指生物在单位面积和单位时间内所生长的有机物质的数量。目前,全面测定生物的生产力还存在着较大的困难。评价以自然植被净第一性生产力(*NPP*)来反映自然体系的生产力。采用净第一性生产力指标对评价区陆生生态系统稳定性进行分析。

模型表达式如下:

$$NPP = RDI^2 \frac{r(1 + RDI + RDI^2)}{(1 + RDI)(1 + RDI^2)} \times \mathrm{EXP}(-\sqrt{9.87 + 6.25RDI}) \tag{2-8}$$

$$RDI = (0.629 + 0.237PER - 0.003\ 13PER^2)^2 \tag{2-9}$$

$$PER = PET/r = BT\ 58.93/r \tag{2-10}$$

$$BT = \sum t/365 \quad 或 \quad \sum T/12 \tag{2-11}$$

式中:*RDI* 为辐射干燥度;*r* 为年降水量,mm;*NPP* 为自然植被净第一性生产力,t/(hm² · a);*PER* 为可能蒸散率;*PET* 为年可能蒸散率,mm;*BT* 为年平均生物温度,℃;*t* 为小于 30 ℃与大于 0 ℃的日均值;*T* 为小于 30 ℃与大于 0 ℃的月均值。

根据气象统计资料,项目区多年平均降水量为 600 mm,≥10 ℃积温 4 900 ℃,评价区自然植被本底净第一性生产力预测结果为 2.26 g/(m² · d)。根据奥德姆(Odum,1959)将地球上生态系统按总生产力的高低划分为最低(小于 0.5 g/(m² · d))、较低(0.5 ~ 3.0 g/(m² · d))、较高(3 ~ 10 g/(m² · d))、最高(10 ~ 20 g/(m² · d))四个等级,该地域自然生态系统属于较低的生产力水平。

### 2.3.6.2　实际初级生产力

利用 Landsat 卫星(2013 年)解译的土地利用和植被分布结果,根据项目区主要植被群落生物量实测值,计算评价区实际初级生产力如表 2-12 所示。

**表 2-12　区域平均初级生产力**

| 植被类型 | 面积(hm²) | 生产力(t/(hm² · a)) |
|---|---|---|
| 草地 | 121 | 4.3 |
| 荒地 | 120 | 1.10 |
| 林地 | 1 542 | 89.7 |
| 农田 | 268 716 | 10.2 |
| 水域 | 50 249 | 1.00 |
| 平均初级生产力 | | 2.09 g/(m² · d) |

由表 2-12 计算结果可看出,评价区实际初级生产力为 2.09 g/(m² · d),低于项目区理论初级生产力,这说明区域生产能力和稳定状况已发生改变。结合项目区土地利用特点,项目区位于黑龙港平原区和黄河中下游冲积平原,属暖温带大陆性季风气候,生态系

统主要为人工种植的农田生态系统，种植业较为发达，人为活动对自然系统干扰严重。根据上述实际初级生产力计算，评价区域自然系统的实际平均生产力属于较低的等级，可以认为评价区植被恢复稳定性不高。

### 2.3.7　生态环境总体状况评价

区域范围内人类活动历史悠久，是我国主要的农产品生产区，土地利用方式主要以耕地为主，植被类型主要是农田植被，野生动植物种类较少，调水区及下游、输水沿线和受水区分布有黄河湿地及白洋淀、衡水湖等特殊生态敏感区，是野生动物的集中分布区域。

综合分析认为，区域生态系统主要以农业生态系统为主，生态结构较为简单，人类活动干扰严重，生态环境较为脆弱。

## 2.4　生态环境敏感区现状评价

本次工程直接或者间接涉及河南濮阳黄河湿地省级自然保护区、黄河鲁豫交界段国家级水产种质资源保护区、白洋淀湿地省级自然保护区、白洋淀国家级水产种质资源保护区、河北衡水湖国家级自然保护区和濮阳西水坡地表水饮用水源保护区等 6 个生态环境区。具体位置关系见表 2-13。

表 2-13　工程与各类保护区位置关系及水力联系

| 分区 | 敏感生态保护目标 | 位置关系 | 水力联系 | 与工程最近距离 |
| --- | --- | --- | --- | --- |
| 调水区 | 濮阳黄河湿地省级自然保护区 | 老渠村引黄闸位于保护区上游 800 m 处，保护区内无工程布置 | 调水后其水文情势发生一定程度改变 | 老渠村引黄闸拆除重建工程距离自然保护区 800 m |
| | 濮阳西水坡地表水饮用水源保护区 | 1 号分水枢纽工程紧邻渠村预沉池，处于水源地一级保护区范围内 | 渠道引水供濮阳市城市用水 | 预沉池现状与老引黄闸引水渠道及渠村节制闸相邻 |
| | 黄河鲁豫交界段国家级水产种质资源保护区 | 老渠村引黄闸前引水开挖渠道部分段位于该保护区河南侧长垣县恼里乡东沙窝至濮阳东关前园村段核心区范围内 | 调水后其水文情势发生一定程度改变 | |
| 输水沿线 | 河北衡水湖国家级自然保护区 | 本工程输水线路滏东排河的部分河段涉及衡水湖湿地国家级自然保护区，但不穿过衡水湖湖面，因本河段为已有河渠，且满足本工程过流要求，本次无工程建设安排 | 输水渠道侧渗补给 | 善官桥拆除重建工程距离自然保护区最近约 600 m |

续表 2-13

| 分区 | 敏感生态保护目标 | 位置关系 | 水力联系 | 与工程最近距离 |
| --- | --- | --- | --- | --- |
| 受水区 | 白洋淀湿地省级自然保护区 | 保护区内无工程建设，工程建设与保护区无直接联系 | 受水区 | 任文干渠上新建隔碱沟排水闸工程距离保护区最近约 1 km |
| | 白洋淀国家级水产种质资源保护区 | | | 任文干渠上新建隔碱沟排水闸工程距离保护区最近约 1.5 km |

### 2.4.1　调水区及下游保护区现状调查与评价

#### 2.4.1.1　濮阳黄河湿地省级自然保护区

濮阳黄河湿地省级自然保护区于 2007 年经河南省人民政府批准建立，属于生态系统类别中的湿地类型自然保护区，其主要保护对象是湿地生态系统和其生物多样性。该段湿地与黄河下游郑州、开封、新乡等河段湿地共同组成黄河下游湿地，是黄河湿地中较具有代表性的地段之一，是候鸟迁徙的重要栖息地。本次工程老渠村引黄闸拆除重建工程距离保护区最近距离为 800 m，保护区内无工程布置，但施工期间将对保护区鸟类产生一定的干扰，工程运行调水后水文情势的改变将对保护区湿地产生一定的影响。

1. 保护区概况

濮阳黄河湿地省级自然保护区位于黄河下游的上段，属于黄河河漫滩湿地，位于濮阳县南部沿黄滩区，东西依黄河形态呈带状分布。保护区东西长 12.5 km，南北跨度 3 ~ 12 km；地理坐标为东经 115°21′ ~ 115°40′53″，北纬 35°18′ ~ 35°25′7″，总面积 3 300 $hm^2$。保护区涉及习城、郎中、渠村三个乡镇，区内土地大部分为国有土地。保护区北侧有村庄分布，保护区周边乡镇总人口 12.4 万人，密度 560 人/$km^2$。

2. 主要保护对象

保护区属于生态系统类别中的湿地类型自然保护区，是以湿地生态系统和其生物多样性为主要保护对象，以保护湿地生态系统的自然性、完整性，长期维护生态系统稳定和开展科研、监测、宣传、教育为主要目的。

3. 功能区划分

根据保护区的自然生态条件、生物群落特征、重点保护对象和湿地的生态环境状况，保护区经营目的，以及保护区社会经济长远发展需求现状等，将保护区划分为 3 个功能区，即核心区、缓冲区、实验区，其中核心区面积 1 950 $hm^2$，缓冲区 550 $hm^2$，实验区 800 $hm^2$（见表 2-14）。

表 2-14　濮阳黄河湿地省级自然保护区功能区划

| 功能区划分 | 核心区 | 缓冲区 | 实验区 | 合计 |
| --- | --- | --- | --- | --- |
| 保护区总计（$hm^2$） | 1 950 | 550 | 800 | 3 300 |

4. 植物资源

保护区内有维管束植物69科253属484种及其变种，其中木本植物25种，草本植物459种。从陆生植物种类的科属分布来看，保护区内占优势的科主要是禾本科、莎草科、菊科、豆科、蔷薇科、藜科和十字花科，所含种类数占全部植物种类数的40.5%；水生植物中，优势科主要为眼子菜科、睡莲科、禾本科、浮萍科。

5. 鸟类种类及分布

本地区为典型的河流湿地，共分布有162种鸟类，其中国家Ⅰ级重点保护的野生鸟类有黑鹳和大鸨2种，属于国家Ⅱ级重点保护的野生鸟类有大天鹅、鸳鸯、长耳鸮等23种。从居留类型看，保护区鸟类以旅鸟为主，共65种，占保护区鸟类总数的40.1%，留鸟和夏候鸟分别有39种，各占保护区鸟类总数的24.1%；冬候鸟有19种，占11.7%（见表2-15）。本区是重要的候鸟迁徙停歇地和越冬地。

**表2-15　濮阳黄河湿地自然保护区鸟类居留型**

| 类型 | 留鸟 | 夏候鸟 | 旅鸟 | 冬候鸟 | 合计 |
|---|---|---|---|---|---|
| 数量 | 39 | 39 | 65 | 19 | 162 |
| 所占比例(%) | 24.1 | 24.1 | 40.1 | 11.7 | 100 |

2012年8月21～23日、2013年2月16～18日及3月10～12日对该保护区鸟类种类、生态习性、栖息地等进行调查，共纪录38种鸟类，其中属于国家Ⅱ级重点保护的野生鸟类有卷羽鹈鹕、白额雁等6种，水鸟18种，数量较多的为豆雁、苍鹭、绿头鸭和斑嘴鸭，多为本区常见种，主要分布在河道及周边湿地等水域活动；其余林鸟14种，主要分布在保护区周边林地内。

从居留类型来看，本次调查发现鸟类以留鸟为主，共18种，冬候鸟9种，旅鸟6种，夏候鸟5种。本次鸟类调查结果的具体情况见表2-16。

保护区鸟类基本可分为三种类型，其中水域的鸟类种类最多，人工林次之，农田草地最少，鸟类具体分布情况如下。

1）水域鸟类

水域鸟类是指分布在河道及周边人工湿地等水域活动的鸟类。本区有水禽67种，包括鸊鷉目、鹈形目、鹳形目、雁形目、鹤形目、鸻形目等鸟类，占该区鸟类的41.4%。

目前在评价区水域内较常见的典型水禽有豆雁、绿头鸭、斑嘴鸭、绿翅鸭、小鸊鷉、赤麻鸭、骨顶鸡、黑水鸡等，同时还有黑鹳、大天鹅等保护鸟类。

2）林地鸟类

常见的有灰斑鸠、珠颈斑鸠、大杜鹃、四声杜鹃、黑卷尾、灰喜鹊、大嘴乌鸦、几种莺类、金翅雀、三道眉草鹀、大斑啄木鸟及灰头绿啄木鸟等。其中优势种为家燕、珠颈斑鸠、麻雀等。

3）草灌丛鸟类

在保护区草灌丛中，除有部分灌丛鸟类如金翅雀、北红尾鸲、莺亚科的几种柳莺外，百灵科、椋鸟、鹀类分布较多，尤其是三道眉草鹀是这里的优势种。

6. 主要保护鸟类生态习性

保护区内国家Ⅰ级重点保护鸟类和本次调查中发现的国家Ⅱ级重点保护鸟类生态习性见表2-17。

**表2-16　濮阳黄河湿地省级自然保护区鸟类调查结果**

| 种名 | 生活环境 | | | 居留情况 | 种群数量 | 保护级别 |
|---|---|---|---|---|---|---|
| | 农田人工林 | 水域 | 荒滩草地 | | | |
| 小䴙䴘 Podiceps ruficollis | | √ | | 留鸟 | + + | |
| 凤头䴙䴘 Podiceps cristatus | | √ | | 旅鸟 | + | |
| 卷羽鹈鹕 Pelecanus crispus | | √ | | 旅鸟 | + | Ⅱ |
| 苍鹭 Ardea cinerea | | √ | √ | 留鸟 | + + + | |
| 池鹭 Ardeola bacchus | √ | √ | √ | 夏候鸟 | + + | |
| 大白鹭 Egretta alba | | √ | √ | 冬候鸟 | + | |
| 豆雁 Anser fabalis | √ | √ | | 冬候鸟 | + | |
| 白额雁 Anser albifrons | | √ | | 旅鸟 | + | Ⅱ |
| 赤麻鸭 Tadorna ferruginea | √ | √ | | 冬候鸟 | + + | |
| 针尾鸭 Anas acuta | | √ | | 旅鸟 | + | |
| 绿翅鸭 Anas crecca | | √ | | 冬候鸟 | + + | |
| 绿头鸭 Anas platyrhynchos | | √ | | 冬候鸟 | + + + | |
| 斑嘴鸭 Anas poecilorhyncha | | √ | | 留鸟 | + + + | |
| 普通秋沙鸭 Mergus merganser | | √ | | 冬候鸟 | + + | |
| 普通鵟 Buteo buteo | √ | | | 冬候鸟 | + | Ⅱ |
| 阿穆尔隼 Falco amurebsis | | | √ | 夏候鸟 | + | Ⅱ |
| 红隼 Falco tinnunculus | √ | | √ | 留鸟 | + | Ⅱ |
| 雉鸡 Phasianus colchicus | √ | | | 留鸟 | + + | |
| 灰鹤 Grus | √ | √ | | 冬候鸟 | + + | Ⅱ |
| 黑翅长脚鹬 Himantopus | | √ | | 夏候鸟 | + | |
| 反嘴鹬 Recurvirostra avosetta | | √ | | 旅鸟 | + | |
| 凤头麦鸡 Vanellus | | √ | √ | 旅鸟 | + + | |
| 银鸥 Larus argentatus | | √ | | 冬候鸟 | + | |
| 普通翠鸟 Alcedo atthis | | √ | | 留鸟 | + | |
| 戴胜 Upupa epops | | | √ | 留鸟 | + + | |
| 家燕 Hirundo rustica | √ | | √ | 夏候鸟 | + + + | |
| 白鹡鸰 Hirundo alba | √ | √ | | 夏候鸟 | + | |

续表 2-16

| 种名 | 生活环境 | | | 居留情况 | 种群数量 | 保护级别 |
|---|---|---|---|---|---|---|
| | 农田人工林 | 水域 | 荒滩草地 | | | |
| 白头鹎 Pycnonotus sinensis | | | √ | 留鸟 | + | |
| 棕背伯劳 Lanius schach | √ | | | 留鸟 | + | |
| 喜鹊 Pica | | | √ | 留鸟 | + + + | |
| 秃鼻乌鸦 Corvus frugilegus | √ | | √ | 留鸟 | + + | |
| 大嘴乌鸦 Corvus macrorhynchus | √ | | √ | 留鸟 | + + | |
| 北红尾鸲 Phoenicurus auroreus | | √ | √ | 留鸟 | + + | |
| 乌鸫 Turdus merula | √ | | | 留鸟 | + | |
| 大山雀 Parus major | √ | | | 留鸟 | + + | |
| 树麻雀 Passer montanus | √ | | √ | 留鸟 | + + + | |
| 金翅雀 Carduelis sinica | | | | 留鸟 | + | |
| 三道眉草鹀 Emberiza cioides | √ | | √ | 留鸟 | + + | |

**表 2-17　主要保护鸟类生态习性**

| 主要珍稀保护鸟类 | 保护级别 | 居留型 | 生态习性 |
|---|---|---|---|
| 黑鹳 Ciconia nigra | Ⅰ级 | 旅鸟 | 迁徙时间为秋季，在我国主要在 9 月下旬至 10 月初开始南迁，春季多在 3 月初至 3 月末到达繁殖地 |
| 大鸨 Otis tarda | Ⅰ级 | 冬候鸟 | 每年的 11 月至翌年 3 月见于黄河滩地，主要分布于高位滩地 |
| 大天鹅 Cygnus | Ⅱ级 | 冬候鸟 | 每年 11 月迁来越冬，第二年 3 月中旬开始陆续向北飞，3 月下旬全部迁离本区 |
| 纵纹腹小鸮 Athene noctua | Ⅱ级 | 留鸟 | 纵纹腹小鸮在本区为留鸟。繁殖期 5 ~ 7 月，多栖息于大堤两岸的树林内 |
| 灰鹤 Grus | Ⅱ级 | 冬候鸟 | 越冬灰鹤喜欢栖息于富有水边植物的开阔河滩地带，灰鹤在本区为冬候鸟，每年 11 月底迁到此区，第二年 3 月中下旬北飞 |
| 白额雁 Anser albifrons | Ⅱ级 | 旅鸟 | 栖息于保护区河流及滩地 |
| 卷羽鹈鹕 Pelecanus crispus | Ⅱ级 | 旅鸟 | 栖息于保护区河流、滩地等地 |
| 普通鵟 Buteo | Ⅱ级 | 冬候鸟 | 主要栖息于保护区附近村庄，繁殖期每年 5 ~ 7 月 |
| 阿穆尔隼 Falco amurebsis | Ⅱ级 | 夏候鸟 | 阿穆尔隼主要栖息于保护区河流、滩地等开阔地区，每年 5 ~ 7 月繁殖 |
| 红隼 Falco tinnunculus | Ⅱ级 | 留鸟 | 红隼栖息于保护区河谷及村庄附近，每年 5 ~ 7 月繁殖 |

7. 存在问题

随着区域人口数量的不断增加和社会经济的快速发展,濮阳黄河湿地省级自然保护区存在人为活动干扰、湿地开发等问题。据现场调查,保护区所在河道上有浮桥存在,对保护区有一定程度的干扰。

#### 2.4.1.2　黄河鲁豫交界段国家级水产种质资源保护区

1. 保护区概况

保护区位于黄河干流下游的山东(包括菏泽市东明县、牡丹区、鄄城县和郓城县)和河南(包括新乡市长垣县,濮阳市濮阳县、范县和台前县)两省交界河段,全长 184.6 km。黄河鲁豫交界段国家级水产种质资源保护区总面积 10 005.32 $hm^2$,其中核心区面积 6 102.92 $hm^2$,实验区面积3 902.4 $hm^2$。核心区特别保护期为每年的4 月1 日至6 月30 日。

2. 功能区划

黄河鲁豫交界河段国家级水产种质资源保护区核心区河段长度共 112.6 km,占保护区总长度的61%。面积共6 102.92 $hm^2$,占保护区总面积的61%,分为2 个区段:第一段为山东侧东明县焦园乡辛庄村至高村、河南侧长垣县恼里乡东沙窝至濮阳东关前园村,全长64.8 km;第二段为山东侧鄄城县董口至郓城县苏阁、河南侧濮阳县王称堌乡至范县高码头乡林楼村,全长47.8 km。

实验区河段长度共 72 km,占保护区总长度的 39%。面积 3 902.4 $hm^2$,占保护区总面积的39%,也分为2 个区段:第一段为山东侧东明县高村至鄄城县董口、河南侧濮阳东关前园村至王称堌乡,全长45.5 km;第二段为山东侧郓城县苏阁至伟庄、河南侧范县高码头乡林楼村至台前县刘心实村,全长26.5 km。

3. 主要保护对象

主要保护对象为黄河鲤、鲇、赤眼鳟、翘嘴鲌、乌鳢、大鳞副泥鳅、鳊、似鳊、光泽黄颡鱼和中华鳖等重要水产种质资源及其栖息生境。其他保护对象包括花鲋、乌苏里拟鲿、鲂、蛇鮈、亮银鮈和平鳍鳅鮀等。

4. 鱼类资源

根据2008 ~2013 年调查结果,该河段共有鱼类9 目 18 科 57 种。鲈形目 6 科 6 种,占 59.6%;鲤科鱼类 34 种,分布于 9 个亚科,占 10.5%;鲿科鱼类 3 种,占 5.26%,银鱼科、鳅科、鲇科各2 种,其余胡瓜鱼科、合鳃鱼科、塘鳢科、鰕虎鱼科、鳢科、刺鳅科均为 1 种。本次调查出现的外来鱼类(包括中游水库网箱养殖逃逸鱼类)10 种。

根据2014 年1 ~2 月调查结果,在该调查河段范围内共捕获鱼类28 种,隶属于4 目8 科,其中鲤科鱼类 17 种,为该调查河段的优势门类,其次为鳅科、鲿科鱼类各 3 种,鲇科、鳢科、斗鱼科、鰕虎鱼科及青鳉科鱼类各 1 种。鱼类组成名录见表 2-18。

5. 区系组成

此次调查结果显示,保护区河段鱼类区系组成包括中国江河平原复合体、第三纪早期复合体及南方平原复合体。区系组成仍然以鲤科鱼类为主,鲿科鱼类种群数量也较高;中国江河平原复合体鱼类喜栖息于水面宽阔且有一定流速的水域,其中大部分鱼类产漂流性卵,受水体温度及流速刺激产卵繁殖,对水体温度及流速变化敏感,主要有草鱼、鳙、鳊、餐条、贝氏餐条、赤眼鳟、翘嘴红鲌、似鳊、银色颌须鮈、花䱻、蛇鮈等。

表 2-18　鱼类组成名录

| 鲤形目 Cypriniformes | |
|---|---|
| 鳅科 Cobitidae | 泥鳅 Misgurnus anguillicaudatus Cantor |
| 中华花鳅 Cobitis sinensis | 大鳞副泥鳅 Paramisgurnus dabryanus |
| 鲤科 Cyprinidae | 赤眼鳟 Spualiobarbus Curriculus Richardson |
| 餐条 Hemicculter Leuciclus Basilewaky | 贝氏餐条 Hemiculter bleekeri Warpachowsky |
| 鳊 Parabramis pekinensis Basilewsky | 翘嘴红鲌 Erythroculter ilishaeformis Bleeker |
| 鲤 Cyprinus carpio Linnaeus | 似鳊 Acanthobrama imony Bleeker |
| 中华鳑鲏 Rhodeus sinensis Gunther | 鲫鱼 Cyprinus arassius Linnaeus |
| 高体鳑鲏 Rhodeus ocellatus | 蛇鮈 Saurogobio dabryi Bleeker |
| 鳙 Aristichthys nobilis Richardson | 麦穗鱼 Pseudorasbora parva Tmminck et Schlegel |
| 棒花鱼 Abbotina rivularis Basilewslxy | 银色颌须鮈 Gnathopogon argentatus Sauvage et Dabry |
| 花䱻 Hemibarbus maculates Bleeker | 潘氏鳅鮀 Gobiobotia pappenheimi |
| 鲇形目 Siluriformes | |
| 鲿科 Bagridae | 光泽黄颡鱼 Pelteobagrus nitidus Sauvage et Dabry |
| 瓦氏黄颡鱼 Pelteobagrus vachelli | 叉尾鮠 Leiocassis tenuifurcatus Nichols |
| 鲇科 Siluridae | 鲇 Silurus asotus Linnaeus |
| 鲈形目 Perciformes | |
| 鰕虎鱼科 Gobiidae | 栉鰕虎鱼 Ctenogobius giurinus Rutter |
| 鳢科 Ophiocephhalidae | 乌鳢 Ophiocephalusargus |
| 斗鱼科 Belontiidae | 圆尾斗鱼 Macropodus ocellatus |
| 鳉形目 Cyprinodontifprmes | |
| 青鳉科 Adrianichthyidae | 青鳉 Oryzias latipes |

第三纪早期复合体分布较广，多为常见种类，对环境的适应能力强，该区系鱼类喜栖息于静水及环流水体中，多为产黏性卵鱼类。主要有鲤、鲫、高体鳑鲏、中华鳑鲏、麦穗鱼、鲇、泥鳅等。

南方平原复合体鱼类大多对环境适应能力较强，在一定程度上适应高温、耐缺氧，其部分种类体形较小且不善于游泳，主要有黄颡鱼、光泽黄颡鱼、瓦氏黄颡鱼、叉尾鮠；北方平原复合体：棒花鱼。

6. 主要保护鱼类及其生态习性

黄河鲁豫交界段国家级水产种质资源保护区的主要保护对象为黄河鲤、鲇、赤眼鳟、翘嘴鲌、乌鳢、大鳞副泥鳅、鳊、似鳊、光泽黄颡鱼和中华鳖。主要保护对象生态习性见表 2-19。

**表 2-19　主要保护鱼类及其生态习性**

| 种类 | 洄游习性 | 摄食类型 | 产卵习性 | 栖息、产卵习性 |
| --- | --- | --- | --- | --- |
| 黄河鲤 | 定居型 | 杂食性 | 黏性卵 | 栖息于水体中下层静水水域，在靠近岸边浅水区产卵，卵黏附在淹没的水生维管束植物上，产卵下限水温 18 ℃，产卵期在 4～6 月 |
| 鲇 | 定居型 | 肉食性 | 沉、黏性卵 | 多栖息于水草丰茂的水体底层，受精卵一般分散黏附在长满水草的水底，当水温达到 18～21 ℃时开始产卵，产卵期在 4～7 月 |
| 赤眼鳟 | 生殖洄游 | 杂食性 | 漂流性卵 | 多栖息于水体中层，多在靠岸有水草或较浅的沙滩区域产卵，涨水季节多上溯至支流，产卵期在 6～8 月 |
| 翘嘴鲌 | 生殖洄游 | 肉食性 | 漂流性卵 | 栖息于水体的中上层，喜流水，产卵在靠近岸边的水草稀疏区域，水深 1 m 左右，缓流沙质浅滩也有产卵，黏附于漂浮于水面的水生植物茎叶上发育，亦脱落沉入水底，受流水冲击漂流发育，产卵期在 6～8 月 |
| 乌鳢 | 定居型 | 肉食性 | 浮性卵 | 常栖息于水草茂盛、软泥底质的湖泊、水库、河流及池塘水域中，春夏季多在水体中上层和上层活动；秋冬季躲在深水和水底生活，最适温度为 16～30 ℃。多在水草茂盛、无水流的水域岸边产卵，繁殖最适温度为 20～25 ℃，产卵期在 5～7 月 |
| 大鳞副泥鳅 | 定居型 | 杂食性 | 沉、黏性卵 | 一般生活在水流缓慢的河湾或其他静水水域，繁殖水温为 18～28 ℃，产卵时要求有水生植物等作为附卵基质，产卵期在 5～7 月 |
| 鳊 | 生殖洄游 | 植食性 | 漂流性卵 | 栖息于河汊较浅水体中上层，产卵需在流水环境中完成，多在夜间产卵，卵具有微黏性。产卵最适水温为 20～29 ℃，产卵期为 5～6 月 |
| 似鳊 | 生殖洄游 | 植食性 | 漂流性卵 | 多栖息于江河下游水体中下层，产卵季节亲鱼集群溯河而上，到水流比较湍急的河段产卵，雄鱼吻部出现珠星，产卵期在 5～6 月 |
| 光泽黄颡鱼 | 定居型 | 肉食性 | 沉性卵 | 多栖息于静缓水体底层，产卵于卵石间隙，并黏结成团附着于卵石上，借流水冲刷孵化，产卵水温要求 20 ℃以上，产卵期在 5～7 月 |
| 中华鳖 | 定居型 | 杂食性 | 沙滩产卵 | 栖息于海拔 400～900 m 的淡水水域中，杂食性，每年 4～8月为繁殖期，盛期为 6～7 月，10 月下旬水温 6～8 ℃时潜入水底钻入泥沙或淤泥中 |

7. 鱼类三场分布

黄河鲁豫交界段国家级水产种质资源保护区所在河段是鱼类栖息繁殖的重要生境，鱼类资源量丰富，存在较大规模产卵场及索饵场等。在此次调查期间保护区河段共调查到产卵场6处（见表2-20），从上游至下游分别是：

表2-20 保护区产卵场基本条件一览表

| 名称 | 范围 | 面积（$km^2$） | 水温（℃） | 溶解氧（mg/L） | pH |
| --- | --- | --- | --- | --- | --- |
| 三王寨产卵场 | 35°04.866′～35°05.082′N<br>114°52.033′～114°52.769′E | 0.05 | 27.9 | 9.2 | 8.7 |
| 谢寨产卵场 | 35°11.690′～35°12.232′N<br>114°55.620′～114°55.718′E | 0.25 | 28.7 | 9.9 | 8.6 |
| 高村浮桥产卵场 | 35°22.547′～35°22.719′N<br>115°01.393′～115°02.179′E | 0.08 | 30.1 | 10.5 | 9.5 |
| 李村镇产卵场 | 35°25.128′～35°25.118′N<br>115°13.688′～115°13.962′E | 0.01 | 27.9 | 8.4 | 8.2 |
| 董口产卵场 | 35°33.537′～35°33.599′N<br>115°23.496′～115°23.753′E | 0.15 | 30.1 | 8.7 | 9.1 |
| 赵庄产卵场 | 35°45.736′～35°45.795′N<br>115°41.657′～115°41.925′E | 0.02 | 29.8 | 9.1 | 9.2 |

（1）三王寨产卵场（北纬35°04.866′～35°05.082′，东经114°52.033′～114°52.769′），规模约0.05 $km^2$，该产卵场为长条形漫滩状，漫滩底质为泥沙，岸边多为芦苇及其他禾本科植被分布，存在和漫滩相连接的多个浅水洼地，浅水洼地底质为泥底，洼地在涨水时与漫滩相连，在枯水时则与漫滩分割，在该产卵场捕获的主要为餐条及鲫等产黏性卵鱼类资源，其中以餐条为主。该产卵场规模相对较小。

（2）谢寨产卵场（北纬35°11.690′～35°12.232′，东经114°55.620′～114°55.718′），该处产卵场规模较大，面积约0.25 $km^2$，底质为泥沙，该产卵场为长形，由一系列静水洼地连接而成，洼地静水清澈，一般仅一较小进水口与黄河缓流水区相连接，静水区水草丰茂，里面多为眼子菜及水绵等水生植物，眼子菜为水生植物优势种类，刚孵化出不久的仔鱼多生活在静水区靠近水边区域，密度较大，较大仔鱼则大多栖息在眼子菜等水草下面及其附近，该产卵场早期资源主要以鲫、鲤、鮈亚科及餐条等产黏性卵鱼类为主。该产卵场规模在该河段最大。

（3）高村浮桥产卵场（北纬35°22.547′～35°22.719′，东经115°01.393′～115°02.179′），该产卵场位于天然文岩渠入黄口以下至高村浮桥之间，规模相对较大，面积约0.08 $km^2$。该产卵场主要分为两部分，一部分为泥底质，该泥底质产卵场水草丰茂，水生植物主要为眼子菜和水绵，其中眼子菜为绝对优势种，覆盖多数静水区，靠近水边湿生植被主要有芦苇、蓼等，底栖生物密度较大，以鲤、鲫、鮈亚科等为主。另一部分底质为泥沙,水生植物多为水绵,水绵为优势种类,靠近岸边多为较柔软沙滩,该区域鱼类早期资源较少,但渔民在该处产卵场最下端附近捕获过中华鳖,且该处环境是中华鳖适宜产卵的较佳生境,故可能为中华鳖产卵场,但在该区域调查时未发现中华鳖活动痕迹。

(4)李村镇产卵场(北纬 35°25.128′~35°25.118′,东经 115°13.688′~115°13.962′),该处产卵场规模最小,面积约 0.01 $km^2$,为黄河主河道靠近岸边形成的河汊,水流为微流水,靠近岸边区域为静水。靠近岸边多为冲积形成的枯枝败叶,并有一些枯萎杂草,底质为泥沙,底质较硬,主要为鲫、餐条等鱼类产卵场。

(5)董口产卵场(北纬 35°33.537′~35°33.599′,东经 115°23.496′~115°23.753′),该处产卵场规模较大,面积约 0.15 $km^2$,为黄河主河道在该区域形成的湾岔,共有 4 个较大规模湾岔,底质为泥底,中间被干涸的滩地分隔,水生植物为眼子菜及水绵等,其中眼子菜较多。该处水体较为清澈,亦为静水,在此区域捕获的主要为鲤、鲫、鳅科及鮈亚科等沉黏性卵鱼类资源,其大多分布在靠近岸边的眼子菜、水绵下面及其附近区域。

(6)赵庄产卵场(北纬 35°45.736′~35°45.795′,东经 115°41.657′~115°41.925′),该处产卵场规模较小,面积约 0.02 $km^2$,其为靠近黄河主河道河汊,长条状,底质为泥底,靠近主河道侧为微流水,靠近岸边为静水,并形成了几个大小不一的水湾。水生植物同样为眼子菜及水绵,但数量相对较少,早期资源主要为鲫、鮈亚科等产黏性卵鱼类。

此次调查显示在该河段存在 3 处较大产卵场,分别为谢寨产卵场、董口产卵场和高村浮桥产卵场。总的看来,该河段产卵场主要分布于黄河主河道形成河湾区域,且河湾处均为静水区域,主要为产沉黏性卵鱼类产卵场,主要是由于该河段为黄河游荡河段,黄河主河道不断地来回摆荡,形成了多个规模各异的河湾,河湾的静水区成为了产沉黏性卵鱼类的良好繁殖地。

该保护区河段鱼类索饵场及越冬场分布同样较为分散,其中鲤科、鳅科及一些小型鱼类等喜栖息于缓静水域,索饵场一般位于靠近岸边的静水区,水体水流较缓或为静水,水体透明度较高,岸边多水生植物,多数索饵场位于产卵场下端或其附近区域,或者位于主河道靠近岸边的静缓水域;另一类鲿科及鲇科等底栖性鱼类的索饵场一般位于紧靠主河道的人工控导区域,在该区域主河道水流受到人工控导的影响形成了一定的洄水湾,具有一定的湍流。越冬场则一般位于主河道深水区,在该区域内主要位于人工控导形成的一个个小型的洄水湾区域,该区域受到主河道水流洄水的影响形成了一个个较深的深潭状洄水湾。

## 2.4.2　输水沿线自然保护区现状调查与评价

衡水湖是华北平原的两大内陆淡水湖之一,其规模仅次于白洋淀。衡水湖 2003 年被国务院批准为国家级自然保护区,保护区面积经 2012 年修正为 170.06 $km^2$。本次引黄入冀补淀工程输水线路滏东排河部分河段在衡水湖西侧经过,但不穿越衡水湖湖面,保护区内无工程建设内容。

### 2.4.2.1　保护区概况

保护区东至五开河村,西至大寨村,南至堤里王,北接滏阳河,东西向最大宽度 20.87 km,南北向最大长度 18.81 km。衡水湖面积 75 $km^2$,平均水深 3~4 m,蓄水量近 2 亿 $m^3$。

分为东、西两湖，东湖面积 42.5 $km^2$，西湖面积 32.5 $km^2$。

#### 2.4.2.2　主要保护对象

衡水湖国家级自然保护区属于自然生态系统类的湿地类型的自然保护区，从生态系统特征上看，属于以华北内陆淡水湿地生态系统为主的平原复合湿地生态系统。衡水湖及周边地区生境类型多样，具有独特的自然景观和沼泽、水域等多种生态系统，生物资源十分丰富。主要保护对象是鸟类，在此栖息的鸟类有 296 种，其中国家Ⅰ、Ⅱ级保护珍稀鸟类达 51 种。

#### 2.4.2.3　功能区划分

衡水湖自然保护区划分为核心区、缓冲区、实验区，其中核心区面积为 58.16 $km^2$，缓冲区面积为 48.65 $km^2$，实验区面积为 63.25 $km^2$。

#### 2.4.2.4　植被资源、植被类型及演替规律

本区目前发现植物有 75 科 239 属 383 种，苔藓植物 3 科 4 属 4 种，蕨类植物 3 科 3 属 5 种，裸子植物 1 科 1 属 1 种，被子植物 68 科 231 属 371 种，其中单子叶植物 12 科 51 属 80 种，双子叶植物 56 科 180 属 293 种。

#### 2.4.2.5　动物资源调查

根据调查结果和文献记录，衡水湖自然保护区的哺乳类有 5 目 10 科 20 种，其中以啮齿目占绝对优势，有 3 科 6 种，占衡水湖自然保护区哺乳类物种总数的 30%；其次是食虫目和食肉目，食虫目有 3 科 5 种，食肉目有 2 科 5 种。

#### 2.4.2.6　鸟类

衡水湖地处华北平原的中部，是候鸟迁徙的必经之地。作为华北平原仅次于白洋淀的第二大湖泊，衡水湖水面宽阔，生境类型多样，可以为多种鸟类提供丰富的食物资源及栖息地。

据调查发现，衡水湖自然保护区的鸟类中，共有 51 种国家重点保护鸟类，隶属于 7 目 11 科，占全部鸟种的 17.5%。其中国家Ⅰ级保护动物 7 种，分别为东方白鹳、黑鹳、金雕、白肩雕、丹顶鹤、白鹤和大鸨，居留类型大部分为旅鸟，仅在迁徙途中经过衡水湖作短暂停留，在田间或水域作停留休息。

国家Ⅱ级保护动物 44 种，其中 28 种为旅鸟，5 种为留鸟，3 种为夏候鸟，8 种为冬候鸟，主要都是在农田、水域栖息停留。

主要珍稀保护鸟类生态习性见表 2-21。

**表 2-21　主要珍稀保护鸟类生态习性**

| 主要珍稀保护鸟类 | 保护级别 | 居留型 | 生态习性 |
| --- | --- | --- | --- |
| 东方白鹳 Ciconia boyciana | Ⅰ级 | 旅鸟 | 迁徙季节在衡水湖见于中隔堤附近的沼泽地带 |
| 黑鹳 Ciconia nigra | Ⅰ级 | 旅鸟 | 黑鹳见于中隔堤附近的水域 |
| 丹顶鹤 Grus japonensis | Ⅰ级 | 旅鸟 | 栖息于沼泽和沼泽化的草甸，每年的繁殖期从 4 月开始，持续 5 个月，到 9 月结束。衡水湖是丹顶鹤迁徙过程中重要的食物资源补给站 |

续表 2-21

| 主要珍稀保护鸟类 | 保护级别 | 居留型 | 生态习性 |
|---|---|---|---|
| 白鹤 Grus leucogeranus | Ⅰ级 | 旅鸟 | 衡水湖也是白鹤迁徙过程中重要的食物资源补给站 |
| 大鸨 Otis tarda | Ⅰ级 | 旅鸟 | 大鸨主要栖息于开阔的平原、干旱草原、稀树草原和半荒漠地区，也出现于河流、湖泊沿岸和邻近的干湿草地 |
| 大天鹅 Cygnus cygnus | Ⅱ级 | 旅鸟 | 大天鹅每年大约 11 月以及来年的 3 月在衡水湖迁徙过境 |
| 白琵鹭 Platalea leucorodia | Ⅱ级 | 旅鸟 | 白琵鹭在衡水湖少见，仅在 11 月的调查中发现 2 只 |
| 乌雕 Aquila clanga | Ⅱ级 | 旅鸟 | 迁徙时栖于开阔地区 |

## 2.4.3 受水区环境敏感区现状调查与评价

### 2.4.3.1 白洋淀湿地省级自然保护区

1. 保护区概况

2002 年 11 月，河北省政府批准建立白洋淀省级湿地和鸟类自然保护区。白洋淀位于北京、天津、保定三市之间，地跨北纬 38°43′～39°02′，东经 115°48′～116°07′，西距保定市 45 km，北距北京 120 km、天津 120 km，南距石家庄 170 km，东与沧州任丘接壤。淀区主要分布在安新县境内(淀区 85% 的水域在安新，占安新县总面积的 40% 以上)，此外还涉及雄县、容城、高阳和沧州地区的任丘 4 个县。白洋淀东西长 39.5 km，南北宽 28.5 km，淀区三分陆地，七分水面，水域面积约 366 $km^2$，平均蓄水量 13.2 亿 $m^3$，是华北地区最大的天然浅水湖泊、最大的一块湿地。

2. 保护区主要保护对象

白洋淀湿地省级自然保护区主要保护对象是内陆淡水湿地生态系统，主要保护白洋淀湿地生态环境、水生和陆栖生物群落，特别是要重点保护珍稀濒危野生动植物物种。

3. 功能区划

保护区按功能分为 4 个核心区：烧车淀核心区、大麦淀核心区、藻乍淀核心区、小白洋淀核心区，核心区总面积 97.4 $km^2$。缓冲区和实验区位于核心区外围，面积分别为 62.4 $km^2$ 和 152.2 $km^2$。目前，藻乍淀常年处于干涸状态。

4. 植物资源及分布

白洋淀水生植物非常丰富，荷花、芒子、鸡头、老菱角被当地人称为“一花、三宝”。根据调查，白洋淀的水生维管束植物共有 2 门 22 科 46 种，常见及优势种从分布看，挺水植物分布于水深 0.5～1 m 范围，漂浮植物主要分布于沟壕及挺水植物丛中，沉水植物分布在水深不超过 2～3 m 的区域。

根据植物群落分类原则，将白洋淀水生植物分为 15 个主要群落类型，各群落类型及分布见表2-22。

表2-22　白洋淀水生植物群落类型

| 编号 | 群落类型 | 主要物种 | 主要伴生种 | 分布 |
| --- | --- | --- | --- | --- |
| 1 | 芦苇群落 | 芦苇 | 荻、稗草 | 主要分布在台地上 |
| 2 | 篦齿眼子菜群落 | 篦齿眼子菜 | 穗花狐尾藻、轮叶黑藻 | 烧车淀,前塘和后塘 |
| 3 | 金鱼藻群落 | 金鱼藻 | 槐叶萍、荇菜、水鳖 | 广泛分布于淀区内 |
| 4 | 莲群落 | 莲 | 金鱼藻、槐叶萍、浮萍 | 广泛分布于淀区内 |
| 5 | 狭叶香蒲群落 | 狭叶香蒲 | 槐叶萍、水鳖、篦齿眼子菜 | 主要分布在后塘和枣林庄 |
| 6 | 菹草群落 | 菹草 | 金鱼藻、水鳖 | 主要沿淀区内航道分布 |
| 7 | 荇菜群落 | 荇菜 | 槐叶萍、紫背浮萍、金鱼藻 | 多分布于航道两侧,面积不大 |
| 8 | 水鳖群落 | 水鳖 | 槐叶萍、金鱼藻 | 多分布于航道两侧,面积不大 |
| 9 | 紫背浮萍+槐叶萍群落 | 紫背浮萍+槐叶萍 | 金鱼藻、水鳖、荇菜 | 多分布于航道两侧,面积不大 |
| 10 | 穗花狐尾藻群落 | 穗花狐尾藻 | 篦齿眼子菜、金鱼藻 | 主要分布在赵北口和小西淀 |
| 11 | 马来眼子菜群落 | 马来眼子菜 | 穗花狐尾藻、轮叶黑藻 | 多分布于航道两侧,面积不大 |
| 12 | 浮萍群落 | 浮萍 | 金鱼藻、槐叶萍 | 污染较为严重的西部水域 |
| 13 | 菱群落 | 菱 | 金鱼藻、水鳖 | 广泛分布于淀区内 |
| 14 | 轮藻群落 | 轮藻 | 金鱼藻、水鳖、槐叶萍 | 多分布于航道两侧,面积不大 |
| 15 | 小茨藻群落 | 小茨藻 | 紫背浮萍、狭叶香蒲、金鱼藻 | 主要分布在前、后塘 |

5. 动物资源

白洋淀分布有14种哺乳动物,隶属5目8科12属,有国家保护动物5种,即刺猬、草兔、赤狐、黄鼬、猪獾,大部分为常见种。

6. 鸟类及动态变化

据有关资料记载,干淀以前白洋淀区有鸟类192种,隶属于16目46科102属,占全国鸟类总数的15%,占河北省鸟类总数的45.7%左右。其中国家Ⅰ级保护鸟类3种,占鸟类总数的1.56%,即丹顶鹤、白鹤、大鸨;国家Ⅱ级保护鸟类26种,占鸟类总种数的13.4%,包括大小天鹅、灰鹳、白鹭等。

但是,白洋淀自20世纪60年代以来,受水源不足、水位不稳、水质污染和过度开发等影响,淀内水生生物屡遭毁灭性破坏,致使白洋淀生态系统日益脆弱,功能衰退,特别是在1983~1988年连续5年干淀,水生态环境遭到严重破坏,白洋淀独有的珍贵鱼种绝迹,大型猛禽金雕、赤狐等动物销声匿迹。有关部门的调查表明,1992年淀区鸟类仅剩52种。

2004年引岳济淀工程的实施,为水生动植物创造了良好的生存环境,动植物种群开始逐步恢复,白洋淀重获生机,淀区野生禽类已恢复到180多种,单个种群也在不断扩大,一些绝迹多年的水禽又回到芦苇丛中,灰鹤由2003年的63只增加到2004年的216只,豆雁由105只增加到312只。绝迹多年的天鹅、东方白鹳又重新出现,国家Ⅰ级保护鸟类大鸨达到30余只,灰鹤也从几年前的数百只增加到5 000余只。

2008年,引黄济淀工程完成后,随着罗纹鸭、针尾鸭等6种新鸟种被陆续发现,白洋淀野生鸟类资源已达192种。其中,夏候鸟78种,占白洋淀鸟类总种数的40.62%;留鸟19种,占鸟类总种数的9.9%;旅鸟88种,占鸟类总种数的45.83%;冬候鸟7种,占鸟类总种数的3.65%。有国家Ⅰ级重点保护鸟类4种,即丹顶鹤、白鹤、大鸨、东方白鹳;国家Ⅱ级重点保护鸟类有白琵鹭、白额雁、蓑羽鹤、灰鹤、大天鹅、鹊鹞、长耳鸮等26种;有益的或有重要经济、科研价值的鸟类有158种。

2012年调查结果表明,白洋淀目前鸟类共16目46科102属,共192种,约占河北省鸟类总数的45.7%。白洋淀分布的192种鸟类中,国家Ⅰ级保护鸟类4种,为丹顶鹤、白鹤、大鸨、东方白鹳;国家Ⅱ级重点保护鸟类有白琵鹭、大天鹅、小天鹅、白额雁等26种。

白洋淀湿地重点保护鸟类及生活习性见表2-23。

**表2-23　白洋淀湿地保护区重点保护鸟类及生态习性**

| 主要珍稀保护鸟类 | 保护级别 | 生态习性 | 居留型 |
|---|---|---|---|
| 东方白鹳 Ciconia boyciana | Ⅰ级 | 主要栖息于湖泊、水塘,以及水渠岸边和沼泽地上 | 旅鸟 |
| 丹顶鹤 Grus japonensis | Ⅰ级 | 主要栖息于沼泽和沼泽化的草甸 | 旅鸟 |
| 白鹤 Grus leucogeranus | Ⅰ级 | 主要栖息于芦苇沼泽湿地,以水生植物根、茎为食,也吃少量的蚌、鱼、螺等 | 旅鸟 |
| 大鸨 Otis tarda | Ⅰ级 | 主要栖息于湖泊沿岸和邻近的干湿草地 | 旅鸟 |

7. 湿地演变规律

白洋淀湿地主要由水域、芦苇沼泽、台田及浅滩湖滨带等生态系统组成,其中水域一般分布在高程7.5 m以下,芦苇沼泽一般分布在高程6.5~7.5 m,台田分布在高程9.0 m以上,浅滩和湖滨带分布在高程9.0~7.5 m的水陆交错带上。当水位低于6.5 m时,白洋淀就会出现干淀;当水位低于5.5 m时,整个湿地生态系统将退化为陆地生态系统。自20世纪60年代以来,由于水资源的短缺,白洋淀湿地面积不断减少。

根据中国科学院遥感应用研究所对白洋淀湿地近40年的土地覆被变化及其驱动力分析,结果表明:白洋淀湿地呈萎缩趋势,开敞水面面积不断缩小,农田面积逐渐扩大,居民用地面积扩增较快。其中,水面面积起伏变化大,1964~1974年,区域水面面积萎缩了约3/4,由346.7 $km^2$萎缩到94.65 $km^2$;1983年,水面面积继续减少到67.27 $km^2$,2002年水面已严重萎缩,仅46.86 $km^2$。萎缩的水面为植被、裸土和居民地所替代。随着湿地的萎缩,在景观水平上,斑块密度增加,景观破碎化程度增加,优势景观类型湿地对整个景观的控制作用逐渐减小。白洋淀湿地面积变化见图2-2。

自2006年4次引黄补淀应急补水以来,白洋淀湿地面积和水域面积均得到不同程度的恢复,白洋淀及周边生态环境得到一定程度的改善。

8. 存在问题

白洋淀存在的主要生态环境问题是生态用水被严重挤占,水污染严重,生态环境功能

(a)1964 年 11 月 CORONA 影像

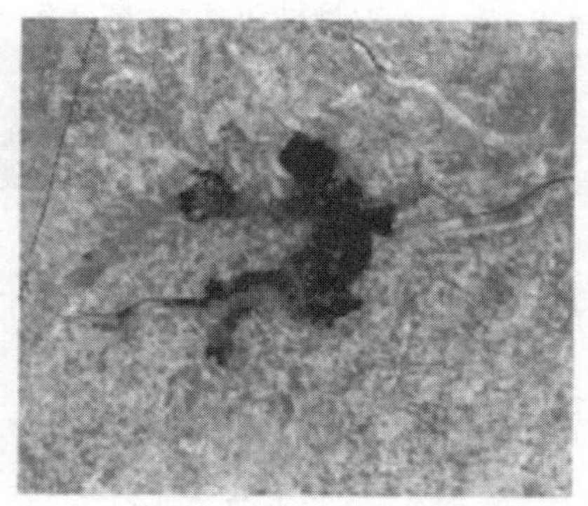

(b)1974 年 6 月 Landsat MSS 影像

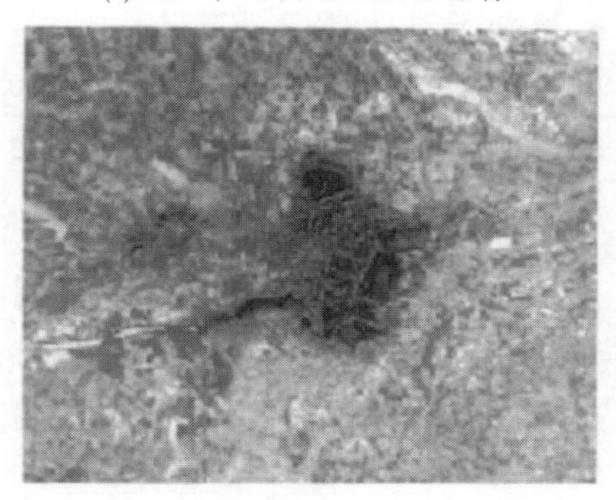

(c)1983 年 5 月 Landsat MSS 影像

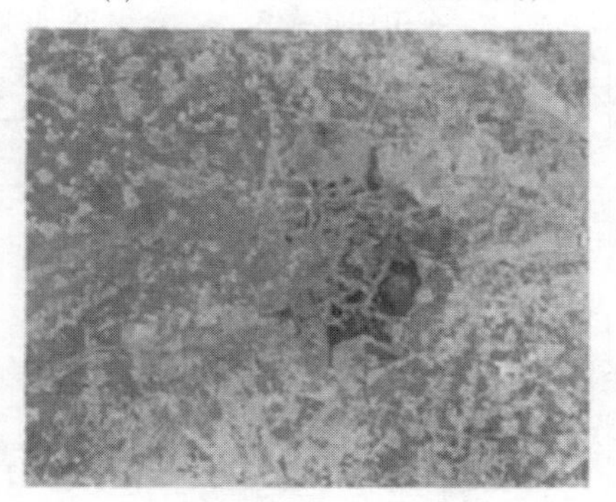

(d)2002 年 5 月 Landsat ETM+ 影像

图 2-2　白洋淀早期侦察卫星影像及陆地卫星影像图

退化。自 20 世纪 80 年代以来,白洋淀发生多次干淀,同时白洋淀上游点、面污染源污水排放会把沿途污水和原淤积在河道内的各种污染物带入淀区,使淀内水质恶化。随着干旱和污染的双重威胁,白洋淀逐步退化、萎缩,并数次出现干淀现象,生物资源遭到毁灭性破坏,珍贵生物种群几近绝迹。

白洋淀湿地资源性缺水、水质性缺水和生态系统失衡的严重局面已引起国家高度重视。在各级水利部门的努力下,自 20 世纪 80 年代至 2006 年有 19 年共 22 次通过海河流域的王快水库、安各庄水库、西大洋水库和岳城水库向白洋淀临时进行生态补水 7.9 亿 $m^3$。这些措施对维持白洋淀生态湿地功能起到了重要作用。但上述调水属于被动应急,缺乏生态补水长效机制,缺乏可靠的水源保证,很难向白洋淀长期补水。

#### 2.4.3.2　白洋淀国家级水产种质资源保护区

1.保护区概况

白洋淀国家级水产种质资源保护区总面积 8 144 $hm^2$,其中核心区面积 1 063 $hm^2$,实验区面积 7 081 $hm^2$。特别保护期为 4 月 1 日至 10 月 31 日。保护区位于河北省安新县,范围在东经 115°57′09″~116°07′20″,北纬 38°46′25″~38°58′43″。

2.主要保护对象

2009 年白洋淀被批准为国家级水产种质资源保护区,主要保护对象是青虾、黄颡鱼、乌鳢、鳜鱼，其他保护物种包括鳖、团头鲂、田螺、中华绒螯蟹等。

3. 功能区划

保护区的核心区为前塘、后塘、泛鱼淀、烧车淀等 4 个淀泊，面积 1 063 $hm^2$；其中前塘、后塘主要作为日本沼虾、黄颡的天然繁殖孵化区，泛鱼淀主要作为黄颡鱼的天然繁殖孵化区。保护区内除核心区外为实验区，实验区面积 7 081 $hm^2$，包括核心区之外白洋淀内宜于增殖的淀区余部。保护区核心区淀泊名称及位置见表 2-24。

**表 2-24　保护区核心区淀泊名称及位置**

| 名称 | 位置、坐标 | 平均高程(m) |
| --- | --- | --- |
| 前塘淀 | 东李庄正东 38°48′22″～38°47′18″N，115°56′34″～115°58′52″E | 5.3 |
| 后塘淀 | 东田庄正东 38°47′08″～38°48′26″N，115°58′52″～115°59′23″E | 6.2 |
| 泛鱼淀 | 采蒲台东北 38°46′25″～38°47′21″N，115°59′23″～116°01′76″E | 7.0 |
| 烧车淀 | 大张庄正北 38°54′07″～38°58′44″N，115°57′47″～116°04′56″E | 6.3 |

4. 水生生物

1) 浮游植物

经调查，白洋淀共有浮游植物 8 大类 38 科 81 属 104 种，其中绿藻门 16 科 38 属 56 种，其次是硅藻门 8 科 19 属 22 种和蓝藻门 4 科 11 属 12 种。

2) 浮游动物

发现轮虫 2 目 3 亚目 12 亚科 38 属 110 种，枝角类 5 科 11 属 19 种，桡足类 3 目 4 科 8 属 16 种。

3) 底栖动物

经调查，共发现底栖动物 18 种，以软体动物为主，共有 10 种，节肢动物 4 种，还有少量环节动物和水生昆虫。

白洋淀的节肢动物主要是甲壳纲指米虾科的秀丽长臂虾、中华小长臂虾和日本沼虾。日本沼虾(Macrobrachium nipponensis)，又称青虾，是白洋淀国家级水产种质资源保护区重点保护的种质资源之一，具有分布广、适应性强、繁殖力高、食性杂、生长快等特点，加之其营养丰富，肉嫩味美，富含蛋白质和人体不可缺少的多种维生素、矿物质，因此深受人们喜爱。

5. 鱼类资源及近年来变化情况

根据历史调查资料，1958 年白洋淀有鱼类 54 种，隶属 11 目 17 科 50 属。经济鱼类以鲤科为主，尚有溯河性的鲻科(Mullet)、鳗鲡科(Anguillidae)等鱼类。1975～1976 年调查，发现鱼类 5 目 11 科 33 属 35 种，缺少鲻科、鳗鲡科等溯河性鱼类，种群组成仍以鲤科占优势，计 21 种，占总数的 60.0%。1980 年调查有鱼类 40 种，隶属 8 目 14 科 37 属，鲤科计 25 种，占总数的 62.5%。除上溯洄游鱼类减少外，原白洋淀具有的一些鱼类明显减少，尤其经济鱼类种数下降。1989～1990 年白洋淀干淀后重新蓄水，调查共有鱼类 24 种，隶属 5 目 11 科 23 属，其中鲤科鱼类占总种数的 54.17%。

河北大学生命科学学院分别于 2001 年 4、5 月及 2002 年 4、5 月两次调查发现鱼类共计33种,隶属7目12科30属。主要的经济鱼类中,有10种目前已成为人工养殖的种类,其中鲤鱼的人工养殖品种还有红鲤、镜鲤等。在自然组分中,鲤科种类占51.5%;渔获物中鲤鱼、鲫鱼、白鲦、麦穗鱼居多,表现了江河平原动物区系、河海亚区鱼类组成的特点;经济价值较大的红鳍(Culter erythropterus)、赤眼鳟(Squalobarbus curriculus)等,自20世纪80年代干淀之后再未发现。

2007~2009年河北大学生命科学学院谢松、贺华东等共采集到鱼类7目11科25种,从鱼类组成上分析,鲤形目鱼类共计15种,刺鳅目、合鳃目、鳢形目、鳉形目分别为1种,鲇形目共2种,鲈形目共4种,其中以鲤形目鱼类为主,占到60%,并且小型鱼类所占比例较大。

本次调查共获得鱼类5目12科37种,其中鲤形目有2科25种,占总种数的67.6%;其次为鲈形目;有6科7种,占总种数的19%;鲇形目有2科3种,占总种数的8%;合鳃目和鳉形目各1科1种,分别占2.7%。

根据调查的结果并结合1958~2009年的白洋淀鱼类数据分析,白洋淀现存鱼种中小型鱼类较多,大型凶猛性鱼类较少。白洋淀鱼类减少的鱼种除溯河性鱼类鳗鲡目的鳗鲡、鲻形目鲻科的梭鱼、鲈形目的鲈鱼等,一些大型的经济鱼类也相继灭绝,如鳡鱼、鳜鱼、鳊鱼等。现存鱼类食物网结构和食物网中能量流动都比较简单,说明白洋淀因多次干淀,水生生物及鱼类物种资源遭到严重破坏,实施白洋淀补水后,虽然有所恢复,但随着社会经济及人类干扰、水污染等影响,白洋淀水生态系统远未恢复到历史水平。重点保护的鱼类种质资源为黄颡、乌鳢、鳜鱼,其生物学特征如表2-25所示。

**表2-25　白洋淀国家级水产种质资源保护区重点保护鱼类生态习性**

| 重点保护鱼类种质资源 | 俗称(别名) | 科(目) | 分布 | 生态习性 |
|---|---|---|---|---|
| 黄颡(Pelteobagrus fulvidraco) | 黄腊丁、嘎鱼、嘎牙等 | 属鲇形目,鲿科,黄颡鱼属 | 广布种,全国各水域均有分布 | 典型的广食性小型鱼类,幼鱼主要捕食浮游动物和水生昆虫的幼虫,成鱼以小鱼和无脊椎动物为食。黄颡属温水性鱼类,生存温度0~38 ℃,最佳生长温度25~28 ℃ |
| 乌鳢(Ophicephal usargus) | 黑鱼,财鱼,生鱼 | 属鲈形目,攀鲈亚目,鳢科,鳢属 | 白洋淀乌鳢喜生活在淀边水草丛生的浅水区 | 白洋淀乌鳢喜生活在淀边水草丛生的浅水区,2龄性成熟,亲鱼于5~7月在长有茂盛水草的静水浅滩处进行繁殖。乌鳢对环境适应力极强,在全淀均有分布,也是白洋淀常见品种 |
| 鳜鱼(Siniperca spp) | 桂花鱼、桂鱼 | 属鲈形目,鮨科,鳜亚科,鳜属 | 在中国南北方的水系里均有分布 | 白洋淀鳜鱼有2种,翘嘴鳜(S. chuatsi)和大眼鳜(S. kneri),以翘嘴鳜为主。淀内鳜鱼一般栖息于静水或缓流的水体中,尤以水草茂盛的淀内数量最多。2+龄以上成熟,5~7月繁殖,在平缓的流水环境中夜间产卵。鳜鱼性凶猛,终生以水中鱼虾为食 |

# 2.5 地表水环境现状调查与评价

## 2.5.1 水功能划分情况

根据黄河流域及河南、河北两省水功能区划成果，项目区涉及河渠水功能区划情况及水质目标见表2-26。

**表2-26 本项目涉及河渠水功能区划情况**

<table>
<tr><th rowspan="2">分区</th><th rowspan="2">河流</th><th rowspan="2">一级功能区</th><th rowspan="2">二级功能区</th><th colspan="3">范围</th><th rowspan="2">目标水质</th></tr>
<tr><th>起始断面</th><th>终止断面</th><th>长度(km)</th></tr>
<tr><td rowspan="2">调水区</td><td>黄河</td><td>黄河鲁豫开发利用区</td><td>黄河濮阳饮用、工业用水区</td><td>东坝头</td><td>大王庄</td><td>134.6</td><td>Ⅲ类</td></tr>
<tr><td>天然文岩渠</td><td>天然文岩渠新乡缓冲区</td><td>—</td><td>大车集</td><td>入黄口</td><td>46</td><td>Ⅴ类</td></tr>
<tr><td rowspan="11">输水沿线</td><td>南湖干渠</td><td colspan="2">无水功能区划</td><td></td><td></td><td></td><td>评价标准Ⅲ类</td></tr>
<tr><td>第三濮清南干渠</td><td colspan="2">无水功能区划</td><td></td><td></td><td></td><td>评价标准Ⅲ类</td></tr>
<tr><td>金堤河</td><td>金堤河滑县、范县开发利用区</td><td>金堤河滑县、濮阳农业用水区</td><td>白道口公路桥</td><td>濮阳县柳屯闸</td><td>42.1</td><td>Ⅴ类</td></tr>
<tr><td>卫河</td><td>卫河豫冀缓冲区</td><td>—</td><td>元村水文站</td><td>龙王庙</td><td>19.0</td><td>Ⅳ~Ⅴ类</td></tr>
<tr><td>连接渠</td><td colspan="2">无水功能区划</td><td></td><td></td><td></td><td rowspan="4">评价标准Ⅳ类</td></tr>
<tr><td>留固沟</td><td colspan="2">无水功能区划</td><td></td><td></td><td></td></tr>
<tr><td>东风渠</td><td colspan="2">无水功能区划</td><td></td><td></td><td></td></tr>
<tr><td>南干渠</td><td colspan="2">无水功能区划</td><td></td><td></td><td></td></tr>
<tr><td>支漳河</td><td>支漳河邯郸开发利用区</td><td>支漳河邯郸农业用水区</td><td>邯郸</td><td>滏阳河</td><td>30</td><td>Ⅳ类</td></tr>
<tr><td>老漳河</td><td>老漳河邢台Ⅴ类开发利用区</td><td>老漳河邢台农业用水区</td><td>平乡林儿桥</td><td>宁晋孙家口</td><td>89.8</td><td>Ⅳ类</td></tr>
<tr><td>滏东排河</td><td>滏东排河河北邢台开发利用区；滏东排河河北邢台、衡水、沧州开发利用区</td><td>滏东排河邢台过渡区；滏东排河邢台、衡水、沧州饮用水源区</td><td>宁晋孙家口</td><td>献县护持寺闸上</td><td></td><td>Ⅲ类</td></tr>
</table>

续表 2-26

| 分区 | 河流 | 一级功能区 | 二级功能区 | 范围 | | | 目标水质 |
|---|---|---|---|---|---|---|---|
| | | | | 起始断面 | 终止断面 | 长度(km) | |
| 输水沿线 | 北排河 | 无水功能区划 | | | | | 评价标准Ⅳ类 |
| | 献县枢纽段 | 无水功能区划 | | | | | |
| | 紫塔干渠 | 无水功能区划 | | | | | |
| | 陌南干渠段 | 无水功能区划 | | | | | |
| | 古洋河 | 无水功能区划 | | | | | |
| | 韩村干渠 | 无水功能区划 | | | | | |
| | 小白河 | 无水功能区划 | | | | | |
| | 滏阳河支线 | 滏阳河河北邯郸、邢台、衡水开发利用区 | 滏阳河邯郸农业用水区 | 东武仕水库出库口 | 邯郸邢台交界 | 115.0 | Ⅳ类 |
| | 任文干渠 | 任文干渠沧州、廊坊开发利用区 | 任文干渠沧州工业用水区 | 白洋淀 | 沧州、廊坊交界 | 33 | Ⅳ类 |
| 受水区 | 白洋淀 | 白洋淀河北湿地保护区 | — | 白洋淀淀区 | | 360 | Ⅲ类 |
| 其他河流 | 漳河 | 漳河河北邯郸开发利用区 | 漳河河北邯郸农业用水区 | 岳城水库坝下 | 徐万仓 | 114.0 | Ⅳ类 |

## 2.5.2　水质监测断面布设及监测时间

为客观评价项目区涉及河渠水质现状，本次环评对项目区水环境现状进行了系统监测。根据调水区引水口河段和支流汇入情况、输水沿线排污口分布及渠道工程布置情况，共设置49个监测断面，其中调水区8个、输水沿线26个、受水区白洋淀8个；比选线路濮清南总干渠2个、位山线3个、卫西干渠2个。

根据项目区排污口性质、特征污染物、受水区水质要求，本次共选择了34项监测因子进行监测，包括高锰酸盐指数、化学需氧量、五日生化需氧量、氨氮、总氮、总磷、石油类、挥发酚、镍、锌、铜、镉、汞、铬、砷、铅、六价铬、铁、锰、硒、氰化物、氟化物、硫化物、表面活性剂、大肠菌群、氯化物、硝酸盐、硫酸盐、苯类等。

本次环评于2013年、2014年开展了2次系统监测，其中调水区引水口河段及上游支流监测时间为1月及3月(枯水期)、6月(平水期)、8月(丰水期)；因本工程输水渠道全部利用已有人工河渠，枯水期基本无水，因此输水渠道水质监测时间选择有水的汛期水质进行了监测。

监测断面布置具体情况见表2-27、表2-28。

**表 2-27　项目区水质监测断面及监测时间**

| 断面 | 编号 | 河渠名称 | 断面位置 | 监测时间 | 监测因子 |
| --- | --- | --- | --- | --- | --- |
| 调水区 | 1 | 老引黄闸断面 | 渠村老引黄闸引水口处 | 2013 年 1 月、3 月;2014 年 6 月、8 月 | 2013 年监测因子共 11 项:水温、pH、溶解氧、高锰酸盐指数、化学需氧量、五日生化需氧量、氨氮、总磷、SS、石油类和挥发酚;2014 年增加了特征污染物和重金属水质监测因子,包括色度、总氮、总磷、悬浮物、石油类、挥发酚、镍、锌、铜、镉、汞、铬、砷、铅、六价铬、铁、锰、硒、氰化物、氟化物、硫化物、表面活性剂、大肠菌群、氯化物、硝酸盐、硫酸盐、苯等 |
| | 2 | 新引黄闸断面 | 渠村新引黄闸引水口处 | | |
| | 3 | 黄河干流 | 老引黄闸取水口下游 3 km | | |
| | 4 | 黄河干流 | 老引黄闸取水口下游 6 km | | |
| | 5 | 天然文岩渠入黄河口断面 | 天然文岩渠入黄河口 | | |
| | 6 | 天然文岩渠断面 | 长垣县大车集 | | |
| | 7 | 天然渠断面 | 封丘县城南公路桥 | | |
| | 8 | 文岩渠断面 | 延津县梅口公路桥 | | |
| 输水沿线 | 1 | 1 号枢纽断面 | (濮阳市城市供水预沉池进水口处) | 2013 年 1 月;2014 年6 月、8 月 | |
| | 2 | 南湖干渠断面 | 毛寨节制闸 | | |
| | 3 | 第三濮清南干渠断面 | 新习乡金堤节制闸 | | |
| | 4 | 第三濮清南干渠断面 | 皇甫节制闸上游 2 km(皇甫节制闸南第三濮清南干渠与铁路交汇处) | | |
| | 5 | 第三濮清南干渠断面 | 顺河枢纽闸下游 3 km(顺河枢纽闸北约 3 km 处) | | |
| | 6 | 第三濮清南西支断面 | 苏堤节制闸 | | |
| | 7 | 留固沟 | 张二庄上游 1 km 断面 | 2012 年 8 月;2014 年6 月、8 月 | 2013 年监测因子共 10 项:水温、pH、溶解氧、高锰酸盐指数、化学需氧量、五日生化需氧量、氨氮、总磷、SS、石油类;2014 年增加了特征污染物和重金属水质监测因子,包括色度、总氮、总磷、悬浮物、石油类、挥发酚、镍、锌、铜、镉、汞、铬、砷、铅、六价铬、铁、锰、硒、氰化物、氟化物、硫化物、表面活性剂、大肠菌群、氯化物、硝酸盐、硫酸盐、苯类等 |
| | 8 | 东风渠 | 魏县兴源河邯大公路桥西 | | |
| | 9 | 东风渠 | 广平县朝阳路东头 | | |
| | 10 | 南干渠 | 陈庄枢纽 | | |
| | 11 | 滏阳河支线 | 黄口 | | |
| | 12 | 支漳河 | 南牛庄 | | |
| | 13 | 老漳河 | 商店村上游左岸 20 m 处 | | |
| | 14 | 老漳河 | 河古庙镇路庄村南 | | |
| | 15 | 滏东排河 | 葛赵庄桥 | | |
| | 16 | 滏东排河 | 孙家口 | | |
| | 17 | 滏东排河 | 大赵闸 | | |
| | 18 | 北排河 | 泊头冯庄闸 | | |
| | 19 | 献县枢纽段 | 杨庄涵洞 | | |
| | 20 | 紫塔干渠 | 紫塔干渠南紫塔桥 | | |
| | 21 | 陌南干渠 | 李谢闸下 | | |
| | 22 | 古洋河 | 瀛州镇林豆万村东1 km 古洋河左岸 | | |
| | 23 | 韩村干渠 | 索佐节制闸下 | | |
| | 24 | 小白河东支 | 小白河中支第二污水处理有限公司南侧 30 m | | |
| | 25 | 小白河干流 | 出岸镇西古贤桥南 100 m | | |
| | 26 | 任文干渠 | 大树刘庄 | | |
| 受水区 | 1 | 白洋淀 | 南刘庄 | 2013 年 8 月、10 月;2014 年 4 月 | 溶解氧、化学需氧量、总氮、总磷、高锰酸盐指数 |
| | 2 | | 烧车淀 | | |
| | 3 | | 枣林庄 | | |
| | 4 | | 光淀张庄 | | |
| | 5 | | 王家寨 | | |
| | 6 | | 端村 | | |
| | 7 | | 圈头 | | |
| | 8 | | 南刘庄 | | |

表 2-28　输水线路比选河段水质监测断面及监测时间

| 线路 | | 河渠名称 | 断面位置 | 监测时间 | 监测因子 |
|---|---|---|---|---|---|
| 总体输水线路比选段 | 位山线 | 入境断面 | 河北省临西县河西镇刘口 | 2014 年 6 月、8 月 | 水温、色度、pH、溶解氧、高锰酸盐指数、化学需氧量、五日生化需氧量、氨氮、总氮、总磷、悬浮物、石油类、挥发酚、镍、锌、铜、镉、汞、铬、砷、铅、六价铬、铁、锰、硒、氰化物、氟化物、硫化物、表面活性剂、大肠菌群、氯化物、硝酸盐、硫酸盐、苯等 |
| | | 清凉江 | 邢台市清河县郎吕坡 | | |
| | | 清凉江 | 衡水枣强县马郎 | | |
| 东风渠线路比选段 | 卫西干渠 | 卫西干渠 | 邯郸馆陶县柴堡镇邢张屯村东 | | |
| | | 卫西干渠 | 馆陶县路桥乡后玉村卫西干渠闸 | | |
| 南湖干渠比选段 | 濮清南总干渠 | 濮清南总干渠 | 海通乡穿 S212 公路桥处 | | |
| | | 濮清南总干渠 | 庆祖镇穿 S212 公路桥处 | | |

## 2.5.3　调水区水环境现状调查与评价

### 2.5.3.1　黄河引水口河段水质调查与评价

1. 本次监测评价结果

本次环评于 2013 年 3 月和 2014 年 6 月、8 月共三次对取水口河段进行水质监测，监测结果分别见表 2-29、表 2-30。

2013 年监测结果表明，老引黄闸引水口水质为Ⅳ类，超标项目主要为化学需氧量。新引黄闸取水口处水质较好，为Ⅲ类。取水口下游 3 km 处水质为Ⅲ类，取水口下游 6 km 处水质为Ⅳ类，超标因子为化学需氧量。

2014 年 6 月监测结果表明，新老引黄闸取水口水质以及取水口下游 3 km、6 km 水质良好，均为Ⅲ类；2014 年 8 月监测结果表明，老引黄闸取水口水质为Ⅲ类，新引黄闸取水口水质为Ⅴ类，超标因子为化学需氧量。取水口下游 3 km 处水质为Ⅳ类，超标因子为化学需氧量。取水口下游 6 km 处水质为Ⅴ类，超标因子为化学需氧量。

根据本次评价 2013 年、2014 年三次监测结果分析，本次工程取水口及下游主要存在化学需氧量超标现象，其余因子基本满足水功能区水质目标要求。具体评价结果见表 2-31。

2. 常规水质断面监测评价结果

由 2011 ~ 2013 年连续 3 年高村水文站常规水质监测结果可以看出，除总磷存在超标现象外，黄河水质情况基本良好，汛期、非汛期以及冬四月水质可满足《地表水环境质量标准》（GB 3838—2002）Ⅲ类水质目标要求，总体来看，汛期水质要略好于非汛期水质，具体监测结果见表 2-29 ~ 表 2-32。

表 2-29　2013 年 3 月新老引黄闸取水口水质评价结果表

| 断面名称 | 监测日期 | pH | 溶解氧 | 高锰酸盐指数 | 化学需氧量 | 五日生化需氧量 | 氨氮 | 总磷 | 挥发酚 | 石油类 | 评价类别 |
|---|---|---|---|---|---|---|---|---|---|---|---|
| 新引黄闸取水口 | 2013 年 3 月 | 8.26 | Ⅰ | Ⅱ | Ⅲ | Ⅱ | Ⅲ | Ⅱ | Ⅲ | < DL | Ⅲ类 |
| 老引黄闸取水口 | 2013 年 3 月 | 8.40 | Ⅰ | Ⅱ | Ⅳ | Ⅱ | Ⅱ | Ⅰ | Ⅲ | < DL | Ⅳ类 |
| 取水口下游 3 km | 2013 年 3 月 | 8.29 | Ⅰ | Ⅱ | Ⅲ | Ⅱ | Ⅲ | Ⅱ | Ⅲ | < DL | Ⅲ类 |
| 取水口下游 6 km | 2013 年 3 月 | 8.23 | Ⅰ | Ⅱ | Ⅳ | Ⅱ | Ⅲ | Ⅱ | Ⅱ | < DL | Ⅳ类 |

表 2-30　2014 年 6 月、8 月新老引黄闸取水口水质监测结果

| 监测断面 | 月份 | pH | 溶解氧 | 高锰酸盐指数 | 化学需氧量 | 五日生化需氧量 | 氨氮 | 挥发酚 | 氟化物 |
|---|---|---|---|---|---|---|---|---|---|
| 老引黄闸取水口 | 6 | 7.98 | Ⅰ | Ⅱ | — | Ⅰ | Ⅱ | Ⅱ | Ⅱ |
| | 8 | 8.54 | Ⅱ | Ⅱ | Ⅲ | Ⅰ | Ⅱ | — | Ⅱ |
| 新引黄闸取水口 | 6 | 8.21 | Ⅰ | Ⅱ | Ⅲ | Ⅰ | Ⅱ | Ⅱ | Ⅱ |
| | 8 | 8.39 | Ⅱ | Ⅱ | Ⅴ | Ⅰ | Ⅱ | Ⅱ | Ⅱ |
| 取水口下游 3 km | 6 | 8.48 | Ⅰ | Ⅱ | Ⅲ | Ⅰ | Ⅲ | Ⅱ | Ⅱ |
| | 8 | 8.66 | Ⅱ | Ⅱ | Ⅳ | Ⅰ | Ⅱ | Ⅱ | Ⅱ |
| 取水口下游 6 km | 6 | 8.04 | Ⅰ | Ⅲ | Ⅱ | Ⅰ | Ⅱ | Ⅱ | Ⅱ |
| | 8 | 8.64 | Ⅱ | Ⅱ | Ⅴ | Ⅰ | Ⅱ | Ⅱ | Ⅱ |
| 监测断面 | 月份 | 砷 | 汞 | 铜 | 铅 | 锌 | 镉 | 六价铬 | 评价类别 |
| 老引黄闸取水口 | 6 | Ⅱ | Ⅱ | Ⅰ | Ⅲ | < DL | Ⅱ | < DL | Ⅲ类 |
| | 8 | Ⅱ | Ⅱ | Ⅰ | Ⅲ | < DL | < DL | < DL | Ⅲ类 |
| 新引黄闸取水口 | 6 | Ⅱ | Ⅱ | Ⅱ | Ⅲ | < DL | < DL | < DL | Ⅲ类 |
| | 8 | Ⅱ | — | Ⅰ | Ⅲ | Ⅰ | < DL | < DL | Ⅴ类 |
| 取水口下游 3 km | 6 | Ⅱ | Ⅱ | Ⅰ | Ⅲ | < DL | < DL | < DL | Ⅲ类 |
| | 8 | Ⅱ | — | Ⅰ | Ⅲ | < DL | < DL | < DL | Ⅳ类 |
| 取水口下游 6 km | 6 | Ⅱ | Ⅲ | Ⅰ | Ⅲ | < DL | < DL | < DL | Ⅲ类 |
| | 8 | Ⅱ | Ⅱ | Ⅰ | Ⅲ | < DL | < DL | < DL | Ⅴ类 |

表 2-31　黄河引水口河段水质评价结果

| 编号 | 河渠名称 | 断面位置 | 监测时间 | 水质目标 | 评价类别 | 超标因子 |
|---|---|---|---|---|---|---|
| 1 | 黄河干流 | 老渠村引黄闸引水口处 | 2013 年 3 月 | Ⅲ类 | Ⅳ类 | 化学需氧量 |
| | | | 2014 年 6 月 | | Ⅲ类 | 达标 |
| | | | 2014 年 8 月 | | Ⅲ类 | 达标 |
| 2 | 黄河干流 | 新渠村引黄闸引水口处 | 2013 年 3 月 | | Ⅲ类 | 达标 |
| | | | 2014 年 6 月 | | Ⅲ类 | 达标 |
| | | | 2014 年 8 月 | | Ⅴ类 | 化学需氧量 |
| 3 | 黄河干流 | 老引黄闸取水口下游 3 km | 2013 年 3 月 | | Ⅲ类 | 达标 |
| | | | 2014 年 6 月 | | Ⅲ类 | 达标 |
| | | | 2014 年 8 月 | | Ⅳ类 | 化学需氧量 |
| 4 | 黄河干流 | 老引黄闸取水口下游 6 km | 2013 年 3 月 | | Ⅳ类 | 化学需氧量 |
| | | | 2014 年 6 月 | | Ⅲ类 | 达标 |
| | | | 2014 年 8 月 | | Ⅴ类 | 化学需氧量 |

表 2-32　2011～2013 年高村水文站断面水质评价结果

| 时间 | | pH | COD | 高锰酸盐指数 | 氨氮 | 溶解氧 | 挥发酚 | 五日生化需氧量 | 总磷 | 评价结果 |
|---|---|---|---|---|---|---|---|---|---|---|
| 2011 年 | 汛期 | 8.16 | Ⅱ | Ⅱ | Ⅲ | Ⅰ | <DL | Ⅱ | Ⅲ | Ⅲ |
| | 非汛期 | 8.13 | Ⅲ | Ⅱ | Ⅱ | Ⅰ | <DL | Ⅱ | Ⅳ | Ⅳ |
| | 冬四月 | 8.2 | Ⅱ | Ⅱ | Ⅱ | Ⅰ | <DL | Ⅱ | Ⅳ | Ⅳ |
| 2012 年 | 汛期 | 8.15 | Ⅲ | Ⅱ | Ⅱ | Ⅰ | <DL | Ⅱ | Ⅳ | Ⅳ |
| | 非汛期 | 8.24 | Ⅱ | Ⅱ | Ⅲ | Ⅰ | <DL | Ⅱ | Ⅳ | Ⅳ |
| | 冬四月 | 8.3 | Ⅲ | Ⅱ | Ⅱ | Ⅰ | <DL | Ⅱ | Ⅲ | Ⅲ |
| 2013 年 | 汛期 | 7.98 | Ⅲ | Ⅱ | Ⅱ | Ⅰ | <DL | Ⅱ | Ⅳ | Ⅳ |
| | 非汛期 | 8.06 | Ⅲ | Ⅱ | Ⅱ | Ⅰ | <DL | Ⅱ | Ⅳ | Ⅳ |
| | 冬四月 | 8.0 | Ⅱ | Ⅱ | Ⅱ | Ⅰ | <DL | Ⅱ | Ⅳ | Ⅳ |

#### 2.5.3.2 黄河引水口上游天然文岩渠水质调查与评价

1. 水功能区划

天然文岩渠位于老渠村引黄闸上游约 800 m 处，天然文岩渠一级水功能区划见表 2-33。

表 2-33　天然文岩渠一级水功能区划

| 水功能区 | 河段 | | 长度(km) | 目标水质 |
| --- | --- | --- | --- | --- |
| 文岩渠新乡开发利用区 | 源头 | 大车集 | 113.3 | 按二级区划执行 |
| 天然渠新乡开发利用区 | 源头 | 大车集 | 101.0 | 按二级区划执行 |
| 天然文岩渠新乡缓冲区 | 大车集 | 入黄口 | 46.0 | Ⅴ类 |

2. 监测断面布设

为客观预测天然文岩渠入黄水质可能对老渠村闸水质的影响，在天然文岩渠上下游及入黄口段共布置了 4 个水质监测断面，分别为入黄口、大车集、天然渠、文岩渠断面。于 2013 年 1 月、2014 年 6 月和 8 月共开展了三次监测，监测因子包括水温、色度、pH、溶解氧、高锰酸盐指数、化学需氧量、五日生化需氧量、氨氮、总磷、SS、石油类、总磷、悬浮物、石油类、挥发酚、镍、锌、铜、镉、汞、铬、砷、铅、六价铬、铁、锰、硒、氰化物、氟化物、硫化物、表面活性剂、大肠菌群、氯化物、硝酸盐、硫酸盐、苯类等。监测断面情况如表 2-34 所示。

表 2-34　天然文岩渠水质监测断面情况

| 断面 | 编号 | 河渠名称 | 断面位置 | 监测时间 |
| --- | --- | --- | --- | --- |
| 天然文岩渠 | 1 | 天然渠断面 | 上游的封丘县城南公路桥 | 2013 年 1 月；2014 年 6 月、8 月 |
| | 2 | 文岩渠断面 | 上游的延津县梅口公路桥 | |
| | 3 | 天然文岩渠断面 | 中游的长垣县大车集 | |
| | 4 | 天然文岩渠入黄河口断面 | 下游的天然文岩渠入黄河口 | |

3. 水质监测评价结果

根据天然文岩渠水质监测评价结果，2013 年天然文岩渠入黄口段水质为劣Ⅴ类(非汛期)，超标因子为化学需氧量，其他因子如石油类、镉、砷、铅等均不超Ⅲ类标准，其中苯类等因子不超集中水源地标准限值。2014 年水质为Ⅲ类(非汛期)、Ⅴ类(汛期)，符合其水功能区水质目标。

天然文岩渠大车集断面 2013 年水质为劣Ⅴ类(非汛期)，超标因子为化学需氧量、五日生化需氧量、氨氮，其他因子如石油类、镉、砷、铅等均不超Ⅲ类标准，其中苯类等因子不超集中水源地标准限值。2014 年水质为Ⅲ类(汛期)、Ⅳ类(非汛期)，符合其水功能区水质目标。

天然文岩渠水质监测评价结果见表 2-35、表 2-36。

根据监测评价结果，天然文岩渠入黄口河断面水质好于上游水质(达到了Ⅲ类、Ⅳ类水)，汛期水质好于非汛期，2014 年水质好于 2013 年水质。

表 2-35　天然文岩渠水质评价结果及达标情况

| 监测断面 | 年份 | 月份 | 水质类别 | 水功能区水质目标 | | 引水口所在黄河河段水质目标 | |
|---|---|---|---|---|---|---|---|
| | | | | 水质目标 | 达标情况及超标因子 | 水质目标 | 达标情况及超标因子 |
| 天然文岩渠入黄口 | 2013 | 1月 | 劣Ⅴ类 | Ⅴ类 | 化学需氧量 | Ⅲ类 | 化学需氧量 |
| | 2014 | 6月 | Ⅲ类 | | 达标 | | 达标 |
| | | 8月 | Ⅴ类 | | 达标 | | 化学需氧量 |
| 天然文岩渠大车集断面 | 2013 | 1月 | 劣Ⅴ类 | Ⅴ类 | 化学需氧量、五日生化需氧量、氨氮 | | 化学需氧量、五日生化需氧量、氨氮 |
| | 2014 | 6月 | Ⅳ类 | | 达标 | | 溶解氧 |
| | | 8月 | Ⅲ类 | | 达标 | | 达标 |
| 天然渠断面 | 2013 | 1月 | 劣Ⅴ类 | Ⅴ类 | 化学需氧量、五日生化需氧量、氨氮、总磷 | | 化学需氧量、五日生化需氧量、氨氮、总磷 |
| | 2014 | 6月 | Ⅴ类 | | 达标 | | 总磷 |
| | | 8月 | 劣Ⅴ类 | | 化学需氧量 | | 化学需氧量 |
| 文岩渠断面 | 2013 | 1月 | 劣Ⅴ类 | Ⅴ类 | 五日生化需氧量、氨氮、总磷 | | 五日生化需氧量、氨氮、总磷 |
| | 2014 | 6月 | 劣Ⅴ类 | | 氨氮、总磷 | | 氨氮、总磷 |
| | | 8月 | Ⅳ类 | | 达标 | | 高锰酸盐指数 |

2014 年天然文岩渠大车集、入黄口断面满足其水功能区水质目标，但不满足黄河干流引水口河段水质目标（Ⅲ类水），超标因子主要是化学需氧量、高锰酸盐指数、氨氮和总磷，石油类、重金属及其他特征污染因子不超标；天然文岩渠上游水质大部分为劣Ⅴ类水，超标因子有氨氮、总磷、高锰酸盐指数等。

根据河南省环境状况公报，2010～2013 年天然文岩渠渠村桥断面（入黄口断面）水质状况呈逐年好转趋势。在 2010 年有水的 35 周时间里，有 16 周水质为Ⅳ类水，其余是Ⅲ类水；在 2011 年，有 6 周水质为Ⅳ类水，1 周水质为劣Ⅴ类，其余均为Ⅲ类或更好；2012 年有水的 32 周中，11 周水质为Ⅳ类水，其余 18 周水质均达到Ⅲ类水要求或更好；2013 年全年有 5 周水质为Ⅳ类水，其余时间除断流外，天然文岩渠渠村桥水质均达到Ⅲ类水要求或好。

总体上，最近几年天然文岩渠入黄水质有较大改善，受上游来水及橡胶坝建设等影响，最近几年枯水期入黄口河段基本无水，因此天然文岩渠对老渠村闸水质影响较小。考虑到天然文岩渠距离老渠村引黄闸较近，其上游仍存在一定水污染风险，为确保本工程引水安全，建议在渠村老引黄闸取水口处设置水质自动监测装置，引水期间实时对引水口水质进行监测，一旦发现水质超标现象应停止供水，保证引水水质安全。

表 2-36　天然文岩渠水质监测评价结果

| 监测断面 | 年份 | 月份 | pH | 溶解氧 | 高锰酸盐指数 | 化学需氧量 | 五日生化需氧量 | 氨氮 | 总磷 | 铜 | 锌 | 氟化物 |
|---|---|---|---|---|---|---|---|---|---|---|---|---|
| 天然文岩渠入黄口 | 2013 | 1 | 9.43 | Ⅰ | Ⅲ | 劣Ⅴ | Ⅱ | Ⅱ | Ⅲ | | | |
| | 2014 | 6 | 8.35 | Ⅰ | Ⅲ | Ⅳ | Ⅱ | < DL | Ⅲ | Ⅲ | < DL | Ⅲ |
| | | 8 | 8.98 | Ⅰ | Ⅱ | Ⅴ | Ⅱ | Ⅲ | Ⅲ | Ⅲ | < DL | Ⅲ |
| 天然文岩渠断面 | 2013 | 1 | 8.31 | Ⅰ | Ⅱ | 劣Ⅴ | 劣Ⅴ | 劣Ⅴ | Ⅴ | | | |
| | 2014 | 6 | 7.97 | Ⅳ | Ⅳ | Ⅳ | Ⅱ | Ⅱ | Ⅲ | Ⅲ | < DL | Ⅲ |
| | | 8 | 8.10 | Ⅰ | Ⅲ | Ⅳ | Ⅱ | Ⅲ | Ⅲ | Ⅲ | < DL | Ⅲ |
| 天然渠断面 | 2013 | 1 | 7.66 | Ⅰ | Ⅳ | 劣Ⅴ | 劣Ⅴ | 劣Ⅴ | 劣Ⅴ | | | |
| | 2014 | 6 | 8.06 | Ⅰ | Ⅳ | Ⅳ | Ⅱ | < DL | Ⅴ | Ⅲ | < DL | Ⅲ |
| | | 8 | 8.10 | Ⅰ | Ⅳ | 劣Ⅴ | Ⅱ | Ⅱ | Ⅲ | < DL | < DL | Ⅲ |
| 文岩渠断面 | 2013 | 1 | 7.51 | Ⅳ | Ⅳ | Ⅴ | 劣Ⅴ | 劣Ⅴ | 劣Ⅴ | | | |
| | 2014 | 6 | 8.57 | Ⅱ | Ⅳ | Ⅴ | Ⅱ | 劣Ⅴ | 劣Ⅴ | Ⅲ | < DL | Ⅲ |
| | | 8 | 7.93 | Ⅲ | Ⅳ | Ⅳ | Ⅱ | Ⅱ | Ⅲ | < DL | < DL | Ⅲ |

| 监测断面 | 年份 | 月份 | 硒 | 砷 | 汞 | 镉 | 六价铬 | 铅 | 氰化物 | 挥发酚 | 石油类 | 粪大肠菌数 | 苯 | 水质类别 |
|---|---|---|---|---|---|---|---|---|---|---|---|---|---|---|
| 天然文岩渠入黄口 | 2013 | 1 | | | | | | | | Ⅲ | < DL | | | 劣Ⅴ类 |
| | 2014 | 6 | < DL | Ⅱ | Ⅱ | < DL | < DL | Ⅱ | < DL | Ⅱ | < DL | Ⅰ | < DL | Ⅲ类 |
| | | 8 | < DL | Ⅱ | Ⅱ | < DL | < DL | Ⅱ | Ⅱ | Ⅱ | < DL | Ⅰ | < DL | Ⅴ类 |
| 天然文岩渠断面 | 2013 | 1 | | | | | | | | Ⅱ | < DL | | | 劣Ⅴ类 |
| | 2014 | 6 | < DL | Ⅱ | Ⅱ | < DL | < DL | Ⅱ | Ⅱ | Ⅱ | < DL | Ⅰ | < DL | Ⅳ类 |
| | | 8 | < DL | Ⅱ | < DL | < DL | < DL | Ⅱ | Ⅱ | Ⅱ | < DL | Ⅰ | < DL | Ⅲ类 |
| 天然渠断面 | 2013 | 1 | | | | | | | | Ⅳ | < DL | | | 劣Ⅴ类 |
| | 2014 | 6 | < DL | Ⅱ | Ⅱ | < DL | < DL | Ⅱ | Ⅱ | Ⅱ | < DL | Ⅰ | < DL | Ⅴ类 |
| | | 8 | < DL | Ⅱ | < DL | < DL | < DL | Ⅱ | Ⅱ | Ⅱ | < DL | Ⅰ | < DL | 劣Ⅴ类 |
| 文岩渠断面 | 2013 | 1 | | | | | | | | Ⅱ | < DL | | | 劣Ⅴ类 |
| | 2014 | 6 | Ⅰ | Ⅱ | Ⅱ | < DL | < DL | < DL | Ⅱ | Ⅱ | < DL | Ⅰ | < DL | 劣Ⅴ类 |
| | | 8 | < DL | Ⅱ | < DL | < DL | < DL | Ⅱ | Ⅱ | Ⅱ | < DL | Ⅰ | < DL | Ⅳ类 |

4. 天然文岩渠污染源调查

本次调查的污染源中主要为城市污水处理厂,工业污染源 1 个,其主要特征污染物有挥发酚等。天然文岩渠排污口情况见表 2-37。

表 2-37　天然文岩渠排污口情况

| 排污口名称 | 地区、县 | 排入河流(库) | 位置 | 污废水性质 | 污废水年排放量(万 t/a) | 主要污染物排放量(t/a) | | | | | 是否达标 |
|---|---|---|---|---|---|---|---|---|---|---|---|
| | | | | | | COD | 氨氮 | 挥发酚 | 总磷 | 总氮 | |
| 县纸厂 | 原阳 | 文岩渠 | 原阳县北入文岩 | 工业 | 466.6 | 497 | 19.9 | 0.007 1 | 0.15 | 29 | 否 |
| 西关生活污水 | 原阳 | 文岩渠 | 原阳县北干道文岩 | 生活 | 1 182.0 | 74.6 | 6.28 | 0.001 2 | 0.37 | 10.4 | 达标 |
| 县东关生活污水 | 原阳 | 文岩渠 | 原阳县东关入文岩 | 生活 | 311.0 | 30.2 | 15.6 | 0.000 8 | 1.11 | 22.5 | 否 |
| 污水处理厂 | 延津 | 文岩干渠 | 延津县大潭村西 1 km 处 | 混合 | 2 332.8 | 43.2 | 12.3 | 0.000 8 | 0.31 | 21.2 | 达标 |
| 文岩十支渠 | 封丘 | 文岩渠 | 封丘县文化路北头 | 生活 | 93.3 | 418 | 12.2 | 1.006 6 | 3.86 | 18.1 | 否 |
| 污水处理厂 | 封丘 | 天然渠 | 封丘县城东师寨桥上游 300 m | 生活 | 93.3 | 30.2 | 0.801 | 0.003 6 | 0.67 | 12.2 | 达标 |
| 师寨桥 | 封丘 | 天然渠 | 封丘县城关镇师寨桥 | 混合 | 1 555.2 | 32.4 | 1.31 | 0.000 8 | 0.98 | 14.9 | 达标 |

## 2.5.4　输水沿线水环境调查与评价

### 2.5.4.1　输水沿线河南境内渠道水质状况

2013 年 1 月的水质监测结果表明,第三濮清南干渠水质污染严重,各监测断面均为劣Ⅴ类,主要超标因子为化学需氧量、高锰酸盐指数及氨氮。

2014 年 6 月的水质监测结果表明,第三濮清南干渠两个断面水质为Ⅲ类,其余仍为劣Ⅴ类,超标因子主要是溶解氧、化学需氧量、五日生化需氧量、氨氮、总磷等。南湖干渠水质良好,为Ⅲ类;2014 年 8 月监测结果表明,第三濮清南 1 个断面水质为Ⅲ类,1 个为Ⅳ类,其余断面为劣Ⅴ类,超标因子主要为化学需氧量、五日生化需氧量和高锰酸盐指数。南湖干渠水质良好,为Ⅲ类。

根据以上分析,河南段输水沿线各监测断面超标因子主要是溶解氧、化学需氧量、五日生化需氧量、氨氮、总磷、高锰酸盐指数等,其他因子如石油类、挥发酚、氰化物、氟化物、硫化物、表面活性剂、氯化物等不超标,镍、锌、铜、镉、汞、铬、砷、铅、六价铬、铁、锰等重金属不超标。

总体来看,2013 年河南段输水沿线水质较差,主要是濮阳西部工业区企业及市政污水直接排入第三濮清南干渠所致。2014 年第三濮清南干渠水质要好于 2013 年水质,是因濮阳市第二污水处理厂投入试运行后,受纳了部分企业及生活污水,使第三濮清南水质状况有所改善。因此,根据河北水务集团和濮阳市人民政府有关会议纪要,濮阳第二污水处理厂出水改排马颊河,保证河南段输水沿线水质安全。具体监测评价结果见表 2-38。

**表 2-38　输水沿线河南境内渠道水质评价结果表**

| 编号 | 监测断面 | 位置 | 监测时间 | 评价类别 | 超标因子 |
| --- | --- | --- | --- | --- | --- |
| 1 | 南湖干渠断面 | 毛寨节制闸 | 2013 年 1 月 | 断流 | |
| | | | 2014 年 6 月 | Ⅲ类 | |
| | | | 2014 年 8 月 | Ⅲ类 | |
| 2 | 第三濮清南干渠断面 | 新习乡金堤节制闸 | 2013 年 1 月 | 断流 | |
| | | | 2014 年 6 月 | Ⅲ类 | |
| | | | 2014 年 8 月 | Ⅳ类 | 化学需氧量 |
| 3 | 第三濮清南干渠断面 | 皇甫节制闸上游 2 km(皇甫节制闸南第三濮清南干渠与铁路交汇处) | 2013 年 1 月 | 劣Ⅴ类 | 化学需氧量、五日生化需氧量、氨氮、总磷 |
| | | | 2014 年 6 月 | Ⅲ类 | |
| | | | 2014 年 8 月 | 劣Ⅴ类 | 五日生化需氧量 |
| 4 | 第三濮清南干渠断面 | 顺河枢纽闸下游 3 km(顺河枢纽闸北约 3 km 处) | 2013 年 1 月 | 劣Ⅴ类 | 高锰酸盐指数、化学需氧量、五日生化需氧量、氨氮、总磷 |
| | | | 2014 年 6 月 | 劣Ⅴ类 | 溶解氧、化学需氧量、五日生化需氧量、氨氮、总磷 |
| | | | 2014 年 8 月 | 劣Ⅴ类 | 高锰酸盐指数、化学需氧量 |
| 5 | 第三濮清南西支断面 | 苏堤节制闸 | 2013 年 1 月 | 劣Ⅴ类 | 溶解氧、高锰酸盐指数、化学需氧量、五日生化需氧量、总磷 |
| | | | 2014 年 6 月 | 劣Ⅴ类 | 氨氮、氟化物 |
| | | | 2014 年 8 月 | Ⅲ类 | |
| 南湖干渠比选线路 | 濮清南总干渠 | 海通乡穿 S212 公路桥处 | 2014 年 6 月 | Ⅲ类 | |
| | | | 2014 年 8 月 | Ⅳ类 | 化学需氧量 |
| | 濮清南总干渠 | 庆祖镇穿 S212 公路桥处 | 2014 年 6 月 | Ⅳ类 | 化学需氧量 |
| | | | 2014 年 8 月 | Ⅳ类 | 化学需氧量 |

#### 2.5.4.2　输水沿线河北境内渠道水质状况

2012 年 8 月对河北境内 16 条输水河渠 18 个断面水质监测结果表明，除韩村干渠索佐节制闸处断流外，共有 13 个断面水质为劣Ⅴ类，2 个断面为Ⅴ类，1 个断面为Ⅳ类，仅有 1 处水质达到Ⅲ类水标准，主要的超标因子包括 COD、高锰酸盐指数、五日生化需氧量、氨氮和总磷。污染情况最严重的是滏东排河(目标水质要求为Ⅲ类)孙家口断面，主要超标因子是氨氮、五日生化需氧量、石油类、COD 等，其中氨氮超标倍数高达 39.7 倍。

2014 年 6 月和 8 月对河北境内输水渠道及位山线、卫西干渠水质进行了监测，结果表明，河北输水渠道 6 月仅有 1 处断面水质达到Ⅲ类水标准，其余 15 处断面(除河干)水质均为Ⅴ类和劣Ⅴ类，超标因子主要为化学需氧量、氨氮、五日生化需氧量和高锰酸盐指数;8 月有 2 处断面水质达到Ⅲ类水标准,其余 15 处断面水质均为劣Ⅴ类,超标因子也主要是化学需氧量、氨氮、五日生化需氧量和高锰酸盐指数。

比选线路位山线 3 处断面,除 1 处断面(马郎)河干外,其余 2 处断面水质也较差,均为劣Ⅴ类水质,超标因子主要为化学需氧量、氨氮、五日生化需氧量和高锰酸盐指数;卫西干渠作为河北境内东风渠段的比选线路,监测结果表明,卫西干渠 2 个断面 6 月水质好于 8 月,分别达到Ⅲ类和Ⅳ类水质,8 月则均为劣Ⅴ类水质,超标因子为化学需氧量和氨氮。

根据以上分析,河北段输水沿线各监测断面超标因子主要是溶解氧、化学需氧量、五日生化需氧量、氨氮、总磷、高锰酸盐指数等,其他因子如石油类、挥发酚、氰化物、氟化物、硫化物、表面活性剂、氯化物等不超标,镍、锌、铜、镉、汞、铬、砷、铅、六价铬、铁、锰等重金属不超标。

总体来看,由于引黄入冀补淀工程的渠道大多是灌溉、排沥的河道,沿渠道周边有较多的农村,部分生活污水和垃圾直接排入渠道中会造成渠道的污染,另外还有面源污染,对渠道水质产生不利的影响,导致输水渠道水质普遍较差,超标因子为化学需氧量、氨氮、总磷等因子,但未出现重金属超标和特征污染物超标现象。具体监测评价结果见表 2-39。

**表 2-39　输水沿线河北境内水质评价结果**

| 线路 | 监测断面 | 位置 | 监测时间 | 水质目标 | 评价类别 | 超标因子 |
|---|---|---|---|---|---|---|
| 输水沿线 | 留固沟 | 张二庄上游 1 km 断面 | 2012 年 8 月 | Ⅳ类(评价目标) | 劣Ⅴ类 | 化学需氧量、氨氮、总磷 |
| | | | 2014 年 6 月 | | Ⅴ类 | 化学需氧量 |
| | | | 2014 年 8 月 | | 劣Ⅴ类 | 化学需氧量 |
| | 东风渠 | 魏县兴源河邯大公路桥西 | 2012 年 8 月 | | 劣Ⅴ类 | 化学需氧量、高锰酸盐指数、氨氮、总磷 |
| | | | 2014 年 6 月 | | 劣Ⅴ类 | 化学需氧量、五日生化需氧量 |
| | | | 2014 年 8 月 | | 劣Ⅴ类 | 化学需氧量 |
| | 东风渠 | 广平县朝阳路东头 | 2012 年 8 月 | | 劣Ⅴ类 | 化学需氧量、高锰酸盐指数、氨氮、总磷 |
| | | | 2014 年 6 月 | | 劣Ⅴ类 | 氨氮 |
| | | | 2014 年 8 月 | | 劣Ⅴ类 | 化学需氧量、氨氮 |
| | 南干渠 | 陈庄枢纽 | 2012 年 8 月 | | 劣Ⅴ类 | 化学需氧量、高锰酸盐指数、氨氮、总磷 |
| | | | 2014 年 6 月 | | Ⅲ类 | |
| | | | 2014 年 8 月 | | 劣Ⅴ类 | 化学需氧量、氨氮 |
| | 滏阳河支线 | 黄口 | 2012 年 8 月 | | 劣Ⅴ类 | 高锰酸盐指数、氨氮、总磷 |
| | | | 2014 年 6 月 | | Ⅴ类 | 化学需氧量 |
| | | | 2014 年 8 月 | | 劣Ⅴ类 | 化学需氧量、氨氮 |
| | 支漳河 | 南牛庄 | 2012 年 8 月 | | 劣Ⅴ类 | 化学需氧量、高锰酸盐指数、氨氮、总磷 |
| | | | 2014 年 6 月 | | Ⅴ类 | 化学需氧量 |
| | | | 2014 年 8 月 | | 劣Ⅴ类 | 化学需氧量、氨氮 |
| | 老漳河 | 商店村上游左岸 20 m 处 | 2012 年 8 月 | | 劣Ⅴ类 | 化学需氧量、高锰酸盐指数、氨氮、总磷、石油类 |
| | | | 2014 年 6 月 | | 劣Ⅴ类 | 化学需氧量、五日生化需氧量 |
| | | | 2014 年 8 月 | | 劣Ⅴ类 | 五日生化需氧量 |
| | 老漳河 | 河古庙镇路庄村南 | 2014 年 6 月 | | 劣Ⅴ类 | 化学需氧量、五日生化需氧量 |
| | | | 2014 年 8 月 | | 劣Ⅴ类 | 化学需氧量 |

**续表 2-39**

| 线路 | 监测断面 | 位置 | 监测时间 | 水质目标 | 评价类别 | 超标因子 |
| --- | --- | --- | --- | --- | --- | --- |
| 输水沿线 | 滏东排河 | 葛赵庄桥 | 2014 年 6 月 | Ⅲ类 | 劣Ⅴ类 | 化学需氧量、五日生化需氧量 |
| | | | 2014 年 8 月 | | 劣Ⅴ类 | 化学需氧量、五日生化需氧量、氨氮 |
| | 滏东排河 | 孙家口 | 2012 年 8 月 | | 劣Ⅴ类 | 化学需氧量、高锰酸盐指数、氨氮、总磷、石油类 |
| | | | 2014 年 6 月 | | 劣Ⅴ类 | 化学需氧量 |
| | | | 2014 年 8 月 | | 劣Ⅴ类 | 五日生化需氧量 |
| | 滏东排河 | 大赵闸 | 2012 年 8 月 | | 劣Ⅴ类 | 化学需氧量、高锰酸盐指数、总磷 |
| | | | 2014 年 6 月 | | 劣Ⅴ类 | 化学需氧量、五日生化需氧量、氨氮 |
| | | | 2014 年 8 月 | | 劣Ⅴ类 | 化学需氧量 |
| | 北排河 | 泊头冯庄闸 | 2012 年 8 月 | Ⅳ类（评价目标） | Ⅴ类 | 高锰酸盐指数、总磷 |
| | | | 2014 年 6 月 | | 劣Ⅴ类 | 化学需氧量、五日生化需氧量、氨氮 |
| | | | 2014 年 8 月 | | 断流 | |
| | 献县枢纽段 | 杨庄涵洞 | 2012 年 8 月 | | 劣Ⅴ类 | 化学需氧量、高锰酸盐指数、氨氮、总磷 |
| | | | 2014 年 6 月 | | 劣Ⅴ类 | 化学需氧量、五日生化需氧量、氨氮 |
| | | | 2014 年 8 月 | | Ⅲ类 | |
| | 紫塔干渠 | 紫塔干渠南紫塔桥 | 2012 年 8 月 | | Ⅳ类 | 高锰酸盐指数、总磷 |
| | | | 2014 年 6 月 | | 断流 | |
| | | | 2014 年 8 月 | | 断流 | |
| | 陌南干渠 | 李谢闸下 | 2012 年 8 月 | | Ⅲ类 | |
| | | | 2014 年 6 月 | | 断流 | |
| | | | 2014 年 8 月 | | Ⅲ类 | |
| | 古洋河 | 瀛州镇林豆万村东 1 km 古洋河左岸 | 2012 年 8 月 | | 劣Ⅴ类 | 化学需氧量、高锰酸盐指数、氨氮、总磷 |
| | | | 2014 年 6 月 | | 劣Ⅴ类 | 化学需氧量、高锰酸盐指数、五日生化需氧量、氨氮 |
| | | | 2014 年 8 月 | | 劣Ⅴ类 | 氨氮 |
| | 韩村干渠 | 索佐节制闸下 | 2012 年 8 月 | | — | |
| | | | 2014 年 6 月 | | 断流 | |
| | | | 2014 年 8 月 | | 断流 | |
| | 小白河东支 | 小白河中支第二污水处理有限公司南侧 30 m | 2012 年 8 月 | | Ⅴ类 | 氨氮、总磷 |
| | | | 2014 年 6 月 | | 劣Ⅴ类 | 氨氮 |
| | | | 2014 年 8 月 | | 劣Ⅴ类 | 氨氮 |
| | 小白河干流 | 出岸镇西古贤桥南 100 m | 2012 年 8 月 | | 劣Ⅴ类 | 化学需氧量、高锰酸盐指数、氨氮、总磷 |
| | | | 2014 年 6 月 | | 劣Ⅴ类 | 化学需氧量、高锰酸盐指数、氨氮 |
| | | | 2014 年 8 月 | | 劣Ⅴ类 | 氨氮 |
| | 任文干渠 | 大树刘庄 | 2012 年 8 月 | | 劣Ⅴ类 | 化学需氧量、高锰酸盐指数 |
| | | | 2014 年 6 月 | | 断流 | |
| | | | 2014 年 8 月 | | 断流 | |

续表 2-39

| 线路 | 监测断面 | 位置 | 监测时间 | 水质目标 | 评价类别 | 超标因子 |
|---|---|---|---|---|---|---|
| 比选线路（位山线） | 入境断面 | 河北省临西县河西镇刘口 | 2014 年 6 月 | Ⅲ类 | 劣Ⅴ类 | 化学需氧量、五日生化需氧量、高锰酸盐指数、氨氮、总磷 |
| | | | 2014 年 8 月 | | 断流 | |
| | 清凉江 | 邢台市清河县郎吕坡 | 2014 年 6 月 | | 劣Ⅴ类 | 化学需氧量、五日生化需氧量、高锰酸盐指数、氨氮、总磷 |
| | | | 2014 年 8 月 | | 劣Ⅴ类 | 化学需氧量、五日生化需氧量、高锰酸盐指数、氨氮、总磷 |
| | 清凉江 | 衡水枣强县马郎 | 2014 年 6 月 | | 断流 | |
| | | | 2014 年 8 月 | | 断流 | |
| 比选线路（卫西干渠） | 卫西干渠 | 邯郸馆陶县柴堡镇邢张屯村东 | 2014 年 6 月 | Ⅳ类（评价目标） | Ⅲ类 | |
| | | | 2014 年 8 月 | | 劣Ⅴ类 | 化学需氧量、氨氮 |
| | 卫西干渠 | 馆陶县路桥乡后玉村卫西干渠闸 | 2014 年 6 月 | | Ⅳ类 | 化学需氧量 |
| | | | 2014 年 8 月 | | 劣Ⅴ类 | 化学需氧量、氨氮 |

#### 2.5.4.3　输水沿线污染源调查

1. 输水沿线河南境内排污口分布

根据濮阳市环保部门、水利部门排污口统计（见表 2-14），第三濮清南干渠（本工程输水线路涉及河段）原来共分布排污口 16 个，集中分布于新习乡至濮阳高新区河段，当地企业排入濮阳高新区市政污水管网的工业废水均最终进入第三濮清南干渠。

2013 年濮阳第二污水处理厂建成并试运行，受纳排入第三濮清南干渠的全部生产废水和生活污水，根据濮阳第二污水处理厂设计方案，污水处理厂出水排至马颊河，但因资金等各方面原因，目前濮阳第二污水处理厂出水排入第三濮清南干渠。根据濮阳第二污水处理厂设计方案及河北水务集团和濮阳市人民政府有关会议纪要，濮阳第二污水处理厂将改排马颊河。

濮阳第二污水处理厂设计总规模 10 万 $m^3/d$，一期工程规模为 5 万 $m^3/d$，排放标准为 1 级 A，COD 排放量为 912.5 t，氨氮排放量为 91.2 t。

2. 输水沿线河北境内排污口分布情况

经过实地调查，引黄入冀补淀工程河北段共有排污口 22 个（其中直接排入输水渠道的排污口为 13 个），其中邯郸市 4 个、邢台市 8 个、衡水市 5 个、沧州市 5 个（见表 2-41）；其中通过污水处理厂处理后的排污口 10 个，生活污水直排的 2 个，雨水直排 1 个，工业废水及废污水混合直排 4 个（食品行业、生物行业、印染行业、板材加工业），工业企业废水二级排放 5 个（4 个水洗企业，1 个电镀企业，其中电镀企业排污口分布在支渠）。22 个排污口 2012 年污水排放量为 4 270 万 t，COD 排放量为 2 304 t，氨氮排放量为 346 t。

表 2-40 河南段输水渠道排污口情况统计

| 序号 | 地区 | 排污口名称 | 所在位置 | 排入河流 | 污水性质 | 排放方式 | 入河方式 | 主要排污单位名称 | 目前去向 |
|---|---|---|---|---|---|---|---|---|---|
| 1 | 濮阳 | 黄河路桥第一排污口 | 黄河路桥南 1 m 第三濮清南干渠左岸 1 | 第三濮清南干渠 | 混合 | 连续 | 管道 | 市第五人民医院、市职业技术学院 | 截至 2014 年底，以上 16 个排污口均已关闭，其污水通过市政管网入濮阳第二污水处理厂。濮阳第二污水处理厂已于 2013 年上半年建成并试运行，接纳了排入第三濮清南干渠的全部生产废水和生活污水，濮阳第二污水处理厂出水排入了第三濮清南干渠 |
| 2 | 濮阳 | 黄河路桥第二排污口 | 黄河路桥北 1 m 第三濮清南干渠左岸 2 | 第三濮清南干渠 | 混合 | 连续 | 管道 | 濮上生态园区 | |
| 3 | 濮阳 | 黄河路桥第三排污口 | 黄河路桥南 1 m 第三濮清南干渠右岸 1 | 第三濮清南干渠 | 混合 | 连续 | 管道 | 市三安化工、训达食品公司 | |
| 4 | 濮阳 | 黄河路桥第四排污口 | 黄河路桥北 1 m 第三濮清南干渠右岸 2 | 第三濮清南干渠 | 混合 | 连续 | 管道 | 市星海化工、市第一石油化工 | |
| 5 | 濮阳 | 石化路西排污口 | 石化路西第三濮清南干渠黄甫铁路桥下游 400 m 右岸 | 第三濮清南干渠 | 混合 | 连续 | 管道 | 中原大化煤化公司、盐化工 | |
| 6 | 濮阳 | 中原路桥第一排污口 | 中原路桥南 1 m 第三濮清南干渠左岸 1 | 第三濮清南干渠 | 混合 | 连续 | 管道 | 市生态园 | |
| 7 | 濮阳 | 中原路桥第二排污口 | 中原路桥北 1 m 第三濮清南干渠左岸 2 | 第三濮清南干渠 | 混合 | 连续 | 管道 | 市政直排 | |
| 8 | 濮阳 | 中原路桥第三排污口 | 中原路桥南 1 m 第三濮清南干渠右岸 1 | 第三濮清南干渠 | 混合 | 连续 | 管道 | 濮源食业 | |
| 9 | 濮阳 | 中原路桥第四排污口 | 高新区中原路桥北 1 m 第三濮清南干渠右岸 2 | 第三濮清南干渠 | 混合 | 连续 | 管道 | 淮南华峰制药、濮耐公司 | |

续表 2-40

| 序号 | 地区 | 排污口名称 | 所在位置 | 排入河流 | 污水性质 | 排放方式 | 入河方式 | 主要排污单位名称 | 目前去向 |
|---|---|---|---|---|---|---|---|---|---|
| 10 | 濮阳 | 濮阳市生活垃圾处理厂排污口 | 天阴桥北 1 m 第三濮清南干渠左岸 | 第三濮清南干渠 | 混合 | 连续 | 管道 | 市生活垃圾处理厂 | |
| 11 | 濮阳 | 濮阳市龙丰纸业排污口 | 黄河路桥上游 400 m 第三濮清南干渠右岸 | 第三濮清南干渠 | 工业废水 | 连续 | 管道 | 龙丰纸业有限公司 | |
| 12 | 濮阳 | 新习乡西北排污口 | 新习集西北桥南 3 m 第三濮清南干渠左岸 | 第三濮清南干渠 | 生活污水 | 间歇 | 管道 | 个体(养猪厂) | |
| 13 | 濮阳 | 新习乡董凌平第一排污口 | 新习乡董凌平村东桥南 1 m 第三濮清南干渠右岸 | 第三濮清南干渠 | 生活污水 | 间歇 | 管道 | 个体(养猪厂) | |
| 14 | 濮阳 | 新习乡董凌平第二排污口 | 新习乡董凌平村东桥北 1 m 第三濮清南干渠左岸 | 第三濮清南干渠 | 生活污水 | 间歇 | 管道 | 个体(养猪厂) | |
| 15 | 濮阳 | 新习乡马凌平排污口 | 新习乡马凌平村东桥第三濮清南干渠左岸 | 第三濮清南干渠 | 生活污水 | 间歇 | 管道 | 村庄 | |
| 16 | 濮阳 | 高新区七中排污口 | 新习集新习西桥南 1 m 第三濮清南干渠左岸 | 第三濮清南干渠 | 生活污水 | 间歇 | 管道 | 高新区七中 | |
| 17 | 濮阳 | 濮阳第二污水处理厂排污口 | 濮阳引黄灌溉调节水库进水闸下游 300 m | 第三濮清南干渠 | 混合 | 连续 | 管道 | 污水处理厂 | 第三濮清南干渠 |

表 2-41 河北段输水渠道排污口情况统计

| 序号 | 地区 | 县 | 排污口名称 | 所在位置 | 排入河流 | 污水性质 | 入河湖排污方式 | 主要排污单位名称 | 企业性质 | 2012 年污水排放量(万 t) | 2012 年 COD 排放量(t) | 2012 年氨氮排放量(t) | 现状排放情况 | 监管部门 |
|---|---|---|---|---|---|---|---|---|---|---|---|---|---|---|
| 1 | 邯郸 | 魏县 | 魏县污水处理厂排污口 | 德政镇柏二庄兴源河邯大公路桥西 | 东风渠 | 生活污水 | 暗管 | 魏县污水处理厂 | 市政 | 831 | 334 | 60 | 一级 A | 环保 |
| 2 | 邯郸 | 广平县 | 锦泰路排污口 | 广平镇南贺庄村锦泰路污水处理厂东 300 m | 东风渠 | 混合废污水 | 暗管 | 广平县污水处理厂 | 市政 | 485.2 | 56.2 | 6.8 | 一级 A | |
| 3 | 邯郸 | 广平县 | 城北工业区排污口 | 广平镇候固寨村北 | 东风渠 | 雨水 | 暗管 | 广平城北工业区(香道食品厂、中棉紫光、祥龙油棉) | 食品加工 | 5.5 | 5 | 4.7 | 有未处理污水偷排现象 | |
| 4 | 邯郸 | 曲周县 | 曲周县城生活污水口 | 曲周镇前河东村左岸 | 支漳河 | 生活污水 | 暗管 | 城镇污水处理厂 | 市政 | 584 | 165 | 29.5 | 一级 A | |
| 5 | 邢台 | 新河县 | 葛赵扬水站排污口 | 新河镇葛赵村东 400 m | 滏东排河 | 工业废水 | 暗管 | 河北鑫合生物化工有限公司、天繁印染有限公司、邢台平安糖业有限公司 | 食品、印染 | 36.9 | | | 未处理 | |
| 6 | 邢台 | 新河县 | 西关排污口 | 新河镇西关村北 1 800 m | 滏东排河 | 生活污水 | 明渠 | 县城生活污水 | 市政 | 36.2 | | | 未处理 | |
| 7 | 邢台 | 新河县 | 污水处理厂排污口 | 工业园区尼家庄村东 1 000 m | 滏东排河 | 混合废污水 | 明渠 | 县污水处理厂 | 市政 | 70.2 | | | 一级 A | |
| 8 | 邢台 | 广宗县 | 广宗城区排污口 | 太平台乡洗马村 | 洗马渠 | 混合废污水 | 明渠 | 城镇污水处理厂 | 市政 | 340.34 | 120.14 | 13.95 | 一级 A | |
| 9 | 邢台 | 广宗县 | 电镀园区合义渠排污口 | 冯寨乡田家庄南 800 m | 合义渠 | 工业废水 | 明渠 | 广宗县电镀厂 | 电镀 | 1.68 | 2.94 | 0.84 | 二级标准 | |
| 10 | 邢台 | 平乡县 | 县城生活排污口 | 平乡县节固乡大葛村 | 小漳河 | 生活污水 | 明渠 | 平乡县丽洁污水处理有限公司 | 市政 | 354 | 103.4 | 11.6 | 一级 A | 城建 |
| 11 | 邢台 | 平乡县 | 自行车工业园区排污口 | 河古庙镇路庄村南 | 老漳河 | 生活污水 | 暗管 | 自行车工业园区污水处理厂 | 市政 | 0.1 | | | 一级 A | |

续表 2-41

| 序号 | 地区 | 县 | 排污口名称 | 所在位置 | 排入河流 | 污水性质 | 入河湖排污方式 | 主要排污单位名称 | 企业性质 | 2012年污水排放量（万t） | 2012年COD排放量(t) | 2012年氨氮排放量(t) | 现状排放情况 | 监管部门 |
|---|---|---|---|---|---|---|---|---|---|---|---|---|---|---|
| 12 | 邢台 | 巨鹿县 | 县城排污口 | 官亭镇商店村上游左岸20 m处 | 商店渠 | 生活污水 | 明渠 | 巨鹿县县城污水处理厂 | 市政 | 449 | 1 002 | 112.5 | 一级A | 水利 |
| 13 | 衡水 | 冀州市 | 冀州市污水处理厂排污口 | 冀州污水处理厂东200 m右岸处 | 冀码渠 | 生活污水 | 暗管 | 冀州市污水处理厂 | 市政 | 198.8 | 98.6 | 26.8 | 一级A | |
| 14 | 衡水 | 冀州市 | 冀州市开元路西头南侧市政排污口 | 冀州市开元路西头南侧3 m右岸处 | 冀午渠 | 混合废污水 | 暗管 | 冀州市华林木业有限公司,生活污水 | 板材加工及生活污水 | 20.1 | 24.1 | 2.1 | 未处理 | |
| 15 | 衡水 | 冀州市 | 滏阳路桥南排污口 | 冀州市滏阳路桥南侧2 m右岸处 | 冀午渠 | 混合废污水 | 暗管 | 冀州市春风铸业有限公司,生活污水 | 钢铁 | 151.3 | 123.2 | 30.7 | 未处理 | |
| 16 | 衡水 | 冀州市 | 化肥厂市政排污口 | 冀州市化肥厂北50 m右岸处 | 冀午渠 | 生活污水 | 暗管 | 邮政局生活污水，学校生活污水 | 市政 | 19.3 | 58.1 | 29.3 | 未处理 | |
| 17 | 衡水 | 冀州市 | 长安路冀午渠桥北侧排污口 | 冀州市化肥厂南侧10 m处 | 冀午渠 | 生活污水 | 暗管 | 化肥厂生活污水 | 市政 | 31.5 | | | 未处理 | |
| 18 | 沧州 | 肃宁县 | 第二污水处理有限公司排污口 | 肃宁镇光华社区管委会小白河中支第二污水处理有限公司南侧30 m | 小白河中支 | 生活污水 | 明渠 | 肃宁县第二污水处理有限公司 | 市政 | 613.34 | 182.46 | 14.84 | 一级A | 环保 |
| 19 | 沧州 | 任丘市 | 任丘市东方水洗厂排污口 | 出岸镇西古贤桥南100 m | 小白河 | 工业废水 | 暗管 | 任丘市东方水洗厂 | 印染 | 40 | 12.16 | 0.312 | 二级标准 | 水利 |
| 20 | 沧州 | 任丘市 | 任丘市方元水洗厂排污口 | 出岸镇西古贤桥南100 m | 小白河 | 工业废水 | 暗管 | 任丘市方元水洗厂 | 印染 | 15.55 | 6.94 | 0.071 | 二级标准 | 水利 |
| 21 | 沧州 | 任丘市 | 任丘市风莲水洗厂排污口 | 出岸镇出岸三村出岸桥南100 m | 小白河 | 工业废水 | 明渠 | 任丘市风莲水洗厂 | 印染 | 6.22 | 5.374 | 0.032 3 | 二级标准 | 水利 |
| 22 | 沧州 | 任丘市 | 任丘市正阳水洗厂排污口 | 出岸镇西古贤桥北50 m | 小白河 | 工业废水 | 暗管 | 任丘市正阳水洗厂 | 印染 | 10.37 | 4.36 | 1.04 | 二级标准 | 水利 |
| 合计 | | | | | | | | | | 4 301 | 2 304 | 346 | | |

综合以上分析，输水沿线 23 个排污口（其中河南段 1 个污水处理厂排污口、河北段 22 个排污口）COD 排放量为 3 216. 5 t、氨氮排放量为 437. 2 t、总磷排放量约为 30. 63 t、总氮排放量约为 918. 9 t。

## 2. 5. 5 受水区水环境调查与评价（白洋淀）

### 2. 5. 5. 1 白洋淀水质现状调查与评价

2013 年 8 月、10 月和 2014 年 4 月对白洋淀丰水期、平水期、枯水期进行了现状水质监测，监测因子为高锰酸盐指数、COD、TP、TN、DO，并对白洋淀现状水质进行评价分析。监测断面为烧车淀、王家寨、圈头、采蒲台、光淀张庄、枣林庄、端村和南刘庄（见图 2-3）。监测因子为溶解氧、COD、TP、TN、高锰酸盐指数共 5 项。

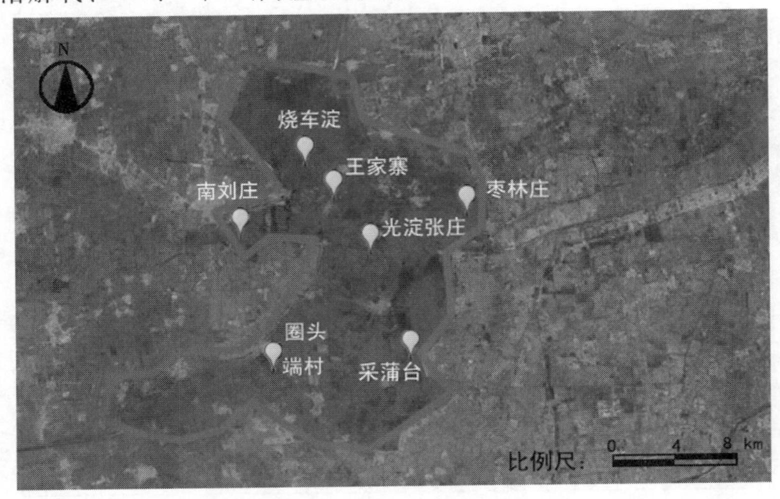


图 2-3 白洋淀常规监测断面位置分布图

2013 年 8 月白洋淀水质监测及评价结果见表 2-42，从评价结果可知，白洋淀丰水期水质为Ⅴ类和劣Ⅴ类，监测的 8 个点位中，COD 污染指数为 1. 11 ~ 3. 65，高锰酸盐指数污染指数为 1. 12 ~ 1. 98，TN 污染指数为 0. 58 ~ 10. 25，TP 污染指数为 0. 49 ~ 16. 60，DO 污染指数为 0. 48 ~ 8. 39。

2013 年 10 月白洋淀水质监测及评价结果见表 2-43，从评价结果可知，白洋淀平水期水质属劣Ⅴ类，监测的 8 个点位中，COD 污染指数为 1. 66 ~ 5. 19，高锰酸盐指数污染指数为 0. 90 ~ 2. 50，TN 污染指数为 1. 11 ~ 23. 06，TP 污染指数为 0. 86 ~ 24. 85，DO 污染指数为 0. 11 ~ 5. 54。

2014 年 4 月白洋淀水质监测及评价结果见表 2-44，从评价结果可知，白洋淀枯水期水质属劣Ⅴ类，监测的 8 个点位中，COD 污染指数为 1. 80 ~ 3. 49，高锰酸盐指数污染指数为 1. 01 ~ 1. 64，TN 污染指数为 0. 92 ~ 10. 35，TP 污染指数为 0. 48 ~ 19. 63，DO 污染指数为 0. 40 ~ 1. 03。

表 2-42　2013 年 8 月水质监测数据及评价结果

| 点位 | COD（污染指数） | 高锰酸盐指数（污染指数） | TN（污染指数） | TP（污染指数） | DO（污染指数） | 水质类别 |
| --- | --- | --- | --- | --- | --- | --- |
| 王家寨 | 1.11 | 1.98 | 0.75 | 1.34 | 4.06 | V类 |
| 光淀张庄 | 2.05 | 1.34 | 2.08 | 2.18 | 6.55 | 劣V类 |
| 枣林庄 | 1.56 | 1.29 | 0.58 | 1.47 | 8.39 | 劣V类 |
| 烧车淀 | 1.93 | 1.12 | 1.15 | 16.60 | 0.89 | 劣V类 |
| 圈头 | 3.41 | 1.93 | 1.82 | 0.97 | 0.82 | 劣V类 |
| 端村 | 3.65 | 1.51 | 1.62 | 2.52 | 5.89 | 劣V类 |
| 采蒲台 | 3.28 | 1.78 | 1.05 | 4.31 | 2.45 | 劣V类 |
| 南刘庄 | 1.78 | 0.70 | 6.83 | 1.01 | 0.93 | 劣V类 |

表 2-43　2013 年 10 月水质监测数据及评价结果

| 点位 | COD（污染指数） | 高锰酸盐指数（污染指数） | TN（污染指数） | TP（污染指数） | DO（污染指数） | 水质类别 |
| --- | --- | --- | --- | --- | --- | --- |
| 王家寨 | 3.52 | 1.70 | 23.06 | 14.80 | 0.46 | 劣V类 |
| 光淀张庄 | 2.15 | 0.90 | 8.27 | 6.15 | 1.22 | 劣V类 |
| 枣林庄 | 3.23 | 1.61 | 21.51 | 15.52 | 2.69 | 劣V类 |
| 烧车淀 | 1.66 | 1.00 | 0.47 | 0.86 | 0.88 | 劣V类 |
| 圈头 | 3.52 | 1.75 | 17.30 | 24.85 | 5.54 | 劣V类 |
| 端村 | 5.19 | 2.32 | 2.62 | 3.47 | 0.11 | 劣V类 |
| 采蒲台 | 4.31 | 2.50 | 3.92 | 10.14 | 1.30 | 劣V类 |
| 南刘庄 | 2.35 | 0.97 | 1.11 | 4.46 | 0.82 | 劣V类 |

表 2-44　2014 年 4 月水质监测数据及评价结果

| 点位 | COD（污染指数） | 高锰酸盐指数（污染指数） | TN（污染指数） | TP（污染指数） | DO（污染指数） | 水质类别 |
| --- | --- | --- | --- | --- | --- | --- |
| 王家寨 | 2.29 | 1.01 | 1.00 | 0.58 | 0.86 | 劣V类 |
| 光淀张庄 | 1.99 | 1.26 | 1.20 | 0.70 | 0.14 | 劣V类 |
| 枣林庄 | 2.19 | 1.11 | 1.19 | 0.48 | 0.15 | 劣V类 |
| 烧车淀 | 1.80 | 1.02 | 0.92 | 0.60 | 0.12 | 劣V类 |
| 圈头 | 2.39 | 1.40 | 1.44 | 0.98 | 0.02 | 劣V类 |
| 端村 | 3.49 | 1.64 | 1.55 | 2.54 | 0.04 | 劣V类 |
| 采蒲台 | 2.89 | 1.43 | 1.24 | 0.88 | 0.18 | 劣V类 |
| 南刘庄 | 2.32 | 1.01 | 10.35 | 19.63 | 0.56 | 劣V类 |

#### 2.5.5.2　白洋淀污染源调查

根据白洋淀流域特征，将区域污染源主要分为淀外污染源和淀区污染源。

1. 淀外污染源调查

1）城市生活点源

以城市污水处理厂作为入府河污染物的城市污染源主要对象，污水排放情况统计如表 2-45 所示。

表 2-45　城市点源排放量统计表

| 序号 | 企业名称 | 受纳水体 | 所属 | COD (t/a) | $NH_3-N$ (t/a) | TN (t/a) | TP (t/a) |
|---|---|---|---|---|---|---|---|
| 1 | 保定市排水总公司鲁岗污水处理厂 | 府河 | 新市区 | 501 | 39 | 243 | 15.6 |
| 2 | 保定市排水总公司银定庄处理厂 | 黄花沟、府河 | 北市区 | 706 | 155 | 407 | 10 |
| 3 | 保定市排水总公司溪源污水处理厂 | 府河 | 北市区 | 2 228 | 488 | 1 522 | 21 |
| 4 | 满城县玉泉水务有限公司 | 漕河 | 满城县 | 363 | 21 | — | — |
| 5 | 满城县大册营水处理有限责任公司 | 漕河 | 满城县 | 202 | 14 | — | — |
| 6 | 清苑县祥太水务有限责任公司 | 金线河 | 清苑县 | 418 | 19 | — | 14 |

2）工业污染源

经调查，工业废水排入府河的企业共 12 家，调查范围内工业点源污水排放量为 5.38 万 $m^3/d$，见表 2-46。

表 2-46　污水排入府河企业情况

| 序号 | 单位名称 | 所属 | 排放去向 | 废水排放量(t/d) | 化学需氧量排放量(t/a) | 氨氮排放量(t/a) |
|---|---|---|---|---|---|---|
| 1 | 保定天鹅股份有限公司 | 新市区 | 大寨渠、府河 | 17 236 | 2 192 | 0 |
| 2 | 保定钞票纸业有限公司 | 市管 | 黄花沟、府河 | 23 431 | 404.8 | 32.5 |
| 3 | 保定市第五造纸厂 | 新市区 | 百草沟富昌段 | 1 590 | 53 | 7 |
| 4 | 保定市新市区兴华造纸厂 | 新市区 | 一亩泉贾庄段 | 1 372 | 48.3 | 3.48 |
| 5 | 保定市新华造纸厂 | 新市区 | 一亩泉富昌段 | 1 749 | 58.4 | 6.41 |
| 6 | 保定市新市区福利综合厂 | 新市区 | 一亩泉北章段 | 3 619 | 45.6 | 3.6 |
| 7 | 保定市冰花食品有限公司 | 新市区 | 黄花沟 | 266 | 57.54 | 4.79 |
| 8 | 保定妙士乳业有限公司 | 新市区 | 黄花沟 | 946 | 32.5 | 2.6 |
| 9 | 保定市西而曼能威纸业有限公司 | 新市区 | 一亩泉北章段 | 2 454 | 37.68 | 3.6 |
| 10 | 保定曙光毛纺有限公司 | 清苑县 | 金线河 | 454 | 17.83 | 1.4 |
| 11 | 保定时尚纺织有限公司 | 清苑县 | 金线河 | 454 | 17.83 | 1.4 |
| 12 | 欧麦(保定)麦芽有限公司 | 高新区 | 候河 | 195 | 6.68 | 0.6 |

2. 淀区污染源调查

淀区污染源主要为：①淀区居民生活废污水及废弃物。淀区内尚有 8.33 万居民，淀区居民生活污水、人粪尿直排入淀，生活垃圾沿岸堆放。同时，随着旅游业的发展，淀中村还形成了以餐饮和住宿为主的家庭式招待所，产生生活废水和生活垃圾，以向淀内直接排放为主，对淀区水体环境造成严重污染。②淀内水产养殖和畜禽养殖污染。白洋淀淀内水产养殖总面积约 2 365.1 $hm^2$（3.54 万亩），年养殖产量 8 436 t。

### 2.5.6　项目区水功能区水质达标情况

根据水质现状监测评价结果，本工程调水区黄河引水口河段水质除总磷略有超标外，基本能满足水质目标要求；引水口上游天然文岩渠入黄水质存在一定风险；输水沿线水质现状较差，大部分为Ⅴ类和劣Ⅴ类；受水区白洋淀现状水质基本都为Ⅳ类至劣Ⅴ类水，不满足Ⅲ类水质目标要求。各河渠水质现状及达标情况具体见表 2-47。

**表 2-47　引黄入冀补淀工程项目区水功能区水质达标情况**

| 省区 | 河渠 | 二级水功能区划 | 水质目标（或评价标准） | 水质现状 | 达标情况 |
|---|---|---|---|---|---|
| 调水区 | 黄河 | 黄河濮阳饮用、工业用水区 | Ⅲ类 | Ⅲ类 | 达标 |
| | 天然文岩渠入黄口 | 天然文岩渠新乡缓冲区 | Ⅴ类 | Ⅴ类、劣Ⅴ类 | 部分达标 |
| 输水沿线 | 南湖干渠 | 无水功能区划 | 评价标准：Ⅲ类 | Ⅲ类 | 达标 |
| | 第三濮清南干渠 | 无水功能区划 | | 劣Ⅴ类 | 未达标 |
| | 第三濮清南西支 | 无水功能区划 | | 劣Ⅴ类 | 未达标 |
| | 新开渠 | 无水功能区划 | 评价标准：Ⅳ类 | 劣Ⅴ类 | 未达标 |
| | 留固沟 | 无水功能区划 | | 劣Ⅴ类 | 未达标 |
| | 东风渠 | 无水功能区划 | | 劣Ⅴ类 | 未达标 |
| | 南干渠 | 无水功能区划 | | 劣Ⅴ类 | 未达标 |
| | 支漳河 | 支漳河邯郸农业用水区 | Ⅴ类 | 劣Ⅴ类 | 未达标 |
| | 老漳河 | 老漳河邢台农业用水区 | Ⅴ类 | 劣Ⅴ类 | 未达标 |
| | 滏东排河 | 滏东排河邢台过渡区、滏东排河邢台饮用水源区、滏东排河衡水饮用水源区、滏东排河沧州饮用水源区 | Ⅲ类 | 劣Ⅴ类 | 未达标 |
| | 北排河 | 无水功能区划 | 评价标准：Ⅳ类 | Ⅴ类 | 未达标 |
| | 献县枢纽段 | 无水功能区划 | | — | |
| | 紫塔干渠 | 无水功能区划 | | Ⅳ类 | 达标 |
| | 陌南干渠 | 无水功能区划 | | Ⅲ类 | 达标 |
| | 古洋河 | 无水功能区划 | | 劣Ⅴ类 | 未达标 |
| | 韩村干渠 | 无水功能区划 | | 劣Ⅴ类 | 未达标 |
| | 小白河段 | 无水功能区划 | | 劣Ⅴ类 | 未达标 |
| | 任文干渠 | 任文干渠沧州工业用水区 | Ⅳ类 | 劣Ⅴ类 | 未达标 |
| | 滏阳河支线 | 滏阳河邢台农业用水区 | Ⅳ类 | 劣Ⅴ类 | 未达标 |
| | 漳河 | 漳河邯郸农业用水区 | Ⅳ类 | 劣Ⅴ类 | 未达标 |
| | 滏阳河 | 滏阳河邯郸农业用水区<br>滏阳河邢台农业用水区 | Ⅳ类 | 劣Ⅴ类 | 未达标 |
| 受水区 | 白洋淀 | 白洋淀河北湿地保护区 | Ⅲ类 | 劣Ⅴ类 | 未达标 |

### 2.5.7　项目区饮用水源保护区分布情况

根据河南省人民政府办公厅《关于印发河南省城市集中式饮用水源保护区划的通知》和《河北省城市集中式饮用水水源保护区划分》，本次工程河南渠首段涉及1处饮用水源保护区，即濮阳市西水坡地表水饮用水源保护区，河南段输水线路涉及李子园地下水饮用水源保护区准保护区，河北项目区不涉及饮用水源保护区。

#### 2.5.7.1　西水坡地表水饮用水源保护区

西水坡地表水饮用水源保护区一级保护区：黄河干流-3号坝至10号的水域及黄河西岸生产堤外50 m的陆域；渠村沉沙池的整个水域；沿环沉沙池道路外300 m的陆域；输水明渠08号碑向南50 m至濮—背13号碑向北50 m内的水域和陆域；西水坡调节池古城墙南60 m以北，濮耐公司西墙至前南旺、西关公路以东，新民街北100 m以南，濮上路东90 m以西的区域；输水管线两侧30 m的区域。

二级保护区：黄河干流-3号坝至43 km碑、10号坝至13号坝的水域及黄河西岸生产堤外50 m的陆域；渠村沉沙池一级保护区外1 000 m、黄河大堤以内的区域；输水明渠一级保护区向外延伸1 000 m的区域；西水坡调节池古城墙南1 000 m以北，废弃窑场路以东，御井街以西，红旗路以南的区域。

准保护区：黄河干流43 km碑至上游1 000 m，13号坝至下游100 m的水域，以及二级保护区外至黄河西岸防洪大堤的陆域（濮阳—新乡界碑处）。

#### 2.5.7.2　李子园地下水饮用水源保护区

根据《河南省人民政府办公厅关于印发河南省城市集中式饮用水源保护区的通知》（豫政办〔2007〕125号）及《河南省环境保护厅　河南省水利厅关于濮阳市地下饮用水源地调整情况的报告》（豫环函〔2014〕20号），初步确定输水线路涉及濮阳市地下水饮用水源保护区为李子园地下水饮用水源保护区的准保护区。具体区划情况如下。

一级保护区：开采井外围100 m的区域；二级保护区：一级保护区外400 m的区域；准保护区：除一、二级保护区外，西八里庄、王寨、马寨、西高城以南，毛寨、小山以北，东高城、老王庄、谷马羡、主布村、吕家海以西，西子岸、东柳村、后栾村以东的区域。

## 2.6　地下水环境现状评价

### 2.6.1　水文地质条件调查

#### 2.6.1.1　地形地貌

引黄入冀补淀工程（河南段）位于河南省东部平原区，南部位于黄河冲积平原，北部位于黄海冲积平原，其中项目区涉及的地形地貌有山前冲积洪积倾斜平原、中部冲积湖积平原。具体特点见表2-48。

表2-48　项目区地形地貌特点

| 类别 | | 特点 |
| --- | --- | --- |
| 山前冲积洪积倾斜平原 | 滹沱河冲洪积扇(裙) | 滹沱河山前平原,由大沙河、磁河、滹沱河、交河、槐河、氐河等河流的冲洪积扇构成,其中又以滹沱河冲洪积扇为主。滹沱河冲洪积扇顶部海拔110~120 m,下部为23~28 m;藁城以上地面坡降1/400,以下至束鹿为1/1 200~1/2 000 |
| | 漳河—沙河冲洪积扇(裙) | 漳河—沙河山前平原,由漳河、名河、沙河、白马河等河流的冲洪积扇组成,其中以漳河冲洪积扇规模较大。漳河冲洪积扇顶部海拔110 m,下部为50 m |
| 中部冲积湖积平原 | 白洋淀—黄庄洼低平原区 | 白洋淀—黄庄洼低平原,包括白洋淀、东淀、文安洼、黄庄洼等扇前洼地。区内地势低洼,河道迂回,局部形成半封闭的湖泊和季节性积水洼淀,海拔2.5~10 m |
| | 黄河—漳卫河冲积平原区 | 包括濮阳、邯郸、邢台、衡水地区的东部和沧州地区的西部。区内地形平坦,南高北低,一条条北东向古河道形成的洼地与沙地相间展布。海拔5~45 m |

#### 2.6.1.2　地层岩性

渠首及河南段渠线处于黄(河)海(河)冲积平原交界处,区内浅层岩性变化较大,一般主流带沉积的是粉、细砂,自然堤附近为黏性土与砂性土交互成层,低洼地为黏土沉积。分布在10 m以上土的状态较软或松散,以下较硬且密实,多为第四系全新统、上更新统冲积层及深埋的冲积、湖积壤土、砂壤土、黏土。

河北段输水渠线通过的地区第四纪地层沉积厚度一般为400~500 m,其中全新世地层厚20~50 m,主要为第四系全新统、上更新统冲积、冲湖积壤土、黏土、砂壤土、粉细砂及含有机质的壤土、黏土、砂壤土、粉细砂。

#### 2.6.1.3　水文地质条件调查

根据含水介质的成因、结构、岩性、埋藏条件、水力特征的不同,将本区松散岩类孔隙含水岩组划分为浅、中、深层。浅层水底板埋深一般为60~120 m,包括全新统、上更新统、中更新统上段含水砂层。中深层地下水底板埋深约260 m,主要包括中更新统、下更新统含水砂层,深层地下水底板埋深在450 m左右,主要为新近系明化镇组的部分含水砂层。项目区含水组为全新统第一含水组,底板埋深10~50 m,含水层岩性为粉细砂、砂壤土及裂隙黏土。根据勘察了解的情况,渠道沿线可开采利用的地下水埋藏较深,一般在40~60 m以下,但现有渠道因雨季积水或调水通过,附近多有上层滞水,水位在渠底附近。

#### 2.6.1.4　浅层地下水补给特征

1.地下水径流条件

1)河北评价区

本区浅层地下水流场天然形态的总趋势是环绕渤海海岸线展布,流网密度自山前平原向滨海平原由密渐疏。以釜阳河、隆尧—武强一线为界,以东地区浅层地下水流面比较平直，自西南流向东北；该线以西，浅层地下水流面呈凸扇形相互毗邻展布。浅层地下水流线，以冲洪积扇顶部为端点呈辐射状，总流向由山前平原向渤海平原。

2）河南评价区

河南评价区浅层地下水由于滑县、内黄、清丰、南乐一带农业开采量及濮阳市一带工业开采量较大，从而形成了大面积地下水降落漏斗，主要有内黄县漏斗、滑县漏斗、濮阳市区漏斗、清丰—南乐漏斗。受上述漏斗区影响，浅层地下水整体上自西向东和由南向北径流，在漏斗区地下水向漏斗中心径流。

2. 地下水补给条件

评价区地下水的补给来源，主要是大气降水入渗补给，其次是山区侧向径流补给、河道渗漏补给。

1）大气降水入渗补给

评价区的降水入渗补给量占地下水综合补给量的68.26%左右，是地下水最主要的补给来源。降水入渗补给量受降水特征、包气带岩性和结构特征，以及地下水位埋深等因素的影响。

2）山区侧向径流补给

太行山东麓和燕山南麓是河北平原地下水侧向径流流入补给区。侧向径流流入补给，包括现代河流出山口地下潜流、出山口古河道地下潜流和碳酸盐岩岩溶水补给，形成强透水边界。

3）河道渗漏补给

评价区内主要水系有大清河、子牙河、南运河、金堤河、黄河，河道常年或季节渗漏补给地下水。

3. 地下水排泄条件

天然状态下，浅层地下水的排泄方式主要是向下游径流、潜水蒸发，在枯水季节通过河道排泄，或以泉的形式排泄。

1）潜水蒸发

浅层地下水的蒸发排泄量，取决于地下水的埋藏深度。天然条件下，该区浅层水埋藏深度总的特征是从山前平原向渤海方向由深变浅，大部分地段地下水位埋深大于4 m，故潜水蒸发量很小，主要集中在河南段黄河周边及河北段沧州附近。

2）浅层地下水向河流的排泄

浅层地下水向河流的排泄，主要发生在枯水期，由于河道地势较低且河水位较低，历史上河道两侧水位较高，地下水通过河道排泄。

3）人工开采

人工开采为评价区主要排泄方式，由于近年来地下水开采量大量增加，人工开采占排泄量的70%以上。

### 2.6.2 地下水动态及开发利用状况

#### 2.6.2.1 地下水动态

1. 河南段

动态类型：浅层地下水动态主要受气象、水文、水位埋深、包气带岩性及人为因素的影响,不同地区受诸因素影响的强度不同,评价区北部地下水位埋深差异较大,一般在8~30 m。受开采影响大,在2~4月春灌期,水位开始出现波动下降,至7月以后开采量变小,水位开始逐渐回升,在开采量不增加的情况下,一般均能恢复至年初水平,年变幅一般在0~3 m。根据区内地下水动态影响因素及特征,区内地下水动态类型主要为开采型。

浅层地下水多年动态变化规律:根据长观资料,浅层地下水1996~2000年间水位下降较快,平均降幅0.5~0.6 m。2001~2006年以来基本上处于动态平衡状态。

2. 河北段

研究区浅层地下水平均埋深为17.40 m,其中大于30 m的埋深主要分布在邯郸东部、邢台大部及沧州东北部一带;小于10 m的埋深主要分布在引黄沿线的永年洼、衡水湖、白洋淀湖泊洼地,以及沧州衡水西北部、沧州运东、廊坊南部大城一带;10~20 m埋深主要分布在湖泊洼地周边及衡水北部,沧州南部、北部和廊坊南部等地;其他地区埋深多为20~30 m。

#### 2.6.2.2　地下水开发利用现状

1. 河南段

根据近5年《濮阳市水资源公报》,濮阳市平均浅层地下水开采率为93.28%,地下水处于采补平衡状态,但地下水资源开发不均衡现象依然严重,其中海河流域区浅层地下水开采率高达152.18%,仍然处于严重超量开采状态,地下水漏斗治理任务仍然艰巨,而黄河流域区浅层地下水开采率为41.42%。

2. 河北段

2001~2010年河北工程沿线近10年平均实际供水量为30.53亿 $m^3$,其中地下水供水量为27.64亿 $m^3$,占90.5%。近10年中,地下水供水量中浅层地下水供水量为12.9亿 $m^3$,深层地下水供水量为14.7亿 $m^3$。由于浅层地下水含水层较薄,开采条件越来越差,深层地下水开采量呈逐年增大趋势。同时区域内可供水量很少,目前只能靠超采地下水维持,限制了区域经济的发展。河北工程沿线区域2010年实际地下水开采量为28.38亿 $m^3$,超采量为19.4亿 $m^3$,其中深层地下水超采量为15.4亿 $m^3$,浅层地下水超采量为4.0亿 $m^3$,处于严重超采状态。

### 2.6.3　地下水现状调查与评价

本次评价布置了103处水质取样点,其中浅层水质监测点49个,深层水质监测点54个,8处2012年资料为前期工作所得水质资料。

根据《地下水质量标准》(GB/T 14848—93),结合水质监测项目,选择pH、氨氮、硝酸盐、亚硝酸盐、挥发性酚类、氰化物、砷、汞、铬(六价)、总硬度、铅、氟、铁、锰、溶解性总固体、硫酸盐、氯化物、高锰酸盐指数共18项评价因子进行评价。选择单因子评价法和内梅罗综合指数法(即分类指数法)两种方法对评价区地下水水质进行评价。

根据评价结果,渠道沿线及灌溉受水区大部分区域的浅层地下水属于《地下水质量标准》(GB/T 14848—93)的Ⅳ类水、Ⅴ类水,水质较差。项目区浅层水主要超标项有总硬度、铁、锰、溶解性总固体、氨氮、硫酸盐、氟、氯化物、亚硝酸盐,超标率分别为65.3%、57.1%、55.1%、46.9%、30.6%、28.6%、26.5%、20.4%、16.3%。其中铁锰离子超标主要是由于历史地质原因,主要分布范围为除邢台市外各县市渠道沿线。根据项目区 103 处地下水水质监测评价结果,未发现重金属超标现象。

总硬度、溶解性总固体、硫酸盐、氯化物超标主要是由于渠道穿越地区大部分地区为咸水区,土壤中盐分含量较高,降水通过土壤进入地下水,水中含盐量增加,其中总硬度超标范围较大,分布在邯郸市、沧州市、保定市、河南各县市渠道沿线周边;溶解性总固体、硫酸盐超标范围较小,主要分布在邯郸市魏县及曲周沿线、沧州市任丘县沿线、河南段局部地区、保定市安新县沿线;氯化物超标范围主要为邯郸市魏县及曲周县沿线、沧州任丘县沿线,保定市安新县。

氟超标为地质环境影响所致,主要超标范围为邯郸市魏县、沧州市任丘县和献县、河南段局部、保定高阳县及安新县。亚硝酸盐、氨氮超标主要是地表水体受到污染所导致,主要的超标范围为河南段。其中邢台市渠道浅层地下水水质较好,无超标项。

深层水超标项主要为铁离子及氟离子,超标率分别为 42.6% 及 31.5%,氟离子超标主要是由于地质原因,且深层水氟含量高于浅层水,除邢台市沿线外各县市均有超标现象;其余超标项分别为硫酸盐、溶解性总固体、氯化物、总硬度、亚硝酸盐、高锰酸盐指数,超标率分别为 20.4%、14.8%、14.8%、7.4%、7.4%、1.9%,主要原因是浅层地下水与深层地下水进行混采,导致深层地下水也受到污染,含盐量较高。

## 2.6.4　环境水文地质问题调查与分析

引黄项目区是全国地下水利用程度最高的区域之一,同时也是地下水环境问题出现较多的地方。由于长期过量开采,地下水位连续下降。由此衍生出一系列的环境地质问题,如地面沉降、海水入侵、咸水界面下降、土壤盐碱化等。

### 2.6.4.1　地面沉降

项目区地面沉降严重区主要集中在中东部平原,山前平原区只有局部地区存在较为严重的沉降。目前已发展成 8 个沉降高值区,即沧州、任丘、霸州、廊坊、保定、衡水、南宫、肥乡,项目区涉及地面沉降高值区主要是衡水、任丘、南宫。

1973 年任丘市出现地面沉降,沉降速率为 10.67 mm/a,20 世纪 80 年代沉降加快,沉降速率为 42.26 mm/a,90 年代继续增大,沉降速率为 45.14 mm/a,到 1996 年中心累计沉降量 795.44 mm;累计沉降量大于 300 mm 的面积 1 883.25 $km^2$,涉及范围为任丘市,安新、高阳两县大部,河间局部;累计沉降量大于 500 mm 的面积 447.75 $km^2$;累计沉降量大于 700 mm 的面积 15.70 $km^2$,主要位于任丘市。

### 2.6.4.2　咸淡水界面下降

由于深层地下水采补失调,河北平原中东部有咸水区深层地下淡水水位有大幅度的下降。据沧州市沧县和衡水市阜城两典型区详细调查资料显示,截至 2000 年咸淡水界面平均下移 18.94 m,最大下移深度超过了 50 m,大部分地区下移深度超过 10 m。沧县咸淡水界面下移量小于 10 m 的面积占沧县面积的 26.4%,咸淡水界面下移在 20 ~ 30 m 的面积占沧县面积的 31.0%,阜城咸淡水界面下移在 10 ~ 20 m 的面积占沧县面积的 42.0%,形成了咸水体向深层承压淡水体入侵的现象。

河北平原区深层淡水补给来源非常有限,侧向补给量仅占多年平均开采量的

10.7%。由于补给困难，只能靠消耗自身储存来维持，因此衍生出一系列问题，如地面沉陷、水量衰减、提水费用增加等，尤其是咸淡水界面下移，入侵深层地下淡水，正在毁坏性地破坏经过漫长的地质时期而形成的极其有限的、珍贵的深层地下淡水资源。

#### 2.6.4.3　地下水降落漏斗

地下水的逐年超采，使得区内地下水位不断下降。河北省主要的深层承压水位降落漏斗较大的有沧州漏斗、黄骅漏斗、衡水漏斗、南宫漏斗、青县漏斗等，其中以沧州漏斗和冀枣衡漏斗这两个深层地下水漏斗为最。

沧州漏斗形成于1967年，20世纪70年代以后大规模开发地下水，导致地下水位持续下降，漏斗面积逐年扩大。1971年沧州漏斗中心水位埋深仅22.47 m，截至2012年年中漏斗中心水位埋深已达到93.43 m。冀枣衡漏斗位于河北平原中部，漏斗中心位于衡水市东滏阳。该漏斗形成于20世纪70年代初。1968年(开采初期)漏斗中心水位埋深只有2.96 m，随着大规模开采地下水逐渐形成漏斗，截至2012年年中漏斗中心水位埋深已经达到89.26 m。

引黄项目区涉及的地下水漏斗主要为南宫、衡水、肃宁3个漏斗区，截至2012年底南宫深层漏斗区面积为165.4 $km^2$，衡水深层漏斗区面积为286.3 $km^2$，肃宁浅层漏斗区面积为44.4 $km^2$。

### 2.6.5　李子园地下水水源地现状调查与评价

李子园地下水水源地位于庆祖镇—子岸乡—五星乡一带，主要作为濮阳市饮用水备用水源地。该地段农业灌溉干支渠纵横交织成网，农业灌溉以引黄为主，浅层地下水含水层底板埋深120~151 m，含水砂层厚度60~80 m，导水系数1 200~1 500 $m^2$/d，给水度0.089~0.102，水位埋深44~50 m，且直接受渠道渗漏、降水入渗及灌溉回渗补给，具有资源丰富、水质较好、循环交替条件好、开采技术难度小、成本较低等特点。该井群由濮阳市自来水公司管理，共有水井23眼，设计取水量8万$m^3$/d，目前实际建设规模4万$m^3$/d，为黄河饮用水源西水坡水源地的备用水源，即在黄河调水调沙时或者在黄河水不宜作为饮用水源时启动李子园地下水井群，取出的水经过加压后汇入渠村—西水坡调节池段输水管线内，进入西水坡调节池，经市第一水厂处理后供用户使用。

李子园水源地地质结构上位于内黄隆起与东明断陷的结合部位，新第三纪以来沉积了巨厚的松散沉积物，厚度达1 000~1 500 m，其中的砂层中含有较丰富的地下水。按埋藏深度，可划分为浅层、中层和深层三个含水层组。浅层含水层组埋藏浅，补给条件好，其底板埋深120~150 m，含水砂层2~7层，单层厚度2~40 m，岩性以粉砂、细砂为主，局部见有中粗砂。砂层顶板埋深2.5~20 m，上覆粉土、粉质黏土。砂层总厚度一般为60~75 m，东南部较薄，仅15~45 m。砂层之间夹粉土或黏土层。浅层水水位埋深一般为2~-4 m，为微承压水或潜水。北部金堤河一带，浅层含水层组富水性强，单井出水量可达3 000 $m^3$/d以上(按降深15 m)，东南部一带富水性弱，单井出水量小于1 500 $m^3$/d(降深3.5 m)，其余地带富水性中等，单井出水量介于二者之间。

根据濮阳市城区集中式地下饮用水水源地保护区划分调整技术报告(2013年3月)，李子园地下水井群超标因子主要为总硬度、氨氮、氟化物、浑浊度和溶解性总固体。其中氨氮超标是由于李子园地下水井群位于濮阳县农灌区内，且该处水位埋深较浅，河流下渗和农业灌溉回渗是一项重要的补给源，河流水体污染和农业过度使用化肥农药，是造成氨氮超标的主要原因，农村生活垃圾、农村家庭养殖也是造成部分地下水井氨氮指标超标的重要原因。氟化物、总硬度、溶解性总固体等因子超标则与地质因素有关。

## 2.7 声环境现状调查评价

本工程项目区内地形开阔，以农业生态系统为主，噪声背景值较低，声环境状况良好。声环境质量监测点重点考虑工程沿线村庄、涵闸、枢纽及保护区等生态环境敏感目标，共布设 34 个声环境监测点，其中在调水区布设了 3 处监测点，在输水沿线布设了 31 处监测点位。

根据噪声现状监测统计结果（见表 2-49），采用与评价标准直接比较的方法，对评价范围内的声环境现状进行评价。从声环境监测结果来看，工程区一些村庄敏感点存在噪声超标的现象，尤其输水沿线河北段村庄超标较为严重，主要原因是：一方面项目区农村人口较为密集，人为活动密切；另一方面输水线路沿线村庄一般紧邻道路，输水渠道上桥梁布置相对密集，已成为周边区域群众往来重要通道，因此车辆来往频繁，车流量较大，从而对项目区声环境质量造成一定程度的影响。

**表 2-49 项目区声环境现状监测结果**

| 分区 | 监测点 | 功能区划 | 执行标准（dB(A)） | 昼间监测值（dB(A)） | 夜间监测值（dB(A)） | 达标情况 |
|---|---|---|---|---|---|---|
| 调水区 | 濮阳黄河湿地省级自然保护区 1# | 1 类区 | 昼间 55 夜间 45 | 46.6 | 35.1 | 达标 |
| | 濮阳黄河湿地省级自然保护区 2# | 1 类区 | 昼间 55 夜间 45 | 42 | 30.7 | 达标 |
| | 老渠村引黄闸 | 1 类区 | 昼间 55 夜间 45 | 49.2 | 38.4 | 达标 |
| 输水沿线 | 1 号枢纽处 | 1 类区 | 昼间 55 夜间 45 | 51.9 | 39.8 | 达标 |
| | 渠村乡南湖村 | 1 类区 | 昼间 55 夜间 45 | 39.4 | 28.9 | 达标 |
| | 拟建沉沙池（巴寨村） | 1 类区 | 昼间 55 夜间 45 | 48.8 | 37.5 | 达标 |
| | 南湖干渠铁炉村 | 1 类区 | 昼间 55 夜间 45 | 57 | 45.5 | 未达标 |
| | 毛寨节制闸 | 1 类区 | 昼间 55 夜间 45 | 68.6 | 54.6 | 未达标 |
| | 高新区中学 | 2 类区 | 昼间 60 夜间 50 | 61.7 | 55.1 | 未达标 |
| | 王助东村 | 2 类区 | 昼间 60 夜间 50 | 55 | 44.6 | 达标 |
| | 皇甫节制闸 | 2 类区 | 昼间 60 夜间 50 | 51.9 | 41.7 | 达标 |
| | 范庄 | 1 类区 | 昼间 55 夜间 45 | 58.8 | 48.3 | 未达标 |
| | 天阴村 | 1 类区 | 昼间 55 夜间 45 | 53.7 | 43.5 | 达标 |

续表 2-49

| 分区 | 监测点 | 功能区划 | 执行标准(dB(A)) | 昼间监测值(dB(A)) | 夜间监测值(dB(A)) | 达标情况 |
|---|---|---|---|---|---|---|
| 输水沿线 | 董石村 | 1类区 | 昼间55 夜间45 | 48.5 | 38.3 | 达标 |
| | 白洋淀十二孔闸 | 1类区 | 昼间55 夜间45 | 56 | 48.2 | 未达标 |
| | 青塔村 | 1类区 | 昼间55 夜间45 | 51.6 | 40.8 | 达标 |
| | 陈王庄 | 1类区 | 昼间55 夜间45 | 57 | 46.1 | 未达标 |
| | 韩村 | 1类区 | 昼间55 夜间45 | 58.8 | 46.9 | 未达标 |
| | 韩村 | 1类区 | 昼间55 夜间45 | 58 | 48.5 | 未达标 |
| | 南留钵 | 1类区 | 昼间55 夜间45 | 60 | 49.3 | 未达标 |
| | 刘庄桥 | 1类区 | 昼间55 夜间45 | 58.9 | 47.4 | 未达标 |
| | 张铁房 | 1类区 | 昼间55 夜间45 | 52.5 | 42.7 | 达标 |
| | 善官村 | 1类区 | 昼间55 夜间45 | 65.7 | 52.1 | 未达标 |
| | 五开河 | 1类区 | 昼间55 夜间45 | 75 | 54.6 | 未达标 |
| | 挽庄桥 | 1类区 | 昼间55 夜间45 | 52.5 | 39.4 | 达标 |
| | 东陈庄 | 1类区 | 昼间55 夜间45 | 50.1 | 38.2 | 达标 |
| | 袁庄村 | 1类区 | 昼间55 夜间45 | 47.8 | 36.7 | 达标 |
| | 吴庄村 | 1类区 | 昼间55 夜间45 | 42.7 | 38 | 达标 |
| | 卜衡 | 1类区 | 昼间55 夜间45 | 46.5 | 35 | 达标 |
| | 后油寨 | 1类区 | 昼间55 夜间45 | 44.5 | 35.6 | 达标 |
| | 南河马村 | 1类区 | 昼间55 夜间45 | 43.7 | 33.4 | 达标 |
| | 连路固村 | 1类区 | 昼间55 夜间45 | 48.6 | 38.8 | 达标 |
| | 张照河村 | 1类区 | 昼间55 夜间45 | 44.7 | 34.9 | 达标 |
| | 相公庄村 | 1类区 | 昼间55 夜间45 | 39.6 | 30.0 | 达标 |

## 2.8 大气环境现状调查评价

河北省境内自然保护区环境空气质量执行《环境空气质量标准》(GB 3095—2012)一级标准,其余执行二级标准;濮阳黄河湿地省级自然保护区环境空气质量执行《环境空气质量标准》(GB 3095—1996)一级标准,其余执行二级标准。

根据相关城市环境公报所示,项目区域及附近周围地区环境空气质量满足《环境空气质量标准》(GB 3095—1996)二级标准的要求。

根据河南省2013年环境质量公报显示,河南省城市环境空气质量首要污染物为可吸入颗粒物。全省省辖市城市环境空气质量级别为轻污染,濮阳市为轻度污染城市。

根据河北省2013年环境质量公报显示，河北省全年各区市达到或优于二级的优良天数平均为129 d，占全年总天数的35.34%，重度污染以上天数平均为80 d，占全年总天数的21.92%。超标天数中各市以PM2.5和PM10为首要污染物的较多，其日均全省平均超标率分别为55.7%和53.2%（见表2-50）。

表2-50　2011～2013年项目涉及城市环境空气质量评价

| 年份 | 濮阳市 | 邯郸市 | 邢台市 | 衡水市 | 任丘市 |
| --- | --- | --- | --- | --- | --- |
| 2011年 | 空气质量综合评价为三级，主要污染物为PM10 | 空气质量综合评价为二级，主要污染物为PM10 | 空气质量综合评价为二级 | 空气质量综合评价为三级 | 空气质量综合评价为三级 |
| 2012年 | 空气质量综合评价为二级 | 空气质量综合评价为三级，主要污染物为PM10 | 空气质量综合评价为劣三级，主要污染物为CO和PM10 | 空气质量综合评价为劣三级，主要污染物为CO和PM10 | 空气质量综合评价为劣三级，主要污染物为CO和PM10 |
| 2013年 | 空气质量综合评价为二级 | 空气质量综合评价为三级，主要污染物为PM10 | 空气质量综合评价为三级，主要污染物为PM10 | 空气质量综合评价为三级，主要污染物为PM10 | 空气质量综合评价为三级，主要污染物为PM10 |

经现场查勘及表2-50可以看出，虽然工程所涉及城市区域环境都存在环境污染的现象，但是本工程输水渠线附近区域无大的大气污染源，农村生活废气排放量少，环境空气质量较为良好。

## 2.9　土壤环境现状调查与评价

本工程输水河渠水污染严重，输水沿线河渠扩挖、疏浚工程量较大，输水渠道水污染严重，为客观评价疏浚排泥可能对项目区土壤造成的影响，本次环评对输水河渠底泥重金属和土壤环境背景值进行了系统监测。

### 2.9.1　土壤环境评价标准

#### 2.9.1.1　《土壤环境质量标准》(GB 15168—1995)

1. 适用范围

本标准适用于农田、蔬菜地、茶园、果园、牧场、林地、自然保护区等地区的土壤。

2. 土壤质量分类

根据土壤应用功能和保护目标，划分为三类：

Ⅰ类主要适用于国家规定的自然保护区（原有背景重金属含量高的除外）集中式生活饮用水源地、茶园、牧场和其他保护地区的土壤，土壤质量基本上保持自然背景水平。

Ⅱ类主要适用于一般农田、蔬菜地、茶园、果园、牧场等土壤，土壤质量基本上对植物和环境不造成危害与污染。

Ⅲ类主要适用于林地土壤及污染物容量较大的高背景值土壤和矿产附近的农田土壤（蔬菜地除外）。土壤质量基本上对植物和环境不造成危害与污染。

根据土壤质量分类标准，本次项目区土壤环境评价采用《土壤环境质量标准》（GB 15618—1995）中的二级标准，评价参数包括总铬、总铜、总锌、总砷、总镉、总铅、总汞和总镍共 8 项（见表 2-51）。

**表 2-51　土壤环境质量二级标准值**　（单位：mg/kg）

| pH | 铬 | 铜 | 锌 | 砷 | 镉 | 铅 | 汞 | 镍 |
|---|---|---|---|---|---|---|---|---|
| <6. 5 | 150 | 50 | 200 | 40 | 0. 30 | 250 | 0. 30 | 40 |
| 6. 5 ~ 7. 5 | 200 | 100 | 250 | 30 | 0. 30 | 300 | 0. 50 | 50 |
| >7. 5 | 250 | 100 | 300 | 25 | 0. 60 | 350 | 1. 0 | 60 |

#### 2.9.1.2　《农用污泥中污染物控制标准》（GB 4284—84）

1. 适用范围

本标准适用于在农田中施用城市污水处理厂污泥、城市下水沉淀地的污泥、某些有机物生产厂的下水污泥以及江、河、湖、库、塘、沟、渠的沉淀底泥。

2. 污染物控制标准值

农用污泥中污染物控制标准值见表 2-52。

**表 2-52　农用污泥中污染物控制标准值**　（单位：mg/kg）

| 土壤酸碱性（pH） | 砷 | 汞 | 镉 | 铅 | 铜 | 锌 | 镍 | 铬 |
|---|---|---|---|---|---|---|---|---|
| 酸性土壤（pH <6. 5） | 75 | 5 | 5 | 300 | 250 | 500 | 100 | 600 |
| 中性或碱性土壤（pH≥6. 5） | 75 | 15 | 20 | 1 000 | 500 | 1 000 | 200 | 1 000 |

### 2. 9. 2　土壤背景值调查与评价

为了解项目区土壤环境背景值，依据《土壤环境质量标准》（GB 15618—1995）和《土壤环境监测技术规范》（HJ/T 166—2004），选择调水区和输水沿线共 9 个典型土壤背景值监测点进行监测，其中调水区 3 个监测点，主要布设于老引黄闸前引渠及天然文岩渠入黄口疏导段；输水沿线 6 个监测点位，主要布设在输水渠道沉沙池段、第三濮清南干渠、东风渠、北排河、小白河段，监测点位布设见表 2-53。根据土壤监测技术规范，土壤背景值取样按“S”形取 3 ~ 5 个点样做混合样。

结果表明：按照《土壤环境质量标准》（GB 15618—1995）中的二级标准对监测结果进行分析，9 个土壤监测点背景值均未超标，各指标都符合土壤二级标准值，也符合农用污泥中污染物控制标准值。监测评价结果见表 2-54。

表 2-53　土壤背景值监测点位布设

| 分区 | 编号 | 监测断面 | 监测时间 | 位置 | 监测因子 |
|---|---|---|---|---|---|
| 调水区 | 1 | 老引黄闸前 | 2014 年 8 月 | 老渠村引黄闸前开挖处 | pH、镍(Ni)、锌(Zn)、铜(Cu)、镉(Cd)、汞(Hg)、铬(Cr)、砷(As) |
| | 2 | 老引黄闸前滩地 | | 老渠村引黄闸前河滩地开挖疏浚处 | |
| | 3 | 天然文岩渠入黄疏导段 | | 天然文岩渠入黄口清淤疏导处 | |
| 输水沿线 | 4 | 沉沙池断面 | 2013 年 1 月 | 巴寨村 | |
| | 5 | 东风渠(魏县) | 2012 年 12 月 | 简庄村桩号 15 +000 | |
| | 6 | 东风渠(广平) | | 北张固村桩号 50 +000 | |
| | 7 | 北排河(献县) | | 南郭庄桩号 295 +600 | |
| | 8 | 韩村干渠(肃宁) | | 韩村桩号 336 +200 | |
| | 9 | 小白河(任丘) | | 袁果庄桩号 381 +800 | |

表 2-54　土壤背景值监测评价结果

| 编号 | pH | 铜 | 锌 | 镍 | 砷 | 汞 | 镉 | 铬 | 铅 | 评价类别 |
|---|---|---|---|---|---|---|---|---|---|---|
| 标准值 | >7.5 | 100 | 300 | 60 | 25 | 1 | 0.6 | 250 | 350 | |
| | 6.5 ~7.5 | 100 | 250 | 50 | 30 | 0.5 | 0.3 | 200 | 300 | |
| 1 | 7.89 | 达标 | 达标 | 达标 | 达标 | 达标 | 达标 | 达标 | 达标 | Ⅱ类 |
| 2 | 8.21 | 达标 | 达标 | 达标 | 达标 | 达标 | 达标 | 达标 | 达标 | Ⅱ类 |
| 3 | 7.92 | 达标 | 达标 | 达标 | 达标 | 达标 | 达标 | 达标 | 达标 | Ⅱ类 |
| 4 | 7.38 | 达标 | 达标 | 达标 | 达标 | 达标 | 达标 | 达标 | 达标 | Ⅱ类 |
| 5 | 8.4 | 达标 | 达标 | 达标 | 达标 | 达标 | 达标 | 达标 | 达标 | Ⅱ类 |
| 6 | 8.3 | 达标 | 达标 | 达标 | 达标 | 达标 | 达标 | 达标 | 达标 | Ⅱ类 |
| 7 | 8.3 | 达标 | 达标 | 达标 | 达标 | 达标 | 达标 | 达标 | 达标 | Ⅱ类 |
| 8 | 8.8 | 达标 | 达标 | 达标 | 达标 | 达标 | 达标 | 达标 | 达标 | Ⅱ类 |
| 9 | 8.5 | 达标 | 达标 | 达标 | 达标 | 达标 | 达标 | 达标 | 达标 | Ⅱ类 |

### 2.9.3　输水渠道底泥重金属现状调查与评价

本次工程疏浚扩挖河段较长,输水沿线排污口分布较多,为系统了解输水渠道底泥重金属状况,委托河北省环境监测中心站对输水渠道进行了底泥重金属监测工作。

根据输水河渠渠道工程内容、扩挖深度及宽度等,综合考虑输水渠道排污口分布情况及排污性质,按照《土壤环境监测技术规范》(HJ/T 166—2004)要求,采用了垂向监测和横向监测等,制订了系统的底泥重金属监测方案。其中输水渠道边坡布设一个采样区,是在渠道一边的边坡按“S”形取3～5个点样做混合样；输水渠底采样区清淤深度按0～0.5 m、0.5～1 m、1～1.5 m分层进行取样，每层按“S”形取3个点做混合样；输水渠道渠岸边带(横向扩挖范围)布设一个采样区，渠岸边采样区的范围以扩宽为界，按“S”形取3～5个点样做混合样。监测河段共涉及第三濮清南干渠、留固沟、东风渠、南干渠、滏阳河支线、北排河、紫塔干渠、陌南干渠、古洋河、韩村干渠、小白河、小白河东支共12条河渠段。其中东风渠为清淤渠段，北排河、小白河2条河段为疏浚渠段，其余9条为扩挖河渠段。在12条河渠段共布设了21个监测断面、49个采样点，监测断面见表2-55。

**表2-55　引黄入冀补淀工程沿线底质监测断面及采样要求**

| 编号 | 监测河渠 | 工程内容 | 监测断面 | 采样要求 |
|---|---|---|---|---|
| 1 | 第三濮清南干渠 | 两侧扩挖 | 毛闸节制闸 | 渠岸边带(横向扩挖范围)布设一个采样区，取样深度0～0.5 m |
| 2 | 第三濮清南干渠 | 适当削坡 | 皇甫节制闸下游约1 km | 边坡布设一个采样区，取样深度0～0.5 m |
| 3 | 留固沟 | 扩挖长度4.1 km，主要为边坡开挖 | 三留固沟村西桥 | 边坡布设一个采样区，取样深度0～0.5 m |
| 4 | 东风渠 | 清淤河段长度57.11 km，本段清淤深度较大，最大淤积可达4 m | 广平县朝阳路东头 | 渠道内底泥分层取样，取样深度0～0.5 m、0.5～1 m、1～1.5 m，进行分层监测 |
| 5 | | | 张二庄桥 | |
| 6 | | | 魏县简庄桥 | |
| 7 | | | 后固寨村东桥 | |
| 8 | 南干渠 | 现状渠底宽8 m，本次设计底宽20 m。扩挖长度3.3 km，最大挖深不足1 m | 滏南庄至曲周县城桥 | 渠岸边带(横向扩挖范围)布设一个采样区，0～0.5 m取样；渠道内底泥分层取样，取样深度0～0.5 m、0.5～1 m，进行分层监测 |
| 9 | 滏阳河支线 | 扩挖长度19.6 km，最大扩挖深度处可达3 m | 邢堤桥 | 渠岸边带(横向扩挖范围)布设一个采样区，0～0.5 m取样；渠道内底泥分层取样，取样深度0～0.5 m、0.5～1 m、1～1.5 m，进行分层监测 |
| 10 | 北排河 | 疏浚河段长度18.3 km | 泊头冯庄闸 | 渠道内底泥分层取样，取样深度0～0.5 m、0.5～1 m，进行分层监测 |
| 11 | | | 献县刘庄桥 | |
| 12 | 紫塔干渠 | 现状河底宽6～15 m，设计底宽15 m。扩挖长度9.2 km，平均挖深0.5～1 m | 留钵西南桥 | 渠岸边带(横向扩挖范围)布设一个采样区，0～0.5 m取样；渠道内底泥分层取样，取样深度0～0.5 m、0.5～1 m，进行分层监测 |

续表 2-55

| 编号 | 监测河渠 | 工程内容 | 监测断面 | 采样要求 |
| --- | --- | --- | --- | --- |
| 13 | 陌南干渠 | 现状底宽 3 ~ 12 m,设计底宽 15 m。扩挖长度 9.7 km,平均挖深 0.5 m 左右 | 团堤村桥 | 渠岸边带(横向扩挖范围)布设一个采样区,渠道内底泥取样深度 0 ~ 0.5 m |
| 14 | | | 杏元桥(323 + 000) | |
| 15 | 古洋河 | 现状底宽 7 ~ 21 m,设计底宽大于 15 m。扩挖长度 4.3 km,最大挖深不足 1 m | 韩三公路桥 | 渠岸边带(横向扩挖范围)布设一个采样区,0 ~ 0.5 m 取样;渠道内底泥分层取样,取样深度 0 ~ 0.5 m、0.5 ~ 1 m,进行分层监测 |
| 16 | 韩村干渠 | 现状底宽 5 ~ 15 m,设计底宽 15 m。扩挖长度 13.33 km,平均挖深 0.5 m 左右 | 索佐节制闸下 | 渠岸边带(横向扩挖范围)布设一个采样区,0 ~ 0.5 m 取样;渠道内底泥取样深度 0 ~ 0.5 m |
| 17 | | | 徐庄北桥 | |
| 18 | 小白河东支 | 现状底宽 8 ~ 22 m,设计底宽大于 15 m。扩挖长度 18.85 km,最大挖深不足 1 m | 白寺西桥 | 渠岸边带(横向扩挖范围)布设一个采样区,0 ~ 0.5 m 取样;渠道内底泥分层取样,取样深度 0 ~ 0.5 m、0.5 ~ 1 m,进行分层监测 |
| 19 | 小白河干流 | 疏浚河段长度 26.1 km | 出岸镇西古贤桥南 100 m | 渠道底泥分层取样,取样深度 0 ~ 0.5 m、0.5 ~ 1 m,进行分层监测 |
| 20 | | | 青塔桥 | |
| 21 | | | 袁果(各)庄桥(318 + 524) | |

本次共采集 21 个监测断面的 49 个底质样品(见表 2-56),监测因子为 pH、汞、砷、铜、铅、锌、镉、镍、铬,共监测 423 个底质数组。

根据监测结果,对照《土壤环境质量标准》(GB 15618—1995)中的二级标准,对输水渠道底泥中的重金属进行评价。监测结果表明,49 个底泥样品均满足《土壤环境质量标准》(GB 15618—1995)二级标准。

根据《重金属污染综合防治规划》(2010 ~ 2015)和《河北省重金属污染综合防治"十二五"规划》,本工程输水沿线不涉及重金属污染重点防控区,该区域不是重金属污染重点防控企业分布区。

但由于本次工程输水线路较长、涉及疏浚扩挖河道较多、工程量较大,因此在工程施工期间还应加强河道底泥重金属监测工作,一旦发现异常(超土壤环境质量二级标准),应及时采取有效措施,对污染土进行隔离处置,重新选择弃土场并进行防渗处理,避免对周边土壤及地下水产生影响。

表 2-56　引黄入冀补淀工程输水渠道底质监测成果

| 序号 | 河渠名 | 监测断面 | 采样深度 | pH | 评价类别 |
|---|---|---|---|---|---|
| 1 | 第三濮清南干渠 | 毛寨节制闸 | 0～0.5 m | 8.36 | Ⅱ类 |
| 2 | | 皇甫节制闸下游 1 km | 0～0.5 m | 7.69 | Ⅱ类 |
| 3 | 留固沟 | 三留固沟村西桥 | 边坡 0～0.5 m | 8.79 | Ⅱ类 |
| 4 | 东风渠 | 广平县朝阳路东头 | 渠道底 0～0.5 m | 8.46 | Ⅱ类 |
| | | | 渠道底 0.5～1.0 m | 8.48 | Ⅱ类 |
| | | | 渠道底 1.0～1.5 m | 8.41 | Ⅱ类 |
| 5 | | 张二庄桥 | 渠道底 0～0.5 m | 8.34 | Ⅱ类 |
| | | | 渠道底 0.5～1.0 m | 8.26 | Ⅱ类 |
| | | | 渠道底 1.0～1.5 m | 8.25 | Ⅱ类 |
| 6 | | 魏县简庄桥 | 渠道底 0～0.5 m | 8.24 | Ⅱ类 |
| | | | 渠道底 0.5～1.0 m | 8.45 | Ⅱ类 |
| | | | 渠道底 1.0～1.5 m | 8.43 | Ⅱ类 |
| 7 | | 后固寨东村 | 渠道底 0～0.5 m | 8.11 | Ⅱ类 |
| | | | 渠道底 0.5～1.0 m | 8.44 | Ⅱ类 |
| | | | 渠道底 1.0～1.5 m | 8.34 | Ⅱ类 |
| 8 | 南干渠 | 滏南庄至曲周县城桥 | 渠岸边带 | 8.13 | Ⅱ类 |
| | | | 渠道底 0～0.5 m | 8.50 | Ⅱ类 |
| | | | 渠道底 0.5～1.0 m | 8.31 | Ⅱ类 |
| 9 | 滏阳河支线 | 邢堤桥 | 渠岸边 | 8.68 | Ⅱ类 |
| | | | 渠道底 0～0.5 m | 8.38 | Ⅱ类 |
| | | | 渠道底 0.5～1.0 m | 8.41 | Ⅱ类 |
| | | | 渠道底 1.0～1.5 m | 8.54 | Ⅱ类 |
| 10 | 滏东排河 | 泊头冯庄闸 | 渠道底 0～0.5 m | 8.66 | Ⅱ类 |
| | | | 渠道底 0.5～1.0 m | 8.78 | Ⅱ类 |
| 11 | 北排河 | 献县刘庄桥 | 渠道底 0～0.5 m | 8.24 | Ⅱ类 |
| | | | 渠道底 0.5～1.0 m | 8.28 | Ⅱ类 |
| 12 | 紫塔干渠 | 留钵西南桥 | 渠岸边 | 8.65 | Ⅱ类 |
| | | | 渠道底 0～0.5 m | 8.62 | Ⅱ类 |
| | | | 渠道底 0.5～1.0 m | 8.48 | Ⅱ类 |

续表 2-56

| 序号 | 河渠名 | 监测断面 | 采样深度 | pH | 评价类别 |
| --- | --- | --- | --- | --- | --- |
| 13 | 陌南干渠 | 团堤村桥 | 渠岸边 | 8.51 | Ⅱ类 |
| | | | 渠道底 0 ~ 0.5 m | 8.47 | Ⅱ类 |
| 14 | | 杏园桥（323 + 000） | 渠岸边 | 8.76 | Ⅱ类 |
| | | | 渠道底 0 ~ 0.5 m | 8.75 | Ⅱ类 |
| 15 | 古洋河 | 韩三公路桥 | 渠岸边 | 9.00 | Ⅱ类 |
| | | | 渠道底 0 ~ 0.5 m | 8.98 | Ⅱ类 |
| | | | 渠道底 0.5 ~ 1.0 m | 8.97 | Ⅱ类 |
| 16 | 韩村干渠 | 索佐节制闸下 | 渠岸边 | 8.59 | Ⅱ类 |
| | | | 渠道底 0 ~ 0.5 m | 8.57 | Ⅱ类 |
| 17 | | 徐庄北桥 | 渠岸边 | 8.57 | Ⅱ类 |
| | | | 渠道底 0 ~ 0.5 m | 8.68 | Ⅱ类 |
| 18 | 小白河东支 | 白寺西桥 | 渠岸边 | 8.63 | Ⅱ类 |
| | | | 渠道底 0 ~ 0.5 m | 8.55 | Ⅱ类 |
| | | | 渠道底 0.5 ~ 1.0 m | 8.79 | Ⅱ类 |
| 19 | 小白河 | 出岸镇西古贤桥南 100 m | 渠道底 0 ~ 0.5 m | 9.14 | Ⅱ类 |
| | | | 渠道底 0.5 ~ 1.0 m | 9.11 | Ⅱ类 |
| 20 | | 青塔桥 | 渠道底 0 ~ 0.5 m | 8.56 | Ⅱ类 |
| | | | 渠道底 0.5 ~ 1.0 m | 9.24 | Ⅱ类 |
| 21 | | 袁各庄桥 | 渠道底 0 ~ 0.5 m | 8.82 | Ⅱ类 |
| | | | 渠道底 0.5 ~ 1.0 m | 8.8 | Ⅱ类 |

## 2.10 区域主要环境问题

### 2.10.1 水资源缺乏，供需矛盾突出

本项目位于华北平原，地跨黄河流域和海河流域，水资源贫乏，供需矛盾突出。其中调水区位于黄河下游，本区地表水资源量占流域的 3.71%，用水量占流域的 10.35%，黄河是两岸地区主要的供水水源，水资源开发利用程度达 67%；受水区位于海河流域黑龙港地区和白洋淀流域，属于典型的资源性缺水地区，黑龙港地区水资源利用程度高达 70%，水资源供需矛盾更为突出。水资源的过度开发已造成了地面沉降、湿地萎缩、河道断流、污染加重等生态环境问题。

### 2.10.2 地下水超采严重

随着河北省经济社会的发展，对水资源需求越来越大，因地表水资源匮乏，只能靠抽取深层地下水以维持不断增长的用水需求，目前输水沿线河北段地下水已严重超采，超采面积已超过4万 $km^2$，从而形成了很多深层地下水漏斗。河北省平原区已形成高（高阳）蠡（蠡县）清（清苑）、肃宁、石家庄和宁（宁晋）柏（柏乡）隆（隆尧）4处浅层地下水漏斗区和冀（冀州）枣（枣强）衡（衡水）、沧州2处深层地下水漏斗区，其中冀枣衡漏斗和沧州漏斗为我国最大的两个深层地下水漏斗，且已基本连成一片。2010年末，6处漏斗区面积共5 085.6 $km^2$，其中浅层漏斗区3 263.2 $km^2$，深层漏斗区1 822.4 $km^2$。由于深层地下水的超采，造成地面沉降、咸淡水界面下移，以及河道断流、湿地萎缩、污染加重等环境危害。

### 2.10.3 生态用水被挤占，白洋淀生态环境功能退化

随着工农业生产的发展和人口的迅猛增长，特别是近年来保定市工业的迅速发展，人类对水资源开发利用的力度不断加大，目前白洋淀上游陆续修建5座大型水库和1座中型水库，流域水资源开发利用程度进一步提高，城市和工农业用水挤占生态用水，入淀水量逐渐减少。据统计，白洋淀以上流域近10年平均水资源总量仅22.16亿 $m^3$，而地表、地下实际平均供水量为38.43亿 $m^3$，远远大于水资源总量，水资源开发率达到177%，开发利用程度十分惊人，白洋淀流域入淀水量已近枯竭。另外，由于工业污水进入淀区，白洋淀水质逐渐恶化，现状为Ⅳ～劣Ⅴ类，并数次出现干淀现象，生物资源遭到毁灭性破坏，白洋淀已由畅流动态的开放环境向封闭或半封闭环境转化，生态环境功能的正常发挥受到一定程度的影响。

### 2.10.4 地表水污染严重

由于本次工程主要利用原有河渠扩挖改造后进行输水，而原有河渠大多为当地灌溉、排沥河道，水质目标要求较低，加之工程线路较长、沿线排污口较多，现状水质较差，多为Ⅳ类、Ⅴ类甚至劣Ⅴ类，受水区白洋淀水质现状也较差，基本为Ⅴ类和劣Ⅴ类，超标因子为化学需氧量、总磷、总氮、高锰酸盐指数，但石油类、挥发酚、氰化物、氟化物、硫化物、表面活性剂、氯化物等不超标，也未出现重金属超标现象。

同时，项目区地下水也存在不同程度超标现象，其中河南段地下水水质超过地下水环境质量Ⅲ类标准；河北段地下水污染严重，除小白河东支白寺西桥段评价为Ⅳ类水，其他7个河段均评价为Ⅴ类水，其中滏东排河东羡家庄段及支漳河与南干渠交叉处的地下水超标严重，其他河段轻微超标。

# 第 3 章　工程方案环境合理性研究

## 3.1　工程建设任务合理性分析

引黄入淀工程由来已久,20 世纪 80 年代,原国家计委明确引黄入淀工程任务是:为河北中部城市生活、工业、华北油田和沿线农业供水,改善白洋淀的生态环境。嗣后,南水北调工程提上日程,按照原规划,南水北调工程是缓解北方农业、工业缺水的重要工程,随着形势的变化,其供水对象也发生了重大调整,变为以城市工业供水为主,兼顾农业和生态,华北地区农业和生态严重缺水问题未上升到国家战略层面。

引黄入冀补淀工程建设主要任务为向工程沿线部分地区农业供水,缓解沿线地区农业灌溉缺水及地下水超采状况;为白洋淀实施生态补水,保持白洋淀湿地生态系统良性循环,并可作为沿线地区抗旱应急备用水源。

引黄入冀补淀工程受水区大部分属黑龙港及运东低平原区,该区域位于全国"黄淮海平原主产区"(农产品主产区),是我国粮食生产核心区,在保障我国粮食安全中具有战略地位。该地区具有良好的土地、光热等自然资源,但由于水资源先天不足,粮食产量始终低而不稳,对照水、土、光、热条件相似但水资源条件好的相邻地区,该区域具有较大的增产潜力。本工程实施后将向工程沿线 272 万亩耕地供水,水源条件一定程度上得以解决,初步估计引黄受水区年可增产 391 万 t,对保障国家粮食安全意义重大。同时,农业灌溉水源的保障可以缓解灌溉受水区地下水超采状况,本工程调水期间沿程渗漏损失水量大部分补充到输水渠沿线地下水,可以有效缓解因地下水超采引起的地下水位下降问题。

受水区白洋淀湖泊生态系统良性循环对维系华北平原和首都经济圈生态环境安全具有重要意义。随着干旱和污染的双重威胁,白洋淀逐步退化、萎缩,并数次出现干淀现象,干旱缺水已经成为白洋淀区域经济社会发展、生态环境安全和社会政治稳定的重大问题。引黄入冀补淀工程建设运用,将每年为白洋淀生态补水 1.1 亿 $m^3$(净补水量),对有效缓解白洋淀生态环境恶化趋势起到积极作用。

引黄入冀补淀工程调水区为黄河下游,水资源贫乏,调水将在一定程度上增加黄河下游水资源供需矛盾。考虑到本工程与其他新建调水工程不同,是通过调整已有引黄取水口位置以实现河北引黄的常态化,不新增引黄指标(南水北调中、东线工程生效后)。因此,相对其他新建调水工程,对调水区生态环境影响相对较小,但要特别关注河北引黄常态化后可能对黄河下游生态用水和生态环境带来的不利影响及风险。同时,当渠首引水量不足时,在确保黄河下游生态环境用水前提下,应妥善处理河北受水区农业灌溉用水与白洋淀生态用水关系,优先保障白洋淀生态用水。

# 3.2　农业受水区选择合理性分析

## 3.2.1　受水区是国家农产品主产区,对保障国家粮食安全意义重大

根据《全国主体功能区规划》,本项目农业灌溉受水区位于农产品主产区的黄淮海平原主产区;《全国粮食生产发展规划》把黄淮海平原划为优质小麦、优质玉米和大豆的优势主产区,也是我国粮食发展的重点支持区域;《全国新增 5 000 万 t 粮食生产能力规划》把引黄入冀补淀受水区划为国家 5 000 万 t 粮食增产计划的重点地区和河北省粮食增产核心区。

引黄入冀补淀受水区在 5 000 万 t 粮食增产计划中需增产 53.664 万 t,占河北省粮食增产任务的 26.3%,占全国粮食增产任务的 1.1%。该地区目前受水资源制约亩产仅 396 kg,因此急需解决该区域水源问题,保障国家粮食生产安全。

## 3.2.2　受水区水资源匮乏,地下水超采严重,亟待水源补给

引黄入冀补淀工程受水区属典型的资源型缺水地区,在国务院批复的《全国抗旱规划》中,该区域为"严重干旱高发区",地下水开发利用率达到 242%,地下水的严重超采造成了地面沉降、局部塌陷等环境危害,已出现了大面积深层漏斗区。河北省共有 6 处地下水漏斗区,其中有 4 处位于引黄受水区,受水区地下水漏斗区面积占河北省漏斗区总面积的 74%。

根据《河北省地下水超采综合治理中长期规划》,地下水超采综合治理涉及 8 个设区市 114 个县,其中治理重点区域是以衡水为主的黑龙港运东地区,在 27 个引黄受水县(市、区)中有 24 个处在压采治理重点区内。

## 3.2.3　灌溉受水区选择合理性分析

本工程河北农业受水区位于国家农产品主产区,是国家 5 000 万 t 粮食计划的重点地区和河北省粮食增产核心区,该区域主体功能定位是农产品提供。该区域同时属典型的资源型缺水地区,为"严重干旱高发区",地下水开发利用率达到 242%,地下水漏斗区面积占河北省漏斗区总面积的 74%,因地下水超采造成了一系列严重生态环境问题。

据对河北省引黄受水区 27 个县(市、区)2006 ~ 2010 年近 5 年统计,该区域平均年旱灾面积 782 万亩,因旱成灾面积 275 万亩。为了保障国家粮食生产安全,保护及适当修复受水区生态环境,引黄入冀补淀工程按照尽量利用现有工程就近供水的原则,选择与输水干渠相通的现有沟渠控制的耕地作为受水区灌溉目标,农业灌溉受水区选择偏重于输水损失小、供水方便、土地产出好、效益好的区域,同时向深层地下水超采严重的区域倾斜。农田灌溉定额依然采用亏水灌溉定额,一方面使得灌溉条件得到一定程度的改善,达到增产不增水的目的;另一方面,通过引黄河水灌溉,减少了受水区地下水开采量,有利于在一定程度上保护和恢复地下水环境。引黄入冀补淀工程共涉及邯郸、邢台、衡水、沧州和廊坊的 27 个县(市、区)及白洋淀,灌溉面积 272 万亩。综合分析受水区水资源条件、该区

域功能定位及存在的生态环境问题,环境影响评价认为灌溉受水区选择及规模基本合理。

## 3.3 工程调度优先序环境合理性分析

引黄入冀补淀工程提出当利津断面流量小于 100 $m^3/s$ 时停止引水,体现了调水区下游生态优先原则;当渠首可引黄水量不足时,优先河南受水区引水,其次为白洋淀生态供水,最后为河北受水区农业灌溉供水,体现了生态优先和老用水户优先原则,符合水法等有关要求。

### 3.3.1 调水区生态用水优先及原有用水户优先

本工程水资源配置体现了调水区下游生态环境用水优先和原有用水户优先的原则,优先满足黄河下游生态用水,优先满足已有用水户用水需求,体现了生态优先和水资源配置的基本原则。

在满足利津断面生态环境需求和花园口防凌控制的基础上,南水北调中、东线工程生效前,优先满足黄河下游河南、山东、河北(6.2 亿 $m^3$)已有用水户的引水要求,再满足引黄入冀补淀引水要求;南水北调中、东线工程生效后,优先满足原有河南、山东用水户的引水要求,再满足引黄入冀补淀引水要求,体现了老用水户优先原则。

### 3.3.2 受水区生态优先

河北省受水区水资源配置供水次序为:考虑到白洋淀的重要性,本次水资源配置按照优水优用,白洋淀的最低生态需水量由引黄入冀补淀工程供给。当引水量不足时,优先保证白洋淀生态水量,农业水量同比例减小。根据以上水资源配置原则,南水北调中、东线工程生效前后相比,农业用水随着引黄指标减少而减少(4.55 亿 $m^3$ 调减为 3.64 亿 $m^3$),为确保白洋淀生态安全,白洋淀生态用水仍为 2.55 亿 $m^3$。充分考虑了白洋淀生态用水需求,从环境角度来讲比较合理。

### 3.3.3 水质保障优先

当天然文岩渠入黄口遇污染预警时,优先关闭渠村老闸,保证引黄入冀补淀工程引水水质安全,将保障水质安全放在首要地位,符合环境保护总体要求。

## 3.4 工程调水时段环境可行性分析

引黄入冀补淀工程多年平均引黄水量为 6.20 亿 $m^3$,引水时段为冬四月(11 月至翌年 2 月);南水北调中、东线工程生效前可通过相机外延增加引黄水量,引水时间为 10 月 21 日至翌年 3 月 23 日。

黄河下游主要保护对象为黄河特有土著鱼黄河鲤等鱼类及栖息地和河漫滩湿地,黄河下游鱼类产卵期集中于 4 ~ 6 月,植被发芽期为 3 ~ 5 月,因此黄河下游生态保护的关键期为 3 ~ 6 月;黄河下游社会经济用水主要为灌溉用水,灌溉月份为 3 ~ 5 月。本工程调水时段避开了黄河下游生态保护关键期和灌溉用水高峰期,但南水北调中、东线工程生效前相机外延外调水与黄河下游生态保护关键期和灌溉用水高峰期部分重合。同时,冬四月是黄河枯水期,冬四月调水,在一定程度上增加了黄河下游水污染风险和生态风险。

## 3.5　工程方案环境合理性分析

根据工程特点及项目区生态环境特征,从是否与规划相协调、是否符合法律法规要求、是否满足环境功能区要求、是否能够满足输水水质要求、是否影响环境敏感区、是否造成重大环境影响、是否新增大规模移民占地、是否造成重大经济损失等方面进行环境合理性论证。

### 3.5.1　总输水线路环境合理性分析

#### 3.5.1.1　总输水线路基本情况

引黄入冀补淀工程拟自黄河左岸现有引水口引水,渠线穿越黄河、海河两大流域后,向沿线受水区及白洋淀输水。黄河沿线可供选用的现有引水口从上至下有西霞院口门、人民胜利渠渠首、大功曹岗口门、渠村引黄闸、聊城位山引黄口和德州潘庄引黄口,共计 6 处,各引黄口门位置及输水线路见图 3-1、图 3-2。

线路 1:从西霞院口门开始的引黄入淀线路自西霞院水库电站下游灌溉引水闸开始,经过洛阳市的吉利区,焦作市的孟州市、温县、武陟县,新乡市的原阳县、卫辉市,安阳市的滑县、内黄县,鹤壁市浚县,濮阳市清丰县,最后穿卫河,入河北省的东风渠,之后走支漳河、老漳河、滏东排河,接引岳济淀线路至白洋淀,渠道全长约 720 km。

线路 2:从人民胜利渠渠首闸开始的引黄入淀线路自人民胜利渠渠首闸引水,经过新乡市的原阳县、卫辉市,安阳市的滑县、内黄县,最后穿卫河,入河北省的东风渠至白洋淀,渠道全长 620 km。

线路 3:大功总干渠线路从大功灌区曹岗口门引水,利用大功总干渠向北输水,经封丘县、长垣县、滑县、浚县、内黄县、清丰县,穿卫河出河南省境,顺东风渠入白洋淀,线路全长约 560 km。

线路 4:濮清南线路自渠村引黄闸开始入南湖干渠至金堤河渡槽,后沿第三濮清南干渠经顺河闸、范石村闸,走第三濮清南西支至阳邵节制闸向西北开挖渠道至清丰县南留固村穿卫河入东风渠,渠线全长约 480 km。

线路 5(“位山引黄”线路):位山线路通过山东位山引黄灌区输水系统,利用位山三干渠、穿卫枢纽,在临西县刘口进入河北省,经邢台清河、衡水枣强,在武邑县入滏东排河,后接引岳济淀线路至白洋淀,渠线全长约 400 km。

线路 6:潘庄线路从山东省德州市黄河潘庄渠首闸引水,经潘庄总干渠入马颊河,再经沙杨河、头屯干渠、六五河,新建倒虹吸穿岔河后入河北省南运河,渠线全长约 310 km。

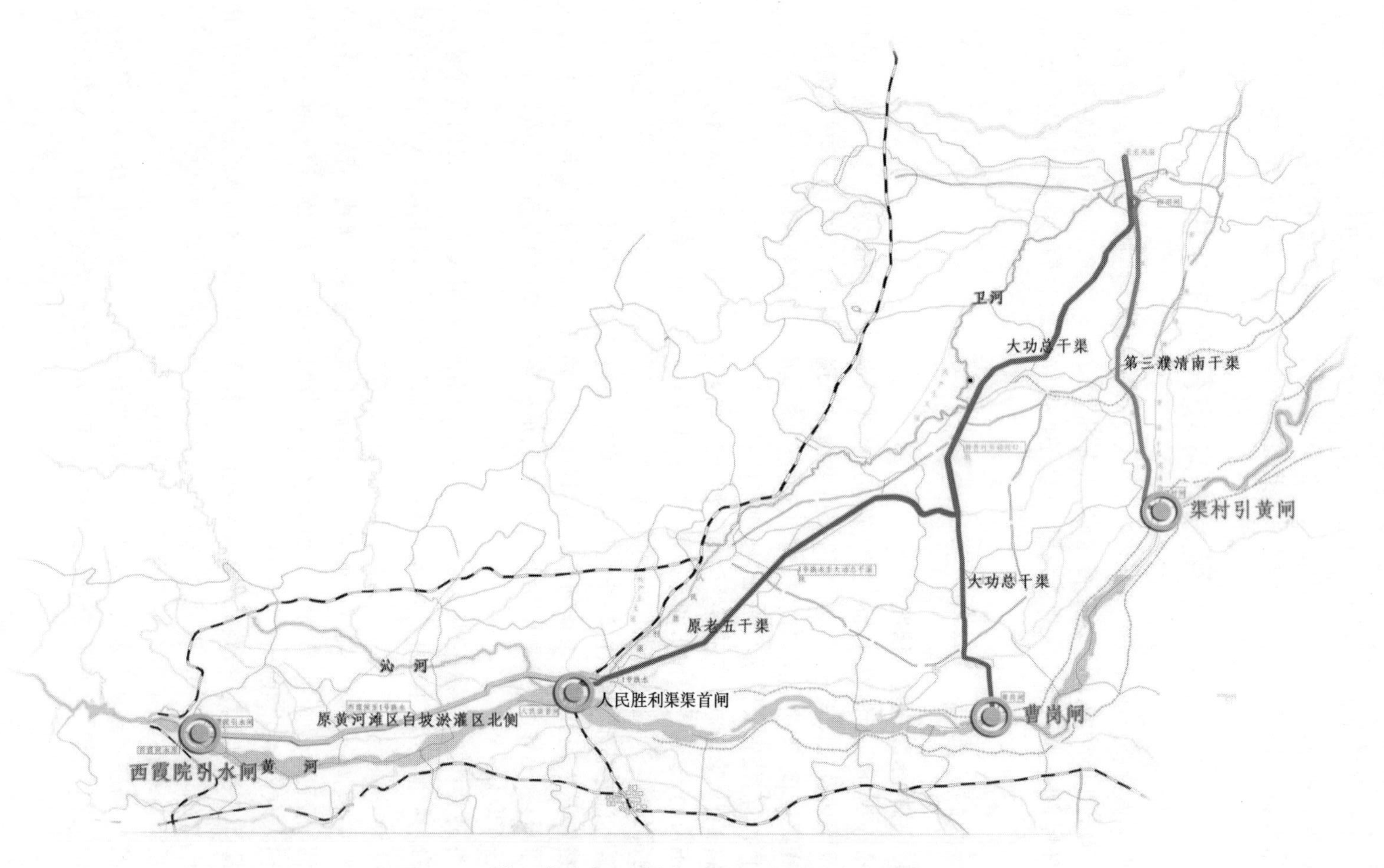


图 3-1　引黄入冀补淀工程引水口及输水线路方案布置图(一)

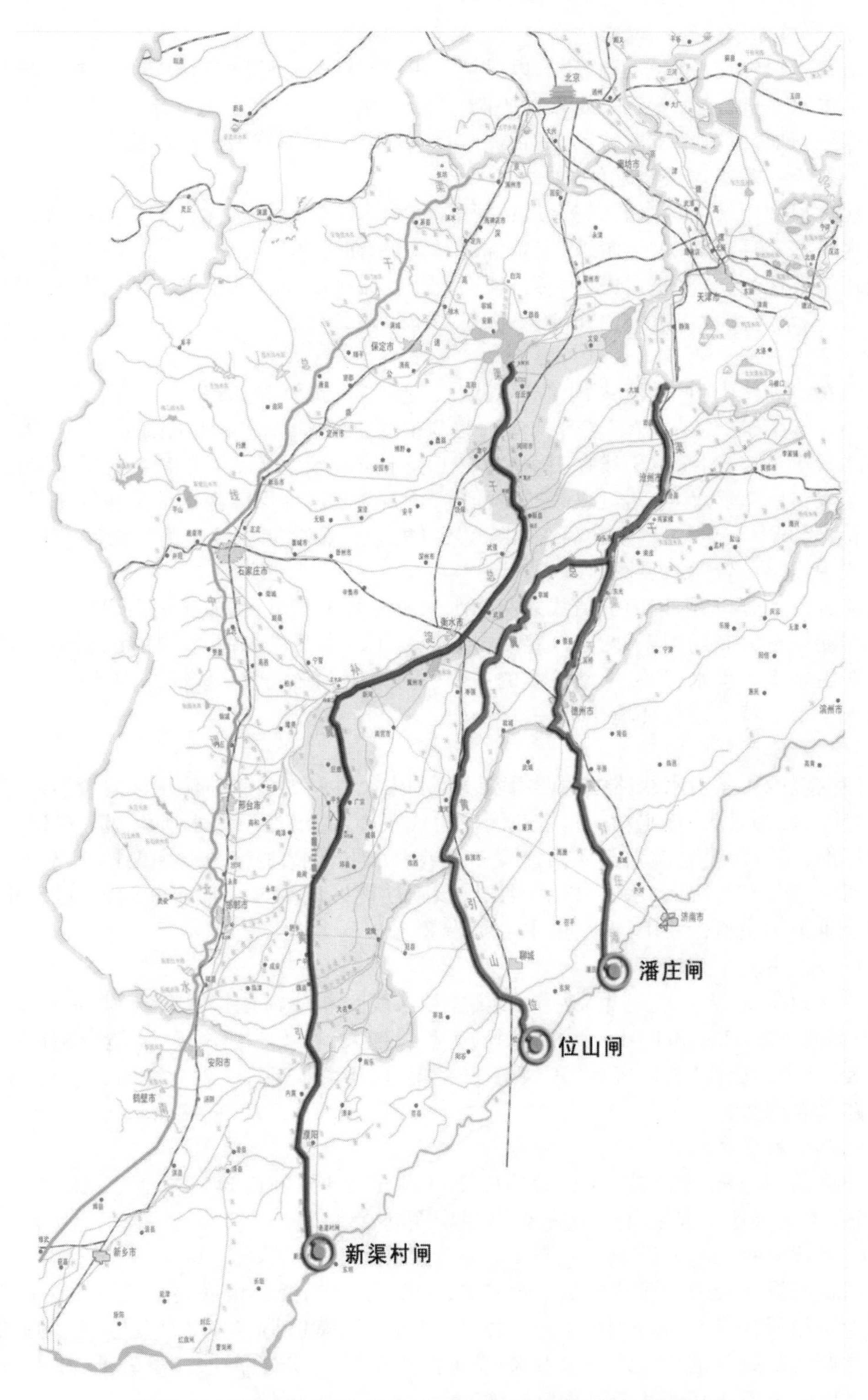


图 3-2　引黄入冀补淀工程引水口及输水线路方案布置图(二)

#### 3.5.1.2 总输水线路环境比选

引黄入冀补淀总输水沿线比选以尽量利用已有河渠、不开挖新渠道为原则，从是否满足基本供水条件、是否与有关规划相协调、是否能够满足输水水质要求、是否新增大规模移民占地、是否影响环境敏感区、是否造成重大环境影响等方面进行环境合理性论证。

1. 是否满足基本供水条件

从黄河中下游河势来看，越靠近黄河下游，引水水位及引水保证率依次降低。对比6条引水线路，口门越靠近上游，引水条件越好，引水保障率越高。从引水保障方面看，西霞院线路最有优势，其次是人民胜利渠、曹岗、渠村、位山线路。其中最下游的潘庄线路引水位过低，输水无法自流进入白洋淀，不满足基本供水条件。

2. 是否与南水北调工程规划协调

山东境内位山引黄线路输水线路长度较短，大部分是已有线路，占地规模及对环境影响较小。但由于“位山引黄”工程与南水北调东线工程在临清市邱屯段平交，在泊头市南运河之后重合，与河北位山线在引黄时间、工程上存在交叉问题，考虑到共用段渠道输水能力受限，且一旦发生水污染事故波及面广等不利因素，为保障南水北调东线工程正常进行，南水北调中、东线工程生效后，位山线路将失去引黄功能。位山引黄线路与南水北调东线工程线路位置关系见图3-3。

综合以上分析，因位山引黄线路与南水北调东线工程重合、潘庄引黄线路无法自流进入白洋淀等重大制约因素，两条线路不再承担本工程引黄供水任务。因此，引黄入冀补淀不宜从山东境内引水，需从河南境内的4个引黄口比选确定引水线路。因此，以下仅对河南境内4个引黄口进行环境比选。

3. 供水水质保障

河南境内4条引水线路中的西霞院线路和人民胜利渠引水口位于河南黄河开发利用区，水质目标为Ⅲ类，该水功能区以花园口为代表断面，最近三年水质大部分可以达到Ⅲ类水标准，基本满足本次引黄入冀补淀工程供水水质要求；曹岗线路和渠村线路引水口位于黄河鲁豫开发利用区，水质目标为Ⅲ类，该水功能区以高村为代表断面，最近三年水质均满足Ⅲ类水质目标要求，满足供水水质要求。

4. 移民占地等环境影响

对比西霞院、人民胜利渠、曹岗和渠村引水线路相应河南段长度分别为319.2 km、218.9 km、163.2 km和84 km，线路越长，工程量越大，移民占地规模、环境影响程度及范围增大，其中西霞院、人民胜利渠需要新开挖渠道，环境影响大。对比分析，曹岗和渠村引水线路具有优势。

5. 环境敏感区环境影响

根据初步分析，西霞院口门、大功曹岗口门分别涉及河南黄河湿地国家级自然保护区、新乡黄河湿地国家级自然保护区，环境问题非常敏感。

6. 泥沙淤积及环境影响

从黄河泥沙及引黄泥沙淤积影响来看，越靠近上游，受小浪底蓄水拦沙效果越明显，泥沙含量越低，泥沙淤积环境影响及泥沙处理占地规模越小，对社会环境的影响也较小。特别是西霞院渠首是从电站尾水引水，受黄河水位影响较小，泥沙含量较低，在泥沙淤积及环境影响方面比其他几个引黄口较优。

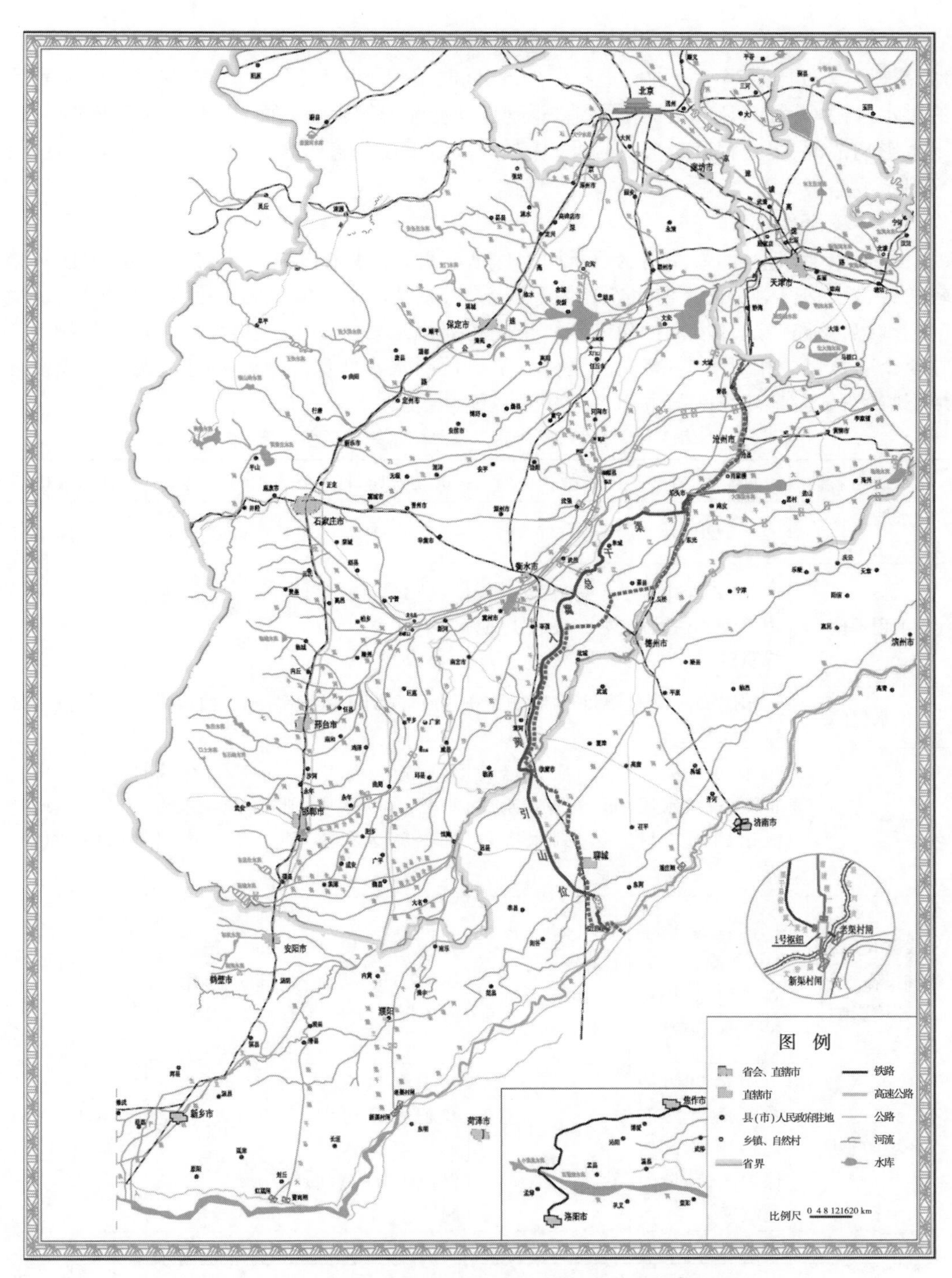


图 3-3　位山引黄线路与南水北调东线工程线路位置关系图

7. 对下游环境影响

黄河小浪底以下河段生态地位特殊，沿线分布有3个国家级自然保护区、3个省级自然保护区、2处国家级水产种质资源保护区，同时黄河下游是河南、山东、河北及天津重要的供水水源。因此，从对黄河下游生态环境、社会经济等影响方面，引水口越靠近上游，对下游影响范围、影响程度越大。因此，从对引水口下游生态环境及社会经济影响角度，渠村引水线路最优。

8. 环境比选结果

根据以上因素，西霞院引水口从引水保证程度、泥沙淤积等方面较有优势，但该线路较长，占地、移民对黄河下游生态环境等影响大，且其取水口涉及国家级自然保护区，环境问题敏感，该路线从环境保护角度不属于优先推荐方案；人民胜利渠口门各环境影响因素在4个引黄口中相对居中；曹岗和渠村引黄口从引水水质保障、线路长度、泥沙淤积及环境影响、对下游环境影响等方面考虑相对较优，见表3-1。

**表3-1　引黄入冀补淀工程总输水线路环境比选**

| 输水线路名称 | 西霞院口门 | 人民胜利渠渠首 | 大功曹岗口门 | 渠村口门 | 比选分析 |
|---|---|---|---|---|---|
| 输水线路长度（km） | 720 | 620 | 560 | 480 | 渠村线路最短 |
| 工程规模 | 渠道及建筑物工程较其他线路多 | 渠道及建筑物工程较其他线路多 | 建筑物工程较上述2个取水口少 | 基本为原有渠道，新开挖渠道很少，建筑物工程较少 | 渠村最优 |
| 供水保障 | 相比较，口门越靠近上游，引水条件越好，引水保障率越高，西霞院口门最靠近上游 | | | | 西霞院线路最有优势 |
| 供水水质保障 | 水质目标为Ⅲ类，现状水质能达到水质目标 | 水质目标为Ⅲ类，现状水质能达到水质目标 | 水质目标为Ⅲ类，现状水质基本能达到水质目标 | 水质目标为Ⅲ类，现状水质能达到水质目标 | 基本上均能达到水质目标 |
| 线路长度及移民占地等环境影响 | 河南段长度319.2 km，需要新开挖渠道，移民占地规模大 | 河南段长度218.9 km，线路长，移民占地规模较大 | 河南段长度163.2 km，移民占地规模较小 | 河南段长度84 km，线路短，大部分利用已有河渠，移民占地规模小 | 渠村线路最优 |
| 环境敏感区 | 引水口门涉及河南黄河湿地国家级自然保护区，环境问题敏感 | 引水口门不涉及敏感区 | 引水口门涉及新乡黄河湿地国家级自然保护区，环境问题敏感 | 引水口门不涉及敏感区 | 人民胜利渠、渠村口门较优 |
| 泥沙淤积及环境影响 | 从黄河泥沙及引黄泥沙淤积影响来看，越靠近上游，受小浪底蓄水拦沙效果越明显，泥沙含量越低，泥沙淤积对环境影响及泥沙处理占地规模越小，对社会环境的影响也较小 | | | | 西霞院线路最优 |

续表 3-1

| 输水线路名称 | 西霞院口门 | 人民胜利渠渠首 | 大功曹岗口门 | 渠村口门 | 比选分析 |
|---|---|---|---|---|---|
| 对下游环境影响 | 黄河小浪底以下河段生态地位特殊,沿线分布有 3 个国家级自然保护区、3 个省级自然保护区、2 处国家级水产种质资源保护区,同时黄河下游是河南、山东、河北及天津重要的供水水源。因此,在对黄河下游生态环境、社会经济等影响方面,引水口越靠近上游,对下游影响范围、影响程度越大 | | | | 渠村最优 |
| 综合比选 | 西霞院引水口在从引水保证程度、泥沙淤积等方面较有优势,但该线路较长,占地规模、移民及社会影响、对黄河下游生态环境影响程度及范围等影响大,且其取水口涉及国家级自然保护区,环境问题敏感,该路线从环境保护角度不属于优先推荐方案;人民胜利渠口门各环境影响因素在 4 个引黄口中相对居中;曹岗和渠村引黄口从引水保障、线路长度、泥沙淤积及影响、对下游环境影响等方面考虑相对较优 | | | | |

为从环境角度比选曹岗和渠村引黄口两个线路优缺点,对从环境角度相对较优的曹岗和渠村引黄口两个线路进一步比选分析。考虑到以上两线路在同一位置入河北省,因此仅对河南省境内线路进行环境比选。比选结果表明,曹岗引黄线路长度是渠村引黄线路的 1.9 倍、占地规模是渠村引黄线路的 1.26 倍、泥沙淤积量是渠村引黄线路的 1.29 倍,且曹岗引黄线路引水口涉及国家级自然保护区,渠村引黄线路从环境角度优于曹岗引黄线路,见表 3-2。

表 3-2　曹岗和渠村引黄线路河南境内环境比选

| 比选 | 曹岗引黄线路 | 渠村引黄线路 |
|---|---|---|
| 规模 | 共布置各类建筑物 620 座 | 共布置各类建筑物 275 座 |
| 泥沙淤积(万 $m^3$) | 410 | 316 |
| 长度(km) | 163.2 | 84 |
| 占地(亩) | 83 643 | 66 289 |
| 涉及敏感点 | 引水口位于新乡黄河湿地国家级自然保护区 | 引水口处不涉及自然保护区 |
| 综合分析 | 曹岗引黄线路长度是渠村引黄线路的 1.9 倍、占地规模是渠村引黄线路的 1.26 倍、泥沙淤积量是渠村引黄线路的 1.29 倍,且曹岗引黄线路引水口涉及国家级自然保护区,从环境保护角度推荐渠村引黄线路 | |

## 3.5.2　局部输水线路环境合理性分析

### 3.5.2.1　河南境内主输水线路比选

在经总体输水线路比选后所推荐的濮清南输水线路中,自新、老引黄闸引水渠道交汇处(0+000)至入第三濮清南干渠这段长约 20 km 渠线又有 2 条局部线路、3 种输水方案可供选择。

线路一:1#枢纽—南湖干渠—第三濮清南干渠入口;

线路二：1#枢纽—濮清南总干渠—第三濮清南干渠入口。

根据这两条可供选择的输水线路，按照采用单线输水还是双线输水的输水方式，有以下 3 种方案组合：

方案 1：南湖干渠单线输水方案；

方案 2：濮清南总干渠单线输水方案；

方案 3：南湖干渠、濮清南总干渠双线输水方案（濮清南总干渠过原设计流量）。

环境影响评价从移民占地、生态环境、社会影响、水质保障、环境风险等方面综合分析，系统论证河南境内输水线路的环境合理性。

从工程占地及泥沙处理占地方面，濮清南总干渠单线输水较优：南湖干渠单线输水工程临时占地 4 655 亩，永久占地 4 979 亩，沉沙池占地面积 3 000 多亩；濮清南总干渠单线输水工程临时占地 4 292 亩，永久占地 3 944 亩，沉沙池占地面积 5 000 多亩；南湖干渠、濮清南总干渠双线输水工程临时占地 4 099 亩，永久占地 5 127 亩，沉沙池占地面积 5 000 多亩。从永久占地方面濮清南总干渠单线输水较优，但沉沙池占地规模较大。

从农业灌溉影响方面，南湖干渠单线输水较优：南湖干渠单线输水灌溉影响面积为 47. 53 万亩，濮清南总干渠单线输水影响灌溉面积为 92. 05 万亩，南湖干渠、濮清南总干渠双线输水影响灌溉面积为 47. 53 万亩。南湖干渠单线输水影响农业灌溉面积较小。

从社会影响方面，南湖干渠单线输水较优：南湖干渠单线输水占压乡道，桥梁堤顶兼做路面，易连接，对当地交通影响较小；濮清南总干渠单线输水，占压省道（S212）20 km，影响省道宽度为 7 m，需对占压路段及影响区重新选址建设，重新选址建设的工程占地、移民安置等影响大，且道路施工重建对当地及省区交通影响较大；南湖干渠、濮清南总干渠双线输水占压乡道、占压省道，影响大。南湖干渠单线输水占优势。

从移民安置方面，濮清南总干渠单线输水较优：南湖干渠单线输水，房屋拆迁 53 458. 55 $m^2$，移民安置影响较大；濮清南总干渠单线输水，房屋拆迁 47 916. 93 $m^2$，移民安置影响相对较小；南湖干渠、濮清南总干渠双线输水，房屋拆迁 73 358. 68 $m^2$，移民安置影响大。

从水质保障方面：根据水质监测评价结果，南湖干渠现状水质为Ⅲ ~ Ⅳ类，濮清南总干渠现状水质为Ⅲ ~ Ⅳ类，水质现状基本满足输水水质要求。

从环境敏感程度方面，南湖干渠单线输水较优：南湖干渠单线输水，无饮用水源保护区、自然保护区等敏感点分布；濮清南总干渠单线输水，分布有濮阳西水坡地表水饮用水源保护区一级保护区及二级保护区，环境问题敏感；南湖干渠、濮清南总干渠双线输水，分布有濮阳西水坡地表水饮用水源保护区一级保护区及二级保护区，环境问题敏感。南湖干渠单线输水占优势。

综合以上对比分析，从环境保护角度，南湖干渠、濮清南总干渠双线输水环境影响较大，属不推荐方案；濮清南总干渠单线输水对濮阳农业灌溉影响较大，涉及省道部分路段需选址重建，社会影响较大，且涉及饮用水源保护区，环境问题敏感，从环境角度属不推荐路线。南湖干渠单线输水线路在泥沙处理、占地、社会影响、农业灌溉等方面影响相对较小，不涉及环境敏感问题，且有利于后期运行管理，从环境保护角度，推荐南湖干渠单线输水线路。

河南境内局部线路环境比选情况见表 3-3。

表 3-3　河南境内局部线路环境比选

| 方案 | 方案1 | 方案2 | 方案3 |
| --- | --- | --- | --- |
| | 南湖干渠单线输水 | 濮清南总干渠单线输水 | 南湖干渠、濮清南总干渠双线输水 |
| 供水保障 | 方案3采用双线输水,供水保障程度相对较高 | | |
| 工程规模 | 重建2座节制闸、46座桥梁、64座口门 | 重建4座节制闸、2座分水闸、25座桥梁、158座口门 | 重建6座节制闸、2座分水闸、71座桥梁、222座口门 |
| 工程投资(万元) | 115 765.0 | 119 197.1 | 127 990.5 |
| 运行管理 | 与原灌区交叉小,易管理 | 与原灌区交叉大,难于管理 | 与原灌区交叉大,难于管理 |
| 沉沙池占地 | 沉沙池占地3 000多亩,影响相对较小 | 沉沙池占地5 000多亩,影响较大 | 沉沙池占地5 000多亩,影响较大 |
| 占地(亩) | 4 665(临时)、4 979(永久) | 4 292(临时)、3 944(永久) | 4 099(临时)、5 127(永久) |
| 生态环境影响 | 工程新增永久占地4 979亩,占地会对土地利用方式、植被产生影响,影响较大 | 工程新增永久占地3 944亩,占地会对土地利用方式、植被产生影响,影响小 | 工程新增永久占地5 127亩,占地会对土地利用方式、植被产生影响,影响最大 |
| 移民安置影响 | 房屋拆迁53 458.55 $m^2$,移民安置影响较大 | 房屋拆迁47 916.93 $m^2$,移民安置影响相对较小 | 房屋拆迁73 358.68 $m^2$,移民安置影响大 |
| 社会影响 | 占压乡道,桥梁堤顶兼做路面,易连接,对当地交通影响较小 | 占压省道(S212)20 km、影响省道宽度为7 m,桥面抬高,与S212连接不顺畅,需对占压路段及影响区重新选址建设,工程占地、移民安置等环境影响大,道路施工重建对当地及省区交通影响较大 | 占压乡道、占压省道,影响大 |

**续表** 3-3

| 方案 | 方案 1 | 方案 2 | 方案 3 |
| --- | --- | --- | --- |
| | 南湖干渠单线输水 | 濮清南总干渠单线输水 | 南湖干渠、濮清南总干渠双线输水 |
| 水质保障 | 根据水质监测评价结果,南湖干渠现状水质为Ⅲ～Ⅳ类 | 根据水质监测评价结果,濮清南总干渠水质为Ⅲ～Ⅳ类 | — |
| 环境敏感点 | 无饮用水源保护区、自然保护区等敏感点分布 | 分布有濮阳西水坡地表水饮用水源保护区一级保护区及二级保护区,环境问题敏感 | 分布有濮阳西水坡地表水饮用水源保护区一级保护区及二级保护区 |
| 灌溉影响面积(万亩) | 47.53(有效灌溉面积) | 92.05(有效灌溉面积) | 47.53(有效灌溉面积) |
| 环境合理性分析 | 对比分析,从环境保护角度,南湖干渠、濮清南总干渠双线输水对环境影响较大,属不推荐方案。<br>从工程占地、移民安置等角度,濮清南总干渠单线输水相对影响较小,但濮清南总干渠单线输水涉及整个濮阳灌区,需要本工程新布设沉沙池规模较大(沉沙池占地面积比南湖干渠单线输水大2 000亩);施工期影响整个濮阳灌区正常灌溉,影响灌溉面积是其他两种方案的2倍,社会影响大;濮清南总干渠单线输水需占压20 km省道,涉及占压段省道的重新选址建设,工程占地、移民安置等环境影响大;且濮清南总干渠涉及水源保护区一级保护区和二级保护区,环境问题敏感。<br>根据以上综合分析,南湖干渠单线输水线路从水质保障、泥沙处理占地、移民安置、社会影响、农业灌溉等方面相对较小,不涉及环境敏感问题,且有利于后期运行管理。因此,从环境保护角度,推荐南湖干渠单线输水线路 | | |

### 3.5.2.2　河北境内主输水线路比选

本次引黄入冀补淀工程河北境内主输水线路基本采用位山引黄入淀输水线路，仅对局部段的卫西干渠及东风渠线路进行局部比选，最终确定主输水线路。

根据河北段输水沿线生态环境特点，从水质保障、占地、社会影响等方面对卫西干渠及东风渠线路进行环境比选，见表 3-4。

表 3-4　河北境内局部线路比选

| 比选 | 东风渠 | 卫西干渠 |
| --- | --- | --- |
| 线路长度 | 114.16 km，利用已有河渠，线路相对较短 | 136.4 km，大部分利用已有河渠，线路相对较长 |
| 工程规模 | 各类闸涵工程 48 座、桥梁工程 60 座，工程量及工程建设环境影响相对较小 | 各类闸涵工程 57 座、桥梁工程 72 座，工程量及工程建设环境影响相对较大 |
| 工程占地 | 新增占地规模较小，永久占地 373 亩，占地造成的生态影响相对较小 | 新增占地面积大，永久占地 1 750 亩，影响较大 |
| 渠道工程 | 需在已有河渠基础上扩挖 75 km | 需要新开 23 km 渠道 |
| 水质保障 | 水质现状较差，水质为劣Ⅴ类，分布有有 2 处排污口 | 水质现状较差，水质为劣Ⅴ类，分布 5 处排污口 |
| 控制灌区规模/社会经济效益/国家粮食安全 | 东风渠线路布置偏西侧，控制灌溉范围大，社会经济效益高 | 卫西干渠线路紧邻省界，基本靠近且平行于卫运河，控制灌溉面积小，社会经济效益低 |
| 环境合理性分析 | 本线路相对较短，为已有河渠，且部分输水线路为引黄入邯路线，永久占地规模较小，生态影响及对农业生态系统的影响较小，控制灌溉规模大，社会效益高，总体上优于卫西干渠。但因该河段扩挖工程量非常大，现状水质较差，应妥善处理扩挖弃土可能对周边土壤造成的影响，同时遵守国务院“先治污后通水”的调水原则，确保输水沿线水质安全 | 本线路较长，工程量较大，新增占地规模较大，占地造成的生态影响及农业生态系统影响较大，灌溉控制规模较小，社会经济效益低，现状水质较差，工程投资较大 |

从水质保障和环境风险方面：卫西干渠水质现状较差，水质为劣Ⅴ类，分布有 5 处排污口；东风渠线路，水质现状较差，水质为劣Ⅴ类，分布有 2 处排污口。两条线路现状水质均不能满足供水水质要求，但卫西干渠线路排污口较多，水环境风险更为突出。

从工程占地及生态环境影响方面：卫西干渠新增占地面积大，永久占地1 750亩，对生态环境的影响较大；东风渠新增占地规模较小，永久占地 373 亩，占地造成的生态影响相对较小。

从社会影响方面：卫西干渠线路紧邻省界，基本靠近且平行于卫运河，控制灌溉面积小，社会经济效益低；东风渠线路布置偏西侧，控制灌溉范围大，社会经济效益高。

综合以上分析，东风渠线路相对较短，为已有河渠，且部分输水线路为引黄入邯线路，永久占地规模较小，生态影响及对农业生态系统的影响较小，控制灌溉规模大，社会效益高,总体上优于卫西干渠。但因该河段扩挖工程量非常大,现状水质较差,应妥善处理扩挖弃土可能对周边土壤造成的影响,同时遵守国务院"先治污后通水"调水原则,确保输水沿线水质安全。

### 3.5.3 新、老引黄闸运用方式环境合理性分析

引黄入冀补淀工程引水口目前有两个引黄闸:渠村新引黄闸和渠村老引黄闸,分别位于黄河支流天然文岩渠入黄口上下游。因天然文岩渠污染问题,为保障濮阳城市供水安全,2007 年启用新渠村闸,启用新闸的同时老闸于 2007 年春季停用。

本次工程要重新启用老闸,可行性研究提出了以下三种新、老引黄闸运行方式:

方案一:全部利用新渠村闸取水口引水方案。新渠村引黄闸(三合村引水闸)目前引水设计能力为 55 $m^3/s$,本工程的灌溉引水规模约为 150 $m^3/s$,需要新闸扩建以达到该规模。

方案二:全部利用老渠村闸取水口引水方案。老渠村闸位于大河弯道的凹岸,主流常年靠岸,从建闸近 30 年的运行情况看,引水条件很好。

方案三:新、老渠村闸共同引水方案。新、老闸联合运用,可根据现有条件利用已建新渠村闸适当引水,剩余的水量利用老渠村闸改扩建来补充。考虑到濮阳市城市供水特别重要,濮阳城市供水采用新渠村闸供水的主供水方案,非常情况下(新渠村闸无法引水时)且天然文岩渠入黄水质满足要求时,根据需要采用老渠村闸供水的备用供水方案。

环境影响评价综合考虑引水条件、供水水质要求、引水口河段环境保护要求,从工程规模及占地、供水水质保障及风险、引水条件及清淤环境影响等几个方面进行比较分析。详见表 3-5。

#### 3.5.3.1 从工程规模及工程占地方面分析

新渠村引黄闸目前的设计流量为 55 $m^3/s$,新渠村闸沿线总长度有 2.9 km,其中有 70 m 进口涵闸、169 m 文岩渠倒虹吸、170 m 穿黄河大堤涵洞、2.5 km 连接渠道,如完全利用新渠村引黄闸,需要扩建 3 倍,占用大量耕地,环境影响大。

老渠村引黄闸的设计流量为 100 $m^3/s$,老渠村引黄闸自 2007 年以来不再启用,完全利用老渠村引黄闸,需要在对老闸拆除重建的基础上扩大引水规模(150 $m^3/s$),工程及施工占地大,环境影响较大。

新、老渠村闸共用方案,同样需要对老渠村闸拆除重建,但与方案二、方案一相比,改扩建规模、工程占地相对小,环境影响小于以上两个方案。

#### 3.5.3.2 从供水水质保障及水污染风险方面分析

2007 年老渠村闸是因为天然文岩渠的水污染问题才被迫停止使用。根据天然文岩渠入黄口段水质现状监测评价结果,最近几年天然文岩渠入黄水质有较大改善,但其上游存在一定水污染风险。

2014 年 6 月监测结果表明,新、老引黄闸取水口水质及取水口下游 3 km、6 km 水质良好,均为Ⅲ类;2014 年 8 月监测结果表明,老引黄闸取水口水质为Ⅲ类,新引黄闸取水口水质为Ⅴ类,超标因子为化学需氧量。取水口下游 3 km 处水质为Ⅳ类,超标因子为化学需氧量。取水口下游 6 km 处水质为Ⅴ类,超标因子为化学需氧量。

**表 3-5　新、老引水闸运行方式合理性分析**

| 方案 | 全部利用新渠村闸 | 全部利用老渠村闸 | 新、老渠村闸共同引水 |
| --- | --- | --- | --- |
| 水质保障 | 可避开天然文岩渠水污染影响,不存在水质风险 | 受天然文岩渠水质影响,存在一定风险,但近年来天然文岩渠水质有较大改善 | 新闸不存在水质风险,老闸存在较大水质风险 |
| 引水条件 | 受河势变化影响,主流逐步摆向对岸,新渠村引黄闸引水条件越来越差,引水口全部淤死。濮阳市制订并实施了引水应急方案,引水能力正常为 20 ~ 25 $m^3/s$。大河流量 580 $m^3/s$ 情况下,引水能力可达 50 $m^3/s$ | 老渠村引黄闸引水条件好,所处位置受黄河调水调沙影响较小,大河主流长期稳定,引水保证率高 | 老闸较好,新闸较差 |
| 工程规模 | 引水规模扩建至目前的 3 倍,引水线路长,建筑物多,工程规模非常大 | 老渠村闸拆除重建且需新增引水规模,工程量大 | 老渠村闸在原有规模基础上拆除重建,工程规模相对较小 |
| 泥沙淤积及对鱼类栖息地影响 | 引水口泥沙严重淤积,每年需定期清淤,每年清淤工程量大,对鱼类栖息地破坏较大 | 基本不用清淤,运行期对鱼类栖息地基本没有影响 | 新渠村闸新增加引水规模较小,不新增对鱼类栖息地的影响;老渠村闸基本不用清淤,对鱼类栖息地基本没有影响 |
| 工程占地 | 引水能力由 55 $m^3/s$ 增加到 150 $m^3/s$,扩建工程量较大,占地较大 | 引水能力由 100 $m^3/s$ 增加到 150 $m^3/s$,扩建工程量较大,占地较大 | 引水能力基本维持新、老引黄闸现状,扩建工程量相对较小,占地相对较小 |
| 环境合理性分析 | 避开了天然文岩渠水质污染,引水水质有保障,但工程量及占地规模较大,施工期环境影响大;由于引水条件较差,运行期定期清淤对黄河特有鱼类栖息地破坏较大 | 受天然文岩渠水质影响,存在一定水污染风险,且工程量及占地规模较大,施工期环境影响大 | 该方案新渠村闸维持现状,濮阳城市生活用水优先由新闸供水,在一定程度上既避开了天然文岩渠水污染风险,同时保障了引水条件。但因受水区白洋淀水质要求较高,该方案供水水质仍受天然文岩渠影响。因此,环境影响评价建议在老渠村闸引水口设置水质自动监测站,一旦发生水质超标现象或者水污染事故,及时关闭老渠村闸,停止向白洋淀供水 |

综上所述,天然文岩渠排入黄河的水质已大大改善,多年来冬四月基本无水排入黄河,对引黄入冀补淀工程引水基本没有影响,因此对天然文岩渠入黄河河段不再采取工程措施,引水期间采用水质实时监测系统进行监测,万一水质不能满足引水条件,将关闭闸门,停止引水。

新渠村闸承担着濮阳市城市生活供水的任务,城市生活用水对水质要求较高,且受水区白洋淀水质目标要求也较高,若全部改用老渠村引黄闸(方案二)存在一定水质风险。因此,从供水水质安全角度采用方案一(全部采用新渠村闸供水方案)最优;为确保濮阳市城市供水安全,在新老闸联合应用方案中,工程可行性研究提出濮阳城市供水优先由新渠村闸供水为主、在新渠村闸无法引水且天然文岩渠入黄水质满足要求时以老渠村闸供水为辅的供水方式,在一定程度上避免了城市供水受天然文岩渠污染影响,但对白洋淀生态用水来说仍存在一定水污染风险。

#### 3.5.3.3　从引水保证及清淤环境影响方面分析

2010 年以来,新渠村闸受河势变化影响引水条件越来越差,每年需要对新渠村引黄闸至黄河主流段进行大规模清淤工作,如本次全部启用新渠村闸,新渠村闸设计引水规模需扩大 3 倍,因引水条件限制很难实现本工程供水任务。同时,新渠村闸引水口位于黄河鲁豫交界国家级水产种质资源保护区核心区,每年春季清淤工作对该河段主要保护鱼类产卵场破坏严重,环境影响大;老渠村引黄闸前河势稳定,引水条件较好,引水保证率高,运行期基本不存在清淤工程,从引水条件及泥沙清淤环境影响角度,方案二、方案三优于方案一。

#### 3.5.3.4　环境比选综合分析

综上所述,上述各方案各有利弊,单独采用新渠村闸或者老渠村闸都不能同时解决引水保证、供水水质保障问题,考虑到濮阳市城市供水安全极其重要,方案的选择必须确保城市供水的安全,因此从濮阳城市供水水质安全保障角度,方案一(全部利用新渠村闸取水口引水方案)最优;但若全部采用新渠村闸存在引水保证率低、工程任务较难实现、工程占地及每年清淤环境影响大等重大制约因素。为确保供水水质安全,实现供水水质安全和引水条件保证,考虑到近年来天然文岩渠入黄水质有好转趋势,环境影响评价认为新、老渠村闸联合运用方案(方案三)中,濮阳城市供水采用新渠村闸供水的主供水方案,非常情况下(新渠村闸无法引水)且天然文岩渠入黄水质满足供水要求时,根据需要采用老渠村闸供水的备用供水方案,相对其他两个方案较优。但考虑天然文岩渠水质虽有好转趋势但仍存在一定水污染风险,受水区白洋淀水质要求较高,因此环境影响评价建议在老渠村闸引水口设置水质自动监测站,一旦发生水质超标现象或者水污染事故,及时关闭老渠村引黄闸,停止向河北供水。

### 3.5.4　渠首段工程选址环境合理性分析

根据渠首段工程与濮阳西水坡地表水饮用水源保护区位置关系(见表 3-6),渠首工程的 1 号分水枢纽工程、老闸拆除重建工程分别位于濮阳西水坡地表水饮用水源保护区一级保护区和二级保护区,以上工程建设将对水源保护区产生一定不利影响。

表3-6 引黄渠首段工程与濮阳西水坡地表水饮用水源保护区位置关系

| 工程内容 | 与饮用水保护区位置关系 | 工程性质 |
| --- | --- | --- |
| 1号分水枢纽工程 | 位于一级保护区内 | 扩建 |
| 老渠村引黄闸工程 | 位于二级保护区内 | 拆除重建 |

其中1号分水枢纽工程是濮阳引黄灌区已有分水枢纽工程,本次需在已有工程基础上建设汇水池、控制闸、倒虹吸等工程;老渠村闸是濮阳灌区已有引黄闸,本次需对其进行拆除重建。

因此,引黄入冀工程涉及饮用水源保护区的建设内容基本上是在已有工程和已有引黄渠道的原址基础上进行扩建和重建。鉴于工程现状及本次工程需求,如要避开饮用水源保护区,需对已有1号分水枢纽、引黄闸及输水渠道重新选址重建,工程占地、工程规模、移民安置量大,生态环境影响代价非常高。

考虑到本工程属于确实避让不开重大公共、基础设施项目,符合国家环保部《关于〈水污染防治法〉中饮用水水源保护有关规定进行法律解释有关意见的复函》(环办函〔2008〕667号)中"确实避让不开的跨省公路、铁路、输油、输气和调水等重大公共、基础设施项目,可以在充分论证的前提下批准建设"的有关规定。评价认为渠首工程涉及水源地保护区工程是在已有工程基础上扩建或者重建,如果另外选址环境影响非常大,目前布置基本合理,但因以上两个工程位于水源保护区,环境问题敏感,工程施工应严格遵守《中华人民共和国水污染防治法》相关规定,严格执行河南省环保厅《关于引黄入冀补淀工程穿越濮阳市饮用水水源保护区的函》(豫环函〔2014〕212号)中提出的保护要求,严格落实《引黄入冀补淀工程穿越濮阳饮用水源保护区环境保护专项报告》提出的各项措施。

## 3.5.5 沉沙池布置及泥沙处理环境合理性分析

### 3.5.5.1 沉沙池布置合理性分析

沉沙池位于渠线桩号2+500~5+000,307国道以北,在巴寨村、安邱村、任称湾等村庄之间。从环境角度分析:①沉沙池及周边无生态环境敏感点分布(如自然保护区、水产种质资源保护区、饮用水源保护区等)。②沉沙池选址尽量避开村庄集聚区,距离其最近的村庄是巴寨,为1~2 km。③沉沙池周边交通便利,便于泥沙的挖掘、运输和处理,在一定程度上减轻了泥沙淤积可能造成的不利环境影响。④沉沙池布置选择梭形条渠,当一条条渠淤满后,启用另外一条条渠,总干渠不会因为清淤而断流。条渠内淤积的泥沙在另一条条渠淤满前清完即可,单位时间内处理泥沙的强度将大大降低,泥沙可能造成的环境风险相对于条渠湖泊型沉沙池较低。⑤沉沙池所在区域为濮清南总干渠原规划沉沙池位置,距离现有渠村引黄灌区的沉沙池4~5 km,与濮清南总干渠现使用沉沙池的位置基本平行,区域环境类似。根据濮清南干渠已有沉沙池运行情况,沉沙池运行情况良好,沉沙池运行后均进行了复耕。综合以上因素,评价认为本次工程沉沙池选址从环境角度看基本合理(见表3-7)。

表 3-7 沉沙池选址合理性分析

| 名称 | 位置 | 交通 | 占地类型 | 地势 | 敏感点 |
| --- | --- | --- | --- | --- | --- |
| 沉沙池 | 渠线桩号 2 + 500 ~5 + 000,307 国道以北,与濮清南总干渠现使用沉沙池的位置基本平行 | 距渠首较近,且附近有国道和省道,交通便利 | 耕地 | 渠首工程附近没有洼地,地势平坦 | 周围分布有巴寨村、安邱村、任称湾等社会敏感点,但没有生态敏感区分布 |

### 3.5.5.2 沉沙池泥沙处理方案环境合理性分析

沉沙池泥沙处理是本项目区重大问题,本工程本次引黄入冀总干渠年引沙量为 316 万 $m^3$,沉沙池多年平均淤积量为 217.97 万 $m^3$,清淤时在沉沙池周边临时征地,堆沙高度在 2.5 m 左右,堆后复耕。每年清淤堆放需占用土地 1 308 亩。

关于近期泥沙处理,本工程提出了以下方案:第一,供工程用土。随着城乡经济的发展,农村房屋及城市基础设施建设力度不断加大,施工用土量越来越大,黄河泥沙作为土源可以满足工程施工的需要;第二,利用泥沙代替建筑材料。如烧制成砖、烧结石等。研究证明,使用黄河泥沙烧制的砖具有重量轻、强度高、隔热保温性能好的特点,是很好的黏土砖代替品,用其建造房屋,可提高房屋的抗震性能,改善居住的热环境。

为了更好地解决泥沙处理问题,项目设计单位、环评单位、业主、有关专家等共同对黄河下游灌区沉沙池运用及泥沙处理进行了三次现场查勘,先后调研了潘庄引黄灌区、位山引黄灌区、渠村引黄灌区和人民胜利渠灌区。但目前还没有很好的办法解决泥沙淤积及处理问题。考虑到泥沙淤积造成的土地占压、沙化、社会影响,评价建议项目下阶段列专项对泥沙处理措施进行专题研究,探索科学调度、优化渠道设计参数、泥沙综合利用、环境保护等多方面问题,妥善解决泥沙处理及环境影响。

### 3.5.5.3 沉沙池环保措施合理性分析

为减缓泥沙淤积可能造成的环境影响,本工程提出:①沉沙池围堤外坡植草,外坡脚种植灌木;②设置截流沟,减少沉沙池蓄水侧渗对周围村庄的影响;③泥沙清运时对表面洒水,避免扬尘。

评价认为工程提出的沉沙池环境措施基本可行,根据公众参与林业部门意见,建议在不增加占地的情况下,沉沙池围堤外坡因地制宜种植乔木,形成草 + 灌木 + 乔木三级植被保护措施,尽量减少泥沙影响;同时,加强运行期管理及沉沙池周边土壤、地下水等环境监测工作。

## 3.5.6 调蓄工程环境保护要求

本次工程仅是输水主干渠相关工程,不包括调蓄等配套工程,本工程可行性研究设计仅提出了调蓄工程初步布置方案,具体调蓄工程布置、规模、设计等需在下一阶段开展落实。本阶段提出调蓄工程初步布置方案全部利用已有的河道进行调蓄,不再新建调蓄工程。本次环境影响评价对调蓄工程环境保护提出以下要求:①饮用水源保护区、自然保护区、水产种质资源保护区等重要环境敏感区禁止作为调蓄水网;②调蓄河渠及坑塘禁止排污,已有排污口应给予整治或关闭;③调蓄河渠及坑塘周边设置植物隔离带,禁止垃圾堆放；④调蓄期间尤其是调蓄后期系统开展水质监测，发现调蓄水质超Ⅴ类水质标准，禁止用于农业灌溉；⑤支渠及坑塘调蓄水禁止排入输水总干渠；⑥调蓄工程可行性研究设计阶段，应同时开展环境影响评价工作，对拟作为调蓄水域的河渠和坑塘进行系统的环境监测及调查，包括地表水环境监测、地下水环境监测、底泥重金属环境监测，如发现有底泥重金属超标现象，禁止作为调蓄水网。同时，根据环境现状调查结果，从环境保护角度优化调蓄工程布置，提出调蓄水网环境保护措施、污染防治措施、监测管理措施、环境风险防范措施等，确保调蓄水网水质安全。

## 3.6　施工布置环境合理性分析

### 3.6.1　取弃土场布置环境合理性分析

引黄入冀补淀工程土料利用开挖土地或者购买，工程未布置取土场。工程渠道扩挖、沉沙池开挖等工程量大，弃土量较大。开挖总量2 302万$m^3$，土方填筑总量535.9万$m^3$，产生弃土1 674.3万$m^3$，其中渠首段弃土48.9万$m^3$、河南段弃土839.51万$m^3$、河北段弃土785.9万$m^3$。工程共布置弃土场77处，其中渠首段2处、河南段13处、河北段62处。渠首段及河南段弃土场占地5 678.8亩，全部为耕地；河北弃土场占地4 611.89亩，占地为耕地、砖场、弃土坑、洼地等。

#### 3.6.1.1　渠首段弃土场布置环境合理性分析

1.渠首段土方平衡

渠首段工程土方开挖及水闸拆除共计66.8万$m^3$，土方填筑15.2万$m^3$全部使用开挖料，利用其中开挖料17.9万$m^3$，其余运至弃土场，共弃土48.9万$m^3$。渠首段土方平衡见表3-8。

表3-8　渠首段主体工程土石方平衡表　（单位：$m^3$）

| 工程 | 土方开挖 | 出口清淤 | 浆砌石拆除 | 土方利用 | 浆砌石利用 | 弃土 |
|---|---|---|---|---|---|---|
| 进口引渠 | 166 711 | | 54 | 6 127 | 0 | 160 638 |
| 穿堤涵闸 | 132 910 | | 5 584 | 107 359 | 1 037 | 30 098 |
| 出口渠道 | 58 635 | | | 3 860 | | 54 775 |
| 供水渠道 | 6 560 | | | 5 248 | | 1 312 |
| 枢纽水池 | 62 835 | | | 22 224 | | 40 611 |
| 南湖干渠 | 220 200 | | | 30 435 | | 189 765 |
| 1号控制闸 | 2 340 | | | 1 941 | | 399 |
| 2、3号控制闸 | 2 112 | | | 1 720 | | 392 |
| 倒虹吸 | 9 092 | 993 | | | | 10 085 |
| 田间斗门 | 541 | | | 355 | | 186 |
| 干渠节制闸 | | | 789 | | | 789 |
| 合计 | 661 936 | 993 | 6 427 | 179 269 | 1 037 | 489 050 |

渠首布置弃土场 2 处,1 号弃土场布置于黄河大堤的放淤区内,2 号弃土场布置于南湖干渠连接渠道右侧的农田内,弃土场占地面积 334. 8 亩,堆高 3 m,弃土场容量为 66. 96 万 $m^3$,渠首段产生弃土量 48. 9 万 $m^3$,弃渣场规模可以满足弃土要求。

2. 环境合理性分析

原可行性研究设计中,渠首段布置弃土场 3 处,其中 1 号弃土场位于濮阳西水坡地表水饮用水源保护区一级保护区,2 号、3 号弃土场位于饮用水源保护区二级区。为确保城市供水安全,《引黄入冀补淀工程穿越濮阳市饮用水源保护区环境保护专项报告》建议将 1 号弃土场迁至西水坡水源地一级保护区外,并做好对弃土场实施围挡和压实的水土流失防治措施,工程完成后通过绿化恢复植被,不会因雨水冲刷流入水源地对水源水质造成影响。

根据相关法律法规的要求及环境影响评价建议,可行性研究取消了 2 号弃土场,把 1 号弃土场调出了濮阳西水坡地表水饮用水源保护区一级保护区,调整后的 1 号弃土场布置于涵闸下游黄河大堤的放淤区内,紧邻黄河大堤外侧,因关系到黄河防洪安全,1 号弃土场再向外调整比较困难。3 号弃土场布置于南湖干渠连接渠道右侧的农田内,位于饮用水源二级保护区,考虑到濮阳市城市供水安全,建议进一步优化 3 号弃土场布置,适当往西移动,调出饮用水源保护区二级保护区。渠首段弃土场调整过程及优化调整建议见表 3-9。

**表 3-9 渠首段弃土场与濮阳市地表饮用水源保护区位置关系**

| 弃土场布置 | 与饮用水源保护区位置关系 | 调整情况 | 进一步调整建议 |
| --- | --- | --- | --- |
| 1 号弃土场 | 位于一级保护区 | 已调出一级保护区 | 调整后的 1 号弃土场布置于涵闸下游黄河大堤的放淤区内,紧邻黄河大堤外侧,因关系到黄河防洪安全,1 号弃土场再向外调整比较困难。建议该弃土场应实施严格环境保护措施,确保不对水源水质造成影响 |
| 2 号弃土场 | 位于二级保护区 | 已取消 | — |
| 3 号弃土场 | 位于二级保护区 | 未进行调整 | 适当往西布置,调出二级保护区 |

### 3. 6. 1. 2 河南段弃土场布置环境合理性分析

1. 土石方平衡

河南段主体工程总开挖量为 1 260. 24 万 $m^3$,总回填量为 348. 86 万 $m^3$,渠道内和部分建筑物开挖出的土料不满足填筑要求,需要从沉沙池内调运土方 97. 31 万 $m^3$。共利用开挖土料 411. 63 万 $m^3$,弃土 839. 5 万 $m^3$。河南段主体工程土石方平衡见表 3-10。

表 3-10　河南段主体工程土石方平衡汇总表　（单位：$m^3$）

| 工程 | 土方开挖 | 清基开挖 | 借土量 | 填方需用量 | 调出量 | 弃土量 |
| --- | --- | --- | --- | --- | --- | --- |
| 渠道工程 | 304.03 | 47.04 | 136.09 | 280 | 62.73 | 135.36 |
| 沉沙池工程 | 829.20 | | | 43.62 | 97.31 | 688.27 |
| 沿渠节制闸 | 4.10 | | 1.15 | 4.02 | | 1.23 |
| 倒虹吸工程 | 59.72 | | 11.01 | 64.24 | | 6.49 |
| 桥梁工程 | 5.72 | | 11.78 | 15.78 | | 1.72 |
| 分水口门 | 10.42 | | | 3.97 | | 6.44 |
| 合计 | 1 213.19 | 47.04 | 160.03 | 411.63 | 160.04 | 839.51 |

河南段弃土场布置有 12 处，占地面积 5 344 亩，堆高 2.5 m，弃土场容量 890.6 万 $m^3$，河南段弃土 839.5 万 $m^3$。弃土场规模可以满足弃土要求。

2. 环境合理性分析

河南段共布置有 12 处弃土场，占地面积为 5 344 亩，考虑到河南段沉沙池开挖及泥沙处理占地规模较大，为尽量减少占用耕地，避免移民搬迁，可行性研究设计对河南段弃土场多次选址、查勘。

由于工程场区地处平原，无现有坑塘洼地可供利用，只能高出平地堆砌。为了适当增加堆土高度以减少占地，同时不致形成局部堆土高地而对当地平原地形造成较大影响，可行性研究初步设想在黄河北侧大堤外侧选择弃渣场，紧邻大堤堆砌。按此设想，在地方政府配合下，对渠村引水口东西两侧各 10 km 范围内黄河大堤外侧地形进行了现场查勘。查勘发现，引水口以东黄河北大堤外侧约 3 600 亩土地已形成规模化经济树种育苗基地，承包商与地方政府签订有长达 15 年的承包合同，目前基地内路网、灌溉沟渠正在配套建设，且区域内村庄分布密集，选作弃渣场不可行，只能在引水口以西大堤外选址。

考虑引水口西侧大堤外地形地物、区域规划及工程特点等因素，初拟了 2 种方案（见图 3-4）。方案Ⅰ：沿黄河大堤外侧呈条状向西分布，涉及濮阳、新乡 2 市，位于渠村乡文岩渠以北、张李屯村及王窑村以南、王新庄以西、西至新乡市长垣县瓦屋寨村，占地约 4 262亩，堆土高度4.5 m，综合运距8 km，可弃土663 万 $m^3$，满足弃土量要求。方案Ⅱ：紧邻黄河大堤向北成块状分布，仅涉及濮阳市，范围东至张李屯村、北到桑村干渠、西至王窑村地界、南到黄河大堤，占地约 3 000 亩，堆土高度 4.5 m，综合运距 6 km，可弃渣 688.27 万 $m^3$，满足总弃土量要求。但该区域内有一约 300 户（1 200 人左右）的村庄（王窑村），需将村庄搬迁至该区域外。因方案Ⅱ涉及移民搬迁，社会影响较大，最终选择沿黄河大堤外侧呈条状向西分布弃土场（方案Ⅰ），占地类型为耕地。

虽然河南段沉沙池弃土场是经系统查勘、多次选址及优化调整确定的，但由于沉沙池扩挖及泥沙处理所需弃土场规模较大，仅沉沙池段经土方平衡后弃渣量为 688.27 万 $m^3$，需要较大面积的弃渣场堆存弃土，目前选择弃土场占地类型是耕地，环境影响及社会影响较大，建议工程设计进一步优化弃土场选址及布置，尽可能减少占用耕地，减少对当地农业生产的影响。

图 3-4　河南段沉沙池开挖及泥沙淤积弃土场比选方案示意图

#### 3.6.1.3　河北段弃土场布置环境合理性分析

1. 土石方平衡

引黄入冀补淀工程清表土方 32.04 万 $m^3$，土方开挖 943.63 万 $m^3$，土方回填 171.90 万 $m^3$（压实方），产生弃土 785.89 万 $m^3$，共利用开挖土方 189.1 万 $m^3$，外购土方 13.07 万 $m^3$。

根据土石方平衡，河北段布置有 62 处弃土场，占地面积 4 611.89 亩，平均堆高 3 m，渣场容量 922.4 万 $m^3$，河北段弃土 785.9 万 $m^3$，弃渣场可以满足弃土要求。

2. 环境合理性分析

河北段布置 62 处弃土场，主要堆放渠道扩挖、疏浚弃土，弃土场集中分布于东风渠扩挖河段，共布置了 40 个，占地面积约 2 000 多亩，占地类型为耕地；其他 22 处零星分布于 325 km 输水渠道两侧一定范围内，大部分为低洼地，占地类型为耕地、废弃砖厂等。

根据《重金属污染综合防治规划（2010 ~ 2015）》和《河北省重金属污染综合防治“十二五”规划》，本工程输水沿线不涉及重金属污染重点防控区，该区域不是重金属污染重点防控企业分布区。

根据 12 条扩挖疏浚渠道、21 个监测断面、49 个采样点底泥中重金属监测结果，47 个底泥样品均满足《土壤环境质量标准》（GB 15618—1995）二级标准，未出现底泥重金属超标现象。

根据河北段输水沿线 16 条河渠、22 个水质监测断面、34 个监测因子的地表水水质监测结果，河北段输水沿线各监测断面镍、锌、铜、镉、汞、铬、砷、铅、六价铬、铁、锰等重金属不超标。

河北段弃土场布置不涉及自然保护区、水产种质资源保护区、饮用水源保护区等生态敏感区域，河北段扩挖疏浚河段底泥重金属和地表水重金属均不超标，河北沿线不涉及重金属污染重点防控区，不是重金属污染重点防控企业分布区。

但由于本次工程输水线路较长，涉及疏浚扩挖河道较多、工程量较大，其中东风渠、北排河、小白河等河渠共有 142.13 km 的河道清淤疏浚工程，布置有 31 处弃土场，为避免清淤弃土对地下水及土壤产生不利影响，应根据以下原则要求，进一步优化 31 处弃土场布置，并采取相应环境保护措施：

(1)疏浚弃土场应严格避开地下水漏斗区、分散式饮用水源井等各类环境敏感区。

(2)弃土场址距地表水域距离不应小于 150 m，现场或其附近有充足的黏土资源。

(3)尽量避免占用耕地，如占用耕地，施工结束后，疏浚弃土场不能复耕。禁止利用蔬菜用地。

(4)弃土场底层应先用黏土覆盖，中间堆放清淤疏浚弃土，上面覆盖扩挖弃土。

(5)施工期间，应加强底泥监测，一旦发现异常(超土壤环境质量二级标准)，应及时采取有效措施，首先对污染土进行隔离处置，同时开展污染底泥浸出毒性试验，对照《危险废物鉴别标准 浸出毒性鉴别》(GB 5085.3—2007)判断污染底泥是否为危险废物，以防止疏浚、扩挖弃土通过淋溶作用对周边区域地下水及土壤造成污染；同时，重新选择弃土场，并进行防渗处理，综合采取植被措施，确保不对周边土壤及地下水产生影响。

(6)施工结束后，严格按照环境影响评价报告和水土保持方案的要求，设置挡土墙、截渗沟，采取植被措施，避免因水土流失而对地下水产生不利影响。

同时，考虑到河北段弃土场数目较多，分布较为集中，占地类型主要为耕地，占用林地规模也较大。建议根据不同河段的工程量、弃渣量，核算占地规模及减少弃土场数量，并根据实际情况对弃土场进行优化、合并，避开林地，尽量减少占用耕地。施工结束后，严格按照环境影响评价报告和水土保持方案提出的平整、绿化、复耕等措施，尽量减少对当地居民生产生活的影响。

### 3.6.2　施工生产生活区布置环境合理性

本项目区共布置施工营地 49 处，平均每 10 km 一处，施工营地占地面积 368 亩，大部分是耕地。其中渠首段布置 2 处、河南段 14 处、河北段 33 处，不涉及自然保护区、水产种质资源保护区等敏感区。

其中渠首段布置 2 处，原可行性研究设计中 2 处施工营地均位于饮用水源地二级保护区，在项目工作开展过程中，根据环境影响评价建议，可行性研究对施工营地进行了优化调整，2 处施工营地均调出饮用水源地二级保护区，其中 1 号工厂区布置于穿堤涵闸上游 1.5 km 处，2 号工厂区布置于南湖干渠连接渠道 2 +000 处。

根据以上分析，项目区施工营地布置不涉及自然保护区、水产种质资源保护区等生态敏感区，其中渠首段原施工营地位于水源保护区二级保护区，现已调出二级保护区。从环境角度，本工程施工营地布置基本合理。

但因本工程施工营地占地大部分为耕地，且每 8 ~ 10 km 一处，施工区的布置过于密集，因此应根据实际情况进一步优化调整施工区的布置，减少占用耕地的面积。第一，建议如条件允许，合并距离相对较近施工营地中的生产区，如综合加工厂、混凝土生产系统等,以便于施工生产废水收集及处理;第二,因输水沿线县城及乡镇分布较多,建议距离县城及乡镇较近施工营地不单独另设机械保养厂、混凝土生产系统等,机械保养等到县城及乡镇保养冲洗;第三,因输水沿线村庄分布集中,如果施工营地距离附近村庄较近,可通过租赁村庄居民房屋作为施工营地,减少占地对农田生态系统的影响。

### 3.6.3　施工道路布置环境合理性

#### 3.6.3.1　对外交通

工程区内公路四通八达,交通方便。S212 省道、黄河大堤堤顶道路从渠首段通过;河南段,在长 80.4 km 的工区内,分布着 106 国道、省道以及 70 多条县乡公路;河北段,沿线有邯大公路、309 国道、邯临公路、大广高速公路、106 国道、107 国道、307 国道,石黄、沧石、津保高速公路,以及石德、朔黄、京九、京沪铁路纵横交织穿过,区内县与乡、乡与村、村与村的道路均能与国道、省道相通,为工程施工提供了方便快捷的对外交通。对外交通充分利用现有道路,避免新建道路占地,环境影响较小,具有较好的环境合理性。

#### 3.6.3.2　对内交通

根据地形特点、工程布置和施工需要,本工程施工共布置场内施工道路的总长度为 339.4 km,占地面积 1 230.81 亩,占地类型大部分为耕地。其中渠首段布置 4 条场内施工道路,占地 33 亩,总长约 4.9 km,其中改建 0.5 km,新建 4.4 km;河南段场内道路长 88 km,占地面积 706.8 亩,占地类型为耕地;河北段共布置道路长度 246.5 km,占地面积 491.01 亩,其中新建 54.6 km,新建施工道路大部分是耕地、林地。

施工道路不涉及自然保护区、饮用水源保护区等敏感区,施工道路布置基本合理。但因施工道路占地规模较大,尤其是河南段施工道路占地面积较大,建议在满足施工要求的基础上,对施工道路宽度及级别进行优化调整,减少占地面积。河北段新建施工道路避开林地。

同时,因项目区直接或者间接涉及濮阳黄河湿地省级自然保护区、濮阳西水坡地表水饮用水源保护区及黄河鲁豫交界段国家级水产种质资源保护区、白洋淀湿地省级自然保护区、白洋淀国家级水产种质资源保护区。交通运输过程中运输工具产生的噪声和扬尘,对周边村庄及保护区产生一定影响。应避免夜间施工,弃土运输压实,封闭好,以减少对环境影响。工程结束后,结合水土保持措施恢复植被。在以上措施基础上,施工道路布置较为合理。

### 3.6.4　施工期安排环境合理性

#### 3.6.4.1　渠首段施工期安排环境合理性分析

渠首段主体工程施工期从第一年 10 月中旬至第二年 8 月中旬,工期 10.5 个月。

渠首段施工涉及黄河鲁豫交界段国家级水产种质资源保护区,其中渠首段老引黄闸引水渠、河滩引渠等工程位于黄河鲁豫交界段国家级水产种质资源保护区核心区,该保护区主要保护对象为黄河著名土著鱼类黄河鲤,其集中产卵期为 4 ~ 6 月,渠首段主体工程施工从第一年 10 月中旬至第二年 8 月中旬,部分时段与主要保护鱼类的繁殖期重复,以上工程施工时段应严格避开4～6月。

渠首段老渠村引黄闸工程、引黄闸引水渠、河滩引渠等工程位于濮阳黄河湿地约800 m处,该保护区主要保护对象为珍稀鸟类及其栖息地。因此,应根据该自然保护区珍稀水禽栖息习性,在确保防洪安全前提下,合理安排渠首段施工,尽量避开主要保护鸟类集中越冬期(12月至次年1月)。

渠首段老渠村引黄闸位于黄河下游,防洪形势严峻,且每年6月黄河开展调水调沙调度,下游过流流量较大,为确保防洪安全,建议渠首段老渠村引黄闸施工时间避开黄河调水调沙期。

#### 3.6.4.2　河南段施工期安排环境合理性分析

河南段施工期分为工程准备期、主体工程施工期和工程完建期。

工程准备期:第一年7～10月,完成各项施工临建设施,工程具备全面开工条件。

主体工程施工期:为了减少沿线灌区的灌溉影响,南湖干渠渠道施工从第二年2月至第二年6月,必须完成渠道开挖和填筑工程。由于南湖干渠属半挖半填段,回填断面需经过一个汛期的自然沉降,方能确保衬砌面的质量。因此,南湖干渠段的渠道衬砌安排在第二年10～12月完成。南湖干渠建筑物等工程从第一年10月至第二年9月,陆续完成。在这段时间内还需要完成一条沉沙条渠的工程,以及完成卫河倒虹吸部分工程和金堤河倒虹吸的全部工程。

下游第三濮清南干渠渠段从第一年10月至第二年9月,在灌溉间歇期间,完成全部分水口门、渠道开挖堤防填筑衬砌和部分节制闸、桥梁等工程;从第二年10月至第三年5月,完成剩余部分的节制闸、桥梁及其他小型建筑物等工程。

工程完建期:第三年6月,完成场地清理、工程验收工作。

河南段工程施工安排考虑河南段灌溉用水的需求,把南湖干渠段的渠道衬砌安排在第二年10～12月完成。减少河南段灌溉期对农作物影响,同时减少施工期对周围环境的影响。施工期安排从环境角度看基本合理。

#### 3.6.4.3　河北段施工期安排环境合理性分析

河北境内任文干渠上新建隔碱沟排水闸工程距离白洋淀湿地省级自然保护区较近,白洋淀湿地省级自然保护区主要鸟类为夏候鸟和旅鸟,夏候鸟的停留时间为5～7月,旅鸟一般在4月、10月迁徙过程中途经此地;白洋淀国家级水产种质资源保护区的特别保护期为4月1日至10月31日,因此建议任文干渠上的距离保护区较近的工程施工期优化为第一年11月至第二年3月;善官桥拆除重建工程距离衡水湖湿地国家级自然保护区最近约600 m,衡水湖自然保护区主要以旅鸟为主,仅在4月、10月途经该自然保护区,因此善官桥工程施工应避开4月、10月。

除此之外,工程沿线分布有130个村庄,施工中的机械设备的使用和运输车辆行驶,将对道路沿线两侧声环境和环境空气质量造成一定影响,建议施工期间夜间禁止施工,以降低对周围村庄居民生活的影响。

施工期安排及优化调整建议见表3-11。

**表 3-11　施工期安排及优化建议**

<table>
<tr><th>时期</th><th colspan="2">工程</th><th>施工期</th><th>优化建议</th></tr>
<tr><td rowspan="4">工程准备期</td><td colspan="2">施工道路</td><td rowspan="4">第一年 7 ~ 10 月</td><td rowspan="4">—</td></tr>
<tr><td colspan="2">生产生活用房建设</td></tr>
<tr><td colspan="2">施工工厂建设</td></tr>
<tr><td colspan="2">施工导流</td></tr>
<tr><td rowspan="9">主体工程施工期</td><td colspan="2">渠首</td><td>第一年 10 月至第二年 8 月</td><td>避开 4 ~ 6 月，同时避开 6 月、7 月（调水调沙期间）</td></tr>
<tr><td rowspan="4">南湖干渠</td><td>南湖干渠渠道施工</td><td>第二年 2 月至第二年 6 月</td><td rowspan="7">—</td></tr>
<tr><td>卫河倒虹吸部分工程</td><td>第一年 10 月至第二年 9 月</td></tr>
<tr><td>金堤河倒虹吸</td><td>第一年 10 月至第二年 9 月</td></tr>
<tr><td>南湖干渠渠道衬砌</td><td>第二年 10 月至 12 月</td></tr>
<tr><td rowspan="3">第三濮清南干渠</td><td>渠道开挖堤防填筑衬砌</td><td rowspan="2">第一年 10 月至第二年 9 月灌溉间歇期</td></tr>
<tr><td>分水口门</td></tr>
<tr><td>节制闸、桥梁及泵站站台</td><td>第二年 10 月至第三年 5 月</td></tr>
<tr><td colspan="2">河北段所有工程</td><td>第二年 10 月至第三年 5 月</td><td>任文干渠上新建隔碱沟排水闸工程施工时间优化为第一年 11 月至第二年 3 月；善官桥工程施工避开 4 月、10 月</td></tr>
<tr><td>完建期</td><td colspan="2">场地清理、工程验收</td><td>第三年 6 月</td><td>—</td></tr>
<tr><td>备注</td><td colspan="4">施工期间夜间停止施工</td></tr>
</table>

## 3.7　施工方式环境合理性分析

渠村引黄闸闸前渠道工程（黄河主流段到青庄险工 2 号、3 号坝河滩引渠清淤和青庄险工 2 号、3 号坝到老引黄闸渠道修坡整理）位于黄河鲁豫交界段国家级水产种质资源保护区的核心区。

黄河主流段到青庄险工 2 号、3 号坝河滩引渠清淤施工方式：老渠村闸前到黄河主流之间大部分淤积成了高滩，清淤长度约 1.5 km，渠道宽度 30 m，底部高程 55.90 m，清淤边坡 1∶5左右。本段范围不可能采用干地施工，施工设计采用泥浆泵清淤开挖引渠，渠道宽度 30 m，底部高程 55.90 m，清淤边坡 1∶5左右。

青庄险工 2 号、3 号坝到老引黄闸渠道修坡整理施工方式：青庄险工 2 号、3 号坝至老渠村闸渠道长度 484 m，原状为土渠，淤积严重，本段工程施工设计为在青庄险工 2 号、3

号坝之间修建进口引渠围堰,保证引渠开挖修整及老闸的拆除重建等工程施工为干地施工。施工需将现状渠道按照设计断面开挖、修整边坡,渠道设计底宽28 m,边坡1:2。

渠村引黄闸闸前渠道工程(黄河主流段到青庄险工2号、3号坝河滩引渠清淤和青庄险工2号、3号坝到老引黄闸渠道修坡整理)施工方式比较简单,但因为涉及黄河鲁豫交界段国家级水产种质资源保护区的核心区,为了最大限度地减缓对保护区的影响,建议进一步优化黄河主流段到青庄险工2号、3号坝河滩引渠清淤的施工方式,采用干地施工。

## 3.8　工程环境影响分析

根据调水工程的不同区域、工程特性和工程施工、工程运行对环境的作用方式,以及项目区的环境状况分析,结合工程内容的组成,从工程施工、工程占地、移民安置、工程运行4个方面就工程对生态环境、水环境、环境空气、声环境、社会环境等产生的影响进行分析。

### 3.8.1　工程施工

工程施工过程中,施工占地及人为扰动会引起植被生物量损失,造成水土流失;施工过程中将产生废水、噪声、废气和固体废物,对施工区域的水环境、声环境、环境空气、生态环境、景观、人群健康等产生影响。工程施工期环境影响分析见表3-12。

#### 3.8.1.1　**主体工程**

根据工程布置,引黄入冀补淀工程共涉及引水闸、节制闸、引排水构筑物、桥梁、倒虹吸、渡槽等建筑物681座。

1.渠首工程

渠首工程包括引水工程、连接渠道、1号枢纽工程和渠首段灌溉工程,施工方式主要为围堰导流、土石方开挖、土方回填和混凝土浇筑等。施工活动主要包括基坑排水、土石方开挖、土石方填筑、渣场堆放、混凝土浇筑等,主要影响因子包括水环境、环境空气、声环境、生态环境、濮阳西水坡地表水源地等。

1)水环境

控制建筑物施工废污水主要来自基坑排水,混凝土搅拌和冲洗废水,机械冲洗、维修排放的含油废水及人员生活污水,废污水中污染物组成简单,主要是泥沙悬浮物SS(油类、pH、COD、$BOD_5$)。

2)声环境

噪声主要来源于工程开挖、推土机和挖掘机等施工机械运行产生的机械噪声,自卸汽车运输过程中产生的交通噪声等。

3)环境空气

工程施工对环境空气的影响主要来源于开挖、交通运输等过程中产生的粉尘,各类施工机械与汽车运输过程中产生的废气($SO_2$、$NO_2$)和扬尘。

4)固体废弃物

固体废弃物主要包括工程弃渣和人员生活垃圾。

**表 3-12　工程施工期环境影响初步分析**

| 类型 | 项目 | 施工范围 | 施工活动 | 施工机械 | 环境现状 | 环境影响作用 |
|---|---|---|---|---|---|---|
| 主体工程 | 渠首工程 | 引水工程、连接渠道、渠首段灌溉工程 | 土方开挖、回填、渠道清淤 | 挖掘机、自卸汽车、铲运机、拖拉机 | 周围分布有濮阳西水坡地表水饮用水源保护区、鱼类产卵场 | 声环境:施工机械运转噪声对周边声环境及施工人员产生一定的影响;水环境:施工基坑排水、混凝土搅拌和冲洗废水、机械冲洗、维修排放的含油废水及人员生活污水对水环境的影响;生态环境:工程占地破坏一定面积的植被,废水直接排放影响河流水生生物生境;地表饮用水源地保护区:大范围的施工和大量的物料运输及人员活动可能产生严重的扬尘,如不采取措施予以控制,可能对水源地产生污染影响,1 号枢纽工程蓄水池的开挖产生的废污水可能通过浅层地下水对水源地产生不利影响;产卵场:1 500 m 河道清淤可能会对鱼类产卵产生影响 |
| | 控制建筑物 | 各种节水闸、引水闸、倒虹吸、涵洞等 | 基坑排水、开挖回填、混凝土浇筑 | 挖掘机、自卸汽车、履带式拖拉机、蛙式打夯机、混凝土拌和机、机动翻斗车 | 周围分布有村庄、耕地、荒地 | 声环境:施工机械运转噪声对周边声环境及施工人员产生一定的影响;水环境:施工基坑排水、混凝土搅拌和冲洗废水、机械冲洗、维修排放的含油废水及人员生活污水对水环境的影响;地下水:倒虹吸等大型构筑物建设及基坑排水可能对地下水的影响;生态环境:工程占地破坏一定面积的植被 |
| | 引水渠道工程 | 渠道沿线 | 河道疏浚、复堤及过村防护 | 挖掘机、自卸汽车 | 周围分布有村庄、耕地、荒地 | 水环境:开挖排水、机械冲洗、维修排放的含油废水及人员生活污水对水环境的影响;空气环境:土石方开挖及弃土运输过程中产生的粉尘对施工人员短暂影响;生态环境:输水渠道开挖破坏植被,引起生物量损失,遇强降雨易引起水土流失 |

续表 3-12

| 类型 | 项目 | 施工范围 | 施工活动 | 施工机械 | 环境现状 | 环境影响作用 |
|---|---|---|---|---|---|---|
| 主体工程 | 泵站工程 | 新建董固泵站、加固洪水口西泵站和贾村泵站 | 土方及砂砾石开挖、砂砾石夯(回)填、石方明挖、混凝土浇筑等 | 挖掘机、自卸汽车、推土机、打夯机、手持式风钻钻孔、混凝土拌和机、起重机、翻斗车 | 耕地、荒地 | 声环境:施工机械运转噪声对周边声环境及施工人员产生一定的影响;水环境:混凝土养护废水、基坑废水等对水环境的影响;生态环境:工程占地破坏一定面积的植被,废水直接排放影响河流水生生物生境 |
| | 桥梁工程 | 工程附近 | 桥梁拆除、桥梁下部灌注、混凝土浇筑 | 液体岩石破碎机、切割机、挖掘机、自卸汽车、冲击钻、机动翻斗车、汽车起重机、振捣器 | 耕地、荒地 | 土石方工程对周边声环境和空气环境产生一定影响,混凝土浇筑及养护主要产生养护废水,但废污水量较小 |
| | 沉沙池工程 | 进口枢纽闸、出口枢纽闸、沉淀池 | 筑堤、开挖 | 铲运机、挖掘机、自卸汽车 | 周围有村庄和耕地 | 土石方工程对声环境、空气环境的影响较小;开挖排水、机械冲洗、维修排放的含油废水及人员生活污水对水环境产生一定的影响;占地面积较大,破坏一定面积的植被,对生态环境产生影响 |
| 施工布置 | 施工交通 | 场内 | 平整、开挖回填 | 铲运机、挖掘机、自卸汽车 | 耕地、荒地 | 土方开挖会对空气环境产生影响 |
| | 生活、生产区 | 生活、生产区周围 | 平整 、恢复 | 挖掘机、自卸汽车 | 耕地、荒地 | 平整恢复会对植被产生影响 |
| | 弃渣场 | 弃渣场周围 | 开采、集料、筛洗、运输、堆渣 | 推土机、挖掘机、自卸汽车等 | 荒地、旱耕地为主 | 空气环境:堆渣产生的粉尘、扬尘对周围环境产生影响,机械运输尾气排放对空气质量产生一定影响;声环境:施工机械运转及车辆运输噪声对声环境及施工人员身体产生影响;生态环境:渣场堆渣易造成水土流失,占压植被等对生态环境产生影响 |

5）生态环境

施工占压陆生植被，高噪声施工机械可能对陆生动物产生惊扰，枢纽施工对水生生物栖息造成惊扰，黄河主流段到青庄险工2号、3号坝河滩1 500 m的引渠清淤会对鱼类产卵产生影响。

6）濮阳西水坡地表水源地

渠首工程的1号枢纽工程，老闸拆除新建及城市新建供水渠道，均位于濮阳市城市生活供水预沉池水源地的1级、2级保护区内。其中1号枢纽工程和老闸新建城市供水渠道及部分施工便道建设位于水源地（预沉池）一级保护区内。施工期工程开挖、基坑排水、施工废水、施工期生活污水等可能会对水源地产生影响；施工扬尘和交通粉尘也会对水源地产生不利影响。

7）水土流失

料场取料、开挖、土石方填筑过程中产生弃土、弃渣，如不注意防护，遇到地表径流易形成水土流失。

2. 输水沿线控制建筑物

控制建筑物主要包括引水闸、节制闸、引排水构筑物、桥梁、倒虹吸、渡槽等，施工主要程序为围堰导流、土石方开挖、土方回填和混凝土浇筑。施工活动主要包括基坑排水、土石方开挖、土石方填筑、渣场堆放、混凝土浇筑等，主要影响因子包括水环境、环境空气、声环境、生态环境等。其中河南境内的金堤河倒虹吸和卫河倒虹吸属于大型的河渠交叉建筑物，施工期对环境影响相对较大。

1）水环境

控制建筑物施工废污水主要来自基坑排水、混凝土搅拌和冲洗废水、机械冲洗、维修排放的含油废水及人员生活污水，废污水中污染物组成简单，主要是泥沙悬浮物SS、油类、pH、COD、$BOD_5$。

2）声环境

噪声主要来源于工程开挖、推土机和挖掘机等施工机械运行产生的机械噪声，自卸汽车运输过程中产生的交通噪声等。

3）环境空气

工程施工对环境空气的影响主要来源于开挖、交通运输等过程中产生的粉尘，各类施工机械与汽车运输过程中产生的废气（$SO_2$、$NO_2$）和扬尘。

4）固体废弃物

固体废弃物主要包括工程弃渣和人员生活垃圾。

5）人群健康

工程施工高峰期工人数最多时达18 259人，由于本工程线路较长，工程分散，设置了49处生产生活区，施工人员分散在各个施工场地，但施工人员相对集中，施工劳动强度大，卫生条件相对较差，会对施工人员身体健康及附近村庄的环境卫生、人群健康带来不利影响。

6）生态环境

施工占压陆生植被，高噪声施工机械可能对陆生动物产生惊扰，枢纽施工对水生生物栖息造成惊扰。

7）水土流失

料场取料、开挖、土石方填筑过程中产生弃土、弃渣，如不注意防护，遇到地表径流易形成水土流失。

3. 引水渠道工程

引黄入冀补淀工程输水线路自河南省濮阳市渠村引黄闸引水，全线基本沿已有线路，全长 482 km，本次工程对不满足过流条件的进行扩挖，主要为土石方工程，施工时间集中在第一年 10 月至第二年 9 月。分析工程施工工艺及作业方式，工程施工对环境的影响主要由土石方开挖、回填及运输弃渣等施工活动引起，主要在施工期对工程施工区域水、气、声、生态等环境因子产生不利影响。其中河南境内濮阳子岸乡—皇甫节制闸段部分河段穿越李子园地下水饮用水源保护区的准保护区。

1）水环境

引水渠道工程对水环境的影响主要包括两部分：一是现有渠道开挖段的排水；二是机械冲洗、维修排放的含油废水及人员生活污水，废污水中污染物组成简单，主要是泥沙悬浮物 SS、油类、COD、pH、$BOD_5$。

2）环境空气

输水渠道工程为土石方开挖，对环境空气的影响主要是开挖及弃土运输过程中产生的粉尘对施工人员产生短暂影响，出渣和运输弃渣散落的粉尘及运输车辆排放废气会对弃土场道路两侧空气环境产生间歇性影响。

3）声环境

输水渠道开挖及填埋等过程中施工机械运行会产生间歇性噪声污染，主要对现场施工人员短时期内产生影响；弃渣运输车辆会对弃渣场附近的居民产生间歇性短暂影响。

4）生态环境

输水渠道开挖破坏植被，引起生物量损失，遇强降雨易引起水土流失。

5）李子园地下水饮用水源保护区

李子园所在区域地质结构松散，地表水极易下渗补充地下水，施工废水、施工期生活污水等可能会对水源地产生影响。

4. 泵站工程

本项目布置有 3 座泵站工程，分别为新建董固泵站、维修加固洪水口西泵站和贾村泵站。泵站工程主要为土石方开挖和压力管道安装埋设，以及混凝土浇筑工程，土石方工程对周边声环境和空气环境产生一定影响，混凝土浇筑及养护主要产生养护废水。

5. 桥梁工程

项目区需新建桥梁 5 座，重建 111 座，扩建 11 座，加固 60 座，废弃 4 座，本项目桥梁主要是满足生产及行车要求，施工方法简单，上部采用预制混凝土空心板结构，可以直接购置工厂生产的产品。桥梁工程实施主要为土石方开挖和混凝土浇筑，土石方工程对周边声环境和空气环境产生一定影响，混凝土浇筑及养护主要产生养护废水。

6. 沉沙池工程

沉沙池总开挖量为 822.34 万 $m^3$，总筑堤量为 34.59 万 $m^3$。沉沙池施工工序为先筑堤后开挖的方式。施工方式简单,主要是工程占地对植被产生不利影响;工程开挖产生扬尘会对施工人员及周围的环境空气产生不利影响。

#### 3.8.1.2　辅助工程

辅助工程包括施工交通道路,生活、生产区和弃渣场,主要分析弃渣场。

本工程输水线路较长,因此施工开挖量大,弃渣量大,造成渣场多,占地面积大,弃渣场占压地表,破坏植被,开挖、堆渣不当遇大雨易引起水土流失,且本工程弃渣场较多,占地面积大,引起水土流失量大,并且堆渣期间未绿化前对局部自然景观产生一定影响。堆渣较高,对周围的景观有一定不利影响。机械运转、废渣在运输过程中对沿线居民声环境和施工人员身心健康会产生一定影响。

#### 3.8.1.3　污染源强分析

1. 水污染源

施工期废水主要为生产废水和生活污水,砂石料均为购买,工程现场直接使用,因此没有砂石料冲洗废水产生。在施工现场仅进行大型机械日常维护和小型机械修配,大型机械检修均到机械检修厂检修,因此施工现场含油废水很少。生产废水主要为施工过程中隧洞涌水、基坑排水、混凝土拌和设备冲洗废水、混凝土养护废水,废水中主要以悬浮物为主,未经处理的施工废水水质 pH:9 ~ 12,SS:1 500 ~ 5 000 mg/L,生产废水如不作任何处理直接排放,将对水质目标为Ⅲ类以上水体水环境影响较大。

1)混凝土拌和系统冲洗废水

本工程布置有拌和站 49 处,共有 50 台 0.8 $m^3$ 混凝土拌和机,1 台 0.4 $m^3$ 混凝土拌和机,每台机器平均一天冲洗 1 次,小拌和机用水量 0.5 $m^3$/次,大拌和站 0.8 $m^3$/次,则施工期每天混凝土拌和系统冲洗废水排放总量为 40.5 $m^3$,主要污染物为 SS,浓度约为 5 000 mg/L。由于施工场地较为分散,平均到 49 个混凝土拌和站,每个拌和站每天大概产生 0.83 $m^3$ 冲洗废水,混凝土拌和系统冲洗废水排放量较小(见表 3-13)。养护废水具有 pH 高、SS 高、水量较小和间歇集中排放的特点。

2)混凝土养护废水

混凝土主体工程产生少量养护废水,主要分布在 49 个主体工程施工场区,按养护 1 $m^3$ 混凝土约产生废水 0.35 $m^3$ 计算,本工程混凝土浇筑 55.6 万 $m^3$,产生养护废水量 19.46 万 t。渠首段混凝土浇筑高峰强度为 37 $m^3$/h,河南段和河北段高峰期混凝土浇筑强度为 971 $m^3$/d,则渠首段高峰期产生的混凝土养护废水为 103.6 t/d,渠首段分布有 2 个拌和站,则每个拌和站高峰期产生的养护废水为 51.8 t/d,河南段和河北段产生的养护废水为 339.85 t/d。

3)含油废水

本工程现场只考虑大型机械的日常维修和小型机械设备的修配,大型机械的大修一般在县、乡专门修理厂修理。因此,工程现场不单独设机械检修厂,机械停放较分散,废水量较少,主要污染物为石油类。

4)基坑排水

基坑排水主要产生于施工导流、基础开挖过程中地下渗水、降雨等,废水具有 SS 高、连续排放的特点,浓度约为 2 000 mg/L。

表 3-13　混凝土拌和系统冲洗废水统计

| 工程段 | 混凝土浇筑高峰强度或混凝土总用量 | 拌和机数量 | 施工时间 | 冲洗废水 |
| --- | --- | --- | --- | --- |
| 渠首段 | 混凝土浇筑高峰强度为 37 $m^3/h$ | 分布有 2 处拌和站,共配置有 3 台 0.8 $m^3$ 混凝土拌和机,1 台 0.4 $m^3$ 混凝土拌和机 | 渠首段施工时间为第一年 10 月至第二年 8 月 | 2.9 $m^3/d$,其中 1 号混凝土拌和站产生 1.3 $m^3/d$,2 号混凝土拌和站产生 1.6 $m^3/d$ |
| 河南段 | 混凝土总用量为 24.98 万 $m^3$,混凝土浇筑最大强度发生在第一年第四季度,为 971 $m^3/d$ | 分布有 14 处拌和站,有 14 台 0.8 $m^3$ 混凝土拌和机 | 第二年 10 月至第三年 5 月 | 11.2 $m^3/d$,每个拌和站产生 0.8 $m^3/d$ |
| 河北段 | 高峰期为第一年 11 月,为 971 $m^3/d$ | 分布有 33 处拌和站,有 33 台 0.8 $m^3$ 混凝土拌和机 | 第二年 10 月至第三年 5 月 | 26.4 $m^3/d$,每个拌和站产生 0.8 $m^3/d$ |

5)生活污水

本工程共布置生活区 49 处。生活污水主要污染物为 $BOD_5$、COD,浓度分别为 200 mg/L、350 mg/L。施工高峰期人口 16 927 人,其中渠首段 600 人,主体施工期 10.5 个月;河南段 4 340 人,主体施工期 14 个月;河北段 11 987 人,各河段均在 1 年内完工。根据施工期分别计算三个河段污水排放量。人均排放生活污水按 30 L/d 算,渠首段产生废水 18 $m^3/d$,主体施工期间总污水量 5 670 $m^3$;河南段产生废水 130.2 $m^3/d$,主体施工期间总污水量 54 684 $m^3$;河北段产生废水 359.61 $m^3/d$,主体施工期间总污水量 131 258 $m^3$。

生活污水主要来源于食堂、厕所等生活设施,生活污水中的污染物有人体排泄物、食物残渣等有机污染物、氯化物、磷酸盐、阴离子洗涤剂及大量细菌病毒等。食堂污水主要是泔水,可由当地农民拉走喂猪;洗涤废水排入化粪池;厕所粪便经化粪池硝化处理后由当地农民运走做肥料。采取上述措施后,废污水对地表水的影响不大。禁止施工单位未经处理直接排放生活污水。

2. 空气污染源

工程施工作业中基础开挖、施工道路修建、运输车辆等都会引起局部环境粉尘和扬尘污染。但施工区域地势开阔,大气污染物扩散较快,对区域环境空气质量总体影响不大。

3. 噪声污染源

工程施工期施工机械设备较多,主要有推土机、挖掘机、装卸机、打夯机、拌和机、振捣器和运输车辆等。施工噪声主要来自施工开挖、土方装载、运输、混凝土拌和等施工活动,以及施工机械运行和车辆运输等。施工设备噪声源及源强见表 3-14。

交通噪声:施工区交通车辆噪声最大达 82 dB(A),声源呈线形分布,源强与行车速度及车流量密切相关。

施工机械噪声:工程开挖过程中使用的挖掘、打夯、振捣等机械产生的噪声强度大于

90 dB(A)。工程施工高峰期,各施工点需各类大型施工机械设备数十台以上,主要对施工人员身体健康产生较大影响,对施工区附近敏感点产生一定影响。

**表 3-14　施工期主要噪声源及源强**

| 序号 | 机械类型 | 型号规格 | 最大声级(dB) |
| --- | --- | --- | --- |
| 1 | 挖掘机 | 1 $m^3$ | 84 |
| 2 | 装载机 |  | 105 |
| 3 | 推土机 | 74 kW | 86 |
| 4 | 打夯机 | 2.8 kW | 95 |
| 5 | 运输车辆 | 10 t/8 t | 82 |
| 6 | 搅拌机 |  | 88 |
| 7 | 钢筋切断机 | 20 kW | 90 |
| 8 | 振捣器 | 1.1 kW | 110 |
| 9 | 起重机 | 15 t/5 t/20 t | 81 |
| 10 | 机动翻斗车 | 2 t/1 t | 82 |
| 11 | CZ－22 型冲击钻 |  | 95 |
| 12 | PH－5A 型钻机 |  | 95 |
| 13 | 振动碾 | 10 t | 85 |
| 14 | 灰浆搅拌机 |  | 85 |
| 15 | 电焊机 | 25 kVA | 100 |
| 16 | 柴油发电机 | 75 kW/200 kW | 98 |

4. *固体废弃物*

本工程施工期产生的固体废弃物主要为施工弃土和施工人员生活垃圾,其中弃土 1 674.3 万 $m^3$。

施工期按照每人每天产生 0.5 kg 生活垃圾,渠首段施工期共产生生活垃圾约 300 kg/d,渠首段有 2 个施工区,平均每个施工区产生生活垃圾 150 kg/d;河南段施工期共产生生活垃圾约 2 170 kg/d,河南段分布有 14 个施工区,平均每个施工区产生的生活垃圾为 155 kg/d;河北段施工期共产生生活垃圾约 5 993.5 kg/d,河北段布置有 33 处施工区,平均每个施工区产生的生活垃圾为 181.6 kg/d(见表 3-15)。

由于固体废弃量比较大,若处理不当,可能破坏植被,对水环境、大气环境、生态环境、人身健康等产生不利影响。

施工营地的生活垃圾和工区的生活垃圾需要及时清运至区域固定垃圾处理所,以减少工程施工期的固废影响。

### 3.8.2　工程占地

根据可行性研究报告的工程占地资料分析,引黄入冀补淀工程建设征地面积为

26 115.28 亩。

**表3-15　施工期生活垃圾产生量**

| 施工河段 | 施工时间 | 施工高峰期人口 | 施工高峰期垃圾产生量(kg/d) |
|---|---|---|---|
| 渠首段 | 10.5个月 | 600 | 300 |
| 河南段 | 14个月 | 4 340 | 2 170 |
| 河北段 | 12个月 | 11 987 | 5 993.5 |

从省区占地面积分析,河南段占地面积为16 787.74亩(包括已有渠道占地3 278.55亩),河北段占地面积为9 327.54亩,分别占总占地面积的64.28%、35.72%(见表3-16)。

从占地类型分析,工程占用耕地17 362.15亩、林地3 792.97亩、其他用地930.59亩,主要占用耕地,占总占地面积的66.48%。

从对土地利用的影响时段分析,分为临时占地和永久占地,其中永久征地12 791.81亩(包括已有渠道占地3 278.55亩),工程永久占地主要为渠道开挖、筑堤、巡视道路、管理区、建筑物等占压的土地;临时用地13 323.47亩,工程临时占地包括疏浚、清淤弃土、临时施工道路和施工场地占压的土地。

工程永久占地占工程总占地面积的48.98%,将永久改变土地利用方式,破坏地表植被,造成部分植物生物量的永久损失,局部区域生态完整性可能在一定程度上受到影响。因此,工程永久占地将会对土地利用和生态环境产生影响,且该影响不可恢复。

工程临时占地占工程总占地面积的51.02%。临时占地将会扰动、破坏地表植被,会在短期内造成土地利用形式的改变,破坏地表植被,对土地利用和生态环境产生短期影响,工程结束后该影响将随着恢复措施的实施而消失。

**表3-16　工程占地情况**　(单位:亩)

| 区域 | 面积及比例 | 永久占地 | | | | | 临时占地 | | |
|---|---|---|---|---|---|---|---|---|---|
| | | 耕地 | 林地 | 住宅及交通用地 | 水域及水利设施用地 | 其他用地 | 耕地 | 林地 | 水域及水利设施用地 |
| 河南省 | 面积 | 3 479.43 | 2 003.23 | 60.12 | 3 495.7 | 862.57 | 6 886.69 | — | — |
| | 比例 | 20.73% | 11.93% | 0.36% | 20.82% | 5.14% | 41.02% | — | — |
| | 小计 | 9 901.05 | | | | | 6 886.69 | | |
| 河北省 | 面积 | 1 404.34 | 1 011.15 | 68.84 | 338.92 | 67.52 | 5 591.69 | 778.59 | 66.49 |
| | 比例 | 15.06% | 10.84% | 0.74% | 3.63% | 0.72% | 59.95% | 8.35% | 0.71% |
| | 小计 | 2 890.76 | | | | | 6 436.78 | | |
| 合计 | 面积 | 4 883.77 | 3 014.38 | 128.96 | 3 834.62 | 930.09 | 12 478.38 | 778.59 | 66.49 |
| | 比例 | 18.7% | 11.54% | 0.49% | 14.68% | 3.56% | 47.78% | 2.98% | 0.25% |
| | 合计 | 12 791.81 | | | | | 13 323.47 | | |

工程占地不涉及退耕还林地，不涉及生态公益林，但涉及基本农田 4 156 亩，其中河北省 677 亩，河南省 3 479 亩。根据《基本农田保护条例》，应严格落实以下措施：

(1) 优化工程占地，尽量少占基本农田。

(2) 确实需要占用基本农田的，应按照相关法律要求，报国务院批复。

(3) 占用单位应当按照占多少、垦多少的原则，负责开垦与所占基本农田的数量与质量相当的耕地；没有条件开垦或者开垦的耕地不符合要求的，应当按照省、自治区、直辖市的规定缴纳耕地开垦费，专款用于开垦新的耕地。

## 3.8.3　移民安置

本工程规划水平年搬迁安置共涉及河南、河北 2 省 2 市 3 县（区）17 个行政村 1 288 人。结合生产安置去向方案，规划水平年濮阳县渠村乡南湖村 634 人、安邱村 271 人采取集中安置，其余 15 个行政村 383 人均采取本村后靠分散安置。

移民在安置建房、基础设施建设、开垦土地活动中，将对土地资源、水土流失、陆生生态等产生影响。移民安置也将对移民生活质量、人群健康、社会经济等产生影响。其中，建房安置活动会对集中安置点新址的植被、地貌产生一定扰动，建房过程中可能会引起局部的水土流失问题。施工期迁建集镇废水、废气、废渣、噪声排放，运行期迁建集镇及集中安置点生活污水排放和生活垃圾排放等都将对安置区水环境和生态环境质量产生一定影响。

## 3.8.4　工程运行

工程调水河流为黄河，受水区域涉及河北省和河南省，工程运行后，可有效缓解沿线地区农业灌溉缺水和地下水超采状况，为白洋淀实施生态补水，保持白洋淀湿地生态系统良性循环，改善受水区人民生产与生活环境，促进河北省、河南省经济社会可持续发展，产生显著的社会、经济、环境效益。同时，也会对黄河下游水文情势、水环境、生态环境等产生不利影响，尤其是水文情势的变化，会进而对黄河下游的河流生态环境产生影响。因此，工程运行后主要对社会经济、生态环境、水环境等产生影响。

### 3.8.4.1　水文情势

调出区：工程实施后，对调水区黄河下游水文情势有一定程度的影响。

输水沿线：输水沿线目前为季节性河渠，工程实施后对输水沿线水文情势会产生积极影响。

受水区：白洋淀是工程的受水区，工程实施对白洋淀的净补水量为 1.1 亿 $m^3$，会对白洋淀的水文情势产生积极影响。

### 3.8.4.2　水环境

调出区：调水工程引水后下游河道内流量有一定程度的减少，可能会对引水口下游河段水环境造成一定影响。

输水沿线：引黄济淀工程所经过河渠，部分河渠因长期无地表水补充，已经成为排污渠道，水质恶化，调水工程实施将有效补充调水沿线河渠水量，对改善流经河渠地表水环境质量具有积极作用。

受水区：白洋淀水质状况与淀内水量、水位有直接关系。其中，王家寨、采蒲台等靠近淀区内部的点位水质受水位影响较大，南刘庄位于府河入淀口，其水质受府河入淀水质的影响较大。工程运行后，可在一定程度上缓解白洋淀水质恶化的趋势，使淀内水质得到改善。

#### 3.8.4.3　地下水

输水沿线：工程调水期间沿程渗漏损失水量较大，除少部分蒸发外，大部分补充到输水渠沿线土壤和地下水，减缓了地下水位下降的速度。对于缓解地下水位的下降、改善地下水水质、促进沿线地区农业生产起到了积极的作用。

同时，随着本工程的长期运行，在没有采取防渗措施的渠段，渠内水渗漏将引起输水渠线附近地下水位升高，输水沿线地下水位较浅的局部河段、沉沙池周边等有产生土壤次生盐碱化的风险。

根据现状监测评价结果，本工程输水渠道地表水未出现底泥重金属超标现象。工程运行后，输水渠道排污口将全部关闭或者导走，输水渠道将无排污口分布，黄河引水口段引水水质为Ⅲ类水。根据《重金属污染综合防治规划(2010～2015)》和《河北省重金属污染综合防治“十二五”规划》，本工程输水沿线不涉及重金属污染重点防控区，该区域不是重金属污染重点防控企业分布区。因此，工程运行后基本不存在重金属污染地下水的问题。

受水区：农业灌溉对地下水的补给会影响到地下水位的变化，生态补水对白洋淀周围的地下水产生影响。根据《重金属污染综合防治规划(2010～2015)》和《河北省重金属污染综合防治“十二五”规划》，农业灌溉受水区及调蓄水网不涉及重金属污染重点防控区，不是重金属污染重点防控企业分布区，基本不存在重金属污染地下水的问题。

#### 3.8.4.4　生态环境

敏感区：引水口以下的黄河下游为工程调水区，分布有河南濮阳黄河湿地省级自然保护区、黄河鲁豫交界段国家级水产种质资源保护区及黄河三角洲国家级湿地自然保护区；工程受水区分布有河北白洋淀湿地省级自然保护区、白洋淀国家级水产种质资源保护区、河北衡水湖国家级自然保护区、濮阳西水坡地表水饮用水源保护区等众多生态敏感区，工程运行可能会对敏感区产生影响。

白洋淀：为白洋淀补水，改善白洋淀的生态环境是本工程的主要任务之一，因此工程实施后会对白洋淀生态环境产生积极影响。

# 第 4 章 调水方案环境可行性及供水水质保障研究

## 4.1 “三先三后”符合性分析

### 4.1.1 “先节水后调水”符合性分析

#### 4.1.1.1 节水目标

引黄入冀补淀工程受水区河北省,属于海河流域,工程节水指标应符合《海河流域综合规划》《河北省节水型社会建设“十二五”规划》《河北省实行最严格水资源管理制度红线控制目标分解方案》的要求,坚持节水优先。相关规划提出的节水指标见表 4-1。

表 4-1 相关规划提出的节水指标

| 指标 | | 《海河流域综合规划》 | 《河北省节水型社会建设“十二五”规划》 | 《河北省实行最严格水资源管理制度红线控制目标分解方案》 |
|---|---|---|---|---|
| 生活节水指标 | 生活用水定额(L/(人·d)) | 城镇:118<br>农村:70 | | |
| | 节水器具普及率(%) | 2020 年:95<br>2030 年:99 | 2015 年:85 | |
| | 自来水管网漏损率(%) | 2020 年:11<br>2030 年:9 | 2015 年:13 | 邯郸 2015 年:15.5<br>邢台 2015 年:15.0<br>衡水 2015 年:15.0<br>沧州 2015 年:15.0<br>廊坊 2015 年:14.5 |
| 农业节水指标 | 农田灌溉定额($m^3$/亩) | 现状年:224 | | |
| | 农田灌溉系数 | 2020 年:0.73<br>2030 年:0.75 | 2015 年:0.67 | 邯郸 2015 年:0.63<br>邢台 2015 年:0.63<br>衡水 2015 年:0.72<br>沧州 2015 年:0.71<br>廊坊 2015 年:0.71 |
| 工业节水指标 | 万元工业增加值用水量($m^3$/万元) | 现状年:40<br>2020 年:23 | 2015 年:25 | 邯郸 2015 年:15.8<br>邢台 2015 年:20.1<br>衡水 2015 年:21.6<br>沧州 2015 年:13.9<br>廊坊 2015 年:16.1 |
| | 工业用水重复利用率(%) | 2020 年:87<br>2030 年:90 | | 2015 年:85% |

#### 4.1.1.2　节水现状

1. 河北省节水现状

河北位于海河流域，水资源供需矛盾突出，为我国水资源供需矛盾最为突出的地区。早在20世纪80年代初期就开展了节水工作，特别是国家推行节能减排政策以后，进一步促进了流域节水工作，整体节水水平有了较大提高。

截至2010年，河北农田灌溉水有效利用系数为0.65，高于全国0.51的平均水平；农田综合灌溉定额为214 $m^3$/亩，远低于全国农田灌溉亩均用水量415 $m^3$；城镇与农村生活用水定额分别为118 L/(人·d)与69 L/(人·d)，低于全国平均水平的198 L/(人·d)与82 L/(人·d)；万元工业增加值用水量为34.0 $m^3$/万元，远低于全国平均水平的78.0 $m^3$/万元；工业用水重复利用率为80%，低于全国平均水平(86.2%)；城镇供水管网漏损率为18%，低于我国城市公共供水系统管网漏损率(平均21.5%)；城镇节水器具普及率为80%，高于全国平均水平(78%)。根据以上对比分析，除工业用水重复利用率低于全国平均水平外，河北省其他节水指标在全国处于先进水平。河北省用水指标分析见表4-2。

表4-2　河北省用水指标分析成果

| 分区 | 人均年用水量($m^3$/(人·a)) | 万元GDP用水量($m^3$/万元) | 万元工业增加值用水量($m^3$/万元) | 工业用水重复利用率(%) | 农田灌溉亩均用水量($m^3$/亩) | 农田灌溉水有效利用系数 | 人均生活用水量(L/(人·d)) | | 城镇节水器具普及率(%) |
|---|---|---|---|---|---|---|---|---|---|
| | | | | | | | 城镇 | 农村 | |
| 河北省 | 295 | 165 | 34 | 80.0 | 214 | 0.65 | 118 | 69 | 80 |
| 全国 | 454 | 230 | 78 | 86.2 | 415 | 0.51 | 198 | 82 | 78 |

2. 工程沿线节水现状

工程沿线是河北省水资源供需矛盾最为突出的地区之一，沿线27个县(市、区)2010年人均年用水量254 $m^3$，万元GDP用水量142 $m^3$/万元，万元工业增加值用水量23 $m^3$/万元，农田灌溉亩均用水量160 $m^3$/亩，城镇生活用水定额为80 L/(人·d)，农村生活用水定额为49 L/(人·d)，与海河流域、海河南系及河北省相比，除万元GDP用水量、城镇人均生活用水外，各项用水指标均为最小，用水指标均不高。其中农业灌溉亩均用水量明显小于其他区域，处于亏水灌溉状态。工程沿线区域用水指标分析成果见表4-3。

表4-3　工程沿线区域用水指标分析成果

| 分区 | 人均年用水量($m^3$/(人·a)) | 万元GDP用水量($m^3$/万元) | 万元工业增加值用水量($m^3$/万元) | 农田灌溉亩均用水量($m^3$/亩) | 人均生活用水量(L/(人·d)) | |
|---|---|---|---|---|---|---|
| | | | | | 城镇 | 农村 |
| 海河流域 | 286 | 132 | 50 | 260 | 162 | 81 |
| 海河南系 | 257 | 133 | 50 | 229 | 140 | 66 |
| 河北省 | 295 | 165 | 34 | 214 | 118 | 69 |
| 项目区用水指标 | 254 | 142 | 23 | 160 | 80 | 49 |
| 白洋淀用水指标 | | | 22 | 209 | 99 | 51 |

3. 白洋淀受水区节水现状

白洋淀城镇居民生活用水定额 99 L/(人·d),农村居民生活用水定额 51 L/(人·d);万元工业增加值用水量为 22 $m^3$/万元;综合单位面积灌水量为 209 $m^3$/亩。与河北省节水灌溉定额基本相当。

#### 4.1.1.3 节水水平分析

1. 用水结构分析

项目区以农业用水为主(见图 4-1、图 4-2),其次是工业和生活用水。本工程规划水平年与现状年相比,农业用水所占比重降低,生活、三产、工业和环境需水量所占比重增大,建筑业需水量所占比重基本维持现状。

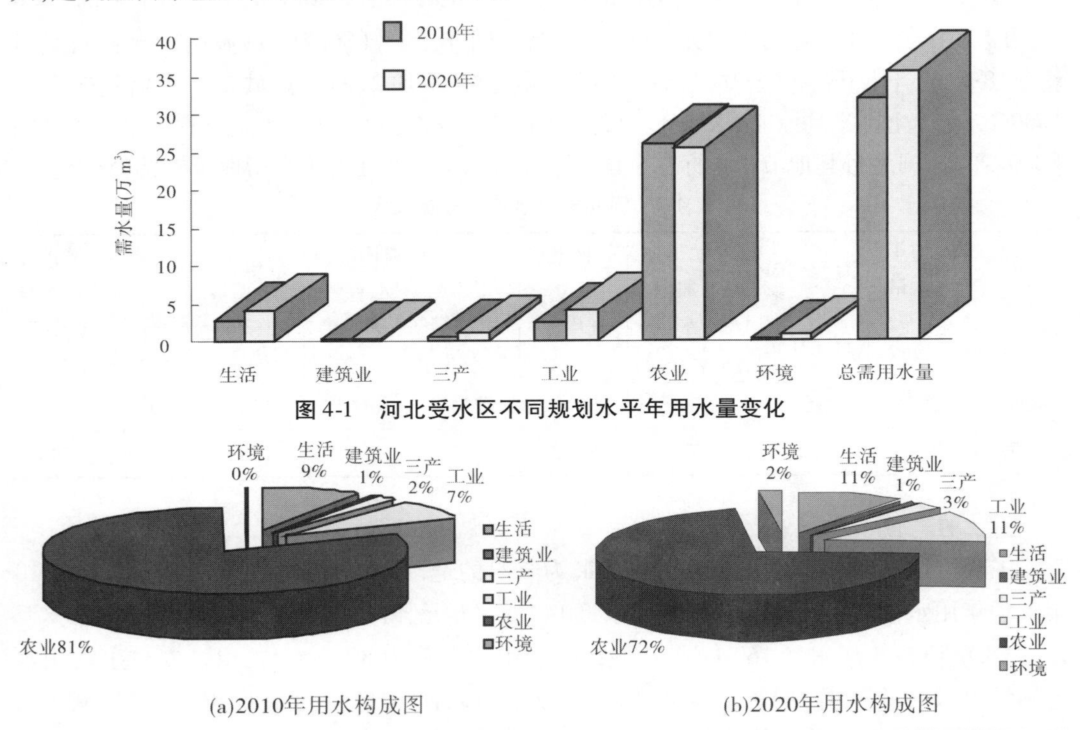


图 4-1 河北受水区不同规划水平年用水量变化



(a)2010年用水构成图　　(b)2020年用水构成图

图 4-2 河北受水区不同规划水平年用水量构成

2. 节水水平分析

1)城镇生活节水水平

本工程受水区人均日用水量根据《河北省用水定额》(DB13/T 1161—2009),结合河北沿线区域现状用水水平确定,城镇居民用水平均定额为 93 L /(人·d),农村居民用水平均定额为 59 L/(人·d),远低于海河流域和河北省现状用水平均定额,达到国务院批复的《海河流域综合规划》城镇居民用水平均定额为 118 L/(人·d)、农村居民用水平均定额为 70 L/(人·d)的节水目标。

2)农业节水水平

本工程按照作物种植比例计算规划范围节水综合灌溉净定额,黑龙港北区为 131

$m^3$/亩,黑龙港南区为139 $m^3$/亩,低于海河流域和项目区现状水平;农田灌溉水利用系数现状为0.72,至2020年农田灌溉水利用系数提高至0.73。项目区农业灌溉定额和灌溉水利用系数分别达到了《海河流域综合规划》《河北省节水型社会建设"十二五"规划》《河北省实行最严格水资源管理制度红线控制目标分解方案》要求。

3)工业节水水平

本工程受水区万元工业增加值用水量由现状23 $m^3$/万元降至18 $m^3$/万元,低于《海河流域综合规划》提出的万元工业增加值用水量23 $m^3$/万元的规划目标。

4)建筑业、第三产业节水水平

本工程受水区建筑业、第三产业万元增加值用水量分别由现状16 $m^3$/万元和7 $m^3$/万元降至11 $m^3$/万元和5 $m^3$/万元。

5)河道外生态环境用水水平

主要为城市环境用水,包括城市河湖绿地用水、道路喷洒用水,采用定额法预测。道路喷洒用水量1 L/($m^2$·次),绿化用水定额0.6 $m^3$/($m^2$·a),公园湖泊补水定额5 000 $m^3$/($hm^2$·a),人工河道补水定额5万$m^3$/($hm^2$·a),基本低于《河北省用水定额》有关规定。

6)节水水平综合分析

依据《河北省实行最严格水资源管理制度考核办法》,2020年河北省未确定用水效率指标,仅确定"十二五"期间,万元工业增加值用水量下降27%,农业灌溉水利用系数提高至0.67。引黄区内,本次规划范围2020年万元工业增加值用水量自现状的23 $m^3$/万元降至11 $m^3$/万元,下降率52%,较5年下降27%相比,基本合理。规划范围规划水平年2020年灌溉水利用系数除部分地表水灌区为0.66外,其余地下水灌区均高于0.66,平均达到0.73,远高于2015年河北省平均水平(0.67),农业用水指标较为合理。

综上所述,本次工程已经按照有关规划及最严格的水资源管理制度要求设置需水定额,充分考虑了节水潜力,本工程节水水平符合相关规划,符合河北省实际,部分节水指标处于世界先进水平,符合"先节水后调水"的原则。河北受水区节水水平合理性分析见表4-4。

#### 4.1.1.4　节水措施

虽然河北省及项目区用水效率和节水水平目前已处于国内领先地位,节水潜力不大,但部分节水指标与国家有关行业节水标准和国际先进水平还有差距,如河北省城镇供水管网漏损率现状为18%,《海河流域综合规划》提出到2020年城市供水管网漏损率平均降至11%,国家标准规定大城市为12%、中小城市为8%;城镇节水器具普及率为80%,《海河流域综合规划》提出到2020年生活节水器具普及率达到90%以上。因此,要满足经济社会的用水需求还面临着巨大的水资源和水环境压力,仍需进一步挖掘节水潜力。

1.农业节水

项目区以农业用水为主,农业灌溉用水量约占总用水量的81%,是节水的重点领域。引黄受水区节水灌溉面积占全部灌溉面积的36.8%,尚可进一步发展节水灌溉。

在农业种植和灌溉节水方面,合理安排农作物种植结构,强力推进结构节水,增加节水作物种植,积极扩大抗旱、耐旱、省水作物面积,引导项目区农民推进结构节水;加大田间节水改造力度,发展田间渠道防渗和管道输水,实施灌溉节水,在灌溉渠系节水的同时,

表 4-4　河北受水区节水水平合理性分析

| 指标 | | 受水区 | 《海河流域综合规划》 | 《河北省节水型社会建设"十二五"规划》 | 《河北省实行最严格水资源管理制度红线控制目标分解方案》 | 世界先进水平 |
|---|---|---|---|---|---|---|
| 生活节水指标 | 生活用水定额(L/(人·d)) | 城镇:93<br>农村:59 | 城镇:118<br>农村:70 | | | 160～260 |
| | 节水器具普及率(%) | 2020 年:95<br>2030 年:100 | 2020 年:95<br>2030 年:99 | 2015 年:85 | | |
| | 自来水管网漏损率(%) | — | 2020 年:11<br>2030 年:9 | 2015 年:13 | 邯郸 2015 年:15.5<br>邢台 2015 年:15.0<br>衡水 2015 年:15.0<br>沧州 2015 年:15.0<br>廊坊 2015 年:14.5 | 8～10 |
| 农业节水指标 | 农田灌溉定额($m^3$/亩) | 小麦:45<br>玉米:45<br>棉花: 90 | 现状:224 | | | |
| | 农田灌溉水利用系数 | 0.73 | 2020 年:0.73<br>2030 年:0.75 | 2015 年:0.67 | 邯郸 2015 年:0.63<br>邢台 2015 年:0.63<br>衡水 2015 年:0.72<br>沧州 2015 年:0.71<br>廊坊 2015 年:0.71 | 0.60～0.65 |
| 工业节水指标 | 万元工业增加值用水量($m^3$/万元) | 2020 年:18 | 现状:40<br>2020 年:23 | 2015 年:25 | 邯郸 2015 年:15.8<br>邢台 2015 年:20.1<br>衡水 2015 年:21.6<br>沧州 2015 年:13.9<br>廊坊 2015 年:16.1 | 25～50 |
| | 工业用水重复利用率(%) | 2020 年:85 | 2020 年:87<br>2030 年:90 | | | |
| 节水水平合理性分析 | | 通过受水区节水指标与海河流域、黄河流域及世界先进水平进行对比分析,河北受水区的部分指标节水水平已经达到世界先进水平 | | | | |

大力发展管道输水、微灌、滴灌、膜下滴灌等高效节水灌溉面积及蔬菜大棚等设施农业,减少土壤水无效蒸发量;通过发展秸秆覆盖、薄膜种植等作物耕作和农艺措施,实行田间蓄水保墒。

2. 城镇生活节水

加快城市供水管网技术改造,降低输配水管网漏损率,有计划地推进河北省尤其是工程沿线城市供水管网的更新改造工作。推行节水型用水器具,提高生活用水节水效率。根据《海河流域综合规划》要求,到 2020 年基本完成现有城市自来水管网更新改造,到 2030 年所有城镇自来水管网全面达到节水标准。

加大城镇生活污水处理和回用力度,污水处理设施建设要与供水、用水、节水与再生水利用统筹考虑,大力推广污水处理厂尾水生态处理,加快建设尾水再生利用系统,城镇景观、绿化、道路冲洒等优先利用再生水,中小城市不低于 30%。

加强工程沿线城市雨洪的利用,城市建设中要增加雨水的收集和存蓄设施,逐步增加城市河湖和公共绿地灌溉雨水使用量。

3. 工业节水

控制工程沿线工业生产布局,促进产业结构调整,限制缺水地区高耗水项目上马,禁止引进高耗水、高污染工业项目,以水定产,以水定发展。积极发展节水型的产业和企业,大力发展循环经济。加强建设项目水资源论证和取水许可管理,推进清洁生产战略,促进污水、废水处理回用。采用新型设备和新型材料,提高循环用水浓缩指标,减少取水量。强化对现有企业的节水力度,通过技术改造等手段,促进各类企业向节水型方向发展,通过企业技术升级、工艺改革、设备更新,逐步淘汰耗水量大、技术落后的工艺设备,限期达到产品节水标准。

4. 非常规用水利用

在工程沿线城镇,以工业与生活污水集中处理利用为重点,结合输水沿线排污口整治,探索污水集中处理利用建设模式及管理模式;在缺水严重地区,建设集雨水塘、水窖、水池等小型集雨工程;加强区域自然湿地等保护,提高水源涵养能力,严格禁止涉水人工景观建设。

#### 4.1.1.5　河北农业受水区规模及输水效率合理性分析

1. 河北农业受水区规模合理性分析

本工程河北农业受水区位于国家农产品主产区,是国家 5 000 万 t 粮食计划的重点地区和河北省"粮食增产核心区",该区域主体功能定位是农产品提供。该区域同时属典型的资源型缺水地区,为"严重干旱高发区",地下水开发利用率达到 242%,地下水漏斗区面积占河北省漏斗区总面积的 74%,因地下水超采造成了一系列严重的生态环境问题。

据对河北省引黄受水区 27 个县(市、区)2006 ~ 2010 年近 5 年统计,该区域平均年旱灾面积 782 万亩,因旱成灾面积 275 万亩。为了保障国家粮食生产安全,保护和适当修复受水区生态环境,引黄入冀补淀工程按照尽量利用现有工程就近供水的原则,选择与输水干渠相通的现有沟渠控制的耕地作为受水区灌溉目标,农业灌溉受水区选择偏重于输水损失小、供水方便、土地产出好、效益好的区域,同时向深层地下水超采严重的区域倾斜。农田灌溉定额依然采用亏水灌溉定额,一方面,使得灌溉条件得到一定程度的改善,达到增产不增水的目的;另一方面,通过引黄河水灌溉,减少了受水区地下水开采量,有利于在一定程度上保护和恢复地下水环境。引黄入冀补淀工程共涉及邯郸、邢台、衡水、沧州和廊坊的27个县(市、区)及白洋淀,灌溉面积272万亩。综合分析受水区水资源条件、该区域功能定位及存在的生态环境问题,环境影响评价认为灌溉受水区选择及规模基本合理。

2. 输水效率合理性分析

南水北调中、东线工程生效前,多年平均引黄水量为7.10亿 $m^3$,总的损失量为3.68亿 $m^3$,输水损失率为51.9%,补给地下水1.43亿~1.58亿 $m^3/a$;南水北调中、东线工程生效后,多年平均引黄水量为6.2亿 $m^3$,输水损失量为2.14亿 $m^3$,输水损失率为50.6%,补给地下水1.29亿~1.42亿 $m^3/a$。南水北调中、东线工程生效前后水量平衡表见表4-5。

**表4-5　南水北调中、东线工程生效前后水量平衡表**　　(单位:万 $m^3$)

| 情景 | 损失项 | 邯郸 | 邢台 | 衡水 | 沧州 | 廊坊 | 保定 | 河北段总计 | 河南段总计 | 总引水量 |
|---|---|---|---|---|---|---|---|---|---|---|
| 南水北调中、东线工程生效前 | 干渠损失 | 11 788 | 3 627 | 3 510 | 6 449 | 65 | 0 | 64 342 | 6 656 | 70 998 |
| | 支渠损失 | 5 044 | 2 504 | 1 391 | 1 947 | 526 | 0 | | | |
| | 田间直供 | 3 827 | 730 | 548 | 818 | 110 | 11 000 | | | |
| | 田间蓄供 | 2 339 | 2 728 | 2 035 | 2 799 | 559 | 0 | | | |
| | 小计 | 22 998 | 9 588 | 7 484 | 12 013 | 1 260 | 11 000 | | | |
| 南水北调中、东线工程生效后 | 干渠损失 | 10 305 | 3 242 | 3 196 | 5 985 | 52 | 0 | 56 110 | 6 007 | 62 117 |
| | 支渠损失 | 4 037 | 2 004 | 1 113 | 1 558 | 421 | 0 | | | |
| | 田间直供 | 232 | 895 | 448 | 1 004 | 135 | 11 000 | | | |
| | 田间蓄供 | 4 702 | 1 871 | 1 619 | 1 891 | 400 | 0 | | | |
| | 小计 | 19 276 | 8 012 | 6 376 | 10 438 | 1 008 | 11 000 | | | |

本次工程河北段输水渠道干渠没有进行衬砌,主要是考虑到河北输水沿线地下水超采严重,该区域为"严重干旱高发区",地下水开发利用率达到242%,地下水的严重超采造成了地面沉降、局部塌陷等环境危害,已出现了大面积深层漏斗区。河北省共有6处地下水漏斗区,其中有4处位于引黄受水区,受水区地下水漏斗区面积占河北省漏斗区总面积的74%。工程沿程不衬砌,通过下渗补给地下水,有限地改善地下水环境。工程实施后,地下水位在沿线3~4 km范围内可以得到一定的改善,水位抬升在0.1~4.0 m。从改善生态环境的角度,环境影响评价认为是合理的。

#### 4.1.1.6　小结

河北位于海河流域,为我国水资源供需矛盾最为突出的地区,除工业用水重复利用率低于全国平均水平外,河北省其他节水指标在全国处于先进水平。引黄工程沿线是河北省水资源供需矛盾最为突出的地区之一,与海河流域、海河南系及河北省相比,除万元

GDP用水量、城镇生活用水外各项用水指标均为最小，用水指标均不高。其中农业灌溉亩均用水量明显小于其他区域，处于亏水灌溉状态。

本工程考虑海河流域水资源匮乏，按照海河流域规划及最严格水资源管理要求，在原有严格节水措施下，项目区各项节水指标进一步提高，农田灌溉水利用系数由现状0.72提高至0.73，万元工业增加值用水量由现状23 $m^3$/万元降至18 $m^3$/万元，建筑业、第三产业万元增加值用水量分别由现状16 $m^3$/万元和7 $m^3$/万元降至11 $m^3$/万元和5 $m^3$/万元。已充分考虑了该区域的节水能力。

本次工程已经按照有关规划及最严格的水资源管理制度要求设置需水定额，已经充分考虑了节水潜力，节水水平符合相关规划，符合河北省实际，部分节水指标处于世界先进水平，符合“先节水后调水”的原则。

虽然项目区用水效率和节水水平目前已处于国内领先地位，但部分节水指标与国家有关行业节水标准和国际先进水平还有差距，如河北省城镇供水管网漏损率现状为18%，《海河流域综合规划》提出到2020年城市供水管网漏损率平均降至11%，国家标准规定大城市为12%、中小城市为8%；城镇节水器具普及率为80%，《海河流域综合规划》提出到2020年生活节水器具普及率达到90%以上。因此，要满足经济社会的用水需求还面临着巨大的水资源和水环境压力，仍需进一步挖掘节水潜力。

### 4.1.2 “先治污后通水，先环保后用水”符合性分析

#### 4.1.2.1 相关规划水污染治理目标

本工程所经沿线大部分地区位于海河流域的白洋淀、黑龙港、漳卫河、大清河、子牙河等水系和濮阳引黄灌区水系。根据《重点流域水污染防治规划》《海河流域综合规划》《河南省环境保护“十二五”规划》《河北省环境保护“十二五”规划》《邯郸市环境保护“十二五”规划》《衡水市环境保护“十二五”规划》《邢台生态环境保护“十二五”规划》《濮阳市环境保护“十二五”规划》，其中对涉及调水区和输水沿线有关地市及受水区白洋淀相关污染治理目标和措施见表4-6。

其中，《重点流域水污染防治规划》提出输水沿线滏阳河相关控制单元化学需氧量排放量削减12.8%，氨氮排放量分别削减13.7%、13.9%、14.1%，COD浓度控制在70~80 mg/L以下，氨氮浓度控制在10~12 mg/L；《河北省环境保护“十二五”规划》提出全省化学需氧量、氨氮排放总量分别减少10.4%、13.8%；《河南省环境保护“十二五”规划》提出全省化学需氧量、氨氮排放总量分别削减9.9%、12.6%。

同时，以上流域及地方相关规划针对重点流域主要河湖水系水污染问题提出了具体治理目标、主要措施、重点工程等，以上规划的落实，在一定程度上有利于改善项目区水环境质量。

因本工程输水渠道大部分利用已有人工渠道，不涉及较大河流水系，且本工程输水沿线水污染严重，受水区白洋淀水质目标要求较高，即使输水沿线地区完全根据已有规划提出污染物减排指标和水质目标，也不能解决引黄入冀补淀工程的沿线水污染问题。因此，根据国务院关于调水工程“三先三后”原则，考虑输水沿线的水污染状况、水质现状及入淀水质要求，需要提出系统的、有针对性的输水沿线水污染防治方案。

表 4-6　污染治理目标及治理措施

| 相关规划 | 区域 | 单元 | 治理目标 | 治理措施 |
| --- | --- | --- | --- | --- |
| 重点流域水污染防治规划 | 河南输水沿线 | 马颊河濮阳市控制单元 | COD≤50 mg/L,氨氮≤6 mg/L,其余指标达Ⅴ类 | 建立全面控源的污染防控体系,建立县、区上下游及与河北、山东两省的流域污染联防联控机制;提高现有污水处理厂处理能力;实施排污口截流、河道清淤疏浚、生态净化和生态湿地工程建设;新建濮阳市第二污水处理厂、濮阳市第三污水处理厂等13座城镇及产业集聚区污水处理厂;实施生态保护和流域环境综合整治重点工程,主要包括濮阳市水体综合治理、马颊河(南乐段)仓颉湖人工湿地工程建设、开发区第三濮清南干渠环境综合整治等项目 |
| | | 濮阳县、范县、台前县金堤河段 | 2015年Ⅴ类 | 提高污水处理能力,加大水污染防治力度 |
| | 河北输水沿线 | 子牙河平原(滏阳河)邯郸市控制单元 | 到2015年,化学需氧量排放量削减12.8%,氨氮排放量削减13.9%。滏阳河曲周断面水质达到Ⅴ类 | 加强工业园区废水治理,实施磁县林坛工业园区污水处理厂、漳河园区污水处理厂及回用等工程项目,确保稳定达标排放,加大沿岸小化工、小电镀等污染企业取缔力度。加强滏阳河生活污水处理设施及配套管网建设,提升城镇污水集中处理率,实施邯郸市黄粱梦污水处理厂及系统配套工程、邯郸市南部污水处理厂及系统配套工程等项目,加强再生水利用,推进邯郸市东污水再生水工程、邯郸市西污水再生水工程建设 |
| | | 子牙河平原邢台市控制单元 | 到2015年,化学需氧量排放量削减12.8%,氨氮排放量削减13.7%。滏阳河艾辛庄断面化学需氧量浓度控制在80 mg/L以下,氨氮浓度控制在12 mg/L以下,其他指标达到Ⅴ类 | 加强工业废水治理,实施河北大光明实业集团巨无霸炭黑有限公司炭黑生产废水深度处理、隆尧县东方食品城污水处理、邢台钢铁有限责任公司新建污水处理回用节水项目一期、隆尧县魏家庄镇工业园区废水治理等工程项目。严格环境准入,优化产业结构,加大对污染重、规模小的造纸、化工、纺织、医药、印染、食品加工等行业企业淘汰力度。加强广宗县、任县、新河县污水处理厂配套工程建设,提高城镇污水处理率,重点实施邢台市污水深度处理及中水回用工程,提高城镇污水再生水利用率。加大朱庄水库、临城水库、野沟门水库等大中型水库周边地区农业种植结构调整力度,发展生态农业,科学合理施用化肥、农药,重点实施健加乐鸭业有限公司鸭粪处理和红山乳业有限公司粪便综合利用项目 |
| | | 子牙河平原衡水市控制单元 | 到2015年,化学需氧量排放量削减12.8%,氨氮排放量削减14.1%。滏阳河小范桥断面化学需氧量浓度控制在70 mg/L以下,氨氮浓度控制在10 mg/L以下,其他指标达到Ⅴ类 | 加大印染、化工、制革、农副产品加工、食品加工和饮料制造等行业企业废水深度治理与工艺技术改造力度,提高污染治理技术水平,实施深州嘉诚水质有限公司污水深度处理等工程。加强工业污染源有毒有害物质管控,以重金属污染物排放为重点,优先控制第一类污染物的产生和排放。推进污水处理厂升级改造,提高脱氮除磷能力,加强再生水利用设施和配套管网建设,实施衡水滨湖新区污水处理厂及管网建设、衡水经济开发区北区污水处理及配套管网等工程。加强畜禽养殖污染治理,实施饶阳县玖龙、空城、荣达等养殖有限公司污染治理项目 |

续表 4-6

| 相关规划 | 区域 | 单元 | 治理目标 | 治理措施 |
|---|---|---|---|---|
| 重点流域水污染防治规划 | 白洋淀 | 大清河淀东平原保定市控制单元 | 2015 年达到Ⅲ类 | 水上养殖逐步退出,淀区所有污染企业全部退出,淀内四面环水村居民外迁等。<br>对于白洋淀等湖泊型水体,要强化湖泊生态建设和保护,科学实施退田还湖,扩大湖泊湿地空间,增强湖泊自净功能,有效保护和改善水生动物及迁徙性鸟类的生境,维护湖泊湿地系统生态结构的完整性。建立健全生态安全动态监控体系,定期开展水生态安全评估工作,建立预警分级和警情发布机制 |
| 河北省环境保护"十二五"规划 | 河北省 | | 1. 全省化学需氧量、氨氮排放总量分别减少 10.4%、13.8%;<br>2. 2013 年,设区市、县(市)污水处理率分别达到 90%、85%。省级重点镇和目前人口 1 万人以上的镇都要建成污水处理厂,设区市再生水利用率达到 30% 以上;<br>3. 2015 年,全省城镇污水处理厂化学需氧量和氨氮排放浓度均达到一级标准,城镇再生水利用率达 20% 以上 | 1. 全过程控制污染物排放。<br>加快推进结构调整步伐,以电力、煤炭、钢铁、水泥、玻璃、有色金属、焦炭、造纸、制革、印染等行业为重点,淘汰落后产能。推动产业入园进区,实行污染集中处理。<br>严格重点行业准入,提高工业污染治理水平,优化行业结构。提高并严格执行重点行业污染物排放标准,全面提高清洁生产水平。继续抓好城镇和工业园区污水处理厂新、改、扩建和提标升级改造工程,提高再生水回用率和污泥处置率。<br>2. 大力实施化学需氧量和氨氮协同减排。<br>全面提升城镇污水处理水平,加大重点行业减排力度,积极推动农业面源减排 |
| 河南省环境保护"十二五"规划 | 河南省 | | 1. 全省化学需氧量、氨氮排放总量分别削减 9.9%、12.6%;<br>2. 城镇污水处理率提高至 85% 以上,城镇污水再生利用率提高至 20% 以上;<br>3. 60% 以上规模化畜禽养殖场和养殖小区配套建成固体废物和废水贮存处理设施,畜禽粪便资源化率达到 95% 以上 | 1. 工程减排。<br>推进城镇污水处理设施及配套管网建设,深化重点行业工程减排,实施规模化畜禽养殖污染治理。<br>2. 强化结构减排,加快淘汰落后产能。<br>加快淘汰电力、煤炭、建材、钢铁、有色、化工、造纸、发酵等高耗能、高排放行业落后产能,力争结构减排量占工业源减排量的 10% 以上 |

#### 4.1.2.2　项目区水质及水污染治理现状

1. 水质现状及达标情况

根据水质现状监测评价结果，本工程调水区黄河引水口河段水质除总磷略有超标外，黄河水质情况基本良好，基本能满足水质目标要求；引水口上游天然文岩渠入黄水质存在一定风险；河南段、河北段输水沿线水质现状较差，大部分为Ⅴ类和劣Ⅴ类，主要超标因子为化学需氧量、氨氮等；受水区白洋淀现状水质也较差，基本都为Ⅳ～劣Ⅴ类水，不满足Ⅲ类水质目标要求，见表4-7。

表4-7　输水沿线水质现状及水功能区水质达标情况

| 省区 | 河渠 | 二级水功能区划 | 水质目标（或评价标准） | 水质现状 | 达标情况 |
|---|---|---|---|---|---|
| 调水区 | 黄河 | 黄河濮阳饮用工业用水区 | Ⅲ类 | Ⅲ类 | 达标 |
| | 天然文岩渠入黄口 | 天然文岩渠新乡缓冲区 | Ⅴ类 | Ⅲ类、Ⅴ类、劣Ⅴ类 | 部分达标 |
| 输水沿线 | 南湖干渠 | 无水功能区划 | 评价标准：Ⅲ类 | Ⅲ类 | 达标 |
| | 第三濮清南干渠 | 无水功能区划 | | 劣Ⅴ类 | 未达标 |
| | 第三濮清南西支 | 无水功能区划 | | 劣Ⅴ类 | 未达标 |
| | 新开渠 | 无水功能区划 | 评价标准：Ⅳ类 | 劣Ⅴ类 | 未达标 |
| | 留固沟 | 无水功能区划 | | 劣Ⅴ类 | 未达标 |
| | 东风渠 | 无水功能区划 | | 劣Ⅴ类 | 未达标 |
| | 南干渠 | 无水功能区划 | | 劣Ⅴ类 | 未达标 |
| | 支漳河 | 支漳河邯郸农业用水区 | Ⅴ类 | 劣Ⅴ类 | 未达标 |
| | 老漳河 | 老漳河邢台农业用水区 | Ⅴ类 | 劣Ⅴ类 | 未达标 |
| | 滏东排河 | 滏东排河邢台过渡区、滏东排河邢台饮用水源区、滏东排河衡水饮用水源区、滏东排河沧州饮用水源区 | Ⅲ类 | 劣Ⅴ类 | 未达标 |
| | 北排河 | 无水功能区划 | 评价标准：Ⅳ类 | Ⅴ类 | 未达标 |
| | 献县枢纽段 | 无水功能区划 | | — | |
| | 紫塔干渠 | 无水功能区划 | | Ⅳ类 | 达标 |
| | 陌南干渠段 | 无水功能区划 | | Ⅲ类 | 达标 |
| | 古洋河 | 无水功能区划 | | 劣Ⅴ类 | 未达标 |
| | 韩村干渠 | 无水功能区划 | | 劣Ⅴ类 | 未达标 |
| | 小白河段 | 无水功能区划 | | 劣Ⅴ类 | 未达标 |
| | 任文干渠 | 任文干渠沧州工业用水区 | Ⅳ类 | 劣Ⅴ类 | 未达标 |
| | 滏阳河支线 | 滏阳河邢台农业用水区 | Ⅳ类 | 劣Ⅴ类 | 未达标 |
| | 漳河 | 漳河邯郸农业用水区 | Ⅳ类 | 劣Ⅴ类 | 未达标 |
| | 滏阳河 | 滏阳河邯郸农业用水区<br>滏阳河邢台农业用水区 | Ⅳ类 | 劣Ⅴ类 | 未达标 |
| 受水区 | 白洋淀 | 白洋淀河北湿地保护区 | Ⅲ类 | 劣Ⅴ类 | 未达标 |

2. 输水沿线排污口分布及治理状况

根据输水沿线排污口调查统计结果，本工程输水沿线共分布有排污口38个，其中河南段16个（截至2014年底已关闭，污水入濮阳第二污水处理厂），大部分是工业生活混合排污口，集中分布于濮阳高新区河段（西北工业区）；河北段22个，其中污水处理厂处理后的排污口10个、工业排污口6个。输水沿线排污口分布及治理状况见表4-8。

**表4-8　输水沿线排污口分布及治理状况**

| 省 | 地市 | 县(市) | 输水渠道 | 排污口名称 | 污水性质 | 设计排放标准 |
|---|---|---|---|---|---|---|
| 河南省 | 濮阳 | 濮阳市 | 第三濮清南干渠 | 黄河路桥第一、第二、第三、第四排污口 | 混合 | 随着濮阳第二污水处理厂建设运用，以上16个排污口已于2014年底全部关闭，其污水由濮阳第二污水处理厂接纳 |
| | | | | 高新区七中排污口 | 生活污水 | |
| | | | | 石化路西排污口 | 混合 | |
| | | | | 中原路桥第一、第二、第三、第四排污口 | 混合 | |
| | | | | 濮阳市龙丰纸业排污口 | 工业废水 | |
| | | | | 濮阳市生活垃圾处理厂排污口 | 混合 | |
| | | | | 新习乡西北排污口 | 生活污水 | |
| | | | | 新习乡董凌平第一、第二排污口 | 生活污水 | |
| | | | | 新习乡马凌平排污口 | 生活污水 | |
| | | | | 濮阳第二污水处理厂排污口 | 中水 | 一级A |
| 河北省 | 邯郸 | 魏县 | 东风渠 | 魏县污水处理厂排污口 | 生活污水 | 一级A |
| | | 广平县 | 东风渠 | 锦泰路排污口 | 混合废污水 | 一级A |
| | | 广平县 | 东风渠 | 城北工业区排污口 | 雨水 | 有偷排现象 |
| | | 曲周县 | 支漳河 | 曲周县城生活污水口 | 生活污水 | 一级A |
| | 邢台 | 新河县 | 滏东排河 | 葛赵扬水站排污口 | 工业废水 | 未处理 |
| | | 新河县 | 滏东排河 | 西关排污口 | 生活污水 | 未处理 |
| | | 新河县 | 滏东排河 | 污水处理厂排污口 | 混合废污水 | 一级A |
| | | 广宗县 | 洗马渠 | 广宗城区排污口 | 混合废污水 | 一级A |
| | | 广宗县 | 合义渠 | 电镀园区合义渠排污口 | 工业废水 | 二级标准排放 |
| | | 平乡县 | 小漳河 | 县城生活排污口 | 生活污水 | 一级A |
| | | 平乡县 | 老漳河 | 自行车工业园区排污口 | 生活污水 | 一级A |
| | | 巨鹿县 | 商店渠 | 县城排污口 | 生活污水 | 一级A |
| | 衡水 | 冀州市 | 冀码渠 | 冀州市污水处理厂排污口 | 生活污水 | 一级A |
| | | 冀州市 | 冀午渠 | 冀州市开元路南侧市政排污口 | 混合废污水 | 未处理 |
| | | 冀州市 | 冀午渠 | 滏阳路桥南排污口 | 混合废污水 | 未处理 |
| | | 冀州市 | 冀午渠 | 化肥厂市政排污口 | 生活污水 | 未处理 |
| | | 冀州市 | 冀午渠 | 长安路冀午渠桥北侧排污口 | 生活污水 | 未处理 |
| | 沧州 | 肃宁县 | 小白河中支 | 第二污水处理有限公司排污口 | 生活污水 | 一级A |
| | | 任丘市 | 小白河 | 任丘市东方水洗厂排污口 | 工业废水 | 二级标准 |
| | | | | 任丘市方元水洗厂排污口 | 工业废水 | 二级标准 |
| | | | | 任丘市凤莲水洗厂排污口 | 工业废水 | 二级标准 |
| | | | | 任丘市正阳水洗厂排污口 | 工业废水 | 二级标准 |

1)河南段输水沿线排污口治理情况

河南濮阳市针对第三濮清南干渠污染现状,在西部工业区东北部建设濮阳市第二污水处理厂,第二污水处理厂设计总规模10万$m^3/d$,分两期建设。其中,一期工程规模为5万$m^3/d$,服务范围为濮阳市西部工业园区,接纳西部工业园区内经过二级处理后的工业废水或直接工业排水,出水达一级A标准。该污水处理厂已于2013年上半年建成投产试运行,接纳了排入第三濮清南干渠的全部生产废水和生活污水,废水经进一步处理后达到一级A标准排入第三濮清南干渠。

2)河北段输水沿线排污口治理情况

河北段输水沿线大多数的废污水经污水处理厂处理后再排放,大多数污水处理厂设计标准是一级A排放标准。但实际运行过程中,有的污水处理厂却未运行,污水直接排放,有的污水处理厂收集的城镇工业废水处理不达标,致使处理后中水仍与要求一级A排放标准有差别;有个别工业污水处理厂的设计标准偏低,需进行升级;排污口管理制度不完善,监督监测设施不完善。

3. 白洋淀水污染治理情况

为了改善白洋淀生态环境,河北省和保定市制定出台的《白洋淀及上游地区生态环境建设总体规划》,从2005年到2014年,历时10年时间,投资80.5亿元,实施26项治理工程。加强流域内污染源治理,主要污染物排放总量比2004年减少17%以上;保定市区污水集中处理率达到92%以上,县级城镇达到60%;建立白洋淀补水机制,确保白洋淀水位枯水年不低于7.3 m。该规划包括上游地区农业结构调整、水土流失治理、天然次生林建设和污染源治理工程等,对白洋淀生态环境的改善发挥了一定的作用。但白洋淀水质污染依然严重,依然不能满足Ⅲ类水质目标要求。

为保护白洋淀生态环境,防治污染,河北省人大决定对白洋淀水污染防治工作进行立法,2010年,由河北省人大牵头制定,省环保局负责起草的《白洋淀水污染防治条例》(草案)开始征求意见。这是河北省首次针对白洋淀水污染防治制定的相关法规政策,对白洋淀的环境治理正在被写入行政法规,形成常态。

2014年河北省发布了《河北省人民政府关于加快山水林田湖生态修复的实施意见》(冀政〔2014〕86号),明确提出要实施白洋淀保护治理工程,编制白洋淀综合治理规划和实施方案,建立生态补水长效机制,实施国家江河湖泊生态环境保护项目,通过“引”“控”“管”“迁”等综合治理措施,强化白洋淀华北平原的“肾”功能,到2017年确保入淀的水源达标。同时,提出淀区村庄边界不再外延侵占湖面;水上养殖逐步退出,淀区所有污染企业全部退出;水区村的垃圾、污水要得到有效处理;划定生态红线28 700 $hm^2$;实施引黄入冀补淀,年均补水1.1亿$m^3$;确定淀外县城及镇、村的开发边界;淀内四面环水村居民外迁等措施。除此之外,也明确提出重污染河流治理工程,至2017年,河北省主要干支流、主要入海河流基本消除劣Ⅴ类。其中和引黄入冀补淀工程有关的有滏东排河、衡水滏阳河(衡水段)、邯郸滏阳河(邯郸段)。

以上规划、措施及法律法规的实施,对改善白洋淀水域水环境起到了积极作用。但因白洋淀水污染严重,环境问题复杂,污染依然严重,水质不能满足Ⅲ类水质目标要求。有待进一步强化白洋淀污染治理,加强监督、管理、立法,确保白洋淀水环境安全。因此,本工程应确保入白洋淀水质达标，避免因调水加剧白洋淀水质污染。

#### 4.1.2.3　现状污染情况下入白洋淀水质预测

为客观分析现状污染情况下输水沿线水质对白洋淀水环境的影响，根据各水平年调水过程及输水沿线排污口排污量、沿线面源污染等，构建了引黄入冀总干渠（自沉沙池出口至白洋淀入口十二孔闸）的河网水量水质模型（一维平原河网水动力学和河网水质模型）开展水环境模拟工作，预测输水运行后输水河渠水质沿程变化。

1. 预测方案

河南濮阳第二污水处理厂出水仍排入河南段输水渠道（处理规模 5 万 t/d，一级 A 排放），河北段排污口维持现状。

情景一：多年平均

引黄总干渠 100 $m^3/s$，入河北流量 60 $m^3/s$，引黄口水质Ⅲ类；

引黄总干渠 100 $m^3/s$，入河北流量 60 $m^3/s$，引黄口水质Ⅳ类。

情景二：75% 水平年

引黄总干渠 78 $m^3/s$，入河北流量 40 $m^3/s$，引黄口水质Ⅲ类；

引黄总干渠 78 $m^3/s$，入河北流量 40 $m^3/s$，引黄口水质Ⅳ类。

情景三：90% 水平年

引黄总干渠 63 $m^3/s$，入河北流量 25 $m^3/s$，引黄口水质Ⅲ类；

引黄总干渠 63 $m^3/s$，入河北流量 25 $m^3/s$，引黄口水质Ⅳ类。

2. 河道概化及参数选择

按照引黄入冀补淀工程可行性研究设计中关于引水渠道的设计，模型中概化的河道主要为输水总干渠，总长度约为 480 km（自沉沙池至入白洋淀断面），概化河道中渠道长、宽、底高程、边坡、比降、流速、水深、糙率等参数，均按照可行性研究报告中的设计值选取。具体见表 4-9。

根据输水沿线河渠超标情况及超标因子，本项目主要预测指标为 COD 及氨氮，根据相关文献，考虑输水时段，选取 COD 降解系数为 0.08 ~ 0.12，氨氮降解系数为 0.06 ~ 0.10。

根据模型模拟结果，在现状污染源情况下，引黄河总干渠水在多年平均情况下（渠首引水流量 100 $m^3/s$），引水口水质为Ⅲ、Ⅳ类时，入白洋淀断面的 COD 浓度分别为 23.29 mg/L、30.04 mg/L，氨氮浓度分别为 1.3 mg/L、1.52 mg/L，TN 浓度分别为 2.613 mg/L、3.04 mg/L，TP 浓度分别为 0.201 mg/L、0.216 mg/L，水质不能满足Ⅲ类水要求；引黄河总干渠在 75% 水平年情况下（渠首引水流量 78 $m^3/s$），引水口水质为Ⅲ、Ⅳ类时，入白洋淀断面的 COD 浓度分别为 24.5 mg/L、30.96 mg/L，氨氮浓度分别为 1.49 ml/L、1.69 mg/L，TN 浓度分别为 2.994 9 mg/L、3.396 9 mg/L，TP 浓度分别为 0.212 mg/L、0.239 mg/L，水质不能满足Ⅲ类水要求；引黄河总干渠在 90% 水平年情况下（渠首引水流量 63 $m^3/s$），引水口水质为Ⅲ、Ⅳ类时，入白洋淀断面的 COD 浓度分别为 25.21 mg/L、31.1mg/L，氨氮浓度分别为 1.51 mg/L、1.81 mg/L，TN 浓度分别为 3.02 mg/L、3.638 1 mg/L，TP 浓度分别为 0.215 mg/L、0.256 mg/L，水质不能满足Ⅲ类水要求。

表 4-9　引黄入冀补淀概化河道模型参数

| 里程 | 比降 | 边坡 | 糙率 | 底宽(m) | 水深(m) | 流速(m/s) | 超高(m) | 渠深(m) |
|---|---|---|---|---|---|---|---|---|
| 4 995 | 1/7 500 | 2 | 0.015 | 10.5 | 3.89 | 1.44 | 1.2 | 5.09 |
| 38 000 | 1/12 800 | 2 | 0.015 | 11 | 4.17 | 1.15 | 1.2 | 5.37 |
| 54 570 | 1/13 000 | 2 | 0.025 | 15 | 4.64 | 0.75 | 1.2 | 5.84 |
| 83 060 | 1/13 000 | 2 | 0.025 | 9 | 4.64 | 0.70 | 1.2 | 5.84 |
| 164 060 | 1/5 000 | 2 | 0.025 | 32.2 | 2.18 | 0.53 | 1.2 | 4.38 |
| 190 750 | 1/10 000 | 2 | 0.025 | 57 | 4.30 | 0.32 | 1.2 | 5.5 |
| 254 660 | 1/10 000 | 2 | 0.025 | 60 | 4.02 | 0.32 | 1.2 | 5.22 |
| 367 560 | 1/9 000 | 2 | 0.025 | 32 | 4.84 | 0.34 | 1.2 | 6.04 |
| 385 860 | 平底 | 2.5 | 0.025 | 15 | 5.17 | 0.50 | 1.2 | 6.37 |
| 428 990 | 1/8 000 | 2 | 0.025 | 15 | 3.27 | 0.70 | 1.2 | 4.47 |
| 447 840 | 1/15 000 | 2.5 | 0.025 | 30 | 4.21 | 0.36 | 1.2 | 5.41 |
| 480 616 | 1/5 000 | 2.5 | 0.025 | 30 | 4.66 | 0.32 | 1.2 | 5.86 |

根据以上评价结果，在现状污染源情况下，在各水平年情况下，无论黄河引水口河段水质是Ⅲ类还是Ⅳ类，入白洋淀水质均不能满足Ⅲ类水要求。输水沿线现状污染情况下水质预测评价结果见表 4-10。

表 4-10　输水沿线现状污染情况下水质预测评价结果　（单位：mg/L）

| 引水量条件 | 黄河口引水量($m^3/s$) | 入河北流量($m^3/s$) | 引水处(黄河)水质 | 指标 | 入河北 | 入邢台 | 入衡水 | 入沧州 | 入白洋淀 | 入白洋淀水质 |
|---|---|---|---|---|---|---|---|---|---|---|
| 90%水平年 | 61.4 | 25 | Ⅲ | COD | 21.96 | 24.18 | 23.41 | 24.27 | 25.21 | Ⅳ |
| | 61.4 | 25 | | $NH_3-N$ | 1.41 | 1.36 | 1.39 | 1.43 | 1.51 | Ⅴ |
| | 61.4 | 25 | | TN | 2.993 | 2.887 | 2.951 | 3.036 | 3.02 | 劣Ⅴ |
| | 61.4 | 25 | | TP | 0.201 | 0.194 | 0.199 | 0.204 | 0.215 | Ⅳ |
| | 61.4 | 25 | Ⅳ | COD | 29.73 | 31.11 | 30.13 | 30.36 | 31.1 | Ⅴ |
| | 61.4 | 25 | | $NH_3-N$ | 1.7 | 1.62 | 1.65 | 1.73 | 1.81 | Ⅴ |
| | 61.4 | 25 | | TN | 3.439 | 3.277 | 3.338 | 3.5 | 3.638 1 | 劣Ⅴ |
| | 61.4 | 25 | | TP | 0.243 | 0.231 | 0.236 | 0.247 | 0.256 | Ⅳ |

续表 4-10

| 引水量条件 | 黄河口引水量($m^3/s$) | 入河北流量($m^3/s$) | 引水处(黄河)水质 | 指标 | 入河北 | 入邢台 | 入衡水 | 入沧州 | 入白洋淀 | 入白洋淀水质 |
|---|---|---|---|---|---|---|---|---|---|---|
| 75%水平年 | 78 | 40 | Ⅲ | COD | 21.36 | 23.47 | 22.81 | 23.75 | 24.5 | Ⅳ |
| | 78 | 40 | | $NH_3-N$ | 1.36 | 1.31 | 1.34 | 1.42 | 1.49 | Ⅳ |
| | 78 | 40 | | TN | 2.887 | 2.781 | 2.845 | 3.015 | 2.994 9 | 劣Ⅴ |
| | 78 | 40 | | TP | 0.194 | 0.187 | 0.191 | 0.203 | 0.212 | Ⅳ |
| | 78 | 40 | Ⅳ | COD | 29.07 | 30.98 | 30.06 | 30.32 | 30.96 | Ⅴ |
| | 78 | 40 | | $NH_3-N$ | 1.6 | 1.53 | 1.54 | 1.63 | 1.69 | Ⅴ |
| | 78 | 40 | | TN | 3.237 | 3.095 | 2.115 | 3.297 | 3.396 9 | 劣Ⅴ |
| | 78 | 40 | | TP | 0.229 | 0.219 | 0.22 | 0.233 | 0.239 | Ⅳ |
| 多年平均 | 100 | 60 | Ⅲ | COD | 20.86 | 22.08 | 21.76 | 22.44 | 23.29 | Ⅳ |
| | 100 | 60 | | $NH_3-N$ | 1.28 | 1.21 | 1.23 | 1.29 | 1.3 | Ⅳ |
| | 100 | 60 | | TN | 2.717 | 2.569 | 2.611 | 2.739 | 2.613 | 劣Ⅴ |
| | 100 | 60 | | TP | 0.183 | 0.173 | 0.176 | 0.184 | 0.201 | Ⅳ |
| | 100 | 60 | Ⅳ | COD | 28.82 | 29.58 | 29.04 | 29.64 | 30.04 | Ⅴ |
| | 100 | 60 | | $NH_3-N$ | 1.48 | 1.43 | 1.45 | 1.5 | 1.52 | Ⅴ |
| | 100 | 60 | | TN | 2.994 | 2.893 | 2.933 | 3.035 | 3.04 | 劣Ⅴ |
| | 100 | 60 | | TP | 0.211 | 0.204 | 0.207 | 0.214 | 0.216 | Ⅳ |

3. 水质达标削减率分析

在现状污染源情况下，当黄河引水口河段水质达到Ⅲ类水标准时，引黄总干渠在多年平均情况下(引水 100 $m^3/s$)，输水沿线 COD、氨氮、TN、TP 分别需削减 1 056 t、117 t、355.35 t、23.69 t，削减率分别达 16.1%、20.3%、8.6%、8.3%，可达到Ⅲ类水标准；引黄总干渠在 75%水平年情况下(引水 78 $m^3/s$)，COD、氨氮、TN、TP 分别需削减 2 045 t、355 t、1 761 t、109.41 t，削减率分别达 31.2%、61.8%、42.8%、38.1%，可达到Ⅲ类水标准；引黄总干渠在 90%水平年情况下(引水 61.4 $m^3/s$)，COD、氨氮、TN、TP 分别需削减 3 410 t、425 t、2 849.52 t、117.03 t，削减率分别达 52%、73.9%、69.2%、61.7% 方能达标(见表 4-11)。因此，为保障引黄入冀补淀工程输水水质目标(地表水环境质量Ⅲ类水质目标)的实现，必须全面实施输水沿线水污染整治措施。

#### 4.1.2.4　输水沿线水污染治理方案

根据现状调查评价结果，输水沿线排污口分布较多，水质较差，大部分河渠为劣Ⅴ类水，目前水质状况不满足输水水质要求。现状情况下入白洋淀水质达不到其水功能区水质目标要求。即使输水沿线地区完全根据已有规划提出污染物减排指标和水质目标，也不能解决引黄入冀补淀工程的沿线水污染问题。根据国务院“先治污后通水”的调水原则，本工程实施前必须解决输水沿线水污染问题，制订输水沿线水污染防治方案，确保入淀水质安全。

表 4-11 输水沿线水质达标削减情况

| 引水量条件 | 渠首引水量 ($m^3/s$) | 入河北流量 ($m^3/s$) | 引水处(黄河)水质边界 | 指标 | 削减量 (t) | 削减率 (%) |
|---|---|---|---|---|---|---|
| 多年平均 | 100 | 60 | Ⅲ | COD | 1 056 | 16.10 |
| | 100 | 60 | | $NH_3-N$ | 117 | 20.30 |
| | 100 | 60 | | TN | 355.35 | 8.60 |
| | 100 | 60 | | TP | 23.69 | 8.30 |
| 75%水平年 | 78 | 40 | Ⅲ | COD | 2 045 | 31.20 |
| | 78 | 40 | | $NH_3-N$ | 355 | 61.80 |
| | 78 | 40 | | TN | 1 761 | 42.80 |
| | 78 | 40 | | TP | 109.41 | 38.10 |
| 90%水平年 | 61.4 | 25 | Ⅲ | COD | 3 410 | 52 |
| | 61.4 | 25 | | $NH_3-N$ | 425 | 73.90 |
| | 61.4 | 25 | | TN | 2 849.52 | 69.20 |
| | 61.4 | 25 | | TP | 117.03 | 61.70 |

1. 输水沿线水污染治理要求

根据《全国重要江河湖泊水功能区划》，白洋淀湿地保护区的水质目标为Ⅲ类。结合输水沿线点面源排放状况，输水沿线水污染防治方案治理目标保障入白洋淀Ⅲ类用水的水质目标。

1）满足引黄入冀补淀工程输水水质的需求

根据“三先三后”的原则，结合区域水污染防治、污水处理、水资源保护规划，以产业结构调整、污染源治理、城镇污水处理及再生利用设施建设、截污导流工程为重点，把节水、治污、生态环境保护与调水工程建设有机结合起来，统筹兼顾、突出重点，确保 2016 年引黄入冀补淀工程输水水质目标（地表水环境质量Ⅲ类水质目标）的实现。

2）重点控制工业和城市污染源，注意面源污染影响

引黄入冀补淀工程输水线路，以清污分流形成清水廊道为建设目标，经强化二级处理工艺处理过的处理厂出水，不允许进入主干渠；在东风渠、支漳河、老漳河、古洋河、小白河等主要接纳沿线面源污染的排渠，沿干渠两侧 50 ~ 100 m 建立面源植物防护带；在入干渠各河口设置强化生态处理工程，依靠节制闸合理调度截留污染物；结合这一区域的农业现代化，建设无化肥农业区和有机食品基地，形成控制农业面源污染的防治系统。

3）治、截结合，实现污水资源化

以治为主，配套截污导流工程，将处理厂出水分别导向回用处理设施、农业灌溉设施和择段排放设施，依靠各类污水资源化设施和流域综合整治工程，提高污水的资源化水平，形成“治、截、导、用、整”一体化的治污工程体系。

4）实施清水廊道、水质改善工程

清水廊道工程主要对入河排污口实施：以输水期污水零排入输水干线为目标，确保主干渠输水水质达Ⅲ类标准。规划到2016年对沿线22个入河排污口进行综合治理。水质改善工程主要加大污水处理厂建设和升级改造，工程沿线关闭造纸厂、电镀厂、印染厂等对输水水质影响严重的生产线，工业污染源推行清洁生产、集中控制。

5）重视污水回用与资源化

水污染防治以节水为前提，进一步落实污水回用项目，从源头和末端同时加强节水措施。加大工业污水回用，减少污水外排；建设再生水厂，提高再生水利用率。

2. 输水沿线污染源治理方案

1）城镇污染源治理

（1）加大污染治理力度，提高污水集中处理率。加快沿线设区市县污水处理厂建设，确保到通水前，沿线污水处理率均达到90%。加大现有污水处理厂配套管网建设和规范管理力度，加强运行监管，污水处理设施平均负荷率达到80%以上。

（2）加大污水处理深度，提高再生水利用率。在污水集中处理的基础上，进行污水再处理，加快再生水厂的建设，经过再处理后，再生水可广泛地用于农田灌溉、城市景观、工业用水等。

（3）强化污水处理设施运营监管，提高污水处理厂运行率。沿线城镇污水处理厂均应安装进出水在线监测装置，实现污水处理厂进出水的实时监督与管理，确保污水处理设施正常运行，提高污水处理厂的运行率。

2）工业污染源治理

（1）严格控制重污染工业企业污染源。加大落后产能淘汰力度，对输水沿线高污染、高耗能的“十五小”、“新五小”及属于国家公布的淘汰落后生产能力、工艺、设备和产品，依法要坚决关停，防止反弹。对生产规模较小、污染严重的造纸、制革、淀粉、酒精企业或生产线要限期关停。对造纸、医药、纺织、印染、化工、钢铁、食品、酿造、皮革、电镀等10个重污染行业中由于污染防治设施老化或能力不足等不能达标运行的企业，进行限期治理。

（2）全面实施排污许可证制度，保证工业企业污水达标排放。输水沿线所有排放污水的工业企业必须持证排污。要结合排污许可证发放工作，核定企业排污总量，对企业进一步治理提出改进要求。对于排放污水中含有重金属的工业企业，严格排查，依法取缔，严禁上游接纳含有重金属污染源的污水处理厂处理后的污水排入总干渠。

（3）严格控制新污染源。所有新建、改建、扩建项目必须进行环境影响评价并获得环保部门同意建设的批复，环保设施与主体工程同时投运，符合环境功能区划或环境质量目标及总量控制要求。

（4）积极推进清洁生产，重视污水回用与资源化。按照循环经济理念，推行工业用水循环利用，发展节水型工业。输水沿线所有超标排放的企业，直排河道的化工企业、排放重金属等有毒有害物质的企业，要依法实行强制性清洁生产审核，并积极落实清洁生产中、高费技术改造方案。

大力发展工业园区循环经济，输水沿线新建园区必须配套建设集中处理设施，加强园区企业排水监督，确保集中处理设施稳定达标，可能对园区废水集中处理设施正常运行产生影响的电镀、化工、皮革加工等企业,应当建立独立的废水处理设施或预处理设施,满足达标排放且不影响集中处理设施运行的要求后才能进入废水集中处理设施。

3)农业污染源治理

结合新农村建设,加强农村生活垃圾和污水处理设施建设,集中连片整治一批环境问题突出的村庄和集镇。加快沿线周边地区农产品种植结构调整力度,发展生态农业、有机农业,各级政府应加强政策引导,给予必要的技术支持。

在引黄入冀补淀河北段总干渠424.2 km的两侧50~100 m建立面源植物防护带;在入干渠各支渠口设置强化生态处理工程,依靠节制闸合理调度截留污染物。

输水沿线污染源治理与措施见表4-12。

**表4-12　输水沿线污染源治理方案与措施**

| 任务 | 治理方案 | 治理措施 | 责任主体 |
| --- | --- | --- | --- |
| 城镇污染源治理 | 加大污染源治理力度,提高污水集中处理率 | 加快沿线设区市县污水处理厂建设,确保到通水前,沿线污水处理率达到90%。加快人口集中、污染集中和工业园区污水处理厂建设。加大现有污水处理厂配套管网建设和规范管理力度,加强运行监管,污水处理设施平均负荷率达到80%以上 | 沿线县(市、区)政府 |
| | 加大污水处理深度,提高再生水利用率 | 在污水集中处理的基础上,进行污水再处理,加快再生水厂的建设 | |
| | 强化污水处理设施运营监管,提高污水处理厂运行率 | 沿线城镇污水处理厂均应安装进出水在线监测装置,加强对排入城镇污水收集系统的重点工业排放口水量水质的监督监测,实现污水处理厂进出水的实时监督与管理。确保污水处理设施正常运行,提高污水处理厂的运行率 | |
| 工业污染源治理 | 严格控制重污染工业企业污染源 | 加大落后产能淘汰力度,对输水沿线高污染、高耗能的“十五小”“新五小”企业,要依法坚决关停,防止反弹,限期治理 | 沿线县(市、区)政府 |
| | 全面实施排污许可证制度,保证工业企业污水达标排放 | 加强对污水排放企业的监督检查,发现偷排偷放违法排污企业,坚决依法暂扣或吊销其排污许可证;对于排放污水中含有重金属的工业企业,严格排查,依法取缔 | |
| | 严格控制新污染源 | 拆除、停建、停运不符合国家产业政策和环保法律、法规要求及擅自新建、改建、扩建的项目,要依法从重予以处罚;所有新建、改建、扩建项目必须进行环境影响评价并获得环保部门同意建设的批复,环保设施与主体工程同时投运 | |
| | 积极推进清洁生产,重视污水回用与资源化 | 输水沿线所有超标排放的企业、直排河道的化工企业、排放重金属等有毒有害物质的企业,要依法实行强制性清洁生产审核;输水沿线新建园区必须配套建设集中处理设施,提高园区集中处理规模和排放标准,加强园区企业排水监督,确保集中处理设施稳定达标 | |
| 农业污染源治理 | 有效控制农业污染源 | 在引黄入冀补淀河北段总干渠424.2 km的两侧50~100 m建立面源植物防护带 | 沿线县(市、区)政府 |

3. 输水沿线入河排污口整治方案

根据输水沿线排污口调查成果，考虑供水对象水质要求，输水沿线排污口关闭、改排实现的可能性，综合考虑输水沿线地方水行政主管部门意见，对输水沿线排污口按照“治、截、导、用、整”一体化的治污工程体系进行综合治理，依法取缔非法排污口，关闭工业排污口，严格控制污水排放总量，保证达标排放。

1）魏县污水处理厂排污口治理

魏县污水处理厂主要处理县城生活污水，设计处理能力3万t/d（1 095万t/a），2012年已升级改造为一级A排放标准。规划采取导流回用的措施，通过深埋直径1.2 m的钢筋混凝土圆管穿越东风渠，再铺设管道4 500 m将污水导入魏大馆渠道，在魏大馆渠道建设氧化塘等生态湿地对其进一步采取生态治理措施，用于河湖生态绿化和农田灌溉。

2）广平县锦泰路排污口治理

锦泰路排污口污水主要来自于广平县城镇污水处理厂，通过暗管排放到东风渠。广平县污水处理厂2010年投产，设计处理能力3万t/d（1 095万t/a），现状排放标准为一级A。

规划采取导流回用的措施，深埋钢筋混凝土管穿越东风渠、民有三分干渠后，向东北方向铺设钢筋混凝土管道4 700 m，将污水导入民有田庄支渠，在田庄支渠建设氧化塘对其进一步生态治理，用于河湖生态绿化和农田灌溉。

3）广平县城北工业区排污口治理

城北工业区排污口位于广平镇候固寨村北，为非法排污口，其污水主要为来自城北工业园区内的雨水，通过暗管排放到东风渠。现城北工业园区主要企业有香道食品厂、中棉紫光、祥龙油棉等，已实现雨污分流，污水通过管网排入污水处理厂，雨水通过该排污口排入东风渠中。经过实地调查，该排污口仍有污水排入现象。

为保障输水水质，规划依法取缔该排污口。保障雨污分流的实施，污水全面通过管网进入污水处理厂。

4）新河县葛赵扬水站排污口、西关排污口治理

新河县葛赵扬水站排污口位于新河镇葛赵村东400 m处，为非法排污口，其污水主要为来自河北鑫合生物化工有限公司、天繁印染有限公司、邢台平安糖业有限公司的工业污水，通过暗管排放到滏东排河，污水未经过处理。

西关排污口位于新河镇西关村北1 800 m处，为非法排污口，其污水主要来自城镇生活污水，通过明渠排放到滏东排河，污水未经过处理。

规划依法取缔新河县葛赵扬水站排污口和西关排污口。

新河县规划在县城西北方向新建一座污水处理厂，日处理量5 000 t/d，处理排放标准为一级A。规划扩挖渠道约8 km，建设成为生态河渠，与县城周边其他现有渠道沟通，对处理后的中水进一步采取生态处理措施，用于县城河湖生态绿化、农田灌溉等。

5）新河县污水处理厂排污口治理

新河县污水处理厂排污口位于工业园区尼家庄村东1 000 m处，现状调查为非法排污口，其污水主要为来自县城污水处理厂的生活污水，通过明渠排放到暴贾渠，然后汇入滏东排河。新河县污水处理厂设计处理能力1万t/d（365万t/a），现状排放标准为一级A。

规划采取截污回用措施，在暴贾渠、六户干渠与总干渠交接处设置2个节制闸，合理

调度污水。在节制闸前设置氧化塘、生态河渠，对达标排放的污水进一步采取生态治理措施，优先用于县城河渠生态绿化、农田灌溉。

6）曲周县城生活排污口治理

曲周县城生活排污口污水主要为来自城镇污水处理厂处理过的生活污水，目前通过暗管排放到支漳河（引黄入冀补淀干渠）。曲周县污水处理厂设计处理能力为1 095万t/a，2012年已改造升级，现状排放标准为一级A。

拟对此排污口采取截污回用的综合措施，将排污口截流并通过埋设钢筋混凝土管1 500 m通往县城人工湖，对达标排放的污水进行进一步生态处理，用于曲周县城河湖生态及市政绿化等。

7）广宗县城区排污口治理

广宗县城区排污口位于太平台乡洗马村，其污水主要为来自县城污水处理厂的生活污水，通过明渠排放到洗马渠，在洗马村汇入老漳河（引黄入冀补淀干渠）。广宗县污水处理厂2010年试运行，设计处理能力2万t/d，现状排放标准为一级A。

拟对此排污口采取截污回用的综合措施，规划利用新建的洗马渠闸截留进入老漳河的污水，修建氧化塘，对达标排放的污水进行进一步生态处理，并开挖明渠4 km，将污水处理厂达标排放的污水通过洗马渠导入魏村渠，用于广宗县城环城水系、绿化和农田灌溉等。

8）广宗县电镀园区合义渠排污口治理

电镀园区合义渠排污口位于冯寨乡田家庄南800 m，其污水主要来自冯家寨电镀集中整治区内的工业污水处理厂，通过明渠排放到合义渠，然后汇入老漳河（输水渠道），现状排放标准为二级。

建议广宗县电镀厂工业污水处理厂进行升级改造，达到一级A排放标准，开展中水回用设施建设，提高企业中水回用比例，污水不外排。规划取缔该排污口。由于电镀园区废水含有重金属，如不进行处理直接排放对输水水质影响较大，因此治污方案提出利用拆除重建的合义渠排水闸截住污水，严禁进入老漳河（输水渠道）。

9）平乡县城生活排污口治理

平乡县城生活排污口位于平乡县节固乡大葛村，该排污口由邢台市水务局审批管理。其污水主要来自平乡县丽洁污水处理有限公司，通过明渠排放到小漳河，在孙家口村附近汇入老漳河（引黄入冀补淀干渠）。平乡县污水处理厂2010年投入运行，设计处理能力3万t/d（1 095万t/a），现状排放标准为一级A。

拟对此排污口采取截污回用的综合措施，利用孙家口涵洞闸合理调度，在小漳河孙家口涵洞前修建氧化塘、生态河道，对达标排放的污水进行进一步生态处理，用于河湖生态、平乡县城生态绿化和农田灌溉。

10）平乡县自行车工业园区排污口治理

平乡县自行车工业园区排污口位于河古庙镇路庄村南，为非法排污口。其污水主要为来自工业园区的生活及工业污水，通过暗管排放到老漳河（引黄入冀补淀干渠）。园区污水处理厂设计处理能力2万t/d（730万t/a），管道配套设施正在建设，设计排放标准为一级A，现状污水有部分未经过处理。

规划依法取缔该排污口。同时，建议加大对工业园区和河古庙镇排放的工业污水和生活污水的收集，提高企业中水水平，减少污水排放；利用园区规划建设的蓄水池，储存达标排放的污水，进一步采取生态治理措施，用于工业园区的绿化等。

11）巨鹿县城排污口治理

巨鹿县城排污口污水主要来自县城污水处理厂，通过明渠排入商店渠，再汇入老漳河。巨鹿县污水处理厂 2010 年投产，设计处理能力 2 万 t/d（730 万 t/a），现状排放标准为一级 A。

规划对该排污口实施截污回用等综合措施，结合巨鹿县环城水系建设，优先用于县城水系河湖生态。在商店渠汇入老漳河处维修加固商店渠涵洞，利用商店渠涵闸合理调度污水，用于河渠生态和农田灌溉。

12）冀州市排污口治理

冀州市相关排污口有冀州市污水处理厂排污口、开元路西头南侧市政排污口、滏阳路桥南排污口、化肥厂市政排污口、长安路冀午渠桥北侧排污口 5 个排污口。其中冀州市污水处理厂排污口现状由冀州市水务局监管，其余 4 个排污口为非法排污口。

冀州市污水处理厂排污口位于冀州市污水处理厂东 200 m 右岸处，其污水主要来自污水处理厂，通过暗管排入冀码渠，再汇入滏东排河。冀州市污水处理厂于 2009 年投产，设计处理能力 1.3 万 t/d（474 万 t/a），现状排放标准为一级 A。

开元路西头南侧市政排污口、滏阳路桥南排污口、化肥厂市政排污口、长安路冀午渠桥北侧排污口污水主要为来自冀州市工业和生活的混合废污水，通过暗管排入冀午渠，汇入冀码渠，再汇入滏东排河，污水未经过处理。

规划依法取缔开元路西头南侧市政排污口、滏阳路桥南排污口、化肥厂市政排污口、长安路冀午渠桥北侧排污口。结合地方意见，规划对这 4 个排污口截流导入污水处理厂。

对冀州市污水处理厂进行技术升级改造，进一步削减氨氮，在冀码渠引水闸前修建氧化塘，提高污水水质，利用拆除重建的冀码渠引水闸合理调度污水，优先用于冀州市生态绿化、农田灌溉。

13）肃宁县第二污水处理有限公司排污口治理

肃宁县第二污水处理有限公司排污口污水主要来自污水处理厂，通过明渠排入小白河中支，再汇入小白河东支。肃宁县第二污水处理厂于 2010 年投产，设计处理能力 2 万 t/d，现状排放标准为一级 A。

规划采取截污回用的措施。对污水处理厂进行技术升级改造，在小白河中支节制闸前修建氧化塘，进一步提高污水水质，合理调度污水；结合肃宁县水系水网规划，达标排放污水优先用于肃宁县环城水系河湖生态、农田灌溉。

14）任丘市排污口治理

任丘市相关排污口有任丘市东方水洗厂排污口、方元水洗厂排污口、凤莲水洗厂排污口、正阳水洗厂排污口等 4 个排污口，其污水主要来自东方水洗厂、方元水洗厂、凤莲水洗厂、正阳水洗厂，均通过暗管直接排入小白河，现状污水综合排放执行二级标准。在 2013 年换证登记时，任丘市已取缔这 4 个排污口。据调查，现状仍有污水排放现象，本次方案措施为取缔关闭该排污口，禁止排入小白河。

入河排污口整治方案与措施见表 4-13。

表 4-13　河北输水沿线各排污口具体治理要求

| 序号 | 地区 | 县(市) | 排污口名称 | 排入河流 | 企业性质 | 审批部门 | 规划措施 | 规划具体采取措施 |
|---|---|---|---|---|---|---|---|---|
| 1 | 邯郸 | 魏县 | 魏县污水处理厂排污口 | 东风渠 | 市政 | 邯郸市环保局 | 导流回用 | 顶管穿东风渠,铺设管道 4 500 m 将污水输入魏大馆,在魏大馆渠道建设氧化塘等生态湿地对其进一步生态治理 |
| 2 | 邯郸 | 广平县 | 广平县锦泰路排污口 | 东风渠 | 市政 | 邯郸市环保局 | 导流回用 | 顶管穿越东风渠、三分干渠后,铺设管道 4 700 m,导入民用田庄支渠,在田庄支渠建设氧化塘对其进一步生态治理 |
| 3 | 邯郸 | 广平县 | 广平县城北工业区排污口 | 东风渠 | 食品加工 |  | 依法取缔 | 为保障输水水质,规划依法取缔该排污口。保障雨污分流的实施,污水全面通过管网进入污水处理厂 |
| 4 | 邯郸 | 曲周县 | 曲周县城生活排污口 | 支漳河 | 市政 | 邯郸市环保局 | 截污回用 | 采取截污回用的综合措施,将排污口截流并通过埋设钢筋混凝土管 1 500 m 通往县城人工湖,对达标排放的污水进行进一步生态处理,用于曲周县城河湖生态及市政绿化等 |
| 5 | 邢台 | 新河县 | 新河县葛赵扬水站排污口 | 滏东排河 | 食品、印染 |  | 依法取缔 | 非法排污口,关闭这两处排污口 |
| 6 | 邢台 | 新河县 | 新河县西关排污口 | 滏东排河 | 市政 |  | 依法取缔 |  |
| 7 | 邢台 | 新河县 | 新河县污水处理厂排污口 | 滏东排河 | 市政 |  | 截污回用 | 在暴贾渠、六户干渠与总干渠交接处设置节制闸,合理调度污水,在节制闸前设置氧化塘,对达标排放的污水进一步采取生态治理措施,优先用于县城河渠生态绿化、农田灌溉 |
| 8 | 邢台 | 广宗县 | 广宗县城区排污口 | 洗马渠 | 市政 | 广宗县住建局 | 截污回用 | 利用洗马渠闸截留污水,修建氧化塘,进行进一步生态处理,并开挖明渠 4 km,将污水处理厂达标排放的污水通过洗马渠导入魏村渠,用于广宗县城环城水系、绿化和农田灌溉等 |
| 9 | 邢台 | 广宗县 | 广宗县电镀园区合义渠排污口 | 合义渠 | 电镀 | 广宗县住建局 | 依法取缔 | 规划取缔该排污口。由于电镀园区污水含有重金属,治理方案利用拆除重建的合义渠排水闸截住污水,严禁进入老漳河 |

续表 4-13

| 序号 | 地区 | 县(市) | 排污口名称 | 排入河流 | 企业性质 | 审批部门 | 规划措施 | 规划具体采取措施 |
| --- | --- | --- | --- | --- | --- | --- | --- | --- |
| 10 | 邢台 | 平乡县 | 平乡县城生活排污口 | 小漳河 | 市政 | 邢台市水务局 | 截污回用 | 利用孙家口涵洞闸合理调度,在小漳河孙家口涵洞前修建氧化塘、生态河道,对达标排放的污水进行进一步生态治理,用于河湖生态、平乡县城生态绿化和农田灌溉 |
| 11 | 邢台 | 平乡县 | 平乡县自行车工业园区排污口 | 老漳河 | 市政 |  | 依法取缔 | 非法排污口,关闭。建议加大对工业园区和河古庙镇排放的工业污水和生活污水的收集,提高企业中水水平,减少污水排放;利用园区规划建设的蓄水池,储存达标排放的污水,进一步采取生态治理措施,用于工业园区的绿化等 |
| 12 | 邢台 | 巨鹿县 | 巨鹿县城排污口 | 商店渠 | 市政 | 邢台环境保护局 | 截污回用 | 结合巨鹿县环城水系建设,优先用于县城水系河湖生态。在商店渠汇入老漳河处维修加固商店渠涵洞,利用商店渠涵闸合理调度污水,用于河渠生态和农田灌溉 |
| 13 | 衡水 | 冀州市 | 冀州市污水处理厂排污口 | 冀码渠 | 市政 | 冀州市水务局 | 升级改造、截污回用 | 对污水处理厂进行技术升级改造,削减氨氮,在冀码渠引水闸前修建氧化塘,提高污水水质,利用拆除重建的冀码渠引水闸合理调度污水,优先用于冀州市生态绿化、农田灌溉 |
| 14 | 衡水 | 冀州市 | 冀州市开元路西头南侧市政排污口 | 冀午渠 | 板材加工及生活污水 |  | 依法取缔 | 非法排污口,结合地方意见,规划对这4个排污口截流导入污水处理厂 |
| 15 | 衡水 | 冀州市 | 冀州市滏阳路桥南排污口 | 冀午渠 | 钢铁 |  | 依法取缔 |  |
| 16 | 衡水 | 冀州市 | 冀州市化肥厂市政排污口 | 冀午渠 | 市政 |  | 依法取缔 |  |

**续表 4-13**

| 序号 | 地区 | 县(市) | 排污口名称 | 排入河流 | 企业性质 | 审批部门 | 规划措施 | 规划具体采取措施 |
|---|---|---|---|---|---|---|---|---|
| 17 | 衡水 | 冀州市 | 冀州市长安路冀午渠桥北侧排污口 | 冀午渠 | 市政 | | 依法取缔 | |
| 18 | 沧州 | 肃宁县 | 肃宁县第二污水处理有限公司排污口 | 小白河中支 | 市政 | 沧州市环保局 | 截污回用 | 对污水处理厂升级改造,在小白河中支节制闸前修建氧化塘,进一步提高污水水质,合理调度污水;结合肃宁县水系水网规划,达标排放污水优先用于县环城水系河湖生态、农田灌溉 |
| 19 | 沧州 | 任丘市 | 任丘市东方水洗厂排污口 | 小白河 | 印染 | 任丘市水务局 | 依法取缔 | |
| 20 | 沧州 | 任丘市 | 任丘市方元水洗厂排污口 | 小白河 | 印染 | 任丘市水务局 | 依法取缔 | |
| 21 | 沧州 | 任丘市 | 任丘市凤莲水洗厂排污口 | 小白河 | 印染 | 任丘市水务局 | 依法取缔 | |
| 22 | 沧州 | 任丘市 | 任丘市正阳水洗厂排污口 | 小白河 | 印染 | 任丘市水务局 | 依法取缔 | |

4. 排污口整治的受纳水体可行性分析

根据表4-13提出的具体排污口整治方案，其中依法取缔关闭排污口13个，导入相邻渠道处理后回用的有2个、截污回用的排污口有7个。为保证正常情况下污水不排入总干渠，从收纳水体的存蓄回用能力、环境状况分析论证导流回用和截污回用的可行性。9个排污口的污水排放情况见表4-14。

**表4-14　河北需回用排污口污水排放量**

| 序号 | 排污口名称 | 规划采取措施 | 污水排放量(万t/a) |
|---|---|---|---|
| 1 | 魏县污水处理厂排污口 | 导流回用 | 831.0 |
| 2 | 广平县锦泰路排污口 | 导流回用 | 485.2 |
| 3 | 曲周县城生活污水口 | 截污回用 | 584.0 |
| 4 | 广宗城区排污口 | 截污回用 | 340.3 |
| 5 | 平乡县城生活排污口 | 截污回用 | 354.0 |
| 6 | 巨鹿县城排污口 | 截污回用 | 449.0 |
| 7 | 新河县污水处理厂排污口 | 截污回用 | 70.2 |
| 8 | 冀州市污水处理厂排污口 | 升级改造、截污回用 | 198.8 |
| 9 | 肃宁县第二污水处理有限公司排污口 | 截污回用 | 613.3 |

1)魏大馆排水渠

魏县污水处理厂排污口导流入魏大馆排水渠。

魏大馆排水渠东风渠以东至刘齐固全长36.9 km，河槽存蓄能力约为293万$m^3$。根据《邯郸市引黄灌区规划》，魏大馆排水渠作为引东风渠的一条主要干渠，控制灌溉面积为11.77万亩，经测算，农业年需水量约为4 182万$m^3$。

魏县污水处理厂排污口年排放量为831万t，可全部用于农灌。按照年灌溉3次，两次灌溉间隔最大约为4个月，考虑蒸发渗漏损失，每4个月需存蓄的污水量为194万t。魏大馆排水渠河槽存蓄能力能满足要求。

魏大馆排水渠未列入水功能区划，沿线不经过县城，主要为农田。达标排放的污水，经过进一步生态处理，可用于河渠生态和农田灌溉。

2)田庄支渠

广平县锦泰路排污口导流入田庄支渠，依次汇入王封干、王封排水渠，最后汇入老沙河。

田庄支渠为一条灌溉渠道，自广平田庄至泊头村，全长5.0 km；王封排水渠自广平南王封至邱县，全长20.0 km；老沙河自曲周县安寨闸至威县牛寨，全长76.9 km。田庄支渠一系河槽存蓄能力约为533.9万$m^3$。根据《邯郸市引黄灌区规划》，广平县控制灌溉面积为16.0万亩，经测算，农业年需水量约为6 497万$m^3$。

广平县锦泰路排污口污水排放量为485.2万t，可全部用于农灌。按照年灌溉3次，两次灌溉间隔最大约为4个月，考虑蒸发渗漏损失，每4个月需存蓄回用的污水量为113

万 t。田庄支渠一系河槽存蓄能力能满足要求。

田庄支渠、王封干、王封排水渠未列入水功能区划,沿线不经过县城,主要为农田。达标排放的污水,经过进一步生态处理,可用于河渠生态和农田灌溉。

3)曲周县已有坑塘

曲周县城生活污水口截污入曲周县已有坑塘。

曲周县已有坑塘位于县城东南部,距离支漳河约 1.5 km,主要利用现有坑塘废弃地,规划占地面积 3 000 亩,容量 800 万 $m^3$,可扩大灌溉面积 58 万亩,同时可用于县城生态。在污水进入调蓄坑塘前设置生态治理措施。

该污水口污水排放量为 584 万 t,曲周县已有坑塘调蓄存蓄能力满足要求,达标排放的污水可用于生态和农田灌溉。

4)洗马渠、魏村渠

广宗城区排污口通过洗马渠、魏村渠截污回用。

洗马渠为广宗县城的一条排水渠道,全长 15 km,自排污口至入老漳河口长 6 km,在入老漳河处新建洗马渠闸;魏村渠为广宗县的一条灌溉渠道,全长 10 km,在入老漳河处新建魏村渠闸;洗马渠、魏村渠河槽存蓄能力约为 25.1 万 $m^3$。

广宗城区排污口污水排放量为 340.3 万 t,用于农灌和县城生态。按照年灌溉 3 次,两次灌溉间隔最大约为 4 个月,考虑蒸发渗漏损失,每 4 个月需存蓄污水量为 79 万 t。洗马渠、魏村渠河槽存蓄能力约为 25.1 万 $m^3$,则需回用的污水量为 53.9 万 t。结合广宗县大力实施的三项工程,剩余污水用于县城水系。

广宗县大力实施三项工程:①截污治污,配合道路建设城市改造,统筹治理,截污治污,实现雨污分流。②水系循环,形成公园内水面与洪溢河水系的连通,流水不腐,形成水体的循环净化,并补充水源。③生态净化,通过构建湿地植物生态系统,净化水质。将其余污水经过湿地处理后用于广宗县环城水系、农田灌溉。

5)小漳河

平乡县城生活排污口通过小漳河截污回用。

小漳河南起邯郸曲周县流上寨,向北流经平乡、巨鹿、隆尧、宁晋等县,至宁晋孙家口涵洞汇入老漳河,全长 89.8 km,小漳河槽蓄能力约为 262.5 万 $m^3$。

平乡县城生活排污口污水排放量为 354 万 t,可全部用于农灌。按照年灌溉 3 次,两次灌溉间隔最大约为 4 个月,考虑蒸发渗漏损失,每 4 个月需存蓄污水量为 83 万 t。小漳河槽蓄能力能满足要求。

小漳河水功能区划为小漳河邢台农业用水区,沿线不经过县城,主要为农田。达标排放的污水,经过进一步生态处理,可用于河渠生态和农田灌溉。

6)商店渠

巨鹿县城排污口通过商店渠截污回用。

商店渠为老漳河分支渠,是巨鹿县城雨水主要排水通道。商店渠在巨鹿境内全长 37.3 km。根据《巨鹿县城水系规划》,环城水系设计河道、节点公园和人工湿地总蓄水面积 160 万 $m^2$,总蓄水量 350 万 $m^3$。考虑蒸散发后排污口排放量为 314 万 t,环城水系设计河道、节点公园和人工湿地蓄水能力能满足要求。

7）暴贾渠

新河县污水处理厂排污口通过暴贾渠截污回用。

暴贾渠为人工开挖河道，渠首自贾家村村西滏东排河，自西向东汇入西沙河，全长14.8 km，暴贾渠槽蓄能力约为176万$m^3$。

新河县污水处理厂排污口污水排放量为70.2万t，可全部用于农灌。按照年灌溉3次，两次灌溉间隔最大约为4个月，考虑蒸发渗漏损失，每4个月需存蓄回用的污水量为16.4万t。暴贾渠槽蓄能力能满足要求。

暴贾渠不属于水功能区划，沿线不经过县城，主要为农田。达标排放的污水，经过进一步生态处理，可用于河渠生态和农田灌溉。

8）冀码渠

冀州市污水处理厂排污口通过冀码渠截污回用。

冀码渠为人工开挖排水河道，渠首自冀州市东羡村，先入衡水湖，至东羡家庄再汇入滏东排河，全长16.2 km，排污口至南关闸长12.9 km，冀码渠槽蓄能力约为161万$m^3$。

冀州市污水处理厂排污口污水排放量为198.8万t，可全部用于农灌。按照年灌溉3次，两次灌溉间隔最大约为4个月，考虑蒸发渗漏损失，4个月需存蓄回用的污水量为46.4万t。冀码渠槽蓄能力能满足要求。

对冀州市污水处理厂进行技术升级改造，进一步削减氨氮，修建氧化塘，提高污水水质，优先用于冀州市生态绿化、农田灌溉。

9）环城水系

肃宁县第二污水处理有限公司排污口通过小白河中支入环城水系截污回用。

小白河中支系东西向支渠，连通小白河西支、东支，在西郭庄村西入小白河西支，向东经梁屯，在西关向北绕肃宁城向东北在县原种场东入小白河东支，全长12.7 km，小白河中支槽蓄能力约为48.3万$m^3$。根据《肃宁县水系水网规划》，本次规划建设水闸18座，其中节制闸10座，总蓄水量可达到860万$m^3$。

该排污口污水排放量为613.3万t，可全部用于农灌。按照年灌溉3次，两次灌溉间隔最大约为4个月，考虑蒸发渗漏损失，每4个月需存蓄回用的污水量为142.1万t。肃宁县环城水系的蓄水能力能满足要求。

河北需回用排污口收纳水体可行性分析见表4-15。

**表4-15　河北需回用排污口收纳水体可行性分析**

| 排污口名称 | 收纳水体 | 存蓄回用能力分析 | 环境状况分析 |
|---|---|---|---|
| 魏县污水处理厂排污口 | 魏大馆排水渠 | 存蓄能力约为293万$m^3$；农业年需水量约为4 182万$m^3$；该排污口污水排放量为831万t，全部用于农灌。按照年灌溉3次，两次灌溉间隔最大约为4个月，考虑蒸发渗漏损失，每4个月需存蓄的污水量为194万t。存蓄能力满足要求 | 排水渠未列入水功能区划，沿线不经过县城，主要为农田。达标排放的污水，经过进一步生态处理，可用于河渠生态和农田灌溉 |

**续表 4-15**

| 排污口名称 | 收纳水体 | 存蓄回用能力分析 | 环境状况分析 |
| --- | --- | --- | --- |
| 广平县锦泰路排污口 | 田庄支渠 | 存蓄能力约为 533.9 万 $m^3$;农业年需水量约为 6 497 万 $m^3$;该排污口污水排放量为 485.2 万 t,全部用于农灌。按照年灌溉 3 次,两次灌溉间隔最大约为 4 个月,考虑蒸发渗漏损失,每 4 个月需存蓄回用的污水量为 113 万 t。存蓄能力能满足要求 | 排水渠未列入水功能区划,沿线不经过县城,主要为农田。达标排放的污水,经过进一步生态处理,可用于河渠生态和农田灌溉 |
| 曲周县城生活污水口 | 曲周县引黄调蓄工程 | 曲周县已有坑塘库容 800 万 $m^3$;该排污口污水排放量为 584 万 t,存蓄能力能满足要求 | 达标排放的污水可用于生态和农田灌溉 |
| 广宗城区排污口 | 洗马渠、魏村渠 | 存蓄能力约为 25.1 万 $m^3$;该排污口污水排放量为 340.3 万 t,用于农灌和县城生态。按照年灌溉 3 次,两次灌溉间隔最大约为 4 个月,考虑蒸发渗漏损失,每 4 个月需存蓄污水量为 79 万 t。洗马渠、魏村渠河槽存蓄能力约为 25.1 万 $m^3$,则需回用的污水量为 53.9 万 t。结合广宗县大力实施的三项工程,剩余污水用于县城水系 | 处理后用于广宗县环城水系、农田灌溉 |
| 平乡县城生活排污口 | 小漳河 | 存蓄能力约为 262.5 万 $m^3$;该排污口污水排放量为 354 万 t,可全部用于农灌。按照年灌溉 3 次,两次灌溉间隔最大约为 4 个月,考虑蒸发渗漏损失,每 4 个月需存蓄污水量为 83 万 t。槽蓄能力能满足要求 | 水功能区划为小漳河邢台农业用水区,沿线不经过县城,主要为农田。达标排放的污水,经过进一步生态处理,可用于河渠生态和农田灌溉 |
| 巨鹿县城排污口 | 商店渠 | 根据《巨鹿县城水系规划》,环城水系设计河道、节点公园和人工湿地总蓄水面积 160 万 $m^2$,总蓄水量 350 万 $m^3$;该排污口污水排放量为 449 万 t,环城水系设计河道、节点公园和人工湿地蓄水能力能满足要求 | |
| 新河县污水处理厂排污口 | 暴贯渠 | 槽蓄能力约为 176 万 $m^3$;该排污口污水排放量为 70.2 万 t,全部用于农灌。按照年灌溉 3 次,两次灌溉间隔最大约为 4 个月,考虑蒸发渗漏损失,每 4 个月需存蓄回用的污水量为 16.4 万 t。槽蓄能力能满足要求 | 不属于水功能区划,沿线不经过县城,主要为农田。达标排放的污水,经过进一步生态处理,可用于河渠生态和农田灌溉 |
| 冀州市污水处理厂排污口 | 冀码渠 | 槽蓄能力约为 161 万 $m^3$;该排污口污水排放量为 198.8 万 t,全部用于农灌。按照年灌溉 3 次,两次灌溉间隔最大约为 4 个月,考虑蒸发渗漏损失,每 4 个月需存蓄回用的污水量为 46.4 万 t。槽蓄能力能满足要求 | 对冀州市污水处理厂进行技术升级改造,进一步削减氨氮,修建氧化塘,提高污水水质,优先用于冀州市生态绿化、农田灌溉 |

续表 4-15

| 排污口名称 | 收纳水体 | 存蓄回用能力分析 | 环境状况分析 |
| --- | --- | --- | --- |
| 肃宁县第二污水处理有限公司排污口 | 小白河中支入环城水系 | 规划建设水闸18座,其中节制闸10座,总蓄水量可达到860万 $m^3$。该排污口污水排放量为613.3万t,可全部用于农灌。按照年灌溉3次,两次灌溉间隔最大约为4个月,考虑蒸发渗漏损失,4个月需存蓄回用的污水量为142.1万t。肃宁县环城水系的蓄水能力满足要求 | 经过进一步生态处理,可用于农田灌溉 |

5. 投资匡算及资金筹措

本次方案工程措施包括22个排污口的截污导流工程、污水处理厂升级改造工程、生态治理措施等方面,根据《水利工程设计概(估)算编制规定》《市政工程投资估算指标》等,经过测算共计20 842万元,其中工程投资6 461万元,生态投资14 381万元。规划投资匡算见表4-16。

表 4-16 规划投资匡算表

| 序号 | 排污口名称 | 规划采取措施 | 工程投资(万元) | 生态投资(万元) |
| --- | --- | --- | --- | --- |
| 1 | 魏县污水处理厂排污口 | 导流回用 | 392 | 2 277 |
| 2 | 广平县锦泰路排污口 | 导流回用 | 429 | 1 329 |
| 3 | 广平县城北工业区排污口 | 依法取缔 | 10 | |
| 4 | 曲周县城生活污水口 | 截污回用 | 150 | 1 600 |
| 5 | 新河县葛赵扬水站排污口 | 依法取缔 | 10 | |
| 6 | 新河县西关排污口 | 依法取缔 | 10 | |
| 7 | 新河县污水处理厂排污口 | 截污回用 | 500 | |
| 8 | 广宗城区排污口 | 截污回用 | 1 000 | 932 |
| 9 | 广宗县电镀园区合义渠排污口 | 依法取缔 | 10 | |
| 10 | 平乡县城生活排污口 | 截污回用 | 60 | 970 |
| 11 | 平乡县自行车工业园区排污口 | 依法取缔 | 10 | |
| 12 | 巨鹿县城排污口 | 截污回用 | 700 | 1 230 |
| 13 | 冀州市污水处理厂排污口 | 升级改造、截污回用 | 1 100 | 545 |
| 14 | 冀州市开元路西头南侧市政排污口 | 依法取缔 | 10 | |
| 15 | 冀州市滏阳路桥南排污口 | 依法取缔 | 10 | |
| 16 | 冀州市化肥厂市政排污口 | 依法取缔 | 10 | |
| 17 | 冀州市长安路冀午渠桥北侧排污口 | 依法取缔 | 10 | |
| 18 | 肃宁县第二污水处理有限公司排污口 | 截污回用 | 2 000 | 1 680 |
| 19 | 任丘市东方水洗厂排污口 | 依法取缔 | 10 | |
| 20 | 任丘市方元水洗厂排污口 | 依法取缔 | 10 | |
| 21 | 任丘市凤莲水洗厂排污口 | 依法取缔 | 10 | |
| 22 | 任丘市正阳水洗厂排污口 | 依法取缔 | 10 | |
| 23 | 干渠沿线面源治理工程 | 面源植物防护带 | | 3 818 |
| 合计 | | | 6 461 | 14 381 |

其中，面源治理工程共需投资 3 818 万元（不包括工程拆迁等间接费用），由地方政府投资；排污口生态治理工程中，10 563 万元的生态投资由政府、排污单位统筹解决；工业污染治理，贯彻“谁污染、谁治理”的原则，资金由企业自筹；对于因提高排放标准增加的投资，政府给予适当补助；城市污水处理厂项目，按基本建设项目管理程序审批，政府视情况给予补助。

6. 责任主体

引黄入冀补淀工程作为河北省重要跨流域调水工程，为保证 2016 年引黄入冀补淀工程通水前水质达标，对于本方案实施的各项具体工作分别明确责任主体。

1）城镇污水处理厂

该项工作由输水沿线县（市、区）政府负责，县（市、区）长为第一责任人，分管副县（市、区）长及直接负责城市污水处理厂建设和管理的政府部门负责人为具体责任人。

2）重污染工业企业污染防治

由输水沿线县（市、区）政府负责，县（市、区）长为第一责任人，分管工业、环保的副县（市、区）长和环保局局长为具体责任人。

3）工业污染防治

凡违法超标排污企业，超标 1 倍以下的发现 1 次停产治理，给予经济处罚，发现 2 次立即关闭、取缔；超标排放 1 倍以上的立即予以关闭。私设暗道偷排的，一经发现，立即关闭、取缔。同时，按照有关法律、法规，对企业相关责任人予以相应处罚；因环境监管人员未能履行职责，视情节轻重，给予记过、降级、撤职或开除处分。

4）新污染源防治

由输水沿线县（市、区）政府负责，县（市、区）长为第一责任人，分管副县（市、区）长、环保局局长为具体责任人。

凡省辖市以上环保部门发现 2 起以下违反国家产业政策的建设项目，对县（市、区）政府通报批评；2 起以上的，将按照有关规定，追究所在县（市、区）县（市、区）长、分管环保的副县（市、区）长和环保局局长的责任。

5）推行清洁生产

由输水沿线县（市、区）政府负责，县（市、区）长为第一责任人，分管工业、环保的副县（市、区）长和环保局局长为具体责任人。对不实施清洁生产审核或虽经审核但不如实上报审核结果的，责令限期改正，按《中华人民共和国清洁生产促进法》的相关条款予以处罚。

6）农业污染源控制

由输水沿线有关县（市、区）政府负责，县（市、区）长为第一责任人，分管农业、环保、水利的副县（市、区）长为具体责任人。

7）入河排污口整治责任主体

由输水沿线有关县（市、区）政府负责，县（市、区）长为第一责任人，分管水利的副县（市、区）长、水利局局长为具体责任人。22 个沿线入河排污口整治责任主体见表 4-17。

**表4-17　输水沿线排污口整治责任主体表**

| 序号 | 排污口名称 | 审批部门 | 规划采取措施 | 责任主体 | 监督管理主体 |
|---|---|---|---|---|---|
| 1 | 魏县污水处理厂排污口 | 邯郸市环保局 | 导流回用 | 魏县政府 | 邯郸市政府 |
| 2 | 广平县锦泰路排污口 | 邯郸市环保局 | 导流回用 | 广平县政府 | |
| 3 | 广平县城北工业区排污口 | | 依法取缔 | | |
| 4 | 曲周县城生活污水口 | 邯郸市环保局 | 截污回用 | 曲周县政府 | |
| 5 | 新河县葛赵扬水站排污口 | | 依法取缔 | 新河县政府 | 邢台市政府 |
| 6 | 新河县西关排污口 | | 依法取缔 | | |
| 7 | 新河县污水处理厂排污口 | | 截污回用 | | |
| 8 | 广宗城区排污口 | 广宗县住建局 | 截污回用 | 广宗县政府 | |
| 9 | 广宗县电镀园区合义渠排污口 | 广宗县住建局 | 依法取缔 | | |
| 10 | 平乡县城生活排污口 | 邢台市水务局 | 截污回用 | 平乡县政府 | |
| 11 | 平乡县自行车工业园区排污口 | | 依法取缔 | | |
| 12 | 巨鹿县城排污口 | 邢台环境保护局 | 截污回用 | 巨鹿县政府 | |
| 13 | 冀州市污水处理厂排污口 | 冀州市水务局 | 升级改造、截污回用 | 冀州市政府 | 衡水市政府 |
| 14 | 冀州市开元路西头南侧市政排污口 | | 依法取缔 | | |
| 15 | 冀州市滏阳路桥南排污口 | | 依法取缔 | | |
| 16 | 冀州市化肥厂市政排污口 | | 依法取缔 | | |
| 17 | 冀州市长安路冀午渠桥北侧排污口 | | 依法取缔 | | |
| 18 | 肃宁县第二污水处理有限公司排污口 | 沧州市环保局 | 截污回用 | 肃宁县政府 | 沧州市政府 |
| 19 | 任丘市东方水洗厂排污口 | 任丘市水务局 | 依法取缔 | 任丘市政府 | |
| 20 | 任丘市方元水洗厂排污口 | 任丘市水务局 | 依法取缔 | | |
| 21 | 任丘市凤莲水洗厂排污口 | 任丘市水务局 | 依法取缔 | | |
| 22 | 任丘市正阳水洗厂排污口 | 任丘市水务局 | 依法取缔 | | |

#### 4.1.2.5　治理方案实施情况下白洋淀水质预测

为客观评价输水沿线水污染治理方案实施后输水沿线水质及入白洋淀水质状况，本评价运用水环境模型预测沿线及白洋淀水质变化。

1. 预测方案

综合考虑本工程各水平年调水过程、引黄口段水质状况，以及输水沿线排污口分布状况、治理情况、整治方案和实施可能性等,针对各类排污口部分整治和全部整治等,环评工作过程中设置了 6 种工况、36 个情景方案进行了模拟分析,结果表明,只有在河南、河北输水渠道排污口全部整治情况下和一定引水条件下,入白洋淀水质才能达到其水功能区水质目标。

因此,以下仅对输水渠道排污口全部整治情况下的各种情景模拟结果给予说明。即河南濮阳第二污水处理厂投产运用且出水排马颊河,河南段输水渠道不再有排污口分布;河北输水沿线排污口全部整治,河北段输水沿线不再有排污口分布。

情景一:多年平均

引黄总干渠 100 $m^3/s$,入河北流量 60 $m^3/s$,引黄口水质Ⅲ类;

引黄总干渠 100 $m^3/s$,入河北流量 60 $m^3/s$,引黄口水质Ⅳ类。

情景二:75% 水平年

引黄总干渠 78 $m^3/s$,入河北流量 40 $m^3/s$,引黄口水质Ⅲ类;

引黄总干渠 78 $m^3/s$,入河北流量 40 $m^3/s$,引黄口水质Ⅳ类。

情景三:90% 水平年

引黄总干渠 61.4 $m^3/s$,入河北流量 25 $m^3/s$,引黄口水质Ⅲ类;

引黄总干渠 61.4 $m^3/s$,入河北流量 25 $m^3/s$,引黄口水质Ⅳ类。

2. 预测评价结果

根据模型模拟成果,在完全治理情况下,引黄总干渠在多年平均情况下(引水 100 $m^3/s$),引水口水质为Ⅲ、Ⅳ类时,入白洋淀断面的 COD 浓度分别为 18.79 mg/L、23.05 mg/L,氨氮浓度分别为 0.93 mg/L、1.31 mg/L,TN 浓度分别为 1.879 mg/L、2.659 mg/L,TP 浓度分别为 0.125 mg/L、0.202 mg/L,当引水口水质为Ⅲ类时,除 TN 外其他水质指标均满足Ⅲ类水要求;引黄总干渠在 75% 水平年情况下(引水 78 $m^3/s$),引水口水质为Ⅲ、Ⅳ类时,入白洋淀断面的 COD 浓度分别为 19.48 mg/L、24.55 mg/L,氨氮浓度分别为 0.98 mg/L、1.41 mg/L,TN 浓度分别为 1.970 mg/L、2.848 mg/L,TP 浓度分别为 0.14 mg/L、0.205 mg/L,当引水口水质为Ⅲ类时,除 TN 外其他水质指标均满足Ⅲ类水要求;引黄河总干渠在 90% 水平年情况下(引水 61.4 $m^3/s$),引水口水质为Ⅲ、Ⅳ类时,入白洋淀断面的 COD 浓度分别为 22.03 mg/L、25.99 mg/L,氨氮浓度分别为 1.24 mg/L、1.45 mg/L,TN 浓度分别为 2.492 mg/L、2.915 mg/L,TP 浓度分别为 0.201 mg/L、0.223 mg/L,水质不能满足Ⅲ类水要求。

综合以上分析,在完全治理情况下,引水口水质为Ⅲ类,在多年平均(引水 100 $m^3/s$)和 75% 水平年(引水 78 $m^3/s$)情况下,除 TN 外入白洋淀断面的 COD、氨氮、TP 浓度均达到Ⅲ类水标准,满足水功能区水质目标。

在 90% 水平年(引水为 61.4 $m^3/s$)情况下,入白洋淀断面的 COD、氨氮、TN、TP 浓度超过地表水Ⅲ类水标准,在输水沿线水污染治理方案完全实施的基础上,COD、氨氮、TN、TP 分别还需削减 266 t、32 t、572.46 t、35.78 t,削减率分别达到 7.8%、17.6%、23.3%、19.1%,入白洋淀水质才能达到Ⅲ类水标准。当黄河引水口水质为Ⅳ类时,所有情景下入白洋淀水质均不能达标,为确保白洋淀水质安全,当黄河引水口河段水质超Ⅲ类标准时,应停止向白洋淀进行生态补水。

# 4.2　调水规模合理性分析

## 4.2.1　受水区需调水量合理性分析

### 4.2.1.1　水资源量及开发利用现状评价

1. 农业受水区

1) 水资源量状况

引黄入冀补淀工程沿线河北受水区 1956 ~ 2000 年多年平均水资源总量为 14.27 亿 $m^3$,其中地表水资源量为 3.32 亿 $m^3$,地下水资源量为 11.44 亿 $m^3$(矿化度≤2 g/L),地下水可开采量为 10.68 亿 $m^3$。其中黑龙港区域地表水资源呈衰减状态,1956 ~ 2000 年系列较 1956 ~ 1979 年系列地表水资源量减少 29.0%。

2) 用水量状况

根据 2001 ~ 2010 年近 10 年供用水统计资料,工程沿线河北受水区内总用水量基本保持在 29 亿 ~ 32 亿 $m^3$ 水平,多年平均用水量为 30.53 亿 $m^3$。其中生活用水量为 2.85 亿 $m^3$,占 9.3%;工业用水量 2.13 亿 $m^3$,占 7.0%;农业用水量 25.48 亿 $m^3$,占 83.5%。

3) 供水量状况

2001 ~ 2010 年近 10 年实际供水量为 30.53 亿 $m^3$,其中地表水供水量为 2.31 亿 $m^3$,占 7.6%;地下水供水量为 27.64 亿 $m^3$,占 90.5%。由于浅层地下水含水层较薄,开采条件越来越差,深层地下水开采量呈逐年增大趋势。

4) 水资源开发利用程度

引黄入冀补淀工程沿线多年平均地表水资源量为 3.32 亿 $m^3$,近 10 年平均地表水年利用量为 2.31 亿 $m^3$,地表水资源开发利用程度达到 70%,属于过度开发。

地下水可开采量为 10.68 亿 $m^3$,2010 年实际地下水开采量为 27.64 亿 $m^3$,地下水资源开发利用程度高达 259%,处于严重超采状态。

2. 白洋淀受水区

1) 水资源量状况

采用 1956 ~ 2000 年 45 年资料系列成果,多年平均水资源量 36.52 亿 $m^3$,其中地表水资源量 20.29 亿 $m^3$,地下水资源量 29.62 亿 $m^3$(矿化度≤2 g/L),重复量 13.39 亿 $m^3$。近年来,由于下垫面条件变化,加之降雨减少致使地表水资源呈衰减状态,近 10 年平均水资源总量为 22.16 亿 $m^3$。

2) 用水量

根据《河北省水资源公报》和《河北省水资源评价》,白洋淀流域 2005 ~ 2010 年近 6 年内总用水量基本保持在 35 亿 ~ 38 亿 $m^3$ 水平,其中生活用水量为 2.78 亿 $m^3$,居民生活用水全部取用深层地下水;工业用水量 3.31 亿 $m^3$,占 9.1%;农业用水量 29.22 亿 $m^3$,占 80.5%。

3) 供水量

白洋淀 2005 ~ 2010 年近 6 年实际供水量为 36.32 亿 $m^3$,地表水供水量为 3.42 亿

$m^3$,占 9.4%;地下水供水量为 32.71 亿 $m^3$,占 90.1%;其他水源供水量 0.19 亿 $m^3$,占 0.5%。

4)水资源开发利用程度

白洋淀近 10 年平均水资源总量 22.16 亿 $m^3$,地表、地下实际平均供水量为 38.43 亿 $m^3$,远远大于水资源总量,水资源开发率达到 173%。供水量大部分来源于超采地下水,使地下水长期处于严重超采状态。

3.水资源开发利用程度

本次引黄入冀补淀工程河北受水区水资源极其贫乏,人均水资源占有量极低,按基准年人口统计,人均水资源量为 115 $m^3$,仅为全省人均水资源量的 1/3,远低于国际公认的人均 500 $m^3$ 极度缺水标准,也低于人均 300 $m^3$ 的维持人类生存最低标准。

水资源开发利用程度高,地下水超采严重,受水区地表水开发利用程度评价结果为 70%,远超过水资源生态安全可开发利用率(30% ~50%);地下水资源开发利用程度为 259%,地下水超采严重。受水区水资源量及开发利用水平评价见表 4-18。

**表 4-18　引黄入冀补淀工程河北农业受水区水资源量及开发利用水平评价**

| 区域 | 人均水资源量($m^3$/人) | 地表水水资源开发利用程度评价 | | 地下水资源开发利用程度评价 | |
|---|---|---|---|---|---|
| 农业受水区 | 115 | 70% | 超过国际公认的生态安全水资源开发利用率(30% ~50%) | 259% | 地下水超采严重,劣 |
| 白洋淀受水区 | 68.7 | 水资源总量 22.16 亿 $m^3$,地表、地下实际平均供水量为 38.43 亿 $m^3$,水资源开发利用率为 173%,地下水超采严重 | | | |
| 河北省 | 304 | 水资源利用率为 107%,尤其是地下水超采严重 | | | |
| 全国 | 2 500 | 16.7% | 优 | 13.4% | 优 |
| 黄河流域 | 593 | 67.6%(根据 2010 年水资源公报数据计算) | 超过国际公认的生态安全(30% ~50%)水资源开发利用率 | 32.9% | 地下水开采程度相对较小 |
| 海河流域 | 305 | 82.2%(根据 2010 年水资源公报有关数据计算) | 远超过国际公认的生态安全(30% ~50%)水资源开发利用率 | 105.3% | 地下水超采严重 |

#### 4.2.1.2　工程沿线社会经济需水预测及合理性分析

1.社会经济需水预测

1)生活需水量预测

生活需水分城镇居民和农村居民两类,人均日用水量根据《用水定额》(河北省地方标准 DB13/T 1161—2009）结合供水区域用水水平现状确定，供水区域内城镇居民用水平均定额为93 L/（人·d），农村居民用水平均定额为59 L/（人·d）。根据各县国民经济和社会发展“十二五”规划，人口自然增长率控制在8.5‰～7‰以下，城镇化率达到55%以上。经预测，引黄入冀补淀供水区域内2020年生活需水量由现状的2.86亿 $m^3$ 增长至3.83亿 $m^3$，其中城镇居民生活需水量由现状的1.54亿 $m^3$ 增长至2.53亿 $m^3$，农村居民生活需水量基本维持现状。

2）农业需水量预测

本次预测按照耕地面积维持不变考虑，种植结构基本维持现状不变。

农业需水量预测设置两个方案：一是采用节水灌溉定额预测合理的需水量；二是维持现状灌溉水平，不增加现状灌溉定额，根据规划水平年的灌溉水利用系数测算需水量。

方案1需水：根据《用水定额》，按照作物种植比例计算规划范围节水综合灌溉净定额，黑龙港北区为131 $m^3$/亩，黑龙港南区为139 $m^3$/亩。引黄入冀补淀受水区农田灌溉水利用系数现状为0.72，实际农田灌溉用水量为24.17亿 $m^3$。至2020年，实施引黄工程井灌比例降低，渠灌比例增大，灌溉水利用系数提高至0.73。据此计算，按强化节水灌溉水平预测农田灌溉需水量为28.65亿 $m^3$。

方案2需水：考虑到受水区内水资源短缺，地下水（尤其是深层地下水）超采严重，引黄入冀补淀工程实施后，不宜用来提高灌溉水平，而应该首先弥补地下水超采量。据此原则，按照现状亏水灌溉定额，发展节水灌溉条件下对农业需水进行预测，农田灌溉需水量为23.82亿 $m^3$。

林牧渔业需水包括林果地灌溉、牲畜用水和鱼塘补水等，林牧渔需水量维持现状1.78亿 $m^3$ 不变。

3）工业需水量预测

根据河北沿线涉及的各县国民经济和社会发展“十二五”规划，国民生产总值增长率在8%～10%，第三产业所占比例提高10%以上。

工业需水量采用万元增加值用水量法进行预测。2020年，工业万元增加值用水量由现状的23 $m^3$/万元降至17.87 $m^3$/万元，工业需水量由现状的2.37亿 $m^3$ 增至3.98亿 $m^3$。

4）建筑业及第三产业需水量

建筑业和第三产业需水根据万元增加值用水量法进行预测。据预测，建筑业、第三产业万元增加值用水量分别由现状的16 $m^3$/万元和7 $m^3$/万元降至11 $m^3$/万元和5 $m^3$/万元，建筑业需水量由现状的0.18亿 $m^3$ 增至0.27亿 $m^3$，第三产业需水量由现状的0.49亿 $m^3$ 增至0.90亿 $m^3$。

5）河道外生态环境需水量

河道外生态环境需水主要为城镇环境需水，采用定额法预测。道路喷洒需水量为1 L/（$m^2$·次），绿化用水定额为0.6 $m^3$/（$m^2$·a），公园湖泊补水定额为5 000 $m^3$/（$hm^2$·a），人工河道补水定额为5万 $m^3$/（$hm^2$·a），城镇环境需水量由现状的0.30亿 $m^3$ 增至0.74亿 $m^3$。

综合以上可知，在考虑充分灌溉（强化节水）条件下，规划水平年 2020 年工程沿线河北受水区总需水量共计 40.15 亿 $m^3$，其中农业需水 30.42 亿 $m^3$，占总需水量的 75.8%；在考虑非充分灌溉条件下，规划水平年 2020 年工程沿线河北受水区总需水量共计 35.33 亿 $m^3$，其中农业需水 25.6 亿 $m^3$，占总需水量的 72.5%。见表 4-19。

**表 4-19　河北受水区 2020 年需水量预测成果**　（单位：万 $m^3$）

| 方案 | 地级市 | 生活需水 | | | 工业 | 农业需水 | | | 建筑业 | 第三产业 | 城市环境 | 总计 |
|---|---|---|---|---|---|---|---|---|---|---|---|---|
| | | 城镇 | 农村 | 小计 | | 农田灌溉 | 林牧渔畜 | 小计 | | | | |
| 节水灌溉 | 邯郸 | 6 840 | 3 658 | 10 499 | 3 981 | 93 152 | 7 011 | 100 163 | 901 | 2 326 | 2 241 | 120 111 |
| | 邢台 | 6 650 | 4 324 | 10 974 | 12 924 | 88 695 | 3 480 | 92 175 | 588 | 1 885 | 1 600 | 120 148 |
| | 衡水 | 4 654 | 1 035 | 5 689 | 10 475 | 38 352 | 1 561 | 39 913 | 396 | 1 508 | 1 744 | 59 725 |
| | 沧州 | 6 251 | 3 438 | 9 689 | 11 293 | 60 851 | 4 910 | 65 761 | 691 | 2 865 | 1 774 | 92 073 |
| | 廊坊 | 878 | 560 | 1 438 | 1 185 | 5 414 | 820 | 6 234 | 131 | 425 | 39 | 9 453 |
| | 总计 | 25 274 | 13 016 | 38 290 | 39 859 | 286 464 | 17 781 | 304 245 | 2 707 | 9 010 | 7 399 | 401 508 |
| 非充分灌溉 | 邯郸 | 6 840 | 3 658 | 10 499 | 3 981 | 65 213 | 7 011 | 72 223 | 901 | 2 326 | 2 241 | 92 171 |
| | 邢台 | 6 650 | 4 324 | 10 974 | 12 924 | 78 737 | 3 480 | 82 217 | 588 | 1 885 | 1 600 | 110 189 |
| | 衡水 | 4 654 | 1 035 | 5 689 | 10 475 | 40 322 | 1 561 | 41 882 | 396 | 1 508 | 1 744 | 61 694 |
| | 沧州 | 6 251 | 3 438 | 9 689 | 11 293 | 48 273 | 4 910 | 53 183 | 691 | 2 865 | 1 774 | 79 495 |
| | 廊坊 | 878 | 560 | 1 438 | 1 185 | 5 698 | 820 | 6 519 | 131 | 425 | 39 | 9 738 |
| | 总计 | 25 274 | 13 016 | 38 290 | 39 859 | 238 243 | 17 781 | 256 024 | 2 707 | 9 010 | 7 399 | 353 287 |

2. 社会经济需水预测合理性分析

1) 用水指标合理性分析

对比黄河流域、海河流域及全国的用水指标，河北受水区的城镇生活用水定额远小于海河流域、黄河流域及全国生活用水定额，河北受水区的农村生活用水定额小于海河流域、全国的生活用水定额，略大于黄河流域农村生活用水定额。

河北受水区万元工业增加值用水量由现状的 23 $m^3$/万元降至 18 $m^3$/万元，远小于海河流域、黄河流域、全国及最严格水资源管理制度提出的指标。

河北受水区黑龙港北区的灌溉定额为 131 $m^3$/亩，黑龙港南区的灌溉定额为 139 $m^3$/亩，远低于海河流域、黄河流域及全国的灌溉定额。

河北受水区的农田灌溉系数由现状的 0.72 提高到 0.73，和海河流域 2020 年保持一致，高于黄河流域、全国、最严格水资源管理制度及河北省实行最严格水资源管理制度红线控制目标分解方案的指标。

总体上，河北受水区生活用水指标比较符合河北省的实际，预测指标较为合理，见表 4-20、表 4-21。

表4-20　河北受水区生活与工业需水预测指标对比分析表

| 区域 | 城镇生活用水定额（L/(人·d)） | 农村生活用水定额（L/(人·d)） | 万元工业增加值用水量（$m^3$/万元） |
|---|---|---|---|
| 河北受水区 | 93 | 59 | 由现状23降至18 |
| 海河流域 | 118 | 70 | 现状:40;2020年:23 |
| 黄河流域 | 103 | 51 | 现状:104;2020年:53 |
| 全国 | 193 | 83 | 90 |
| 最严格水资源管理制度 | — | — | 2020年:65;2030年:40 |
| 合理性分析 | 对比项目区、海河流域、黄河流域及全国的生活与工业需水预测指标，本项目区采用的预测指标比较符合河北省的实际，预测指标较合理 | | |

表4-21　河北受水区农业需水预测指标对比分析

| 区域 | 灌溉定额（$m^3$/亩） | 农田灌溉系数 |
|---|---|---|
| 河北受水区 | 黑龙港北区为131<br>黑龙港南区为139 | 由现状的0.72提高至0.73 |
| 海河流域 | 224 | 现状:0.64;2020年:0.73 |
| 黄河流域 | 现状:434;2020年:379 | 现状:0.49;2020年:0.56 |
| 全国 | 421 | 2020年:0.55 |
| 最严格水资源管理制度 | — | 2015年:0.53;2020年:0.55 |
| 河北省实行最严格水资源管理制度红线控制目标分解方案 | — | 2013～2015年:<br>全省:0.662、0.664、0.670<br>邯郸:0.622、0.626、0.630<br>邢台:0.618、0.622、0.626<br>保定:0.636、0.640、0.643<br>衡水:0.708、0.714、0.720<br>沧州:0.701、0.706、0.710<br>廊坊:0.700、0.705、0.710 |
| 合理性分析 | 对比项目区、海河流域、黄河流域、全国及河北省最严格水资源管理制度红线控制目标分解方案的农业需水预测指标，项目灌溉定额指标远远低于海河流域、黄河流域及全国指标。农田灌溉系数基本符合海河流域规划，预测指标较合理 | |

2）社会经济发展指标合理性分析

对比分析本工程河北引黄项目区和《海河流域综合规划》河北省社会经济发展指标，其中河北引黄项目区人口增长率指标、GDP增长率指标基本与《海河流域综合规划》河北省指标保持一致，但城镇化率指标高于《海河流域综合规划》河北省指标。

对比分析河北引黄项目区和河北省人口、灌溉面积、工业产值、GDP，城镇、生活、工业、农业需水量，以及相应比例关系，相对于项目区农业灌溉面积、人口、GDP、工业产值等社会经济状况，农业生产、城镇生活、农村生活、工业等需水量低于河北省平均水平；但因项目区规划水平年城镇化率较高，城市环境需水量高于河北省平均水平。见表4-22。

**表4-22　河北受水区社会经济发展指标及需水预测合理性分析表**

| 社会经济指标及需水量预测 | 指标 | 引黄项目区 | 河北省(《海河流域综合规划》) | 项目区占河北省比例(%) |
| --- | --- | --- | --- | --- |
| 社会经济指标 | 人口增长率(%) | 8.5～7.0 | 8.48 | — |
| | 城镇化率(%) | 55 | 49 | — |
| | GDP增长率(%) | 8～10 | 10 | — |
| | 人口(万人) | 1 350 | 7 483 | 18.04 |
| | 灌溉面积(万亩) | 1 034 | 5 671 | 18.23 |
| | 工业产值(亿元) | 2 229.8 | 15 241 | 14.63 |
| | GDP(亿元) | 4 867.8 | 32 313 | 15.06 |
| 预测需水量(万t) | 城镇生活需水 | 2.527 4 | 14.89 | 16.97 |
| | 农村生活需水 | 1.301 6 | 9.50 | 13.70 |
| | 工业需水 | 5.157 6 | 50.28 | 10.26 |
| | 农业生产需水 | 25.602 4 | 166.12 | 15.4 |
| | 城市环境需水 | 0.739 9 | 1.95 | 37.94 |
| | 总计 | 35.328 7 | 242.74 | 14.55 |

3)用水结构合理性分析

根据可行性研究报告需水预测成果，至2020年总用水量呈增长趋势，但农业用水量略有下降。本工程主要受水对象为农业灌溉，可行性研究报告对农业需水量预测分别采用节水定额和现状亏水灌溉定额计算，节水灌溉条件下，规划水平年农业需水量较现状农业实际用水量基本持平。亏水灌溉条件下，农业用水所占比重降低，生活、三产、工业和环境需水量所占比重增大，建筑业需水量所占比重基本维持现状，从用水构成看，比较符合河北省实际。

4)社会经济预测需水量合理性分析

综合以上分析，本工程河北项目区社会经济及农业灌溉用水指标、用水定额等低于河北省、海河流域、全国水平，项目区社会经济发展指标除城镇化率外基本与河北省平均水平一致。相对于项目区农业灌溉面积、人口、GDP、工业产值等社会经济状况，除城市环境需水外，农业生产需水、城镇生活、农村生活、工业等需水量低于河北省平均水平。因此，评价认为本工程河北项目区社会经济需水量预测基本合理。

#### 4.2.1.3　白洋淀生态环境需水合理性分析及社会经济需水预测

1.白洋淀主要保护对象

为保护白洋淀湖泊湿地生态环境，国家有关部门建立了白洋淀湿地省级自然保护区和白洋淀国家级水产种质资源保护区，主要保护对象是内陆淡水湿地生态系统及重点保护珍稀濒危野生动植物物种；白洋淀国家级水产种质资源保护区主要保护对象是青虾、黄颡鱼、乌鳢、鳜鱼等，特别保护期为4月1日至10月31日。

2. 白洋淀最小生态水量

国家"水专项"课题"白洋淀水质改善与沼泽化控制技术及工程示范研究"专题采用最低年平均水位法、年保证率设定法及功能法确定最低生态水位，确定最低生态水位下白洋淀的最小生态需水量。

1）最低年平均水位法

利用最低年平均水位法计算最低生态水位，关键是确定权重λ。根据白洋淀生态资源情况，选取鱼虾产量和鱼类种类两个生态指标来计算。自1950～2002年鱼虾产量和鱼类种类变化情况见表4-23。

**表4-23　白洋淀不同时期鱼虾产量和鱼类种类**

| 年份 | 1950～1959 | 1960～1969 | 1970～1979 | 1980～1989 | 1990～1999 | 2000～2008 |
|---|---|---|---|---|---|---|
| 鱼虾产量(t) | 6 915 | 4 340 | 16 005 | 1 270 | 12 254.2 | 29 136.7 |
| 年份 | 1958 | 1975 | 1980 | 1990 | 2002 | |
| 鱼类种类(种) | 54 | 35 | 40 | 24 | 33 | |

由表4-23可知，鱼虾产量在1990～2000年时段内变化最大，故$\xi_1$的取值范围为1990～2000年所对应的年最低水位，鱼类种类在1980～1990年时段内变化最大，故$\xi_2$的取值范围为1980～1990年所对应的年最低水位。根据白洋淀水位资料，可算得$E(\xi_1)$为7.29 m，$E(\eta_1)$为7.15 m；$E(\xi_2)$为6.91 m，$E(\eta_2)$为7.32 m。代入经验公式，计算得权重λ为1.020。

将权重λ=1.020和1919～2001年最低水位系列资料，代入最低年平均水位法计算公式(4-1)，计算得最低生态水位为7.33 m。

$$H_{\min} = \lambda \frac{\sum_{i=1}^{n} H_i}{n} \tag{4-1}$$

2）年保证率设定法

选取1919～2001年最低水位资料，按从大到小的顺序排列。选经验频率公式$P=75\%$，计算得相应的水文年为1994年，对该水文年的生态系统健康进行评价，结果为中等，再由湖泊生态系统健康等级与权重$\mu$的对应关系，得权重$\mu$为1.000。代入式(4-2)，计算得白洋淀最低生态水位为7.28 m。

$$H_{\min} = \mu \overline{H} \tag{4-2}$$

3）功能法

根据白洋淀生态系统功能，确定其最低生态水位主要从渔业、旅游业、芦苇及其他水生植物所需要的水位等方面考虑，见表4-24。

表 4-24　功能法确定水位详表

| 功能类型 | 生态需水要求 | 最低水位(m) |
| --- | --- | --- |
| 动物栖息 | 当水深为 1.77 ~ 4 m,是鱼、虾、河蟹和元鱼等生存所需要的最佳水位 | 1.77 |
| 旅游 | 主要包括划船、垂钓及其他水上娱乐等。一般来说,当水深达到 0.7 m 时即可满足划船的需要 | 0.7 |
| 植物生境 | 春季芦苇发芽时,最佳水深为 0.5 ~ 1.0 m,生长期最佳水深为 1.0 m,且水深的大幅度变化对芦苇生长极为不利 | 取平均水深 0.75 |
| 水生生物栖息 | 生活在水深为 1 ~ 5 m 处为宜 | 1 |

遵循最大值原则,并结合白洋淀水资源管理目标,发挥白洋淀生态功能的最低水深取 1.77 m。根据白洋淀淀底高程 5.5 ~ 6.5 m,取 5.5 m,可得白洋淀的最低生态水位为 7.27 m。

通过以上计算,可看出不同的方法所得到的最低生态水位不完全一致,但相差很小,相差最大的为 0.06 m,相差最小的仅为 0.01 m。经过比较分析,白洋淀的最低生态水位取 7.30 m。根据白洋淀最低生态水位计算和分析确定的水位,分析白洋淀水位、面积和水量对应关系,在最低生态水位 7.30 m 时,相应的水面面积为 122 $km^2$,蓄水量为 1.26 亿 $m^3$,确定白洋淀生态需水量为 1.26 亿 $m^3$。

3. 白洋淀不干淀生态水量确定

在目前白洋淀水量不足的条件下,白洋淀淀内水量消耗仅考虑维持白洋淀不干淀(干淀水位 5.1 m)蒸发、渗漏消耗量。即淀内水位由 5.1 m 起开始补淀,经 1 年蒸发、渗漏损失后,水位再回落至 5.1 m,即以淀内蒸发、渗漏损失消耗量作为维持不干淀生态需水量。

1) 蒸发深、降水深

由白洋淀 1972 ~ 2006 年共 35 年蒸发量进行统计分析可知,淀区多年平均蒸发深 999.4 mm;由白洋淀 1956 ~ 2006 年 51 年实测降水系列统计分析,得到淀区多年平均降水深 493 mm。

2) 渗漏量

白洋淀渗漏量主要与淀内水位有关。本次对淀区渗漏量分别采用试验法与实测资料分析法进行计算后合理选用。

试验法:根据西大坞地质钻孔资料,参考河北省水利科学研究院对白洋淀截渗沟的截渗效果所进行的试验研究成果,采用模拟试验成果,以裘布依公式进行计算,求得淀内水位—渗漏量关系,见表 4-25。

表 4-25　白洋淀淀内水位—渗漏量关系

| 蓄水位(cm) | 3.5 | 4.6 | 5.1 | 5.6 | 5.9 | 7.1 | 7.6 |
| --- | --- | --- | --- | --- | --- | --- | --- |
| 淀区渗漏量(亿 $m^3$) | 0 | 0.059 | 0.127 | 0.205 | 0.235 | 0.407 | 0.477 |

实测资料分析法：根据白洋淀实测水位、降水、蒸发资料，选择基本无入淀、出淀水量的年份计算渗漏量。选1993年4月至1994年3月为典型时段，该段时间内无出、入淀水量，且淀内水位变幅6.21～5.19 m（各月平均水位5.67 m），该时段淀内水量减少1.09亿$m^3$，扣除该时段净蒸发损失量0.61亿$m^3$（时段蒸发量、降水量分别为1 025 mm、455 mm），则淀内渗漏量为0.48亿$m^3$。其他水位对应渗漏量按本次计算水位—渗漏量成正比进行计算。淀内水位由5.1 m起开始补淀，经1年蒸发、渗漏损失后，水位再回落至5.1 m的蒸发、渗漏损失量。

经分析计算可知，按试验法计算补淀水量为0.65亿$m^3$，对应的补淀后淀内水位为5.8 m。

按实测资料分析法计算的补淀水量为1.06亿$m^3$（按1.1亿$m^3$计），对应的补淀后淀内水位为6.15 m。

结合近年引黄入淀实际，本次采用实测法计算结果，即为维持白洋淀不干淀，为补充淀内蒸发、渗漏损失，年需补淀水量1.1亿$m^3$。

4.白洋淀生态用水合理性分析

1）白洋淀生态补水目标

白洋淀流域水资源供需矛盾尖锐，水资源开发利用程度已高达173%。随着干旱和污染的双重威胁，白洋淀逐步退化、萎缩，并数次出现干淀现象。考虑到白洋淀流域及区域水资源贫乏，白洋淀湿地资源性缺水、水质性缺水和生态系统失衡现象严重，调水区黄河下游水资源短缺、水资源供需矛盾突出。因此，将维持白洋淀不干淀水位、维持白洋淀湖泊湿地基本生态功能发挥作为白洋淀生态补水目标。

2）入淀水量变化

由于上游水利工程建设、水资源开发利用等原因，入淀河流已发生很大的变化，现在已全部断流，仅府河和漕河承接污水后排入白洋淀，基本没有天然水经河流自然入淀。

3）白洋淀生态用水合理性分析

国务院批复的《海河流域综合规划》提出白洋淀湿地的生态水量配置：生态水面122 $km^2$，规划生态水量1.05亿$m^3$。

国家“水专项”课题“白洋淀水质改善与沼泽化控制技术及工程示范研究”专题研究，确定白洋淀生态需水量为1.26亿$m^3$。

本次工程设计白洋淀生态补水量为1.1亿$m^3$，补水目的是保持白洋淀不干淀，维持白洋淀基本生态功能。该补水量与国家“水专项”课题“白洋淀水质改善与沼泽化控制技术及工程示范研究”专题研究确定的白洋淀生态需水量仅少0.16亿$m^3$。

白洋淀流域水资源开发利用程度较高，生态需水被严重挤占，曾多年出现了干淀现象，急需进行生态补水。本工程受水区是我国13个粮食生产核心区之一，一般年份基本无地表水可以利用，地下水开发利用率达到241%，超采十分严重，已造成了严重的生态环境问题，且本工程调水区黄河流域也是资源型缺水流域，调水区及下游水资源开发利用程度已接近70%。

综合考虑以上因素，根据白洋淀生态补水目标要求，评价认为：在调水区、受水区（白洋淀、农业）水资源均缺乏情况下，为白洋淀补水1.1亿$m^3$，实现其不干淀目标，维持其基本生态功能的发挥,基本合适。同时,该补水规模符合海河流域综合规划要求。

今后应进一步加强白洋淀水资源管理,实行最严格水资源管理制度,尽量通过流域内水资源优化配置,退还被挤占的生态水量,在满足其不干淀的基础上(引黄补淀工程实施),实现白洋淀最低生态水位(7.3 m)和最小生态水量(1.26 亿 $m^3$)。

5. 白洋淀流域社会经济需水预测

白洋淀以上流域包括大清河山区和淀西平原两个水资源三级区。根据《河北省水资源综合规划》,在强化节水条件下,白洋淀上游流域规划水平年 2020 年总需水量(不含白洋淀生态用水)为 44.0 亿 $m^3$,其中农业占 73.3%、工业占 15.7%、生活占 9.7%、生态环境占 1.4%(不含白洋淀生态用水)。

#### 4.2.1.4 受水区水资源供需分析

1. 河北沿线水资源供需分析

1)地表水和地下水可供水量

根据河北省水资源综合规划,预测 2020 年河北沿线区域地表水可供水量为 2.05 亿 $m^3$;浅层地下水可开采量为 10.68 亿 $m^3$,深层地下水不作为可供水量。

2)外调水可供水量

南水北调可供水量:东线二期工程实施前,河北沿线区域南水北调中线分配水量指标为 4.85 亿 $m^3$,考虑输水损失后可有效利用的水量为 3.39 亿 $m^3$;东线二期工程实施后,河北沿线区域可再增加的南水北调东线工程有效利用量为 6 527 万 $m^3$。

位山引黄可供水量:沧州市的泊头、衡水市区(桃城区)、冀州和武邑 4 个县(市、区)同时为引黄入冀补淀工程和位山引黄工程的供水目标。根据《河北省位山引黄入冀工程初步设计说明书》,4 个县(市、区)位山引黄工程可利用量为 6 218 万 $m^3$。

潘庄引黄工程线路是天津专用线路,设计条件下无向河北省供水计划,只在应急条件下可向沧州东部供水,但供水范围与引黄入冀补淀工程供水范围无交叉。

3)其他水源可供水量

非常规水可供水量包括微咸水可供水量和再生水可供水量两部分。河北沿线区域微咸水资源量 5.06 亿 $m^3$,现状实际利用量 0.57 亿 $m^3$,据预测,至 2020 年微咸水可供水量达 3.01 亿 $m^3$;河北沿线区域现状 2010 年再生水回用量 430 万 $m^3$,预测 2020 年达到 1.25 亿 $m^3$。

4)城市用水退水量

河北省南水北调受水区内岳城、东武仕、朱庄、岗南、黄壁庄和西大洋六大水库向城市供水量中,属于城市挤占农业的水量为 2.5 亿 $m^3$。

南水北调工程实施后还供农业,仅漳滏河灌区返还水量达 2 128 万 $m^3$,这部分水量计入当地可供水量中,但可供的水量并不在引黄灌区范围内。

根据工程沿线供需分析,维持现状亏水灌溉水平,规划水平年考虑东线二期工程实施缺水 14.55 亿 $m^3$,东线二期工程不实施缺水 15.20 亿 $m^3$;如按照充分灌溉,即使强化节水条件下,规划水平年 2020 年东线二期工程实施缺水 19.37 亿 $m^3$,东线二期工程不实施缺水 20.03 亿 $m^3$。河北沿线区域 2020 年供需分析成果见表 4-26。

表 4-26　河北沿线区域 2020 年供需分析成果　（单位：万 $m^3$）

| 方案 | | 充分灌溉强化节水 | 亏水灌溉 |
|---|---|---|---|
| 需水量 | | 412 508 | 364 287 |
| 可供水量 | 东线二期工程实施 | 218 767 | 218 767 |
| | 东线二期工程不实施 | 212 241 | 212 241 |
| 缺水量 | 东线二期工程实施 | 193 741 | 145 520 |
| | 东线二期工程不实施 | 200 267 | 152 047 |

2. 白洋淀流域水资源供需分析

根据《河北省水资源综合规划》，在强化节水条件下，白洋淀上游流域规划水平年 2020 年总需水量（不含白洋淀生态用水）为 44.0 亿 $m^3$，可供水量为 39.3 亿 $m^3$，缺水量 4.7 亿 $m^3$，靠超采地下水解决。

由此成果分析表明，白洋淀流域水资源供需矛盾突出，在不考虑白洋淀生态用水情况下还需要超采地下水维持社会经济发展，白洋淀生态用水问题靠本流域解决更是不可能的，只能靠外流域调水。

3. 河北受水区拟引黄水量拟定

受水区供需分析结果表明，引黄入冀补淀工程河北受水区当地水资源极为匮乏，南水北调中、东线工程实施后，也仅能基本解决城镇工业、生活缺水问题，农业和白洋淀生态缺水问题依然存在。

鉴于引黄入冀补淀工程河北受水区缺水量很大，受引黄水量指标限制，本次按以供定需原则，并综合考虑工程经济合理性、需要与可能的协调性等因素确定引黄水量，当引水量不足时，优先保证白洋淀生态水量，农业水量同比例减小。

依据《全国水资源综合规划》，南水北调中、东线工程生效前，河北省、天津市引黄指标为 18.44 亿 $m^3$，南水北调中、东线工程生效后，河北省引黄指标为 6.20 亿 $m^3$。综合考虑工程现状、投资规模等因素，河北省受水区拟引黄量：南水北调中、东线工程生效前，扣除自黄河位山闸河北引黄 6.2 亿 $m^3$ 指标外，河北受水区最大引黄水量 9.00 亿 $m^3$；南水北调中、东线工程生效后，河北受水区多年平均引黄水量 6.20 亿 $m^3$。

### 4.2.2　调水区调水量可行性分析

黄河下游可调水量分析以生态环境需水、重要断面下泄水量、防凌控制为约束，以老用水户优先为原则，按照水资源配置方案的要求，开展调水区可调水量分析。

#### 4.2.2.1　黄河下游最小生态环境需水量

1. 黄河下游生态环境需水对象

引黄入冀补淀工程引水口调水区下游主要保护对象是河流及河漫滩湿地、黄河特有土著鱼类栖息生境等，沿线分布有黄河濮阳黄河湿地自然保护区、黄河鲁豫交界国家级水产种质资源保护区等重要环境敏感区。调水区下游生态环境需水要求包括湿地生态需水、鱼类栖息生境需水、河流自净需水等。其中黄河下游沿河湿地生态需水关键期为湿地植被发芽期3月底~5月、生长期6~10月；鱼类栖息地需水关键期为主要保护鱼类繁殖期4~6月、生长期7~10月；河流自净需水各月都必须保证。综合考虑以上因素，黄河下游生态环境需水关键期为4~6月和7~10月。

本次环境影响评价工作选择黄河下游省界断面高村（距离引水口5~6 km）作为黄河下游生态环境需水分析断面，并以满足入海控制断面利津为重要约束条件。

2. 黄河下游已有生态需水成果

1）利津断面的已有成果

20世纪80年代以来，黄河下游严峻的水资源形势和严重的水生态问题使越来越多的人关注黄河下游生态环境需水的研究工作，国内尤其是黄委内职能单位围绕黄河下游湿地、鱼类栖息地、河流自净、河流冲沙、河口生态等用水需求开展了大量的前期和探索性研究工作，取得了重大成果，部分成果已纳入了相关规划。

《黄河流域水资源综合规划》：根据黄河下游沿河湿地和鱼类栖息地用水需求，提出黄河利津断面关键期生态需水。见表4-27。

**表4-27　黄河利津断面关键期生态需水**　　（单位：$m^3/s$）

| 断面 | 需水等级划分 | 4月 | 5月 | 6月 |
|---|---|---|---|---|
| 利津 | 适宜 | 120 | 250 | |
| | 最小 | 75 | 150 | |

《黄河河口综合规划》：根据黄河下游河口段主要保护鱼类栖息洄游需水要求，提出了黄河利津断面河流生态需水成果，见表4-28。

**表4-28　黄河河流水生生物生态需水量（利津断面）**　　（单位：$m^3/s$）

| 需水特征 | 1月 | 2月 | 3月 | 4月 | 5月 | 6月 | 7月 | 8月 | 9月 | 10月 | 11月 | 12月 |
|---|---|---|---|---|---|---|---|---|---|---|---|---|
| 最小生态需水 | 75 | 75 | 75 | 75 | 150 | 150 | 300 | 300 | 300 | 300 | 75 | 75 |
| 适宜生态需水 | 120 | 120 | 120 | 120 | 200 | 200 | 580 | 580 | 580 | 580 | 120 | 120 |

黄河健康修复目标和对策研究（“十一五”国家科技支撑计划项目）：本研究从黄河下游河流湿地、鱼类栖息繁殖和近海湿地需水对利津断面来水要求方面，提出利津断面非汛期11月至翌年4月低限流量为80 $m^3/s$，适宜流量为120 $m^3/s$；5月、6月低限流量为160 $m^3/s$，适宜流量为250 $m^3/s$；汛期7~10月低限流量为200 $m^3/s$，适宜流量为300 $m^3/s$。

黄河三门峡以下水环境保护研究（“九五”国家重点科技攻关子课题）：本项目对黄河河口三角洲的鱼类洄游、河口景观、近海生物和湿地环境等进行了研究，提出了利津断面4~6月最小流量为300 $m^3/s$、11月至翌年3月最小流量为87 $m^3/s$、7~10月最小流量为280 $m^3/s$。

2）高村断面的已有成果

黄河干流生态环境需水研究（重点治黄专项项目）：本项目从保护黄河河道内水生生

物及鱼类栖息繁殖、维持河流水体自净功能、满足河道湿地基本功能、维持河口一定规模湿地四个方面，提出了利津断面最小、适宜生态环境需水量分别为 100 $m^3/s$、300 $m^3/s$，高村断面最小、适宜生态环境需水量分别为 140 $m^3/s$、370 $m^3/s$。

3. 黄河下游生态环境需水量计算

以上相关研究、规划成果对调水区下游生态环境需水量进行了系统研究，但研究成果大部分集中于利津断面，关注重点是关键期生态环境需水量（4～6 月、7～10 月），同时缺乏对高村断面生态环境需水量研究。

考虑到引黄入冀补淀工程调水时段为冬四月，主要需水对象为鱼类越冬需水和河流自净需水，南水北调中、东线工程生效前的相机引水方案为 10 月 21 日至翌年 3 月 24 日，基本避开了黄河下游生态环境关键期 4～6 月和 7～10 月，环境影响评价重点考虑引水口下游最小生态环境需水量。

根据原国家环保总局《关于印发水电水利建设项目水环境与水生生态保护技术政策研讨会会议的函》（环办函〔2006〕11 号）提出的维持水生生态系统稳定所需最小水量一般不应小于河道控制断面多年平均流量的 10%（当多年平均流量大于 80 $m^3/s$ 时按 5% 取用），以及水利部《关于印发〈水工程规划设计生态指标体系与应用指导意见〉的通知》（水总环移〔2010〕248 号）关于生态基流有关要求“对北方地区，生态基流应分非汛期和汛期两个水期分别确定，非汛期生态基流应不低于多年平均天然径流量的 10%、汛期生态基流可按多年平均天然径流量 20%～30%”等相关文件中关于水利水电工程建设生态水量的规定及要求，运用 Tennant 法等多种方法，根据黄河下游代表鱼类越冬栖息生境需水要求，考虑黄河下游自净用水要求，结合黄河水量调度年预案编制情况及水量调度实践活动，参考以上规划及科研成果，考虑到满足利津断面下泄流量不能低于 100 $m^3/s$ 的控制要求，综合确定本次高村断面最小生态环境需水量，高村断面 11 月至翌年 3 月、7～10 月低限生态环境流量分别为 140 $m^3/s$ 、320 $m^3/s$。引黄入冀补淀工程冬四月调水时段高村断面生态环境需水量为 140 $m^3/s$，南水北调中、东线工程生效前相机外延月份 10 月生态环境需水量为 320 $m^3/s$。

#### 4.2.2.2　黄河下游重要断面下泄水量要求

国务院批复的《黄河流域水资源综合规划》综合考虑经济社会发展和生态环境用水要求，确定干流利津断面多年平均生态环境用水量不少于 187 亿 $m^3$。同时，统筹协调经济社会发展用水和河道内生态环境用水关系，经供需平衡分析，提出黄河干流 10 个主要控制断面下泄水量控制指标，其中利津断面 187 亿 $m^3$。

#### 4.2.2.3　黄河下游防凌控制

小浪底水库凌汛期防凌运用方式为：每年 12 月水库保持均匀泄流，在流凌至封冻前控制小浪底出库流量，使花园口断面流量保持在 500～600 $m^3/s$，封冻后控制花园口流量均匀，保持在 300～400 $m^3/s$，开河时根据开河日期及估计的河道槽蓄水量和冰量，进一步控制小浪底的下泄量。根据黄河下游防凌特点，小浪底水库防凌控制主要影响 12 月和 2 月，流量过程是由大到小控制，1 月也要考虑。

#### 4.2.2.4　已有用水户引水情况

黄河下游主要用水是农业灌溉用水，涉及豫、鲁两省 16 个市，总土地面积 8.16 万

$km^2$。近年来,随着黄河下游邻近的胶东、华北等地区重要城市的缺水日益严重,急需黄河补水,相继兴建了引黄济青、引黄入卫、引黄济淄等专项供水工程,供水范围不断扩大。

据统计,1981～2010 年小浪底多年平均引黄水量 92.82 亿 $m^3$,最大年引黄水量 153.60 亿 $m^3$,最小年引黄水量 58.02 亿 $m^3$。引黄水量年内分配不均,从 1981～2010 年月平均引水情况看,年内各月的引水量变化较大。3～6 月是冬小麦、棉花等作物春灌高峰期,降水量少,引水量较大,占全年的一半以上;4 月引水量最大,平均 15.5 亿 $m^3$,占全年的 17.1%;3 月平均引水 14.7 亿 $m^3$,占全年的 16.1%;冬季 11 月至翌年 2 月引水量较小,占全年的 15.5%。

由于灌溉用水占总引黄水量的绝大部分,因此灌溉用水过程决定了引黄水量的年内分配过程。河南引黄灌区春季、夏季的引黄水量相对均匀,5～8 月的引水量较大,6 月引水量最大;山东引黄灌区用水高峰集中在 3～5 月,其中 4 月引水量最大。

从 1981～2010 年不同时期引水的年内分配看,冬四月引水量呈增加趋势,汛期引水量呈减少趋势。灌溉引水向冬四月延伸,以提前引蓄黄河水弥补春季来水量的不足,同时为减轻渠道淤积,也尽量避免在汛期引水。

#### 4.2.2.5 调水区水资源现状及水量分配

根据《黄河流域水资源综合规划》成果,现状至南水北调中、东线工程生效前,黄河小浪底以下河段配置水量 121.2 亿 $m^3$,其中河北、天津 18.44 亿 $m^3$;南水北调中、东线工程生效后,黄河小浪底以下河段配置水量 122.7 亿 $m^3$,其中河北 6.2 亿 $m^3$。南水北调中、东线工程生效前后分月、分河段配置成果见表 4-29。

**表 4-29 南水北调中、东线工程生效前、后小浪底水库以下水量配置**(单位:亿 $m^3$)

| 河段 | 小浪底至花园口 | | 花园口至高村 | | 高村以下 | | 合计 | |
|---|---|---|---|---|---|---|---|---|
| | 前 | 后 | 前 | 后 | 前 | 后 | 前 | 后 |
| 7 月 | 1.26 | 1.58 | 1.05 | 0.99 | 5.29 | 5.36 | 7.61 | 7.93 |
| 8 月 | 1.43 | 1.73 | 2.03 | 1.85 | 3.54 | 3.54 | 7.00 | 7.12 |
| 9 月 | 0.34 | 0.65 | 0.48 | 0.49 | 1.34 | 1.46 | 2.16 | 2.59 |
| 10 月 | 1.98 | 2.30 | 2.41 | 2.19 | 5.37 | 5.31 | 9.76 | 9.80 |
| 11 月 | 1.29 | 1.61 | 1.83 | 1.67 | 7.84 | 7.81 | 10.96 | 11.10 |
| 12 月 | 0.16 | 0.46 | 0.29 | 0.32 | 3.43 | 3.56 | 3.88 | 4.34 |
| 1 月 | 0.16 | 0.46 | 0.29 | 0.32 | 3.43 | 3.56 | 3.88 | 4.34 |
| 2 月 | 0.16 | 0.46 | 0.29 | 0.31 | 3.84 | 3.96 | 4.28 | 4.74 |
| 3 月 | 2.25 | 2.58 | 2.17 | 2.86 | 9.01 | 8.85 | 14.43 | 14.29 |
| 4 月 | 4.54 | 4.89 | 4.13 | 3.70 | 12.71 | 12.44 | 21.39 | 21.03 |
| 5 月 | 4.25 | 4.58 | 4.31 | 3.86 | 13.52 | 12.19 | 22.08 | 21.63 |
| 6 月 | 2.16 | 3.51 | 2.39 | 2.17 | 8.19 | 8.09 | 13.75 | 13.77 |
| 汛期 | 5.01 | 6.26 | 5.98 | 5.51 | 15.54 | 15.67 | 26.53 | 27.45 |
| 非汛期 | 15.97 | 18.57 | 16.71 | 15.22 | 61.97 | 61.45 | 94.65 | 95.24 |
| 全年 | 20.98 | 24.83 | 22.69 | 20.74 | 77.51 | 77.12 | 121.17 | 122.69 |

#### 4.2.2.6　可调水量分析

根据以上分析，在满足下游生态环境需求和防凌控制的基础上，优先满足原有河南、山东和河北用水户的引水要求，再满足引黄入冀补淀引水要求；2020 年，优先满足原有河南、山东用水户的引水要求，再满足引黄入冀补淀引水要求，分析黄河下游可调水量。分析过程如下：

（1）将小浪底以下河段划分为小浪底至花园口、花园口至高村、高村至利津三个河段，分别计算各河段逐月引水流量。其中引黄入冀补淀在高村断面以上引出。

（2）以利津、高村断面最小生态环境流量为最小控制流量，逐河段反推花园口断面控制流量和小浪底出库流量。

（3）根据利津断面生态环境需水、花园口断面和小浪底水库以下引水、河段来水和蒸发渗漏损失合计，获得花园口断面和小浪底水库需下泄水量。

（4）以花园口断面为下游防凌控制断面，若防凌期花园口断面下泄流量不能满足防凌控制流量，则小浪底水库按照防凌控制流量凑泄，以满足下游防凌要求。

根据以上计算思路，考虑黄河下游农田灌溉用水、河道内生态需水、防凌、河口湿地生态需水及入海水量的要求，分析得到南水北调中、东线工程生效前后典型年小浪底水库以下河段供需平衡成果（见表 4-30、表 4-31）。

**表 4-30　南水北调中、东线工程生效后典型年小浪底水库以下河段供需平衡成果**（单位：亿 $m^3$）

| 供需平衡 | 河段 | 多年平均 | 典型年 | | |
|---|---|---|---|---|---|
| | | | 50% 年份 | 75% 年份 | 90% 年份 |
| 需水量 | 花园口以上 | 27.1 | 24.83 | 24.83 | 24.83 |
| | 花园口至高村 | 22.6 | 20.74 | 20.74 | 20.74 |
| | 高村至利津 | 77.3 | 70.92 | 70.92 | 70.92 |
| | 引黄入冀补淀 | 7.04 | 7.04 | 7.04 | 7.04 |
| 供水量 | 花园口以上 | 27.1 | 24.83 | 24.83 | 24.83 |
| | 花园口至高村 | 20.2 | 20.74 | 14.82 | 9.60 |
| | 高村至利津 | 69.2 | 70.92 | 51.45 | 34.22 |
| | 引黄入冀补淀 | 6.20 | 7.04 | 5.27 | 3.64 |

南水北调中、东线工程生效后，按照冬四月引水方案，本工程多年平均情况下可引水量 6.2 亿 $m^3$，50% 年份可引水量 7.04 亿 $m^3$，75% 年份可引水量 5.27 亿 $m^3$，90% 年份可引水量 3.64 亿 $m^3$。南水北调中、东线工程生效前，按照冬四月外延引水方案，本工程多年平均情况下可引水量 7.06 亿 $m^3$，50% 年份可引水量 9.00 亿 $m^3$，75% 年份可引水量 5.27 亿 $m^3$，90% 年份可引水量 3.64 亿 $m^3$。

### 4.2.3　调水规模环境合理性分析

#### 4.2.3.1　受水区需调水量合理性分析

本工程河北项目区社会经济及农业灌溉用水指标、用水定额等低于河北省、海河流域、全国水平,项目区社会经济发展指标除城镇化率外基本与河北省平均水平一致。对比项目区与整个河北省农业灌溉面积、人口、GDP、工业产值等社会经济状况,除城市环境需水外,农业生产、城镇生活、农村生活、工业等需水量低于河北省平均水平。因此,评价认为本工程河北项目区社会经济需水量预测基本合理。

**表 4-31　南水北调中、东线工程生效前典型年小浪底水库以下河段供需平衡成果**（单位:亿 $m^3$）

| 供需平衡 | 河段 | 多年平均 | 典型年 | | |
|---|---|---|---|---|---|
| | | | 50%年份 | 75%年份 | 90%年份 |
| 需水量 | 花园口以上 | 27.1 | 24.83 | 24.83 | 24.83 |
| | 花园口至高村 | 22.6 | 20.74 | 20.74 | 20.74 |
| | 高村至利津 | 84.2 | 77.12 | 77.12 | 77.12 |
| | 引黄入冀补淀 | 9.00 | 9.00 | 9.00 | 9.00 |
| 供水量 | 花园口以上 | 27.1 | 24.83 | 24.83 | 24.83 |
| | 花园口至高村 | 20.1 | 20.74 | 14.59 | 9.39 |
| | 高村至利津 | 75.5 | 77.12 | 56.33 | 37.64 |
| | 引黄入冀补淀 | 7.06 | 9.00 | 5.27 | 3.64 |

本次工程设计白洋淀生态补水量为 1.1 亿 $m^3$,补水目的是保持白洋淀不干淀。该补水量与国务院批复的《海河流域综合规划》规划生态水量 1.05 亿 $m^3$ 一致。评价认为:在调水区、受水区(白洋淀、农业)水资源均缺乏的情况下,为白洋淀补水 1.1 亿 $m^3$ 基本合适。今后应进一步加强白洋淀水资源管理,实行最严格水资源管理制度,通过流域内水资源优化配置,退还被挤占的生态水量,在满足其不干淀的基础上,满足白洋淀生态水量 1.26 亿 $m^3$。

鉴于引黄入冀补淀工程河北受水区缺水量很大,受引黄水量指标限制,本工程按以供定需原则,并综合考虑工程经济合理性、需要与可能的协调性等因素确定引黄水量,当引水量不足时,优先保证白洋淀生态水量,农业水量同比例减小。本工程确定河北省受水区拟引黄水量:南水北调中、东线工程生效前,扣除自黄河位山闸河北引黄 6.2 亿 $m^3$ 指标外,河北受水区最大引黄水量 9.00 亿 $m^3$;南水北调中、东线工程生效后,河北受水区多年平均引黄水量 6.20 亿 $m^3$。本工程考虑河北受水区缺水量很大、受引黄水量指标限制,提出的以供定需、优先满足白洋淀生态水量等水资源配置原则从环境角度看是合理的,提出的拟引黄水量符合国家有关规划要求。

#### 4.2.3.2　调水区可调水量合理性分析

黄河下游可调水量分析以生态环境需水、重要断面下泄水量、防凌控制为约束,以老用水户优先为原则,按照水资源配置方案的要求,开展调水区可调水量分析。提出了南水北调中、东线工程生效后,按照冬四月引水方案,本工程多年平均情况下可引水量 6.2 亿 $m^3$,50%年份可引水量 7.04 亿 $m^3$,75%年份可引水量 5.27 亿 $m^3$,90%年份可引水量 3.64 亿 $m^3$;南水北调中、东线工程生效前,按照冬四月外延引水方案,本工程多年平均情况下可引水量 7.06 亿 $m^3$,50%年份可引水量 9.00 亿 $m^3$,75%年份可引水量 5.27 亿 $m^3$,

90%年份可引水量3.64亿$m^3$。

调水工程实施后，黄河下游径流尤其是枯水期径流过程将发生改变，将对黄河下游生态环境用水产生一定的不利影响。其中多年平均条件下、50%典型年，黄河下游高村断面生态环境需水量可以得到满足；但在75%、95%典型年，高村断面有部分月份日均流量过程不能满足其生态环境需水量。

综合以上分析，本工程调水规模的确定考虑了黄河下游生态环境用水需求和其他用水户用水要求，在满足下游生态环境需求和防凌控制的基础上，优先满足原有河南、山东和河北(位山引黄)用水户的引水要求，在满足引黄入冀补淀引水要求基础上提出的，从生态环境保护角度看基本合理。

但工程实施会使黄河下游径流量减少，尤其是在冬四月，正处于枯水季节，工程引水对黄河下游重要断面的径流量有影响，尤其是90%典型年，工程引水影响黄河下游最小生态环境用水，应继续优化引水过程，当高村断面流量不满足最小生态环境需水量(低于140 $m^3/s$)时，应停止引水。

# 4.3　供水水质保障分析

## 4.3.1　黄河引水口河段水质保障分析

本项目取水口位于黄河干流老渠村引黄闸及新渠村引黄闸处，高村水文站位于老渠村引黄闸下游约6.2 km处，之间没有支流汇入和其他排污口，故高村水文站水质可以较好地反映新、老渠村引黄闸处的水质。根据2011～2013年连续3年高村水文站的水质评价可以看出，黄河水质情况基本良好，除部分月份氨氮和总磷有略微超标现象外，其他因子均满足Ⅲ类水质目标要求。

本次引黄入冀补淀工程主要供水对象是农业和生态，根据《地表水环境质量标准》要求：Ⅲ类主要适用于集中式生活饮用水地表水源地二级保护区、鱼虾类越冬场、洄游通道、水产养殖区等渔业水域及游泳区；Ⅴ类主要适用于农业用水区及一般景观要求水域，黄河引水口河段水质总体上能够满足供水水质要求。

根据本次环境影响评价2013年3月和2014年6月、8月3次监测结果，新老引黄闸取水口水质有部分时段出现超标现象(Ⅲ类水标准)，超标因子主要为化学需氧量，说明无论是新引黄闸还是老引黄闸引水口附近，在局部时段存在超标现象。

因白洋淀水质目标为Ⅲ类，考虑到受干旱和污染的双重威胁，白洋淀已由畅流动态的开放环境向封闭或半封闭环境转化。根据2011～2013年高村断面常规水质监测评价结果，引水口河段存在氨氮和总磷超标现象，建议工程通水后应加强引水口河段监测，当存在水质超标尤其是氨氮、总磷超标时，应停止向白洋淀供水。

## 4.3.2　黄河引水口上游天然文岩渠水质保障分析

### 4.3.2.1　天然文岩渠水质现状

为客观预测天然文岩渠入黄水质可能对老渠村闸水质的影响，本次在天然文岩渠上下游及入黄口段共布置了4个水质监测断面，分别为入黄口、大车集、天然渠、文岩渠断面。于2013年1月、2014年6月和8月共开展了3次监测，监测因子包括水温、色度、pH、溶解氧、高锰酸盐指数、化学需氧量、五日生化需氧量、氨氮、总磷、SS、石油类、总磷、悬浮物、挥发酚、镍、锌、铜、镉、汞、铬、砷、铅、六价铬、铁、锰、硒、氰化物、氟化物、硫化物、表面活性剂、大肠菌群、氯化物、硝酸盐、硫酸盐、苯类等。

根据本次监测评价结果，天然文岩渠入黄口断面水质好于上游水质（达到了Ⅲ类、Ⅳ类水标准），汛期水质好于非汛期，2014年水质好于2013年水质。

2014年天然文岩渠大车集、入黄口断面满足其水功能区水质目标，但不满足黄河干流引水口河段水质目标（Ⅲ类水），超标因子主要是化学需氧量、高锰酸盐指数、氨氮和总磷，石油类、重金属及其他特征污染因子不超标；天然文岩渠上游水质大部分为劣Ⅴ类水，超标因子为氨氮、总磷、高锰酸盐指数等。

根据河南省环境状况公报，2010～2013年天然文岩渠渠村桥断面（入黄口断面）水质状况呈逐年好转趋势。在2010年有水的35周时间里，有16周水质为Ⅳ类，其余是Ⅲ类；在2011年，有6周水质为Ⅳ类，1周水质为劣Ⅴ类，其余均为Ⅲ类或更好；2012年有水的32周中，11周水质为Ⅳ类，其余18周水质均达到Ⅲ类水要求或更好；2013年全年有5周水质为Ⅳ类，其余时间除断流外，天然文岩渠渠村桥水质均达到Ⅲ类水要求或更好。

#### 4.3.2.2　天然文岩渠入黄水量现状

根据近10年天然文岩渠入黄流量呈逐年减少趋势（见表4-32），2008年以来10月至翌年4月入黄月平均流量基本为零，最大为1.37 $m^3/s$，本工程引水时段为冬四月及相机外延，调水月份包括10月至翌年3月。经濮阳引黄办相关人员多年来的实地观测，在天然文岩渠入黄口河段，经常无水，杂草丛生。因此，天然文岩渠水质2008年以来已不再对本工程引水期间构成威胁。

**表4-32　近10年天然文岩渠月均入黄流量情况**　　（单位：$m^3/s$）

| 年份 | 1月 | 2月 | 3月 | 4月 | 5月 | 6月 | 7月 | 8月 | 9月 | 10月 | 11月 | 12月 |
|---|---|---|---|---|---|---|---|---|---|---|---|---|
| 2014年 | 0 | 0 | 1.37 | 0 | 0 | 0 | 2.5 | 0.87 | 0.28 | 0 | 0 | 0 |
| 2013年 | 0 | 0 | 0 | 0 | 0 | 1.46 | 10.9 | 6.84 | 2.12 | 0 | 0 | 0 |
| 2012年 | 0 | 0 | 0 | 0 | 0.067 | 0.236 | 5.12 | 3.71 | 0 | 0 | 0 | 0 |
| 2011年 | 0 | 0 | 1.35 | 0 | 4.81 | 0.343 | 4.36 | 12.8 | 20.6 | 0.462 | 0 | 0 |
| 2010年 | 0 | 0 | 0 | 0 | 0 | 0.010 | 16.9 | 22.2 | 30.0 | 0.032 | 0 | 0 |
| 2009年 | 0 | 0.336 | 0.981 | 0 | 0 | 4.11 | 3.43 | 0 | 0 | 0 | 0 | 0 |
| 2008年 | 0 | 0 | 0 | 0 | 0 | 0 | 4.82 | 0 | 0 | 0 | 0 | 0 |
| 2007年 | 0 | 0 | 0 | 0 | 0 | 0.398 | 9.20 | 15.4 | 0.849 | 0 | 0 | 0 |
| 2006年 | 0.939 | 0.843 | 0.043 | 0 | 0 | 0.561 | 28.3 | 12.3 | 12.1 | 2.15 | 0 | 0 |
| 2005年 | 1.73 | 1.86 | 2.72 | 3.63 | 2.08 | 2.23 | 13.5 | 23.4 | 22.2 | 32.5 | 1.85 | 0.986 |
| 2004年 | 3.00 | 1.66 | 0.247 | 0.603 | 0.872 | 2.94 | 18.6 | 26.8 | 2.83 | 3.89 | 2.50 | 2.02 |

经调查，近年在本工程位置以上8 km河段长垣县瓦屋寨村修建了一座橡胶坝，在20 km河段长垣县石头庄村也修建了一座橡胶坝，两座橡胶坝常年拦蓄汛期来水，利用拦蓄的水进行农田灌溉，因此造成了天然文岩渠入黄水量逐年减少，枯水期基本无水。

#### 4.3.2.3 天然文岩渠入黄水质保障

2005年，为尽快解决洪汝河天然文岩渠等流域水污染问题，切实改善水环境质量，河南省人民政府办公厅《关于转发省环保局等部门洪汝河天然文岩渠及贾鲁河流域水污染综合整治实施方案的通知》要求，对天然文岩渠水污染治理提出了严格要求，天然文岩渠上游地区加大了治污力度。

因此，总体上最近几年天然文岩渠入黄水质有较大改善，受上游来水及橡胶坝建设等影响，最近几年枯水期入黄口河段基本无水，本工程调水期天然文岩渠对老渠村闸水质影响较小。

考虑到天然文岩渠距离老渠村引黄闸较近，其上游可能存在一定水污染风险，为确保本工程引水安全，建议在老渠村引黄闸取水口处设置水质自动监测装置，引水期间实时对引水口水质进行监测，一旦发现水质超标现象应停止供水，保证引水水质安全。

同时，加强对天然文岩渠入黄口水质和水量监测，如发现有污染水进入黄河，应立即关闭老渠村闸，确保老渠村闸引水安全。

### 4.3.3 供水水质保障措施

(1)在黄河引水口段设置常规水质监测。由于白洋淀受水区对水质要求较高，为了保障入白洋淀水质(Ⅲ类水标准)，应在引水口设立常规水质监测站，一旦遇到水质超标现象，尤其是氨氮超标，应停止引水。

(2)在老渠村闸设置水质在线自动监测装置。对老渠村引黄闸处设置水质实时在线监测，当水质超Ⅲ类水标准时，禁止运用老渠村闸向濮阳城市生活供水、白洋淀生态供水、河北农业灌溉受水区供水，确保供水安全。

# 第 5 章　引黄工程环境影响回顾性研究

## 5.1　环境影响回顾性评价对象

### 5.1.1　河北省已有位山引黄工程

目前河北省已有位山引黄一条输水线路，自 1993 ~ 2011 年，利用位山引黄入冀工程河北省共实施引水 17 次，其中临时引水 2 次，正式引水 15 次，共引水 32.733 亿 $m^3$，年均引水量 1.93 亿 $m^3$（低于位山线路年设计引水 5 亿 $m^3$ 指标）。在位山引黄工程实施期间，为了保护白洋淀生态环境，于 2006 ~ 2011 年实施了位山应急引黄补淀工程。位山引黄补淀应急补水具体情况见表 5-1。

表 5-1　已开展位山引黄补淀应急补水情况

| 序号 | 补水时间 | 渠首位山闸引黄量（亿 $m^3$） | 河北省刘口闸受水量（亿 $m^3$） | 白洋淀等敏感区受水量 |
|---|---|---|---|---|
| 第 1 次 | 2006 年 11 月 24 日至 2007 年 2 月 28 日，历时 97 d | 4.79 | 3.4 | 白洋淀受水 1.001 亿 $m^3$，衡水湖、大浪淀分别补水 0.65 亿 $m^3$、0.69 亿 $m^3$ |
| 第 2 次 | 2008 年 1 月 25 日至 2008 年 6 月 17 日，历时 145 d | 7.21 | 4.84 | 白洋淀补水 1.566 亿 $m^3$，衡水湖、大浪淀分别补水 0.645 亿 $m^3$、0.577 亿 $m^3$ |
| 第 3 次 | 2009 年 10 月 1 日至 2010 年 2 月 28 日，历时 151 d | 9.89 | 8.05 | 白洋淀受水超过 1 亿 $m^3$，完成了向河北省大浪淀、衡水湖的补水任务 |
| 第 4 次 | 2010 年 12 月 13 日至 2011 年 5 月 10 日 8 时，历时 149 d | 6.707 | 2.782 | 白洋淀受水 0.93 亿 $m^3$ |

本工程输水线路与位山应急引黄补淀工程输水线路在衡水湖之后重合，重合线路为滏东排河、北排河、献县枢纽段、紫塔干渠、陌南干渠、古洋河、韩村干渠、小白河东支、小白河和任文干渠入白洋淀；本工程供水对象与位山引黄工程供水对象一样，主要为农业和白洋淀生态。因此，对位山引黄工程进行回顾性评价，可为本次环境影响评价提供重要的类比对象，有利于较准确地对环境影响进行预测，并提出切实有效的保护措施。

### 5.1.2　黄河下游灌区沉沙池

泥沙淤积是引黄工程普遍存在的重要问题，黄河下游各引黄灌区也都把泥沙处理作为重中之重。泥沙淤积处理问题是本次引黄入冀工程面临的难题之一，对已有引黄输水线路、引黄灌区沉沙池的运行情况进行回顾性评价，可为本工程提供极好的类比对象。因此，评价对河南引黄灌溉工程及黄河下游其余的潘庄、位山、渠村、人民胜利渠等灌区的沉沙池运行和泥沙处理环境影响进行了调查与分析。

## 5.2　调水区环境影响回顾性评价

### 5.2.1　对黄河下游生态环境的影响

黄河下游主要生态保护对象为鱼类和河漫滩湿地,鱼类产卵期 4～6 月,植被发芽期 3～5 月,因此黄河下游生态保护的关键期为 3～6 月。从补水时间分析引水工程对黄河下游主要生态保护对象的影响,见表 5-2。

**表 5-2　对黄河下游生态环境的影响**

| 序号 | 补水时间 | 黄河下游主要保护对象及关键期 | 影响分析 |
| --- | --- | --- | --- |
| 第 1 次 | 2006 年 11 月 24 日至 2007 年 2 月 28 日,历时 97 d | 鱼类:产卵期 4～6 月;<br>河漫滩湿地:植被发芽期 3～5 月;<br>下游生态保护关键期 3～6 月 | 避开了关键期,对关键期生态用水无影响 |
| 第 2 次 | 2008 年 1 月 25 日至 2008 年 6 月 17 日,历时 145 d | | 部分补水期与下游生态关键期重合(4～6 月),会对下游生态环境造成一定影响 |
| 第 3 次 | 2009 年 10 月 1 日至 2010 年 2 月 28 日,历时 151 d | | 避开了关键期,对关键期生态用水无影响 |
| 第 4 次 | 2010 年 12 月 13 日至 2011 年 5 月 10 日,历时 149 d | | 部分补水期与下游生态关键期重合(4～6 月),会对下游生态环境造成一定影响 |

对黄河下游利津断面生态满足程度的影响(见表 5-3):利津断面生态控制流量为 100 $m^3/s$,在河北位山引水期间利津流量大多数都能满足生态控制流量要求,但第四次调水期间 2 月、3 月不能满足生态控制流量要求。

**表 5-3　对黄河下游利津断面生态满足程度的影响**

| 第 1 次 | | | 第 2 次 | | | 第 3 次 | | | 第 4 次 | | |
| --- | --- | --- | --- | --- | --- | --- | --- | --- | --- | --- | --- |
| 时间(年-月) | 实测流量($m^3/s$) | 满足程度 | 时间(年-月) | 实测流量($m^3/s$) | 满足程度 | 时间(年-月) | 实测流量($m^3/s$) | 满足程度 | 时间(年-月) | 实测流量($m^3/s$) | 满足程度 |
| 2006-11 | 280 | 满足 | 2008-01 | 293 | 满足 | 2009-01 | 572 | 满足 | 2010-12 | 103 | 满足 |
| 2006-12 | 167 | 满足 | 2008-02 | 273 | 满足 | 2009-11 | 466 | 满足 | 2011-01 | 107 | 满足 |
| 2007-01 | 216 | 满足 | 2008-03 | 170 | 满足 | 2009-12 | 328 | 满足 | 2011-02 | 63 | 不满足 |
| 2007-02 | 110 | 满足 | 2008-04 | 287 | 满足 | 2010-01 | 272 | 满足 | 2011-03 | 85 | 不满足 |
| | | | 2008-05 | 537 | 满足 | 2010-02 | 216 | 满足 | 2011-04 | 114 | 满足 |
| | | | 2008-06 | 1 077 | 满足 | | | | 2011-05 | 1 203 | 满足 |

### 5.2.2 对水环境的影响

调水工程引水后下游河道内流量有一定程度的减少，会对引水口下游河段水环境造成一定影响，特别是在枯水年、枯水期，调水增大了黄河下游水质恶化及水污染事故发生的风险。选择黄河下游位山引黄闸以下利津断面的控制断面，通过分析在调水期间利津断面流量变化、水质变化，对已有引水工程对黄河下游水环境影响进行回顾性评价。

根据《黄河流域综合规划》调算结果，满足利津断面纳污能力所需的流量为60 $m^3/s$，对比引水同期利津断面的流量，在已有工程引水期间，利津断面的流量均大于60 $m^3/s$，已有工程对黄河下游纳污能力没有影响。

根据调水同期利津断面的水质监测资料，在已有引黄工程引水期间，水质能满足Ⅲ类要求。

### 5.2.3 对水生生物的影响

2006～2007年、2007～2008年、2009～2010年和2010～2011年位山线实施了4次应急引黄济淀，渠首位山闸引黄量分别为4.79亿 $m^3$、7.21亿 $m^3$、9.89亿 $m^3$ 和6.707亿 $m^3$。由于4次应急补水部分时段与黄河下游生态关键期(3～6月)重合，且调水期间部分月份不能满足利津断面生态控制流量100 $m^3/s$ 的要求，因此随着水量的减少特别是枯水期应急调水，会对黄河下游水生生物和鱼类的产卵、越冬及索饵产生一定的不利影响，但应急引水期间并没有采取相关的水生生态保护措施。

## 5.3 输水沿线环境影响回顾性评价

### 5.3.1 对地表水环境的影响

#### 5.3.1.1 位山引黄入冀输水沿线水质状况

为了解位山引黄工程实施后输水渠道水质状况，评价收集了位山引黄应急补淀调水期间河北输水沿线布置的刘口、王口、大树刘庄3处地表水监测点水质监测资料。根据位山线引黄应急补淀调水期间水质监测结果，3个断面存在总氮超标现象，其中入境控制断面(刘口)存在高锰酸盐指数和总磷超标现象，其余的因子都能达到Ⅲ类水质标准，汞、砷、铅、镉、六价铬等重金属均不超标。水质监测评价结果见表5-4。

#### 5.3.1.2 位山引黄应急补淀输水线路水质状况

根据2009年、2010年位山应急引黄补淀沿线张二庄、沧保公路及大树刘三个断面的水质监测评价结果(见表5-5)，张二庄、沧保公路两个断面除总氮外，其余氨氮、总磷、高锰酸盐指数、挥发酚、铜、铅、汞、镉、六价铬等监测因子均可满足地表水环境Ⅲ类标准；入淀大树刘断面除总氮和高锰酸盐指数、氨氮、总磷外，挥发酚、铜、铅、汞、镉、六价铬等监测因子均可满足地表水环境Ⅱ类标准。

**表 5-4　已有位山引黄入冀输水沿线水质评价**

| 评价因子 | 入境控制断面 | 入衡水湖断面 | 入白洋淀断面 |
|---|---|---|---|
| | 刘口 | 王口 | 大树刘庄 |
| 溶解氧 | Ⅰ类 | Ⅰ类 | Ⅰ类 |
| 氨氮 | Ⅱ类 | Ⅱ类 | Ⅱ类 |
| 高锰酸盐指数 | Ⅳ类 | Ⅱ类 | Ⅱ类 |
| 总磷 | 劣Ⅴ类 | Ⅱ类 | Ⅱ类 |
| 氯化物 | 达标 | 达标 | 达标 |
| 挥发酚 | Ⅲ类 | Ⅲ类 | Ⅲ类 |
| 汞 | Ⅲ类 | Ⅲ类 | Ⅲ类 |
| 砷 | Ⅲ类 | Ⅲ类 | Ⅲ类 |
| 氟化物 | Ⅲ类 | Ⅲ类 | Ⅲ类 |
| 铜 | Ⅲ类 | Ⅲ类 | Ⅲ类 |
| 铅 | Ⅲ类 | Ⅲ类 | Ⅲ类 |
| 镉 | Ⅲ类 | Ⅲ类 | Ⅲ类 |
| 铁 | 达标 | 达标 | 达标 |
| 锰 | 达标 | — | 达标 |
| 六价铬 | Ⅲ类 | Ⅲ类 | Ⅲ类 |
| 总氮 | 劣Ⅴ类 | 劣Ⅴ类 | 劣Ⅴ类 |

**表 5-5　已有位山应急引黄补淀输水线路水质评价**

| 评价因子 | 张二庄断面 | | | | 沧保公路断面 | | | | 入淀大树刘断面 | |
|---|---|---|---|---|---|---|---|---|---|---|
| | 2009 年 11 月 | 2009 年 12 月 | 2010 年 1 月 | 2010 年 2 月 | 2009 年 10 月 | 2009 年 11 月 | 2009 年 12 月 | 2010 年 1 月 | 2009 年 11 月 | 2009 年 12 月 |
| 溶解氧 | Ⅰ类 | Ⅰ类 | Ⅰ类 | Ⅰ类 | Ⅰ类 | Ⅰ类 | Ⅰ类 | Ⅰ类 | — | Ⅰ类 |
| 氨氮 | Ⅱ类 | Ⅱ类 | Ⅲ类 | Ⅲ类 | Ⅲ类 | Ⅱ类 | Ⅱ类 | Ⅱ类 | Ⅲ类 | Ⅱ类 |
| 高锰酸盐指数 | Ⅱ类 | Ⅱ类 | Ⅱ类 | Ⅱ类 | Ⅲ类 | Ⅲ类 | Ⅱ类 | Ⅱ类 | Ⅳ类 | Ⅳ类 |
| 总磷 | Ⅱ类 | Ⅱ类 | Ⅱ类 | Ⅱ类 | Ⅲ类 | Ⅱ类 | Ⅱ类 | Ⅱ类 | Ⅲ类 | Ⅱ类 |
| 氯化物 | 达标 | 达标 | 达标 | 达标 | 达标 | 达标 | 达标 | 达标 | 达标 | 达标 |
| 挥发酚 | Ⅰ类 | Ⅰ类 | Ⅰ类 | Ⅰ类 | Ⅰ类 | Ⅰ类 | Ⅰ类 | Ⅰ类 | Ⅰ类 | Ⅰ类 |
| 汞 | Ⅱ类 | Ⅱ类 | Ⅱ类 | Ⅱ类 | Ⅱ类 | Ⅱ类 | Ⅱ类 | Ⅱ类 | Ⅱ类 | Ⅱ类 |
| 砷 | Ⅱ类 | Ⅱ类 | Ⅱ类 | Ⅱ类 | Ⅱ类 | Ⅱ类 | Ⅱ类 | Ⅱ类 | Ⅱ类 | Ⅱ类 |
| 氟化物 | — | — | — | — | Ⅱ类 | Ⅱ类 | Ⅱ类 | Ⅱ类 | Ⅱ类 | Ⅱ类 |
| 铜 | — | — | — | — | Ⅱ类 | Ⅱ类 | Ⅱ类 | Ⅱ类 | Ⅱ类 | Ⅱ类 |
| 铅 | Ⅱ类 | Ⅱ类 | Ⅱ类 | Ⅱ类 | Ⅱ类 | Ⅱ类 | Ⅱ类 | Ⅱ类 | Ⅱ类 | Ⅱ类 |
| 镉 | Ⅱ类 | Ⅱ类 | Ⅱ类 | Ⅱ类 | Ⅱ类 | Ⅱ类 | Ⅱ类 | Ⅱ类 | Ⅱ类 | Ⅱ类 |
| 铁 | 达标 | 达标 | 达标 | 达标 | 达标 | 达标 | 达标 | 达标 | 达标 | 达标 |
| 锰 | 达标 | 达标 | 达标 | 达标 | 达标 | 达标 | 达标 | 达标 | 达标 | 达标 |
| 六价铬 | Ⅱ类 | Ⅱ类 | Ⅱ类 | Ⅱ类 | Ⅱ类 | Ⅱ类 | Ⅱ类 | Ⅱ类 | Ⅱ类 | Ⅱ类 |
| 总氮 | 劣Ⅴ类 | 劣Ⅴ类 | 劣Ⅴ类 | 劣Ⅴ类 | 劣Ⅴ类 | 劣Ⅴ类 | 劣Ⅴ类 | 劣Ⅴ类 | Ⅴ类 | Ⅲ类 |

#### 5.3.1.3　引岳济淀输水沿线水质状况

2004 年,为缓解白洋淀生态环境恶化趋势,河北省实施了引岳济淀工程,从岳山水库引水至白洋淀,引水线路与本工程基本重合,即本次工程在河北境内的引水线路就是引岳济淀的线路。根据引岳济淀输水线路水质监测评价结果,输水沿线存在总氮、高锰酸盐指数、氨氮超标现象,各断面其余因子都能满足Ⅲ类水质标准,汞、砷、六价铬等重金属均不超标。具体水质评价结果见表 5-6。

表 5-6　引岳济淀各断面水质评价结果

| 评价因子 | 引岳济淀线路各断面水质 | | | | |
|---|---|---|---|---|---|
| | 西杜堡(老漳河) | 河古庙(老漳河) | 冯庄(滏东排河) | 东羡(滏东排河) | 大树刘(入淀) |
| 溶解氧 | Ⅰ类 | Ⅰ类 | Ⅰ类 | Ⅲ类 | Ⅰ类 |
| 氨氮 | Ⅱ类 | — | — | Ⅳ类 | Ⅲ类 |
| 高锰酸盐指数 | Ⅱ类 | Ⅱ类 | Ⅱ类 | Ⅳ类 | Ⅱ类 |
| 总磷 | Ⅲ类 | Ⅲ类 | Ⅲ类 | Ⅲ类 | Ⅲ类 |
| 氯化物 | 达标 | 达标 | 达标 | 达标 | 达标 |
| 挥发酚 | Ⅲ类 | Ⅲ类 | Ⅲ类 | Ⅲ类 | Ⅲ类 |
| 汞 | Ⅲ类 | Ⅲ类 | Ⅲ类 | Ⅲ类 | Ⅲ类 |
| 砷 | Ⅲ类 | Ⅲ类 | Ⅲ类 | Ⅲ类 | Ⅲ类 |
| 氟化物 | Ⅲ类 | Ⅲ类 | Ⅲ类 | Ⅲ类 | Ⅲ类 |
| 铜 | Ⅲ类 | Ⅲ类 | Ⅲ类 | Ⅲ类 | Ⅲ类 |
| 铅 | Ⅲ类 | Ⅲ类 | Ⅲ类 | Ⅲ类 | Ⅲ类 |
| 镉 | Ⅲ类 | Ⅲ类 | Ⅲ类 | Ⅲ类 | Ⅲ类 |
| 六价铬 | Ⅲ类 | Ⅲ类 | Ⅲ类 | Ⅲ类 | Ⅲ类 |
| 总氮 | 劣Ⅴ类 | 劣Ⅴ类 | 劣Ⅴ类 | 劣Ⅴ类 | 劣Ⅴ类 |

在目前已实施的应急补水期间,为了保障输水沿线及白洋淀入淀水质,采取利用调水水头将输水渠道污染团冲到下游和支渠、全部禁止排污的临时性污染控制措施,以上评价结果说明这种措施在一定程度上减轻了应急输水沿线水污染程度,输水沿线除总氮外其他因子大部分能满足地表水Ⅲ类水标准。但临时性污染控制措施加剧了输水渠道下游水污染问题。

### 5.3.2　对地下水环境的影响

#### 5.3.2.1　对输水沿线及受水区地下水位影响

位山引黄工程实施多年,为了客观分析位山引黄工程对输水沿线地下水的影响,结合已有资料支持情况,评价选择位山引黄输水渠道清凉江段、桃城区东滏阳段和受水区新河县西关作为分析对象,通过实测数据分析工程对地下水的影响,该河段和本次引黄入冀补淀工程在同一个区域，地质条件、环境条件相似，通过对位山引黄对地下水环境影响分析，可为评价本次工程对地下水影响提供数据类比分析。

1. 年内变化

根据清凉江试验数据分析，输水期间地下水埋深年内变化比较大，输水河道对两侧地下水有补给，且近河堤处地下水位变化较大，距河道较远处地下水位变化较小。距河堤50 m范围内地下水位变化幅度在1.0～1.5 m，1 500 m范围内变化幅度在0.5～1.0 m，1 500 m以外变化幅度不到0.5 m，2 500～3 000 m时，地下水位变化接近区域地下水动态变化。因此，输水对地下水影响的单侧补给范围约3 km。

2. 年际变化

根据武邑县清凉店镇王庄（位于引黄河道清凉江左岸1 km处）、枣强县南吉利村（位于引黄河道左岸2.5 km处）地下水水井监测结果，2001～2005年，浅层地下水位一直处于下降状态，2006年引水之后地下水位下降趋势得到遏制，并逐步得到回升。尤其是每年的12月至翌年1月，地下水位上升比较明显。以位山引黄受水区新河县的西关、衡水市桃城区的东滏阳两个地下水位观测井2000～2009年实际地下水位为例，从2006～2009年，西关、桃城区的东滏阳地下水位呈上升趋势，但仍远未恢复到2000～2004年水平。

综合以上分析，位山引黄补淀工程所经地区水资源严重短缺，很多河道早已干涸，长期的地下水超采使地下水位逐年下降，形成了大面积的漏斗区。引黄补淀累计补水天数长达552 d，使输水渠道附近的地下水得到有效补充，单侧补给范围为3 km，地下水位最大抬升幅度在1.0～1.5 m；同时，调水期间沿程渗漏损失水量除少部分蒸发外，大部分补充到输水渠沿线土壤和地下水，减缓了地下水位下降的速度，区域地下水位得到一定程度回升，但远未恢复到21世纪初期水平。

#### 5.3.2.2　对输水沿线及受水区地下水水质的影响

为客观了解位山引黄工程对地下水水质的影响，评价收集了已有位山引黄输水沿线及受水区19个地下水监测站点水质监测资料，资料系列为2006～2010年间位山引黄补淀期间地下水监测结果，监测项目主要有水温、pH、电导率、钙、镁、钾、钠、氯化物、硫酸盐、碳酸盐、重碳酸盐、离子总量、矿化度、总硬度、总碱度、氨氮、亚硝酸盐氮、硝酸盐氮、高锰酸盐指数、氰化物、砷、挥发酚、六价铬、汞、镉、铅、铜、铁、硫化物、氟化物和总磷。

评价结果表明，2006～2010年引黄补淀期间，位山引黄输水沿线及受水区地下水水质为Ⅲ、Ⅳ类水质站点所占比例明显上升，Ⅴ类水所占比例有下降的趋势。在2006～2010年引黄入冀补淀所监测的19个站点中，曲周、蔡小庄、小留庄、翟刘庄、南杜兴、北小魏、将台、小营、河间、肃宁、淮镇、三岔口和秦各庄13个监测点的水质相对稳定，没有明显变化趋势；曹庄、东汪、南孝路和任召4个监测点水质有明显好转趋势；广平和北韩2个监测点水质有恶化的趋势，超标因子为氨氮、锰、亚硝酸盐、总硬度、高锰酸盐指数，未出现重金属超标现象。

综合以上分析，位山引黄工程实施后，已有位山引黄工程对地下水水质没有明显影响。

### 5.3.3 对土壤环境的影响

为客观评价位山引黄工程对输水沿线及受水区土壤环境尤其是土壤盐度的影响，环境影响评价对河北已有输水渠道及受水区土壤盐度进行了监测。

#### 5.3.3.1 监测点布置

综合位山引黄输水沿线及受水区地下水埋深、渠道渗漏等确定土壤监测点位置，见表 5-7。

**表 5-7　土壤盐度监测点位分布**

| 监测点类型 | 县城 | 监测点位置 | 附近村庄 | 选择原因 | 监测目的 |
|---|---|---|---|---|---|
| 本次输水渠道，同时也是位山线输水渠道 | 献县 | 北排河河段，桩号 300 + 000，监测点位置选择该河段输水沿线 1 km 范围内 | 西武庄 | 地下水埋深浅且渠道渗漏严重 | 分析已实施的应急引黄济淀工程输水沿线及灌溉受水区是否有土壤盐渍化现象或者是否出现土壤盐渍化迹象；同时，也为本工程运行期输水沿线及受水区是否可能出现土壤盐渍化现象提供分析基础 |
| | 任丘 | 任文干渠河段，桩号 396 + 000，监测点位置选择该河段输水沿线 1 km 范围内 | 大树刘庄 | 地下水埋深浅且附近有排碱沟 | |
| 本次受水区，同时也是位山线输水受水区 | 安新 | 白洋淀湖泊周边，监测点位置选择白洋淀周边 1 km 范围内 | 安州镇 | 白洋淀受水区 | |
| 位山线输水灌溉受水区 | 枣强 | 位山线输水沿线，监测点位置选择该河段输水沿线 1 km 范围内 | 塔上村 | 位山线受水区 | |
| | 泊头 | 位山线灌溉受水区 | 齐桥村 | 位山线受水区且地下水埋深浅 | |

#### 5.3.3.2 土壤盐度、土壤环境监测评价标准

土壤盐度、土壤环境监测评价标准见表 5-8、表 5-9。

**表 5-8　土壤盐度评价标准**

| 土壤盐渍化程度 | 土壤含盐总量（干土重，%） | 氯化物含量（以 $Cl^-$ 计，%） | 硫酸盐含量（以 $SO_4^{2-}$ 计，%） | 作物 |
|---|---|---|---|---|
| 非盐渍土 | <0.3 | <0.02 | <0.1 | 正常 |
| 弱盐渍土 | 0.3 ~ 0.5 | 0.02 ~ 0.04 | 0.1 ~ 0.3 | 不良 |
| 中盐渍土 | 0.5 ~ 1.0 | 0.04 ~ 0.1 | 0.3 ~ 0.4 | 不良 |
| 强盐渍土 | 1.0 ~ 2.2 | 0.1 ~ 0.2 | 0.4 ~ 0.6 | 死亡 |
| 盐土 | >2.2 | >0.2 | >0.6 | 死亡 |

表 5-9　土壤环境监测评价标准　(单位:mg/kg)

| 评价因子 | | 二级标准 | | |
| --- | --- | --- | --- | --- |
| 土壤 pH | | <6.5 | 6.5~7.5 | >7.5 |
| 镉 | ≤ | 0.30 | 0.30 | 0.60 |
| 汞 | ≤ | 0.30 | 0.50 | 1.00 |
| 砷 | 水田 ≤ | 30 | 25 | 20 |
| | 旱地 ≤ | 40 | 30 | 25 |
| 铜 | 农田等 ≤ | 50 | 100 | 100 |
| | 果园 ≤ | 150 | 200 | 200 |
| 铅 | ≤ | 250 | 300 | 350 |
| 铬 | 水田 ≤ | 250 | 300 | 350 |
| | 旱地 ≤ | 150 | 200 | 250 |
| 锌 | ≤ | 200 | 250 | 300 |
| 镍 | ≤ | 40 | 50 | 60 |

#### 5.3.3.3　评价结果

本次采用单因子评价法:

$$P_i = C_i / S_i \tag{5-1}$$

式中:$C_i$ 为第 $i$ 项污染物的监测值;$S_i$ 为第 $i$ 项污染物评价标准值。

本次监测的 5 个土壤盐渍化监测点的几个指标监测结果均符合《土壤环境质量标准》(GB 15618—1995)要求,评级结果表明,已有位山引黄工程输水渠道及受水区没有产生土壤盐渍化问题。

## 5.4　受水区环境影响回顾性评价

### 5.4.1　白洋淀历次生态补水情况

自 20 世纪 80 年代至 2006 年有 19 年共 22 次通过海河流域的王快水库、安各庄水库、西大洋水库和岳城水库向白洋淀临时进行生态补水 7.9 亿 $m^3$。2006~2007 年、2008 年、2009~2010 年和 2010~2011 年实施了 4 次应急引黄济淀,在一定程度上改善了白洋淀的生态环境。

### 5.4.2　对白洋淀生态水量及水位的影响

2006～2007 年、2008 年、2009～2010 年、2010～2011 年 4 次引黄补淀的白洋淀补水量分别为 1.001 亿 $m^3$、1.566 亿 $m^3$、1 亿 $m^3$、0.93 亿 $m^3$（见图 5-1），除 2008 年外均满足白洋淀不干淀的生态水量要求（见表 5-10），平均水位高于其不干淀水位 5.1 m，位山引黄应急补淀对于白洋淀水位恢复和生态水量具有积极的作用。

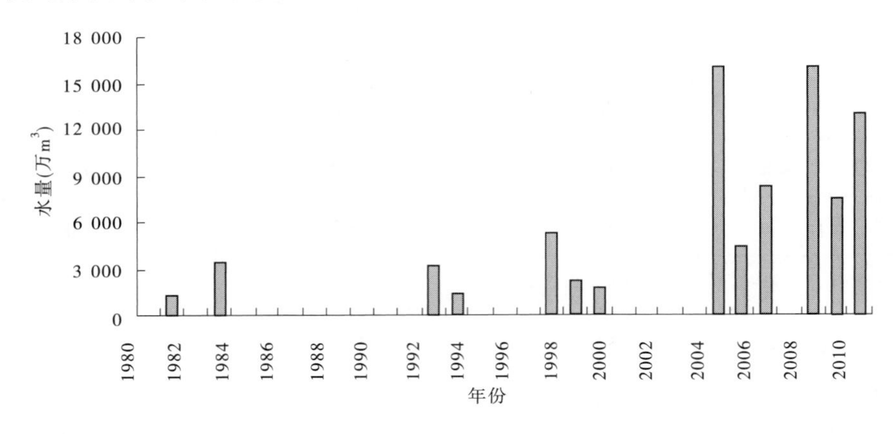


**图 5-1　白洋淀历次补淀水量图**

**表 5-10　白洋淀生态水量（不干淀所需生态水量）满足程度**

| 序号 | 白洋淀补水量（亿 $m^3$） | 平均水位（m） | 白洋淀需水（亿 $m^3$） | 生态需水满足程度 |
|---|---|---|---|---|
| 1 | 1.001 | 5.51 | 1.1 | 满足 |
| 2 | 1.566 | 5.99 | | 满足 |
| 3 | 1 | 5.73 | | 满足 |
| 4 | 0.93 | — | | 不满足 |

### 5.4.3　对白洋淀水质的影响

分析位山引黄补淀前后 2004～2011 年白洋淀端村水质监测资料，引黄济淀生态调水的实施对改善白洋淀水质具有积极作用。2004～2005 年白洋淀大部分月份是Ⅴ类和劣Ⅴ类（未开展引黄补淀），2006～2010 年，除 2007 年、2010 年个别月份出现劣Ⅴ类，其他月份水质为Ⅳ类和Ⅴ类，2006 年和 2009 年还达到了Ⅲ类水标准。但 2011 年出现Ⅴ类及劣Ⅴ类水质（见表 5-11）。2013～2014 年连续两年未进行引黄补淀，白洋淀水质均为劣Ⅴ类，说明调水在一定程度上改善了受水区水质，但不能从根本上解决白洋淀的水质污染问题，其水环境的根本改善需要进一步加强白洋淀流域污染综合治理，采取工程、监督、监测、管理等综合措施实现白洋淀水质达标。

**表5-11　2004~2014年白洋淀水质及引黄补淀水量情况**

| 监测时间 | | 水功能区 | 监测断面 | 目标水质 | 现状水质 | 主要超标项目 | 补水量（亿 $m^3$） | 补水时段 |
|---|---|---|---|---|---|---|---|---|
| 2004年 | 3~4月 | 白洋淀河北保护区 | 端村 | Ⅲ | Ⅳ | 总磷 | 未引黄补水 | |
| | 5~6月 | | | Ⅲ | Ⅴ | — | | |
| | 7~8月 | | | Ⅲ | Ⅴ | 高锰酸盐指数、总磷、硫化物、溶解氧 | | |
| | 9~10月 | | | Ⅲ | 劣Ⅴ | 高锰酸盐指数、总磷、硫化物 | | |
| | 11~12月 | | | Ⅲ | Ⅳ | 高锰酸盐指数、总磷 | | |
| 2005年 | 1~2月 | 白洋淀河北保护区 | 端村 | Ⅲ | Ⅴ | 高锰酸盐指数、总磷 | 未引黄补水 | |
| | 4~5月 | | | Ⅲ | 劣Ⅴ | 高锰酸盐指数、镉 | | |
| | 6~7月 | | | Ⅲ | 劣Ⅴ | 高锰酸盐指数、总磷、硫化物 | | |
| | 8~9月 | | | Ⅲ | Ⅴ | 高锰酸盐指数、总磷、硫化物 | | |
| | 10~12月 | | | Ⅲ | 劣Ⅴ | 高锰酸盐指数、总磷、氨氮等 | | |
| 2006年 | 1~2月 | 白洋淀河北保护区 | 端村 | Ⅲ | Ⅴ | 氨氮、高锰酸盐指数、五日生化需氧量、硫化物 | 0.191 0 | 2006年12月 |
| | 3~4月 | | | Ⅲ | Ⅲ | — | | |
| | 5~6月 | | | Ⅲ | Ⅴ | 高锰酸盐指数、溶解氧 | | |
| | 9~10月 | | | Ⅲ | Ⅳ | 高锰酸盐指数、硫化物 | | |
| | 11~12月 | | | Ⅲ | Ⅴ | 高锰酸盐指数、硫化物 | | |
| 2007年 | 1~2月 | 白洋淀河北保护区 | 端村 | Ⅲ | Ⅳ | 高锰酸盐指数 | 0.81 | 2007年1~3月 |
| | 3~4月 | | | Ⅲ | Ⅳ | 高锰酸盐指数 | | |
| | 5~6月 | | | Ⅲ | 劣Ⅴ | 高锰酸盐指数、硫化物 | | |
| | 7~8月 | | | Ⅲ | Ⅴ | 高锰酸盐指数、硫化物 | | |
| | 11~12月 | | | Ⅲ | Ⅴ | 高锰酸盐指数 | | |
| 2008年 | 1~2月 | 白洋淀河北保护区 | 端村 | Ⅲ | Ⅳ | 高锰酸盐指数、硫化物 | 1.576 3 | 2008年3~6月 |
| | 3~4月 | | | Ⅲ | Ⅳ | 高锰酸盐指数 | | |
| | 5~6月 | | | Ⅲ | Ⅳ | 溶解氧 | | |
| | 7~8月 | | | Ⅲ | Ⅳ | 高锰酸盐指数 | | |
| | 9~10月 | | | Ⅲ | Ⅳ | 高锰酸盐指数、硫化物 | | |
| | 11~12月 | | | Ⅲ | Ⅴ | 硫化物 | | |

续表 5-11

| 监测时间 | | 水功能区 | 监测断面 | 目标水质 | 现状水质 | 主要超标项目 | 补水量（亿 $m^3$） | 补水时段 |
|---|---|---|---|---|---|---|---|---|
| 2009 年 | 1 月 | 白洋淀河北保护区 | 端村 | Ⅲ | Ⅲ | — | 0.827 7 | 2009 年 11～12 月 |
| | 2 月 | | | Ⅲ | Ⅲ | — | | |
| | 3 月 | | | Ⅲ | Ⅳ | 硫化物 | | |
| | 4 月 | | | Ⅲ | Ⅳ | 硫化物 | | |
| | 5 月 | | | Ⅲ | Ⅳ | 高锰酸盐指数 | | |
| | 6 月 | | | Ⅲ | Ⅳ | 高锰酸盐指数、溶解氧 | | |
| | 7 月 | | | Ⅲ | Ⅲ | — | | |
| | 8 月 | | | Ⅲ | Ⅳ | 高锰酸盐指数 | | |
| | 9 月 | | | Ⅲ | Ⅲ | — | | |
| | 10 月 | | | Ⅲ | Ⅴ | 高锰酸盐指数、五日生化需氧量 | | |
| | 11 月 | | | Ⅲ | Ⅳ | 高锰酸盐指数、五日生化需氧量 | | |
| | 12 月 | | | Ⅲ | Ⅳ | 五日生化需氧量 | | |
| 2010 年 | 1～2 月 | 白洋淀河北保护区 | 端村 | Ⅲ | Ⅴ | 高锰酸盐指数、五日生化需氧量 | 0.280 2 | 2010 年 1 月 |
| | 3 月 | | | Ⅲ | Ⅳ | 高锰酸盐指数 | | |
| | 4 月 | | | Ⅲ | Ⅴ | 高锰酸盐指数、五日生化需氧量 | | |
| | 5 月 | | | Ⅲ | Ⅴ | 高锰酸盐指数、五日生化需氧量 | | |
| | 6 月 | | | Ⅲ | Ⅴ | 高锰酸盐指数、五日生化需氧量 | | |
| | 7 月 | | | Ⅲ | 劣Ⅴ | 溶解氧、高锰酸盐指数、五日生化需氧量 | | |
| | 8 月 | | | Ⅲ | Ⅴ | 高锰酸盐指数、氨氮 | | |
| | 9 月 | | | Ⅲ | Ⅴ | 五日生化需氧量、氨氮 | | |
| | 10 月 | | | Ⅲ | Ⅳ | 高锰酸盐指数、氨氮、五日生化需氧量 | | |
| | 11 月 | | | Ⅲ | Ⅴ | 高锰酸盐指数、五日生化需氧量 | | |
| | 12 月 | | | Ⅲ | Ⅴ | 五日生化需氧量 | | |
| 2011 年 | 1～2 月 | 白洋淀河北保护区 | 端村 | Ⅲ | Ⅳ | 五日生化需氧量 | 1.289 3 | 2011 年 1～4 月、12 月 |
| | 3 月 | | | Ⅲ | Ⅳ | 五日生化需氧量 | | |
| | 4 月 | | | Ⅲ | Ⅳ | COD | | |
| | 5 月 | | | Ⅲ | Ⅴ | 高锰酸盐指数、五日生化需氧量 | | |
| | 6 月 | | | Ⅲ | Ⅴ | COD | | |
| | 7 月 | | | Ⅲ | 劣Ⅴ | 五日生化需氧量 | | |
| | 8 月 | | | Ⅲ | Ⅴ | COD | | |
| | 9 月 | | | Ⅲ | Ⅴ | 高锰酸盐指数 | | |
| | 10 月 | | | Ⅲ | 劣Ⅴ | COD | | |
| | 11 月 | | | Ⅲ | Ⅴ | 溶解氧、五日生化需氧量 | | |
| | 12 月 | | | Ⅲ | 劣Ⅴ | COD | | |

续表 5-11

| 监测时间 | | 水功能区 | 监测断面 | 目标水质 | 现状水质 | 主要超标项目 | 补水量(亿 $m^3$) | 补水时段 |
|---|---|---|---|---|---|---|---|---|
| 2012 年 | 3 月 | 白洋淀河北保护区 | 端村 | Ⅲ | 劣Ⅴ | COD、氨氮 | 0.127 8 | 2012 年 1 月 |
| | 4 月 | | | Ⅲ | 劣Ⅴ | COD、氨氮 | | |
| | 5 月 | | | Ⅲ | 劣Ⅴ | COD、氨氮 | | |
| | 6 月 | | | Ⅲ | 劣Ⅴ | COD、氨氮 | | |
| 2013 年 | 8 月 | 白洋淀河北保护区 | 端村 | Ⅲ | 劣Ⅴ | COD、高锰酸盐指数 | 未引黄补水 | |
| | 10 月 | | | Ⅲ | 劣Ⅴ | COD、高锰酸盐指数、总氮 | | |
| 2014 年 | 4 月 | | | Ⅲ | 劣Ⅴ | COD、高锰酸盐指数 | 未引黄补水 | |

## 5.4.4　对白洋淀湿地影响

根据遥感调查,参考有关研究,白洋淀水域湿地面积变化分为以下几个阶段:

(1)20 世纪 60～80 年代,白洋淀上游水资源开发利用程度提高,入淀水量减少,湿地面积逐渐萎缩。

(2)20 世纪 80 年代至 2006 年,通过海河流域的王快水库、安各庄水库、西大洋水库和岳城水库向白洋淀临时进行生态补水 7.9 亿 $m^3$,补水量较小,补水期间还有干淀现象,不能满足基本的生态保护要求。

(3)位山引黄工程 2006～2011 年期间补水 4 次,共补水 4.62 亿 $m^3$,湿地面积有所增加,生态环境得到一定程度的改善,补水对于白洋淀水域及湿地面积的恢复具有积极作用。

表 5-12　白洋淀湿地、水域面积变化及原因分析

| 时期 | 年份 | 湿地面积($km^2$) | 水域面积($km^2$) | 变化原因分析 |
|---|---|---|---|---|
| 20 世纪 60～80 年代(未补水) | 1964 | 407.3 | 346.7 | 上游水资源开发利用程度提高,入淀水量减少,湿地面积逐渐萎缩 |
| | 1974 | 324.7 | 94.65 | |
| 20 世纪 80 年代至 2006 年(22 次应急补水) | 1983 | 290 | 62.277 | 通过王快水库、安各庄水库、西大洋水库和岳城水库向白洋淀临时进行生态补水 7.9 亿 $m^3$,补水量较小,补水期间还有干淀现象,不能满足基本的生态保护要求 |
| | 1984～1987 | 干淀 | | |
| 2006 年之后(位山引黄补淀) | 2008 | 107.14 | 35.93 | 引黄补淀,4 次共补水 4.62 亿 $m^2$,水域面积增加,生态环境得到一定程度改善 |
| | 2011 | 146.09 | 62.55 | |

## 5.4.5　对鸟类及栖息地的影响

白洋淀是多种候鸟迁徙路线的交会区,据有关资料记载,淀区原有鸟类 192 种。但是,自 20 世纪 60 年代以来,入淀水量逐年减少甚至干淀,白洋淀湿地及水域面积逐渐萎缩,鸟类栖息地遭到破坏,1992 年鸟类仅剩 52 种。

随着白洋淀多途径应急生态补水工作的开展,白洋淀生态环境恶化趋势得到缓解,淀区鸟类种类及种群开始逐步恢复,截至 2004 年鸟类已恢复到 180 多种。2006 ~ 2010 年,随着引黄补淀(位山线)工作的开展,淀区野生鸟类资源已达 198 种。

## 5.4.6　对水生生物及鱼类的影响

### 5.4.6.1　水生生物

1992 年 4 月和 8 月,保定市环境保护监测站对白洋淀 7 个监测点进行监测调查,共发现浮游植物 162 种,隶属 8 门 42 科 85 属。2009 年 4 月上旬和 6 月中旬对代表白洋淀湿地环境总体特征的 8 个采样点进行两次调查,共鉴定出浮游植物 8 门 133 种(属);本次调查共发现浮游植物 8 门 38 科 81 属 104 种。

通过对白洋淀底栖动物的调查发现,与 20 世纪 50 年代和 80 年代的生物调查比较,底栖动物的种类有所降低,1958 年调查底栖动物为 35 种,1980 年降至 25 种,2006 年、2007 年调查结果为 23 种,其中软体动物 17 种,环节动物 2 种,水生昆虫幼虫 4 种。而本次调查共发现底栖动物 18 种,其中软体动物 10 种,节肢动物 4 种,种类减少的原因主要是白洋淀的污染,水质变差使得生境改变。

### 5.4.6.2　鱼类

白洋淀鱼类种群的变化与入淀水量、淀中水质等密切相关。1958 年淀内有鱼类 54 种,隶属 11 目 17 科 50 属,主要以鲤鱼、黑鱼、黄颡为主;20 世纪 60 年代气候干旱,天然来水量减少,加之干淀和水质污染使鱼类品种急剧减少,优质鱼出现小型化、低龄化;1976 年调查发现鱼类 5 目 11 科 33 属 35 种,缺少鲻科、鳗鲡科等溯河性鱼类,种群组成仍以鲤科占优势;1980 年的调查结果为鱼类 40 种,隶属 8 目 14 科 37 属,鲤科占总数的 62.5%;1983 ~ 1987 年长期干淀,使淀中鱼类种群结构再次发生变化,1989 年调查共有鱼类 24 种,隶属 5 目 11 科 23 属;2002 年调查鱼类共计 33 种,隶属 7 目 12 科 30 属,在自然组分中,鲤科种类占 51.5%。

2004 年实施了引岳济淀工程,淀内鱼类种群有所恢复,达到 17 科 34 种,其中因干淀消失的马口鱼、棒花鱼、鳜鱼等又重现白洋淀;2006 ~ 2010 年通过引黄补淀工程的实施,淀内鱼类种群进一步恢复,本次调查鱼类已增加到 37 种,以鲤鱼、黑鱼、黄颡为主,其中以鲤科种类最多,占白洋淀鱼类总种数的 67.6%。

综合以上分析,白洋淀鱼类与白洋淀水位关系密切。随着白洋淀水量补给,淀内水面开阔,水位回升、水质改善,鱼类种类逐渐增加(见表 5-13)。但鱼类物种资源、种群结构、鱼类资源相较历史水平仍较低,增加鱼类部分是人工养殖鱼类。

**表 5-13　白洋淀鱼类种类演变及其与白洋淀水量关系**

| 年代 | 鱼类种类 | 淀区水量 |
| --- | --- | --- |
| 1958 | 有鱼类 54 种,隶属 11 目 17 科 50 属。经济鱼类以鲤科为主,尚有溯河性的鲻科(Mullet)、鳗鲡科(Anguillidae)等鱼类 | 白洋淀人为干扰小,水量丰富 |
| 1975 ~ 1976 | 有鱼类 5 目 11 科 33 属 35 种,缺少鲻科、鳗鲡科等溯河性鱼类,种群组成仍以鲤科占优势,共计 21 种 | 入淀水量减少 |
| 1980 | 有鱼类 40 种,隶属 8 目 14 科 37 属,鲤科共计 25 种,占总数的 62.5%。除上溯洄游鱼类减少外,原白洋淀具有的一些鱼类明显减少,尤其是经济鱼类种数下降 | |
| 1989 ~ 1990 | 调查共有鱼类 24 种,隶属 5 目 11 科 23 属;其中鲤科鱼类占总种数的 54.17% | 实施应急补水 |
| 2001 ~ 2002 | 两次调查发现鱼类共计 33 种,隶属 7 目 12 科 30 属。主要的经济鱼类中,有 10 种目前已成为人工养殖的种类,其中鲤鱼的人工养殖品种还有红鲤、镜鲤等。在自然组分中,鲤科种类占 51.5%;渔获物中鲤鱼、鲫鱼、白鲦、麦穗鱼居多,表现了江河平原动物区系、河海亚区鱼类组成的特点。经济价值较大的红鳍(Culter erythropterus)、赤眼鳟(Squaliobarbus curriculus)等,自 20 世纪 80 年代干淀之后再未发现 | |
| 2007 ~ 2010 | 采集到鱼类 7 目 11 科 25 种,从鱼类组成上分析,鲤形目鱼类共计 15 种,刺鳅目、合鳃目、鳢形目、鳉形目分别为 1 种,鲇形目共 2 种,鲈形目共 4 种,其中以鲤形目鱼类为主,占到 60%,并且小型鱼类所占比例较大 | 实施位山引黄应急补水 |
| 2013 | 有鱼类 5 目 12 科 37 种,其中鲤形目有 2 科 25 种,占总种数的 67.6%;其次为鲈形目,有 6 科 7 种,占总种数的 19%;鲇形目有 2 科 3 种,占总种数的 8%;合鳃目和鳉形目各 1 科 1 种,分别占 2.7% | |

### 5.4.7　生物入侵

历史上黄河曾长期流经白洋淀区域,由接近潴龙河、大清河一线至天津入海,加之近年来已多次实施了引黄应急补淀,黄河和白洋淀水系连通频繁,根据调查资料,黄河与白洋淀水生生物及鱼类种群组成基本一致,因此冬季引水对白洋淀造成的生物入侵的程度有限,根据河北省环保、林业部门的调查也尚未发现生物入侵现象,但也要加强运行期的监测及管理,如发现生物入侵现象,及时采取相关措施。

自 2006 年黄河水累积入淀量为 4.62 亿 $m^3$。由于调水补给,近些年白洋淀淀区的生态环境逐步改善,淀区生物资源得到一定程度的保护,生物多样性得到一定程度的恢复,但仍未达到历史水平。经过监测资料对比并未发现生物入侵现象。同时,通过河北省林业厅、河北大学等部门的专家调研考察,虽然每年调入大量黄河水,但尚未发现白洋淀受到外来物种入侵影响,没有出现入侵物种破坏淀区生态环境的现象。

总体来看，自白洋淀2006年应急补水以来，相关监测资料及专业部门调查未发现生物入侵现象。仅白洋淀水产种质资源保护区管理部门在安新东关码头交易的鱼货物中发现零星的龙虾，属克氏原螯虾，集中在夏、秋季。龙虾属于外来物种，根据当地渔业部门分析，入侵途径可能是逃逸或人工放养，与引水无关。龙虾繁殖能力较强，对水生植物有损害作用，同时会与白洋淀虾类形成竞争关系，但目前淀里的龙虾数量很少，未对当地渔业产生影响。安新县渔政管理部门对此已加大了管理力度，严格控制龙虾的养殖范围和种群数量。

### 5.4.8 对白洋淀生态环境影响小结

2006～2011年，共实施了4次引黄济淀生态补水，黄河水累积入淀量为4.62亿$m^3$，取得了显著的生态环境效益，有效缓解了白洋淀地区干旱缺水的状况，在一定程度上改善了白洋淀及周边区域的生态环境。

随着白洋淀水量补给，淀内水面开阔，水位回升、水质改善，白洋淀淀区的生态环境逐步改善，淀内动植物资源等有所恢复，生物多样性得到一定程度恢复。虽然白洋淀生态系统代表物种鸟类和鱼类种类均得到不同程度的恢复，但其物种结构、种群规模等仍远未达到历史水平。

根据水利部组织开展的全国主要江河湖库健康评估结果，白洋淀评估健康状况结果仍处于“不健康”等级。其中水文水资源、水质两个准则层健康状况很差，均处于“病态”等级，主要由于白洋淀来水少，淀区水体得不到更新，污染不断富集；白洋淀生物和社会服务功能健康状况相对较好，处于“亚健康”等级，主要因为近年来，国家多次组织实施调水，保证了白洋淀不干淀目标，基本遏制了白洋淀生态环境恶化趋势。

综上所述，虽然引水补淀只能暂时缓解白洋淀湿地的缺水问题，但白洋淀生态系统的演变是一个复杂的过程，其生态环境恢复需要一个长期的过程，因此迫切需要建立长期有效的补水机制和强有力的水污染治理机制，积极促进白洋淀生态系统良性循环。

## 5.5 已有沉沙池泥沙处理环境影响回顾性评价

### 5.5.1 已有沉沙池运行情况及环境影响

黄河下游各引黄灌区普遍存在泥沙处理问题，下游各灌区由于连年清淤，输沙渠道两侧已形成了高于地面的带状沙垄，给当地生态环境已造成了一定影响。目前泥沙处理仍主要采用以挖待沉的处理方式，由于灌区多年运行，可用于堆放泥沙淤积的洼地已逐年减少，近年来征地难度也越来越大，因此大量清淤泥沙一旦处置不当，将给当地生态环境和社会环境造成不利影响。

为了解黄河下游引黄灌区沉沙池运行情况及环境影响，项目设计单位和环境影响评价单位共同对黄河下游灌区沉沙池运用及泥沙处理进行了现场查勘，先后调研了潘庄引黄灌区、位山引黄灌区、渠村引黄灌区和人民胜利渠灌区（见表5-14）。

通过三次现场走访，发现泥沙处理仍是下游各引黄灌区的首要工作，沉沙区生态环境存在泥沙堆积、占压土地,导致灌区土地退化、沙化与生态环境恶化等问题,且处理量和处理费用均有增加的趋势。从现场查勘来看,位山引黄灌区环境问题最为突出,由于干渠两侧堆积较高(相对高程最大可达 15 m),周边扬尘较为严重,很多村庄已经搬迁到距离地面较高的村台上(部分村庄已搬迁多次),这给当地居民生活造成了一定影响。据当地群众反映,前些年周边农田有盐碱化现象,随着堆沙区的植被恢复及农田配套工程的建设,盐碱化现象明显减少。

**表 5-14　黄河下游已有引黄灌区沉沙池运行情况**

| 黄河下游灌区 | 运行时间 | 灌溉面积 | 年均引水量 | 引沙量 | 泥沙处理 | 泥沙处理效果及存在问题 |
| --- | --- | --- | --- | --- | --- | --- |
| 潘庄引黄灌区 | 1972 年 | 500 万亩 | 13.41 亿 $m^3$ | 717 万 t | 沉沙池沉沙和干渠清淤,沉沙池停用后进行盖顶还耕 | 灌区经过 40 年运行,总干渠两侧近距离的盐碱涝地大多已淤改完成,潘庄引黄灌区泥沙处理效果较好,泥沙引发的环境问题不太突出。但由于近年来干渠两侧弃土均已放置在截碱沟边,无法继续外延,总干渠清淤需远距离输送泥沙,成本增加 |
| 位山引黄灌区 | 1958 年,1962 年因涝碱停灌,1970 年复灌 | 540 万亩 | 设计引水能力 240 $m^3/s$ | | 沉沙条渠沉沙,规划 16 个,面积 4.99 万亩,2～3 年清淤一次,停用后复耕 | 沉沙池泥沙处理主要以清淤堆高形成沙质高地为主,达到规定高程后进行治理改造还耕。渠道清淤后部分堆积到渠道两岸,部分用于建筑;由于连年清淤,输沙渠两侧大堤先是堆高,后是展宽,两岸已形成高于地面 7～15 m、每侧宽 30～100 m 的带状沙垄。灌区沉沙池区沙质高地总计 1.9 万亩,初步治理的沙质高地 1.1 万亩。每遇大风,严重影响当地农民的生产生活条件,部分村庄几次搬迁 |
| 渠村引黄灌区 | 1956 年 | 渠村闸引水,灌溉面积 192.1 万亩 | 设计引水能力 240 $m^3/s$ | | 临时征地,淤满后复耕,目前第九方沉沙池正在运行 | 总体上环境问题不大,但部分区域也出现了土地沙化、沉沙池入口土壤盐渍化等问题,目前面临的重大问题是周边洼地已基本用完,沉沙池选址及征地困难 |
| 人民胜利渠灌区 | 1950 年 | 184.84 万亩 | 设计引水能力 60 $m^3/s$ | | 1952～1981 年、1981～1985 年经历沉沙池拦沙、沉沙池拦沙输沙入田阶段;1986 年后开始废弃沉沙池,实施浑水灌溉,清淤渠道泥沙 | |

## 5.5.2　已有沉沙池周边土壤盐度监测评价

为了解下游引黄灌区输水沿线土壤环境质量，分别对位山、潘庄和渠村灌区沉沙池及周边进行了土壤盐渍化检测，共采集了 10 个混合土样，其中潘庄沉沙池 2 个，位山沉沙池 3 个，渠村现状沉沙池 3 个，规划新建沉沙池 2 个。

土壤盐度评价标准见表 5-15，监测结果见表 5-16。根据土壤盐度评价标准，除位山 2 号点氯含量略微超标外，超标倍数为 0.07 倍，其他监测点位均满足非盐渍土评价标准。说明黄河下游已有沉沙池运行未造成周边土壤盐渍化问题。

表 5-15　土壤盐度评价标准

| 土壤盐渍化程度 | 土壤含盐总量（干土重，%） | 氯化物含量（以 $Cl^-$ 计，%） | 硫酸盐含量（以 $SO_4^{2-}$ 计，%） | 作物 |
|---|---|---|---|---|
| 非盐渍土 | <0.3 | <0.02 | <0.1 | 正常 |
| 弱盐渍土 | 0.3～0.5 | 0.02～0.04 | 0.1～0.3 | 不良 |
| 中盐渍土 | 0.5～1.0 | 0.04～0.1 | 0.3～0.4 | 不良 |
| 强盐渍土 | 1.0～2.2 | 0.1～0.2 | 0.4～0.6 | 死亡 |
| 盐　土 | >2.2 | >0.2 | >0.6 | 死亡 |

表 5-16　土壤盐度监测结果

| 样品名称 | 土壤 | 样品来源 | 送检 |
|---|---|---|---|
| 样品状态 | 固体 | 检验依据 | — |
| 测定项目 | 硫酸盐含量等 | 报告日期 | |
| 监测点位 | 检验项目 | 单位 | 检验结果 |
| 潘庄 1 | pH | — | 6.70 |
| | 硫酸盐含量 | g/kg | 0.165 |
| | 氯化物含量 | g/kg | 未检出 |
| | 水溶性总盐 | g/kg | 0.800 |
| 潘庄 2－1 | pH | — | 7.13 |
| | 硫酸盐含量 | g/kg | 0.144 |
| | 氯含量 | g/kg | 未检出 |
| | 水溶性总盐 | g/kg | 0.217 |
| 潘庄 2－2 | pH | — | 7.31 |
| | 硫酸盐含量 | g/kg | 0.082 3 |
| | 氯含量 | g/kg | 未检出 |
| | 水溶性总盐 | g/kg | 2.65 |

续表 5-16

| 监测点位 | 检验项目 | 单位 | 检验结果 |
| --- | --- | --- | --- |
| 濮阳 1－1 | pH | — | 7.24 |
| | 硫酸盐含量 | g/kg | 0.720 |
| | 氯含量 | g/kg | 0.107 |
| | 水溶性总盐 | g/kg | 0.617 |
| 濮阳 1－2 | pH | — | 7.43 |
| | 硫酸盐含量 | g/kg | 0.216 |
| | 氯含量 | g/kg | 0.107 |
| | 水溶性总盐 | g/kg | 0.600 |
| 濮阳 2－1 | pH | — | 7.43 |
| | 硫酸盐含量 | g/kg | 0.360 |
| | 氯含量 | g/kg | 0.035 7 |
| | 水溶性总盐 | g/kg | 0.516 |
| 濮阳 2－2 | pH | — | 7.42 |
| | 硫酸盐含量 | g/kg | 0.237 |
| | 氯含量 | g/kg | 0.143 |
| | 水溶性总盐 | g/kg | 0.566 |
| 濮阳 2－3 | pH | — | 6.72 |
| | 硫酸盐含量 | g/kg | 0.319 |
| | 氯含量 | g/kg | 未检出 |
| | 水溶性总盐 | g/kg | 0.316 |
| 位山 1－1 | pH | — | 7.13 |
| | 硫酸盐含量 | g/kg | 未检出 |
| | 氯含量 | g/kg | 0.028 6 |
| | 水溶性总盐 | g/kg | 0.649 |
| 位山 2 | pH | — | 7.24 |
| | 硫酸盐含量 | g/kg | 0.072 0 |
| | 氯含量 | g/kg | 0.214 |
| | 水溶性总盐 | g/kg | 0.767 |
| 位山 3 | pH | — | 7.61 |
| | 硫酸盐含量 | g/kg | 0.216 |
| | 氯含量 | g/kg | 0.150 |
| | 水溶性总盐 | g/kg | 1.53 |

## 5.6　引黄应急补淀存在的问题

### 5.6.1　输水沿线水污染问题

在目前已实施的应急补水期间,为了保障输水沿线及白洋淀入淀水质,采取利用调水水头将输水渠道污染团冲到下游和支渠,全部禁止排污临时性污染控制措施,以上评价结果说明这种措施在一定程度上减轻了应急输水沿线水污染程度,输水沿线除总氮外其他因子大部分能满足地表水Ⅲ类水标准。但临时性污染控制措施加剧了输水渠道下游水污染问题。同时,在调水期间,输水干渠相连接的支渠全部禁止排污,导致污水在补水期间全部滞留在支渠,形成污染水团。补水结束后,污染水团在短时间内集中进入输水干渠,对输水干渠及其他支渠水环境造成极大的影响,局部时段水污染严重,水质超标严重;同时,引水沿线生活垃圾就近倒入过水沟渠,阻水壅高水位,破坏水质。因此,在本工程运行前,必须解决输水沿线水污染问题,确保输水水质和入淀水质安全。

### 5.6.2　调水过程有待优化

已有的应急调水工程,第一次引水时间是 2006 年 11 月 24 日至 2007 年 2 月 28 日;第二次引水时间是 2008 年 1 月 25 日至 2008 年 6 月 17 日;第三次引水时间是 2009 年 10 月 1 日至 2010 年 2 月 28 日;第四次引水时间是 2010 年 12 月 13 日至 2011 年 5 月 10 日 8 时。黄河下游生态敏感期为 4 ~ 6 月,农业灌溉高峰期为 3 ~ 6 月,已有应急引黄补淀调水时间与黄河下游农业用水、生态用水时间部分重合,协调难度大。建议引黄调水时段避开鱼类产卵期和春灌期。

### 5.6.3　引水泥沙淤积问题有待解决

黄河水含沙量较大,位山引黄工程出现了引黄渠道淤积、沉沙池周边土地沙化等生态环境问题,同时沉沙池占地及泥沙处理占地规模较大,给当地居民生产生活造成一定影响。

# 第6章　地表水环境影响研究

## 6.1　对调水区水文情势及生态水量的影响分析

根据工程可行性研究设计，南水北调中、东线工程生效后，按照冬四月引水方案，本工程多年平均情况下可引水量6.2亿$m^3$，50%年份可引水量7.04亿$m^3$，75%年份可引水量5.27亿$m^3$，90%年份可引水量3.64亿$m^3$。南水北调中、东线工程生效前，按照冬四月外延引水方案，本工程多年平均情况下可引水量7.06亿$m^3$，50%年份可引水量9.00亿$m^3$，75%年份可引水量5.26亿$m^3$，90%年份可引水量3.64亿$m^3$。

本工程调水区位于黄河下游，引水口为黄河下游濮阳段渠村引黄闸，引水口距上游小浪底枢纽约310 km，距离下游高村水文站6~7 km，距离利津水文站约480 km。1999年黄河下游小浪底枢纽运用，黄委对黄河流域实施水资源统一管理和水量统一调度，黄河下游水文情势发生了很大的变化。

在空间上，环境影响评价选择黄河下游取水口以下高村断面进行水文情势及生态需水评价，在时间上，本次环境影响评价资料系列评价选择小浪底运行后2001~2010年水文系列进行水文形势分析，并参考小浪底运行前1956~2000年水文系列水文情势分析。

### 6.1.1　黄河下游水文情势特征

#### 6.1.1.1　小浪底水利枢纽运行情况

1.小浪底水库入库水量

现状小浪底多年平均入库水量为275.7亿$m^3$，2020年小浪底多年平均入库水量为258.6亿$m^3$。入库过程考虑黄河干流骨干水库调节，结合《黄河流域综合规划》(2010年)、《黄河水沙调控体系建设规划》(2011年)、《小浪底水库拦沙期防洪减淤运用方式研究》(2011年)等成果。现状，小浪底水库多年平均入库水量为275.7亿$m^3$，其中汛期138.4亿$m^3$，非汛期137.3亿$m^3$；2020年，小浪底水库多年平均入库水量为258.6亿$m^3$，其中汛期130.7亿$m^3$，非汛期127.9亿$m^3$。

2.小浪底水库水位控制

小浪底水库按正常运用期运用。汛期7~9月小浪底水库按照汛限水位254 m(相应库容10亿$m^3$)控制运行，多余水量可进行汛期调水调沙，汛末10月可蓄至正常蓄水位275 m(相应库容51亿$m^3$)；非汛期11月至翌年6月按正常蓄水位275 m控制运行，满足利津断面生态环境需水量、花园口断面防凌控制和下游引水要求，6月底降至汛限水位254 m。

3.《黄河流域水资源综合规划》小浪底以下水量配置

现状，黄河小浪底以下河段配置水量133.42亿$m^3$，其中河北、天津18.44亿$m^3$。河北、天津配置的引黄水量从高村以下河段引出，引水时段为冬四月（11 月至翌年 2 月）。黄河小浪底以下耗水配置过程，采用《黄河流域水资源综合规划》供需计算的耗水过程，其中汛期水量 26.5 亿 $m^3$，占 19.9%；非汛期水量 106.89 亿 $m^3$，占 80.1%。

2020 年，黄河小浪底以下河段配置水量 122.7 亿 $m^3$，其中河北 6.2 亿 $m^3$。河北配置的引黄水量从高村以下河段引出，引水时段为冬四月（11 月至翌年 2 月）。其中，汛期水量 27.45 亿 $m^3$，占 22.4%；非汛期水量 95.24 亿 $m^3$，占 77.6%。

#### 6.1.1.2 小浪底水利枢纽运行前后高村断面水文情势变化

从多年平均径流量变化分析，2001～2010 年，高村断面多年平均径流量为 223 亿 $m^3$，多年平均流量为 707 $m^3/s$；1956～2000 年，高村断面多年平均径流量为 365 亿 $m^3$，多年平均流量为 1 136 $m^3/s$；2001～2010 年，黄河下游整体处于偏枯水平。

从多年月均流量变化分析，1956～2000 年，黄河下游年内分布不均，其中 7～11 月，流量明显增加；2001～2010 年，小浪底水库运行后，黄河下游高村断面年内分布相对稳定，与 1956～2000 年月均流量相比，冬四月月均流量变化不大。

### 6.1.2 黄河下游最小生态环境需水量

引黄入冀补淀工程引水口调水区下游主要保护对象是河流及河漫滩湿地、黄河特有土著鱼类栖息生境等，沿线分布有黄河濮阳黄河湿地自然保护区、黄河鲁豫交界国家级水产种质资源保护区等重要环境敏感区。调水区下游生态环境需水要求包括湿地生态需水、鱼类栖息生境需水、河流自净需水等。其中黄河下游沿河湿地生态需水关键期为湿地植被发芽期 3 月底至 5 月、生长期 6～10 月；鱼类栖息地需水关键期为主要保护鱼类繁殖期 4～6 月、生长期 7～10 月；河流自净需水各月都必须保证。综合考虑以上因素，黄河下游生态环境需水关键期为 4～6 月和 7～10 月。

本次环境影响评价工作选择黄河下游省界断面高村（距离引水口 5～6 km）作为黄河下游生态环境需水分析断面，并充分考虑到利津断面的需水要求。

考虑到引黄入冀补淀工程调水时段为冬四月，主要需水对象为鱼类越冬需水和河流自净需水，南水北调中、东线工程生效前的相机引水方案为 10 月 21 日至翌年 3 月 24 日，基本避开了黄河下游生态环境关键期 4～6 月和 7～10 月，环境影响评价重点考虑引水口下游最小生态环境需水量。

根据原国家环保总局《关于印发水电水利建设项目水环境与水生生态保护技术政策研讨会会议的函》（环办函〔2006〕11 号）提出的"维持水生生态系统稳定所需最小水量一般不应小于河道控制断面多年平均流量的 10%（当多年平均流量大于 80 $m^3/s$ 时按 5% 取用），以及水利部《关于印发〈水工程规划设计生态指标体系与应用指导意见〉的通知》（水总环移〔2010〕248 号）关于生态基流有关要求"对北方地区，生态基流应分非汛期和汛期两个水期分别确定，非汛期生态基流应不低于多年平均天然径流量的 10%、汛期生态基流可按多年平均天然径流量 20%～30%"等相关文件中关于水利水电工程建设生态水量的规定及要求，运用 Tennant 法等多种方法，根据黄河下游代表鱼类越冬栖息生境需水要求，考虑黄河下游自净用水要求，结合黄河水量调度年预案编制情况及水量调度实践活动，参考以上规划及科研成果，考虑到满足利津断面下泄流量不能低于 100 $m^3/s$ 的控制要求,综合确定本次高村断面最小生态环境需水量,高村断面 11 月至翌年 3 月、7 ~ 10 月底线生态环境流量分别为 140 $m^3/s$ 、320 $m^3/s$。引黄入冀补淀工程冬四月调水时段高村断面生态环境需水量为 140 $m^3/s$,南水北调中、东线生效前相机外延月份 10 月生态环境需水量为 320 $m^3/s$。

## 6.1.3　对重要断面年径流量及生态需水量的影响

本次以小浪底运行后,2001 ~ 2010 年系列水文资料为基础,以 1956 ~ 2000 年系列水文资料为参考,分析了南水北调中、东线工程生效前后水文情势变化。

### 6.1.3.1　南水北调中、东线工程生效前

南水北调中、东线工程生效前,引水期间(冬四月相机引水)高村断面的径流量为 91.3 亿 $m^3$,多年平均设计引水量 7.10 亿 $m^3$,引黄入冀补淀工程实施后,引水期间径流量减少 7.8%;75% 典型年设计引水量为 5.27 亿 $m^3$,引水期间径流量减少 6.3%。

### 6.1.3.2　南水北调中、东线工程生效后

南水北调中、东线工程生效后,原位山引黄工程停止引水,位山原有设计引黄水量 5 亿 $m^3$ 改由本次引黄入冀补淀工程引水(6.2 亿 $m^3$),引水口由原来的位山闸(高村断面下游)上移到濮阳渠村闸(高村断面上游)。因此,南水北调中、东线工程生效后,会对高村断面产生影响。

南水北调中、东线工程生效后,引水期间(冬四月)高村断面的径流量为 47.8 亿 $m^3$,多年平均引水量 6.2 亿 $m^3$,引黄入冀补淀工程实施后,引水期间径流量减少 13%;75% 典型年设计引水量为 5.27 亿 $m^3$,引水期间径流量减少占同期径流量的 12.8%(见表 6-1、图 6-1)。

**表 6-1　工程建设前后重要断面引水期径流量变化**　(单位:亿 $m^3$)

| 重要断面 | | 南水北调中、东线工程生效前 | | | | | 南水北调中、东线工程生效后 | | | | |
|---|---|---|---|---|---|---|---|---|---|---|---|
| | | 2001 ~ 2010 年 | | 1956 ~ 2000 年 | | | 2001 ~ 2010 年 | | 1956 ~ 2000 年 | | |
| | | 多年平均 | 75% 典型年 | 多年平均 | 50% 典型年 | 75% 典型年 | 多年平均 | 75% 典型年 | 多年平均 | 50% 典型年 | 75% 典型年 |
| 高村断面 | 建设前 | 91.3 | 83.8 | 148.6 | 170.9 | 115.1 | 47.8 | 41.2 | 135.9 | 92.6 | 66.3 |
| | 建设后 | 84.24 | 78.53 | 141.54 | 161.9 | 109.83 | 41.6 | 35.93 | 129.7 | 85.57 | 62.03 |
| | 减少百分比(%) | 7.7 | 6.3 | 4.75 | 5.27 | 4.58 | 13.0 | 12.8 | 4.56 | 7.59 | 6.44 |

## 6.1.4　对重要断面月均流量及生态流量的影响

### 6.1.4.1　南水北调中、东线工程生效前

高村断面,2001 ~ 2010 年系列多年平均、75% 典型年月均流量都有一定程度的变化,多年平均情况下,高村断面流量变化范围是 7.0% ~ 18.3%,变化最大的 2 月达 18.3%;75% 典型年,高村断面流量变化范围是 15.3% ~ 18.4%。1956 ~ 2000 年系列,多年平均

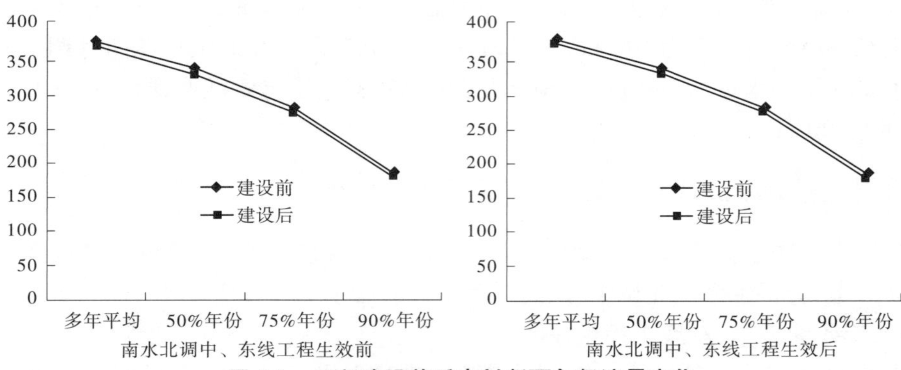


**图 6-1　工程建设前后高村断面年径流量变化**

情况下,高村断面流量变化范围是 3.7% ~13.9%,变化最大的 1 月达 13.9%;50% 典型年,高村断面流量变化范围是 3.1% ~19.5%,变化最大的 2 月达 19.5%;75% 典型年,高村断面流量变化范围是 9.4% ~13.9%。工程实施后,月均流量基本可以满足生态需水要求(即引水实施后,11 月至翌年 3 月,高村断面下泄流量不得低于 140 $m^3/s$;10 月,高村断面的下泄流量不得低于 320 $m^3/s$),见表 6-2。

**表 6-2　南水北调中、东线工程生效前引黄入冀补淀工程实施前后流量变化**

(单位:$m^2/s$)

| 时段 | | 2001 ~2010 年 | | 1956 ~2000 年 | | | 生态流量控制要求 |
|---|---|---|---|---|---|---|---|
| | | 多年平均 | 75% 典型年 | 多年平均 | 50% 典型年 | 75% 典型年 | |
| 10 月 | 建设前 | 970 | 可行性 | 1 828 | 2 169 | 可行性 | 工程实施后,高村断面的流量不能低于 140 $m^3/s$,工程实施后可以满足生态流量控制要求 |
| | 建设后 | 902 | 研究设计 | 1 760 | 2 101 | 研究设计 | |
| | 变化 | 7.0% | 无引水 | 3.7% | 3.1% | 无引水 | |
| 11 月 | 建设前 | 640 | 可行性 | 1 117 | 2 218 | 可行性 | |
| | 建设后 | 572 | 研究设计 | 1 049 | 2 150 | 研究设计 | |
| | 变化 | 10.6% | 无引水 | 6.1% | 3.1% | 无引水 | |
| 12 月 | 建设前 | 481 | 425 | 690 | 523 | 681 | |
| | 建设后 | 413 | 357 | 622 | 455 | 613 | |
| | 变化 | 14.1% | 16.0% | 9.9% | 13.0% | 10.0% | |
| 1 月 | 建设前 | 376 | 339 | 490 | 523 | 488 | |
| | 建设后 | 308 | 276 | 422 | 455 | 420 | |
| | 变化 | 18.1% | 18.6% | 13.9% | 13.0% | 13.9% | |
| 2 月 | 建设前 | 327 | 392 | 447 | 293 | 647 | |
| | 建设后 | 267 | 332 | 387 | 233 | 586 | |
| | 变化 | 18.4% | 15.3% | 13.4% | 19.5% | 9.4% | |
| 3 月 | 建设前 | 693 | 可行性 | 895 | 754 | 1 020 | |
| | 建设后 | 625 | 研究设计 | 827 | 686 | 无引水 | |
| | 变化 | 9.8% | 无引水 | 7.6% | 9.0% | 无变化 | |

#### 6.1.4.2 南水北调中、东线工程生效后

南水北调中、东线工程生效后,原位山引黄工程停止引水,位山原有设计引黄水量5亿 $m^3$ 改由本次引黄入冀补淀工程引水,引水口由原来的位山闸(高村断面下游)上移到濮阳渠村闸(高村断面上游)。因此,南水北调中、东线工程生效后,会对高村断面产生影响。考虑到位山引黄虽然设计引水量为5亿 $m^3$,但年均引水量仅1.93亿 $m^3$,且本次引黄与位山引黄时段及过程不同,因此引水量增加和引水过程改变会对利津断面的月均流量产生影响,但影响程度相对高村断面较小。

高村断面,2001~2010年系列多年平均、75%典型年月均流量都有一定程度的变化,多年平均情况下,高村断面流量变化范围是10.6%~18.3%,变化最大的2月达18.3%;75%典型年,高村断面流量变化范围是15.3%~18.6%。1956~2000年系列,多年平均情况下,高村断面流量变化范围是6.1%~13.9%,变化最大的1月达13.9%;50%典型年,高村断面流量变化范围是2.1%~19.5%,变化最大的是2月;75%典型年,高村断面流量变化范围是9.4%~13.9%。工程实施后,月均流量基本可以满足生态需水要求(即引水实施后,11月至翌年2月,高村断面下泄流量不得低于140 $m^3/s$),见表6-3。

**表6-3 南水北调中、东线工程生效前引黄入冀补淀工程实施前后流量变化**

(单位:$m^3/s$)

| 时段 | | 2001~2010年 | | 1956~2000年 | | | 生态流量控制要求 |
|---|---|---|---|---|---|---|---|
| | | 多年平均 | 75%典型年 | 多年平均 | 50%典型年 | 75%典型年 | |
| 11月 | 建设前 | 640 | 可行性研究设计无引水 | 1 117 | 2 218 | 可行性研究设计无引水 | 工程实施后,高村断面的流量不能低于140 $m^3/s$,工程实施后可以满足生态流量控制要求 |
| | 建设后 | 572 | | 1 049 | 2 150 | | |
| | 变化 | 10.6% | | 6.1% | 2.1% | | |
| 12月 | 建设前 | 481 | 425 | 690 | 523 | 681 | |
| | 建设后 | 413 | 357 | 622 | 455 | 613 | |
| | 变化 | 14.1% | 16.0% | 9.8% | 13.0% | 10.0% | |
| 1月 | 建设前 | 376 | 339 | 490 | 523 | 488 | |
| | 建设后 | 308 | 276 | 422 | 455 | 420 | |
| | 变化 | 18.1% | 18.6% | 13.9% | 13.0% | 13.9% | |
| 2月 | 建设前 | 327 | 392 | 447 | 293 | 647 | |
| | 建设后 | 267 | 332 | 387 | 233 | 586 | |
| | 变化 | 18.3% | 15.3% | 13.4% | 19.5% | 9.4% | |

### 6.1.5 对重要断面日均流量及生态流量的影响

工程引水方案已经考虑到了黄河水文情势的变化,设置了多年平均、50%典型年、75%典型年及90%典型年等水平年的取水方案。南水北调中、东线工程生效前75%典型年只有12月、1月、2月引水,10月、11月、3月不引水。

### 6.1.5.1　南水北调中、东线工程生效前

2001～2010 年系列,75% 典型年,可行性研究设计引水天数为 90 d,其中高村断面有 3 d 日均流量均不能满足生态流量 140 $m^3/s$ 的要求。1956～2000 年系列,在 50% 典型年情况下,可行性研究设计引水天数为 155 d,但其中高村断面有 20 d 日均流量不满足生态流量 140 $m^3/s$ 的要求;75% 典型年情况下,可行性研究设计引水天数为 90 d,其中高村断面有 1 d 日均流量不满足生态流量 140 $m^3/s$ 的要求;90% 典型年情况下,可行性研究设计引水天数为 60 d,其中高村断面有 22 d 日均流量不满足生态流量 140 $m^3/s$ 的要求,如图 6-2～图 6-5、表 6-4 所示。

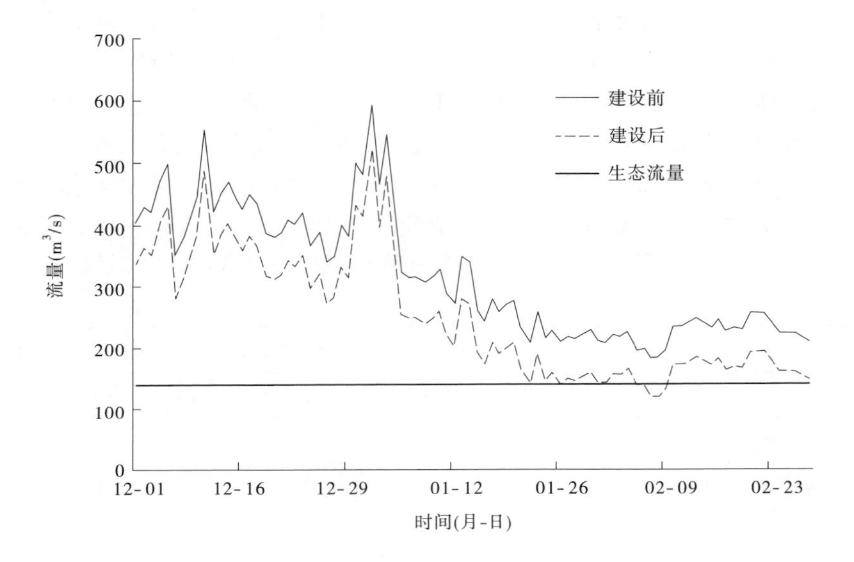


图 6-2　南水北调中、东线工程生效前重要断面 75% 典型年日均流量变化

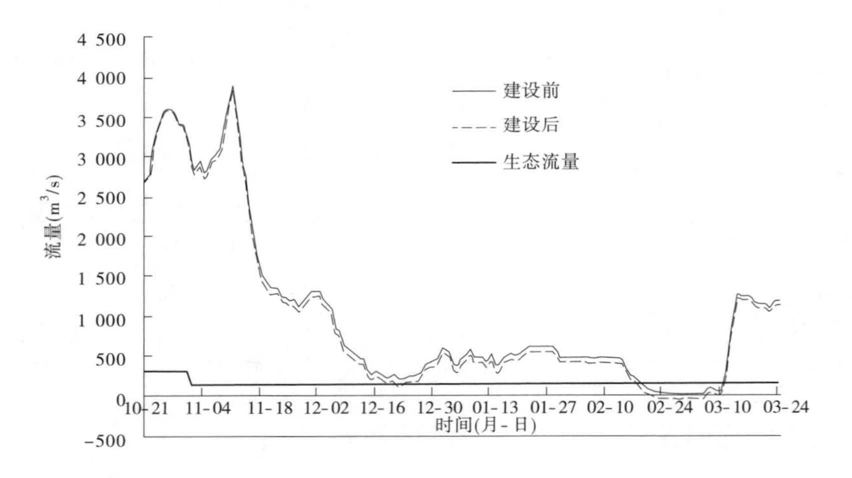


图 6-3　南水北调中、东线工程生效前重要断面 50% 典型年日均流量变化

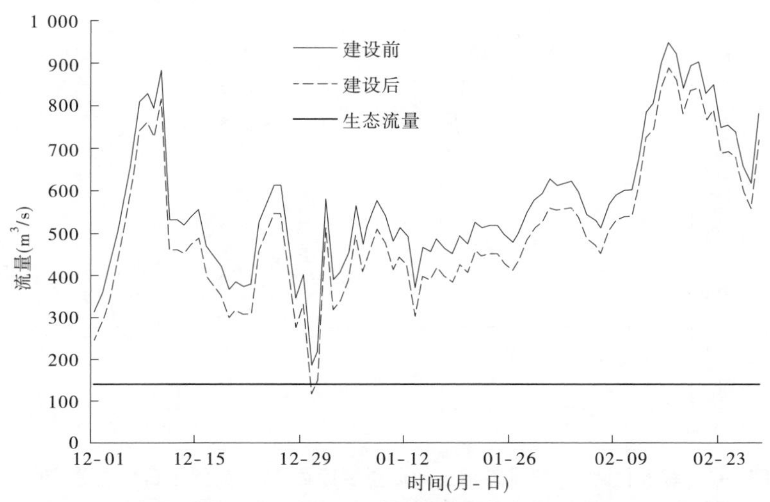


图 6-4　南水北调中、东线工程生效前重要断面 75% 典型年日均流量变化

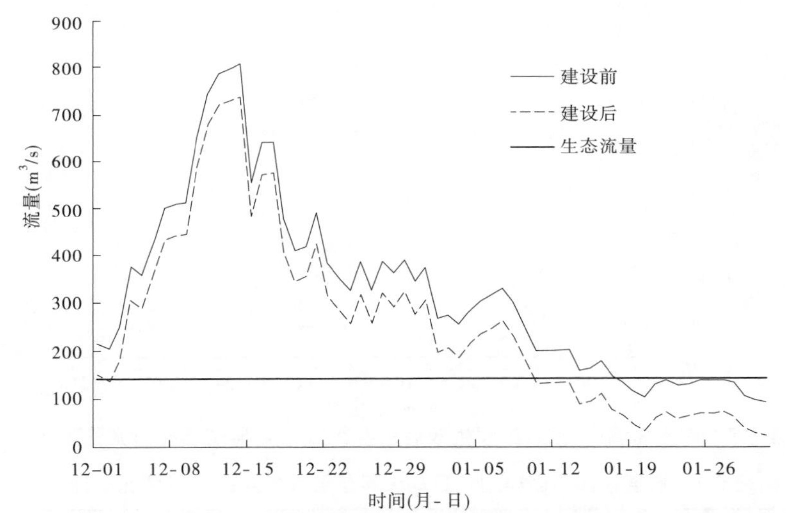


图 6-5　南水北调中、东线工程生效前重要断面 90% 典型年日均流量变化

#### 6.1.5.2　南水北调中、东线工程生效后

2001 ~ 2010 年系列，75% 典型年，可行性研究设计引水天数为 90 d，其中高村断面有 3 d 日均流量不能满足生态流量 140 $m^3/s$ 的要求。1956 ~ 2000 年系列，在 50% 典型年情况下，可行性研究设计引水天数为 120 d，其中高村断面有 10 d 日均流量不满足生态流量 140 $m^3/s$ 的要求；75% 典型年情况下，可行性研究设计引水天数为 90 d，其中高村断面有 1 d 日均流量不满足生态流量 140 $m^3/s$ 的要求；90% 典型年情况下，可行性研究设计引水天数为 60 d，其中高村断面有 22 d 日均流量不满足生态流量 140 $m^3/s$ 的要求，如图 6-6 ~ 图 6-9、表 6-4 所示。

建议加强高村断面日均流量监测，当日均流量小于控制断面流量时（高村140 $m^3/s$），应停止引水。

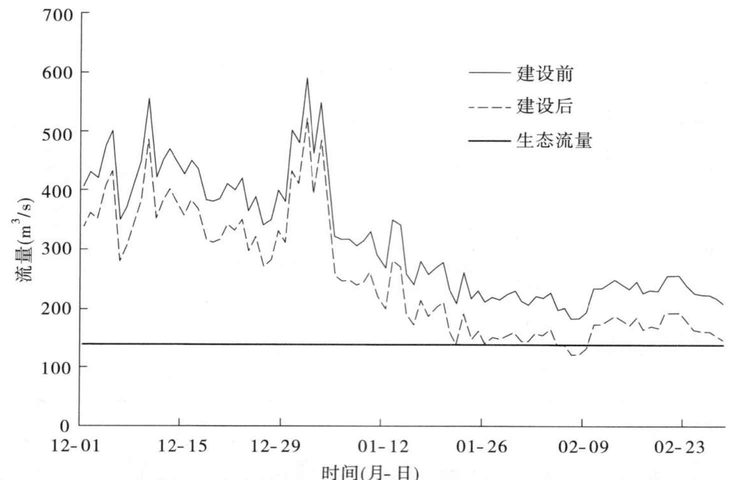


图 6-6　南水北调中、东线工程生效后重要断面 75%典型年日均流量变化

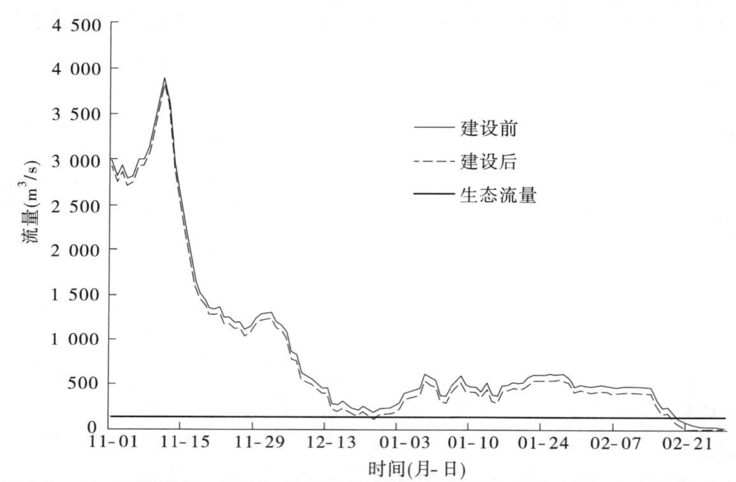


图 6-7　南水北调中、东线工程生效后重要断面 50%典型年日均流量变化

表 6-4　重要断面不同典型年日均流量是否满足生态流量情况统计

| 月份 | 南水北调中、东线工程生效前 | | | | 南水北调中、东线工程生效后 | | | |
|---|---|---|---|---|---|---|---|---|
| | 75%典型年(2001～2010年系列) | 50%典型年(1956～2000年系列) | 75%典型年(1956～2000年系列) | 90%典型年(1956～2000年系列) | 75%典型年(2001～2010年系列) | 50%典型年(1956～2000年系列) | 75%典型年(1956～2000年系列) | 90%典型年(1956～2000年系列) |
| 10月 | 不引水 | 满足 | 不引水 | 不引水 | 不引水 | 不引水 | 不引水 | 不引水 |
| 11月 | 不引水 | 满足 | 不引水 | 不引水 | 不引水 | 满足 | 不引水 | 不引水 |
| 12月 | 满足 | 满足 | 1 d 不满足 | 满足 | 满足 | 满足 | 1 d 不满足 | 满足 |
| 1月 | 满足 | 满足 | 满足 | 22 d 不满足 | 满足 | 满足 | 满足 | 22 d 不满足 |
| 2月 | 3 d 不满足 | 10 d 不满足 | 满足 | 不引水 | 3 d 不满足 | 10 d 不满足 | 满足 | 不引水 |
| 3月 | 不引水 | 10 d 不满足 | 不引水 | 不引水 | 不引水 | 不引水 | 不引水 | 不引水 |

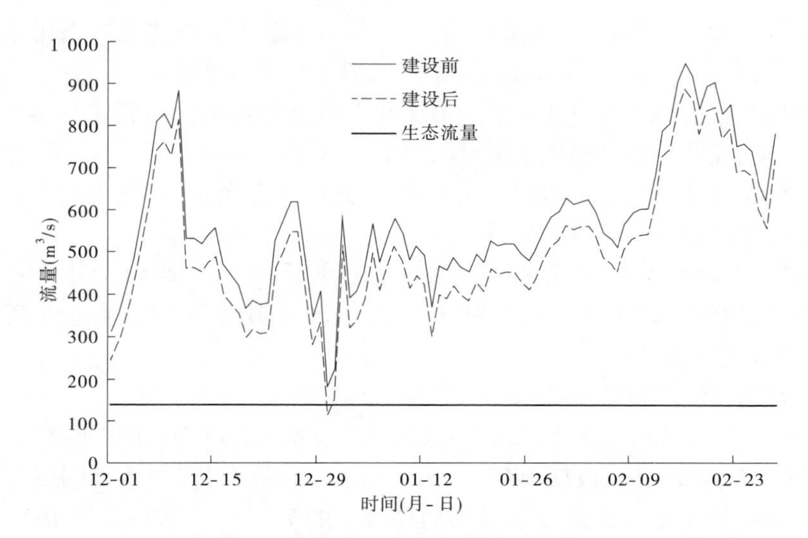


图6-8　南水北调中、东线工程生效后重要断面75%典型年日均流量变化

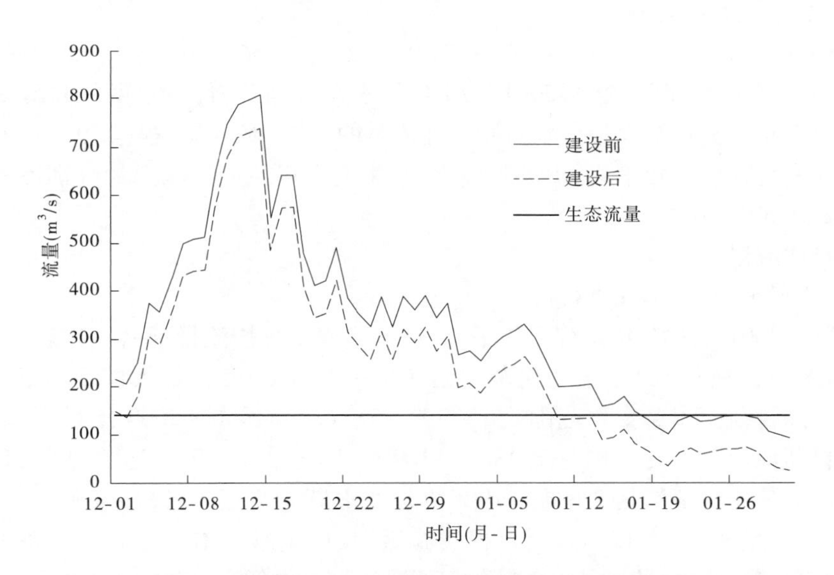


图6-9　南水北调中、东线工程生效后重要断面90%典型年日均流量变化

### 6.1.6　水文情势及生态水量影响分析小结

黄河流域是资源性缺水地区,尤其是黄河下游水资源供需矛盾突出,调水工程实施后,黄河下游径流尤其是枯水期径流过程将发生改变,将对黄河下游生态环境用水产生一定不利影响。

其中南水北调中、东线工程生效前,河北引黄任务由山东位山引黄工程和本工程共同承担,对黄河下游水文情势及生态用水影响相对较大;南水北调中、东线工程生效后,山东位山引黄工程将停止引水,河北引黄任务由本工程承担,引水口由原来的位山闸(高村断面下游）上移到濮阳渠村闸（高村断面上游），对黄河下游水文情势及生态用水影响相对较小。考虑位山引黄虽然设计引水量为5亿$m^3$，但年均引水量仅1.93亿$m^3$，且本次引黄与位山引黄时段及过程不同，因此引水量增加和引水过程改变会对利津断面的月均流量产生影响，但影响程度相对高村断面较小。（注：因目前位山每年引黄水量、引水过程存在较大差异，仅在年径流量分析体现了此情景，因此南水北调中、东线工程生效后对黄河下游月均、日均流量影响小于目前分析结论。）

根据不同水平年引水方案，分析了小浪底运行前后，2001～2010年水文系列多年平均、75%典型年，1956～2000年水文系列多年平均、50%典型年、75%典型年等情况下调水对黄河下游水文情势影响。

#### 6.1.6.1　引水期径流量及年径流量

南水北调中、东线工程生效前：2001～2010年，根据1956～2000年水文频率，就出现了75%水平年，工程实施后，根据2001～2010年水文系列分析，引水期间高村断面多年平均、75%典型年径流量减少量分别占同期径流量的7.7%、6.3%；根据1956～2000年系列，引水期间高村断面多年平均、50%典型年、75%典型年径流量减少量分别占同期径流量的4.75%、5.27%、4.58%。

南水北调中、东线工程生效后：2001～2010年，根据1956～2000年水文频率，就出现了75%水平年，工程实施后，根据2001～2010年水文系列分析，引水期间高村断面多年平均、75%典型年径流量减少量分别占同期径流量的13%、12.8%；根据1956～2000年系列，引水期间高村断面多年平均、50%典型年、75%典型年径流量减少量分别占同期径流量的4.56%、7.59%、6.44%。

#### 6.1.6.2　月均流量

1. 南水北调中、东线工程生效前

高村断面，2001～2010年系列多年平均、75%典型年月均流量都有一定程度的变化，多年平均情况下，高村断面流量变化范围是7%～18.3%，变化最大的2月达18.3%；75%典型年，高村断面流量变化范围是15.3%～18.6%。1956～2000年系列，多年平均情况下，高村断面流量变化范围是2.1%～13.9%，变化最大的1月达13.9%；50%典型年，高村断面流量变化范围是2.1%～19.5%。变化最大的是2月；75%典型年，高村断面流量变化范围是9.4%～13.9%。工程实施后，月均流量基本可以满足生态需水要求（即引水实施后，11月至翌年3月，高村断面下泄流量不得低于140 $m^3/s$；10月，高村断面的下泄流量不得低于320 $m^3/s$）。

2. 南水北调中、东线工程生效后

高村断面，2001～2010年系列多年平均、75%典型年月均流量都有一定程度的变化，多年平均情况下，高村断面流量变化范围是10.6%～18.3%，变化最大的2月达18.3%；75%典型年，高村断面流量变化范围是15.3%～18.6%。1956～2000年系列，多年平均情况下，高村断面流量变化范围是6.1%～13.9%，变化最大的1月达13.9%；50%典型年，高村断面流量变化范围是2.1%～19.5%，变化最大的是2月；75%典型年，高村断面流量变化范围是9.4%～13.9%。工程实施后，月均流量基本可以满足生态需水要求（即引水实施后，11月至翌年2月，高村断面下泄流量不得低于140 $m^3/s$）。

### 6.1.6.3　日均流量

1. 南水北调中、东线工程生效前

2001 ~ 2010 年系列,75% 典型年,可行性研究设计引水天数为 90 d,其中高村断面有 3 d 日均流量不能满足生态流量 140 $m^3/s$ 的要求。1956 ~ 2000 年系列,在 50% 典型年情况下,可行性研究设计引水天数为 155 d,但其中高村断面有 20 d 日均流量不满足生态流量 140 $m^3/s$ 的要求;75% 典型年情况下,可行性研究设计引水天数为 90 天,其中高村断面有 1 d 日均流量不满足生态流量 140 $m^3/s$ 的要求;90% 典型年情况下,可行性研究设计引水天数为 60 d,其中高村断面有 22 d 日均流量不满足生态流量 140 $m^3/s$ 的要求。

2. 南水北调中、东线工程生效后

2001 ~ 2010 年系列,75% 典型年,可行性研究设计引水天数为 90 d,其中高村断面由 3 d 日均流量不能满足生态流量 140 $m^3/s$ 的要求。1956 ~ 2000 年系列,在 50% 典型年情况下,可行性研究设计引水天数为 120 d,其中高村断面有 10 d 日均流量不满足生态流量 140 $m^3/s$ 的要求;75% 典型年情况下,可行性研究设计引水天数为 90 d,其中高村断面有 1 d 日均流量不满足生态流量 140 $m^3/s$ 的要求;90% 典型年情况下,可行性研究设计引水天数为 60 d,其中高村断面有 22 d 日均流量不满足生态流量 140 $m^3/s$ 的要求。

建议加强高村断面日均流量监测,当日均流量小于控制断面流量时(高村140 $m^3/s$),应停止引水。

综上所述,根据历史不同典型年水文情势情况分析,在现有引水方案情况下,在引黄入冀补淀工程尚未纳入黄河下游水量调度情况下,在落实“当日均流量小于控制断面流量时(高村 140 $m^3/s$),应停止引水”的控制措施下,南水北调中、东线工程生效前,实际引水量如下:75% 典型年(2001 ~ 2010 年系列),5.09 亿 $m^3$;50% 典型年(1956 ~ 2000 年系列),7.83 亿 $m^3$;75% 典型年(1956 ~ 2000 年系列),5.21 亿 $m^3$;90% 典型年(1956 ~ 2000 年系列),2.31 亿 $m^3$。南水北调中、东线工程生效后,实际引水量如下:75% 典型年(2001 ~ 2010 年系列),5.09 亿 $m^3$;50% 典型年(1956 ~ 2000 年系列),6.44 亿 $m^3$;75% 典型年(1956 ~ 2000 年系列),5.21 亿 $m^3$;90% 典型年(1956 ~ 2000 年系列),2.31 亿 $m^3$。在 90% 水平年,引水量不能满足白洋淀生态需水要求。因此,提出以下建议:第一,将本工程取水纳入黄河下游水量统一调度,根据黄河不同水平年来水情况,优化小浪底水库调度方案,在确保下游生态环境需水、原有用水户用水、防凌安全基础上,提高枯水年供水保证率,科学调控河北输水沿线输水过程,尽可能保证白洋淀基本生态用水。第二,从维持黄河下游生态安全角度,引水后当黄河干流高村断面下泄流量低于 140 $m^3/s$ 时,本工程渠首停止引水(见表 6-5)。

**表 6-5　水文情势变化分析**

<table>
<tr><th>因子</th><th>生态需水要求</th><th>生态需水满足程度</th><th>引黄入冀补淀工程尚未纳入黄河下游水量统一调度情况下，可以引到的水量</th><th>控制措施</th></tr>
<tr><td>年径流量</td><td>利津断面下泄量不低于 187 亿 m³</td><td>多年平均及 50% 典型年引水后可以满足下泄量不低于 187 亿 m³ 的要求，75% 及 90% 典型年即便不引水，也满足不了下泄量不低于 187 亿 m³ 的要求</td><td rowspan="4">南水北调中、东线工程生效前：<br>50% 典型年（1956～2000 年系列），7.83 亿 m³；<br>75% 典型年（1956～2000 年系列），5.21 亿 m³；<br>75% 典型年（2001～2010 年系列），5.09 亿 m³；90% 典型年（1956～2000 年系列），2.31 亿 m³<br>南水北调中、东线工程生效后：<br>50% 典型年（1956～2000 年系列），6.44 亿 m³；<br>75% 典型年（1956～2000 年系列），5.21 亿 m³；<br>75% 典型年（2001～2010 年系列），5.09 亿 m³；90% 典型年（1956～2000 年系列），2.31 亿 m³</td><td rowspan="4">第一，将本工程取水纳入黄河下游水量统一调度，根据黄河不同水平年来水情况，优化小浪底水库调度方案，在确保下游生态环境需水、原有用水户用水、防凌安全基础上，提高枯水年供水保证率，科学调控河北输水沿线输水过程，尽可能保证白洋淀基本生态用水。第二，从维持黄河下游生态安全角度，引水后当黄河干流高村断面下泄流量低于 140 m³/s 时，本工程渠首停止引水</td></tr>
<tr><td>月均流量</td><td rowspan="3">高村断面下泄量不低于 140 m³/s</td><td>工程实施后，高村断面均满足生态流量要求</td></tr>
<tr><td rowspan="2">日均流量</td><td>南水北调中、东线工程生效前：75% 典型年（2001～2010 年系列）情况下，满足生态流量要求。50% 典型年（1956～2000 年系列）有 20 d 不满足生态流量要求；75% 典型年（1956～2000 年系列）情况下，有 1 d 不满足生态流量要求；90% 典型年（1956～2000 年系列）情况下，有 22 d 不满足生态流量要求</td></tr>
<tr><td>南水北调中、东线工程生效后：75% 典型年（2001～2010 年系列）情况下，满足生态流量要求。50% 典型年（1956～2000 年系列）有 10 d 不满足生态流量要求；75% 典型年（1956～2000 年系列）情况下，有 1 d 不满足生态流量要求；90% 典型年（1956～2000 年系列）情况下，有 22 d 不满足生态流量要求</td></tr>
</table>

## 6.2　输水沿线水文情势的影响分析

本次引黄入冀补淀工程河南引水量不变，只是增加了河北段的引水量。但输水途经河南段，使得河南段在冬四月径流量、流量都发生了一定程度的变化。目前河北段输水渠道大部分时段无水，局部渠道作为排污渠道有少量排污水，工程实施后，各输水渠段水文情势将发生较大改变。

南水北调中、东线工程生效前，输水渠道多年平均情况下的引水流量在 39～68 m³/s；南水北调中、东线工程生效后，输水渠道多年平均情况下的引水流量在 42～68 m³/s，故沿线输水渠道河北段的过水量及过水流量都会增加，见表 6-6、表 6-7。

表 6-6　南水北调中、东线工程生效前工程建设对输水渠道过水量、过水流量的影响

| 引水过程 | | 河南段 | | | | | 河北段 | | | | | |
|---|---|---|---|---|---|---|---|---|---|---|---|---|
| | | 渠道情况 | 过水量(亿 $m^3$) | | 过水流量($m^3/s$) | | 渠道情况 | | 过水量(亿 $m^3$) | | 过水流量 | |
| 起 | 至 | | 建设前 | 建设后 | 建设前 | 建设后 | | | 建设前 | 建设后 | 建设前 | 建设后 |
| 10 月 21 日 | 11 月 1 日 | 河南段输水渠道有南湖干渠、第三濮清南干渠第三濮清南西支,现状渠道灌溉期有水,工程引水,河南段引水量不变,渠道的过水量叠加河北段的引水量 | 355 | 3 757 | 3.7 | 39.5 | 除应急引水期外,基本上常年无水,工程实施后,引水期定期有一定的过流水量 | 入白洋淀断面 | 0 | 3 402 | 0 | 35.8 |
| 11 月 1 日 | 11 月 10 日 | | 290 | 3 074 | 3.7 | 39.5 | | 入白洋淀断面 | 0 | 2 784 | 0 | 35.8 |
| 11 月 10 日 | 11 月 11 日 | | 32 | 342 | 3.7 | 39.5 | | 入白洋淀断面 | 0 | 309 | 0 | 35.8 |
| 11 月 11 日 | 11 月 17 日 | | 193 | 2 049 | 3.7 | 39.5 | | 入沧州断面 | 0 | 1 856 | 0 | 35.8 |
| 11 月 17 日 | 11 月 20 日 | | 97 | 1 025 | 3.7 | 39.5 | | 入衡水断面 | 0 | 928 | 0 | 35.8 |
| 11 月 20 日 | 11 月 24 日 | | 129 | 1 366 | 3.7 | 39.5 | | 入邢台断面 | 0 | 1 237 | 0 | 35.8 |
| 11 月 24 日 | 12 月 1 日 | | 226 | 2 391 | 3.7 | 39.5 | | 入邯郸断面 | 0 | 2 165 | 0 | 35.8 |
| 12 月 1 日 | 1 月 1 日 | | 1 714 | 18 160 | 6.4 | 67.8 | | 入白洋淀断面 | 0 | 16 445 | 0 | 61.4 |
| 1 月 1 日 | 1 月 2 日 | | 49 | 524 | 5.7 | 60.6 | | 入廊坊断面 | 0 | 474 | 0 | 54.9 |
| 1 月 2 日 | 1 月 6 日 | | 247 | 2 619 | 5.7 | 60.6 | | 入沧州断面 | 0 | 2 372 | 0 | 54.9 |
| 1 月 6 日 | 1 月 26 日 | | 939 | 9 952 | 5.7 | 60.6 | | 入沧州断面 | 0 | 9 012 | 0 | 54.9 |
| 1 月 26 日 | 2 月 1 日 | | 297 | 3 143 | 5.7 | 60.6 | | 入衡水断面 | 0 | 2 846 | 0 | 54.9 |
| 2 月 1 日 | 2 月 5 日 | | 244 | 2 581 | 5.6 | 59.7 | | 入衡水断面 | 0 | 2 337 | 0 | 54.1 |
| 2 月 5 日 | 2 月 20 日 | | 682 | 7 226 | 5.6 | 59.7 | | 入邢台断面 | 0 | 6 544 | 0 | 54.1 |
| 2 月 20 日 | 3 月 1 日 | | 438 | 4 645 | 5.6 | 59.7 | | 入邯郸断面 | 0 | 4 207 | 0 | 54.1 |
| 3 月 1 日 | 3 月 11 日 | | 327 | 3 463 | 3.8 | 40.1 | | 入邯郸断面 | 0 | 3 136 | 0 | 36.3 |
| 3 月 11 日 | 3 月 24 日 | | 425 | 4 502 | 3.8 | 40.1 | | 入邯郸断面 | 0 | 4 077 | 0 | 36.3 |

表 6-7　南水北调中、东线工程生效后工程建设对输水渠道过水量、过水流量的影响

<table>
<tr><th colspan="2">引水过程</th><th colspan="5">河南段</th><th colspan="6">河北段</th></tr>
<tr><th rowspan="2">起</th><th rowspan="2">至</th><th rowspan="2">渠道情况</th><th colspan="2">过水量(亿 m³)</th><th colspan="2">过水流量(m³/s)</th><th rowspan="2" colspan="2">渠道情况</th><th colspan="2">过水量(亿 m³)</th><th colspan="2">过水流量</th></tr>
<tr><th>建设前</th><th>建设后</th><th>建设前</th><th>建设后</th><th>建设前</th><th>建设后</th><th>建设前</th><th>建设后</th></tr>
<tr><td>11 月 1 日</td><td>11 月 10 日</td><td rowspan="14">河南段输水渠道有南湖干渠、第三濮清南干渠第三濮清南西支，现状渠道灌溉期有水，工程引水，河南段引水量不变，渠道的过水量叠加河北段的引水量</td><td>306</td><td>3 246</td><td>3.9</td><td>41.7</td><td rowspan="14">除应急引水期外，基本上常年无水，工程实施后，引水期定期有一定的过流水量</td><td>入白洋淀断面</td><td>0</td><td>2 939</td><td>0</td><td>37.8</td></tr>
<tr><td>11 月 10 日</td><td>11 月 11 日</td><td>34</td><td>361</td><td>3.9</td><td>41.7</td><td>入廊坊断面</td><td>0</td><td>327</td><td>0</td><td>37.8</td></tr>
<tr><td>11 月 11 日</td><td>11 月 16 日</td><td>170</td><td>1 803</td><td>3.9</td><td>41.7</td><td>入沧州断面</td><td>0</td><td>1 633</td><td>0</td><td>37.8</td></tr>
<tr><td>11 月 16 日</td><td>11 月 19 日</td><td>102</td><td>1 082</td><td>3.9</td><td>41.7</td><td>入衡水断面</td><td>0</td><td>980</td><td>0</td><td>37.8</td></tr>
<tr><td>11 月 19 日</td><td>11 月 25 日</td><td>204</td><td>2 164</td><td>3.9</td><td>41.7</td><td>入邢台断面</td><td>0</td><td>1 960</td><td>0</td><td>37.8</td></tr>
<tr><td>11 月 25 日</td><td>12 月 1 日</td><td>204</td><td>2 164</td><td>3.9</td><td>41.7</td><td>入邯郸断面</td><td>0</td><td>1 960</td><td>0</td><td>37.8</td></tr>
<tr><td>12 月 1 日</td><td>1 月 1 日</td><td>1 714</td><td>18 160</td><td>6.4</td><td>67.8</td><td>入白洋淀断面</td><td>0</td><td>16 445</td><td>0</td><td>61.4</td></tr>
<tr><td>1 月 1 日</td><td>1 月 8 日</td><td>386</td><td>4 094</td><td>6.4</td><td>67.7</td><td>入白洋淀断面</td><td>0</td><td>3 707</td><td>0</td><td>61.3</td></tr>
<tr><td>1 月 8 日</td><td>1 月 11 日</td><td>166</td><td>1 755</td><td>6.4</td><td>67.7</td><td>入廊坊断面</td><td>0</td><td>1 589</td><td>0</td><td>61.3</td></tr>
<tr><td>1 月 11 日</td><td>1 月 25 日</td><td>773</td><td>8 188</td><td>6.4</td><td>67.7</td><td>入沧州断面</td><td>0</td><td>7 415</td><td>0</td><td>61.3</td></tr>
<tr><td>1 月 25 日</td><td>2 月 1 日</td><td>386</td><td>4 094</td><td>6.4</td><td>67.7</td><td>入衡水断面</td><td>0</td><td>3 707</td><td>0</td><td>61.3</td></tr>
<tr><td>2 月 1 日</td><td>2 月 1 日</td><td>0</td><td>0</td><td>5.8</td><td>61.6</td><td>入邢台断面</td><td>0</td><td>0</td><td>0</td><td>55.8</td></tr>
<tr><td>2 月 1 日</td><td>2 月 10 日</td><td>452</td><td>4 791</td><td>5.8</td><td>61.6</td><td>入邢台断面</td><td>0</td><td>4 339</td><td>0</td><td>55.8</td></tr>
<tr><td>2 月 10 日</td><td>2 月 28 日</td><td>955</td><td>10 115</td><td>5.8</td><td>61.6</td><td>入邯郸断面</td><td>0</td><td>9 160</td><td>0</td><td>55.8</td></tr>
</table>

# 6.3　受水区水文情势及生态水量的影响分析

本工程主要任务之一是为白洋淀实施生态补水，生态补水量2.55亿$m^3$，扣除输水损失后净补水量1.1亿$m^3$。当渠首可引黄水量不足时，对于河北省内是优先为白洋淀生态供水，其次是为河北受水区农业灌溉供水。同时，为确保白洋淀生态补水量，可行性研究在入白洋淀处安装了水量计量装置。

根据历史不同点典型水文情势情况分析，在现有引水方案情况下，在落实"当日均流量小于控制断面流量时（高村140 $m^3/s$），应停止引水"的控制措施下，2001～2010年系列，黄河流域水量偏枯，只出现了75%典型年，通过分析，该系列75%典型年引水量只有5.09亿$m^3$，能满足白洋淀生态补水要求。在1956～2000年系列，50%典型年、75%典型年，引水量减少，但仍能满足白洋淀生态补水要求（见表6-8）。

表6-8　白洋淀生态补水满足程度分析

<table>
<tr><th>典型年</th><th>河北可调水量</th><th>白洋淀生态补水量</th><th>是否补水目标</th></tr>
<tr><td>75%（2001～2010年系列）</td><td>南水北调中、东线工程生效前：5.09亿$m^3$<br>南水北调中、东线工程生效后：5.09亿$m^3$</td><td rowspan="3">白洋淀不干淀所需净补水量为1.1亿$m^3$，叠加沿程的损失后维持白洋淀不干淀的引水量为2.55亿$m^3$</td><td>满足</td></tr>
<tr><td>50%（1956～2000年系列）</td><td>南水北调中、东线工程生效前：7.83亿$m^3$<br>南水北调中、东线工程生效后：6.44亿$m^3$</td><td>满足</td></tr>
<tr><td>75%（1956～2000年系列）</td><td>南水北调中、东线工程生效前：5.21亿$m^3$<br>南水北调中、东线工程生效后：5.21亿$m^3$</td><td>满足</td></tr>
</table>

# 6.4　对地表水环境的影响分析

## 6.4.1　对调水区黄河下游水环境影响

黄河下游小浪底以下河段为典型的游荡型河段，但花园口以下河段受两岸大堤约束，两岸排污口较少，花园口以下河段有两个排污口，即平阴翟庄闸和长清老王府排污口，排污口基本情况见表6-9。

表6-9　黄河花园口以下河段排污口基本情况

<table>
<tr><th rowspan="2">排污口名称</th><th rowspan="2">行政区</th><th colspan="2">水功能区</th><th rowspan="2">水质目标</th><th rowspan="2">排污口类型</th><th rowspan="2">废污水量（万t/a）</th><th rowspan="2">COD（t/a）</th><th rowspan="2">氨氮（t/a）</th></tr>
<tr><th>一级</th><th>二级</th></tr>
<tr><td>平阴翟庄闸</td><td rowspan="2">泰安市、聊城市、济南市、德州市</td><td rowspan="2">黄河山东开发利用区</td><td rowspan="2">黄河聊城、德州饮用、工业用水区</td><td rowspan="2">Ⅲ类</td><td rowspan="2">混合废污水</td><td>849.5</td><td>528.8</td><td>46.3</td></tr>
<tr><td>长清老王府</td><td>302.6</td><td>212.8</td><td>16.1</td></tr>
</table>

由表6-9可知，下游两个排污口位于黄河山东开发利用区一级水功能区，黄河聊城、德州饮用、工业用水区二级水功能区，排污口类型为混合废污水，主要是生活污水和工业废污水，污水为常年排放，因此需要常年保证一定的水量用于自净降解，才能保障下游水质不会产生明显恶化。

根据对南水北调中、东线工程生效前后不同水平年下高村断面日均流量与自净需水量对比分析，结果表明：南水北调生效前后不同水平年下高村断面均有一定天数日均流量不能满足自净需水要求，因此建议90%典型年当高村断面流量低于140 $m^3/s$ 时停止引水，保证高村断面的自净需水量，同时要加强调度运行管理，最大程度避免对下游水环境造成影响。具体影响分析见表6-10。

## 6.4.2　对输水沿线水环境的影响

目前河北省已有位山引黄一条输水线路，自1993～2011年，利用位山引黄入冀工程，河北省共实施引水17次，其中临时引水2次，正式引水15次，共引水32.733亿 $m^3$，年均引水量1.93亿 $m^3$（低于位山线路年设计引水量5亿 $m^3$ 指标）。在位山引黄工程实施期间，为了保护白洋淀生态环境，于2006～2011年实施了位山应急引黄补淀工程。

引黄入冀补淀工程输水沿线排污口分布较多，水质现状较差。根据回顾性评价结果，位山引黄输水渠道调水期间水质也较差，大部分为劣Ⅴ类，主要超标因子为总氮。为客观评价调水对输水渠道水环境的影响，构建了位山引黄入冀总干渠的河道水量水质模型以开展水环境模拟工作，预测输水运行后输水河渠水质沿程变化。

本工程输水线路与位山应急引黄补淀工程输水线路在衡水湖之后重合，重合线路为滏东排河、北排河、献县枢纽段、紫塔干渠、陌南干渠、古洋河、韩村干渠、小白河东支、小白河和任文干渠入白洋淀；本工程供水对象与位山引黄工程供水对象一样，主要为农业和白洋淀生态。因此，对位山引黄工程建立模型进行回顾性评价，可为本次环境影响评价提供重要的参数类比对象，有利于较准确地对环境影响进行预测，并提出切实有效的保护措施。

### 6.4.2.1　输水沿线水环境模型构建及参数率定验证

根据实测资料，位山引黄输水线路及本工程输水线路研究河段长度远远大于其宽度和深度，其横向和竖向的扩散作用远远小于其沿河道的输移作用，因此在横向和竖向的浓度梯度可以忽略。根据上述特点，将输水线路视为一维河流进行研究。河道一维稳态水质模型公式如下：

$$C = \frac{C_0Q_0 + C_1Q_1}{Q_0 + Q_1}\exp\left(-\frac{Kx}{86\ 400u}\right) \tag{6-1}$$

式中：$C_0$为水流输送物质的断面初始浓度，mg/L；$C_1$为污染物入河浓度，mg/L；$C$ 为位于污染源下游 $x$ 处的断面平均浓度，mg/L；$Q_0$为水流初始流量，$m^3/s$；$Q_1$为污染物入河流量，$m^3/s$；$K$ 为污染物质降解系数，$d^{-1}$；$u$ 为断面平均流速，m/s；$x$ 为水流输送污染物质距离，m。

**表 6-10　不同水平年下调水对高村断面自净水量影响分析**

| 断面 | 月份 | 自净需水量（$m^3/s$） | 调水后日均流量（$m^3/s$） | | | | | |
|---|---|---|---|---|---|---|---|---|
| | | | 南水北调中、东线工程生效前 | | | 南水北调中、东线工程生效后 | | |
| | | | 75% 典型年（2001～2010 年系列） | 75% 典型年（1956～2000 年系列） | 50% 典型年（1956～2000 年系列） | 75% 典型年（1956～2000 年系列） | 75% 典型年（1956～2000 年系列） | 50% 典型年（1956～2000 年系列） |
| 高村断面 | 10 月 | 99 | 不引水 | 不引水 | 满足 | 不引水 | | |
| | 11 月 | 99 | 不引水 | 不引水 | 满足 | 不引水 | 不引水 | 满足 |
| | 12 月 | 99 | 满足 | 满足 | 满足 | 满足 | 1 d 不满足 | 满足 |
| | 1 月 | 99 | 满足 | 满足 | 满足 | 满足 | 满足 | 满足 |
| | 2 月 | 99 | 满足 | 满足 | 10 d 不满足 | 满足 | 满足 | 9 d 不满足 |
| | 3 月 | 99 | 不引水 | 不引水 | 10 d 不满足 | 不引水 | 不引水 | 不引水 |

通过收集 2009 年 11 月及 12 月位山引水期间河北省南宫市和生店村张二庄断面、河间市张庄村沧保公路断面和大树刘庄入淀站断面水量水质实测资料，对所建模型参数进行了确定，模型降解系数的确定如下：

$$K = -\frac{86\ 400u}{x} \cdot \ln \frac{C(Q_0 + Q_1)}{C_0 Q_0 + C_1 Q_1} \tag{6-2}$$

各污染物降解参数率定结果见表 6-11。

**表 6-11　各污染物降解参数率定结果**

| 断面水质浓度 | COD(mg/L) | 氨氮(mg/L) | TN(mg/L) | TP(mg/L) | 流速(m/s) |
|---|---|---|---|---|---|
| 张二庄 | 3.5 | 0.3 | 5.47 | 0.03 | 0.70～1.10 |
| 沧保公路 | 2.6 | 0.19 | 3.91 | — | |
| 白洋淀 | — | — | — | 0.02 | |
| 降解系数 | 0.124 | 0.121 | 0.114 | 0.112 | |

根据率定得到的参数，利用 2010 年 1 月位山引水期间张二庄断面、沧保公路断面水质实测资料，对所建模型参数计算结果的准确性进行了验证，模型计算值与 2010 年实测值的对比见表 6-12。

**表 6-12　断面水质实测值与计算值结果对比**

| 断面水质浓度 | | COD | 氨氮 | TN | TP |
|---|---|---|---|---|---|
| 张二庄 | 实测值(mg/L) | 10.85 | 0.81 | 4.95 | 0.07 |
| | 计算值(mg/L) | 11.972 | 0.815 | 5.542 | 0.070 |
| | 误差率(%) | 10.34 | 0.57 | 11.95 | 0.31 |
| 沧保公路 | 实测值(mg/L) | 9.80 | 0.44 | 4.94 | 0.04 |
| | 计算值(mg/L) | 8.868 | 0.444 | 4.206 | 0.038 |
| | 误差率(%) | 9.51 | 0.83 | 14.87 | 3.90 |

由表 6-12 分析可得，张二庄与沧保公路断面各污染物(COD、氨氮、TN、TP)浓度实测值与计算值误差分别为 10.34%、0.57%、11.95%、0.31%；沧保公路断面各污染物(COD、氨氮、TN、TP)浓度实测值与计算值误差分别为 9.51%、0.83%、14.87%、3.90%，计算误差率较小，因此模型率定验证得到的参数较为合理，可用于本工程的水质计算工作。

#### 6.4.2.2　输水沿线水质沿程变化

本工程输水线路与位山应急引黄补淀工程输水线路在衡水湖之后重合，重合线路为滏东排河、北排河、献县枢纽段、紫塔干渠、陌南干渠、古洋河、韩村干渠、小白河东支、小白河和任文干渠入白洋淀；本工程供水对象与位山引黄工程供水对象一样，主要为农业和白洋淀生态。因此，对位山引黄工程建立模型进行回顾性评价，可为本次环境影响评价提供重要的参数类比对象，有利于较准确地对环境影响进行预测。

按照本工程引黄入冀补淀可行性研究设计中关于引水渠道的设计，模型中概化的河道主要为输水总干渠，总长度约为 480 km（自沉沙池至入白洋淀断面），概化河道中渠道长、宽、底高程、边坡、流速、水深、糙率等参数均按照可行性研究报告中的设计值选取，河道糙率为 0.015 ~ 0.025。具体见表 6-13。

表 6-13　引黄入冀补淀概化河道模型参数选取

| 里程(m) | 边坡 | 底宽(m) | 水深(m) | 流速(m/s) | 超高(m) | 渠深(m) |
|---|---|---|---|---|---|---|
| 4 995 | 2 | 10.5 | 3.89 | 1.44 | 1.2 | 5.09 |
| 38 000 | 2 | 11 | 4.17 | 1.15 | 1.2 | 5.37 |
| 54 570 | 2 | 15 | 4.64 | 0.75 | 1.2 | 5.84 |
| 83 060 | 2 | 9 | 4.64 | 0.70 | 1.2 | 5.84 |
| 164 060 | 2 | 32.2 | 2.18 | 0.53 | 1.2 | 4.38 |
| 190 750 | 2 | 57 | 4.30 | 0.32 | 1.2 | 5.50 |
| 254 660 | 2 | 60 | 4.02 | 0.32 | 1.2 | 5.22 |
| 367 560 | 2 | 32 | 4.84 | 0.34 | 1.2 | 6.04 |
| 385 860 | 2.5 | 15 | 5.17 | 0.50 | 1.2 | 6.37 |
| 428 990 | 2 | 15 | 3.27 | 0.70 | 1.2 | 4.47 |
| 447 840 | 2.5 | 30 | 4.21 | 0.36 | 1.2 | 5.41 |
| 480 616 | 2.5 | 30 | 4.66 | 0.32 | 1.2 | 5.86 |

通过建立本工程水质数学模型，结合引水条件及经率定验证后得到的模型参数（$K_{COD}=0.124\ d^{-1}$，$K_{NH3-N}=0.121\ d^{-1}$，$K_{TN}=0.114\ d^{-1}$，$K_{TP}=0.112\ d^{-1}$）对本工程输水沿线水质沿程变化进行预测，具体预测结果见表 6-14。

根据水质预测结果分析，在维持输水渠道现状污染，黄河引水口河段水质为Ⅲ类或Ⅳ类的情况下，输水沿线各断面水质均为Ⅳ类或Ⅴ类，可以满足农业用水水质要求，但难以满足白洋淀水功能区水质目标，由于目前输水渠道现状水质主要为Ⅴ类和劣Ⅴ类，调水对改善输水沿线水质仍有一定的积极作用。在完全治理的情况下，输水沿线 23 个排污口全部整治，输水沿线不再有排污口分布，在多年平均、75% 水平年且引水水质为Ⅲ类的情况下，输水渠道入河北境、入邯郸、入邢台、入衡水、入沧州、入白洋淀断面水质除总氮外均可满足地表水Ⅲ类水标准，但 90% 水平年各断面水质不满足Ⅲ类水质标准。

总体来看，在实施输水沿线水污染治理后，多年平均情况下，当引水口水质满足其水功能区水质目标要求时，输水沿线各断面水质除总氮外可达到Ⅲ类水质标准。

表 6-14　输水沿线沿程水质变化

| 引水量条件 | 黄河口引水量（$m^3/s$） | 入河北流量（$m^3/s$） | 引水处（黄河）水质 | 指标 | 入河北断面 | | 入邢台 | | 入衡水 | | 入沧州 | | 入白洋淀 | |
|---|---|---|---|---|---|---|---|---|---|---|---|---|---|---|
| | | | | | 预测水质 | 现状水质 | 预测水质 | 现状水质 | 预测水质 | 现状水质 | 预测水质 | 现状水质 | 预测水质 | 现状水质 |
| 90%水平年 | 61.4 | 25 | Ⅲ类 | COD | Ⅳ类 | Ⅴ类、劣Ⅴ类 | Ⅳ类 | 劣Ⅴ类 | Ⅳ类 | 劣Ⅴ类 | Ⅳ类 | Ⅴ类、劣Ⅴ类 | Ⅳ类 | Ⅴ类、劣Ⅴ类 |
| | 61.4 | 25 | | $NH_3-N$ | Ⅳ类 | | Ⅲ类 | | Ⅳ类 | | Ⅳ类 | | Ⅳ类 | |
| | 61.4 | 25 | | TN | 劣Ⅴ类 | | 劣Ⅴ类 | | 劣Ⅴ类 | | 劣Ⅴ类 | | 劣Ⅴ类 | |
| | 61.4 | 25 | | TP | Ⅲ类 | | Ⅲ类 | | Ⅲ类 | | Ⅲ类 | | Ⅳ类 | |
| | 61.4 | 25 | Ⅳ类 | COD | Ⅳ类 | | Ⅳ类 | | Ⅳ类 | | Ⅳ类 | | Ⅳ类 | |
| | 61.4 | 25 | | $NH_3-N$ | Ⅳ类 | | Ⅳ类 | | Ⅳ类 | | Ⅴ类 | | Ⅳ类 | |
| | 61.4 | 25 | | TN | 劣Ⅴ类 | | 劣Ⅴ类 | | 劣Ⅴ类 | | 劣Ⅴ类 | | 劣Ⅴ类 | |
| | 61.4 | 25 | | TP | Ⅲ类 | | Ⅲ类 | | Ⅲ类 | | Ⅳ类 | | Ⅳ类 | |
| 75%水平年 | 78 | 40 | Ⅲ类 | COD | Ⅲ类 | Ⅴ类、劣Ⅴ类 | Ⅲ类 | 劣Ⅴ类 | Ⅳ类 | 劣Ⅴ类 | Ⅲ类 | Ⅴ类、劣Ⅴ类 | Ⅲ类 | Ⅴ类、劣Ⅴ类 |
| | 78 | 40 | | NH3 - N | Ⅳ类 | | Ⅳ类 | | Ⅳ类 | | Ⅳ类 | | Ⅲ类 | |
| | 78 | 40 | | TN | 劣Ⅴ类 | | 劣Ⅴ类 | | 劣Ⅴ类 | | 劣Ⅴ类 | | Ⅴ类 | |
| | 78 | 40 | | TP | Ⅲ类 | | Ⅲ类 | | Ⅲ类 | | Ⅲ类 | | Ⅲ类 | |
| | 78 | 40 | Ⅳ类 | COD | Ⅳ类 | | Ⅳ类 | | Ⅳ类 | | Ⅳ类 | | Ⅳ类 | |
| | 78 | 40 | | $NH_3-N$ | Ⅳ类 | | Ⅳ类 | | Ⅳ类 | | Ⅳ类 | | Ⅳ类 | |
| | 78 | 40 | | TN | 劣Ⅴ类 | | 劣Ⅴ类 | | 劣Ⅴ类 | | 劣Ⅴ类 | | 劣Ⅴ类 | |
| | 78 | 40 | | TP | Ⅲ类 | | Ⅲ类 | | Ⅲ类 | | Ⅳ类 | | Ⅳ类 | |
| 多年平均 | 100 | 60 | Ⅲ类 | COD | Ⅲ类 | Ⅴ类、劣Ⅴ类 | Ⅲ类 | 劣Ⅴ类 | Ⅲ类 | 劣Ⅴ类 | Ⅲ类 | Ⅴ类、劣Ⅴ类 | Ⅲ类 | Ⅴ类、劣Ⅴ类 |
| | 100 | 60 | | $NH_3-N$ | Ⅲ类 | | Ⅲ类 | | Ⅲ类 | | Ⅲ类 | | Ⅲ类 | |
| | 100 | 60 | | TN | 劣Ⅴ类 | | 劣Ⅴ类 | | 劣Ⅴ类 | | 劣Ⅴ类 | | Ⅴ类 | |
| | 100 | 60 | | TP | Ⅲ类 | | Ⅲ类 | | Ⅲ类 | | Ⅲ类 | | Ⅲ类 | |
| | 100 | 60 | Ⅳ类 | COD | Ⅳ类 | | Ⅳ类 | | Ⅳ类 | | Ⅳ类 | | Ⅳ类 | |
| | 100 | 60 | | $NH_3-N$ | Ⅴ类 | | Ⅳ类 | | Ⅳ类 | | Ⅳ类 | | Ⅳ类 | |
| | 100 | 60 | | TN | 劣Ⅴ类 | | 劣Ⅴ类 | | 劣Ⅴ类 | | 劣Ⅴ类 | | 劣Ⅴ类 | |
| | 100 | 60 | | TP | Ⅳ类 | | Ⅲ类 | | Ⅲ类 | | Ⅳ类 | | Ⅳ类 | |

#### 6.4.2.3　输水初期水质沿程变化

引黄入冀补淀工程输水沿线排污口分布较多,水质现状较差,完全治理情况下仍有部分污染团滞留在输水干渠中难以清除,在目前已实施的应急补水期间,为保障输水沿线及白洋淀入淀水质,利用调水水头将输水渠道污染团冲到下游和支渠,全部禁止排污等临时性污染控制措施,这种措施在一定程度上减轻了应急输水沿线水污染程度。但初期输水水质较差,加剧了输水渠道下游水污染问题,对输水干渠水环境造成一定的不利影响。根据回顾性评价结果,位山引黄输水渠道调水初期水质也较正常输水阶段差,本工程收集了位山引黄应急补淀调水初期及调水后河间市张庄村沧保公路断面地表水监测点水质监测资料(2009 年 10 月 30 日至 11 月 3 日期间为初期输水阶段,后期为正常输水阶段),分析得到初期及正常输水过程中张庄村沧保公路断面水质监测结果见表 6-15。

**表 6-15　位山引黄补淀期间初期输水过程沧保公路断面水质监测结果对比**

| 时间(年-月-日) | 2009-10-30 | 2009-11-03 | 2009-11-21 | 2009-12-11 | 2009-12-21 |
|---|---|---|---|---|---|
| 氨氮(mg/L) | 0.58 | 0.19 | 0.16 | 0.42 | 0.17 |
| TP(mg/L) | 0.11 | 0.08 | 0.06 | 0.04 | 0.04 |

从表 6-15 可以看出,初期输水阶段水质劣于正常输水阶段水质,初期输水较正常输水阶段的水质恶化程度为:氨氮 15.79%,TP25%。利用建立的一维水质数学模型,考虑初期输水时输水渠道中滞留水的影响,对本工程输水初期沿线水质沿程变化进行了预测,具体预测结果见表 6-16。

由表 6-16 分析可得,在输水初期,因为原有输水渠道现状水质较差,受原有渠道现状水质的影响,白洋淀水质不能达到Ⅲ类水质要求,初期输水较正常输水阶段的水质恶化程度平均为 COD20%、氨氮 20%、TN24%、TP25%。建议入白洋淀断面应设置水质自动监测站,一旦水质超标应立即停止向白洋淀引水,确保初期输水安全。

#### 6.4.2.4　已有位山引黄补淀和引岳济淀水环境回顾性评价

2004 年,为缓解白洋淀生态环境恶化趋势,河北省实施了引岳济淀工程,从岳山水库引水至白洋淀,引水线路与本工程基本重合,即本次工程在河北境内的引水线路就是引岳济淀的线路。根据引岳济淀输水线路水质监测评价结果,输水沿线存在总氮、高锰酸盐指数、氨氮超标现象,各断面其余因子都能满足Ⅲ类水质标准,汞、砷、六价铬等重金属均不超标。

2006～2011 年,实施了位山应急引黄补淀工程,本次工程在衡水湖之后(武邑县)与位山应急引黄补淀工程线路重合,根据位山引黄补淀调水期间水质监测结果,输水沿线存在总氮、高锰酸盐指数、总磷超标现象,各断面其余因子都能达到Ⅲ类水质标准,汞、砷、铅、镉、六价铬等重金属均不超标。

**表 6-16　输水沿线输水初期沿程水质变化**

| 引水条件 | 黄河口引水量（$m^3/s$） | 入河北流量（$m^3/s$） | 引水处（黄河）水质 | 指标 | 入河北断面 | | 入邢台 | | 入衡水 | | 入沧州 | | 入白洋淀 | |
|---|---|---|---|---|---|---|---|---|---|---|---|---|---|---|
| | | | | | 预测水质 | 现状水质 | 预测水质 | 现状水质 | 预测水质 | 现状水质 | 预测水质 | 现状水质 | 预测水质 | 现状水质 |
| 90%水平年 | 61.4 | 25 | Ⅲ类 | COD | Ⅳ类 | Ⅴ类、劣Ⅴ类 | Ⅳ类 | 劣Ⅴ类 | Ⅳ类 | 劣Ⅴ类 | Ⅴ类 | Ⅴ类、劣Ⅴ类 | Ⅳ类 | Ⅴ类、劣Ⅴ类 |
| | 61.4 | 25 | | $NH_3-N$ | Ⅳ类 | | Ⅲ类 | | Ⅴ类 | | Ⅴ类 | | Ⅴ类 | |
| | 61.4 | 25 | | TN | 劣Ⅴ类 | | 劣Ⅴ类 | | 劣Ⅴ类 | | 劣Ⅴ类 | | 劣Ⅴ类 | |
| | 61.4 | 25 | | TP | Ⅲ类 | | Ⅲ类 | | Ⅳ类 | | Ⅳ类 | | Ⅳ类 | |
| | 61.4 | 25 | Ⅳ类 | COD | Ⅳ类 | | Ⅳ类 | | Ⅴ类 | | Ⅴ类 | | Ⅴ类 | |
| | 61.4 | 25 | | $NH_3-N$ | Ⅳ类 | | Ⅳ类 | | Ⅴ类 | | Ⅴ类 | | Ⅴ类 | |
| | 61.4 | 25 | | TN | 劣Ⅴ类 | | 劣Ⅴ类 | | 劣Ⅴ类 | | 劣Ⅴ类 | | 劣Ⅴ类 | |
| | 61.4 | 25 | | TP | Ⅲ类 | | Ⅲ类 | | Ⅳ类 | | Ⅳ类 | | Ⅳ类 | |
| 75%水平年 | 78 | 40 | Ⅲ类 | COD | Ⅳ类 | Ⅴ类、劣Ⅴ类 | Ⅲ类 | 劣Ⅴ类 | Ⅳ类 | 劣Ⅴ类 | Ⅳ类 | Ⅴ类、劣Ⅴ类 | Ⅳ类 | Ⅴ类、劣Ⅴ类 |
| | 78 | 40 | | $NH_3-N$ | Ⅳ类 | | Ⅳ类 | | Ⅴ类 | | Ⅴ类 | | Ⅴ类 | |
| | 78 | 40 | | TN | 劣Ⅴ类 | | 劣Ⅴ类 | | 劣Ⅴ类 | | 劣Ⅴ类 | | 劣Ⅴ类 | |
| | 78 | 40 | | TP | Ⅲ类 | | Ⅲ类 | | Ⅳ类 | | Ⅳ类 | | Ⅲ类 | |
| | 78 | 40 | Ⅳ类 | COD | Ⅳ类 | | Ⅳ类 | | Ⅴ类 | | Ⅴ类 | | Ⅴ类 | |
| | 78 | 40 | | $NH_3-N$ | Ⅴ类 | | Ⅳ类 | | Ⅴ类 | | Ⅴ类 | | Ⅴ类 | |
| | 78 | 40 | | TN | 劣Ⅴ类 | | 劣Ⅴ类 | | 劣Ⅴ类 | | 劣Ⅴ类 | | 劣Ⅴ类 | |
| | 78 | 40 | | TP | Ⅲ类 | | Ⅲ类 | | Ⅳ类 | | Ⅳ类 | | Ⅳ类 | |
| 多年平均 | 100 | 60 | Ⅲ类 | COD | Ⅳ类 | Ⅴ类、劣Ⅴ类 | Ⅲ类 | 劣Ⅴ类 | Ⅳ类 | 劣Ⅴ类 | Ⅳ类 | Ⅴ类、劣Ⅴ类 | Ⅳ类 | Ⅴ类、劣Ⅴ类 |
| | 100 | 60 | | $NH_3-N$ | Ⅳ类 | | Ⅲ类 | | Ⅳ类 | | Ⅳ类 | | Ⅳ类 | |
| | 100 | 60 | | TN | 劣Ⅴ类 | | 劣Ⅴ类 | | 劣Ⅴ类 | | 劣Ⅴ类 | | 劣Ⅴ类 | |
| | 100 | 60 | | TP | Ⅲ类 | | Ⅲ类 | | Ⅲ类 | | Ⅲ类 | | Ⅲ类 | |
| | 100 | 60 | Ⅳ类 | COD | Ⅳ类 | | Ⅳ类 | | Ⅴ类 | | Ⅴ类 | | Ⅴ类 | |
| | 100 | 60 | | $NH_3-N$ | Ⅴ类 | | Ⅳ类 | | Ⅴ类 | | Ⅴ类 | | Ⅴ类 | |
| | 100 | 60 | | TN | 劣Ⅴ类 | | 劣Ⅴ类 | | 劣Ⅴ类 | | 劣Ⅴ类 | | 劣Ⅴ类 | |
| | 100 | 60 | | TP | Ⅳ类 | | Ⅲ类 | | Ⅳ类 | | Ⅳ类 | | Ⅳ类 | |

在目前已实施的应急补水期间，为了保障输水沿线及白洋淀入淀水质，采取利用调水水头将输水渠道污染团冲到下游和支渠，全部禁止排污等临时性污染控制措施，以上评价结果说明这种措施在一定程度上减轻了应急输水沿线水污染程度，输水沿线除总氮等个别因子外其他均能满足地表水Ⅲ类水标准。但临时性污染控制措施加剧了输水渠道下游水污染问题。本工程为保障输水沿线及白洋淀水质安全，根据国务院"三先三后"调水原则要求，将实施严格的输水沿线水污染防治及入河排污口整治措施，因此与已有应急补淀工程相比，在一定程度上保障了输水沿线水质及入白洋淀水质安全。

## 6.4.3　对白洋淀水环境的影响

### 6.4.3.1　水环境模型建立

1. 水动力模型构建

湖水运动是湖泊中一切物理因子变化的基本动力条件，也是引起湖泊环境变化的一个极其重要的驱动力。湖泊中的水体在多种因素的作用下产生流动形成湖流。根据湖流形成的动力机制，通常将湖流划分为风生流、吞吐流（倾斜流）及密度流。风生流是由于湖面上的风力所引起的湖水运动，是一种最常见的湖流运动形式；吞吐流则是由与湖泊相连的各个河道的出、入流所引起的水流运动；密度流是由于水体受水温分层等因素作用，水体密度不均匀所引起的水体流动。

根据白洋淀实际的水环境特性，针对北方浅水湖泊的具体水环境问题，建立水平二维水动力模型，模拟白洋淀的流场形态。

控制方程为：

（1）连续方程

$$\frac{\partial\eta}{\partial t}+\frac{\partial}{\partial x}(\eta u)+\frac{\partial}{\partial y}(\eta v)=0 \tag{6-3}$$

（2）动量方程

$$\frac{\partial(hu)}{\partial t}+\frac{\partial(huu)}{\partial x}+\frac{\partial(hvu)}{\partial y}=\nabla^2(h\varepsilon u)-gh\frac{\partial\eta}{\partial x}-g\frac{|\vec{V}|}{c^2}u+fhv+\frac{1}{\rho}\tau_{wx} \tag{6-4}$$

$$\frac{\partial(hv)}{\partial t}+\frac{\partial(huv)}{\partial x}+\frac{\partial(hvv)}{\partial y}=\nabla^2(h\varepsilon v)-gh\frac{\partial\eta}{\partial y}-g\frac{|\vec{V}|}{c^2}v-fhu+\frac{1}{\rho}\tau_{wy} \tag{6-5}$$

式中：$\eta$ 为水位，m；$h$ 为水深，m；$u$ 为 $x$ 方向上的垂线平均流速，m/s；$v$ 为 $y$ 方向上的垂线平均流速，m/s；$|\vec{V}|=\sqrt{u^2+v^2}$；$\varepsilon$ 为湖水的紊动黏性系数；$\rho$ 为水的密度，kg/m$^3$；$g$ 为重力加速度，m/s$^2$；$c$ 为谢才系数；$f$ 为柯氏力系数，$f=2\overline{\omega}\sin\varphi$；$\tau_{wx}$、$\tau_{wy}$ 分别为 $x$、$y$ 方向应力；$\rho_a$ 为空气密度，g/m$^3$，$c_D$ 为分剪切系数。

2. 水质模型构建

湖泊水质的数学模型是以水动力学为理论依据，以对流—扩散方程为基础建立的模型。污染物质进入湖泊后，随水体流速方向进行平流输送，同时又不断地向四周低浓度方向扩散，并伴随发生一系列的物理、化学和生物作用。针对白洋淀所在地域的特点，将所有影响变量指标增减的因素统一在降解项中，模拟白洋淀富营养化主控因子氮、磷的迁移扩散规律。

二维物质迁移扩散方程为：

$$\frac{\partial(hC)}{\partial t}+\frac{\partial(uhC)}{\partial x}+\frac{\partial(vhC)}{\partial y}=\frac{\partial}{\partial x}(E_x h\frac{\partial C}{\partial x})+\frac{\partial}{\partial y}(E_y h\frac{\partial C}{\partial y})-khc+W \tag{6-6}$$

式中：$C$ 为主控因子（变量）所表示的污染物浓度；$k$ 为综合衰减系数；$W$ 为源项；$E_x$ 为纵向分散系数（为剪切分散与紊动扩散之和）；$E_y$ 为横向分散系数（为剪切分散与紊动扩散之和）。

#### 6.4.3.2 模型参数率定及合理性分析

1. 模型参数初步确定

1）水动力模型中参数的确定

a. 糙率 $n$

糙率是个综合影响因素，与水深、水底床面形态、植被条件等因素有关，根据《白洋淀水质预测》中相关研究，$n$ 取值为 0.025。

b. 柯氏力系数 $f$

柯氏力系数 $f$ 的计算公式为：

$$f=2\overline{\omega}\sin\varphi \tag{6-7}$$

式中：$\overline{\omega}$ 为地球自转角速度，约为 $2\pi/(24\times 3\ 600)l/s$，经计算约为 $9.35\times 10^{-5}\text{s}^{-1}$；$\varphi$ 为水域所在纬度，在白洋淀地区 $\varphi=38.8°$。

c. 紊动黏性系数 $\varepsilon$

一般来说，对流扩散的效应远大于紊动分散效应，黏性系数的取值对计算结果的敏感性并不大，借鉴《乌梁素海营养元素及其存在形态的数值模拟分析》中对该系数的试算率定，取值 0.5 $m^2/s$。

2）水质模型中参数的确定

a. 弥散系数 $\alpha$

《水力学》中弥散系数的定义为 $E_x=E_y=\alpha hu$。$E_x$、$E_y$ 分别是 $x$、$y$ 方向的水流离散系数，参考《白洋淀水质预测》中的系数取值，$\alpha$ 取值为 11。

b. 综合衰减系数 $K$

$K$ 是总氮、总磷随水流迁移过程中，由于沉降作用、植物的吸收、底泥的释放等综合作用引起的变化速率系数，是水质模型中的重要参数。该系数的取值采用《白洋淀水质预测》中水质监测数据反算求得，模拟营养盐的迁移扩散规律。经推算，$K_{TN}=0.000\ 5\ d^{-1}$，$K_{TP}=0.000\ 5\ d^{-1}$，$K_{COD}=0.008\ d^{-1}$。

2. 模型参数合理性分析

目前河北省已有位山引黄一条输水线路，在位山引黄工程实施期间，为了保护白洋淀生态环境，于 2006～2011 年实施了位山应急引黄补淀工程。根据引黄补淀入白洋淀断面大树刘庄站水量水质监测资料，利用构建的白洋淀水量、水质模型，计算得到引水后引水渠至采蒲台点位的水质变化情况见图 6-10～图 6-12。

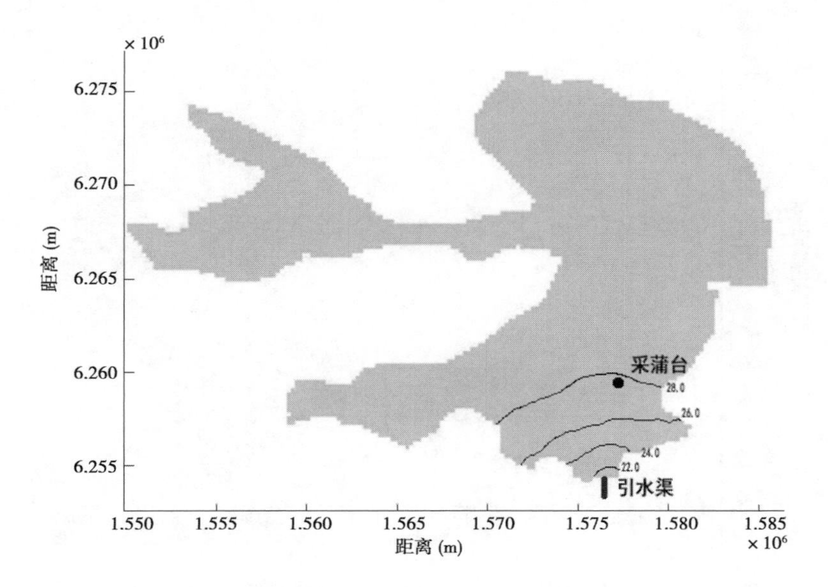


图6-10　2007年引水后白洋淀水质(COD)计算结果　(单位:mg/L)

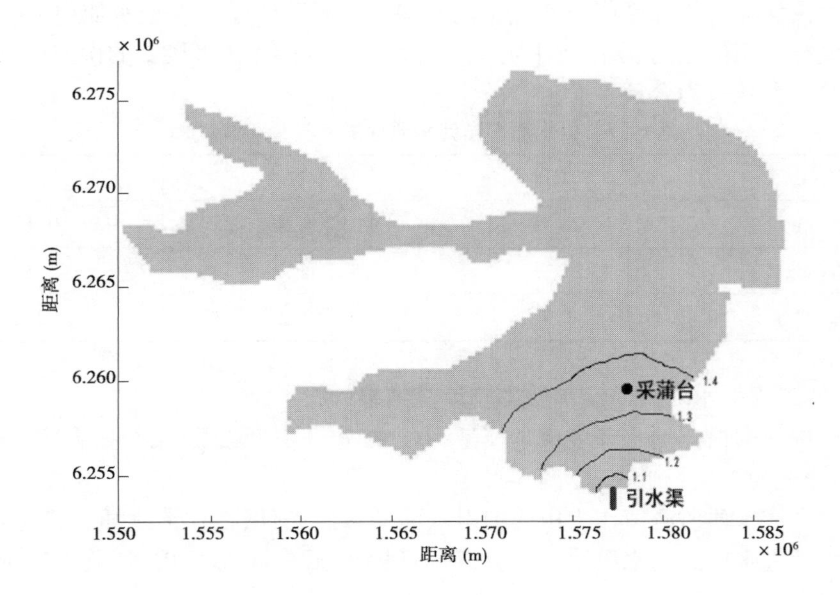


图6-11　2007年引水后白洋淀水质(TN)计算结果　(单位:mg/L)

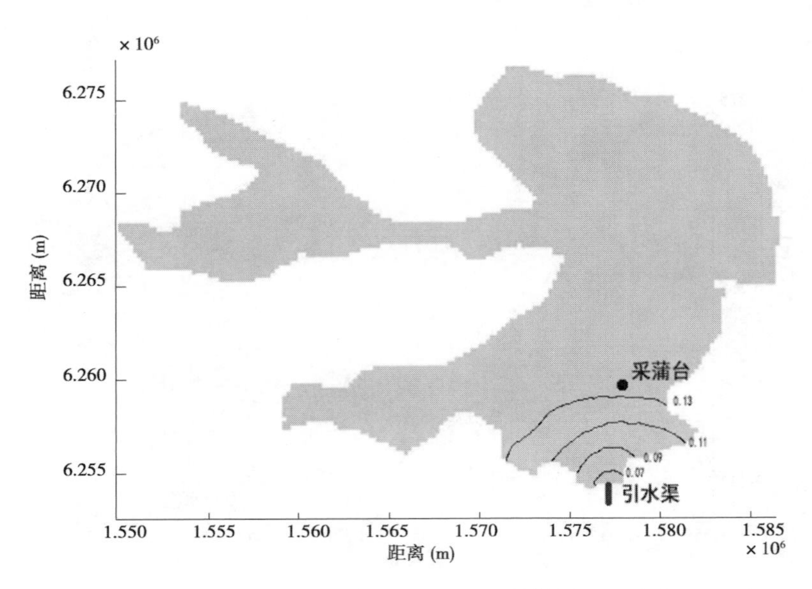


**图 6-12　2007 年引水后白洋淀水质(TP)计算结果**　(单位:mg/L)

结合图 6-10 ~ 图 6-12 及 2007 年引水后采蒲台污染物因子 COD、TN、TP 实际监测值可得引水后白洋淀水质计算值与实测值对比结果(见表 6-17),模型水质(COD、TN、TP)浓度计算值与实测值之间误差分别为 2.9%、2.2%、2.2%,在可接受的误差范围内,因此模型率定验证参数较为合理。

**表 6-17　引水后白洋淀水质计算值与实测值对比**

| 污染物 | COD | TN | TP |
| --- | --- | --- | --- |
| 实测值(mg/L) | 28.0 | 1.36 | 0.132 |
| 计算值(mg/L) | 27.2 | 1.33 | 0.135 |
| 误差(%) | 2.9 | 2.2 | 2.2 |

#### 6.4.3.3　本工程引水对白洋淀水质影响计算结果分析

利用已构建的白洋淀水环境数学模型,取已确定的模型参数值,根据本次工程的引水量,得到白洋淀的流速场形态,见图 6-13。

利用白洋淀水质监测值作为白洋淀引水前的水质条件,白洋淀水质计算边界条件取本工程引水后进水口处的水质浓度计算值,得到引水后白洋淀 COD、氨氮、TN、TP 预测结果,见图 6-14 ~ 图 6-17。

由图 6-14 ~ 图 6-17 中的计算结果可以看出,引水后水质较引水前有一定改善,采蒲台处 COD、氨氮、TN、TP 在引水后的水质改善率分别可达 10%、13%、10% 和 8%。

但是,本次引黄入冀补淀工程也不能从根本上解决白洋淀的水质污染问题,白洋淀水质污染问题的解决需要进一步加强白洋淀流域污染的综合治理,采取工程、管理等多种措施实现水质目标。

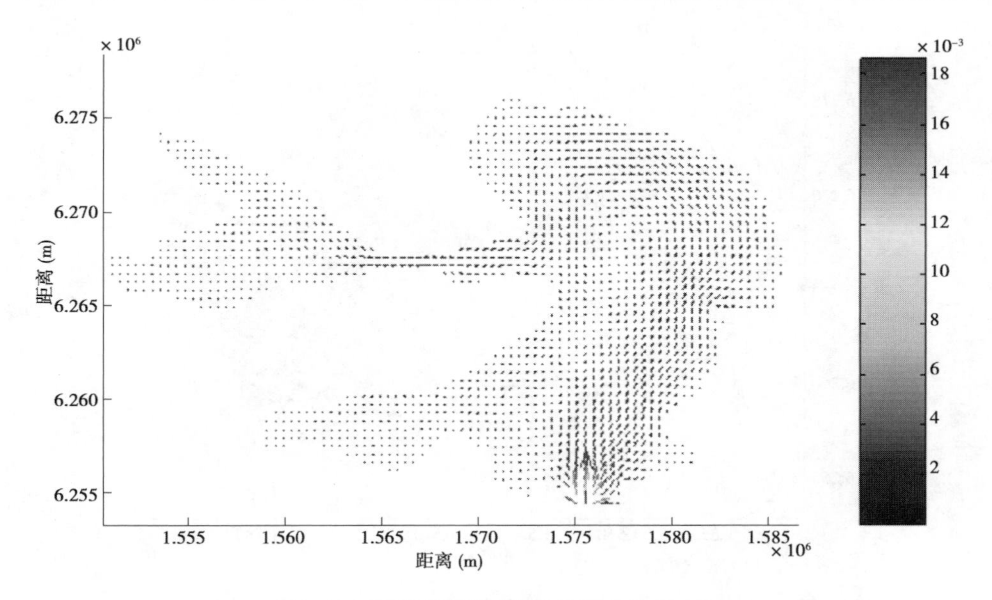


**图6-13　白洋淀的流速场形态**　（单位：m/s）

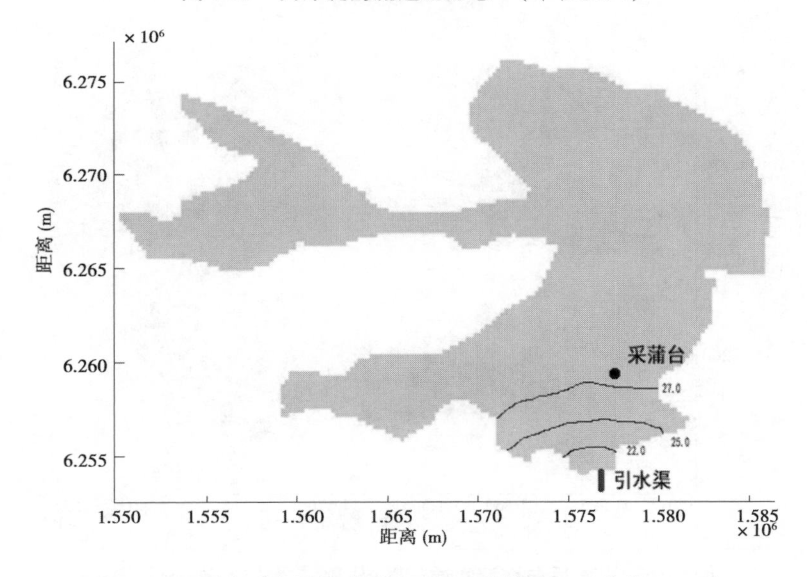


**图6-14　引水后白洋淀水质(COD)预测结果**　（单位：mg/L）

## 6.4.4　对槽蓄水质影响初步分析

根据项目区103处地下水水质监测评价结果，调水沿线浅层地下水属于《地下水质量标准》(GB/T 14848—93)的Ⅳ类水、Ⅴ类水，水质较差，但未发现重金属超标现象。

根据位山引黄输水沿线及农业受水区地下水监测评价结果，输水沿线及农业灌溉受水区地下水13个监测点水质相对稳定，总体上没有明显变化趋势，其中4个监测点水质有好转趋势，2个监测点的水质有恶化趋势(超标因子为氨氮、锰、亚硝酸盐、总硬度、高锰酸盐指数，未出现重金属超标现象)。总体来说，已有位山引黄工程对地下水水质没有明

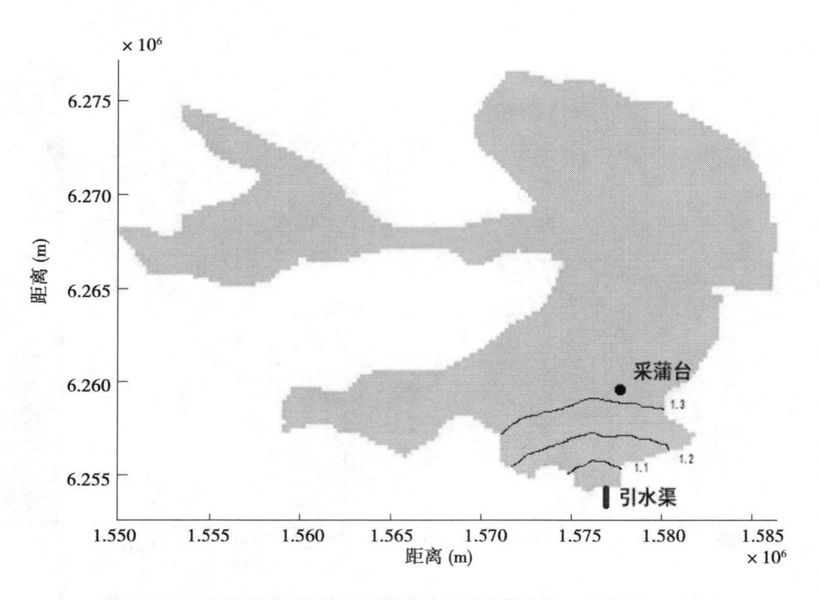


**图 6-15　引水后白洋淀水质(氨氮)预测结果**　(单位:mg/L)

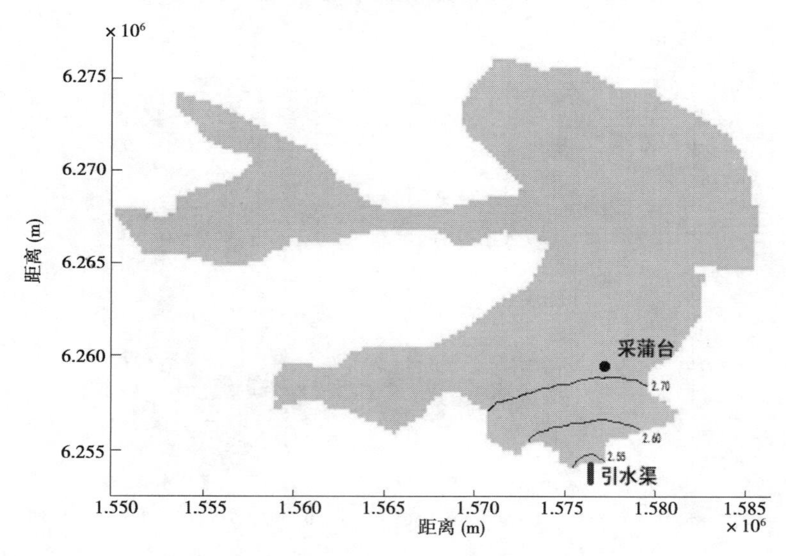


**图 6-16　引水后白洋淀水质(TN)预测结果**　(单位:mg/L)

显影响。

根据《重金属污染综合防治规划(2010 ~ 2015)》和《河北省重金属污染综合防治"十二五"规划》,本工程农业受水区不涉及重金属污染重点防控区,该区域不是重金属污染重点防控企业分布区。

根据本次引黄输水渠道地表水和底泥重金属监测评价结果,本工程输水渠道地表水和底泥均未发现重金属超标现象。根据回顾性评价结果,以往开展的位山引黄和引岳济淀输水沿线地表水未出现重金属超标现象。

本工程运行后,输水渠道排污口将全部关闭或者导走,输水渠道将无排污口分布,渠

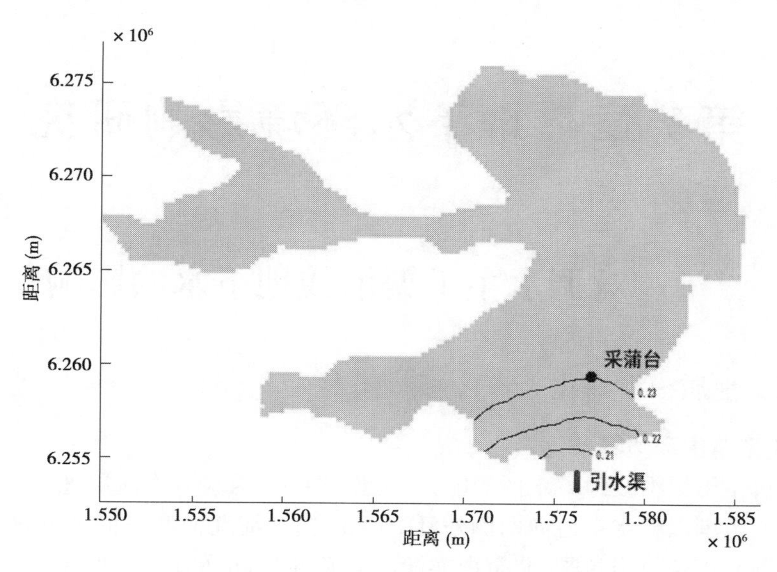


**图 6-17 引水后白洋淀水质(TP)预测结果** (单位:mg/L)

道渠底将清淤疏浚,渠道两侧将设置面源植物防护带。黄河引水口段引水水质为Ⅲ类水,根据输水渠道地表水模型预测结果,在输水渠道沿线排污口全部治理情况下,多年平均、75%水平年输水过程水质基本能满足Ⅲ类水标准。

本次环境影响评价对下阶段调蓄配套工程提出了严格的环境保护要求:本次环境影响评价对调蓄工程环境保护提出以下要求:①饮用水源保护区、自然保护区、水产种质资源保护区等重要环境敏感区禁止作为调蓄水网;②调蓄河渠及坑塘禁止排污,已有排污口应给予整治或关闭;③调蓄河渠及坑塘周边设置植物隔离带,禁止垃圾堆放;④调蓄期间尤其是调蓄后期系统开展水质监测,发现调蓄水质超Ⅴ类水质标准,禁止用于农业灌溉;⑤支渠及坑塘调蓄水禁止排入输水总干渠;⑥调蓄工程可行性研究设计阶段,应同时开展环境影响评价工作,对拟作为调蓄水域的河渠及坑塘进行系统的环境监测和调查,包括地表水环境监测、地下水环境监测、底泥重金属环境监测,如发现有底泥重金属超标现象,禁止作为调蓄水网。同时,根据环境现状调查结果,从环境保护角度优化调蓄工程布置,提出调蓄水网环境保护措施、污染防治措施、监测管理措施、环境风险防范措施等,确保调蓄水网水质安全。

因此,调蓄水网工程在严格遵照以上环境保护要求前提下,基本不存在底泥污染源释放对调蓄水水质的影响,不存在重金属污染地下水的问题,渗漏或灌溉补充地下水后,在一定程度上对补给受水区浅层地下水具有一定补给作用,对地下水水质没有明显影响。为确保地下水水质安全,应加强运行期地表水、地下水的系统监测,及时发现可能存在的水质风险。

# 第 7 章　地下水环境影响研究

## 7.1　对调水主干渠沿线地下水的影响

### 7.1.1　水文地质模型概化

#### 7.1.1.1　模型范围和边界条件

为了评价主干渠沿线地下水的影响，本工作建立了调水沿线浅层地下水流数值模拟模型。将研究范围以输水渠道向两侧外延 10 km，白洋淀北向和东向各外延 9 km。模型南起河南省濮阳市渠村引黄闸，北至白洋淀以北延伸 9 km 的地方，东西包括水渠流经两侧县（市、区），面积约 4.6 万 $km^2$。

模型西北为山前边界，东南为黄河边界，其他部分为人为边界。在模型中将人为边界处理为通用水头边界。

#### 7.1.1.2　水文地质结构

模型垂向上概化为一层，由于第一含水岩组和第二含水岩组水力联系紧密，且实际开采以混采井居多，故将第一含水岩组和第二含水岩组合并概化为第一含水层。含水层的岩性为粉细砂、砂壤土及裂隙黏土。模型的底界埋深一般为 64～260 m。

#### 7.1.1.3　地下水动力场及流动特征

输水渠道沿线南部由黄河补给地下水，地下水由南向北运动；水渠中部有一个高水位，西北方向赵县地区存在地下水漏斗，地下水由西南向东北流；北部白洋淀地区地下水位低，地下水呈由南向北偏西的方向流动。模型以水渠沿线 2013 年浅层地下水流场作为初始流场。

#### 7.1.1.4　水文地质参数

水文地质参数参照华北平原地下水流数值模型分区给定。含水层渗透系数的总体趋势是由北向南由大变小再变大，水平渗透系数的变化范围为 0.5～34 m/d，在模型中分为 23 个参数区，垂向异性比为 120 000；给水度的变化范围为 0.03～0.18，在模型中分为 70 个参数区。水文地质参数分区见图 7-1。

#### 7.1.1.5　补排项的处理与确定

1. 大气降水入渗补给量

降水入渗量是研究区最主要的补给来源，选取 2000 年到 2010 年降水的平均值 513 mm 作为模拟期的降水量，按照降水月分配比例给出各月降水量，降水入渗系数则引用华北平原地下水数值模型参数。模拟区的降水入渗系数为 0.04～0.33。

2. 地下水侧向径流量

地下水的侧向径流量包括西侧、中部通用水头边界及其余给定的达西流量边界。

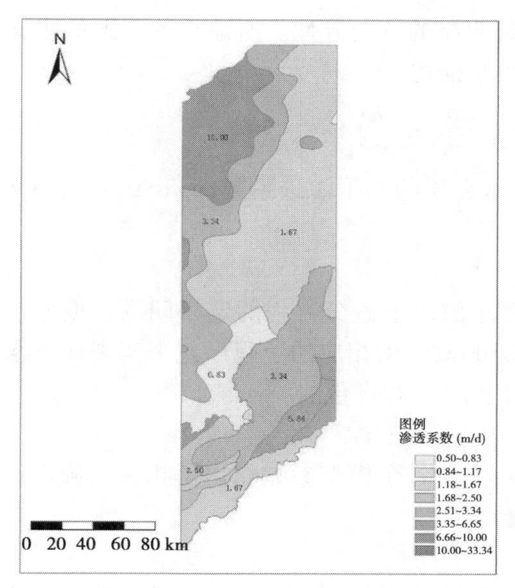


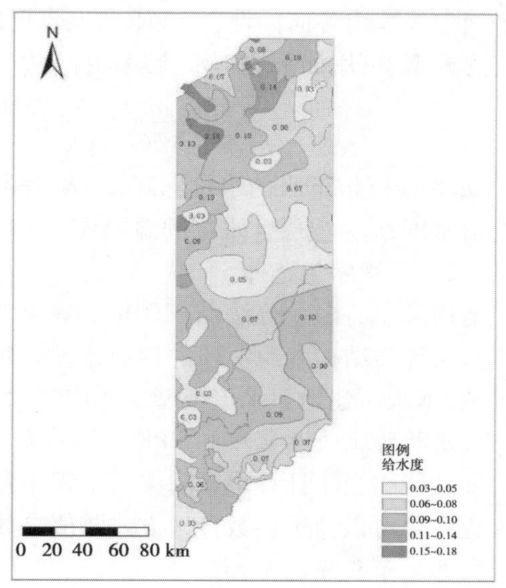


图 7-1　水文地质参数分区

3. 水渠与地下水交换量

在地下水数值模型中,当水渠水位高于地下水位时,水渠补给地下水;当地下水位高于水渠水位时,地下水补给水渠。在输水阶段,渠水位以设计输水水位分段计算,非输水时段渠水位以渠道底板高程计算。同时,以本项目可行性研究报告中计算出的主干渠下渗补给地下水量(包括在损失量之中)作为整个模型计算下渗量的主要依据。

4. 农业灌溉入渗量

农田灌溉回渗量主要取决于灌溉定额、灌溉次数、耕地面积和包气带岩性。本次计算的农业回灌量主要是井灌回归量,计算方法是各个区县的农业开采量乘以相应的回灌系数。回灌系数按照区县给出,范围从 0.06 ~0.16。

5. 潜水蒸发量

研究区内地下水蒸发强度各个地区差异较大,山前地带浅层地下水埋深大,蒸发量可以忽略;中部平原地带,地下水埋深大都在蒸发极限埋深之下,蒸发作用弱;靠近黄河地带,地下水埋藏浅,蒸发量较大。根据研究成果,一般认为该区的蒸发极限埋深为 4 m。利用阿维扬诺夫公式将各县市气象站提供的月蒸发量处理为各县市面积上的地下水蒸发强度。

6. 地下水开采量

地下水开采量包括农业开采量、生活开采量和工业开采量。农业灌溉开采量的季节性明显,根据调查,农业灌溉量主要集中在春灌和夏浇时期。

## 7.1.2　地下水流数学模型和数值模型

### 7.1.2.1　数学模型

模型区地下水含水介质类型为孔隙介质,地下水流以水平运动为主、垂向运动为辅,符合达西定律适用条件;地下水运动各个要素随时间和空间发生变化,即非稳定流;参数在平面上表现出各向同性,而在垂向上表现出明显的各向异性。所建立的水渠的水文地质概念模型,可用如下地下水流运动控制方程来描述:

$$\mu \frac{\partial h}{\partial t} = \frac{\partial}{\partial x}\left(K \frac{\partial h}{\partial x}\right) + \frac{\partial}{\partial x}\left(K \frac{\partial h}{\partial x}\right) + p \tag{7-1}$$

式中:$h$ 为浅层地下水的水位标高,m;$K$ 为含水介质的水平渗透系数,m/d;$\mu$ 为浅层含水层的给水度;$p$ 为浅层含水层的源汇项,m/d。

#### 7.1.2.2 子程序包选择

运用基于有限差分法的 MODFLOW 程序求解以上微分方程的定解问题。根据水渠沿线水文地质结构和源汇项的特征,选择 MODFLOW 中相应的子程序包来实现地下水流的模拟,本次所建地下水流模型主要用到以下几个子程序包。

1. 层状特征流量程序包 LPF

该功能相当于计算单元间渗流子程序包,它对各个模型参数作出了相应的假定。选定该程序包可以通过参数分区方式赋值参数。

2. 井流子程序包 WEL

模型约定:①在每个应力期,井以指定流量从含水层抽水或向含水层注水;②井流量不受井所在计算单元的大小及水头影响;③负的流量值表示抽水井,而正的流量值则表示注水井。

3. 河流子程序包 RIV

将引黄补淀的水渠用河流子程序包处理,将引黄量按比例系数加进有限差分方程组。

此次用河流子程序包处理水渠,河流子程序包需要带入模型的数据,包括河水位、渠底高程和水力传导系数 $C$。河水位和渠底高程参照可行性研究报告成果,见表 7-1。

计算公式如下:

$$Q_r = WL\frac{K_c(h_r - h)}{M} = C(h_r - h) \tag{7-2}$$

$$C = WLK_c/M$$

式中:$Q_r$ 为河流侧渗补给量,万 $m^3/d$;$h_r$ 为水渠水位,m;$h$ 为地下水位,m;$W$ 为水渠宽度,m;$M$ 为水渠底部底积层厚度,m;$K_c$ 为底积层渗透系数,m/d;$L$ 为水渠长度,m;$C$ 为水力传导系数。

各段渠道纵比降及设计水位成果见表 7-1。

水力传导系数 $C$ 的确定方面,一方面没有准确的网格水渠的渠底宽度,另一方面底基层同时由几种岩土构成,无法确定用哪一种或某几种岩土的渗透系数表示,无法正算。此次模拟选择参考可行性研究报告和河北地下水专题给定的渗漏总量,按照各段损失比例反算水力传导系数 $C$ 给到模型中。其中参照引黄入冀补淀工程可行性研究报告计算南水北调工程生效前最大引水情况下、南水北调工程生效前多年平均引水情况下、南水北调工程生效后最大引水情况下和多年平均引水情况下的主干渠渗漏补给地下水量分别为 1.85 亿 $m^3$、1.51 亿 $m^3$、1.54 亿 $m^3$、1.35 亿 $m^3$,由于只有一种设计水位,通过调整控制渗漏量的水力传导系数 $C$ 来控制不同方案的渗漏量。

水渠各段渗漏量比例河北省各段按照可行性研究报告中各段输水损失比例给定,见

表 7-2。

**表 7-1　各段渠道纵比降及设计水位成果**

| 序号 | 河段 | 长度(km) | 流量($m^3/s$) | 河底纵坡 | 现状渠底高程(m) | | 设计渠底高程(m) | | 设计水位(m) | |
|---|---|---|---|---|---|---|---|---|---|---|
| | | | | | 起 | 止 | 起 | 止 | 起 | 止 |
| 1 | 连接渠 | 1.46 | 60 | 1/10 000 | 43.03 | 42.87 | 43.03 | 42.87 | 47.68 | 47.59 |
| 2 | 留固沟 | 4.09 | 60 | 平底 | 42.87 | 42.87 | 42.87 | 42.87 | 47.59 | 47.29 |
| 3 | 东风渠 | 72.11 | 60 ~ 55 | 1/4 000 ~ 1/264 000 | 45.12 | 36.88 | 42.87 | 36.80 | 47.29 | 40.34 |
| 4 | 南干渠 | 3.34 | 55 | 平底 | 36.88 | 36.78 | 36.80 | 36.80 | 40.34 | 39.65 |
| 5 | 支漳河 | 26.69 | 54 | 1/5 000 ~ 1/7 000 | 34.36 | 25.67 | 现状 | | 37.19 | 28.76 |
| 6 | 老漳河 | 63.91 | 53 | 1/8 000 ~ 1/13 700 | 25.67 | 19.92 | 现状 | | 28.76 | 22.16 |
| 7 | 滏东排河 | 112.9 | 48 | 1/8 000 ~ 1/13 700 | 19.92 | 8.29 | 现状 | | 22.16 | 12.88 |
| 8 | 北排河 | 18.30 | 40 | 1/8 500 ~ 1/10 000 | 8.29 | 7.43 | 现状 | | 12.88 | 11.57 |
| 9 | 献县枢纽段 | 6.57 | 39 | 平底 | 6.70 | 6.70 | 现状 | | 11.57 | 10.71 |
| 10 | 紫塔干渠 | 9.20 | 38 | 平底 | 7.46 | 7.22 | 6.70 | 6.70 | 10.71 | 10.29 |
| 11 | 陌南干渠 | 9.71 | 37 | 平底 | 7.22 | 7.27 | 6.70 | 6.70 | 10.29 | 9.64 |
| 12 | 古洋河 | 4.32 | 36 | 1/12 000 | 7.27 | 6.74 | 6.68 | 6.33 | 9.64 | 9.27 |
| 13 | 韩村干渠 | 13.33 | 36 | 1/12 000 | 6.74 | 5.80 | 6.33 | 5.20 | 9.27 | 8.17 |
| 14 | 小白河东支 | 18.85 | 34 | 1/8 000 | 5.80 | 2.86 | 5.20 | 2.86 | 8.17 | 6.77 |
| 15 | 小白河 | 26.06 | 33 | 1/15 000 | 2.86 | 1.80 | 现状 | | 6.77 | 6.43 |
| 16 | 任文干渠 | 6.73 | 30 | 1/5 000 | 1.80 | 3.83 | 现状 | | 6.43 | 6.30 |
| 17 | 河南段 | 84.00 | | | 54.97 | 43.03 | | | 58.55 | 47.68 |

表 7-2 输水干渠河北省各段输水损失及分段流量成果

| 序号 | 桩号 | | 地点 | 长度(km) | 净流量($m^3/s$) | 顶托系数 $\varepsilon'$ | 输水损失量($m^3/s$) | 毛流量($m^3/s$) |
|---|---|---|---|---|---|---|---|---|
| | 起 | 止 | | | | | | |
| 1 | 0 +000 | 38 +178 | 新开渠、留固沟、东风渠 | 38.18 | 58.2 | 0.361 | 3.42 | 62 |
| 2 | 38 +178 | 81 +000 | 东风渠、南干渠 | 42.82 | 54.5 | 0.363 | 3.71 | 58 |
| 3 | 81 +000 | 107 +685 | 支漳河 | 26.69 | 52.6 | 0.359 | 1.96 | 55 |
| 4 | 107 +685 | 171 +598 | 老漳河 | 63.91 | 48.0 | 0.364 | 4.55 | 53 |
| 5 | 171 +598 | 284 +500 | 滏东排河 | 112.90 | 40.2 | 0.376 | 7.81 | 48 |
| 6 | 284 +500 | 302 +800 | 北排河 | 18.30 | 38.8 | 0.395 | 1.43 | 40 |
| 7 | 302 +800 | 309 +371 | 新开渠 | 6.57 | 38.1 | 0.518 | 0.67 | 39 |
| 8 | 309 +371 | 318 +574 | 紫塔干渠 | 9.20 | 37.2 | 0.520 | 0.93 | 38 |
| 9 | 318 +574 | 328 +282 | 陌南干渠 | 9.71 | 36.2 | 0.521 | 0.97 | 37 |
| 10 | 328 +282 | 332 +598 | 古洋河 | 4.32 | 35.8 | 0.524 | 0.43 | 36 |
| 11 | 332 +598 | 345 +924 | 韩村干渠 | 13.33 | 34.5 | 0.526 | 1.30 | 36 |
| 12 | 345 +924 | 364 +771 | 小白河东支 | 18.85 | 32.9 | 0.529 | 1.54 | 34 |
| 13 | 364 +771 | 390 +830 | 小白河 | 26.06 | 30.5 | 0.533 | 2.41 | 33 |
| 14 | 390 +830 | 397 +556 | 任文干渠 | 6.73 | 30.0 | 0.539 | 0.53 | 31 |
| | 合计 | | | 397.57 | | | | |

4. 通用水头边界子程序包 GHB

通用水头边界子程序包 GHB 是根据研究区单元格水头和外部水头来计算外部水源进入或流出模拟区计算单元的水流量，是一种抽象边界，模拟除山前自然边界流入量外的其他边界流入量。

5. 降水补给子程序包 RCH

该子程序包用于处理面状的降雨、灌溉入渗等面状补排项对地下水形成的补给量。

6. 蒸发蒸腾子程序包 EVT

蒸发蒸腾子程序包用于模拟由于植物蒸腾作用及地下水饱和带直接蒸发的水量。蒸发蒸腾作用有两种选择：①蒸发蒸腾总是发生在模型的最上层；②用户指定发生蒸发蒸腾的层位。在本次建模中，采用第一种选择。另外需要注意的是，在不透水单元或定水头单元，蒸发蒸腾作用无效。

#### 7.1.2.3 数值模型处理

1. 空间离散

研究区面积 4.6 万 $km^2$，模型纵向模拟一层，水平向剖分为矩形网格，列方向 200 m，行方向 500 m,共 863 行、634 列,研究区所在活动单元格 461 419 个。

2. 模拟期确定

模型模拟期为 2014 ~ 2024 年,以自然月为应力期,一个应力期一个时间步长。在每个应力期中,所有外部源汇项的强度保持不变。以 2013 年 6 月的流场作为模型的初始流场。

3. 定解条件的处理

初始条件:以 2013 年 6 月华北平原浅层地下水流场作为初始流场。

边界条件:边界西侧部分处理为通用水头边界,其他部分都处理为达西流量边界。

计算 MODFLOW 的 GHB 程序包需要的外部水源的水头 $H$ 和外部水源与计算单元之间的水力传导系数 $C$ 。

根据达西定律,边界的侧向量按式(7-3)计算:

$$Q_c = 10^{-4} KILB\Delta T \tag{7-3}$$

式中:$Q_c$ 为计算时段侧向量,亿 $m^3$,正为流入量,负为流出量;$K$ 为含水层加权平均渗透系数,m/d;$I$ 为计算断面水力坡度,‰;$L$ 为计算断面长度,km;$B$ 为含水层平均厚度,m;$\Delta T$ 为计算时段长度,d。

计算结果:2013 年模型山前侧向补给量为 2.52 亿 $m^3$,黄河边界补给量为 0.41 亿 $m^3$。

#### 7.1.2.4　源汇项的处理

水渠研究区源汇项众多,数据量大,基础源汇数据多通过 GIS 和数据库相结合的方式及过去十年华北平原的经验数据提供。在建模过程中,因为降水补给及开采量数据均为以每个行政区划给定的,即每个行政区内的所有网格的量相同,所以以每个分区为基本单元,仅存储每个分区的量,然后将每个分区的数据在程序内部分配到相应的网格上,实现量的输入。这种源汇项处理方式效率高,且便于调参过程中源汇数据的修改。

基于 GIS 的面状特征源汇项的处理方法是将所有面状特征源汇量分别换算成强度形式离散到每个网格中心点上,然后通过叠加计算,再次换算成单个网格上井的流量,生成 modflow2005 井文件,代入模型。

基于 GIS 的线状特征源汇项的处理方法是将线状特征源汇量拓扑到相应位置网格中心点上,换算成单个网格上井的流量,将这些井添加到 modflow2005 井文件中,代入模型。例如将线状河流拓扑到河流所经过的网格中心点上,在选中的网格中心点处生成点井,通过注水或者抽水来表征河流与地下水的补排关系。

基于 GIS 的点状特征源汇项的处理方法与线状特征处理方式类似,都是先将点状文件拓扑到所在网格中心点上,然后以抽水井或者注水井的形式代入模型。

#### 7.1.2.5　模型的识别验证

采用本次水文地质调查工作所测的地下水位绘制流场,采用试估 – 校正法,反复地调整参数和某些源汇项,使模拟与实际地下水流场基本一致,模拟流场基本反映模拟区现状条件下的地下水流动特征,整体拟合效果较好。

### 7.1.3　对输水沿线地下水补给的影响

#### 7.1.3.1　预测方案

按照南水北调工程生效前后最大引水量和平均引水量四种不同情景进行模拟预测,

引水方案见表 7-3。

表 7-3　引水方案

| 方案名称 | 方案情况 | 引水量(万 $m^3$) | |
|---|---|---|---|
| | | 引黄口 | 河北省境内 |
| 方案一 | 南水北调工程生效前最大引水量情况 | 89 975 | 81 482 |
| 方案二 | 南水北调工程生效前多年平均引水量情况 | 71 049 | 64 342 |
| 方案三 | 南水北调工程生效后最大引水量情况 | 70 292 | 63 657 |
| 方案四 | 南水北调工程生效后多年平均引水量情况 | 62 007 | 56 154 |

#### 7.1.3.2　地下水渗漏量影响分析

根据引黄入冀补淀工程可行性研究报告,得到 4 个输水方案的水量平衡情况。通过渠首引入的水量由干渠损失量、支渠损失量(包括下渗、槽蓄等)、田间直供水量和田间蓄供水量、向白洋淀输水量组成。各市区引水量明细见表 7-4。

表 7-4　河北各市区引水量平衡表　　(单位:万 $m^3$)

| 情景 | 损失项 | | 邯郸 | 邢台 | 衡水 | 沧州 | 廊坊 | 白洋淀 | 河北段总计 | 河南段总计 | 总引水量 |
|---|---|---|---|---|---|---|---|---|---|---|---|
| 方案一 | 干渠损失 | 蒸发 | 7 884 | 2 348 | 2 206 | 3 931 | 48 | 0 | 81 482 | 8 493 | 89 975 |
| | | 补给地下水 | 6 991 | 2 082 | 1 956 | 3 486 | 43 | 0 | | | |
| | 支渠损失 | 蒸发 | 3 785 | 1 879 | 1 044 | 1 461 | 395 | 0 | | | |
| | | 补给地下水 | 3 357 | 1 666 | 926 | 1 296 | 350 | 0 | | | |
| | 田间直供 | 蒸发 | 3 381 | 821 | 617 | 77 | 62 | 0 | | | |
| | | 补给地下水 | 418 | 102 | 76 | 9 | 8 | 11 000 | | | |
| | 田间蓄供 | 蒸发 | 4 388 | 3 535 | 2 638 | 4 480 | 781 | 0 | | | |
| | | 补给地下水 | 542 | 437 | 326 | 554 | 97 | 0 | | | |
| | 小计 | | 30 746 | 12 869 | 9 789 | 15 294 | 1 784 | 11 000 | | | |

续表 7-4

| 情景 | 损失项 | | 邯郸 | 邢台 | 衡水 | 沧州 | 廊坊 | 白洋淀 | 河北段总计 | 河南段总计 | 总引水量 |
|---|---|---|---|---|---|---|---|---|---|---|---|
| 方案二 | 干渠损失 | 蒸发 | 6 248 | 1 922 | 1 860 | 3 418 | 34 | 0 | 64 342 | 6 707 | 71 049 |
| | | 补给地下水 | 5 540 | 1 705 | 1 649 | 3 031 | 30 | 0 | | | |
| | 支渠损失 | 蒸发 | 2 674 | 1 327 | 737 | 1 032 | 279 | 0 | | | |
| | | 补给地下水 | 2 371 | 1 177 | 654 | 915 | 247 | 0 | | | |
| | 田间直供 | 蒸发 | 3 406 | 649 | 488 | 728 | 98 | 0 | | | |
| | | 补给地下水 | 421 | 80 | 60 | 90 | 12 | 11 000 | | | |
| | 田间蓄供 | 蒸发 | 2 082 | 2 428 | 1 811 | 2 491 | 498 | 0 | | | |
| | | 补给地下水 | 257 | 300 | 224 | 308 | 61 | 0 | | | |
| | 小计 | | 22 998 | 9 588 | 7 484 | 12 013 | 1 260 | 11 000 | | | |

根据引黄入冀补淀工程可行性研究报告，通过引黄河道 1999 年和 2000 年两次输水的实验资料，分析河道水位和地下水位之间的关系，利用水动力学法、水位升值法等分别计算河道输水补给地下水量，同时利用实测资料和水文学方法分析河道输水损失量，确定中东部平原区河道损失补给系数 $\gamma = 0.47$。故主干渠道的损失量只有 47% 补给地下水，其余水量通过包气带滞留或者通过蒸发排泄损失。由此计算出，以上 4 个输水方案的主干渠渗漏补给地下水量分别为 1.85 亿 $m^3/a$、1.51 亿 $m^3/a$、1.54 亿 $m^3/a$、1.35 亿 $m^3/a$ 。

由此建立模型得到整条水渠渠道的各项均衡结果见表 7-5。

表 7-5　水渠各项均衡表　　（单位：亿 $m^3/a$）

| 情景 | 源汇项 | 方案一 | 方案二 | 方案三 | 方案四 |
|---|---|---|---|---|---|
| 补给 | 降雨入渗 | 24.63 | 24.63 | 24.63 | 24.63 |
| | 回灌 | 2.10 | 2.10 | 2.10 | 2.10 |
| | 边界流入 | 0.10 | 0.10 | 0.10 | 0.10 |
| | 水渠补给地下水 | 1.85 | 1.51 | 1.54 | 1.35 |
| | 越流 | 0 | 0 | 0 | 0 |
| | 白洋淀渗漏 | 0.28 | 0.28 | 0.28 | 0.28 |
| | 通用水头流入 | 0.02 | 0.02 | 0.02 | 0.02 |
| | 小计 | 28.97 | 28.63 | 28.66 | 28.48 |

续表 7-5

| 情景 | 源汇项 | 方案一 | 方案二 | 方案三 | 方案四 |
|---|---|---|---|---|---|
| 排泄 | 开采 | 20.90 | 20.69 | 20.71 | 20.58 |
| | 蒸发 | 1.01 | 1.01 | 1.01 | 1.01 |
| | 边界流出 | 0.04 | 0.04 | 0.04 | 0.04 |
| | 地下水补给水渠 | 0.116 9 | 0.096 5 | 0.097 1 | 0.088 3 |
| | 越流 | 4.24 | 4.24 | 4.24 | 4.24 |
| | 通用水头流出 | 0.21 | 0.21 | 0.21 | 0.21 |
| | 小计 | 26.52 | 26.29 | 26.32 | 26.18 |
| 总计 | 总补排差 | 2.45 | 2.34 | 2.35 | 2.30 |
| | 储存量的变化量 | 2.45 | 2.34 | 2.35 | 2.30 |

根据模拟预测结果，不同方案输水河道对两侧地下水具有积极补给作用，4 个方案预测期内输水渠道渗漏补给地下水量分别为 1.69 亿～1.98 亿 $m^3/a$、1.43 亿～1.58 亿 $m^3/a$、1.46 亿～1.62 亿 $m^3/a$、1.29 亿～1.42 亿 $m^3/a$。比较分析 4 个方案，输水时段内，输水渠道水位高于地下水位，输水渠道补给地下水；非输水时段，一些渠段地下水位高于渠底高程，地下水补给输水渠道，4 个方案的补给量分别为 981 亿～1 422 万 $m^3/a$、819 亿～1 151万 $m^3/a$、824 亿～1 159 万 $m^3/a$、751 亿～1 050 万 $m^3/a$。工程调水引起输水渠道地下水渗漏变化见表 7-6。

表 7-6　不同方案输水渠道地下水渗漏量变化

| 方案 | 输水时段 | 非输水时段 |
|---|---|---|
| 南水北调工程生效前最大引水量情况 | 输水渠道向地下水排泄，预测期内水渠渗漏补给地下水量为 1.69 亿～1.98 亿 $m^3/a$ | 地下水补给输水渠道，其补给量为 981 亿～1 422 万 $m^3/a$ |
| 南水北调工程生效前多年平均引水量情况 | 输水渠道向地下水排泄，预测期内水渠渗漏补给地下水量为 1.43 亿～1.58 亿 $m^3/a$ | 地下水补给输水渠道，其补给量为 819 亿～1 151 万 $m^3/a$ |
| 南水北调工程生效后最大引水量情况 | 输水渠道向地下水排泄，预测期内水渠渗漏补给地下水量为 1.46 亿～1.62 亿 $m^3/a$ | 地下水补给输水渠道，其补给量为 824 亿～1 159 万 $m^3/a$ |
| 南水北调工程生效后多年平均引水量情况 | 输水渠道向地下水排泄，预测期内水渠渗漏补给地下水量为 1.29 亿～1.42 亿 $m^3/a$ | 地下水补给输水渠道，其补给量为 751 亿～1 050 万 $m^3/a$ |

根据模型预测，随着调水工程的实施，在未来 10 年，输水渠道的渗漏量呈现逐年减小的趋势，这是因为受输水影响，沿线地下水位有所抬升，输水时段水渠水位与地下水位差减小，非输水时段地下水位与渠底高程差增大。整体上，输水量越少，渗漏量相对越小，地下水对渠道的反补量也越小。

不同方案输水渠道补给地下水量的变化情况见图 7-2。

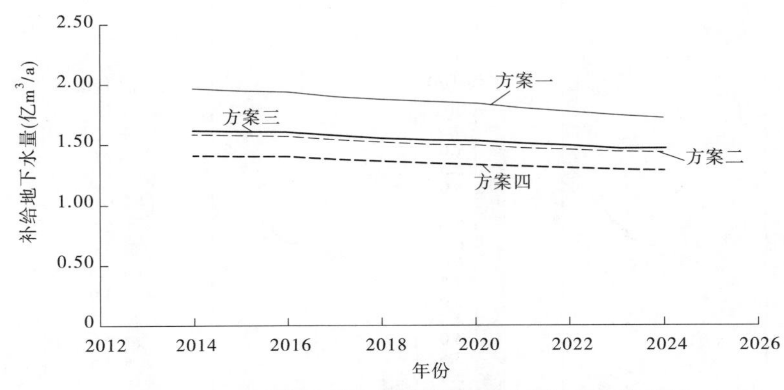


**图 7-2　不同方案输水渠道补给地下水量的变化情况**

## 7.1.4　对输水沿线地下水位的影响

为分析不同方案输水沿线的地下水位变化和影响范围，将有无水渠输水情况下模型地下水位最高时(2024 年 9 月)流场对比，给出输水渠对地下水位的影响变差图，在变差图上读出水位变幅大于 0.1 m 的影响范围(距离和面积)和水位变幅。4 个方案输水渠道对地下水位影响变差如图 7-3 所示。

由图 7-3 可见，受输水渠道渗漏影响，输水渠道沿线地下水较无输水情况，大部分输水渠道沿线地下水位有所上升，模拟期(10 年)输水沿线地下水位抬升幅度为 0.1 ~ 4.0 m，各输水方案地下水抬升幅度在 0.1 ~ 4.0 m 的面积分别为 1 730 $km^2$、1 731 $km^2$、1 734 $km^2$、1 723 $km^2$，分别占 77.82%、82.16%、82.52%、85.00%；各方案水位变幅大于 4 m 的面积分别为 474 $km^2$、286 $km^2$、305 $km^2$、201 $km^2$，分别占 13.46%、8.52%、9.12%、6.35%，相对较小。

各输水方案上升幅度受输水渠道渠宽、渠底、边坡岩性、渠道形状等因素影响。在渠道拐弯处，受两段渠段共同影响，地下水位上升幅度较大，如古洋河和韩村干渠交界处变幅最大；在老漳河段，渠底有一层基本连续的黏土、含有机质黏土、壤土分布，渗漏性弱，但是渠道较宽，地下水位上升幅度居中；北排河及其以北，渠道宽度小，但整体上渠底多由砂壤土、粉砂构成，渗漏性好，渗漏量大，地下水位上升大。

滏东排河大部分渠段地下水位下降，变幅和影响范围很小，这是因为该段现状地下水埋深小，地下水位在渠底之上，输水阶段，输水渠道水位高于地下水位，渠道补给地下水；非输水阶段，地下水位高于渠底高程，向渠道排泄，使地下水位下降，进而影响此处对应的地下水埋深情况。

## 7.1.5　对输水沿线地下水的影响范围

4 个方案影响地下水变化幅度及范围见表 7-7。整体上输水渠道对输水沿线地下水最大影响范围为 3.0 ~ 3.3 m，见表 7-8。该预测分析结果与位山线清凉江实验数据分析结果，输水对地下水影响的单侧补给范围约 3 km 基本一致。

其中南水北调中、东线工程生效前，最大引水情况下，输水沿线单侧 2.17 km 范围内

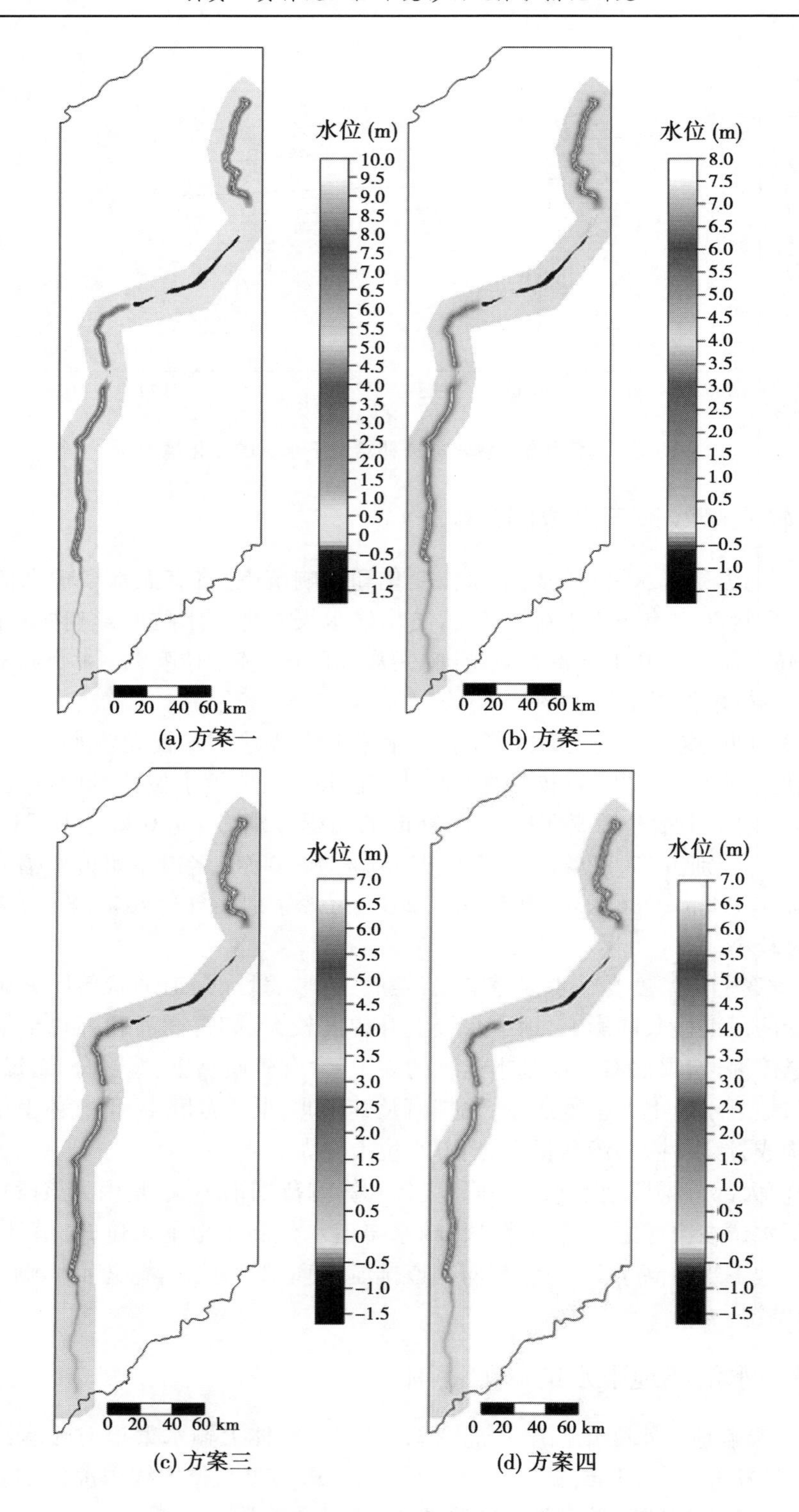


图 7-3　不同方案下输水渠道对地下水位影响变差图

水位变化较明显,变幅在 0.5 m 以上;超过 2.17 km,水位变幅较小,输水沿线单侧最大影响范围为 3.3 km。多年平均引水情况下,输水沿线一侧 1.97 km 范围内水位变化较明显,变幅在 0.5 m 以上;超过 1.97 km,水位变幅较小,输水沿线单侧最大影响范围为 3.2 km。

南水北调中、东线工程生效后,最大引水情况下,输水沿线单侧 1.99 km 范围内水位变化较明显,变幅在 0.5 m 以上;超过 1.99 km,水位变幅较小,输水沿线单侧最大影响范围为 3.2 km。多年平均引水情况下,输水沿线一侧 1.88 km 范围内水位变化较明显,变幅在 0.5 m 以上;超过 1.88 km,水位变幅较小,输水沿线单侧最大影响范围为 3.0 km。

**表 7-7　不同方案下输水渠道沿线地下水位变化幅度及面积**　(单位: $km^2$)

| 水位变幅(m) | 方案一 | | | 方案二 | | | 方案三 | | | 方案四 | | |
|---|---|---|---|---|---|---|---|---|---|---|---|---|
| | 面积 | 累计面积 | 百分比(%) | 面积 | 累计面积 | 百分比(%) | 面积 | 累计面积 | 百分比(%) | 面积 | 累计面积 | 百分比(%) |
| ≥5 | 291 | 291 | 8.26 | 136 | 136 | 4.06 | 152 | 152 | 4.54 | 71 | 71 | 2.25 |
| 4~5 | 183 | 474 | 5.20 | 150 | 286 | 4.46 | 153 | 305 | 4.58 | 130 | 201 | 4.10 |
| 3~4 | 232 | 706 | 6.59 | 233 | 520 | 6.95 | 213 | 518 | 6.35 | 218 | 420 | 6.87 |
| 2~3 | 298 | 1 004 | 8.46 | 302 | 822 | 8.99 | 323 | 841 | 9.63 | 311 | 731 | 9.81 |
| 1~2 | 519 | 1 523 | 14.74 | 518 | 1 339 | 15.42 | 505 | 1 346 | 15.08 | 530 | 1 261 | 16.72 |
| 0.5~1.0 | 569 | 2 092 | 16.14 | 561 | 1 901 | 16.71 | 579 | 1 925 | 17.27 | 556 | 1 817 | 17.51 |
| 0.1~0.5 | 1 123 | 3 215 | 31.89 | 1 179 | 3 079 | 35.09 | 1 146 | 3 071 | 34.19 | 1 082 | 2 899 | 34.09 |
| <0 | 307 | 3 522 | 8.72 | 280 | 3 359 | 8.33 | 281 | 3 352 | 8.38 | 275 | 3 173 | 8.66 |
| 合计 | 3 522 | | 100 | 3 359 | | 100 | 3 352 | | 100 | 3 173 | | 100 |

**表 7-8　不同方案下输水渠道沿线地下水影响范围**　(单位:km)

| 引水方案 | 平均影响范围 | 平均影响范围双侧 |
|---|---|---|
| 南水北调工程生效前最大引水方案 | 3.3 | 6.7 |
| 南水北调工程生效前多年平均引水方案 | 3.2 | 6.4 |
| 南水北调工程生效后最大引水方案 | 3.2 | 6.4 |
| 南水北调工程生效后多年平均引水方案 | 3.0 | 6.0 |

### 7.1.6 对土壤盐渍化的影响分析

根据以上分析,该工程实施对输水沿线地下水具有积极补给作用,且输水量越大地下水补给范围及地下水位上升幅度越大,对减缓输水沿线地下水位下降速度具有积极作用。但随着输水沿线地下水位的抬升,局部输水渠道沿线可能因地下水埋深变浅而出现土壤盐渍化现象。参照《河北地下水》等相关研究,项目区埋深小于 2.5 m 有发生盐渍化的可能。

#### 7.1.6.1 输水沿线地下水埋深情况

本工程项目区地下水埋深由南向北逐渐变深,在白洋淀地区逐渐变浅。其中河南段金堤河与黄河之间地带地下水埋深一般为 1.05 ~ 11.73 m,金堤河以北地下水埋深一般为 6.23 ~ 28.92 m;河北段渠道沿线可开采利用的地下水埋藏较深,浅层地下水平均埋深 17.40 m,其中大于 30 m 的埋深主要分布在邯郸东部、邢台大部及沧州东北部一带;10 ~ 20 m 埋深主要分布在湖泊洼地周边及衡水北部,沧州南部、北部及廊坊南部等地;小于 10 m 的埋深主要分布在衡水湖、白洋淀湖泊洼地一带;其他地区埋深多为 20 ~ 30 m。综上,项目区绝大部分地区地下水埋深较深,仅河南金堤河以南和河北滏东排河段(衡水湖周边)等局部区域地下水埋深小于 2.5 m。根据回顾性评价中的土壤盐度监测结果,项目区未出现土壤盐渍化现象。

#### 7.1.6.2 典型河段虚设观测孔的选取

为客观评价本工程实施后是否可能引起土壤盐渍化问题,环境影响评价通过对典型地段虚设观测孔处的水位和矿化度变化情况,预测输水沿线土壤盐渍化发生的可能性。

在输水渠道沿线选取 6 组典型地段虚设观测孔(见图 7-6)。A、D 组虚设观测孔布设在地下水埋深较大渠段;B 组虚设观测孔布设在典型受水渠影响地下水位下降段;C 组虚设观测孔布设在地下水埋深较浅渠段;E 组虚设观测孔布设在渗漏弱、受输水影响小的濮阳段;F 组虚设观测孔布设在近李子园水源地处。具体见表 7-9 及图 7-4。

表 7-9 典型河段虚设观测孔的情况

| 剖面 | 分布河段 | 渠道情况 | 典型代表性 | 初始埋深(m) |
|---|---|---|---|---|
| A—A′ | 韩村干渠 | A—A′剖面位于韩村干渠水渠转弯处,无衬砌,韩村干渠较长,各段渗漏性不一,部分渠段总体上渗漏性较大,部分渠段渠底和边坡都为粉砂、砂壤土层,渗漏严重 | 埋深大 | 26.9 |
| B—B′ | 滏东排河 | B—B′剖面位于滏东排河中段,无衬砌,埋深较小,浅层地下水埋深在渠底面上下,沿渠线无较强透水层,渠底有一层基本连续的黏土、壤土与含有机质黏土、壤土分布,故渠道渗漏不严重 | 水位下降 | 3.5 |

续表 7-9

| 剖面 | 分布河段 | 渠道情况 | 典型代表性 | 初始埋深(m) |
|---|---|---|---|---|
| C—C′ | 滏东排河 | C—C′剖面位于滏东排河中南部,无衬砌,埋深较浅,为扩挖渠段,以黏性土为主段,上部以Ⅰ单元壤土、黏土为主,局部为砂壤土,下部为Ⅱ单元壤土,含有机质壤土、有机质黏土、粉砂,渗漏性一般 | 埋深小 | 8.5 |
| D—D′ | 东风渠 | D—D′剖面位于水渠邯郸东风渠北部,无衬砌,渠坡上部为壤土,下部为细砂,渠底为细砂,细砂具中等透水性。渠坡稳定性差,渠道渗漏严重 | 埋深大 | 23.5 |
| E—E′ | 濮阳段 | E—E′剖面位于河南段,无衬砌,该处地下水埋深大,地下水位受开采和蒸发等条件的影响,呈持续下降状态,该段水渠引水条件下,渗漏量较小 | 渗漏小 | 23.3 |
| F—F′ | 李子园水源地段 | F—F′剖面位于近李子园水源地段,无衬砌 | 水源地段 | 21.24 |

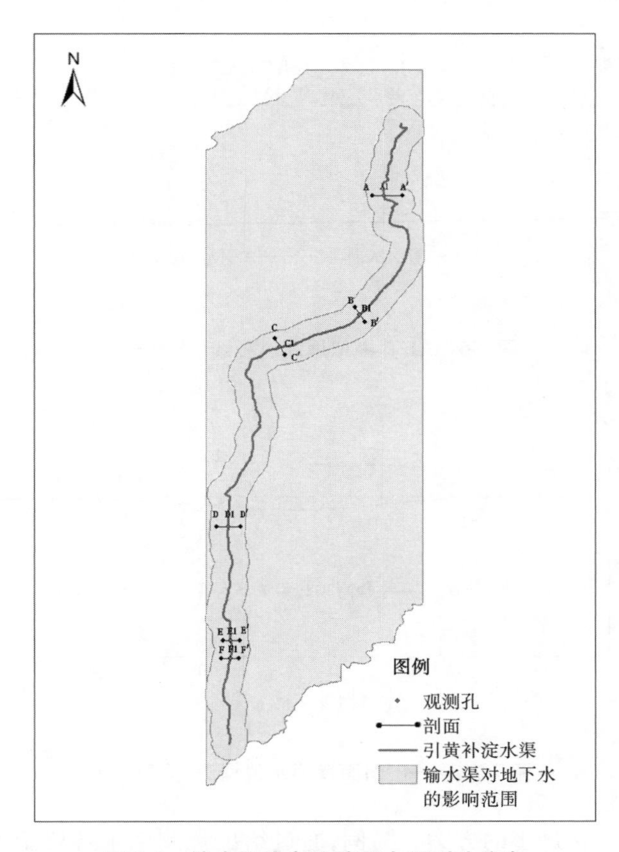


图 7-4　输水沿线虚设地下水观测孔分布

### 7.1.6.3　典型河段土壤盐渍化预测

根据模型模拟结果,对比输水沿线初始埋深情况,引黄补淀工程运行后,受输水影响,大部分输水渠道沿线地下水埋深减小。项目区地下水埋深变化情况见图7-5、图7-7、图7-9、图7-11、图7-13、图7-15;对应的埋深过程线见图7-6、图7-8、图7-10、图7-12、图7-14、图7-16。

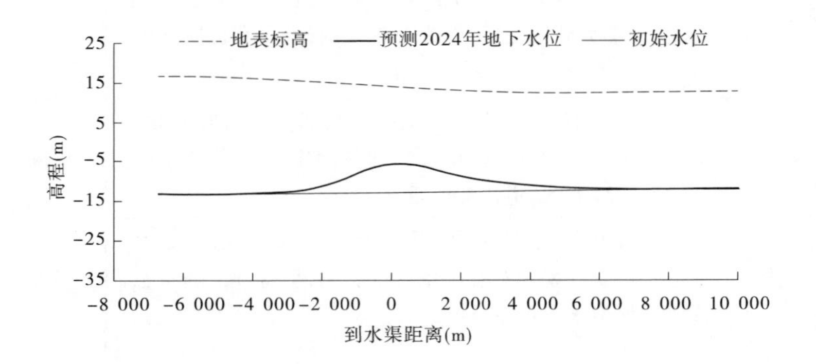


图7-5　A—A′剖面模拟水位埋深(方案一)

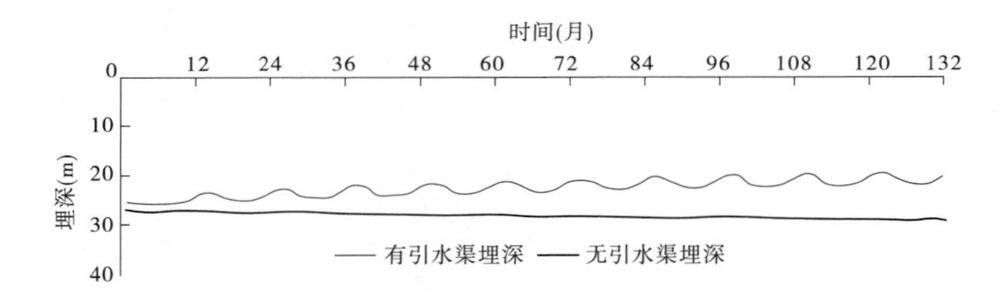


图7-6　A1孔模拟埋深过程线(方案一)

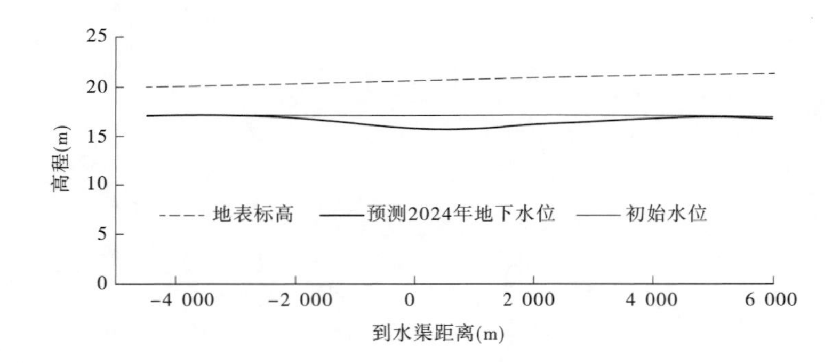


图7-7　B—B′剖面模拟水位埋深(方案一)

以引水量和渗漏量最多的方案一为例,通过给出预测期末各典型地段虚设观测孔的

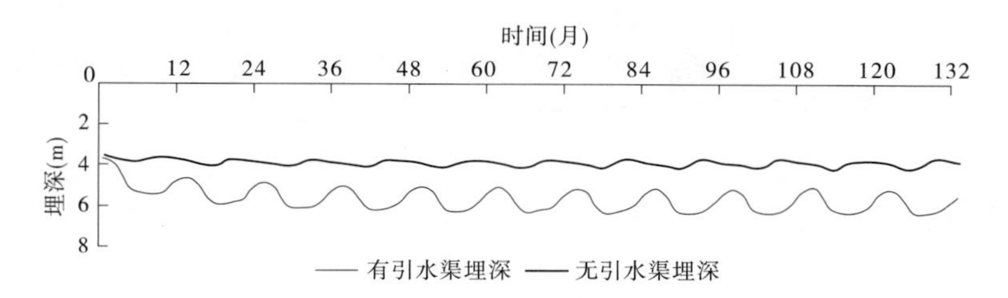


图 7-8　B1 孔模拟埋深过程线(方案一)

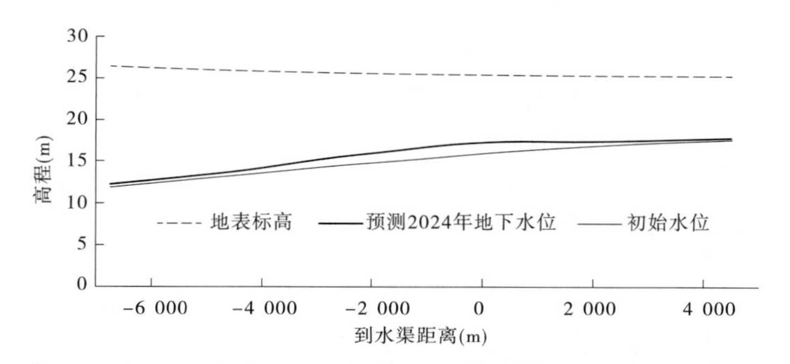


图 7-9　C—C′剖面模拟水位埋深(方案一)

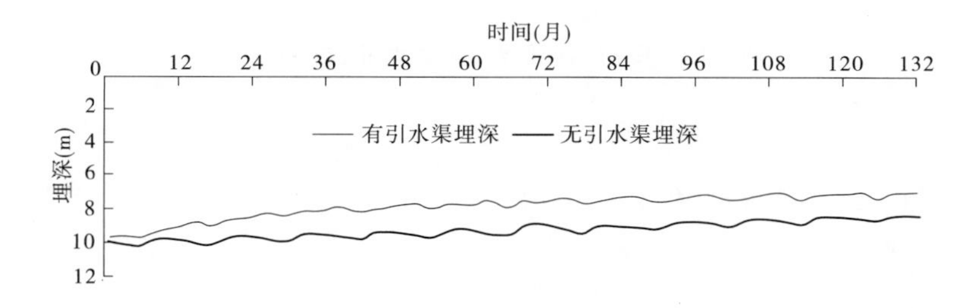


图 7-10　C1 孔模拟埋深过程线(方案一)

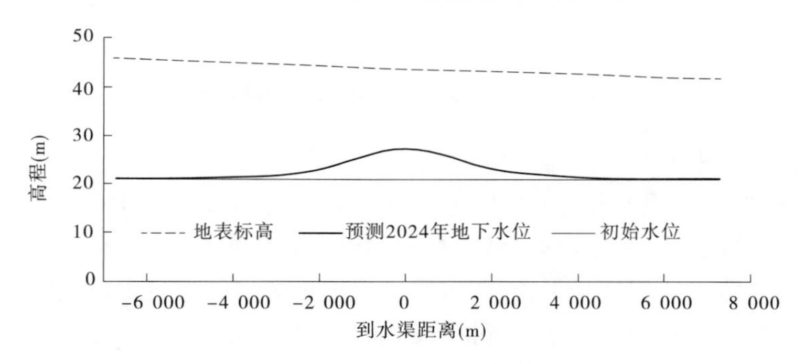


图 7-11　D—D′剖面模拟水位埋深(方案一)

模拟水位埋深剖面图和对应的埋深过程线图,由地下水位变化趋势来说明沿线地下水受水渠影响是否存在造成新的盐渍化的可能。如图 7-5 ~ 图 7-16 所示,在剖面 A—A′和剖面 D—D′,均以埋深大为特征,受输水渠影响,地下水埋深相对无水渠的情况逐渐减小,但

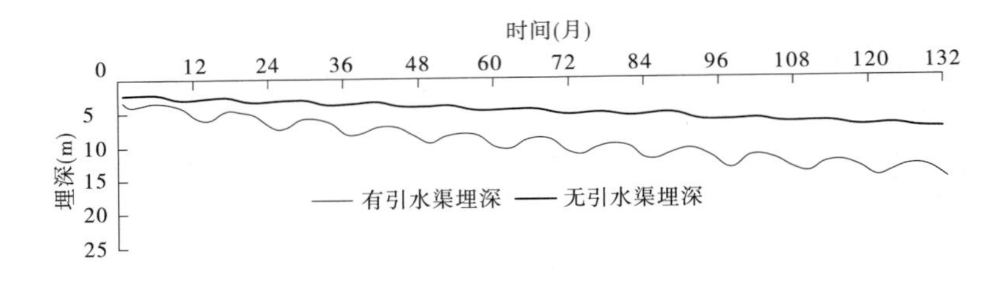


图 7-12　D1 孔模拟埋深过程线(方案一)

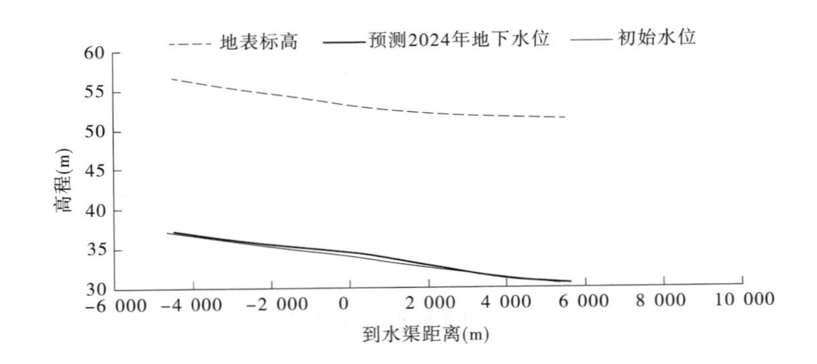


图 7-13　E—E′剖面模拟水位埋深(方案一)

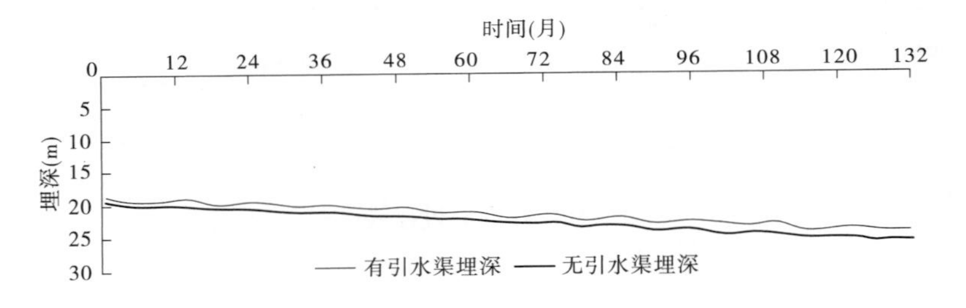


图 7-14　E1 孔模拟埋深过程线(方案一)

变化速率低,预测期末水位埋深仍远远大于蒸发极限深度,因此不会造成盐渍化;剖面B—B′处地下水埋深小,受水渠影响,相对假设的无水渠情况地下水位有一定程度下降,实际情况是输水阶段地下水受水渠补给,相对不输水时段水位上升,结束引黄输水后地下水又反补水渠,整体上达到一个平衡,年内受水渠输水影响的地下水位在输水时段高于不输水时段,随后在非输水时段又恢复到和没有引黄情况接近的状态,水渠渠深大于2.5 m;剖面C—C′处地下水埋深较小,但大于6 m,由C组水渠处虚拟观测孔C1埋深过程线可知该处地下水埋深呈缓慢减小趋势,至预测期末减小1.17 m,一定程度上会出现埋深小于极限埋深4 m的情况,有一定水量蒸发损失,此处水渠与地下水的补排关系也随地下水位上升从单纯的全年水渠补给地下水转变为非输水期地下水反补水渠,受蒸发和反补

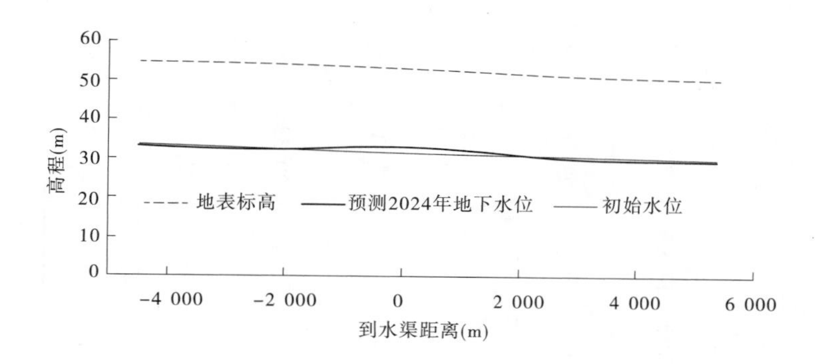


图 7-15　F—F′剖面模拟水位埋深(方案一)

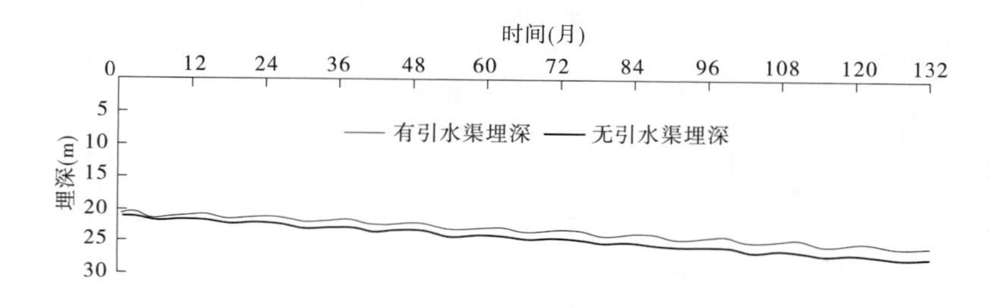


图 7-16　F1 孔模拟埋深过程线(方案一)

水渠影响,该段预计不会发生盐渍化;剖面 E—E′和剖面 F—F′,位置靠近,渗漏都较小,自身初始地下水埋深又大,受水渠输水影响,水渠渗漏量补给了地下水,一定程度上缓解了地下水位的快速下降,但并未扭转下降的趋势,至预测期末地下水埋深仍较大,不会造成盐渍化。综上,在输水渠各段,受地下水埋深情况、水渠深度、渗漏性多因素影响,均不会发生盐渍化灾害。

分析工程实施后各调水方案典型河段地下水埋深变化情况,对比项目区可能出现土壤盐渍化地下水埋深 2.5 m,工程实施后各方案各典型河段地下水埋深均小于 2.5 m,根据有关研究结果不会出现土壤盐渍化现象。工程实施后输水沿线典型河段地下水埋深变化情况及土壤盐渍化预测见表 7-10。给出最大引水量情况(方案一)2024 年模拟期末和年内蒸发明显增大前(2024 年 2 月)及地下水埋深最小情况的埋深预测图,与 2014 年初始地下水埋深和输水渠影响区矿化度分布对比分析,分析埋深小于 2.5 m 的范围变化和对应埋深处的矿化度情况,如图 7-17 所示。

**表 7-10　各调水方案下典型河段地下水埋深变化及土壤盐渍化预测**

（单位：m）

| 剖面 | 分布河段 | 典型代表性 | 方案一 | | | 方案二 | | | 方案三 | | | 方案四 | | |
|---|---|---|---|---|---|---|---|---|---|---|---|---|---|---|
| | | | 地下水位变幅 | 预测埋深 | 是否引起盐渍化 | 地下水位变幅 | 预测埋深 | 是否引起盐渍化 | 地下水位变幅 | 预测埋深 | 是否引起盐渍化 | 地下水位变幅 | 预测埋深 | 是否引起盐渍化 |
| A1 - 2 | 韩村干渠 | 埋深大 | 6.00 | 20.90 | 否 | 6.15 | 20.75 | 否 | 5.26 | 21.64 | 否 | 4.64 | 22.26 | 否 |
| B1 - 2 | 滏东排河 | 水位下降 | -1.20 | 4.70 | 否 | -1.19 | 4.69 | 否 | -1.06 | 4.56 | 否 | -1.00 | 4.50 | 否 |
| C1 - 2 | 滏东排河 | 埋深小 | 1.17 | 7.33 | 否 | 1.05 | 8.50 | 否 | 1.20 | 7.30 | 否 | 1.16 | 7.34 | 否 |
| D1 - 2 | 东风渠 | 埋深大 | 6.13 | 17.37 | 否 | 3.98 | 7.45 | 否 | 3.63 | 23.50 | 否 | 2.18 | 20.32 | 否 |
| E1 - 2 | 濮阳段 | 渗漏小 | 0.63 | 22.67 | 否 | 0.63 | 22.67 | 否 | 0.63 | 19.87 | 否 | 0.63 | 22.67 | 否 |
| F1 - 2 | 近李子园段 | 近水源地 | 1.42 | 19.82 | 否 | 1.23 | 20.91 | 否 | 1.02 | 20.22 | 否 | 0.93 | 20.31 | 否 |

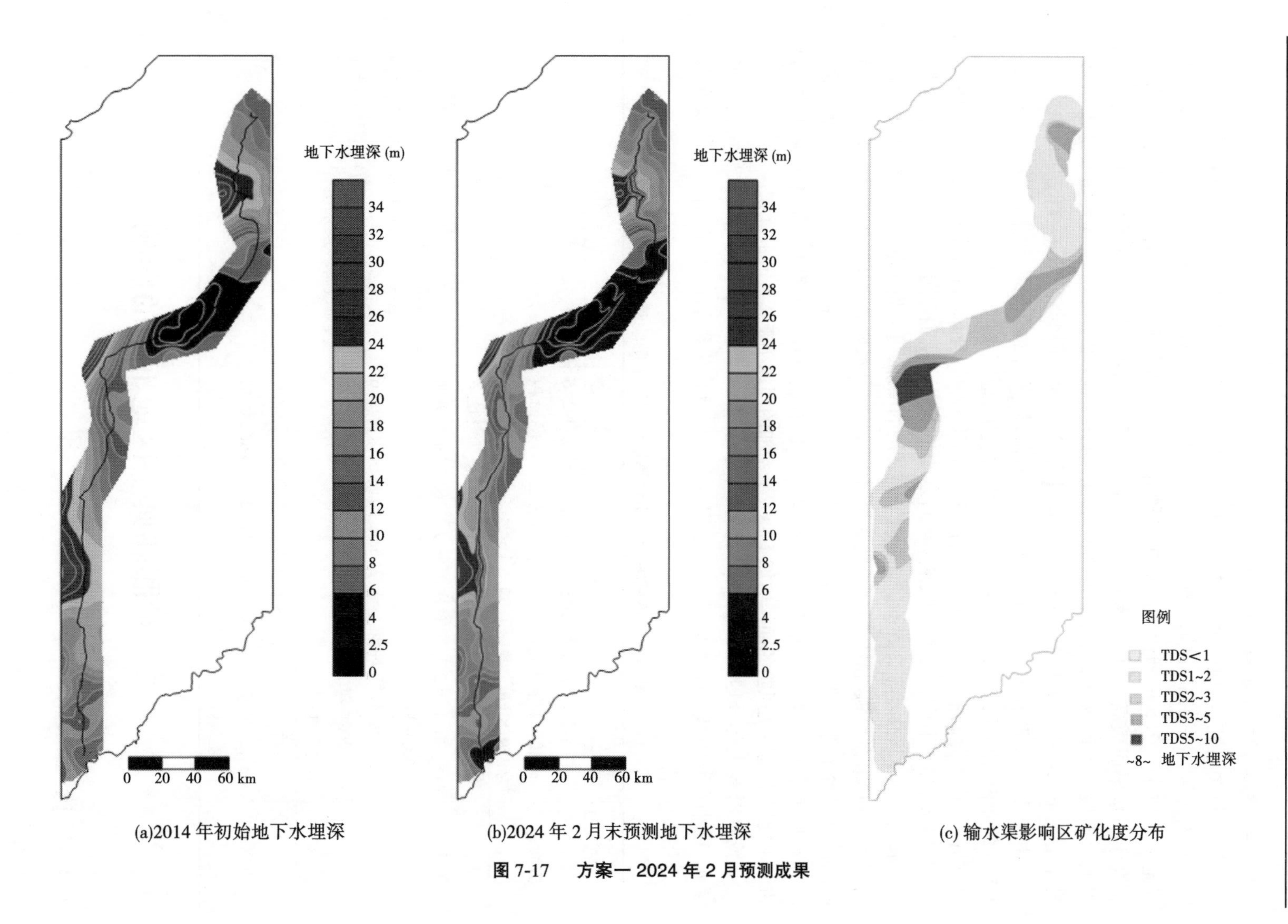


(a)2014 年初始地下水埋深

(b)2024 年 2 月末预测地下水埋深

(c) 输水渠影响区矿化度分布

图 7-17　方案一 2024 年 2 月预测成果

#### 7.1.6.4　重点河段土壤盐渍化预测

根据相关研究，该地区地下水埋深小于 2.5 m 有发生盐渍化的可能，评价重点分析不同方案对埋深小于 2.5 m 的典型区域影响，分析是否会引起盐渍化。工程实施后输水沿线地下水位小于 2.5 m 河段为滏东排河段，由于地下水位较高，在引水以外时段，地下水位高于引水渠底板高程，地下水补给输水渠，地下水埋深小于 2.5 m 的面积反而减少。金堤河以南段工程调水运行后、滏东排河段预测期最后一年蒸发明显增大前及地下水埋深最小情况下（2024 年 2 月末），地下水埋深小于 2.5 m 面积变化见表 7-11。

由表 7-11 可知，南水北调中、东线工程生效前，最大引水情况下，该渠段地下水埋深小于 2.5 m 的面积增加了 37.2 $km^2$；多年平均引水情况下，地下水埋深小于 2.5 m 的面积增加了 33.9 $km^2$。南水北调中、东线工程生效后，最大引水情况下，地下水埋深小于 2.5 m 的面积增加了 32.7 $km^2$；多年平均引水情况下，地下水埋深小于 2.5 m 的面积增加了 28.9 $km^2$。整体上，工程实施后地下水埋深小于 2.5 m 的面积有一定程度的增加，可能发生盐渍化风险的面积减少。由图 7-17 可知，在预测期最后一年蒸发明显增大前及地下水埋深最小情况下，埋深小于 2.5 m 的面积比初始条件下埋深小于 2.5 m 的面积有一定程度增加，增加的面积部分矿化度为 2 ~ 3 g/L，增幅不大，因输水为淡水，对沿线地下水的补给可在一定程度上减小其矿化度，因此推断可能发生盐渍化风险的面积增加不会大于增加的埋深小于 2.5 m 的面积。

输水沿线大部分地区地下水矿化度为 2 ~ 3 g/L，局部为 3 ~ 5 g/L，此次所引黄河水为淡水，渠中水与沿线地下水的补排一定程度上可以降低沿线的矿化度，对改善浅层水质有一定积极作用。

**表 7-11　不同方案下输水渠道对地下水影响程度分析**

| 方案 | 影响范围 | 矿化度 |
| --- | --- | --- |
| 方案一 | 初始条件下埋深小于 2.5 m 的面积为 292.6 $km^2$，2024 年 2 月底对应埋深小于 2.5 m 的面积为 329.8 $km^2$，增加了 37.2 $km^2$ | 大部分地区地下水矿化度为 2 ~ 3 g/L，局部为 3 ~ 5 g/L，此次所引黄河水为淡水，渠中水与沿线地下水的补排一定程度上可以降低沿线的矿化度，对改善浅层水质有一定积极作用 |
| 方案二 | 初始条件下埋深小于 2.5 m 的面积为 292.6 $km^2$，2024 年 2 月底对应面积为 326.5 $km^2$，增加了 33.9 $km^2$ | |
| 方案三 | 初始条件下埋深小于 2.5 m 的面积为 292.6 $km^2$，2024 年 2 月底对应面积为 325.3 $km^2$，增加了 32.7 $km^2$ | |
| 方案四 | 初始条件下埋深小于 2.5 m 的面积为 292.6 $km^2$，2024 年 2 月底对应面积为 321.5 $km^2$，增加了 28.9 $km^2$ | |

## 7.2　对邯郸典型区地下水的影响

### 7.2.1　典型区选取

引黄入冀补淀工程线路较长，受水区分布零散，所以本次针对典型区域建立地下水数值模拟模型,有针对性地详细分析地下水位的动态变化及可能造成的影响。其中邯郸段渠道长110.7 km,占整个工程全长的23%;邯郸受水区面积为101.9万亩,占整个受水区总面积的37.5%,影响范围较大,将其作为典型区进行评价,具有一定的代表性。

同时由于邯郸市水文地质条件比较特殊,位于华北平原南部太行山山前平原和中东部平原过渡区,山前平原含水层以砂、砾卵石为主,渗透性强—极强,水质良好,中东部平原含水层岩性变细,层变薄,层次增多,含水层渗透性弱—微弱,地下径流缓慢,由潜水及深层承压水组成,水质由淡水过渡到微咸水和咸水,变化规律极为复杂。邯郸地下水埋深相对下游浅,区域内既有山前地下水深埋区,又有平原地下水浅埋区,靠近山前地下水埋深较深,为30~60 m,自西向东逐渐过渡为浅埋区,埋深平均在15 m,最浅地区5 m左右,历史上发生盐渍化的程度较小。

综上,选择邯郸市作典型区对其地下水环境影响进行预测和评价,为了保证水文地质单元的完整性,以邯郸市作为模拟区,重点对渠道两侧及受水区的影响区进行模拟和分析。

邯郸典型区与本次工程及整个区域的位置关系见图7-18。

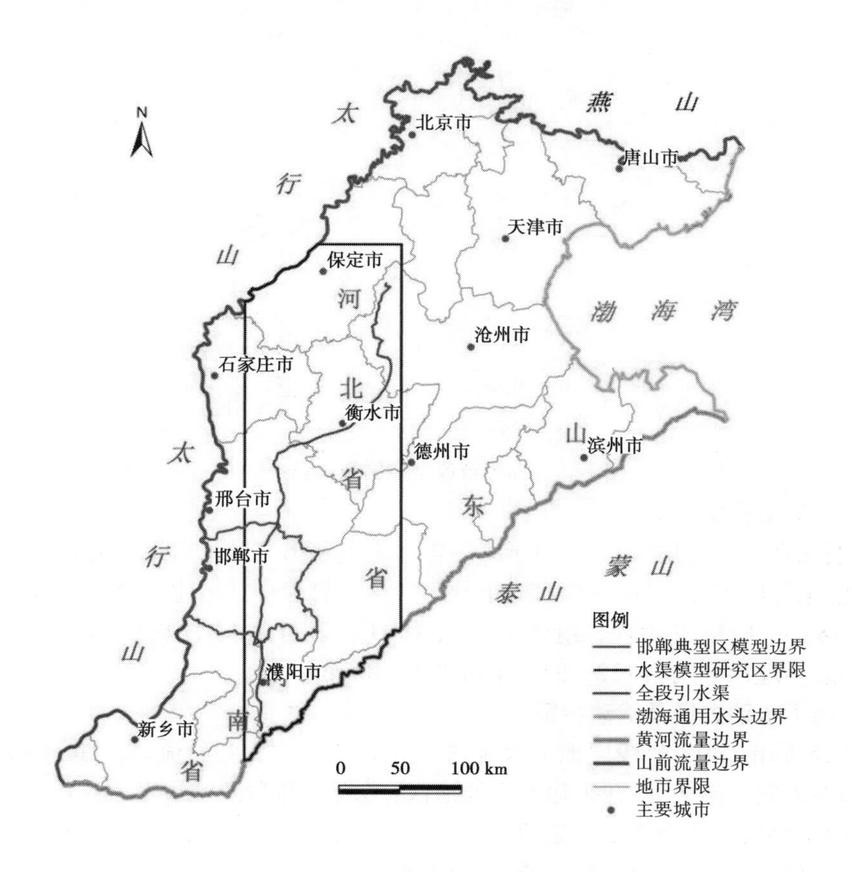


图7-18　邯郸典型区与本次工程的位置关系

## 7.2.2　水文地质概念模型

### 7.2.2.1　模型范围和边界条件

本次建立的地下水模型范围为整个邯郸市行政区，位于北纬 36° ~ 37°2′，东经 114°9′ ~ 115°18′。模型浅层含水层（第一层）面积 7 303.40 km$^2$，其余两个承压含水层（第二、三层）的面积均为 5 928.68 km$^2$。

邯郸模型边界即为邯郸市的行政区边界（见图 7-19）。模型西部靠近太行山脉为山前侧向流量边界，其他边界为人为边界，在模型中处理成通用水头边界。上边界接受大气降水补给，底部边界处理为隔水边界。

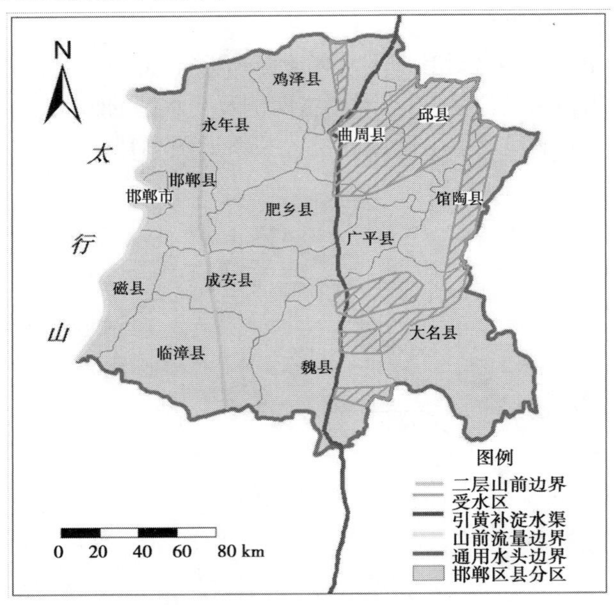


图 7-19　邯郸市模型范围及边界条件

### 7.2.2.2　水文地质结构

将模型在垂向上概化为三层：由于第一含水岩组和第二含水岩组水力联系紧密，且实际开采以混采井居多，故将第一含水岩组和第二含水岩组合并概化为第一含水层，底界埋深为 71 ~ 186 m，将第三含水岩组作为第二含水层，第四含水岩组作为第三含水层。第二、三层的底界埋深分别为 122 ~ 316 m 和 272 ~ 466 m。

### 7.2.2.3　地下水动力场及流动特征

模型以邯郸市 2013 年浅层地下水流场（见图 7-20）作为初始流场。地下水流总体由西、西北和西南向东流动，在开采强度大的地区，形成局部和区域地下水位降落漏斗。地下水在第四系松散多孔介质中的流动符合质量守恒定律和达西定律；考虑到由层间水头差异引起含水层之间的垂向水量交换，故地下水运动为三维流；地下水的补排项及水位是随时间变化的，故为非稳定流；由于介质的非均匀性造成水文地质参数随空间变化，体现了系统的非均质性；由于含水介质的成层性，造成垂向和水平水文地质参数的差异，因而可概化为水平各向同性、垂向各向异性介质。

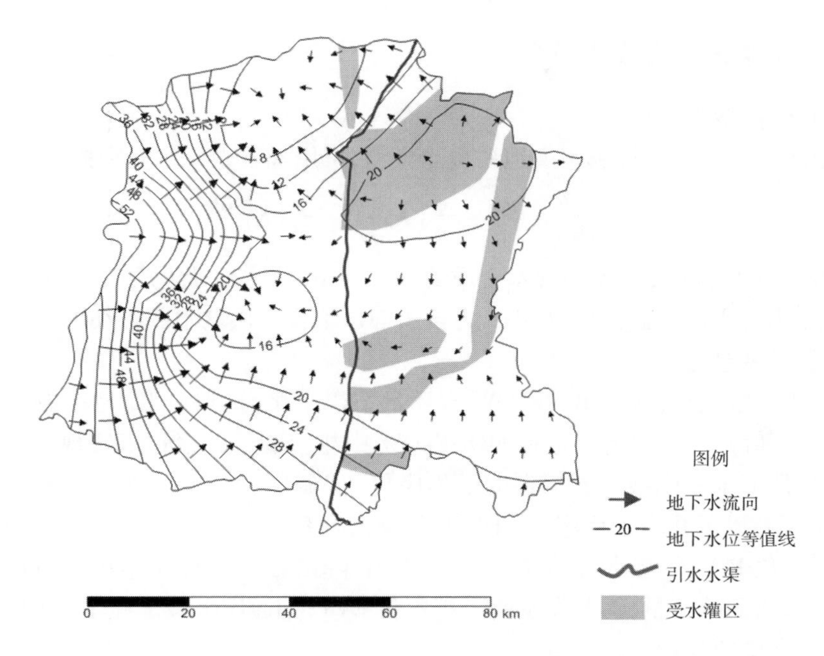


图 7-20　2013 年邯郸市浅层地下水初始流场

#### 7.2.2.4　水文地质参数

本次研究对象为邯郸市浅层地下水，潜水含水层的水文地质参数主要包括含水层的渗透系数和给水度，一层水平渗透系数的变化范围为 0.5 ~ 40 m/d；给水度的变化范围为 0.03 ~ 0.14。承压含水层水平渗透系数的变化范围为 5 ~ 20 m/d，储水率的变化范围为 0.000 035 ~ 0.000 27。

邯郸市输水渠道多为黏性土结构段，渠道渗漏微弱—较弱，渠道两侧渗透系数为 0.5 m/d，周边受水区范围内局部渗透性较好，渗透系数为 3 ~ 10 m/d。

#### 7.2.2.5　源汇项的处理与确定

模型源汇项主要包括补给项和排泄项。补给项包括降雨入渗量，井灌回归量，引黄渠道的供水量和渗漏量，山前侧向补给量和通用水头流入量；排泄项主要为开采量和通用水头流出量。

降水入渗量是研究区最主要的补给来源。研究区多年平均降水量为 546.86 mm。研究区内农业灌溉主要集中在年内雨季前的 4、5、6 三个月份，占全年的 60%，而 7、8、9、10 四个月份占全年的 40%。

研究区内开采量采用引黄入淀工程实施后统计的邯郸市按区县的 2012 年开采量代入模型。开采量包括农业开采量、生活开采量、工业开采量及少量的生态用水，此次模型将开采量统计合并为农业开采量和工业开采量两类。农业灌溉开采量的季节性明显，根据调查，农业灌溉量主要集中在春灌和夏浇时期，4、5、6 三个月各占 20%，7、8、9、10 四个月各占 10%。将农业灌溉水量分配到模拟期各月，工业和城市生活用水量、农村人畜生活用水量季节性变化不大，按各月均匀分配处理。引黄入淀渠道输水集中在 10 月和 11 月，主要用于冬小麦的灌溉。

### 7.2.3 区域地下水流数值模型

#### 7.2.3.1 数学模型

对于上一章所建立的邯郸水文地质概念模型,可用如下微分方程来描述:

$$S\frac{\partial h}{\partial t} = \frac{\partial}{\partial x}\left(K\frac{\partial h}{\partial x}\right) + \frac{\partial}{\partial y}\left(K\frac{\partial h}{\partial y}\right) + \frac{\partial}{\partial z}\left(K_Z\frac{\partial h}{\partial z}\right) + \varepsilon \tag{7-4}$$

式中:$h$ 为地下水位标高,m;$K$ 为含水介质的水平渗透系数,m/d;$K_Z$ 为含水介质垂向渗透系数,m/d;$\varepsilon$ 为含水层的源汇项,1/d;$S$ 为自由面以下含水层储水率,1/m。

#### 7.2.3.2 子程序包选择

运用基于有限差分法的 MODFLOW 程序求解以上微分方程的定解问题。根据邯郸水文地质结构和源汇项的特征,选择 MODFLOW 中相应的子程序包来实现地下水流的模拟,本次所建地下水流模型主要用到的子程序包与"调水沿线浅层地下水流数值模拟模型"相同,主要有以下几个子程序包:①层状特征流量程序包 LPF;②井流子程序包 WEL;③河流子程序包 RIV;④降水补给子程序包 RCH,降雨补给子程序包用于模拟面状的降雨对地下水形成的补给量;⑤蒸发蒸腾子程序包 EVT;⑥通用水头子程序包 GHB。

#### 7.2.3.3 数值模型处理

1. 空间离散

根据邯郸市的行政区范围,将模拟区第 1 层剖分为 546 行、571 列规则网格,共计 3 层,各层均采用 200 m × 200 m 的剖分格式。其中第 1 层有效单元(活动网格)共 182 591 个,下部第 2、3 层有效单元共 148 224 个。

2. 模拟期确定

本次邯郸市地下水流数值模拟模型的模拟期为 2014 年 1 月 1 日 ~ 2025 年 1 月 1 日,共计 11 年,以每个自然月为一个应力期,将整个模拟期划分为 132 个应力期。

3. 定解条件的处理

初始条件:以 2013 年 6 月邯郸市浅层地下水流场作为初始流场,由于缺乏 2、3 层地下水流场,采用华北平原地下水数值模型模拟的同期 2、3 层水位作为本次邯郸地下水数值模拟模型的 2、3 层的初始流场。

边界条件:邯郸模型边界即为邯郸市的行政区边界,除西部山前为自然边界,处理成定流量边界外,其余边界全部处理成通用水头边界。

#### 7.2.3.4 源汇项的处理

源汇项的处理研究区源汇项众多,数据量大,基础源汇数据多通过 GIS 和数据库相结合的方式及过去 10 年华北平原的经验数据提供。在本次模拟期内,所有外部源汇项的年际强度保持不变。邯郸市开采量使用现状年开采量代入模型,其他源汇项均来自华北平原地下水数值模拟模型 2000 ~ 2010 年资料的 11 年平均值,而降雨则采用长序列降雨资料的多年平均值。

#### 7.2.3.5 水文地质参数的处理

识别后代入模型的水文地质参数如图 7-21 所示。

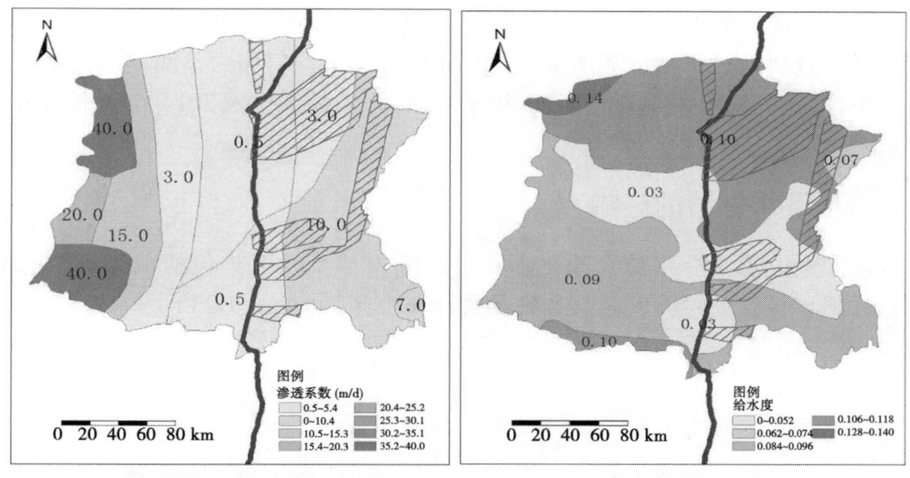


(a) 邯郸市浅层地下水渗透系数分区　　(b) 邯郸市给水度分区

图 7-21　邯郸市地下水地质参数分区

#### 7.2.3.6　地下水流模型的识别验证

由于缺少2014年实测流场资料,采用收集到的2013年邯郸市地下水流场作为实际流场进行拟合,采用试估-校正法,反复地调整参数和某些源汇项,使其达到较为理想的拟合结果。

本次模型侧重于对浅层地下水研究,所以模型的识别验证主要以第一层的效果为主。由2014年邯郸市浅层地下水模拟流场与实际流场拟合图7-22可知,模拟的地下水流场与实际地下水流场基本一致,模拟流场基本反映邯郸市现状条件下的地下水流动特征,整体拟合效果较好。

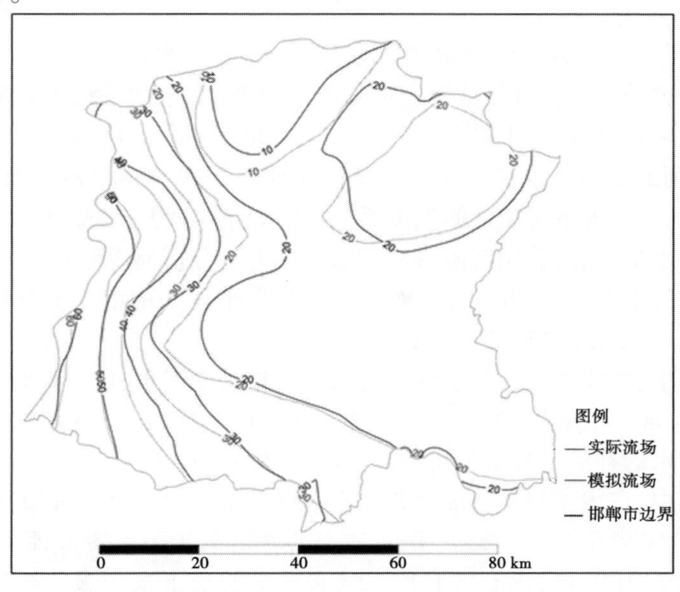


图 7-22　2014 年研究区浅层地下水模拟流场与实际流场拟合效果

利用识别验证后的地下水模型进行环境影响预测,预测模型的水文地质参数、模型结构、边界条件与现状模型一致;降雨量采用长序列多年平均值作为预测模型的降雨补给量代入模型中,其他补给项采用现状年 11 年平均值,开采量则代入 2014 年的邯郸市现状开采量。

### 7.2.4 对地下水补给的影响

引黄入淀渠道及其沿途受水区在邯郸市范围内涉及的区县包括鸡泽县、曲周县、邱县、馆陶县、肥乡县、广平县、大名县和魏县共计 8 个区县(见图 7-23)。

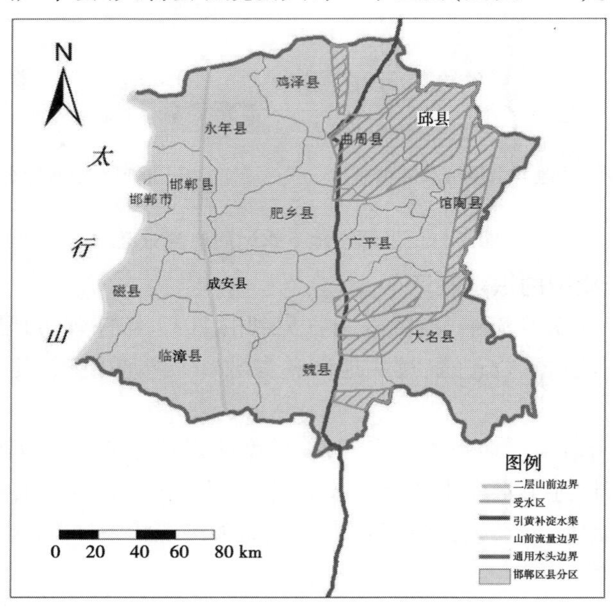


图 7-23 影响区涉及区县与受水区位置工程

根据引黄入冀补淀工程可行性研究报告南水北调中、东线工程生效前河北受水区多年平均引水过程可知,邯郸市干渠总损失量为 11 788 万 $m^3/a$,槽蓄量和支渠总损失量为 5 044万 $m^3/a$。河北省地下水资源评价通过引黄河道 1999 年和 2000 年两次输水的实验资料,分析河道水位和地下水位之间的关系,利用水动力学法、水位升值法等分别计算河道输水补给地下水量,同时利用实测资料和水文学方法分析河道输水损失量,确定中东部平原区河道损失补给系数 $\gamma = 0.47$,从而算得邯郸市干渠和槽蓄支渠对地下水的补给量分别为 5 540 万 $m^3/a$ 和 2 370 万 $m^3/a$。

由南水北调中、东线工程生效后河北受水区多年平均引水过程可知,邯郸市干渠总损失量为 10 305 万 $m^3/a$,槽蓄量和支渠总损失量为 4 037 万 $m^3/a$,从而算得邯郸市干渠和槽蓄支渠对地下水的补给量分别为 4 843 万 $m^3/a$ 和 1 897 万 $m^3/a$。

由南水北调中、东线工程生效前河北受水区多年平均引水过程可知,邯郸市田间直灌量为 3 827 万 $m^3/a$,蓄灌量为 2 339 万 $m^3/a$,依据河北省地下水资源评价报告,中东部平原的灌溉入渗系数为 0.11,得到邯郸市直灌和蓄灌的地下水入渗补给量分别为 421 万 $m^3/a$ 和 257 万 $m^3/a$;由南水北调中、东线工程生效后河北受水区多年平均引水过程可知,邯郸市田间直灌量为 232 万 $m^3/a$,蓄灌量为 4 702 万 $m^3/a$,得到邯郸市直灌和蓄灌的地下水入渗补给量分别为 26 万 $m^3/a$ 和 517 万 $m^3/a$。综上,南水北调工程生效前后邯郸增加的地下水总补给量分别为 8 588 万 $m^3/a$ 和 7 283 万 $m^3/a$。

根据模型计算结果(见表 7-12),南水北调中、东线工程生效前,邯郸受水区及影响区(包括 8 个区县)11 年平均地下水总补给量为 77 396 万 $m^3/a$,总排泄量为 71 773 万 $m^3/a$,补排差 5 623 万 $m^3/a$;南水北调中、东线工程生效后,邯郸受水区及影响区 11 年平均地下水总补给量为 76 095 万 $m^3/a$,总排泄量为 71 261 万 $m^3/a$,补排差 4 834 万 $m^3/a$。地下水均处于正均衡状态。

在补给项中,降水入渗量占总补给量的 75.60%、井灌回归量占总补给量的 14.84%、受水区渠灌量占总补给量的 0.90%、引黄渠道入渗补给量占总补给量的 8.06%。由此可见,降水入渗补给为项目区地下水的主要补给来源,其次是农田回渗量(含地表水、地下水灌溉及渠系入渗补给量)。排泄项中,地下水开采仍是地下水最主要的支出,人工开采量为 65 658万 $m^3/a$,约占地下水排泄总量的 92%,对当地地下水循环起着举足轻重的作用。

**表 7-12　邯郸市地下水 2014~2024 年多年平均均衡表**　(单位:万 $m^3/a$)

| 计算结果 | 源汇项 | 南水北调前 | 南水北调后 |
| --- | --- | --- | --- |
| 补给量 | 降雨入渗量 | 57 140 | 57 140 |
| | 引黄主干渠道渗漏量 | 5 540 | 4 843 |
| | 支毛斗渠及槽蓄渗漏量 | 2 370 | 1 897 |
| | 田间直灌补给量 | 421 | 26 |
| | 田间蓄灌补给量 | 257 | 517 |
| | 井灌回归量 | 11 213 | 11 213 |
| | 通用水头流入量 | 423 | 427 |
| | 越流补给量 | 32 | 32 |
| | 合计 | 77 396 | 76 095 |
| 排泄量 | 开采量 | 66 009 | 65 658 |
| | 越流排泄量 | 331 | 329 |
| | 通用水头流出量 | 5 433 | 5 274 |
| | 潜水蒸发量 | 0 | 0 |
| | 合计 | 71 773 | 71 261 |
| 补排差 | | 5 623 | 4 834 |
| 储存变化量 | | 5 623 | 4 834 |

## 7.2.5　对地下水位的影响

### 7.2.5.1　对输水沿线地下水位的影响

根据模型模拟结果，分析引水对地下水位的影响(见图 7-24、表 7-13)，受输水渠道渗漏影响，靠近渠道一侧 2.5 km 范围内的地下水受输水渠道渗漏的影响均呈上升趋势，地下水位抬升幅度集中在 0.1 ~4.0 m，与输水沿线地下水模型模拟结果基本一致。

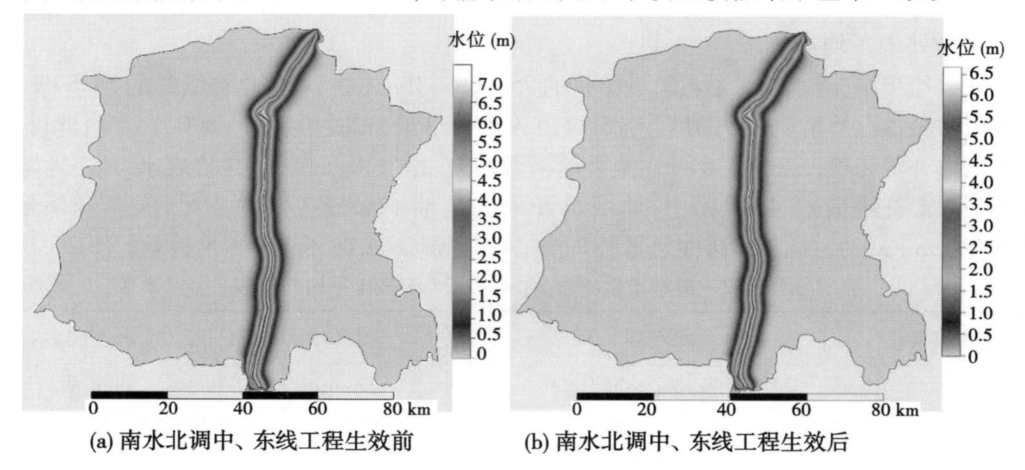


(a) 南水北调中、东线工程生效前　　(b) 南水北调中、东线工程生效后

图 7-24　引黄补淀工程对地下水位影响变差图

表 7-13　渠道引水后浅层地下水位变幅及面积

| 水位变幅(m) | 南水北调中、东线工程生效前 | | | 南水北调中、东线工程生效后 | | |
|---|---|---|---|---|---|---|
| | 面积(km²) | 累积面积(km²) | 百分比(%) | 面积(km²) | 累积面积(km²) | 百分比(%) |
| ≥5 | 35.88 | 35.88 | 3.52 | 12.89 | 12.89 | 1.32 |
| 4 ~5 | 87.53 | 123.41 | 8.58 | 50.86 | 63.75 | 5.20 |
| 3 ~4 | 88.97 | 212.38 | 8.73 | 100.90 | 164.65 | 10.32 |
| 2 ~3 | 126.06 | 338.44 | 12.36 | 135.68 | 300.33 | 13.88 |
| 1 ~2 | 213.06 | 551.5 | 20.90 | 193.39 | 493.72 | 19.78 |
| 0.5 ~1.0 | 126.07 | 677.57 | 12.36 | 164.34 | 658.06 | 16.81 |
| 0.1 ~0.5 | 342.07 | 1 019.64 | 33.55 | 319.58 | 977.64 | 32.69 |
| 合计 | 1 019.64 | | 100.00 | 977.64 | | 100.00 |

### 7.2.5.2　对受水区浅层地下水位的影响

从邯郸受水区浅层地下水位变化图(见图 7-25)可以看出，南水北调中、东线工程生效前，在受水区及影响区范围内，受水区是水位上升最为明显的地区，总体上升 0.4 ~0.8 m，受水区以外影响区水位上升幅度在 0.1 ~0.4 m，平均上升了 0.29 m，平均影响范围在

1.2 km；南水北调中、东线工程生效后，受水区内水位总体上升 0.1～0.23 m，受水区以外地区水位未出现明显上升，影响范围在受水区周边 0.47 km 以内。

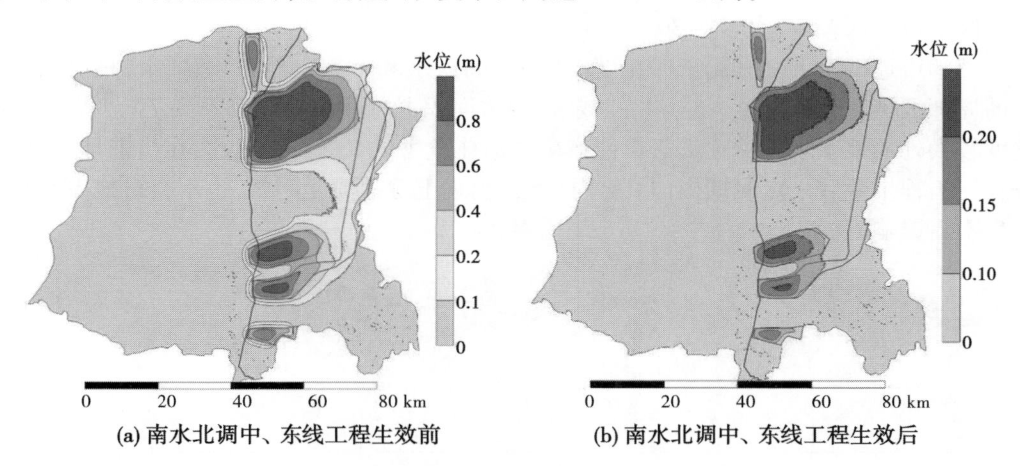


图 7-25　邯郸灌区对浅层地下水位影响变差图

#### 7.2.5.3　对受水区深层地下水位的影响

由于本次引黄入淀工程可对渠道沿途的受水区进行农业灌溉补水，且灌溉定额是一定的，所以本次补水过程对浅层水影响不大，每年获得灌溉替换水量为 543～678 万 $m^3/a$，供水量将替代受水区涉及区县的深层地下水开采量，使得承压水水位下降趋势得以遏制。

由模拟结果可知（见表 7-14、图 7-26），引黄补淀工程生效后，对邯郸市深层地下水位恢复具有重要意义，邯郸市深层地下水位明显回升。其中，由于压采前大名县深层地下水开采强度大，压采后水位上升幅度最大达 2.4 m，上升速率为 0.22 m/a；其余大部分地区则上升了 0.5 m 左右，上升范围面积为 2 918.5 $km^2$，占总面积的 49.47%；地下水位上升 0.5～1 m 的地区面积约为 2 053 $km^2$，占总面积的 34.80%；其余地区地下水位也有不同程度上升，整个深层地下水位上升总面积达 5 899.1 $km^2$。

表 7-14　压采深层地下水位变幅及面积

| 水位变幅（m） | 面积（$km^2$） | 累积面积（$km^2$） | 百分比（%） |
|---|---|---|---|
| 2.0～2.4 | 253.35 | 253.35 | 4.29 |
| 1.5～2.0 | 352.29 | 605.64 | 5.97 |
| 1.0～1.5 | 321.96 | 927.60 | 5.46 |
| 0.5～1.0 | 2 053.03 | 2 980.63 | 34.80 |
| 0～0.5 | 2 918.48 | 5 899.11 | 49.47 |
| 合计 | 5 899.11 | | 100.00 |

### 7.2.6　对土壤盐渍化的影响分析

评价重点分析南水北调中、东线工程生效前最大引水方案是否可能造成土壤盐渍化现象，根据邯郸农业受水区地下水埋深变化情况，邯郸市地下水埋深最小为 6 m，位于邯郸市东北部的浅埋区；邯郸市区东部小范围内，地下水埋深较浅，为 8 ~ 16 m；中西部大部分地区水位埋深较深，大多在 30 ~ 60 m。

邯郸市地下水大部分属于矿化度 <1 g/L 的淡水和 1 ~ 3 g/L 的微咸水，只有面积很小的局部区域属于矿化度 >3 g/L 的咸水，咸水面积占总面积的比例不到 7%。邯郸市矿化度较大处的地下水埋深远大于可能产生盐渍化危害的 2.5 m。因此，在当前情况下，引黄补淀工程生效后一定时期内(11 年内)不会出现土壤盐渍化问题，也不会对地下水环境产生不良影响。

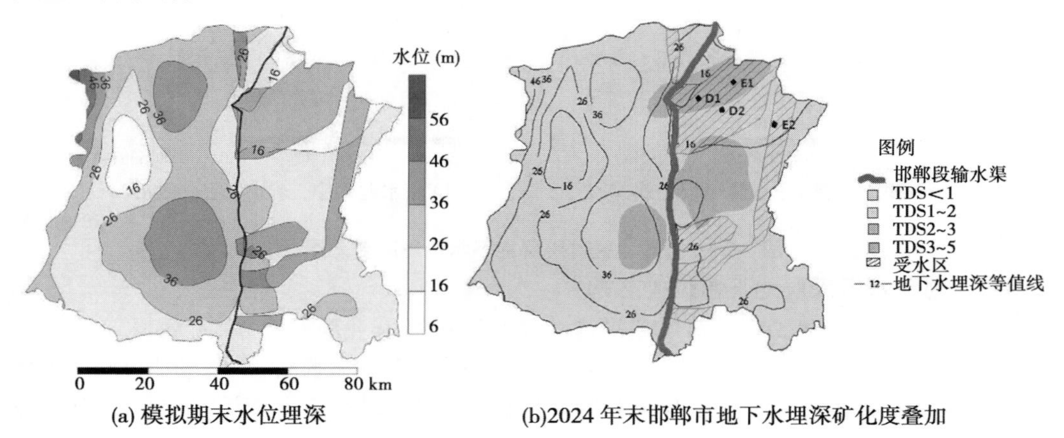

(a) 模拟期末水位埋深　　(b)2024 年末邯郸市地下水埋深矿化度叠加

图 7-26　地下水埋设及矿化度影响预测

### 7.2.7　对河北受水区地下水补给量计算

南水北调工程生效前河北段所有受水区多年平均引水过程统计结果，邯郸市每年受水区直灌入渗量和蓄灌入渗量分别为 421 万 $m^3/a$ 和 257 万 $m^3/a$，总入渗量为 678 万 $m^3/a$。整个河北段总引水量为 16 492 万 $m^3/a$，依据《河北省地下水资源评价》对不同岩性、不同地下水埋深、不同灌溉定额的灌溉试验资料确定的灌溉入渗系数，根据邯郸典型区的地下水入渗情况，计算得整个河北灌区的入渗量为 1 814 万 $m^3/a$，由于整个河北段的含水层岩性渗透性相差不大，农业灌溉受水区浅层地下水位的平均影响范围基本和邯郸市的影响范围相同，也应在 1.5 km 以内。

南水北调工程生效后河北段所有受水区多年平均引水过程统计结果，邯郸市每年受水区直灌入渗量和蓄灌入渗量分别为 26 万 $m^3/a$ 和 517 万 $m^3/a$，总入渗量为 543 万 $m^3/a$。整个河北段总引水量为 13 198 万 $m^3/a$，计算得整个河北灌区的入渗量为 1 451 万 $m^3/a$，由于整个河北段的含水层岩性渗透性相差不大，和邯郸市的影响范围类似，受水区外的浅层地下水位基本不受影响，个别地区有微弱影响，影响距离也应在 0.5 km 以内。

## 7.3　沉沙池渗漏对地下水的影响

沉沙池位于引黄入冀补淀工程渠首段，距离黄河较近，地下水位较浅，根据黄河下游已有灌区沉沙池运行实践,沉沙池周边可能出现盐渍化现象。因此,沉沙池运行对地下水环境影响是本工程地下水环境影响评价专题的重点。本专题拟采用地下水数值模拟方法,通过多种场景分析,评价沉沙池渗漏的地下水环境影响。

## 7.3.1 沉沙池布置

### 7.3.1.1 沉沙池基本情况

渠村线沉沙池位于濮阳市濮阳县渠村乡巴寨村北,沉沙池四周围堤顶宽为 8 m,边坡比为 1:2。在沉沙池四周堤外均设有截流沟,截流沟底宽 1 m,边坡比为 1:1,沉沙池的渗水通过截流沟排入公路边沟。沉沙池最大工作深度为 1.58 m,沉沙池池深 4.5 m。沉沙池场地现为稻田,地面高程 57.14 ~58.36 m。

### 7.3.1.2 水文地质条件

沉沙池位于黄河冲积平原,浅部分布有孔隙潜水含水层,表层岩性为:①层轻粉质壤土:① -1 层砂壤土,具中等透水性,① -2 层重粉质壤土;②层中粉质壤土具弱透水性,为相对隔水层。含水层结构为第四系全新统,属于冲积成因,极少部分为风积成因,分布于整个评价区,底板埋深一般为 36 ~53 m,古河道带较深,达 45 ~58 m。上部为灰黄及浅灰色粉土、粉质黏土和泥质粉砂,具有水平层理,局部富含淤泥质。下部多为灰黄、黄色细砂、粉砂,夹粉土层,古河道带砂多且厚,一般有 1 ~3 层,单层厚度 10 ~20 m,最厚者大于 30 m。

根据区域水文地质条件,以下评价所用的参数为:区域上潜水含水层的厚度为 44.5 m,主含水层的渗透系数为 5 m/d,给水度为 0.08。

### 7.3.1.3 补排关系

本区地下水补给从空间上看,浅层水主要接受以下 4 种补给。

河渠入渗补给:评价区内有黄河、金堤河,对地下水有明显的侧向补给作用。

大气降水入渗:其补给量的大小主要取决于降水量、降水方式及强度、包气带岩性、地形地貌和水位埋深等因素。由于降水多集中在 7、8、9 月,因此在这三个月内对地下水的补给量最大。

灌溉回渗补给:评价区内农田灌溉方式多为渠灌、井灌及两者结合。评价区内渠系密集成网,农灌季节经常引黄灌溉,对评价区浅层水有明显的补给作用。

地下水径流补给:评价区内地下水的总流向由东南向西北。由于区内地形平坦,水力坡度小,地下径流微弱,侧向径流补给量较小。

浅层水的排泄方式有蒸发、人工开采、截渗沟及径流排泄三种形式。

蒸发:评价区蒸发量较大,尤其以 5、6 月蒸发最为强烈,沿金堤河地段,部分月份地下水埋深大于 4 m,其余地区地下水埋深多小于 4 m,包气带岩性多为粉土、粉质黏土,蒸发强烈,是浅层地下水的主要排泄方式之一。

人工开采:评价区内人工开采主要是渠系不完善地段的农业灌溉用水开采,其次是当地居民生活用水开采深层水。

截渗沟:当地下水埋深小于 1 m 时,排泄地下水,保持水位小于 56.75 m。

地下水径流排泄:尽管评价区内浅层水的水力坡度小,地下水径流微弱,但在评价区的西部和北部，仍有一小部分地下水以径流方式排出区外。

地下水化学类型为 $HCO_3$ – Mg – Ca 型。pH 为 7.34，矿化度 0.559 g/L，为中性淡水；总硬度 24.68 德国度，属硬水；侵蚀性 $CO_2$ 含量 0 mg/L。

沉沙池建成运行后，水面高出地面，容易引起渗漏，渗漏量大小与池区水文地质等有关。

### 7.3.2　模型概化

根据该区域水文地质条件，重点关注含水层为潜水含水层，结合现有观测井情况，对沉沙池周边地下水埋深及动态变化特征进行现场走访调查，了解到工程场区地下水一般埋深 4 ~ 7 m，变幅在 3 m 左右。本次选定冬四月初始埋深为 7 m。

沉沙池渗漏对地下水的影响范围不会超过半径 7.5 km，因而模拟区范围确定为以沉沙池为中心的 15 km ×15 km 范围。模拟区地面标高为 57.75 m，由埋深可以计算得到初始水位为 50.75 m。根据区域水文地质条件，渗透系数为 5 m/d，给水度为 0.08。

沉沙池渗漏对地下水的影响范围波及不到模拟区的边界，因而将模拟区四周边界概化成定水头边界，定水位值为初始水位 50.75 m。顶部边界接受大气降水补给及蒸发排泄，底部边界处理为隔水边界。

沉沙池建成运行后，由于沉沙池水位为 57.75 m，高于该地段地下水位。根据可行性研究报告，不对沉沙池进行防渗处理，沉沙池会渗漏补给地下水。因此，在沉沙池四周堤外均设有截流沟，截流沟底宽 1 m，边坡比为 1∶1，沉沙池的渗水通过截流沟排入公路边沟。

沉沙池水位 57.75 m，池底高程 57 m，地下水初始水位 50.75 m，初期渗漏强度取包气带渗透系数 0.35 m/d，含水层给水度 0.08，含水层渗透系数为 5 m/d，沉沙池年内122 d 有水，243 d 无水，累积计算 20 年。

### 7.3.3　沉沙池运行对地下水位的影响

本工作对南水北调工程生效前后多年平均引水条件下沉沙池对地下水的影响进行了模拟，根据模型模拟结果（见图 7-27、图 7-28）得到：

南水北调中、东线工程生效前，相比于初始水位 50.75 m，水位整体抬升，沉沙池附近水位升高明显，达到 3.45 m，最大升高幅度为 6.95 m 左右，全年最高水位可以达到 57.7 m，随后水位慢慢恢复到 54 m。以 0.1 m 作为影响范围界限（见图 7-27（a）圈闭），影响面积达到 192.15 $km^2$（20 年模拟期），影响距离约为 6 km。

南水北调中、东线工程生效后，相比于初始水位 50.75 m，水位整体抬升，沉沙池附近水位升高明显，达到 3 m 以上，最大升高幅度为 6 m 左右，全年最高水位可以达到 57 m，随后水位慢慢恢复到 54 m。以 0.1 m 作为影响范围界限（见图 7-27（b）圈闭），影响面积达到 190.63 $km^2$（20 年模拟期），影响距离约为 6 km。

从池边观测孔 20 年水位变化可以看出，除第一年水位变化剧烈外，从第二年开始，都是渗漏一天半或者一天，水位升高直至到达池底，之后水位升高甚微、缓慢平稳，渗漏期满 122 d（南水北调中、东线工程生效前）时达到水位最高值，随后渗漏停止，水位慢慢恢复到

54 m 上下。

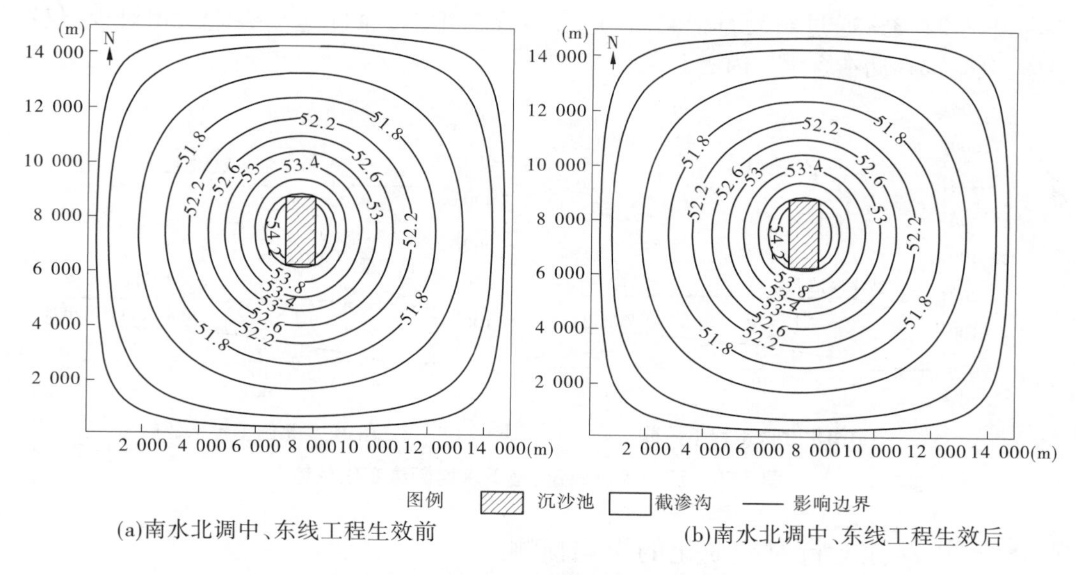


(a)南水北调中、东线工程生效前　(b)南水北调中、东线工程生效后

**图 7-27　20 年稳定后模型范围内末流场**

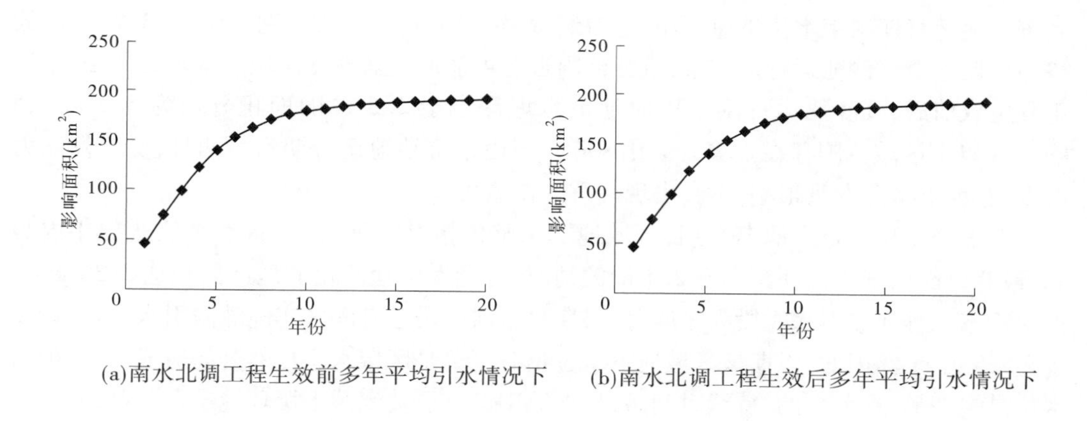


(a)南水北调工程生效前多年平均引水情况下　(b)南水北调工程生效后多年平均引水情况下

**图 7-28　沉沙池运用对地下水的影响面积变化**

## 7.3.4　沉沙池运行对地下水补给的影响

根据沉沙池地下水模型模拟结果(见图 7-29),模拟区 20 年均衡分析结果如下。

南水北调中、东线工程生效前:沉沙池运行初期渗漏量较大,最后趋于稳定到 516 万 $m^3/a$,20 年平均沉沙池渗漏量为 523 万 $m^3/a$。相比无沉沙池的蒸发量可知,蒸发量增加了 184 万 $m^3/a$,截渗沟平均排水量为 187.7 万 $m^3/a$,即渗漏量的 35% 通过蒸发排泄,40% 通过截渗沟排泄,由于沉沙池的渗漏,含水层内部的储存量一直在增加。

南水北调中、东线工程生效后:沉沙池运行初期渗漏量较大,第一年渗漏量为 507.8 万 $m^3$,最后趋于稳定到 426 万 $m^3/a$,20 年平均沉沙池的渗漏量为 432 万 $m^3/a$。相比无沉沙池的蒸发量可知,蒸发量增加了139.8万$m^3/a$,截渗沟平均排水量为147.2万$m^3/a$,即渗漏量的32.3%通过蒸发排泄,34%通过截渗沟排泄,通过定水头流出相对少,仅占11%,其余都存储在含水层内。

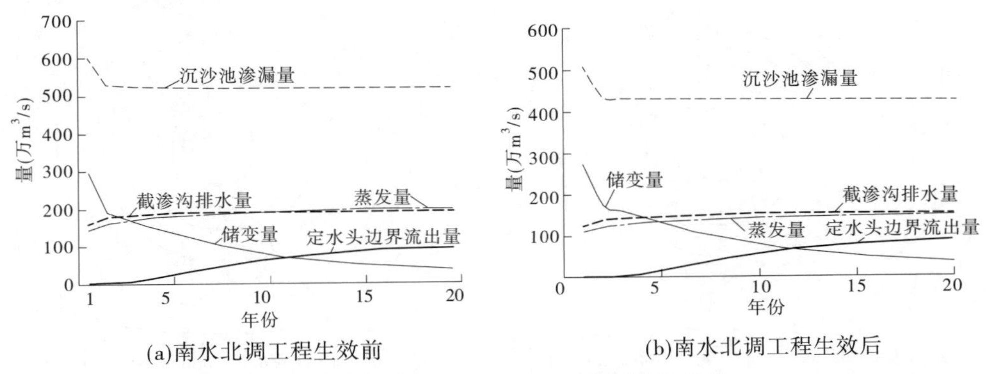


**图7-29 沉沙池渗漏量、地下水均衡量变化趋势**

## 7.3.5 沉沙池运行对盐渍化的影响预测

根据地下水模型模拟结果,沉沙池运行初期水位迅速增加,地下水埋深小于2.5 m,到沉沙池运行期结束水位迅速减小,之后缓慢降至54 m上下,地下水埋深为3.75 m。故渗漏初期直至沉沙池运行期结束,沉沙池附近有可能产生盐渍化区域。南水北调中、东线工程生效前后,沉沙池运行刚结束时地下水埋深小于2.5 m的面积分别为5.3 $km^2$、5 $km^2$,在以上区域范围存在土壤盐渍化风险。但由于沉沙池运行期为冬四月,受蒸发能力的限制,地下水蒸发量很小,不会出现严重的盐渍化。

考虑到8、9月是当地丰水期,区域地下水整体抬升幅度很大,自然水位达到年内最高,最有可能出现水位埋深小于2.5 m的情况,可能发生盐渍化的地区面积达到30 $km^2$。但由于本工程河北引水时段为冬四月,汛期只有河南段已有灌区实施灌溉引水,引水量仅为2 585万$m^3$。因此,汛期该区域地下水位抬升主要是区域水位自然升高造成的,这种高水位是短期的、季节性的,持续时间短,根据濮阳已有引黄灌区土壤环境质量监测,濮阳已有沉沙池周边未出现土壤盐渍化现象。但冬四月集中引水造成沉沙池渗漏在一定程度上增加了汛期高水位升高,加大了沉沙池周边土壤盐渍化发生的可能,因此应加强该区域地下水和土壤监测,同时因地制宜建设截渗沟、种植植物带等尽可能减少和降低土壤盐渍化发生的风险。

## 7.3.6 沉沙池周边截渗沟优化分析

考虑到沉沙池运行可能对周边地下水和土壤造成的不利影响,可行性研究设计在沉沙池四周堤外设有截渗沟,截渗沟深1 m、底宽1 m,边坡比为1∶1。根据模型预测分析截渗沟对减缓沉沙池渗漏对地下水影响具有积极作用,为了尽可能减少沉沙池运行对周边地下水的影响、优化截渗沟设计参数,环境影响评价将截渗沟深度分别设计为1.5 m、2 m两种情景,与原方案(截渗沟深度1 m)进行比较,南水北调中、东线工程生效前后沉沙池周边地下水变化情况见图7-30、图7-31。

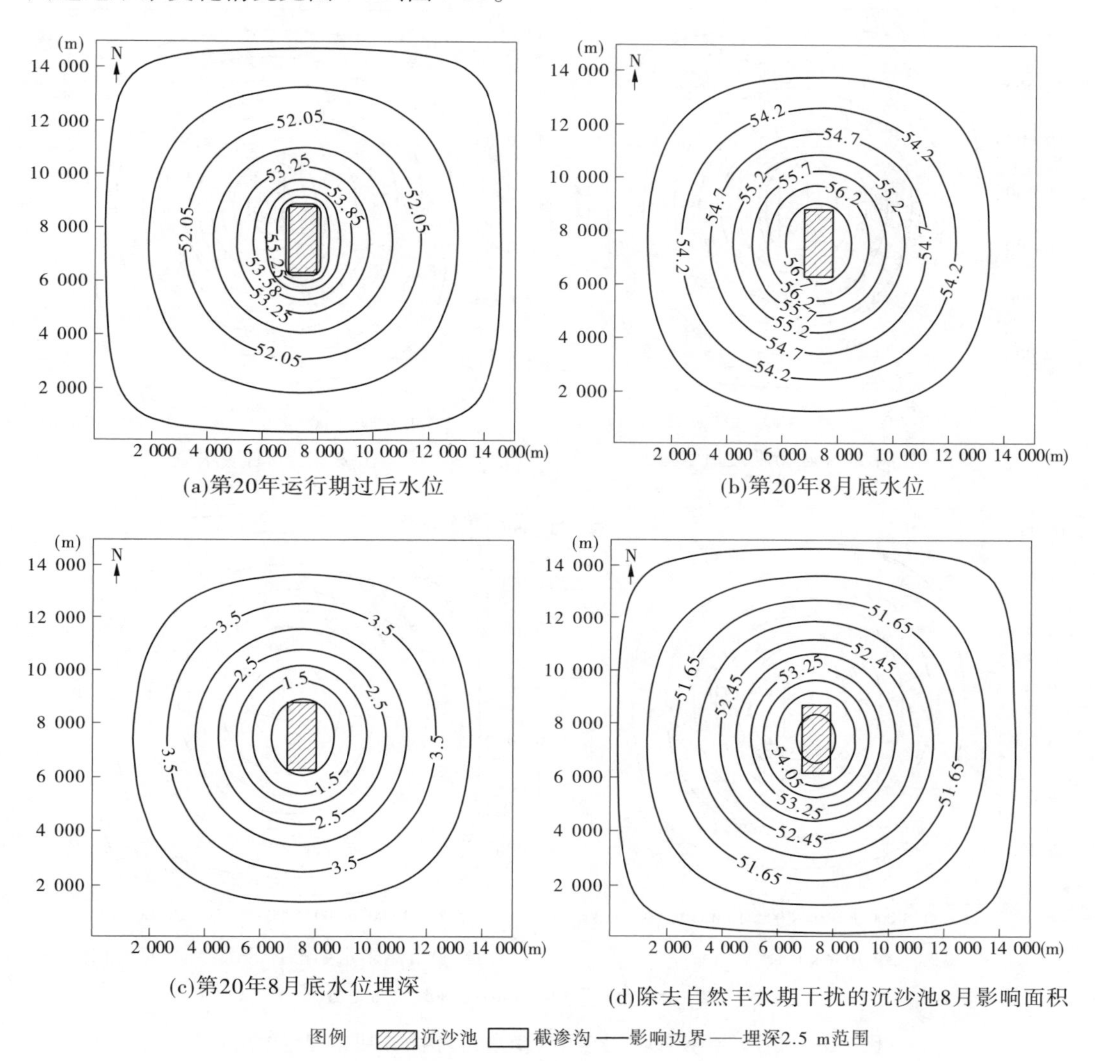


**图7-30　沉沙池周边地下水变化(南水北调中、东线工程生效前)**

观察不同深度截渗沟情景下沉沙池附近观测孔年内水位变化情况(见图7-32),截渗沟越深地下水位变幅越小,稳定后的末水位越低,沉沙池周围高水位区域盐渍化可能性越小。经过计算,截渗沟深度1 m、1.5 m、2 m对应的20年内最大可能盐渍化面积分别为5 $km^2$、4.7 $km^2$、4.4 $km^2$;沉沙池渗漏量随着截渗沟深度增加而增大,截渗沟深度1 m、1.5 m、2 m对应的20年平均渗漏排泄量分别为432万$m^3/a$、520万$m^3/a$、607万$m^3/a$(见图7-33)。

由此可见,截渗沟深度是决定盐渍化面积、沉沙池渗漏量的至关重要的因素,可以通过加大截渗沟深度来缩小盐渍化面积、控制(增大)沉沙池渗漏量。本着盐渍化面积最小的原则,建议修建时考虑截渗沟的最佳深度是2 m。

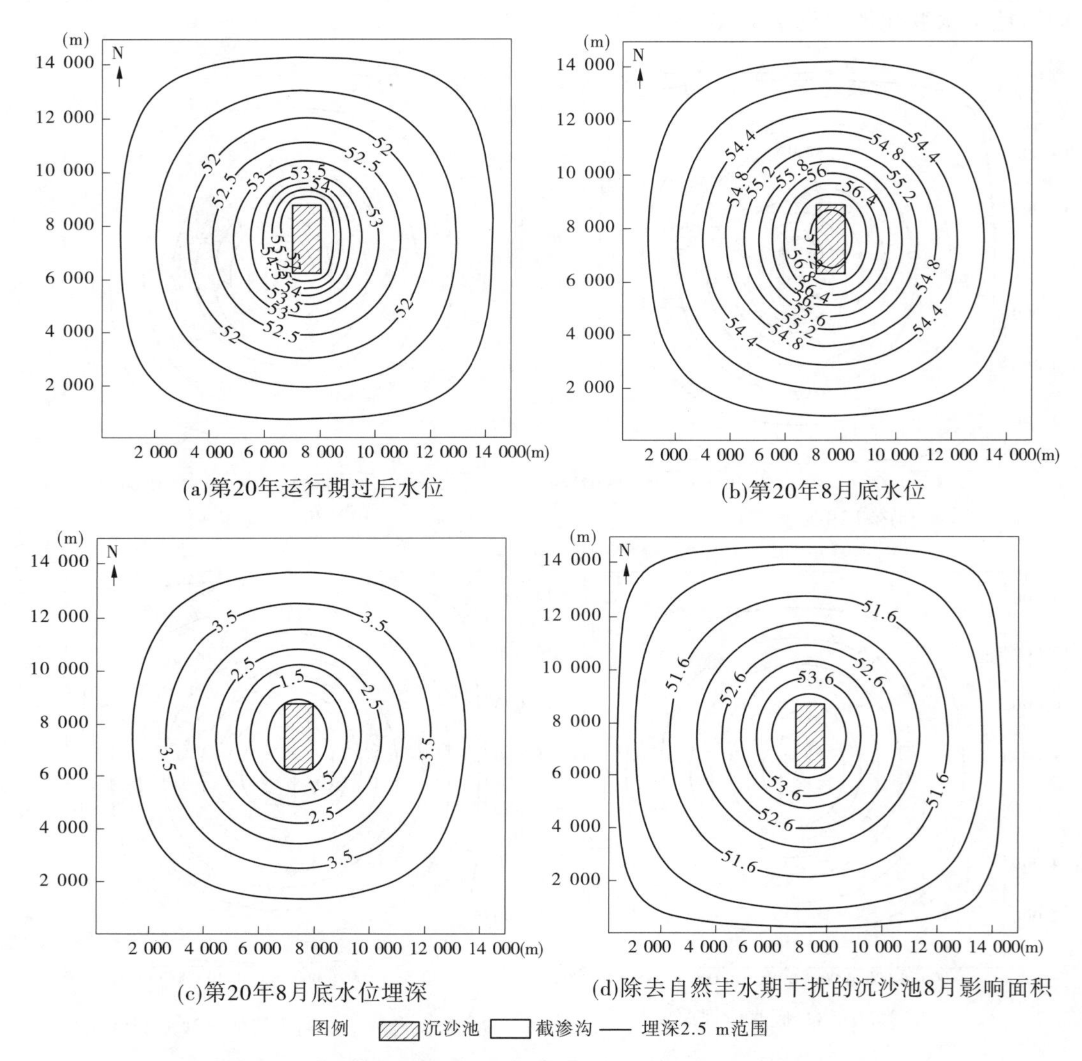


图7-31　沉沙池周边地下水变化(南水北调中、东线工程生效后)

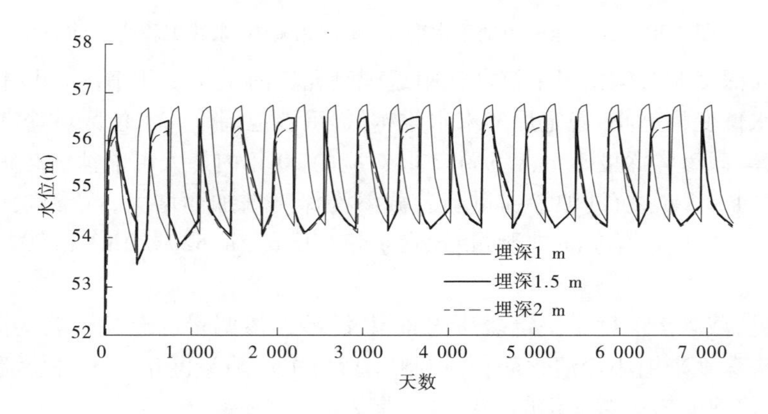


图7-32　不同截渗沟深度对地下水位的影响变化

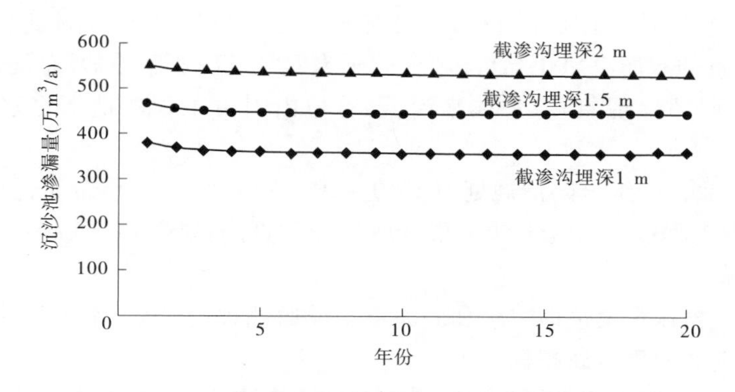


图7-33　不同截渗沟深度沉沙池渗漏量影响变化

## 7.4　对白洋淀周边地下水的影响

河北省由于水资源严重短缺,多年用水主要靠超采地下水维持,近年来年平均超采地下水约50亿$m^3$。地下水超采严重导致了含水层疏干、海咸水入侵、地面沉降等生态环境问题,地下水的超采加速了白洋淀的萎缩。

白洋淀湖面从20世纪50年代的561.6 $km^2$一直锐减,湖水容量大量减少,整个淀区水位持续下降。多年来白洋淀上游环境急剧恶化,汇入白洋淀的9条河流基本没有径流。从1997年到2003年,水利部和河北省不惜代价,先后从上游水库中11次调水9亿多$m^3$补给白洋淀。

综合考虑黄河流域及河北省水资源形势,白洋淀需水以维持其不干淀(干淀水位5.1 m)为目标。根据河北省受水区水资源配置,本工程实施后,将补充白洋淀的生态环境用水1.1亿$m^3$,对补充白洋淀水量具有重要作用,可以满足白洋淀不干淀所需生态水量,并对补充白洋淀及周边地下水具有积极作用,缓解因长期超采造成地下水位持续下降趋势。根据历史上白洋淀数次引水,其中2006年、2008年、2009年、2010年4次入淀水量均为1亿$m^3$左右,白洋淀水位维持在6 m左右,白洋淀水面面积维持在148.47 $km^2$。

根据本次野外调查及历史数据,白洋淀地区水位维持在6 m左右,白洋淀周边均未发生过盐渍化现象,故本次工程补水仅缓解因长期开采地下水所造成的水位持续下降问题,不会造成白洋淀周边盐渍化,产生新的环境地质问题。

## 7.5　对地下水水质的影响

### 7.5.1　对输水沿线及受水区地下水水质的影响

根据项目区103处地下水水质监测评价结果,调水沿线浅层地下水属于《地下水质量标准》(GB/T 14848—93)的Ⅳ类水、Ⅴ类水,水质较差,但未发现重金属超标现象。

根据位山引黄输水沿线及农业受水区地下水监测评价结果,输水沿线及农业灌溉受水区地下水13个监测点水质相对稳定，没有明显变化趋势，4个监测点水质有明显好转趋势，2个监测点的水质有恶化趋势（超标因子为氨氮、锰、亚硝酸盐、总硬度、高锰酸盐指数，未出现重金属超标现象）。总体来说，已有位山引黄工程对地下水水质没有明显影响。

根据《重金属污染综合防治规划》(2010～2015)和《河北省重金属污染综合防治“十二五”规划》，本工程输水沿线不涉及重金属污染重点防控区，该区域不是重金属污染重点防控企业分布区。

根据本次引黄输水渠道地表水和底泥重金属监测评价结果，本工程输水渠道地表水和底泥均未发现底泥重金属超标现象。

本工程运行后，输水渠道排污口将全部关闭或者导走，输水渠道将无排污口分布，渠道渠底将清淤疏浚，渠道两侧将设置面源植物防护带。黄河引水口段引水水质为Ⅲ类水，根据输水渠道地表水模型预测结果，在输水渠道沿线排污口全部治理情况下，多年平均、75%水平年输水过程水质基本能满足Ⅲ类水标准。引水前渠道内无水，渠道渠底将清淤疏浚，底泥重金属未出现超标现象，基本不存在底泥污染源释放对引水水质影响，不存在重金属污染地下水的问题。渠道渗漏补充地下水后，对渠道两侧浅层地下水位具有积极恢复作用，但根据位山引黄回顾性评价结果，对地下水水质没有明显影响。为确保地下水水质安全，应加强运行期地表水、地下水的系统监测，及时发现可能存在的水质风险。

本次环境影响评价对下阶段调蓄配套工程提出了严格的环境保护要求：①调蓄河渠及坑塘禁止排污，已有排污口应给予整治或关闭；②调蓄河渠及坑塘周边设置植物隔离带，禁止垃圾堆放；③调蓄期间尤其是调蓄后期系统开展水质监测，发现调蓄水质超Ⅴ类水质标准，禁止用于农业灌溉；④调蓄工程可行性研究设计阶段，应同时开展环境影响评价工作，对拟作为调蓄水网的河渠及坑塘进行系统的环境监测及调查，包括地表水环境监测、地下水环境监测、底泥重金属环境监测，如发现有底泥重金属超标现象，禁止作为调蓄水网。

因此，调蓄水网工程在严格遵照以上环境保护要求的前提下，基本不存在底泥污染源释放对调蓄水水质影响，不存在重金属污染地下水的问题，渗漏或灌溉补充地下水后，在一定程度上对补给受水区浅层地下水具有一定补给作用，对地下水水质没有明显影响。为确保地下水水质安全，应加强运行期地表水、地下水的系统监测，及时发现可能存在的水质风险。

### 7.5.2　对李子园水源地地下水水质的影响

李子园水源地为濮阳市饮用水备用水源地，渠道穿越李子园水源地准保护区西部边缘，穿越渠道桩号为20+000～28+500，长度8.5 km，与最近的水源井相距2.2 km。水源井共23眼，井深120～250 m。根据濮阳市城区集中式地下饮用水水源地保护区划分调整技术报告(2013年3月)，李子园井群超标因子主要为总硬度、氨氮、氟化物、浑浊度和溶解性总固体。其中氨氮超标是由于李子园井群位于濮阳县农灌区内，且该处水位埋深较浅，河流下渗和农业灌溉回渗是一项重要的补给源，河流水体污染和农业过度使用化肥农药，是造成氨氮超标的主要原因，农村生活垃圾、农村家庭养殖也是造成部分地下水井氨氮指标超标的一个重要原因。氟化物、总硬度、溶解性总固体等因子超标则与地质因素有关。因此,工程施工及运行期间必须高度重视对李子园水源地水质的影响。

引水水质为《地表水环境质量标准》(GB 3838—2002)中规定的Ⅲ类水,为防止引水受到污染,工程输水前关闭渠道沿线全部排污口(均有当地市级以上人民政府的承诺书),渠底全部清淤,引水时段前期无存蓄水,在线严密监测引水水质,一旦发现渠首、沿线水质超标,立即停止引水。因此,工程正常引水条件下不会对李子园水源地水质产生影响。

为防止沿线突发性污染事故导致渠道水质超标后污染水源地水质,工程设计在穿越李子园水源地保护区的渠段采用混凝土防渗,采用现浇混凝土衬砌。渠底和渠坡衬砌厚度为10 cm,衬砌高度为设计水位以上1.2 m,若衬砌高度达到设计堤顶,则在渠道顶部设20 cm宽的封顶板,衬砌混凝土为C20F150W6。有效避免了工程沿线突发性污染事故对李子园水源地的影响。

# 第 8 章　生态环境影响研究

## 8.1　对土地利用结构的影响

根据工程布置,引黄入冀补淀工程建设用地总面积 26 115.28 亩,其中永久占地 12 791.81亩,临时用地 13 323.47 亩。河南段永久占地面积 9 901.05 亩,河北段永久占地面积 2 890.76 亩。各段具体情况见表 8-1。

表 8-1　工程永久占地统计　（单位:亩）

| 分区 | 耕地 | 林地 | 住宅用地 | 水域及水利设施用地 | 交通运输用地 | 其他用地 | 小计 |
|---|---|---|---|---|---|---|---|
| 河南省 | 3 479.43 | 2 003.23 | 40.68 | 3 495.7 | 19.44 | 862.57 | 9 901.05 |
| 河北省 | 1 404.34 | 1 011.15 | 1.83 | 338.92 | 67.01 | 67.52 | 2 890.76 |
| 合计 | 4 883.77 | 3 014.38 | 42.51 | 3 834.62 | 86.45 | 930.09 | 12 791.81 |

根据各段占地性质可知:①本次工程永久占地主要影响的土地利用方式是耕地,为 4 883.77 亩,其次是水域及水利设施用地和林地,分别为 3 834.62 亩(包含原有渠道占地 3 278.55 亩)和 3 014.38 亩。因此,工程建设对区域耕地和林地面积有一定程度的影响,占用住宅用地、交通运输用地面积比例较小,分别为 42.51 亩、86.45 亩。②河南段占用耕地面积最多,为 3 479.43 亩,主要为沉沙池占地,因此工程建设永久占地将在一定程度上减少该区域内的耕地面积。③本次工程占用林地面积较大,其中河南段和河北段分别为2 003.23亩和 1 011.15 亩,工程建设造成林业用地面积一定程度的减少,建议进一步优化永久占地,尽可能的少占用耕地和林地。

结合工程永久占地引起的项目区土地利用变化情况,由表 8-2 可知,总体来看,工程永久占地引起项目区土地利用变化的幅度不大,其中耕地减少幅度最大,为 0.09%。

表 8-2　工程永久占地对项目区土地利用变化的影响

| 土地利用类型 | 建设前($km^2$) | 比例(%) | 变化($km^2$) | 建设后($km^2$) | 比例(%) | 比例变幅(%) |
|---|---|---|---|---|---|---|
| 耕地 | 2 687.16 | 76.68 | 3.26 | 2 683.90 | 76.59 | 0.09 |
| 林地 | 15.42 | 0.44 | 2.01 | 13.41 | 0.38 | 0.06 |
| 草地 | 1.21 | 0.03 | 0 | 1.21 | 0.03 | 0 |
| 住宅、交通用地 | 296.95 | 8.47 | 0.09 | 296.86 | 8.46 | 0.01 |
| 水域及水利设施用地 | 502.49 | 14.34 | 0.37 | 502.12 | 14.33 | 0.01 |

总体上分析，本次工程对项目占用耕地和林地面积较大，应进一步优化弃土场、施工营地、施工道路等布置，尽量避免或减少对耕地和林地的占用。

## 8.2　对景观格局的影响分析

根据区域景观面积及比例的变化可以看出，各景观类型变化幅度均较小，最大变幅为 0.09%，因此工程建设对区域景观格局影响不大，景观格局变化见表 8-3。

**表 8-3　工程建成后景观格局变化**

| 景观类型 | 建设后面积($km^2$) | 比例(%) | 比例变幅(%) |
| --- | --- | --- | --- |
| 耕地 | 2 683.90 | 76.59 | 0.09 |
| 林地 | 13.41 | 0.38 | 0.06 |
| 草地 | 1.21 | 0.03 | 0 |
| 城镇居民点 | 296.86 | 8.46 | 0.01 |
| 水域 | 502.12 | 14.33 | 0.01 |

具体分析来说，河北段工程建成后各种土地利用中耕地、农村聚落、河渠等都有所减少。工程主要利用已有河渠，仅有护坡、巡视路和干渠建筑物产生永久占地，占地面积小且分散。总体来看，各种土地利用的面积和比例基本不变，模地依然是耕地，景观优势度变化较小（不足 0.01%），区域景观格局几乎没有受到影响。

通过遥感分析，结合工程建设资料，河南段工程建设对区域景观格局的影响主要表现在由于占地而使景观要素类型发生改变，形成了数目较多的景观小斑块，改变了景观的要素组成及其数量，使景观整体格局发生变化。主要表现是斑块数目、景观要素密度、多样性指数等指标增加，基质优势度轻微降低。工程建设将使区域景观的斑块数在施工期与运营期分别增加 39 个、7 个；由此使景观要素密度分别增加 0.050 6 个/$km^2$、0.009 4 个/$km^2$；总体上数值变化均不大，影响较小。

## 8.3　对陆生植物的影响分析

### 8.3.1　对珍稀保护植物的影响

#### 8.3.1.1　施工期

根据现状调查，河南濮阳输水渠道分布有国家二级重点保护植物野大豆。野大豆属豆科大豆属，一年生草本，喜水耐湿，多生于河流沿岸、湿草地、湖边、沼泽附近或灌丛中，常以其茎缠绕于其他植物上生长。据调查，野大豆在引水渠堤附近生长良好，常集中分布，主要分布于濮阳县境内的子岸乡、海通乡、渠村乡等灌溉渠道沿线，其中渠村乡内集中分布村较多，调查发现的两个集中分布点分别位于渠村乡巴寨村南湖干渠段和子岸乡岳辛庄第三濮清南干渠段。

根据工程布置内容，沉沙池、南湖干渠及第三濮清南干渠等渠道施工时将对生长在渠道边的野大豆群落产生一定破坏，因此施工过程中应加强宣传教育工作，施工前对渠道扩挖区域内发现的野大豆群落进行拍照记录，并整体迁植于周边立地条件相似区域进行移地保护。

#### 8.3.1.2 运行期

根据水文情势及地下水影响分析结果，工程建成输水后，因渠道渗漏等原因，输水沿线及白洋淀周边一定范围内地下水位升高，土壤含水量增加，项目区适宜于野大豆的生境范围将进一步扩大，有利于野大豆的生长。工程建设对野大豆及生境影响情况见表 8-4。

**表 8-4 工程建设对野大豆及生境影响**

| 野大豆集中分布点 | 附近工程 | 影响 |
| --- | --- | --- |
| 濮阳县渠村乡巴寨村 | 沉沙池工程，南湖干渠扩挖工程 | 施工期：开挖、占压、施工干扰等影响<br>运行期：因输水渠道、沉沙池水文情势变化及沿线一定范围内地下水变化，输水渠道及沉沙池周边将形成新的、有利于野大豆生长的栖息生境 |
| 濮阳县子岸乡岳辛庄村 | 第三濮清南干渠扩挖、穿金堤河倒虹吸 | |

### 8.3.2 对植物资源的影响

#### 8.3.2.1 施工期影响

在工程施工期间，工程占地、弃土堆放、土方开挖等使输水渠道周围的植被遭到一定程度的破坏，自然系统生产力也受到一定的损失。工程施工机械噪声、废水、扬尘及人员活动也可能对项目区野生动植物正常活动造成一定的干扰，结合生物量损失计算，工程建设引起的生物量损失为 34 597.94 t/a，占区域总生物量的 1.18%，因此工程建设对区域生产力有一定程度的影响。

#### 8.3.2.2 运行期影响

工程建成运行调水后，输水河渠内水量稳定，弥补了河道平、枯水季节的生态用水，同时也补充了周边植被生态需水，有益于植物生长。施工过程中受损的地表植被在调水后也将逐渐得到恢复，同时调水后河道水环境得以改善，区域生态环境质量提高，自然生态系统的生产力不仅能得到维护而且还会有所增加，动植物生境条件也必然提高。随着河道水域面积的扩大，水环境大大改善，也有利于水生动植物的生长和活动，系统的恢复和阻抗稳定性程度增强，沿线自然系统的生态完整性得以维持，项目区生态系统各项生态功能正常发挥。

## 8.4 对陆生动物的影响分析

### 8.4.1 施工期对陆生动物的影响

项目影响区内土地耕作历史悠久，主要为农田生态系统，人类活动干扰强烈，野生动物资源贫乏。经现状调查，工程区域内动物资源为人工饲养的家禽家畜，主要为我国黄、海平原地区一般常见种，人工饲养的动物种类多为家庭圈养及池塘放养，以及少量食草动物在田边、村头、河畔小范围、短时间的放养。常见种群数量最多的鸟类是树麻雀、喜鹊、灰喜鹊、乌鸦、黑卷尾、池鹭、三道眉草鹀等。工程施工期间噪声干扰、占地、扬尘等将不可避免地对区内野生动物和常见鸟类产生一定的干扰，对其正常觅食、栖息等活动产生不利影响。

总的来看，工程区陆生动物以家畜家禽为主，且具有迁徙性，会在工程施工时离开施工区域(线性)，工程结束后返回原栖息地或逐渐适应新的环境，并在新的环境中繁衍生息。因此，工程施工不会对陆生动物的生存环境造成明显的不利影响，也不会引起区域动物物种和数量的减少。但应对施工人员进行宣传教育，禁止捕捉野生动物。

项目区一些常见鸟类将被迫远离输水渠道两侧一定范围活动，这将减少鸟类栖息、觅食和活动的面积，它们会远离施工处，到稍远处觅食，但由于鸟类的扩散能力较强，整体上不会对项目区鸟类的种类和数量造成大的影响。

### 8.4.2　运行期对陆生动物的影响

本工程建设运行后，将在河南、河北项目区形成482 km输水渠道，如项目区分布有迁徙性野生动物，在一定程度上可能阻隔部分野生动物迁徙通道。但根据现状调查，项目区属于人口密集区，以农田生态系统为主，野生动物资源集中分布于各类保护区，且本输水渠道均利用已有河渠，没有形成新的阻隔。因此，输水渠道不会对野生动物迁徙通道造成阻隔。

本工程输水期间及输水后一定时段内，输水渠道及沉沙池、白洋淀受水区将形成一定规模的水面面积，为项目区水禽栖息提供了条件。但工程建设将对调水区下游湿地的鸟类资源产生一定的影响，特别是调水区下游的濮阳黄河湿地自然保护区，冬四月水文情势变化及水量减少将对湿地保护区鸟类栖息面积及越冬产生一定的不利影响。具体影响分析见各保护区鸟类影响分析章节。

## 8.5　对水生生物及鱼类的影响分析

### 8.5.1　对黄河下游水生生物及鱼类的影响

#### 8.5.1.1　黄河下游水文情势变化

本工程引水时段为冬四月，在南水北调实施前引水时段为冬四月适时外延，因此本工程建设运用对黄河下游水生生物及鱼类的影响主要表现在越冬期，其中冬四月相机外延调水方案涉及黄河下游植被发芽期。

本工程实施后，在多年平均、50%典型年、75%典型年情况下，南水北调工程生效前，高村断面引水期间径流量分别减少了4.75%、5.27%、4.58%，月均流量变化幅度最大可达15.18%、22.96%、16.85%。由于引水使黄河干流的河流径流量减少，黄河下游径流将发生较大改变，枯水期水量将进一步减少，将对黄河下游水生生物尤其是鱼类栖息越冬造成一定程度的影响。

#### 8.5.1.2　对黄河下游主要保护鱼类生境条件的影响

产卵期：根据调查及相关研究，黄河下游主要保护鱼类繁殖时间为 4 ~ 6 月，水温 18 ℃以上，要有较为适宜的产卵条件如水温、鱼卵附着物等才能正常产卵。结合 2010 ~ 2013 年连续几年对黄河干流下游主要鱼类繁殖期亲鱼、鱼苗及产卵场生境因子调查监测，下游水温基本在 4 月下旬达到 18 ℃，鱼类产卵期集中在 4 ~ 6 月，主要为 5 ~ 6 月。本工程调水时段为冬四月及相机外延(10 月至翌年 3 月)，避开了黄河下游主要保护鱼类产卵期。但冬四月相机外延涉及黄河下游植被发芽期，影响鱼类产卵场水草萌发。

生长期：生长期对黄河鲤影响最大的是食物因素，黄河沿河洪漫湿地丰富的食物资源、特殊的生境条件为黄河鲤觅食、育肥、产卵等提供了很好的场所。分析黄河下游湿地形成、特点、结构等可知，黄河水沙条件尤其是汛期水沙条件是影响河道湿地变化的主要驱动因子，湿地需要一定大流量过程以满足河流漫滩，为湿地嫩滩区提供较好的水分供给、土壤供给，维持湿地植被正向演替，为鱼类提供良好生长条件。本工程调水时段为冬四月及相机外延，属于黄河枯水期，流量相对较小，因此对鱼类生长期主要觅食地无影响。同时，冬四月及相机外延基本属于鱼类越冬期，避开了鱼类生长期。因此，影响相对较小。

越冬期：越冬期栖息环境要求水深在 1.5 ~ 2 m 以上，黄河河床中的大坑深槽、深沟处及引水闸涵、控导工程附近深水区，或者深浅交界处、堤岸突出部，或者水底有许多障碍物处均是黄河鲤鱼的越冬场所，因黄河鲤越冬期活动范围非常有限，对越冬期栖息地规模要求不大，只要有一定范围的深水区即可。调水对黄河主要保护鱼类生态习性影响如表 8-5所示。

**表 8-5　调水对黄河鲤各阶段生态习性的影响分析**

<table>
<tr><th rowspan="2">生境要求</th><th colspan="2">繁殖期(4 ~ 6 月)</th><th colspan="2">生长期(7 ~ 10 月)</th><th colspan="2">越冬期(11 月至翌年 3 月)</th></tr>
<tr><th>要求</th><th>影响分析</th><th>要求</th><th>影响分析</th><th>要求</th><th>影响分析</th></tr>
<tr><td>水流要求</td><td>流速：0 ~ 1.5 m/s<br>适宜流速：0.1 ~ 0.7 m/s<br>水流：一定流速刺激可以促进产卵；<br>水深：0.25 ~ 3.25 m<br>适宜水深：0.5 ~ 1.25 m<br>水位：保持相对稳定<br>水面宽：一般大于 50 m</td><td>调水期与鱼类产卵期不重合，无影响</td><td>流速：0 ~ 1.5 m/s<br>水深：0.25 ~ 3.25 m<br>洪水过程：有一定量级洪水发生，持续时间为 7 ~ 10 d</td><td rowspan="2">工程调水期为冬四月及相机外延，与鱼类生长期基本无重合，无影响</td><td>水深：1.0 ~ 1.5 m 以上的深潭</td><td>调水后水文情势有一定程度的改变，鱼类越冬水域面积减少</td></tr>
<tr><td>水环境</td><td>水温：18 ~ 28 ℃<br>适宜水温：19 ~ 24 ℃<br>水质：Ⅲ类</td><td>无影响</td><td>水质：Ⅲ ~ Ⅳ类</td><td>水质：Ⅲ ~ Ⅳ类</td><td>在满足下游生态流量的情况下，对水质影响程度有限</td></tr>
</table>

续表 8-5

| 生境要求 | 繁殖期(4～6 月) | | 生长期(7～10 月) | | 越冬期(11 月～翌年 3 月) | |
|---|---|---|---|---|---|---|
| | 要求 | 影响分析 | 要求 | 影响分析 | 要求 | 影响分析 |
| 底质 | 底质有机物较丰富,为产卵提供附着物 | 无影响 | 沙质 | 下游河势及河床底质主要受调水调沙期大流量影响,本工程调水期为冬四月及相机外延段,流量相对较小,不会影响黄河下游河流形态及冲淤变化,因此不影响鱼类生境条件 | 沙质 | 下游河势及河床底质主要受调水调沙期大流量影响,本工程调水期为冬四月及相机外延段,流量相对较小,不会影响黄河下游河流形态及冲淤变化,因此不影响鱼类生境条件 |
| 河势 | 河道宽浅、水流散漫,分布有大面积河心洲和滩地,河道拐弯处、支流入河口、岸边浅水滩地等 | 无影响 | 河势散乱,有大面积河漫滩分布 | | — | |
| 位置 | 水流较缓、有水草分布或者有附着物的浅水区(敞水区) | 相机外延调水部分时段涉及黄河下游植被发芽期,对鱼类产卵场水草萌发及鱼类索饵有一定影响 | 饵料丰富的岸边河滩 | 无影响 | 大坑深槽、深沟及引水闸涵、控导工程附近深水区 | 基本无影响 |
| 索饵 | 春季是黄河鲤性腺发育阶段,摄食量增大,嫩滩是鱼类的重要觅食区 | | 黄河鲤春季生殖后至夏秋大量摄食育肥,其中夏季摄食强度稍大 | 无影响 | 冬季基本处于半戚眠、停食状态 | 水生生物减少,鱼类饵料量有所减少 |

#### 8.5.1.3　调水对黄河下游鱼类栖息地面积的影响分析

根据工程运行前后黄河干流下游流量、流速、水深等环境因子的变化,综合黄河下游主要保护对象的生态习性,分析高村河段黄河代表性鱼类适宜栖息地面积变化情况。

南水北调工程生效前,工程运行后,高村河段鱼类适宜栖息地面积平均减少比例为7.6%,各月减少比例范围1.4%～14.8%,其中10月、11月、翌年3月由于上游来水量较大,鱼类栖息地面积变化范围不大;南水北调工程生效后,工程运行后,高村河段鱼类适宜栖息地面积平均减少比例为12%,各月减少比例范围3.86%～13.8%,其中11月、翌年3月栖息地面积变化范围不大。由此分析,在小浪底水量调度未考虑本次工程的前提下,工程运行对下游主要鱼类栖息地将产生一定影响。

由于75%水平年的部分月份部分时段,黄河下游水量不满足黄河下游黄河鲤越冬期需水要求。因此,环境影响评价提出了当黄河下游高村断面流量小于140 $m^3/s$ 时停止调水的红线要求,在一定程度上可以减少对黄河下游主要鱼类越冬栖息影响。同时,根据黄河鲤生态习性调查及研究成果,黄河鲤越冬期活动范围非常有限,对越冬期栖息地规模要求不大,只要有一定范围的深水区即可,调水对其影响程度在可接受范围内。

### 8.5.2　对输水沿线水生生物的影响

本次工程输水线路区域为资源型缺水地区，特别是本次输水线路沿线，旱季各河渠基本呈无水状态，同时由于输水河渠大多为当地灌溉、排沥河道，水质目标要求较低，加之沿线现状排污口较多，现状水质较差，大部分为Ⅴ类和劣Ⅴ类，输水沿线河渠水生生物极其贫乏，因此工程建设不会对输水沿线河渠水生生物造成大的影响。

本次工程输水渠道以倒虹吸的形式穿越卫河和金堤河。其中工程在苏堤村涉及卫河河段水质较差，基本为Ⅴ类和劣Ⅴ类，水生生物稀少，无水产种质资源保护区分布，另外该段施工导流利用扩挖河床内的子槽采用分期导流方式进行，工程建设不会对该段水生生物造成大的影响。

经调查，金堤河有浮游植物5门113种，浮游动物3门39种，底栖动物3门5纲13种，共有鱼类27种，以鲤科鱼类为主，没有国家重点保护鱼类。工程涉及金堤河段不存在鱼类产卵场、索饵场、越冬场和洄游通道，无水产种质资源保护区分布。该段工程施工导流采用U形围堰在一个非汛期内进行两次导流，对水生生物影响较小。

对受水区水生生物影响分析详见“对白洋淀水产种质资源保护区影响分析”。

## 8.6　对生态完整性的影响

### 8.6.1　对生物量的影响

在工程施工期间，工程占地、弃土堆放、土方开挖等使输水河道周围的植被遭到一定程度的破坏，自然系统生产力也受到一定的损失。工程施工机械噪声、废水、扬尘及人员活动也可能对项目区植物生长活动造成一定的干扰。根据现场调查，沿线无大面积的森林群落，人工林群落大多星散或呈点、线状分布，工程区域内的植物种类组成主要是人工强度管理下的农作物种类、农田防护林树种（主要是杨树）、村落庭院绿化树种，以及田边、沟渠堤边、一些荒地内的杂草等，这些种类或者由人工管理抚育，或者适应性较强，恢复能力较大。加之由于施工活动是阶段性和区域性的，施工活动停止后，上述影响可以自行消除。结合本次工程占地情况，计算本次工程建设的生物量损失情况见表8-6。

**表8-6　工程占地引起的生物量损失**　（单位：t/a）

| 占地类型 | 区域 | 耕地 | 林地 | 水域 | 其他用地 | 合计 |
|---|---|---|---|---|---|---|
| 永久占地 | 河南段 | 2 366.01 | 11 979.32 | 14.48 | 63.26 | 14 423.07 |
| | 河北段 | 954.95 | 6 046.68 | 22.59 | 4.95 | 7 029.17 |
| | 小计 | 3 320.96 | 18 026.00 | 37.07 | 68.21 | 21 452.24 |
| 临时占地 | 河南段 | 4 682.95 | | | | 4 682.95 |
| | 河北段 | 3 802.35 | 4 655.97 | 4.43 | | 8 462.75 |
| | 小计 | 8 485.30 | 4 655.97 | 4.43 | | 13 145.70 |
| 合计 | | 11 806.26 | 22 681.97 | 41.50 | 68.21 | 34 597.94 |

由表 8-6 可知：

(1)从总生物量损失分析，本次工程建设引起的生物量损失为 34 597.94 t/a，占区域总生物量的 1.18%，因此工程建设引起的生物量损失对区域生产力有一定程度的影响，尤其是河南段工程建设造成的生物量损失较大。

(2)从占地性质分析，本次工程永久占地引起的生物量损失为 21 452.24 t/a，占总损失量的 62%；临时占地引起的生物量损失为 13 145.7 t/a，占总损失量的 38%。本次永久占地中占用林地面积 3 014.38 亩，生物量损失相对较大，为 18 026.00 t/a，建议进一步优化工程占地，尽可能减少工程永久占用林地造成的生物量损失。

(3)从占地类型上分析，本次工程占用林地引起的生物量损失最大，为 22 681.96 t/a，占总生物量损失的 65.56%，对项目区林业生产造成一定影响；其次为耕地，生物量损失为 11 806.26 t/a，其他用地和水域生物量损失较小，分别为 68.21 t/a 和 41.5 t/a。

从总体上分析，本次工程引起的生物量损失主要集中在耕地和林地，工程建设对区域生物量有一定程度的影响，工程及施工布置占用较多的耕地和林地，因此建议进一步优化工程永久占地。对于临时占地，在施工结束后应及时采取复耕和植被恢复措施。

### 8.6.2　对初级生产力的影响

利用 landsat 卫星(2013 年)解译的土地利用和植被分布结果，结合项目区生物量调查结果，计算项目区植被总生物量为 2 930 122 t/a。结果见表 8-7。

**表 8-7　评价区生物量现状**

| 植被类型 | 面积($hm^2$) | 生产力(t/($hm^2$·a)) |
| --- | --- | --- |
| 草地 | 121 | 4.30 |
| 荒地 | 120 | 1.10 |
| 林地 | 1 542 | 89.70 |
| 农田 | 268 716 | 10.20 |
| 水域 | 50 249 | 1.00 |
| 区域总生物量(t/a) | | 2 930 122 |

对自然系统生产能力的影响常用生物量损失来衡量，根据现状调查资料，利用不同土地利用类型的生产力，结合遥感解译的评价区土地利用类型及面积统计结果分析，工程建设对项目区生物量有一定程度的影响。随着工程运行后，临时占地破坏的植被得到恢复，可以弥补部分生物量损失，同时工程运行后，随着受水区水量的增加和灌溉条件的进一步完善，也有利于改善区域农业生产条件，有助于提高区域净生产力，因此工程建设对自然系统的恢复稳定性影响程度有限。但由于工程占用耕地面积和林地面积较大，植被损失量也较大，建议进一步优化工程施工布置占地，最大程度降低工程建设对项目区生物量的影响。

### 8.6.3　对稳定性的影响

从工程占地性质分析，工程集中影响农业生态系统，但项目区位于黑龙港平原区和黄河中下游冲积平原，属暖温带大陆性季风气候，生态系统主要是暖温带农田生态系统，以种植业为主，主要种植种类为小麦、玉米、大豆等，人为活动对区域生态系统干扰较大。根据计算，评价区域自然系统的实际平均生产力属于较低的等级，可以认为评价区植被恢复稳定性不高。工程结束后及时清理现场，通过积极的复耕措施，对农业生态系统稳定性及其生产力影响不大。从工程占地引起的生产量损失分析，本次工程建设引起的生物量损失为 34 597.93 t/a，占区域总生物量的 1.18%，对区域生产力有一定程度影响，尤其是河南段工程建设造成的生物量损失较大，需采取积极的植被恢复措施，加强管理，尽可能恢复到施工期前的水平。

## 8.7　对农业生产的影响

### 8.7.1　对农业生产的影响

一方面，本次工程永久占地面积较大，为 12 791.81 亩(含原有渠道 3 278.55 亩)，其中濮阳永久沉沙池占地 3 000 多亩，永久性占地将对土地利用方式产生长期的不可逆影响，使得原来的农田不能进行农业生产，一定程度上影响了局部区域的农业生产力；临时用地改变并缩小了土地的生态利用功能，对其中的动植物产生不利影响，临时用地使评价范围内系统的总生物量减少，但随着各项环评措施的严格落实，在施工结束后可逐渐得到恢复。

另一方面，工程实施后，可在一定程度上改善沿线干渠引水条件，提高灌溉供水保证率，对缓解沿线农业缺水状况有一定的积极作用。随着灌溉条件的改善，也对促进受水区农业发展、粮食增收、提高农民收入、改善区域生态环境具有十分重要的作用和意义。本次工程的主要受水区河北黑龙港地区具有良好的土地、光热等自然资源，但由于水资源先天不足，灌溉主要靠超采深层地下水，代价很高，只能浇"保命水"，粮食产量始终低而不稳，对照水土光热条件相似但水资源条件好的相邻地区，该区域具有较大的增产潜力。本次工程受水区共涉及邯郸、邢台、衡水、沧州和廊坊的 27 个县(市、区)及白洋淀，灌溉面积 272 万亩，若水源条件得以解决，引黄受水区以亩产增加 200 kg 计则年可增产 54.4 万 t，建设引黄入冀补淀工程对保障国家粮食安全意义重大。引黄入冀补淀工程受水区各地市粮食增产量见表 8-8。

表 8-8　引黄入冀补淀工程受水区各地市粮食增产量

| 地市 | 有效灌溉面积(万亩) | 粮食增产量(万 t) |
| --- | --- | --- |
| 邯郸 | 101.85 | 20.37 |
| 邢台 | 48.15 | 9.63 |
| 衡水 | 46 | 9.2 |
| 沧州 | 64 | 12.8 |
| 廊坊 | 12 | 2.4 |
| 合计 | 272 | 54.4 |

总之,工程占地造成了局部地区农田面积的减少,但随着工程运行后灌溉条件的改善,另外通过调整种植结构,可弥补一定的农业生产损失。

### 8.7.2　对濮阳农业灌溉的影响

濮阳渠村引黄灌区始建于1956年,是河南省38处国家级大型灌区之一,灌区效益面积在河南省大型灌区中排名第4位,有效灌溉补源面积为192.1万亩,其中金堤河以南灌区有效灌溉面积49.6万亩,金堤河以北补源区有效灌溉补源面积143.5万亩。目前,渠村灌区建设有第一和第三濮清南干渠引黄工程,总干渠长188 km,南北纵贯濮阳县、清丰县、南乐县、华龙区和高新区。

本次工程总干渠为在利用原南湖干渠和第三濮清南干渠的基础上,对其进行扩挖改建后向河北输水,施工期间受影响的也即原南湖干渠和第三濮清南干渠所控制的灌溉范围。由于施工期较长,加之近年来渠村引黄闸引水天数有不断增加的趋势,因此在工程施工期间南湖干渠、第三濮清南干渠所控制灌区的农业灌溉不可避免地将会受到一定程度的影响。其中,南湖干渠控制灌溉面积8.84万亩,基本上均为有效灌溉面积,种植作物主要是水稻、小麦、玉米,灌溉方式为自流灌溉;第三濮清南干渠控制灌溉面积61.78万亩,种植作物为水稻、玉米和小麦,灌溉方式为自流灌溉、自渠系抽水灌溉和井渠结合灌溉三种方式。

根据施工进度安排,为减少对灌区正常灌溉的影响,尽量优化施工时段,南湖干渠渠道施工从第二年2~6月,完成渠道开挖和填筑工程,渠道衬砌安排在第二年10~12月完成,影响灌溉时间为8个月;第三濮清南干渠渠段施工从第一年10月~第二年9月,在灌溉间歇期间(最大灌水间歇期为3个月),完成全部分水口门、渠道开挖堤防填筑衬砌和部分节制闸、桥梁等工程。

总体来看,在施工期间,工程建设将在一定时段内导致部分灌区农田得不到有效灌溉,从而对当地农业生产力产生一定影响,但在通过合理调整农作物种植结构,如改种水稻为其他旱作物等,并进一步优化施工工期的措施下,可降低施工期间对该区域农作物生产力的影响,施工结束后,将尽可能恢复该区域原有种植结构和类型,因此工程建设不会从根本上影响该区域农业生态系统的结构和功能,相反随着受水区灌溉条件的改善,也会对该区域农业生态系统的改善和质量的提高有一定积极的作用。

综上所述,工程施工将会对南湖干渠及第三濮清南干渠控制灌区产生一定的影响,在施工期间应合理优化并尽量缩短工期,避开农灌高峰期,最大程度地减少农业损失,同时对灌区农业造成的损失采取合理的补偿措施。

## 8.8　对各类环境敏感区的影响分析

### 8.8.1　对引水口下游濮阳黄河湿地省级自然保护区的影响

濮阳黄河湿地自然保护区主要保护对象是鸟类及栖息地。本工程渠村老引黄闸距离濮阳黄河湿地省级自然保护区较近,为800 m,工程施工将对保护区鸟类正常活动产生一定的干扰和影响,同时运行后水文情势的改变也会对保护区湿地鸟类越冬产生一定的影响。

8.8.1.1　**施工期**

施工期对保护区鸟类的影响主要是施工噪声、扬尘、人员活动等,施工干扰使鸟类被迫远离项目一侧一定范围活动,这将减少鸟类栖息、觅食和活动的面积。施工过程中的噪声、震动和空气污染对其繁殖造成较大影响,施工场所 200 m 范围内鸟类活动将明显减少。

1. 工程占地

根据保护区功能区划图,渠首段渠村老引黄闸拆除重建工程位于保护区上游 800 m 处,工程建设不涉及自然保护区占地,但由于保护区较近,一定程度上减少了鸟类的活动生境。

2. 噪声影响

施工期间作业机械种类较多,且噪声具有突发性特点,这些突发性非稳态噪声源将对保护区的声环境产生较大影响,具体表现为施工噪声的随意性和无规律性,施工噪声普遍较高,这对保护区及周边鸟类正常栖息和觅食活动产生一定程度的干扰。

根据预测和同类项目施工类比分析,拟建项目施工期噪声在工地两侧 300 m 处基本上可以达到背景值(昼间、夜间不施工),根据计算,最大噪声(如装载机)施工时,10 m 处噪声为 84 dB,150 m 处可衰减到 60 dB。因此,白天施工不会对 200 m 以外的鸟类活动产生影响,同时应避免夜间施工。

3. 废气和扬尘影响

施工期对鸟类有影响的废气主要为施工机械产生的尾气以及扬尘等。尾气主要有 TSP、$SO_2$、$NO_X$等。类比同类项目,车辆产生的扬尘下风沙石路面影响范围为 200 m 左右;机械尾气影响范围不超过施工区两侧 200 m 范围。考虑到周围有杨树等人工林遮挡,鸟类栖息及活动受扬尘和尾气影响不大。

综合以上分析,虽然自然保护区无工程布置,但因该保护区主要保护对象是鸟类,具有一定活动范围,本工程老渠村闸拆除重建及闸前引渠开挖等工程施工将可能对自然保护区鸟类产生一定不利影响。根据渠首段工程布置及施工期、鸟类栖息生境类型及停留时段,综合分析工程施工可能对濮阳黄河湿地主要保护鸟类的影响。见表 8-9。

**表 8-9　工程施工对濮阳黄河湿地主要保护鸟类的影响**

| 保护鸟类 | 居留型 | 生境类型 | 活动期 | 与项目区位置关系 | 可能的环境影响 |
|---|---|---|---|---|---|
| 黑鹳 | 旅鸟 | 水域、黄河嫩滩（近年未记录） | 每年 11 月至翌年 3 月途经此区 | 保护区有分布,但工程距离其停歇点较远 | 影响很小或无影响 |
| 大鸨 | 冬候鸟 | 滩地（近年未记录） | 11 月至翌年 3 月越冬 | 可能在项目区周围活动 | 影响很小或无影响 |
| 卷羽鹈鹕 | 旅鸟 | 水域 | 11 月及翌年 3 月途经此区 | 工程距离其分布区较远 | 影响很小或无影响 |

续表 8-9

| 保护鸟类 | 居留型 | 生境类型 | 活动期 | 与项目区位置关系 | 可能的环境影响 |
| --- | --- | --- | --- | --- | --- |
| 白额雁 | 旅鸟 | 水域、滩地 | 11 月及翌年 3 月途经此区 | 工程距离其分布区较远 | 影响很小或无影响 |
| 大天鹅 | 冬候鸟 | 水域、滩地 | 11 月至翌年 3 月越冬 | 工程距离其分布区较远 | 影响很小或无影响 |
| 灰鹤 | 冬候鸟 | 水域、滩地 | 11 月至翌年 3 月越冬 | 其分布区距离工程区较远 | 影响很小或无影响 |
| 纵纹腹小鸮 | 留鸟 | 人工林 | 常年 | 可能经过工程区 | 影响很小或无影响 |
| 普通鵟 | 旅鸟 | 林缘或开阔林区 | 11 月及翌年 3 月途经此区 | 工程距离其分布区较远 | 影响很小或无影响 |
| 阿穆尔隼 | 夏候鸟 | 人工林、滩地 | 4 ~ 9 月 | 可能经过工程区 | 影响很小或无影响 |
| 红隼 | 留鸟 | 人工林、滩地 | 常年 | 可能经过工程区 | 影响很小或无影响 |

#### 8.8.1.2　运行期

引黄入冀补淀工程运行期对濮阳湿地自然保护区的影响主要是工程运行使得黄河下游来水量减少，水文情势发生了变化，进而对湿地水量补给、水域湿地的面积及越冬的鸟类产生不利影响。

1. 濮阳黄河湿地形成、特点及演变规律

就一般湿地而言，水分是其形成、发展的主要因素，但黄河下游河道湿地的形成、发展、萎缩与黄河水沙条件、河道边界条件、水利工程建设等息息相关。特殊的地理位置和独特的社会背景，使黄河中下游河道湿地具有季节性、地域分布呈窄带状、人类活动干扰极强等区别于其他湿地类型的基本特征。

对于黄河下游濮阳湿地来说，其形成、变化是自然因素（水沙变化）与人类干预（河道治理、水沙调控、修筑生产堤等）共同作用的结果。黄河下游自孟津进入平原，河宽流缓，泥沙淤积，为防御大洪水，沿河修筑防洪大堤，在堤防等边界条件的约束下，沿河塑造了滩地和耕地。由于主河道的游荡、滚动及汛期漫滩，造成黄河滩涂此起彼伏，水流分支在河床中留下许多夹河滩，一些低洼地常年积水，因此在耕地和河道水域之间的过渡地带，土壤常年处于过湿状态，形成了特殊的黄河河道湿地。

20 世纪 60 年代以来，黄河干流修建了三门峡、刘家峡、龙羊峡、小浪底等大型水利枢纽，下游水沙条件发生了很大变化，漫滩洪水出现概率明显减少。与此同时，下游河道边界条件也发生了变化，即在游荡型河段先后修建了一些河道整治工程，以控制中水流路；

滩区群众为保护耕地，沿主河槽两岸修筑生产堤，以阻止河水漫滩。受水沙条件和河道边界条件的共同作用，当今黄河下游河道湿地和历史相比，相对稳定。但黄河主河道游荡多变，尚未得到有效控制，同时还有遭遇大洪水的可能，因此河道湿地也时有变化。

濮阳黄河湿地属于河道湿地，受黄河水沙条件变化影响，其湿地面积、景观格局等具有明显季节性特点，一年四季湿地规模尤其是水域湿地规模变化非常大。其中汛期流量大，湿地规模及面积较大，尤其是黄河调水调沙期间，濮阳黄河湿地水域面积达到最大。随后，随着流量减少，水域湿地规模逐渐减小，至枯水期冬四月水域湿地面积达到最小，但随着水域湿地面积的减少，在汛期部分被水域淹没的河心洲及嫩滩等面积增大，为鸟类栖息提供了良好条件。

2. 濮阳黄河湿地结构特征及植被分布特点

濮阳黄河湿地在自然因素（水文、地形、地貌等）和人类干扰（河道治理、水沙调控、堤防建设、土地开发等）共同作用下，形成了河流水面、河心洲、牛轭湖、嫩滩、二滩、老滩、阶地等生境类型。在汛期为行洪河道，枯水期为裸露地面的地段，通常称为嫩滩；不定期被水漫过的地段称为老滩。根据黄河不同水分条件，黄河濮阳段河道湿地分布规律及生态特点见表 8-10 和图 8-1。

**表 8-10　黄河下游濮阳黄河湿地生态特点**

| 地段类型 | 水分条件 | 生态特点 |
| --- | --- | --- |
| 主河道（水域） | 有稳定积水地段 | 植被以水生藻类为主，部分地段有挺水植物群落出现；主河道的夹河滩是鸟类栖息的主要区域 |
| 嫩滩区（紧邻主河道） | 在汛期为行洪河道，枯水期为裸露地面的地段 | 植被有藻类、禾本科草本植物，高草植物和中高挺水植物群落；是鸟类活动的重要场所，也是本地留鸟和夏候鸟的繁殖地 |
| 老滩区（紧邻嫩滩区） | 不定期被水漫过的地段 | 植被以旱生植物群落为主，逐步出现灌丛群落；不是水鸟活动的主要范围，但因为该区域有农作物，有时候水鸟也到该处觅食 |

同时，随着水分条件的差异，沿黄河主河道向两侧，湿地植被类型由水生植被逐渐转变为湿生植被，再到旱生、盐生植被，以带状分布于黄河沿岸。通常在嫩滩形成沼泽湿地景观，二滩形成季节性农田草地湿地景观，老滩以农田、林地景观为主。

3. 黄河下游水沙条件变化与湿地的关系

由上述濮阳黄河湿地的形成、特点、结构等分析可知，黄河水沙条件尤其是汛期水沙条件是影响河道湿地变化的主要驱动因子。黄河河道湿地受水沙条件变化的影响，河道水域与嫩滩区之间此消彼长。对于濮阳黄河湿地，需要一定大流量过程以满足河流漫滩，为湿地嫩滩区提供较好的水分供给、土壤供给，维持湿地植被正向演替，为鸟类提供良好生境，维持湿地生态功能的正常发挥。

平滩流量是指水位与河漫滩相平时的流量，相应的水位与河漫滩相平时的断面面积称为平滩面积。平滩面积越大意味着河道水域面积越大。这两个指标本是用来反映河槽

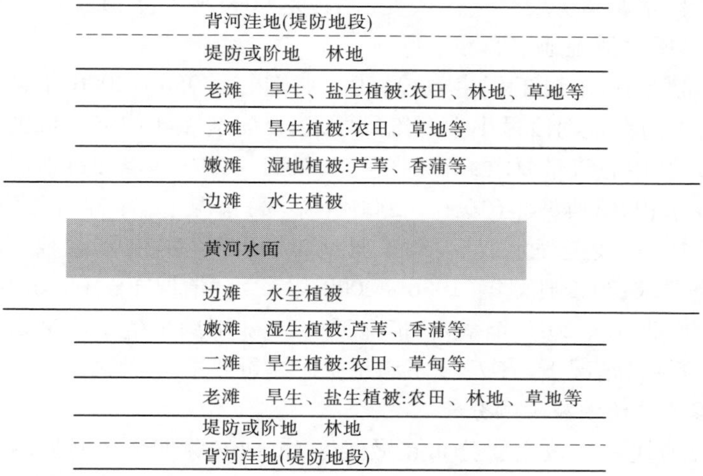

背河洼地(堤防地段)
堤防或阶地　林地
老滩　旱生、盐生植被:农田、林地、草地等
二滩　旱生植被:农田、草地等
嫩滩　湿地植被:芦苇、香蒲等
边滩　水生植被
黄河水面
边滩　水生植被
嫩滩　湿生植被:芦苇、香蒲等
二滩　旱生植被:农田、草甸等
老滩　旱生、盐生植被:农田、林地、草地等
堤防或阶地　林地
背河洼地(堤防地段)

**图 8-1　濮阳黄河湿地结构及植被分布特征**

形态和大小的。我们借助于这两个指标的历史调查资料,根据平滩流量产生的时段、变化等,分析产生河漫滩的条件、时段和河道湿地主要是水域湿地的关系。

黄河高村断面位于濮阳黄河湿地保护区,对高村断面历年汛后平滩面积及汛期平均流量变化过程(见图 8-2)分析可知:①对湿地有重要影响的大流量河漫滩发生在汛期;②在连续丰水条件下,平滩面积较大,即河道水域面积较大,在连续枯水条件下,平滩面积小,也意味着河道水域面积萎缩;③河道水域面积变化要比水沙条件变化滞后。

6 000
5 000
4 000
3 000
2 000
1 000
0
汛后平滩面积(m²)
平滩流量(m³/s)
1960
1962
1964
1966
1968
1970
1972
1974
1976
1978
1980
1982
1984
1986
1988
1990
1992
1994
1996
1998
2000

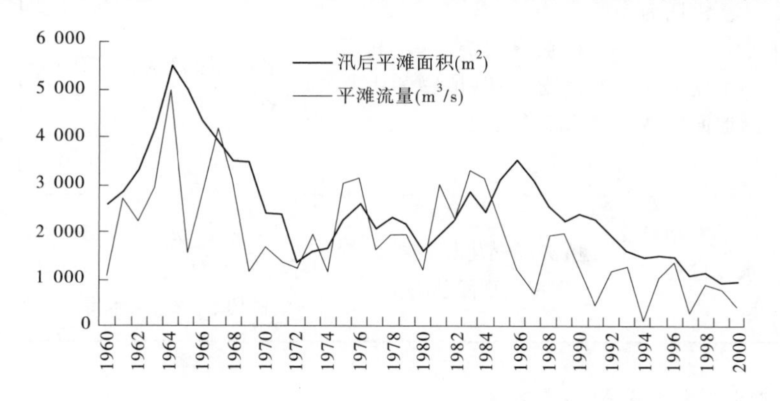

**图 8-2　黄河下游高村断面历年汛后平滩面积及汛期平均流量变化过程**

4. 对黄河湿地水文情势及生态需水影响

根据工程建设对黄河下游水文情势的影响分析结果,濮阳黄河湿地代表断面高村断面在南水北调中、东线工程生效前,多年平均、50% 水平年、75% 水平年及 90% 水平年情况下,引水期径流量分别减少了 4.75%、5.27%、4.58% 和 7.1%;南水北调中、东线工程生效后,引水期的径流量分别减少了 4.56%、7.59%、6.44% 和 13.09%。调水将使濮阳

黄河湿地所在河段水文情势发生一定改变，尤其是 90% 典型年，月均流量减少幅度高达 36.4%，将影响濮阳黄河湿地生态需水量。

其中，南水北调中、东线工程生效前：50% 典型年（1956 ~ 2000 年系列）情况下，有 20 d不满足濮阳黄河湿地河段最小生态流量要求；75% 典型年（1956 ~ 2000 年系列）情况下，有 1 d 不满足其生态流量要求；75% 典型年（2001 ~ 2010 年系列）情况下，有 3 d 不满足其生态流量要求；90% 典型年（1956 ~ 2000 年系列）情况下，有 22 d 不满足其生态流量要求。南水北调中、东线工程生效后：50% 典型年（1956 ~ 2000 年系列）情况下，有 10 d 不满足生态流量要求；75% 典型年（1956 ~ 2000 年系列）情况下，有 1 d 不满足生态流量要求；75% 典型年（2001 ~ 2010 年系列）情况下，有 3 d 不满足生态流量要求；90% 典型年（1956 ~ 2000 年系列）情况下，有 22 d 不满足生态流量要求。

5. 调水对湿地植物演替影响分析

濮阳黄河湿地代表植被主要分布在嫩滩区，植被发芽期为 3 月底 ~ 4 月，生长期为 6 ~ 9 月，本工程调水时段主要为冬四月，基本避开了湿地植被发芽期和生长期，对植被演替影响较小。水文情势变化对濮阳黄河湿地植被演替的影响见表 8-11。

表 8-11　水文情势变化对濮阳黄河湿地植被演替的影响

| 湿地分布类型 | 水分条件 | 植被 | 主要植物种类 | 影响 |
| --- | --- | --- | --- | --- |
| 主河道（水域） | 有稳定积水地段 | 植被以水生藻类为主，部分地段有挺水植物群落出现 | 金鱼藻、狐尾藻、灰藻、眼子菜、慈菇、芦苇、香蒲等 | 本工程调水时段主要为冬四月，基本避开了湿地植被发芽期（3 ~ 4 月）和生长期（6 ~ 9 月），对植物群落演替影响较小 |
| 嫩滩区（紧邻主河道） | 在汛期为行洪河道，枯水期为裸露地面的地段 | 植被有藻类、禾本科草本植物，高草植物和中高挺水植物群落 | 水蓼、加拿大蓬、芦苇、白茅等 | |
| 老滩区（紧邻嫩滩区） | 不定期被水漫过的地段 | 植被以旱生植物群落为主，逐步出现灌丛群落 | 旱莲草、加拿大蓬、芦苇、狗尾草、白茅、蒿、旱柳、杨树、小麦、玉米等 | |

6. 调水对湿地主要保护鸟类影响

珍稀鸟类及栖息地是濮阳黄河湿地的主要保护对象之一，而鸟类越冬期是 11 月至翌年 3 月。调水时期正好与候鸟越冬期重合，下游水文情势变化在一定程度上减少了水禽（鸟类）越冬期栖息地面积，同时鸻鹬类的觅食地将会减少，对越冬和迁徙停歇的鸻鹬类也将产生不利影响。水文情势变化对濮阳黄河湿地鸟类栖息生境及主要保护鸟类的影响见表 8-12、表 8-13。

表8-12　水文情势变化对濮阳黄河湿地鸟类栖息生境的影响

| 湿地分布类型 | 水分条件 | 鸟类栖息地分布 | 环境影响 |
| --- | --- | --- | --- |
| 主河道（水域） | 有稳定积水地段 | 在此区栖息停留的为游禽类，如天鹅、雁类、潜鸭类、秋沙鸭及骨顶鸡等。主河道的夹河滩、河心洲是鸟类夜间栖息的主要场所 | 冬四月引水，使得该区域的水域面积减少，露出的夹河滩和河心洲面积可能会有所增加，对鸟类栖息会有影响 |
| 嫩滩区（紧邻主河道） | 在汛期为行洪河道，枯水期为裸露地面的地段 | 本区以涉禽和小型游禽为主，包括鹭、鹤鸥及鸥形鸟目，是鸟类重要的觅食地，也是留鸟和夏候鸟的繁殖地 | 冬四月水域面积减少，嫩滩区的面积会有所增加，对该区域的鸟类影响较小。而留鸟和夏候鸟的繁殖期在夏天，对鸟类基本没有影响 |
| 老滩区（紧邻嫩滩区） | 不定期被水漫过的地段 | 该区主要分布有百灵、麻雀、鹌鹑等食草籽、谷物的鸣禽和地禽。有时天鹅也到该处觅食，该区不是水鸟活动的主要范围 | 冬四月引水对该区域基本无影响 |

7.调水对濮阳黄河湿地规模及功能的影响

通过上面分析可知，濮阳黄河湿地主要受黄河汛期水沙条件的影响，对于黄河河漫滩湿地，大流量的洪水过程是影响湿地规模面积及生态系统完整性和稳定性的重要条件，黄河大流量的洪水过程主要发生在汛期，而本次引水工程时段主要是冬四月，避开了产生大流量漫滩过程的时段，引水对濮阳黄河湿地规模及生态系统的完整性和稳定性影响不大，不会影响濮阳黄河湿地生态功能。但冬四月调水将使濮阳黄河湿地水文情势发生较大改变，月均流量减少幅度最高可达36.4%，使濮阳黄河湿地水域湿地面积减少和湿地水禽适宜栖息地面积减少。因此，当濮阳黄河湿地代表断面高村断面水量小于140 $m^3/s$时，本工程应停止引水，尽可能减少调水对濮阳黄河湿地规模及生态功能的影响。

表8-13　水文情势变化对濮阳黄河湿地主要保护鸟类的影响

| 主要珍稀保护鸟类 | 保护级别 | 居留型 | 生态习性 | 环境影响 |
| --- | --- | --- | --- | --- |
| 黑鹳 | Ⅰ级 | 旅鸟 | 迁徙时间为秋季，在我国主要在9月下旬至10月初开始南迁，每年11月至翌年3月途经此区 | 调水期与其暂时停留期有一定重合，黑鹳栖息生境是水域及湿地，因调水引起下游水文情势变化对其暂时停歇栖息点有一定影响 |

续表 8-13

| 主要珍稀保护鸟类 | 保护级别 | 居留型 | 生态习性 | 环境影响 |
|---|---|---|---|---|
| 大鸨 | Ⅰ级 | 冬候鸟 | 每年的11月至翌年3月见于黄河滩地，主要分布于高位滩地 | 调水期与大鸨越冬期重合，但大鸨栖息地为黄河老滩和农田，因此调水对其栖息越冬地基本无影响 |
| 大天鹅 | Ⅱ级 | 冬候鸟 | 每年11月迁来越冬，第二年3月中旬开始陆续向北飞，3月下旬全部迁离本区 | 调水期与大天鹅越冬期重合，大天鹅栖息生境是水域及湿地，因调水引起下游水文情势变化对其越冬栖息有一定影响 |
| 纵纹腹小鸮 | Ⅱ级 | 留鸟 | 纵纹腹小鸮在本区为留鸟。繁殖期为5～7月，多栖息于大堤两岸的树林内 | 纵纹腹小鸮栖息地位于大堤两岸的树林内，调水对其栖息越冬基本无影响 |
| 灰鹤 | Ⅱ级 | 冬候鸟 | 越冬灰鹤喜欢栖息于富有水边植物的开阔河滩地带，灰鹤在本区为冬候鸟，每年11月底迁到此区，第二年3月中下旬北飞 | 调水期与灰鹤越冬期重合，灰鹤栖息生境是水域及湿地，因调水引起下游水文情势变化对其越冬栖息有一定影响 |
| 白额雁 | Ⅱ级 | 旅鸟 | 栖息于保护区河流及滩地 | 基本无影响 |
| 卷羽鹈鹕 | Ⅱ级 | 旅鸟 | 栖息于保护区河流、滩地等地，繁殖期为每年4～6月 | 基本无影响 |
| 普通鵟 | Ⅱ级 | 冬候鸟 | 主要栖息于保护区附近村庄，繁殖期为每年5～7月 | 调水期与普通鵟越冬期重合，但普通鵟栖息地为黄河老滩和农田，因此调水对其栖息越冬地基本无影响 |
| 阿穆尔隼 | Ⅱ级 | 夏候鸟 | 阿穆尔隼主要栖息于保护区河流、滩地等开阔地区，每年5～7月繁殖 | 无影响 |
| 红隼 | Ⅱ级 | 留鸟 | 红隼栖息于保护区河谷及村庄附近，每年5～7月繁殖 | 有影响 |

## 8.8.2 对引水口下游黄河鲁豫交界段国家级水产种质资源保护区影响

### 8.8.2.1 工程与保护区位置关系

引黄入冀补淀工程渠首段的老渠村引水口位于该保护区上游段，其中黄河主流段到青庄险工2、3号坝河滩引渠清淤工程位于该保护区核心区；渠村老引闸拆除重建工程距离保护区约1 km，渠村老引黄闸至青庄险工2、3号坝已有引水渠道距离保护区边界约0.5 km，不涉及该保护区。工程与保护区位置关系见表8-14和图8-3。

表 8-14　工程建设与黄河鲁豫交界段国家级水产种质资源保护区位置关系

| 工程及施工布置 | 与保护区位置关系 | 施工时段 |
|---|---|---|
| 老渠村引黄闸拆除重建工程 | 距离保护区约 1 km | 第一年 10 月至翌年 6 月 |
| 老渠村引黄闸拆除重建工程施工围堰 | 距离保护区约 0.5 km | 第一年 10 月 |
| 老渠村引黄闸闸前渠道修坡整理工程 | 距离保护区约 0.5 km | 第一年 10 月至翌年 3 月 |
| 黄河主流段到青庄险工 2、3 号坝河滩引渠清淤工程 | 涉及保护区核心区 | 在主体工程施工期间穿插进行 |

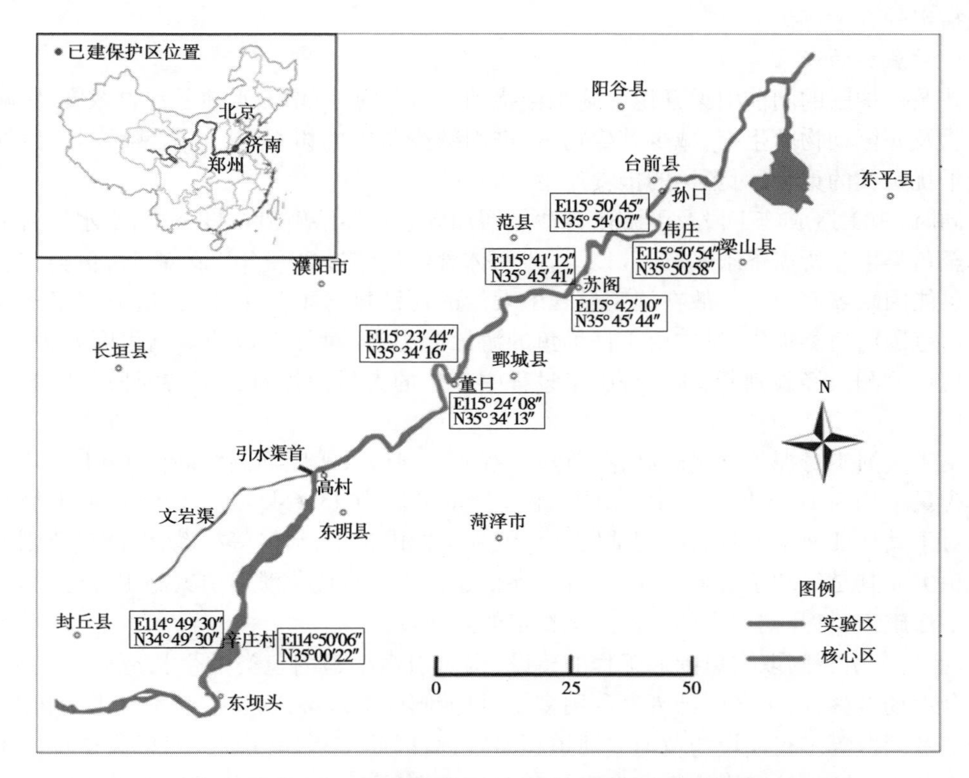


图 8-3　工程与黄河鲁豫交界段国家级水产种质资源保护区位置关系

### 8.8.2.2　工程施工对保护区的影响分析

工程涉及保护区工程的主要是黄河主流段到青庄险工 2、3 号坝河滩引渠清淤，清淤长度约 1.5 km，渠道宽度 30 m，清淤边坡比 1∶5左右。施工设计均采用泥浆泵清淤开挖引渠，预估清淤开挖面积约 6.5 万 $m^2$，开挖产生泥沙量约 16 万 $m^3$，按 5 台泥浆泵施工，工期约 53 d，平均每天产生泥沙量约 0.3 万 $m^3$。

1. 对水生生物的影响

浮游生物种类和数量与水温、流速、溶解氧、水质、透明度等都存在一定关联，黄河主流段到青庄险工 2、3 号坝河滩引渠清淤工程采用泥浆泵清淤开挖引渠，平均每天产生泥沙量约 0.3 万 $m^3$，泥沙如排向下游将明显导致施工段及其下游河段水体泥沙含量增加，导致水体溶解氧浓度和透明度下降，将影响施工及下游 2 km 区域内浮游生物生长生存。

因此,评价建议进一步优化滩地引渠施工方法,尽可能采用干法施工,将开挖产生的泥沙运至指定的弃渣场。

2. 对底栖生物的影响

调查过程中底栖动物在冬季分布数量很少,在夏季靠近岸边分布数量较多。施工期涉及保护区工程主要是黄河主流段到青庄险工 2、3 号坝河滩引渠清淤工程和天然文岩渠疏导工程开挖、清淤等,施工区域为黄河滩地,由于底栖生物移动能力很差,施工开挖及施工过程中产生的大量泥沙排入下游河道将影响一定区域范围底栖生物的正常生长生存。因此,评价建议进一步优化滩地引渠施工方法,尽可能采用干法施工,对开挖产生的泥沙运至指定的弃渣场。

3. 对鱼类的影响

涉及保护区的闸前引渠开挖等施工会扰动水体及河底,增加水体悬浮物浓度,影响浮游生物及底栖动物的生存,减少其生物量,进而减少鱼类的饵料量,且机械活动产生的噪声会干扰鱼类的觅食,对鱼类的摄食产生一定的影响。

同时,施工造成施工段及下游段含沙量增加导致水体溶解氧浓度下降,当水体溶解氧下降至鱼类生存所需下限 2 mg/L 以下,或水体含沙量超过 30 ~ 40 kg/m$^3$ 时,鱼类在短时间内可能因缺氧而死亡。故在施工过程中大量的泥沙排入下游水体,会造成施工段及下游一定范围内鱼类损失,其中由于仔稚鱼的游泳能力差,对仔稚鱼的影响程度尤为显著。根据现场监测及经验判断,该工程施工过程中产生的大量泥沙对其下游河段的影响距离约 2 km。

由于黄河本身泥沙含量较高,渠首段工程所在河段代表断面高村断面 1981 ~ 2000 年泥沙含量平均为 18.3 kg/m$^3$,其中汛期泥沙含量平均为 43.6 kg/m$^3$,黄河水生生物及鱼类相对于其他江河来说具有一定适宜性。但施工段因扩挖、清淤等扰动、泥沙量急剧增加等对鱼类尤其是仔幼鱼影响较大。因此,评价建议进一步优化滩地引渠施工方法,尽可能采用干法施工,将开挖产生的泥沙运至指定的弃渣场。

同时,老引黄闸取水口围堰工程的建设,也对引水渠道内鱼类的生长造成一定影响,但结合现场考察,由于老闸已废弃利用多年,目前闸前引水渠道淤积,基本呈干涸状态,引水渠道及围堰等工程建设与黄河主河道距离较远,因此工程建设对黄河鲁豫交界段国家级水产种质资源保护区影响程度有限。随着施工期结束,噪声对鱼类摄食的影响会立即消除,鱼类饵料量的减少会很快得到恢复,因此鱼类的正常摄食活动也会很快得到恢复。

4. 对鱼类产卵场及鱼类产卵的影响

本工程黄河主流段到青庄险工 2、3 号坝河滩引渠清淤工程位于保护区的核心区,该核心区是鲤、鲫、鮈亚科等鱼类的产卵场。本次开挖引渠工程主要采用泥浆泵清淤的施工方式,会扰动附近水体,扰动河底,影响棒花鱼等沉性卵鱼类的正常产卵。同时,施工会破坏河岸边水草,对黄河鲤、鲫鱼等黏性卵鱼类产卵产生影响。施工导流围堰会在一定程度上改变附近水体的水文情势,对鱼类尤其是沉性卵鱼类的产卵造成影响,也会在一定程度上改变水文情势,使水流流态发生变化,对蛇鮈等漂流性卵鱼类的正常产卵产生影响。另外,施工机械、人员活动等产生的噪声会对鱼类产生干扰,对其正常产卵造成不利影响。

根据本次工程可行性研究,渠首段主体工程施工从第一年 10 月中旬至第二年 8 月中旬，引渠清淤开挖工程在主体工程施工期间穿插进行。据调查，工程涉及河段主要鱼类产卵期从4月延续到6月，建议将清淤开挖工程施工期安排在7月至翌年3月之间，避开主要鱼类产卵期，尽量减少对其正常产卵的不利影响。同时，施工结束以后对河岸边被破坏水草植被进行恢复，减少对黄河鲤、鲫鱼等黏性卵鱼类产卵的影响。

本次渠首施工围堰在第一年10月完成，施工期与产卵场鱼类产卵期没有交叉，且施工围堰与产卵场相距较远，因此渠首施工导流不会干扰鱼类正常产卵，也不会破坏鱼类的产卵场。工程施工对鱼类产卵场及繁殖的影响分析见表8-15。

**表8-15　工程施工对鱼类产卵场及繁殖的影响分析**

| 鱼类名称 | 产卵期 | 产卵类型 | 产卵场分布 | 工程及施工布置 | 施工期 | 环境影响 |
|---|---|---|---|---|---|---|
| 黄河鲤 | 5～6月 | 黏性卵 | 高村浮桥产卵场 | 青庄险工2、3号坝河滩引渠清淤工程 | 第一年10月中旬至第二年8月中旬 | 有影响 |
| 鲫鱼 | 5～6月 | 黏性卵 | | | | 有影响 |
| 蛇鮈 | 4～6月 | 漂流型卵 | | | | 有影响 |
| 麦穗鱼 | 4～6月 | 黏性卵 | | 天然文岩渠入黄河口疏导工程 | | 有影响 |
| 棒花鱼 | 4～5月 | 沉性卵 | | | | 有影响 |
| 银色颌须鮈 | 5月 | | | | | 有影响 |

### 8.8.2.3　工程运行对保护区影响分析

本工程引水时段为冬四月，在南水北调工程实施前引水时段为冬四月适时外延，因此本工程建设运行对黄河下游水生生物及鱼类的影响主要表现在越冬期，其中冬四月相机外延调水方案涉及黄河下游植被发芽期。

本工程实施后，在多年平均、50%典型年、75%典型年情况下，南水北调工程生效前，高村断面引水期间径流量分别减少了4.75%、5.27%、4.58%，月均流量变化幅度最大可达15.18%、22.96%、16.85%。

1.对鱼类栖息生境的影响

由于引水使黄河干流的河流径流量减少，黄河下游径流将发生一定程度改变，枯水期水量将进一步减少，将对黄河下游鱼类栖息生境造成一定程度影响，主要影响区域是鱼类主要栖息生境——水域和鱼类主要觅食及产卵生境——嫩滩(见表8-16、图8-4)。

**表8-16　调水对保护区鱼类生境影响分析**

| 地段类型 | 水分条件 | 植被特点 | 鱼类生境 | 环境影响 |
|---|---|---|---|---|
| 主河道(水域) | 有稳定积水地段 | 植被主要以水生藻类为主，部分地段有挺水植物群落出现；主河道的夹河滩是鸟类栖息的主要区域 | 鱼类主要栖息生境 | 调水将使该保护区水域面积减小，影响鱼类越冬期栖息生境面积 |

**续表 8-16**

| 地段类型 | 水分条件 | 植被特点 | 鱼类生境 | 环境影响 |
| --- | --- | --- | --- | --- |
| 嫩滩区（紧邻主河道） | 在汛期为行洪河道，枯水期为裸露地面的地段 | 植被有藻类、禾本科草本植物，高草植物和中高挺水植物群落；是鸟类活动的重要场所，也是本地留鸟和夏候鸟的繁殖地 | 鱼类主要觅食区和产卵区 | 冬四月相机外延调水时段涉及3月，调水后，水域面积减小，将在一定程度上影响嫩滩水分补给，3月为保护区植被发芽期，且嫩滩是鱼类主要产卵生境，从而可能间接影响鱼类产卵生境条件 |

背河洼地(堤防地段)

堤防或阶地　林地

老滩　旱生、盐生植被:农田、林地、草地等

二滩　旱生植被:农田、草地等

嫩滩　湿地植被:芦苇、香蒲等

边滩　水生植被(鱼类主要觅食地及产卵场)

黄河水面(鱼类主要栖息地)

边滩　水生植被

嫩滩　湿生植被:芦苇、香蒲等

二滩　旱生植被:农田、草甸等

老滩　旱生、盐生植被:农田、林地、草地等

堤防或阶地　林地

背河洼地(堤防地段)

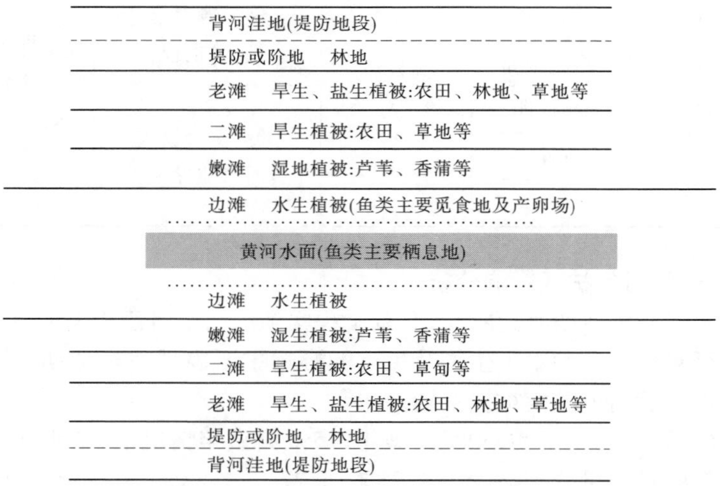

**图 8-4　调水对保护区鱼类栖息生境的影响示意图**

2. 对保护鱼类生态习性的影响

产卵期：根据调查，该保护区主要保护鱼类繁殖时间为4～6月，水温18 ℃以上，要有较为适宜的产卵条件如水温、鱼卵附着物等才能正常产卵。结合2010～2013年连续几年对黄河干流下游主要鱼类繁殖期亲鱼、鱼苗及产卵场生境因子调查监测，下游水温基本在4月下旬达到18 ℃，鱼类产卵期集中在4～6月，主要为5～6月。本工程调水时段为冬四月及相机外延(10月至翌年3月)，避开了黄河下游主要保护鱼类产卵期。但冬四月相机外延调水时段涉及3月，调水后，水域面积减小，将在一定程度上影响嫩滩水分补给，3月为保护区植被发芽期，且嫩滩是鱼类主要产卵生境，从而可能间接影响鱼类产卵生境条件。

生长期：生长期对鱼类影响最大的是食物因素，黄河沿河洪漫湿地丰富的食物资源、特殊的生境条件为黄河鲤觅食、育肥、产卵等提供了很好的场所。分析黄河下游湿地形成、特点、结构等可知，黄河水沙条件尤其是汛期水沙条件是影响河道湿地变化的主要驱动因子，湿地需要一定大流量过程以满足河流漫滩，为湿地嫩滩区提供较好的水分供给、土壤供给，维持湿地植被正向演替，为鱼类提供良好生长条件。本工程调水时段为冬四月

及相机外延，避开了鱼类主要生长期，同时冬四月及相机外延时段属于黄河枯水期，流量相对较小，因此对鱼类生长期觅食地无影响。

越冬期：越冬期栖息环境要求水深在1.5～2 m以上，黄河河床中的大坑深槽、深沟处及引水闸涵、控导工程附近深水区，或者深浅交界处、堤岸突出部，或者水底有许多障碍物处均是黄河鲤鱼的越冬场所，因黄河鲤越冬期活动范围非常有限，对越冬期栖息地规模要求不大，只要有一定范围的深水区即可。

对主要保护鱼类生态习性的影响分析见表8-17。

3. 对鱼类栖息地面积的影响分析

根据工程运行前后黄河干流下游流量、流速、水深等环境因子的变化，综合黄河下游主要保护对象生态习性，分析该保护区黄河代表性鱼类适宜栖息地面积变化情况。南水北调工程生效前，工程运行后，高村河段鱼类适宜栖息地面积平均减少比例为7.6%，各月减少比例范围1.4%～14.8%，其中10月、11月、翌年3月由于上游来水量较大，鱼类栖息地面积变化范围不大；南水北调工程生效后，工程运行后，高村河段鱼类适宜栖息地面积平均减少比例为12%，各月减少比例范围3.86%～13.8%，其中11月、翌年3月栖息地面积变化范围不大。

4. 对鱼类资源量的影响

引水期水量的减小一定程度上降低了保护区水环境的自净能力，特别是在枯水年份，进一步增加了水质污染的风险，可能会对引水口下游河段鱼类栖息造成一定影响，进而导致鱼类资源量的减少。

工程运行后，渠村新老引黄闸联合运用，引水能力有了进一步的保障，引水口门大流量引水时部分鱼类会进入引水渠道离开保护区，因此可能对该区域内鱼类资源量造成一定影响。为减少鱼类进入本次工程输水渠道，建议工程引水期间，在新老引黄闸取水口门处均设置挡鱼设施，尽可能减轻对黄河鲁豫交界段国家级水产种质资源保护区鱼类资源的干扰，同时也避免黄河特有鱼类入侵当地输水渠道。

5. 引水季节可能带来的物种入侵的影响分析

本次工程运行后，引水时段主要集中在冬四月，相机外延时段也避开了鱼类的产卵期，因此引水季节鱼类基本处于越冬期，鱼类活动能力较差，摄食能力不强，主要集中分布在1.5～2 m的深水区域，另外根据监测水生生物在冬季也较少。引水区河段实地调查结果显示，渠首及其上下游河段游荡性河段较多，黄河主河道形成了多个河湾，在河湾处形成了许多静缓水区域，分布水生植物较多，在主河道两岸泥沙淤积形成高滩，分布有较多湿生植被。在引水渠上下游河段范围内分布的鱼类有28种，隶属于4目8科，其中以鲤科鱼类为主，共17种。根据鲤科的越冬期的生态习性，主要分布于水深1～1.5 m的深潭，包括大坑深槽、深沟及引水闸涵、控导工程附近的深水区，因此工程引水期间随水引走的水生生物及鱼类资源有限。

历史上黄河曾长期流经白洋淀区域，由接近潴龙河、大清河一线至天津入海，加之近年来已多次实施了引黄应急补淀，黄河和白洋淀水系连通频繁，根据调查资料，黄河与白洋淀水生生物及鱼类种群组成基本一致，因此冬季引水对白洋淀造成的生物入侵的程度有限，根据河北省环保、林业部门的调查也尚未发现生物入侵现象，但也要加强运行期的监测及管理,发现生物入侵现象,及时采取相关措施。

**表 8-17　对主要保护鱼类生态习性的影响**

| 种类 | 洄游习性 | 摄食类型 | 产卵类型 | 生态习性 | 影响分析 |
| --- | --- | --- | --- | --- | --- |
| 黄河鲤 | 定居型 | 杂食性 | 黏性卵 | 栖息于水体中下层静水水域,在靠近岸边浅水区产卵,卵黏附在淹没的水生维管束植物上,产卵下限水温 18 ℃,产卵期在 4 ~ 6 月 | 引水期避开了产卵期,但冬四月相机外延部分时段涉及黄河下游植被发芽期,影响鱼类产卵场水草萌发,可能间接对黄河鲤等鱼类产卵生境条件有一定程度影响。冬四月调水将对黄河保护区鱼类越冬造成一定程度影响 |
| 鲇 | 定居型 | 肉食性 | 沉黏性卵 | 多栖息于水草丰茂的水体底层,受精卵一般分散黏附在长满水草的水底,当水温达到 18 ~ 21 ℃时开始产卵,产卵期在 4 ~ 7 月 | |
| 赤眼鳟 | 生殖洄游 | 杂食性 | 漂流性卵 | 多栖息于水体中层,多在靠岸有水草或较浅的沙滩区域产卵,涨水季节多上溯至支流,产卵期在 6 ~ 8 月 | |
| 翘嘴鲌 | 生殖洄游 | 肉食性 | 漂流性卵 | 栖息于水体的中上层,喜流水,产卵在靠近岸边的水草稀疏区域,水深 1 m 左右,缓流沙质浅滩也有产卵,黏附于漂浮于水面的水生植物茎叶上发育,亦脱落沉入水底,受流水冲击漂流发育,产卵期在 6 ~ 8 月 | |
| 乌鳢 | 定居型 | 肉食性 | 浮性卵 | 常栖息于水草茂盛、软泥底质的湖泊、水库、河流及池塘水域中,春夏季多在水体中上层和上层活动,秋冬季躲在深水和水底生活,最适温度为 16 ~ 30 ℃。多在水草茂盛、无水流的水域岸边产卵,繁殖最适温度为 20 ~ 25 ℃,产卵期在 5 ~ 7 月 | |
| 大鳞副泥鳅 | 定居型 | 杂食性 | 沉黏性卵 | 一般生活在水流缓慢的河湾或其他静水水域,繁殖水温在 18 ~ 28 ℃,产卵时要求有水生植物等作为附卵基质,产卵期在 5 ~ 7 月 | 引水期避开了产卵期,影响较小。冬四月调水将对鱼类越冬造成一定程度影响 |
| 鳊 | 生殖洄游 | 植食性 | 漂流性卵 | 栖息于河汊较浅水体中上层,产卵需在流水环境中完成,多在夜间产卵,卵具有微黏性。产卵最适水温为 20 ~ 29 ℃,产卵期为 5 ~ 6 月 | |
| 似鳊 | 生殖洄游 | 植食性 | 漂流性卵 | 多栖息于江河下游水体中下层,产卵季节亲鱼集群溯河而上,到水流比较湍急的河段产卵,雄鱼吻部出现珠星,产卵期在 5 ~ 6 月 | |
| 光泽黄颡鱼 | 定居型 | 肉食性 | 沉性卵 | 多栖息于静缓水体底层,产卵于卵石间隙,并黏结成团附着于卵石上,借流水冲刷孵化产卵,水温要求 20 ℃以上,产卵期在 5 ~ 7 月。 | |
| 中华鳖 | 定居型 | 杂食性 | 沙滩产卵 | 栖息于海拔 400 ~ 900 m 的淡水水域中,杂食性,每年 4 ~ 8 月为繁殖期,盛期为 6 ~ 7 月,10 月下旬水温 6 ~ 8 ℃时潜入水底钻入泥沙或淤泥中 | |

## 8.8.3　对受水区白洋淀湿地省级自然保护区的影响

本工程建设及施工不直接涉及白洋淀湿地省级自然保护区,距离保护区最近的工程约1 km,因此工程施工期间基本不会对保护区造成大的影响。但白洋淀作为本次调水工程的主要受水区,工程运行后每年为白洋淀常态化补水1.1亿$m^3$,水量的增加,将一定程度上改善白洋淀湿地自然保护区的水环境现状,对于促进保护区的发展也有着十分积极的作用。

### 8.8.3.1　调水对白洋淀水环境的影响

本次工程运行后,按照冬四月引水方案,引黄入冀补淀工程多年平均情况下可引水6.2亿$m^3$,每年可向白洋淀补水超过1亿$m^3$,随着白洋淀水量的增加,可一定程度地改善淀区内水生植被及水生生物的生长条件和环境,从而提高水体的自净能力,有效提高白洋淀水环境质量。

根据环境影响回顾性评价结果,调水在一定程度上有利于改善受水区水质,但不能从根本上解决白洋淀的水质污染问题,白洋淀水质污染需要进一步加强白洋淀流域污染综合治理,采取工程、监督、监测、管理等多种措施实现白洋淀水质达标。此外,由于本次引黄沿线渠道有些已经成为排污渠道,沿线排污口众多,现状水质较差,水污染严重,调水工程运行前如果河北段治污方案实施不到位,无法保障调水水质,会对白洋淀水质造成不利影响。

### 8.8.3.2　调水对白洋淀湿地面积的影响

近40年来受水源不足、水位不稳、水质污染和过度开发的影响,白洋淀湿地生态系统日益脆弱,功能减退,引水补淀是目前暂时缓解白洋淀湿地萎缩的有效方法。

根据环境影响回顾性评价结果,实施生态补水后,白洋淀湿地得到一定程度的恢复及修复。据调查,2011年4月,实施白洋淀生态补水后,白洋淀湿地面积增加了61 $km^2$;2012年2月,实施白洋淀生态补水后,白洋淀湿地面积增加了60 $km^2$。

本工程对白洋淀补水1.1亿$m^3$,可基本满足白洋淀不干淀要求,从一定程度上保障了白洋淀湿地基本生态用水,可逐渐缓解白洋淀湿地的缺水问题,也会在一定程度上维持白洋淀湿地生态功能的正常发挥。

### 8.8.3.3　对候鸟迁徙的影响

白洋淀是众多珍稀鸟类在华北平原中部理想的栖息地,据有关资料记载,淀区原有鸟类192种。但是,白洋淀自20世纪60年代以来,屡遭缺水之苦,其中1983～1988年连续5年干淀,白洋淀湿地生态环境遭到严重破坏,1992年鸟类仅剩52种。

2004年引岳济淀工程和2006年引黄补淀工程的实施,为水生动植物创造了良好的生存环境,动植物种群开始逐步恢复,单个种群也在不断扩大,一些绝迹多年的水禽又回到芦苇丛中,灰鹤由2003年的63只增加到2004年的216只,豆雁由105只增加到312只,国家一级保护鸟类大鸨达到30余只。

2006～2010年以来,引黄济淀工程完成后,随着罗纹鸭、针尾鸭等6种新鸟种被陆续发现,白洋淀野生鸟类资源已达198种。其中,夏候鸟78种、留鸟19种、旅鸟88种、冬候鸟 7 种。自 2006 年首次正式观测并拍摄到野生大鸨至今，大鸨已是连续第 7 年到白洋淀过冬，且数量呈逐年增加的趋势，2006 年 20 只、2009 年 28 只、2012 年 37 只。

随着本次调水工程的常态化实施，淀内水面开阔，水质好转，迁徙过路的鸟类大量增加，淀区生态环境和生物群落得到持续修复和改善，本次调水会对候鸟迁徙产生积极影响。

#### 8.8.3.4 白洋淀冬季补水生态效应分析

白洋淀流域属大清河水系，自然状态下水源主要来自上游入淀河流，流域地表径流以雨水补给为主，汛期为 6、7、8 三个月。由于自然和人为两方面因素的影响，几十年来白洋淀湿地水文特征已发生了明显的变化，入淀水量明显减少，水位降低，蒸发量增加，淀区几近干涸，生态功能逐渐减退。为缓解白洋淀生态功能退化，自 20 世纪 80 年代起，实施引水补淀，尤其是 2006 ~ 2011 年，连续 4 年实施冬季引黄补淀工程，补水时间为每年 11 月至翌年 2 月，年均入淀水量 1 亿 $m^3$，补水水质基本为Ⅲ类水体。

1. 冬季补水对白洋淀水生植物生长的生态效应分析

白洋淀水生植物分为挺水、漂浮、沉水和浮叶植物，主要有芦苇、狐尾藻、金鱼藻、眼子菜、菱、莲、狭叶香蒲、菹草、浮萍等 46 种，多为广布种，芦苇、莲、马来眼子菜、轮叶黑藻、菹草、水鳖和紫萍为优势种。沉水植物群落均分布在 100 cm 以上的水深处，浮叶植物群落多分布在 50 ~ 120 cm 处，挺水植物群落多分布在 0 ~ 60 cm 处。

根据生活习性，进入冬季后，芦苇、眼子菜、金鱼藻、香蒲、莲等水生植物进入越冬休眠期，春季 3 ~ 4 月为快速生长期，花期一般为 5 ~ 9 月。冬季补水可增加水深，使植物越冬芽生活在冰层以下，保证安全越冬；进入春季后，淀区内有充足的水量，保证沉水植物可以在 100 cm 以上的水深处快速生长。分布在台田、航道两侧、岸边等水深较浅的芦苇、香蒲、莲等植物，随着淀内水位的逐渐降低，逐步进入快速生长和繁殖期。同时，补水可在一定程度上减轻白洋淀水质污染程度，改善水体的透明度。因此，冬季的补水不会影响白洋淀水生植物的正常生长发育节律，具有正效应，水生植物物种正在逐步恢复。

2. 冬季补水对白洋淀鱼类生长的生态效应分析

目前白洋淀共有鱼类 37 种，主要有草、鲤、鲫、青鳉、鲢、黄颡鱼、乌鳢、鳜鱼、黄鳝等。受人工养殖影响，白洋淀的鱼类以草鱼、鲤鱼、鲢鱼等为主，其生长受人为控制。白洋淀国家级水产种质资源保护区重点保护的鱼类种质资源为黄颡、乌鳢和鳜鱼，重点分析冬季补水对其产生的生态影响。黄颡，典型的广食性小型鱼类，广布种，多在湖泊静水或江河缓流中营底栖生活，尤喜生活在具有腐败物和淤泥的浅滩处；冬季多聚在支流深水处，对环境的适应能力较强；繁殖期为每年 5 ~ 7 月。乌鳢，白洋淀常见品种，在全淀均有分布，营底栖性鱼类，通常栖息于水草丛生、底泥细软的静水或微流水中，生存水温为 0 ~ 41 ℃；对水体中缺氧、水温和不良水质有很强的适应能力；于 5 ~ 7 月在长有茂盛水草的静水浅滩处进行繁殖。鳜鱼，为广布种，对水温有较强的适应性，生活在水清的江河湖泊中的近底层，喜藏身于水底石块后，或繁茂的草丛中；潜身于深水处越冬；繁殖期在 6 月，产卵期间，在稳缓的水流中。

根据对白洋淀鱼类尤其是国家种质资源保护鱼类的生活习性分析，在冬季补水期间，淀区内鱼类处于越冬休眠期，活动性减低，新陈代谢减缓，生长缓慢或停止。冬季补水可以增加淀区内水量,增加水深,给黄颡、乌鳢、鳜鱼等适应深水越冬的鱼类提供有利环境,提高越冬的安全性。补水可以改善淀内水体的污染程度,提高水体内藻类生物量,有利于鱼类安全越冬。淀内鱼类对环境水质、营养等条件要求较高的快速生长期在3~5月,鱼类的繁殖期在5~7月,在此期间,白洋淀已恢复了自然状态,由于冬季的补水,保证了淀区基本的生态水量,能够满足鱼类的正常生长和繁殖。多次的淀区生态补水,使白洋淀的鱼类多样性正不断增加。但冬季反季节补水的入淀口区域,可能会由于水流影响该区域水动力条件,造成该区域鱼类越冬场所的变化。

#### 8.8.3.5　调水对区域气候的影响分析

白洋淀水域面积开阔,年平均水面蒸发量1 369 mm,水体的温度特性对白洋淀周边区域气温、空气湿度、空气质量具有明显的调节作用。据调查,白洋淀湿地周边气温比同纬度的其他地区低3 ℃左右,空气湿度比远离湿地的其他地区高5%~20%以上。降水也相对较多,尤其在夏季东南风为主导风向时,白洋淀湿地对调节淀区周边区域及京津地区温湿状况和减轻浮尘扬沙有一定的作用。

同时,白洋淀湿地由于地表经常性积水,土坡通气性差,造成好气性细菌数量降低,植物残体分解缓慢,使有机物质不断积累,泥炭是湿地生态系统的主要产物,一旦白洋淀湿地变干,土壤通气性得到改善,植物残体分解速率提高,将会产生大量的$CO_2$气体向大气排放,造成局地"温室效应"。

因此,引黄入冀补淀工程的实施对维持白洋淀水量和湿地生态环境发挥了积极作用。

#### 8.8.3.6　小结

白洋淀生态补水至今共经历了上游水库补水、跨河系引岳济淀、跨流域引黄济淀三个阶段,根据回顾性评价结果,多次补水遏制了淀区生态系统结构的破坏和功能的丧失,生态环境得以持续性保护。

引黄入冀补淀工程建设运行后,每年引黄河水1亿多$m^3$,从2006~2011年,将维持白洋淀一定的水位,淀区内水质也得到一定程度的改善,白洋淀生态环境将得到一定程度改善;生态环境的改善,使物种多样性不断增加,动植物资源得以一定程度恢复,迁徙过路的鸟类逐步增加,鱼类总数将有所增加,将有效缓解白洋淀生态环境恶化趋势,维持白洋淀湖泊基本生态功能正常发挥。

### 8.8.4　对受水区白洋淀国家级水产种质资源保护区的影响

白洋淀国家级水产种质资源保护区为引黄入冀补淀工程的主要受水区,本次工程在保护区内无工程布置,最近任文干渠新建隔碱沟工程距离保护区1.5 km,工程施工期间不会对保护区造成大的不利影响。工程运行后,每年常态向白洋淀补水1亿多立方米,可持续改善白洋淀的生态环境,恢复白洋淀鱼类和水生植物的种类和数量,对白洋淀水生生物的恢复提供条件。

#### 8.8.4.1　浮游生物

根据相关研究,由于生态环境的变化,藻类的种群数量从20世纪50年代以来发生了变化。1958年白洋淀浮游植物有7门129属,1975年调查发现浮游植物门类没有变化,但属种数量减少到92属,1983~1987年连续5年干淀后,浮游植物种群发生了变化,重新蓄水后,1991 年出现 261 种,1992 年出现 243 种,1993 年出现 201 种,1996 年鉴定出 170 种。总体来看,1958 年至今白洋淀浮游植物的种类呈下降的趋势,门类无较大变化,其属种组成变化较大,分类鉴定结果表明浮游植物减少的种类多为不耐有机污染种,新出现的浮游植物多为耐有机污染种。

本工程实施后,随着白洋淀生态水量的补给、一定水位的维持、周边区域水污染治理力度的加强,白洋淀水质将得到一定程度改善,浮游植物组成将可能发生一定变化,不耐污的种类可能会有增加的趋势,而耐污种类可能由于水体水质改善会有所减少。

#### 8.8.4.2 底栖动物

白洋淀有适合底栖动物生长的良好条件,1958 年调查白洋淀淀内底栖动物 35 种,其中环节动物 3 种,软体动物 19 种,节肢动物 13 种。20 世纪 70 年代后,淀内环境发生变化,底栖动物的种类、数量组成和分布均发生了很大变化,主要趋势是种类减少。1980 年 7 月调查有 25 种,2006 年降至 23 种。现在特点表现为底栖生物种类减少,结构单一。2009 年调查共发现底栖动物 18 种,其中软体动物 10 种,节肢动物 4 种及少量摇蚊幼虫。通过对白洋淀底栖动物的调查发现,白洋淀底栖动物以软体动物为主,有少量环节动物和水生昆虫。与 20 世纪 50 年代以来对白洋淀的三次底栖动物调查比较可知,底栖动物的种类大幅减少,种类减少的原因主要是白洋淀的水质污染,底栖动物的生境受到破坏,导致耐污性差的底栖生物从白洋淀生态系统中消失。

调水工程实施后,随着白洋淀的水质在一定程度上得到改善,不耐污的底栖种类可能得到一定程度恢复。

#### 8.8.4.3 水生植物

根据中国科学院动物研究所 1965 年调查,淀内常见的大型水生植物共 47 种,包括 21 种挺水植物、7 种浮叶植物、4 种漂浮植物、15 种沉水植物;20 世纪 80 年代的连续干旱,导致白洋淀多次干淀,使当地生态环境迅速恶化,造成淀内水生植物种类锐减,有的甚至绝迹。经过几次引黄补水后,2009 年,淀内大型水生植物恢复到 46 种,绝迹多年的芡实、白花菜等多种沉水植物和浮叶植物也重现白洋淀。

调水工程实施后,随着受水区白洋淀水量的增加及水质的改善,水生植物的生长条件也得到提高,有利于水生植物的生长繁衍。

#### 8.8.4.4 鱼类

白洋淀鱼类种群的变化与入淀水量、淀中水质等密切相关。随着多次应急补水的实施,白洋淀鱼类得到一定程度的恢复。本工程实施后,随着入淀水量的增加和水质的改善,浮游生物种类和数量也得到一定程度的恢复,对鱼类的恢复也有一定积极作用。但还要注意外流域调水和水面养殖可能引起的生物入侵现象,以及输水过程中可能出现的水污染风险对白洋淀鱼类造成的不利影响。

### 8.8.5 对输水沿线衡水湖湿地自然保护区的影响

本工程输水线路滏东排河的部分河段涉及衡水湖湿地国家级自然保护区,但不穿过衡水湖湖面,因本河段为已有河渠,且满足本工程过流要求,保护区内无工程建设安排,善官桥拆除重建工程距离保护区最近,约为 600 m。

本次桥梁工程距离保护区边界较近，工程施工期间，机械噪声、人员干扰等可能会对自然保护区部分鸟类的栖息、觅食等活动造成一定影响。根据调查，衡水湖国家级自然保护区主要保护鸟类居留型多为旅鸟，主要栖息于衡水湖的湖面及沼泽地带，距离施工区域有一定的距离，因此工程施工对保护区鸟类影响程度有限。

# 8.9　泥沙淤积及处理对环境的影响分析

## 8.9.1　濮阳引黄灌区已有沉沙池运行情况

沉沙池是引黄灌溉工程不可缺少的组成部分，目前渠村引黄灌区通过租地方式设置沉沙池。据介绍，当沉沙池淤积完毕、地下水位下降到一定程度后，沉沙池可用于水浇农耕地，在有灌溉条件时亦可用于水稻种植。经现场调查，该沉沙池中的一个已经淤积成为湿地，其中生长有芦苇、香蒲等草本植物，各类植物生长良好。引黄沉沙池在使用完毕后，可用于复耕，或用于湿地或防护林建设。根据已有沉沙池运行情况（见表8-18），第一濮清南干渠总共设置有9方沉沙池，前8方都因为泥沙淤高而停止使用。运行期沉沙池泥沙的处理去向是已有工程的一个难题，也是本次工程关注的焦点问题。

表8-18　濮阳已有沉沙池运行情况

| 编号 | 建设时间 | 占地（亩） | 运行年数 | 总沉沙量（万 $m^3$） | 沉沙池位置 | 运行情况 |
|---|---|---|---|---|---|---|
| 第一方 | | | | | 濮渠公路东侧刘吕邱以南、牛占以西 | 已于1982年因泥沙淤高停用 |
| 第二方 | 1983 | 2 812 | 6 | 318 | 南至渠村乡大南湖村，北至海通乡甘吕邱村，东至濮渠公路，西至南湖干渠 | 从1984年启用，至今已淤积317.86万 $m^3$ 泥沙，地面普遍淤厚1.5 m左右，不能再继续沉沙 |
| 第三方 | 1989 | 1 900 | | | 濮阳县渠村引黄闸以下至海通刘吕邱沉沙池退水闸之间 | 与总干渠在相机运用，可使用三年半 |
| 第五方 | 1996 | 2 700 | 3 | 230 | 濮阳县渠村引黄闸以下至海通刘吕邱沉沙池退水闸之间 | 1997年2月投入运行至1998年12月，运行2年时间，沉沙量达230万 $m^3$，平均淤深1.7 m，已达到设计沉沙状况，不再沉沙 |
| 第六方 | 1999 | 2 450 | 2 | 230 | 南起海通乡刘吕邱村与渠村乡安邱村交界处，北至刘吕邱村边及刘孟公路，西至总干渠，东至刘吕邱地界 | 建于1999年冬，运行近2年，累计过水量4亿 $m^3$，沉沙量230万 $m^3$，已达到使用年限 |

续表 8-18

| 编号 | 建设时间 | 占地（亩） | 运行年数 | 总沉沙量（万 $m^3$） | 沉沙池位置 | 运行情况 |
|---|---|---|---|---|---|---|
| 第七方 | 2001 | 2 500 | 4 | 300 | 西至渠村乡一中，东至濮渠公路，南至南湖干渠，北至前南湖 | 2004 年年底第七方沉沙池将达到使用年限，取沉沙量约 300 万 $m^3$ |
| 第八方 | 2005 | 2 000 | 3 | 200 | 濮阳县渠村乡安邱村以北，海通乡甘吕邱村以南，濮渠公路以西，三里店沟以东 | 运行时间 3 年，于 2009 年进行复耕，目前第八方沉沙池仍处于恢复过程中，正在进行农田综合整治及配套建设工作 |
| 第九方 | 2008 | 2 800 | 3 | 220 | 海通乡甘吕邱村村西 | 运行年数为 3 年，目前第九方沉沙池仍通过清淤手段继续运行使用 |

## 8.9.2 沉沙池占地影响分析

经沿线优化选址，沉沙池位置选定在渠线桩号 2 +500 ~5 +000，巴寨村以东一长 2.5 km、宽 1.45 km 的地块。沉沙池按条渠梭形布置，设 2 个条渠，每个条渠长约 2.5 km，宽 450 m。沉沙池具体情况见表 8-19。

表 8-19 沉沙池布置概况

| 名称 | 位置 | 面积 | 交通 | 占地类型 | 地势 | 敏感点 |
|---|---|---|---|---|---|---|
| 沉沙池 | 渠线桩号 2 + 500 ~ 5 + 000，307 国道以北 | 长 2.5 km，宽 1.45 km，面积 3.6 $km^2$ | 距渠首较近，且附近有国道和省道，交通便利 | 农田 | 渠首工程附近没有洼地，地势平坦 | 周围分布有巴寨村、安邱村、任称湾等村庄，没有生态敏感区 |

由表 8-19 可知，沉沙池占地面积 3.6 $km^2$，占地类型为耕地，主要是渠村乡的巴寨村、安邱村、任称湾等村庄，对沉沙池周边村庄进行调查，占地使沉沙池附近村庄的耕地面积减少，也减少了人均耕地面积，其中以南湖村、北李庄村、甘称湾村等村庄减少最多。具体见表 8-20。

据现场调查，沉沙池所在地基本种植水稻，种植面积的减少也意味着水稻产量的减少，将对区域农业生产力产生一定程度的影响。

表 8-20　沉沙池附近村庄基本情况　（单位:亩）

| 乡镇 | 村庄 | 总耕地面积 | 人均耕地面积 | 沉沙池永久征用耕地面积 | 占压后人均耕地面积 | 占压后人均耕地减少面积 |
|---|---|---|---|---|---|---|
| 渠村乡 | 南湖村 | 5 496 | 1.68 | 1 994.09 | 1.05 | 0.63 |
| | 巴寨村 | 650 | 1.39 | 115.36 | 1.12 | 0.27 |
| | 安邱村 | 1 856 | 1.32 | 253.37 | 1.12 | 0.20 |
| | 北李庄 | 850 | 1.91 | 103.50 | 1.64 | 0.27 |
| | 田庄村 | 1 750 | 1.80 | 165.48 | 1.60 | 0.20 |
| 海通乡 | 小甘吕邱村 | 2 713 | 1.55 | 418.85 | 1.29 | 0.26 |
| | 甘称湾村 | 3 367 | 2.02 | 553.91 | 1.66 | 0.36 |
| | 任称湾村 | 611 | 1.64 | 99.37 | 1.35 | 0.29 |
| | 太安集村 | 520 | 1.04 | 98.60 | 0.83 | 0.21 |
| 合计/平均 | | 17 813 | 1.59 | 3 802.53 | 1.30 | 0.29 |

## 8.9.3　泥沙淤积及处理影响分析

黄河水含沙量较大,引水必引沙,泥沙淤积是引黄工程普遍存在的重要问题,黄河下游各引黄灌区也都把泥沙处理作为重点。

本工程南水北调中、东线工程生效前,多年平均条件下,河南境内泥沙淤积量 195.3 万 $m^3$(因河北引水新增泥沙淤积量);最大引水条件下,河南境内泥沙淤积量 248.8 万 $m^3$(因河北引水新增泥沙淤积量)。南水北调中、东线工程生效后,多年平均条件下,河南境内泥沙淤积量 171.5 万 $m^3$(因河北引水新增泥沙淤积量);最大引水条件下,河南境内泥沙淤积量 194.4 万 $m^3$(因河北引水新增泥沙淤积量)。

为保障灌区的正常引水,采取沉沙池以挖待沉和渠道清淤方式处理泥沙,对于清淤泥沙堆放造成的环境影响主要表现为三个方面。

### 8.9.3.1　土地资源影响

沉沙池开挖将永久性占用一定面积的耕地,一定程度上减少了区域土地资源,随着耕地面积的减少,对区域农业生产力有一定的影响。另外,工程运行后,沉沙池多年平均淤积量 217.97 万 $m^3$,清淤时在沉沙池周边临时征地,堆沙高度 2.5 m 左右,堆后复耕,每年清淤堆放需占用土地 1 308 亩,由于每年清淤需临时占地面积也相对较大,也进一步挤压了区域有限的土地资源。

### 8.9.3.2　农业生产生活影响

泥沙淤积的清淤堆沙如不采取严格的防护及植被保护措施,将严重破坏引黄灌区周边生态环境,周边村庄、耕地等将受到沙化的威胁,在沉沙池区农作物产量和生产水平远低于区域平均水平,风沙极大地危害了引黄灌区人民正常的生产生活,可能带来一定的社会问题。本次通过对黄河下游潘庄、渠村、位山等大型引黄灌区的考察,发现泥沙处理问题仍十分严峻,特别是位山灌区,作为黄河下游最大灌区,由于连年清淤,输水渠道两侧大堤两岸已形成高于地面7～15 m,每侧宽度30～100 m的带状沙垄。沉沙区的清淤弃土已形成高出地面7 m以上的沙质高地,部分村庄已搬迁多次。同时,随着耕地面积的减少,严重影响了当地人民群众的生产生活条件,社会经济发展也受到一定的影响。

#### 8.9.3.3　土壤环境影响

工程运行后,需定期对沉沙池进行清淤工作,若沉沙池运行管理和处置不当,可能导致沉沙池及周边土地沙化。但通过对位山、潘庄、渠村沉沙区土壤盐渍化状况的监测发现,除位山灌区部分点位土壤出现轻微盐渍化现象外,其他灌区尚未出现。

### 8.9.4　环境影响小结

本次引黄入冀补淀工程在输水干渠渠首处新建沉沙池,占地面积为3 000多亩。一方面,沉沙池永久占地面积较大,减少了耕地面积,对区域生态环境及景观将造成一定影响。另一方面,工程从渠村引水,绝大多数的泥沙将沉淀在沉沙池,根据可行性研究分析,工程运行后多年平均淤积泥沙量约200多万 $m^3$,破坏周边的陆生生态系统,也可能对当地社会环境造成一定影响。

为更好的解决本次工程泥沙处置问题,设计单位与环境影响评价单位多次前往下游灌区进行泥沙问题考察,对下游沉沙区生态环境状况有了进一步的了解,同时积极探索运用多种途径、多种方式进行泥沙处理,同时与地方人民政府及相关部门做好沟通和协调,最大限度地做好泥沙处置工作,尽可能减少泥沙对周边生态环境和社会环境造成的不良影响。

# 第 9 章　工程施工环境影响研究

## 9.1　施工期水环境影响分析

### 9.1.1　施工期对西水坡饮用水源保护区水环境的影响

#### 9.1.1.1　西水坡地表水饮用水源保护区区划

根据《河南省城市水源地集中区划》，西水坡地表水饮用水源保护区一级保护区包括：黄河干流 -3 号坝至 10 号坝的水域及黄河西岸生产堤外 50 m 的陆域；渠村沉沙池的整个水域；沿环沉沙池道路外 300 m 的陆域；输水明渠 08 号碑向南 50 m 至濮—背 13 号碑向北 50 m 内的水域和陆域；西水坡调节池古城墙南 60 m 以北，濮耐公司西墙至前南旺、西关公路以东，新民街北 100 m 以南，濮上路东 90 m 以西的区域；输水管线两侧 30 m 的区域。

二级保护区：黄河干流 -3 号坝至 43 km 碑、10 号坝至 13 号坝的水域及黄河西岸生产堤外 50 m 的陆域；渠村沉沙池一级保护区外 1 000 m、黄河大堤以内的区域；输水明渠一级保护区向外延伸 1 000 m 的区域；西水坡调节池古城墙南 1 000 m 以北，废弃窑场路以东，御井街以西，红旗路以南的区域。

准保护区：黄河干流 43 km 碑至上游 1 000 m，13 号坝至下游 100 m 的水域，以及二级保护区外至黄河西岸防洪大堤的陆域（濮阳—新乡界碑处）。

#### 9.1.1.2　水源保护区划分及与本工程位置关系

根据《河南省城市水源地集中区划》和《河南省人民政府办公厅关于印发河南省城市集中式饮用水源保护区划的通知》（豫政办〔2007〕125 号），本项目渠首段 1 号枢纽工程、老引黄闸拆除重建工程等涉及西水坡地表水饮用水源保护区。工程与保护区位置关系见表 9-1。

表 9-1　引黄渠首段工程与水源保护区位置关系表

| 工程内容 | 与保护区位置关系 | 保护要求 |
| --- | --- | --- |
| 1 号枢纽工程 | 位于一级保护区内 | 渣场需迁出一级保护区范围 |
| 1 号渣场及部分 2 号渣场 | | |
| 部分施工便道 | | |
| 老渠村引黄闸拆除重建工程 | 位于二级保护区内 | 施工营地需迁出二级保护区 |
| 1、2 号施工营地 | | |
| 3 号及部分 2 号弃土渣场 | | |

目前设计单位已对原施工营地和弃土场进行了优化调整，其中 2 号渣场取消用于回填渠道，原 1 号渣场已调出一级保护区范围，1 号营地和 2 号营地调出保护区范围。

#### 9.1.1.3　施工期对西水坡地表水饮用水源保护区的影响分析

渠首工程施工内容主要为：渠村老引黄闸拆除重建、1 号分水枢纽建设及相应的施工道路、废弃土渣清运及堆存等，目前渠首段 2 个施工营地已调出保护区范围，但距离保护区仍较近。施工过程对地表水源地的影响因素主要为施工扬尘、施工污水、施工废弃物及垃圾排放等，可能随雨水进入饮用水系统对饮用水质造成污染。如果不能有效规范施工行为并控制和处置好污染的排放，可能对西水坡地表水饮用水源保护区水环境造成不利影响。具体如下：

1. 施工扬尘

渠首施工涉及大量的开挖及土石方运输。开挖采用 1 $m^3$ 挖掘机，清运采用 8 ~ 10 t 自卸汽车装运。场内运输以渠道开挖、土方填筑及混凝土的运输为主，兼有施工机械设备及人员的进场要求。施工干线道路连接生产区、生活区及渣场区等。施工道路为碎石凝结。施工期长达 10.5 个月。大范围的施工、大量的物料运输及人员活动可能产生严重的扬尘，如不采取措施予以控制，可能对水源地产生污染影响。

2. 施工污水

1）施工期生产废水

渠首工程施工期生产排水主要为施工导流排水、混凝土拌和楼及搅拌运输车冲洗废水、施工机械车辆含油废水等。

a. 渠首段施工导流对水源地的影响

因 1 号分水枢纽工程为涉水施工，且新建老闸输水渠道工程均直接与水源地预沉池相邻，1 号分水枢纽工程位于新渠村（三合村）闸和老渠村穿堤涵闸引水渠道交汇处，为了满足施工期城市供水及下游灌区供水要求，必须解决涉水施工的导流问题。因河道狭窄（宽仅 22 m），不具备分期导流条件，故可行性研究推荐采用将引水渠道一次拦断，从导流明渠引水的导流方式。由于右岸有濮阳市渠村水源沉淀池，没有地方布置导流明渠，设计将导流明渠选择在左岸布置。

为确保在施工过程中导流排水不对水源地造成扰动及污染影响，评价建议沿预沉池一侧（中心分水枢纽工程施工影响范围及新建老闸输水渠道施工相邻区域）建设超出施工扰动范围的防护围堰，杜绝一切施工排水进入供水水源系统。

b. 混凝土拌和楼、搅拌运输车冲洗废水

混凝土拌和楼、搅拌运输车冲洗废水具有悬浮物浓度高、pH 高、水量小、间歇集中排放的特点，若不经处理直接排放将影响水体水质。每个混凝土拌和系统按每天冲洗一次拌和楼计算，每个拌和楼约产生 6 $m^3$ 废水，混凝土拌和楼冲洗废水 pH 为 9 ~ 12，悬浮物浓度 200 ~ 5 000 mg/L。混凝土废水经加酸中和沉淀处理后用于道路养护，不会对水环境产生不良影响。

c. 施工机械车辆含油废水

由于工程施工项目单一，且距当地县市较近，市、县内均可为工程提供一定程度的加工、修理服务。在满足工程施工需要的前提下，本着精简现场机修设施的原则，不再专设修配厂。仅在工地现场布置机械修配车间,配备一些简易设备,承担施工机械的小修保养。在进行机械和车辆修理的过程中,将产生少量油污的跑、冒、滴、漏。

2)施工期生活污水

渠首工程施工高峰施工人数约为600人,设计集中布置于相邻2号工厂区的施工营地内,目前已调出西水坡地表水饮用水源保护区范围,但距离较近。

该营地施工高峰期人数为600人,主体施工期10.5个月,人均排放生活污水按30 L/d算,渠首段产生废水18 $m^3$/d,生活污水主要污染物为$BOD_5$、COD,浓度分别为200 mg/L、350 mg/L。

生活污水主要来源于食堂、澡堂、厕所等生活设施,排放污水中的污染物有人体排泄物、食物残渣等有机污染物、氯化物、磷酸盐、阴离子洗涤剂及大量细菌病毒等。生活污水如果不经过严格处理排放,不仅将污染周围的地表水、地下水,还将滋生蚊蝇、传播细菌,威胁施工人群健康,破坏生态和生活环境。

3. 施工产生的废弃土渣及生活垃圾

1)废弃土渣

渠首开挖、填筑共产生弃渣48.9万$m^3$,属一般固废,全部于渠首500 m范围内的1、2、3号渣场堆存,其中1号、2号弃土渣场均位于西水坡地表水源地一级保护区内。按照《中华人民共和国水污染防治法》第五十九条规定,应将1、2号弃土场迁至西水坡水源地一级保护区外,并做好对弃土场实施围挡和压实的水土流失防治措施,工程完成后通过绿化恢复植被,不会因雨水冲刷流入水源地对水源水质造成影响。

2)建筑垃圾

渠首工程建筑垃圾主要来自渠村引黄闸拆除重建及施工导流围堰、工棚等临时建筑物拆除等。随着施工结束,大量的建筑垃圾及各种杂物堆放在施工区,形成杂乱的施工迹地,若不进行有效的清除处理也会对水源地造成潜在危害。

3)生活垃圾

本工程工期较长,渠首段施工高峰期人口600人,按每人每天产生0.5 kg生活垃圾计算,渠首段垃圾产生量300 kg/d。主要是营地厨房产生的厨余物及个人丢弃物,如食品袋、饮料瓶、瓜皮、纸屑等。如果不进行合理的收集与处置,将会滋生蚊蝇和鼠害,给人群健康带来潜在危险,其垃圾渗滤液可能会对地表水源地水质和地下水环境产生影响。

### 9.1.2　施工期对李子园地下水饮用水源保护区水环境的影响

根据《河南省人民政府办公厅关于印发河南省城市集中式饮用水源保护区划的通知》(豫政办〔2007〕125号)及《河南省环境保护厅 河南省水利厅关于濮阳市地下饮用水源地调整情况的报告》(豫环函〔2014〕20号),初步确定第三濮清南干渠部分输水线路(毛寨村—西子岸村段)涉及濮阳市李子园地下水饮用水源保护区的准保护区。李子园地下饮用水源保护区范围见表9-2。

本次引水工程拟穿越濮阳市李子园地下水饮用水源准保护区,该区域浅层含水层底板埋深120～151 m,水位埋深44～50 m,且直接接受渠道渗漏、降水入渗及灌溉回渗补给。

**表 9-2 李子园地下饮用水源保护区范围**

| 保护级别 | 保护范围 |
| --- | --- |
| 一级保护区 | 开采井外围 100 m 区域 |
| 二级保护区 | 一级保护区外 400 m 范围 |
| 准保护区 | 除一、二级保护区外，西八里、王寨、马寨、西高城以南，毛寨、小山以北，东高城、老王庄、谷马羡、主布村、吕家海以西，西子岸、东流村、后栾村以东区域 |

因渠道段施工建设内容主要为河道扩宽及相应的构筑物建设等工程，施工方式主要为挖掘机开掘，8～10 t 自卸车清运及水泥浇筑等。产生的污染因素主要为建筑垃圾、施工扬尘、施工人员生活污水、生活垃圾及少量机械油污排放等。由于地下水水源埋深较深，施工扬尘及河道开挖不会对地下水源水质造成影响，但施工期间生活污水、生活垃圾、机械油污等如未采取有效的防治措施，可能对浅层地下水环境产生短时影响。

总体来看，由于该区域地质结构松散，地表水极易下渗补充地下水，受地表污染物排放及地质构造影响，濮阳市浅层地下水监测区域大部分监测点水质已不能满足地下水环境质量Ⅲ类标准要求。因此，工程施工期间必须严格按照环境影响评价提出的各项污染防治措施实施，切实做好预防工作并加强管理，保证工程施工不对地下水饮用水源保护区水质造成影响。

### 9.1.3 施工期生活污水对水环境的影响

生活污水主要是施工人员产生的粪便、餐饮污水等，主要污染物为 $BOD_5$、COD，浓度分别为 200 mg/L、350 mg/L。本次工程施工高峰期人口 16 927 人，其中渠首段 600 人，主体施工期 10.5 个月；河南段 4 340 人，主体施工期 14 个月；河北段 11 987 人，各河段均在 1 年完工。根据施工期分别计算三个河段污水排放量，人均排放生活污水按 30 L/d 计算。渠首段产生废水 18 $m^3$/d，主体施工期间总污水量 5 670 $m^3$；河南段产生废水 130.2 $m^3$/d，主体施工期间总污水量 54 684 $m^3$；河北段产生废水 359.61 $m^3$/d，主体施工期间总污水量 131 258 $m^3$。河南段及河北段施工营地情况具体见表 9-3、表 9-4。

由于本次工程主要是渠道工程，施工区呈线性分布，施工人员相对分散，因此施工期生活污水总量虽然较大，但影响强度并不大。施工采取全线分段施工的方式，影响时段较短。为减轻生活污水的影响，在施工营地采取环保厕所、一体化污水处理设施等措施，结合区域环境特征，生活污水经一体化处理设施处理后，可以作为施工营地附近农田、灌木和草地等的浇灌用水，实现生活污水零排放，产生的污泥作为固废统一就近运送至各县城垃圾填埋场处置。在落实生活污水回用措施后，施工期生活污水对水环境的影响很小。

表9-3　河南段各施工营地情况

| 施工营地编号 | 所在县/市 | 具体位置 | 桩号 | 高峰期人数（人） | 高峰期污水排放量（$m^3/d$） |
|---|---|---|---|---|---|
| 1# | 濮阳市濮阳县 | 沉沙池出口干渠右侧 | 5+000 | 360 | 10.8 |
| 2# | 濮阳市濮阳县 | 干渠右侧道路以北 | 14+500 | 360 | 10.8 |
| 3# | 濮阳市濮阳县 | 干渠右侧道路以南 | 23+300 | 360 | 10.8 |
| 4# | 濮阳市濮阳县 | 干渠右侧道路以北 | 30+600 | 360 | 10.8 |
| 5# | 濮阳市濮阳县 | 干渠右侧道路以南 | 38+700 | 360 | 10.8 |
| 6# | 濮阳市濮阳县 | 干渠右侧道路以南 | 46+600 | 360 | 10.8 |
| 7# | 濮阳市清丰县 | 干渠左侧道路以南 | 55+700 | 360 | 10.8 |
| 8# | 濮阳市清丰县 | 干渠右侧道路以北 | 63+000 | 360 | 10.8 |
| 9# | 濮阳市清丰县 | 干渠右侧道路以北 | 70+000 | 360 | 10.8 |
| 10# | 濮阳市清丰县 | 干渠右侧道路以北 | 79+500 | 360 | 10.8 |
| 11# | 濮阳市濮阳县 | 金堤河进口干渠左侧 | 29+500 | 160 | 4.8 |
| 12# | 濮阳市濮阳县 | 金堤河出口干渠左侧 | 29+750 | 160 | 4.8 |
| 13# | 濮阳市清丰县 | 卫河进口干渠右侧 | 82+160 | 210 | 6.3 |
| 14# | 河北省大名县 | 卫河出口干渠右侧 | 83+030 | 210 | 6.3 |

表9-4　河北段各施工营地情况

| 县(市、区) | 所在渠道 | 工区编号 | 具体位置桩号 | 高峰期人数（人） | 高峰期污水排放量($m^3/d$) |
|---|---|---|---|---|---|
| 魏县 | 东风渠 | 1# | 6+000 | 305 | 9.2 |
| | | 2# | 17+000 | 400 | 12.0 |
| | | 3# | 28+000 | 400 | 12.0 |
| | | 4# | 39+000 | 400 | 12.0 |
| 肥乡县 | 东风渠 | 5# | 59+000 | 192 | 5.8 |
| 广平县 | 东风渠 | 6# | 48+000 | 151 | 4.5 |
| 曲周县 | 东风渠 | 7# | 74+000 | 260 | 7.8 |
| | 滏阳河 | 8# | 4+000 | 112 | 3.4 |
| | | 9# | 13+000 | 270 | 8.1 |
| | 支漳河 | 10# | 85+000 | 240 | 7.2 |
| | | 11# | 95+000 | 250 | 7.5 |
| | | 12# | 105+000 | 250 | 7.5 |

续表 9-4

| 县(市、区) | 所在渠道 | 工区编号 | 具体位置桩号 | 高峰期人数(人) | 高峰期污水排放量($m^3$/d) |
|---|---|---|---|---|---|
| 鸡泽县 | 滏阳河 | 13# | 21 +000 | 63 | 1.9 |
| 平乡县 | 老漳河 | 14# | 116 +000 | 358 | 10.7 |
| 广宗县 | 老漳河 | 15# | 150 +000 | 297 | 8.9 |
| 巨鹿县 | 老漳河 | 16# | 147 +000 | 507 | 15.2 |
| | | 17# | 157 +000 | 506 | 15.2 |
| 宁晋县 | 老漳河 | 18# | 168 +000 | 308 | 9.2 |
| 新河县 | 滏东排河 | 19# | 184 +000 | 677 | 20.3 |
| 冀州市 | 滏东排河 | 20# | 209 +000 | 892 | 26.8 |
| 桃城区 | 滏东排河 | 21# | 230 +000 | 743 | 22.3 |
| 武邑县 | 滏东排河 | 22# | 265 +000 | 776 | 23.3 |
| 武强县 | 滏东排河 | 23# | 282 +000 | 102 | 2.1 |
| 泊头市 | 北排河 | 24# | 287 +000 | 252 | 7.6 |
| 献县 | 北排河 | 25# | 308 +000 | 506 | 15.2 |
| | 紫塔干渠 | 26# | 315 +000 | 322 | 9.7 |
| | 陌南干渠 | 27# | 324 +000 | 283 | 8.5 |
| 肃宁县 | 韩村干渠 | 28# | 338 +000 | 384 | 11.5 |
| | 小白河东支 | 29# | 350 +000 | 364 | 10.9 |
| 河间市 | 小白河东支 | 30# | 359 +000 | 317 | 9.5 |
| 任丘市 | 小白河 | 31# | 372 +000 | 285 | 8.6 |
| | | 32# | 384 +000 | 285 | 8.6 |
| | 任文干渠 | 33# | 394 +000 | 530 | 15.9 |

### 9.1.4 施工期生产废水对水环境的影响

本项目施工期对水环境产生影响的主要是混凝土拌和及养护废水、运输车冲洗废水及施工机械车辆含油废水等。

#### 9.1.4.1 混凝土养护废水

混凝土主体工程现浇混凝土养护少量废水，主要分布在 49 个主体工程施工场区，按养护 1 $m^3$ 混凝土约产生废水 0.35 $m^3$ 计算，本工程混凝土浇筑 55.6 万 $m^3$，产生养护废水量 19.46 万 t。渠首段混凝土浇筑高峰强度为 37 $m^3$/h，河南段和河北段高峰期混凝土浇筑强度为 971 $m^3$/d，渠首段高峰期产生的混凝土养护废水为 103.6 t/d，渠首段分布有 2

个拌和站，每个拌和站高峰期产生的养护废水为 51. 8 t/d，河南段和河北段产生的养护废水为 339. 85 t/d。养护废水一部分被水泥熟化吸收、一部分蒸发进入大气，还有较少一部分，考虑到混凝土养护废水 pH 偏高呈碱性，渗入地下会对地下水质产生影响，因此应防止冲洗废水未经处理直接进入附近河流和农田，需要根据相关规范，采取中和、收集等相关措施。

#### 9.1.4.2　混凝土拌和废水

输水线路上的渠道、倒虹吸等渠系建筑物，由于施工点分散、混凝土生产规模较小，主要以小型移动式拌和机为主，分段施工、分段布置，生产废水排放量较少；混凝土拌和站集中作业的施工场地（包括渠首枢纽工程、较为集中的工程等）废水排放量较大。若直接排放，排放水 pH 呈碱性，将会对周边土壤、水体等造成一定影响，为减轻其环境影响，需要采取中和措施。

本工程布置有拌和站 49 处，有 50 台 0. 8 $m^3$ 混凝土拌和机，1 台 0. 4 $m^3$ 混凝土拌和机，每台机器平均 1 天冲洗 1 次，小拌和机用水量 0. 5 $m^3$/次，大拌和站 0. 8 $m^3$/次，则施工期每天混凝土拌和系统冲洗废水排放总量为 40. 5 $m^3$，主要污染物为 SS，浓度约为 5 000 mg/L。由于施工场地较为分散，平均到 49 个混凝土拌和站，每个拌和站每天大概排放 0. 83 $m^3$ 冲洗废水，混凝土拌和系统冲洗废水排放量较小。混凝土拌和系统冲洗废水产生量情况见表 9-5。

**表 9-5　混凝土拌和系统冲洗废水产生量一览表**

| 工程段 | 混凝土浇筑高峰强度或混凝土总用量 | 拌和机数量 | 施工时间 | 冲洗废水 |
| --- | --- | --- | --- | --- |
| 渠首段 | 混凝土浇筑高峰强度为 37 $m^3$/h | 分布有 2 处拌和站，共配置有 3 台 0. 8 $m^3$ 混凝土拌和机，1 台 0. 4 $m^3$ 混凝土拌和机 | 渠首段施工时间为第一年 10 月至第二年 8 月 | 2. 9 $m^3$/d，其中 1 号混凝土拌和站产生 1. 3 $m^3$/d，2 号混凝土拌和站产生 1. 6 $m^3$/d |
| 河南段 | 混凝土总用量为 24. 98 万 $m^3$，混凝土浇筑最大强度发生在第一年第四季度，为 971 $m^3$/d | 分布有 14 处拌和站，有 14 台 0. 8 $m^3$ 混凝土拌和机 | 第一年 10 月到第三年 5 月 | 11. 2 $m^3$/d，每个拌和站产生 0. 8 $m^3$/d |
| 河北段 | 高峰期为第一年 11 月，为 971 $m^3$/d | 分布有 33 处拌和站，有 33 台 0. 8 $m^3$ 混凝土拌和机 | 第一年 10 月至第三年 5 月 | 26. 4 $m^3$/d，每个拌和站产生 0. 8 $m^3$/d |

养护废水具有 pH 高、SS 高、水量较小和间歇集中排放的特点，若直接排放，排放水 pH 呈碱性，将会对周边土壤、水体等造成一定影响，为减轻其环境影响，针对混凝土废水水量分散，且悬浮物浓度较高等特点，采用间歇式自然沉淀的方式去除易沉淀的砂粒，混凝土拌和系统废水均处理达标后回用，即采用加絮凝剂沉淀达到 pH 不小于 5、可溶物和不可溶物均不超过 2 000 mg/L，满足《混凝土用水标准》（JGJ 63—2006）后全部回用于混

凝土拌和系统的冲洗,不会对水环境造成不利影响。

#### 9.1.4.3 含油废水

由于工程施工项目单一,且距当地县市较近,市、县内均可为工程提供一定程度的加工、修理服务。在满足工程施工需要的前提下,本着精简现场机修设施的原则,不再专设修配厂。

机械和车辆运行过程中,可能会产生少量油污的跑、冒、滴、漏。污染因子主要为石油类,污水量较少,施工期间应加强机械的维护和管理,尽可能杜绝跑、冒、滴、漏现象。

### 9.1.5 围堰施工、基坑排水对水环境的影响

#### 9.1.5.1 导流围堰

导流围堰的开挖、填筑和拆除工程会导致水体悬浮物上升。围堰施工产生的水体悬浮物经过一定时间会因自然沉降而降低,且围堰施工在枯水期进行。围堰修筑、拆除施工对河流水环境的影响是局部的、暂时的,一旦施工完成,其对水环境的影响也将消失。因此,围堰施工对引水渠道水质影响轻微。

#### 9.1.5.2 基坑排水

基坑排水主要产生于施工导流、基础开挖过程中地下渗水、降雨等,废水具有 SS 高、连续排放的特点,浓度约为 2 000 mg/L。

地下水受季节影响变化,部分建筑物施工时会受地下水影响。为保证干场作业,当开挖基坑底高程低于地下水位时,需进行基坑降排水。排水方式采取明挖排水沟结合集水井方式。在基坑底开挖明沟,每 15 ~ 20 m 布置集水井,井底高程低于沟底高程 1 ~ 2 m,利用潜水泵将积水排至基坑外。

基坑排水主要会对水体悬浮物浓度造成影响,导致水体悬浮物增加,但影响时间和范围较小,水质可以通过自然沉降得到恢复,施工期采取基坑废水静置絮凝沉淀处理后回用于施工过程,施工期末废水处理达标后用于周边园地、林地灌溉,不对外排放,因此不会对水环境造成不利影响。

### 9.1.6 集中式移民安置点水环境影响典型分析

本工程规划水平年搬迁安置共涉及河南、河北 2 省 2 市 3 县(区)17 个行政村 1 288 人。结合生产安置去向方案,规划水平年濮阳县渠村乡南湖村 634 人、安邱村 271 人采取集中安置,其余 15 个行政村 383 人均采取本村后靠分散安置。根据地方政府和移民群众意见,规划水平年濮阳县渠村乡南湖村 634 人、安邱村 271 人,分别安置于牛寨村和翟庄村,安置用地分别为 76.08 亩和 32.52 亩。

根据当地实际情况,牛寨村安置点位于南湖村东南约 4 km,黄河大堤西北,紧邻牛寨老村庄,以牛寨干渠为界,拟安置南湖村居民 159 户 634 人;翟庄村安置点位于安邱村东南约 3 km,黄河大堤西北,紧邻翟庄老村庄,拟安置安邱村居民 68 户 271 人。

本次工程集中安置人数较多,根据《镇规划标准》规划规模分级标准,该安置区为中型村,安置区的居民生活污水及生活垃圾等将对水环境产生一定的影响,根据本次工程安置点迁建规划,安置区人均生活用水量为 100 L/d,生活污水量按生活用水量的 80% 计

算，则人均生活污水排放量为80 L/d，牛寨安置区生活污水排放量为50.72 $m^3$/d，翟庄安置区污水排放量为21.68 $m^3$/d，生活污水主要污染物为$BOD_5$、COD，浓度分别为200 mg/L、350 mg/L。

根据安置规划设计，牛寨村安置区和翟庄村安置区内各布置Z10－9化粪池1座及一体化设施，以WSZ－AO系列一体化生活污水处理设施为例，经处理后$BOD_5$、COD浓度可分别达到20 mg/L、70 mg/L，再采用次氯酸钠消毒处理后可达到《城市污水再生利用城市杂用水水质》(GB/T 18920—2002)标准，回用于安置区的道路除尘或洒水绿化。

安置区按每人每天产生0.5 kg生活垃圾计算，则牛寨安置区和翟庄安置区产生的垃圾量分别为317 kg/d和135.5 kg/d，安置区内生活垃圾经收集后定期集中外运至濮阳县垃圾场处理。通过采取上述措施，移民对安置区的水环境影响得到了有效控制。

### 9.1.7　施工期地下水环境影响分析

本工程输水沿线大部分是小型构筑物工程，其中可能对地下水有影响的是大型跨河构筑物工程，如河南段的金堤河倒虹吸、卫河倒虹吸及河北段穿漳河涵洞工程。

#### 9.1.7.1　金堤河倒虹吸

金堤河倒虹吸现状为1座管身长166.5 m的穿河倒虹吸，共2孔，单孔尺寸2.5 m×2.5 m，进口渠底高程为49.98 m，出口渠底高程为49.38 m，原设计流量25 $m^3$/s；现状倒虹吸进口右岸布置一设计退水流量12.5 $m^3$/s，单孔孔径为2.5 m×3.6 m的退水闸。

按照本次规划的金堤河倒虹吸设计过水流量91.19 $m^3$/s，已建倒虹吸现状过流能力为25 $m^3$/s，达不到设计要求。因此，拟在已建倒虹吸左侧(建筑物轴线间距23 m)布设1新建倒虹吸，2孔，单联，孔径为4.0 m×4.0 m，管身始末端分别设进出口闸各1座；已建右岸退水闸过流能力不满足设计要求，需拆除重建，新建退水闸设计流量为45.6 $m^3$/s，孔口尺寸5.0 m×5.2 m，单孔，一联。

倒虹吸起始桩号为29＋520～29＋745，场区位于金堤河上，属平原型河谷地貌。金堤河由河床和两岸漫滩组成，两岸漫滩不对称发育，左窄右宽。河床高程约46.0 m，漫滩高程50.4～51.0 m，堤顶高程52.0～52.8 m。

根据2007年12月及2008年6月河南段地下水位标高等值线可以看出，金堤河处地下水位标高分别为44 m及42 m，而根据濮阳市多年地下水位动态，多年地下水位维持不变，金堤河倒虹吸设计高程为49.38 m，而基坑开挖深度为5～8 m，在枯水期施工，将不涉及排水问题，因此金堤河倒虹吸的施工对地下水不会产生影响。

#### 9.1.7.2　卫河倒虹吸

引黄入冀补淀工程总干渠与卫河交叉断面处现有引黄入邯工程建设的穿卫河倒虹吸1座。该倒虹吸总长度869.4 m，其中管身段长度798.4 m，主要分为右岸滩地暗涵段(长381.12 m)、主槽倒虹吸段(长189.16 m)和左岸滩地暗涵段(长228.12 m)三部分。该倒虹吸为两孔一联，左、右岸滩地暗涵单孔孔径为4 m×4 m，主槽倒虹吸管单孔孔径为3 m×3 m，倒虹吸设计流量25 $m^3$/s。(本次设计计划利用已建倒虹吸管身，倒虹吸进、出口检修闸需拆除重建)。

根据《灌溉与排水工程设计规范》(GB 50288—99)，倒虹吸应埋入河道设计洪水冲刷线0.5 m以下。根据河道冲刷计算成果,经综合分析确定河槽段水平管管顶高程为35.50 m,埋深约为6 m。

卫河倒虹吸位于桩号82+161.44~83+030.84,工程区为平原型河谷地貌,卫河两岸由一级阶地、河漫滩组成,两岸阶地上均修筑有堤防,河道宽约800 m,主河槽宽约36 m,两岸漫滩基本对称发育,宽约50 m。一级阶地地形平坦、开阔,地面高程49.50~50.20 m。漫滩地面高程42.8~43.2 m,河床高程约41.5 m。

根据2007年12月及2008年6月河南段地下水位标高等值线可以看出,卫河处地下水位标高分别为32 m及30 m。根据濮阳市多年地下水位动态,多年地下水位维持不变,卫河倒虹吸平管段件基面高程约为31.3 m,基坑开挖深度为10~15 m,根据此地地下水位标高,需进行排水施工。需要排水深度为10~15 m,该地地下水位埋深数值为20 m左右,建设期进行排水,周边受影响,水位埋深可能降至30 m左右,而根据调查该地区水井深度为50 m左右,不会造成掉泵影响,且建设后地下水位恢复,不影响周边居民井正常取水。建设期做好隔渗工作,防止对周边地下水产生污染。

#### 9.1.7.3 穿漳河涵洞

穿漳涵洞位于魏县大王村东南约300 m的漳河上,自南向北穿越漳河,为东风渠主要工程,建于1960年。工程的主要作用是输水灌溉。穿漳涵洞原设计过水能力50 $m^3/s$,涵洞采用双排布置,内径4 m,外径4.7 m,管壁厚35 cm,现浇钢筋混凝土无压涵洞,共28节,每节长12.5 m,涵洞总长350 m。

存在主要问题:一孔淤积,另一孔水毁。处理措施:一孔清淤,对另一孔拆除重建。穿漳涵洞设计标高为40.85 m,而根据地下水等水位线图可知,该位置地下水位标高为20 m,地下水位标高远远小于涵洞设计标高,其设计施工不涉及地下水排水问题,需要注意建筑施工时污染物排放,建立防渗措施,防止污染地下水。

## 9.2 施工对大气环境的影响

施工期对大气环境产生污染的环节主要如下:

(1)工程施工产生的扬尘,主要是土方开挖、回填等施工操作;

(2)临时土方、砂石料和弃渣堆放等产生的风吹扬尘;

(3)运输车辆产生的道路扬尘;

(4)施工机械和运输车辆排放尾气等。

工程施工产生的扬尘影响区域主要为渠线施工沿线和运输交通沿线区域。扬尘将增加空气中的总悬浮颗粒物浓度,施工机械和运输机械尾气排放会增加空气中悬浮颗粒、二氧化硫、二氧化氮、一氧化碳等污染物含量。

### 9.2.1 施工粉尘、场地扬尘对环境空气的影响

工程线路长、占地面积大、土石方开挖量大,地面扬尘、施工粉尘影响范围广,地面扬尘、施工粉尘污染将是污染环境空气的主要因素,对工程两侧的村庄和树木、植物等产生影响,扬尘飘落在农作物叶片上,影响植物光合作用和正常生长,可能会导致减产。在土

方开挖、填筑等过程中,特别是在干旱、有风的施工时段和风沙区段,将产生大量的粉尘和飘尘。

施工扬尘量与土石方开挖量有关,工程总土方开挖量2 302万 $m^3$,总工期2年,日均土方施工量约2.19万 $m^3$,施工日扬尘量不大。一般土石方施工现场空气中总悬浮颗粒物浓度可达到2.17~4.26 $mg/m^3$,混凝土拌和加工在进料和搅拌时将产生粉尘,浓度平均为1 000 $mg/m^3$,其影响范围为施工区域周边200~250 m。各项工程使用的混凝土拌和系统一般都配有除尘设备,若正常运行可大大降低粉尘浓度,减小影响范围。施工现场工程基础开挖、土石方回填、骨料加工筛分、水泥仓库装卸、混凝土拌和等作业面广,污染物以面源、线源无组织排放为主,受影响的人群最主要为施工现场施工人员,其次为施工区周围的零散居民。

### 9.2.2　燃料废气对大气环境的影响

燃料废气包括燃油废气和燃煤废气,其中燃油废气主要来源于施工机械及车辆废气,主要污染物为 $SO_2$、$NO_x$、CO;燃煤废气主要来源于施工生活区生活锅炉,主要污染物为烟尘、$SO_2$、CO。

工程相当大的一部分燃油消耗于汽车运输上,主要是在公路上行驶,且本项目施工区大部分为农村地区,所处位置地形开阔,大气扩散条件较好,施工期燃油产生的污染物量较小且排放分散,因此对施工区大气环境影响较小。

施工工地燃煤、燃油分散,废气排放分散,污染物排放量相对较小,且沿线大部分地区远离居住点,因此燃料废气除对施工人员产生一定影响外,对周围环境空气质量影响不大。根据以往大型水利水电工程的施工实测资料,燃料废气对大气环境影响很小,且属于暂时性影响,施工结束后其影响将消除。

虽然分析认为燃料废气对当地大气环境影响很小,但毕竟存在一定的负面影响,因此建议采用低硫低灰分燃料、无铅燃料,并采用脱硫除尘措施,以实现达标排放,减少对沿线大气环境的负面影响。

### 9.2.3　道路运输扬尘对大气环境的影响

交通运输中产生的扬尘主要来自两个方面:一是汽车行驶产生的扬尘,二是水泥、挖土等多尘物料运输时,汽车在行进中如果防护不当,容易导致物料散落,导致道路两侧空气中含尘量增加。

施工区域为农村区域的,环境背景较好,施工场地为线状分布,且施工区域多为平原区,地势平坦,有较好的扩散条件;对于城市郊区及市区内的工程,由于悬浮颗粒物浓度较大,本底值高,大气扩散条件较差,运输扬尘及汽车尾气将会对道路两侧居民点有一定影响,属于暂时性影响,施工结束后其影响将消除,在采取一定措施后可减缓环境影响,且市区原有交通量很大,因此工程交通运输引起的大气污染对污染指标的贡献值有限,不会对区域环境空气质量产生大的影响。

# 9.3　施工噪声的影响

施工活动的噪声源主要有渠道工程、沉沙池工程、建筑物工程等，施工机械噪声设备声级值范围为 80～105 dB(A)。

## 9.3.1　评价范围和标准

施工期噪声影响评价范围为施工过程中各产生噪声的施工区周围 200 m 内区域。根据河北省及河南省环保厅评价执行标准的批复，声环境质量执行《声环境质量标准》(GB 3096—2008)中相关标准。本次评价标准农村地区采用《声环境质量标准》(GB 3096—2008)1 类标准，途经输水沿线城镇地区采用《声环境质量标准》(GB 3096—2008)2 类标准，具体见表 9-6。

**表 9-6　声环境质量评价标准**　（单位：dB(A)）

| 类别 | 昼间 | 夜间 |
|---|---|---|
| 1 | 55 | 45 |
| 2 | 60 | 50 |

## 9.3.2　源强分析

本工程施工期噪声主要来自两个方面：一是施工机械设备运行产生的固定点源噪声；二是机动车辆行驶产生的流动噪声。经类比同类工程施工噪声值，各噪声源声功率级介于 80～105 dB(A)，均会对周围尤其对敏感点的声环境产生一定的影响。主要噪声源及源强见表 9-7。

**表 9-7　施工期主要噪声源及源强**

| 序号 | 机械类型 | 型号规格 | 噪声源强(dB(A)) | 声源特点 |
|---|---|---|---|---|
| 1 | 挖掘机 | 1 $m^3$ | 84 | 不稳态流动源 |
| 2 | 轮式装载机 | 1 $m^3$ | 90 | 不稳态流动源 |
| 3 | 推土机 | 74 kW | 86 | 不稳态流动源 |
| 4 | 蛙式打夯机 | 2.8 kW | 105 | 不稳态流动源 |
| 5 | 冲击式风钻 | 01－30 | 95 | 不稳态噪声源 |
| 6 | 运输车辆 | 5～10 t | 82 | 线型流动不稳定噪声源 |
| 7 | 空压机 | 9 $m^3$/min | 90 | 稳态固定源 |

续表 9-7

| 序号 | 机械类型 | 型号规格 | 噪声源强(dB(A)) | 声源特点 |
| --- | --- | --- | --- | --- |
| 8 | 轴流风机 | 8 kW | 80 | 稳态固定源 |
| 9 | 起重机 | 10 t、20 t | 80 | 稳态固定源 |
| 10 | 混凝土拌和站 | 0.8 $m^3$ | 88 | 稳态固定源 |
| 11 | 灰浆搅拌机 |  | 85 | 稳态固定源 |
| 12 | 电焊机 | 25 kVA | 90 | 不稳态流动源 |
| 13 | 钢筋切断机 | 20 kW | 90 | 不稳态流动源 |
| 14 | 钢筋调直机 | 14 kW | 90 | 不稳态流动源 |
| 15 | 柴油发电机 | 固定式 200 kW | 95 | 稳态固定源 |
| 16 | 柴油发电机 | 移动式 75 kW | 90 | 不稳态流动源 |
| 17 | 岩石破碎机 |  | 85 | 不稳态流动源 |

## 9.3.3　固定点源声环境影响预测与评价

本次工程固定声源主要为土石方工程施工和混凝土工程施工产生的噪声，其中渠道土石方开挖机械主要为推土机、挖掘机、装载机等，混凝土工程主要为施工区混凝土拌和站系统和综合加工噪声。

### 9.3.3.1　预测模式

根据《环境影响评价技术导则 声环境》(HJ/T 2.4—2009)有关要求，采用下列预测公式进行预测，并选取各设备最大源强参与计算。

固定点源噪声源计算公式：

$$L_A(r) = L_{WA} - 20\lg r - 8 \tag{9-1}$$

式中：$L_A(r)$为距声源 $r$(m)处的 A 声级，dB(A)；$L_{WA}$为 A 声功率级，dB(A)；$r$ 为测点与声源的距离，m。

预测点噪声级声能叠加公式：

$$L_{总} = 10\lg\left(\sum_{i=1}^{n} 10^{0.1L_i}\right) \tag{9-2}$$

式中：$L_{总}$ 为预测声压级，dB(A)；$L_i$ 为各叠加声压级，dB(A)；$n$ 为声压级个数。

### 9.3.3.2　预测结果

根据以上公式，并且参考《水电水利工程施工环境保护技术规程》(DL/T 5260—2010)中不同施工机械的噪声源强，对于不同机械噪声源，噪声随传播距离增加引起的衰减值是相同的。由于噪声源强大小不同，不同施工噪声源新增加的机械噪声随距离变化特征见表 9-8。

表 9-8　不同施工噪声随传播距离衰减变化　　(单位:dB(A))

| 施工方式 | 不同施工方式到保护目标距离(m) | | | | | | | | | | |
|---|---|---|---|---|---|---|---|---|---|---|---|
| | 10 | 20 | 30 | 50 | 75 | 100 | 150 | 200 | 250 | 300 | 400 |
| 推土机 | 58 | 52 | 48. 5 | 44 | 40. 5 | 38 | 34. 5 | 32 | 30 | 28. 5 | 26 |
| 挖掘机 | 56 | 50 | 46. 5 | 42 | 38. 5 | 36 | 32. 5 | 30 | 28 | 26. 5 | 24 |
| 装载机 | 62 | 56 | 52. 5 | 48 | 44. 5 | 42 | 38. 5 | 36 | 34 | 32. 5 | 30 |
| 混凝土拌和系统 | 60 | 54 | 50. 5 | 46 | 42. 5 | 40 | 36. 5 | 34 | 32 | 30. 5 | 28 |
| 综合加工工厂 | 77 | 54 | 50. 5 | 46 | 42. 5 | 40 | 36. 5 | 34 | 32 | 30. 5 | 28 |
| 累积叠加影响 | 77. 3 | 60. 6 | 57. 1 | 52. 6 | 49. 1 | 46. 6 | 42. 1 | 40. 6 | 38. 6 | 37. 1 | 34. 6 |

从表 9-8 中可以看出,在距离保护目标 150 m 左右的情况下,施工叠加噪声影响对保护目标的贡献值可以满足《声环境质量标准》(GB 3096—2008)1 类标准的要求,在 75 m 左右可以满足《声环境质量标准》(GB 3096—2008)2 类标准的要求,所以在施工过程中尽量使施工机械在保护目标达标范围以外,根据沿线村庄等敏感点距离工程位置,大部分敏感点距离工程 150 m 范围之内,因此需要采取一定降噪措施,如使用隔声挡板、夜间不施工等措施,以有效缓解施工噪声对保护目标的影响。

在夜间不施工的情况下,施工叠加影响 40 m 内仍不能满足《声环境质量标准》(GB 3096—2008)1 类标准的要求,因此评价建议施工单位施工时在距离较近的村庄一侧布置移动式临时声屏障,考虑到不同施工工段作业时间的差异,可对隔声屏障进行重复利用。根据相关资料显示,临时声屏障的降噪效果在 15 ~ 25 dB(A)之间,评价取中间值 20 dB(A),采取该措施后,距离施工区 15 m 以外的大部分村庄基本能够满足要求,对于小于 15 m 或者紧邻开挖渠道及施工区的村庄不能满足《声环境质量标准》(GB 3096—2008)1 类标准的要求,需采取噪声补偿措施。根据敏感点调查结果,需采取补偿措施的共有 92 个村庄 2 514 户,其中渠首段共 2 个村庄 62 户,河南段 29 个村庄 486 户,河北段 61 个村庄 1 966 户。

### 9. 3. 4　流动噪声影响预测与评价

各种自卸汽车和载重汽车的交通运输产生的噪声均可视为流动声源,采用《环境影响评价技术导则 声环境》(HJ/T 24—2009)中推荐的公路交通运输噪声预测模式进行预测。

$$L_{eq}(h)_i = (\overline{L_{OE}})_i + 10\lg\left(\frac{N_i}{V_i T}\right) + 10\lg\left(\frac{7.5}{r}\right) + 10\lg\left(\frac{\Psi_1 + \Psi_2}{\pi}\right) + \Delta L - 16 \quad (9\text{-}3)$$

式中:$L_{eq}(h)_i$ 为第 $i$ 类车的小时等效声级,dB(A);$(\overline{L_{OE}})_i$ 为第 $i$ 类车速度为 $V_i$(km/h)时,水平距离为 7. 5 m 处的能量平均 A 声级,dB(A);$N_i$ 为昼间或夜间通过某个预测点的第 $i$ 类车平均小时车流量,辆/h;$V_i$ 为第 $i$ 类车的平均车速,km/h;$T$ 为计算等效声级的时间,h;$r$ 为从车道中心线到预测点的距离,m;$\Psi_1$、$\Psi_2$ 为预测点到有限长路段两端的张角、弧度;$\Delta L$ 为由其他因素引起的修正量,dB(A)。

混合车流模式的等效声级是将各类车流等效声级叠加求得的。如果将车流分成大、中、小三类车，那么总车流等效声级为：

$$(L_{Arq})_{交} = 10\lg[10^{0.1(L_{Arq})_L} + 10^{0.1(L_{Arq})_M} + 10^{0.1(L_{Arq})_S}] \quad (9\text{-}4)$$

式中：$(L_{Arq})_L$、$(L_{Arq})_M$、$(L_{Arq})_S$ 分别为预测点接收到的大、中、小型车辆昼间或夜间交通噪声值，dB(A)；$(L_{Arq})_{交}$为预测点接收到的昼间或夜间的交通噪声值，dB(A)。

根据《环境影响评价技术导则 声环境》(HJ 2.4—2009)要求，本次工程运输车辆主要是 8 t/10 t 的自卸汽车和载重汽车，车速昼间取 20 km/h、夜间取 15 km/h，车流量昼间取 40 辆/h、夜间取 20 辆/h，根据公式预测噪声值影响范围见表 9-9。

**表 9-9　流动噪声源影响范围**　（单位：dB(A)）

| 时间 | 预测点到道路中心线距离(m) | | | | | | | |
|---|---|---|---|---|---|---|---|---|
| | 10 | 20 | 30 | 50 | 100 | 150 | 200 | 300 |
| 昼间 | 59.8 | 56.8 | 55.1 | 52.8 | 49.8 | 48.1 | 46.8 | 45.1 |
| 夜间 | 58.1 | 55.1 | 53.3 | 51.1 | 48.1 | 46.3 | 45.1 | 43.3 |

由表 9-9 可知，昼间预测点距离道路中心线 30 m 范围内，流动噪声不能满足《声环境质量标准》(GB 3096—2008)1 类标准的要求；夜间施工道路两侧 200 m 内不能满足《声环境质量标准》(GB 3096—2008)1 类标准的要求，50 m 范围内不能满足《声环境质量标准》(GB 3096—2008)2 类标准要求，考虑到本次工程沿线 200 m 范围内村庄等声环境敏感点众多，因此在夜间禁止施工的情况下，可最大程度减轻施工道路交通对沿线敏感点的影响。

**表 9-10　临时道路交通噪声预测表**　（单位：dB(A)）

| 序号 | 环境敏感点 | 执行标准 | 时间 | 背景值 | 叠加预测值 | 噪声增量值 | 是否达标 |
|---|---|---|---|---|---|---|---|
| 1 | 大芰河村 | 1 类 | 昼间 | 46.6 | 50.1 | 3.5 | 是 |
| 2 | 巴寨村 | 1 类 | 昼间 | 48.8 | 50.3 | 1.5 | 是 |
| 3 | 西台上村 | 1 类 | 昼间 | 53.9 | 54.4 | 0.5 | 是 |
| 4 | 东台上村 | 1 类 | 昼间 | 54 | 54.4 | 0.4 | 是 |
| 5 | 东土垒头村 | 2 类 | 昼间 | 58.5 | 58.6 | 0.1 | 是 |
| 6 | 班家村 | 2 类 | 昼间 | 57.6 | 57.8 | 0.2 | 是 |
| 7 | 北店当村 | 2 类 | 昼间 | 56.7 | 56.8 | 0.1 | 是 |
| 8 | 北照河村 | 1 类 | 昼间 | 54.2 | 55.2 | 1 | 否 |
| 9 | 前小寨村 | 1 类 | 昼间 | 54.3 | 55.3 | 1 | 否 |
| 10 | 彭庄村 | 1 类 | 昼间 | 51.6 | 52.6 | 1 | 是 |
| 11 | 张铁房村 | 1 类 | 昼间 | 51.5 | 52.1 | 0.6 | 是 |
| 12 | 隋庄村 | 1 类 | 昼间 | 47.9 | 51.1 | 4.2 | 是 |
| 13 | 西武庄村 | 1 类 | 昼间 | 54.3 | 54.7 | 0.4 | 是 |
| 14 | 青塔乡 | 1 类 | 昼间 | 51.6 | 52.1 | 0.5 | 是 |

根据预测结果可以看到,在项目区噪声本底值不超标的情况下,河南段昼间临时道路的交通噪声基本都可以满足《声环境质量标准》(GB 3096—2008)的要求,河北段仅有2处超标,且超过标准限值较小,本次工程可以通过夜间不施工、设置隔声屏障等有效措施保障施工期临时道路周边声环境质量。

### 9.3.5 对环境敏感点典型噪声影响分析

本次工程输水线路较长,涉及开挖疏浚河段较多,施工营地也主要沿渠道两侧布置,而输水沿线两侧敏感点众多,因此为进一步了解工程施工对敏感点的噪声影响,选取3个典型的声环境敏感点进行分析预测,分别是渠首段南湖村、河南段巴寨村和河北段东风渠张照河村,敏感点具体情况见表9-11。

**表9-11 敏感点情况**

| 分区 | 敏感点名称 | 噪声背景值(dB(A)) | 工程内容 | 与工程位置关系 |
|---|---|---|---|---|
| 渠首段 | 南湖村 | 39.4 | 南湖干渠扩挖、渠首段2号施工区 | 紧邻南湖渠道,施工区位于渠道北侧10 m |
| 河南段 | 巴寨村 | 48.8 | 沉沙池开挖 | 距离沉沙池开挖边界30 m |
| 河北段 | 张照河村 | 44.7 | 东风渠疏浚/复堤渠道右侧 | 距离疏浚渠道50 m |

采用下列声级叠加预测公式,对3个典型敏感点进行预测。

$$(L_{Aeq})_{预} = 10\lg[10^{0.1(L_{Aeq})_{施}} + 10^{0.1(L_{Aeq})_{背}}] \quad (9\text{-}5)$$

式中:$(L_{Aeq})_{预}$为预测点昼间或夜间的环境噪声预测值,dB(A);$(L_{Aeq})_{施}$为预测点昼间或夜间的交通噪声的贡献值,dB(A);$(L_{Aeq})_{背}$为预测点预测时的环境噪声背景值,dB(A)。

通过上述预测公式,叠加施工机械与典型敏感点噪声背景值,具体预测结果见表9-12。

**表9-12 典型敏感点噪声随传播距离衰减值预测** (单位:dB(A))

| 敏感点 | | 敏感点距离工程距离(m) | | | | | | | | | | |
|---|---|---|---|---|---|---|---|---|---|---|---|---|
| | | 10 | 20 | 30 | 50 | 75 | 100 | 150 | 200 | 250 | 300 | 400 |
| 南湖村 | 施工噪声叠加贡献值 | 77.3 | 60.6 | 57.1 | 52.6 | 49.1 | 46.6 | 42.1 | 40.6 | 38.6 | 37.1 | 34.6 |
| | 背景值 | 39.4 | | | | | | | | | | |
| | 综合影响预测值 | 77.3 | 60.6 | 57.2 | 52.8 | 49.5 | 47.4 | 44.6 | 42.1 | 42.0 | 41.4 | 40.6 |
| 巴寨村 | 施工噪声叠加贡献值 | 77.3 | 60.6 | 57.1 | 52.6 | 49.1 | 46.6 | 42.1 | 40.6 | 38.6 | 37.1 | 34.6 |
| | 背景值 | 48.8 | | | | | | | | | | |
| | 综合影响预测值 | 77.3 | 60.9 | 57.7 | 54.1 | 52.0 | 50.8 | 49.8 | 49.4 | 49.2 | 49.1 | 49.0 |
| 张照河村 | 施工噪声叠加贡献值 | 77.3 | 60.6 | 57.1 | 52.6 | 49.1 | 46.6 | 42.1 | 40.6 | 38.6 | 37.1 | 34.6 |
| | 背景值 | 44.7 | | | | | | | | | | |
| | 综合影响预测值 | 77.3 | 60.7 | 57.3 | 53.3 | 50.4 | 48.8 | 47.0 | 46.1 | 45.7 | 45.4 | 45.1 |

根据表9-12可知，南湖村距离扩挖河段较近，仅10 m左右，施工噪声预测值达到77. 3 dB(A)，不能满足《声环境质量标准》(GB 3096—2008)1类要求，因此施工期间要采取声屏障措施，最大限度降低噪声影响，对于采取措施后仍不能满足要求的第一排房屋给予噪声补偿经费。巴寨村距离拟建的沉沙池边界30 m左右，噪声预测值为57. 7 dB(A)，也不能满足《声环境质量标准》(GB 3096—2008)1类要求，由于超标倍数较小，建议施工期间采取临时声屏障、合理安排施工时段，优化施工设计，对施工机械加装降噪设施等措施来降低对区域声环境质量的影响。东风渠段张照河村距离渠道疏浚段50 m左右，噪声预测值为53. 3 dB(A)，能够满足《声环境质量标准》(GB 3096—2008)1类要求，施工活动不会对敏感点村庄声环境质量造成大的影响。

## 9.4　施工期固体废弃物的影响

### 9.4.1　建筑垃圾及生活垃圾

本工程施工期产生的固体废物主要为施工弃土、拆除建筑垃圾及施工人员生活垃圾，本次工程沿线拆除重建及扩建桥梁、涵闸等构筑物较多，其中渠首段主要是渠村老引黄闸拆除重建等。河南段涉及拆除重建的分水口门98座，跨渠桥梁115座，节制闸3座。河北段涉及拆除重建桥梁111座，节制建筑物6座，引排水建筑物18座 。因此，本次工程拆除重建工程量相对较大，其中渠首段建筑垃圾量为5 390 $m^3$，河南段为63 528 $m^3$，河北段为100 439 $m^3$。评价建议除部分建筑垃圾可用于渠道回填外，其余建筑垃圾应集中就近运送至各涉及县区的垃圾填埋场进行填埋处置。

施工期按照每人每天产生0. 5 kg生活垃圾，渠首段施工期共产生生活垃圾约94. 5 t，河南段施工期共产生生活垃圾约84. 2 t，河北段施工期共产生生活垃圾约160. 38 t。若垃圾容重以0. 8 $t/m^3$计算，施工期共产生生活垃圾约271. 3 $m^3$。

本次工程在各施工营地设置了WSZ－AO系列一体化生活污水处理设施，WSZ－AO系列一体化污水处理设备中的AO生物处理工艺采用推流式生物接触氧化池，它的处理优于完全混合式或二、三级串联完全混合式生物接触氧化池，并且它比活性污泥池体积小，对水质适应性强，耐冲击性能好，出水水质稳定，不会产生污泥膨胀。同时，在生物接触氧化池中采用了新型弹性立体填料，它具有实际比表面积大，微生物挂膜、脱膜方便的特点，在同样有机负荷条件下，比其他填料对有机物的去除率高，能提高空气中的氧在水中的溶解度。由于在AO生物处理工艺中采用了生物接触氧化池，其填料的体积负荷比较低，微生物处于自身氧化阶段，因此产泥量较少。此外，生物接触氧化池所产生污泥的含水率远远低于活性污泥池所产生污泥的含水率。因此，污水经WSZ－AO系列一体化污水处理设备后所产生的污泥量较少。针对各施工营地污水处理产生的污泥作为固废统一收集并送至就近的各县城垃圾填埋场。

由于固废量比较大，固体废物若处理不当，可能破坏植被，对水环境、大气环境、生态环境、人身健康等产生不利影响。具体如下：

(1)本工程产生的生活垃圾等固废物如进入输水渠道，将使输水渠道水质直接受到污染，难以保障沿线输水水质。

(2)生活垃圾中富含有机物及病原菌，随意排放，不仅影响环境美观、污染空气，而且影响施工区清洁卫生，造成蚊蝇滋生、鼠类繁殖，导致疾病流行，威胁施工人员和附近居民身体健康。

(3)工程弃土如果临时堆放不合理，将有可能加重区域水土流失现象。

因此，评价建议本次工程合理选择弃土场，做好弃土场各项环保及水保措施，尽可能减少水土流失现象；施工营地应设置垃圾收集装置，收集好的生活垃圾运至各段县城垃圾填埋场安全填埋。

### 9.4.2　疏浚扩挖及施工开挖弃土

根据对输水沿线疏浚、扩挖段底泥监测结果，对照《土壤环境质量标准》(GB 15618—1995)中的二级标准，对输水渠道底泥中的重金属进行评价。监测结果表明：49 个底泥样品均满足《土壤环境质量标准》(GB 15618—1995)二级标准。

虽然河北段弃土场布置不涉及自然保护区、水产种质资源保护区、饮用水源保护区等生态敏感区域，河北段扩挖疏浚河段底泥重金属和地表水重金属均不超标，河北沿线不涉及重金属污染重点防控区，不是重金属污染重点防控企业分布区。

但由于本次工程输水线路较长，涉及疏浚扩挖河道较多，渠道构筑物工程数量较大，其中东风渠、北排河、小白河等河渠共有 116.47 km 的河道清淤疏浚工程，布置有 31 处弃土场，为避免清淤弃土及施工开挖弃土可能对地下水和土壤产生的不利影响，应根据以下原则要求，优化弃土场布置，并采取相应环境保护措施：

(1)疏浚弃土场应严格避开地下水漏斗区、分散式饮用水源井等各类环境敏感区；弃土场与地表水域距离不应小于 150 m，现场或其附近有充足的黏土资源；弃土场应尽量避免占用耕地，禁止占用基本农田。

(2)弃土场底层采用黏土进行防渗后，依次分层堆放清淤疏浚土，再进行表层土回填，恢复原状；对于确需占用的耕地，弃土场先进行耕作层剥离堆存，弃土场底层采用黏土进行防渗后，依次分层堆放清淤疏浚土，上面覆盖耕作层用于复耕。

(3)施工期间，应加强疏浚扩挖渠道及老漳河、滏东排河、任文干渠、第三濮清南干渠等渠道的底泥监测，一旦发现异常(超土壤环境质量二级标准)，应及时采取有效措施，首先对污染土进行隔离处置，同时开展污染底泥浸出毒性试验，对照《危险废物鉴别标准 浸出毒性鉴别》(GB 5085.3—2007)标准判断污染底泥是否为危险废物，以防止疏浚、扩挖、施工开挖等弃土通过淋溶作用对周边区域地下水及土壤造成污染；同时，重新选择弃土场，并按照法律法规有关要求履行环境影响评价手续。

# 9.5　施工期对人群健康的影响

施工单位应为施工人员提供良好的居住和生活条件，并与当地卫生医疗部门取得联系，由其负责施工人员的医疗保健、急救及意外事故现场急救与治疗工作。为保证工程的顺利进行，应加强传染病预防与监测工作。

施工期间现场施工人员受施工机械噪声影响，以及会吸入一些施工粉尘，对现场操作人员身体健康造成影响。所以，为保证施工人员身体健康，必须为施工人员提供防噪、防尘设备，充分保护施工人员身体健康。

施工人员进入施工场地必须佩戴安全帽，进入施工场地后必须严格遵守施工管理要求；严格按照施工生产程序进行施工，不能擅自更改；施工人员应佩戴口罩、耳塞，加强身体防护，避免扬尘噪声的伤害。

在施工区、生活营区布设安全生产宣传板，在施工人员首次进入施工区前及施工期内定期开展安全生产会议，宣传各施工环节生产程序、安全生产制度、危害，以及安全事故的应急措施等，务必使安全生产思想深入每个职工的心里，并会应对特殊情况。

总之，在采取适当的防护措施后，施工期间不会对施工人员身体健康造成影响。

# 9.6　移民安置环境影响研究

## 9.6.1　移民安置方案

### 9.6.1.1　生产安置

根据工程永久征收耕园地面积，以行政村为单位计算生产安置人口。经计算，本工程用地区基准年生产安置人口 3 936 人，其中河南省生产安置人口 2 994 人，河北省生产安置人口 942 人；规划水平年生产安置人口 3 985 人，其中河南省生产安置人口 3 024 人，河北省生产安置人口 961 人，见表 9-13。

表 9-13　引黄入冀补淀工程生产安置人口计算

| 省 | 县（市、区） | 总耕园地面积（亩） | 基准年农业人口（人） | 基准年人均耕园地面积（亩） | 永久征用耕园地面积（亩） | 生产安置人口（人） | | 安置去向 | |
|---|---|---|---|---|---|---|---|---|---|
| | | | | | | 基准年 | 水平年 | 本村安置（人） | 出村安置（人） |
| 河南省 | 濮阳县 | 66 906.00 | 52 595 | 1.27 | 2 920.07 | 2 640 | 2 670 | 1 765 | 905 |
| | 开发区 | 41 127.48 | 31 165 | 1.32 | 253.82 | 187 | 187 | 187 | |
| | 示范区 | 5 608.56 | 2 883 | 1.95 | 24.44 | 18 | 18 | 18 | |
| | 清丰县 | 58 686.00 | 39 965 | 1.47 | 160.84 | 149 | 149 | 149 | |
| | 合计 | 172 328.04 | 126 608 | 1.36 | 3 359.17 | 2 994 | 3 024 | 2 119 | 905 |

续表 9-13

| 省 | 县(市、区) | 总耕园地面积(亩) | 基准年农业人口(人) | 基准年人均耕园地面积(亩) | 永久征用耕园地面积(亩) | 生产安置人口(人) | | 安置去向 | |
|---|---|---|---|---|---|---|---|---|---|
| | | | | | | 基准年 | 水平年 | 本村安置(人) | 出村安置(人) |
| 河北省 | 魏县 | 12 408.00 | 11 852 | 1.05 | 33.82 | 37 | 38 | 38 | |
| | 曲周县 | 55 679.00 | 36 691 | 1.52 | 184.82 | 162 | 165 | 165 | |
| | 平乡县 | 16 619.00 | 10 403 | 1.60 | 14.72 | 10 | 10 | 10 | |
| | 广宗县 | 9 353.00 | 6 082 | 1.54 | 7.09 | 6 | 6 | 6 | |
| | 巨鹿县 | 16 672.20 | 6 479 | 2.57 | 11.06 | 5 | 6 | 6 | |
| | 宁晋县 | 5 812.00 | 2 469 | 2.35 | 2.57 | 1 | 1 | 1 | |
| | 冀州市 | 4 187.00 | 1 211 | 3.46 | 24.41 | 7 | 7 | 7 | |
| | 桃城区 | 9 049.00 | 3 066 | 2.95 | 2.93 | 8 | 8 | 8 | |
| | 武邑县 | 7 964.00 | 2 347 | 3.39 | 16.75 | 6 | 6 | 6 | |
| | 武强县 | 4 500.00 | 1 200 | 3.75 | 5.66 | 2 | 2 | 2 | |
| | 泊头市 | 6 665.00 | 2 401 | 2.78 | 27.99 | 12 | 12 | 12 | |
| | 献县 | 103 842.00 | 39 062 | 2.66 | 422.25 | 162 | 166 | 166 | |
| | 肃宁县 | 78 942.00 | 35 694 | 2.21 | 232.88 | 245 | 250 | 250 | |
| | 河间市 | 39 250.00 | 19 463 | 2.02 | 35.10 | 17 | 17 | 17 | |
| | 任丘市 | 76 395.00 | 46 360 | 1.65 | 328.88 | 236 | 240 | 240 | |
| | 高阳县 | 27 963.00 | 13 570 | 2.06 | 53.40 | 27 | 28 | 28 | |
| | 合计 | 475 300.20 | 238 350 | 1.99 | 1 404.33 | 943 | 961 | 961 | |
| 总计 | | 647 628.24 | 364 958 | 1.77 | 4 763.50 | 3 937 | 3 985 | 3 080 | 905 |

根据以大农业安置为基础的指导思想，生产安置规划以调整土地为主，根据涉及村庄现状及受影响程度，分以下几种情况进行生产安置：

(1)本村扣除工程永久征地和征迁居民迁建用地后人均耕园地在 1 亩以上，征用耕园地比重在 15% 以内的，生产安置人口全部在本村调地安置；征用耕园地比重超过 15% 的，生产安置人口首先考虑在邻村调地安置，相应的人口不搬迁，需跨村调地安置的，应作相应的人口搬迁规划。

(2)本村扣除工程永久征用和征迁居民迁建用地后人均耕园地在 0.5～1 亩的，征用耕园地比重在 10% 以内的，生产安置人口全部在本村调地安置；征用耕园地比重超过 10% 的，生产安置人口首先考虑在邻村调地安置，相应的人口不搬迁，需跨村调地安置的，应作相应的人口搬迁规划。

(3)计算出村人口少于 30 人的，在本村调地安置。

(4)有集体预留机动地的村庄，可使用机动地补充部分生产用地。

(5)对于工程用地后仍有一定数量承包地,不需要调整生产用地的农户,可不调整生产用地。

(6)根据拟定安置区环境容量分析结果并结合地方政府意见,确定沉沙池所在地河南省濮阳县南湖村、安邱村生产安置标准为 1 亩/人。

本次工程规划水平年生产安置移民为 3 985 人,其中河北省 961 人,由于河北省涉及市县较多,分散到各市县安置人口数量较少,通过村内耕地调整,不会对安置居民产生大的影响。河南省生产安置 3 024 人,主要集中在濮阳县,以生产安置人口数量最大的濮阳县南湖村(2 670 人)为例,进行生产安置后,南湖村人均耕地面积由原来的 1. 68 亩减少为 1. 07 亩,耕地面积的减少对安置居民产生了一定影响,但仍能满足安置群众基本生产生活需求,工程实施后通过生产用地重新调整,同时利用工程永久征地的补偿款进行土地整治、配套水利设施等,以提高种植业收入,弥补由于工程征地造成的种植业收入损失。

**表 9-14 引黄入冀补淀工程农村移民搬迁安置规划**

| 省 | 市 | 序号 | 县(区) | 村 | 安置区域 | 安置方式 | 搬迁安置人口(人) | | 安置用地(亩) |
|---|---|---|---|---|---|---|---|---|---|
| | | | | | | | 基准年 | 水平年 | |
| 河南省 | 濮阳市 | 1 | 濮阳县 | 南湖村 | 牛寨村 | 集中 | 627 | 634 | 76. 08 |
| | | 2 | 濮阳县 | 安邱村 | 翟庄村 | 集中 | 268 | 271 | 32. 52 |
| | | 3 | 濮阳县 | 团罡村 | 本村 | 分散 | 6 | 6 | 0. 72 |
| | | 4 | 濮阳县 | 刘辛庄村 | 本村 | 分散 | 27 | 27 | 3. 24 |
| | | 5 | 濮阳县 | 铁炉村 | 本村 | 分散 | 38 | 38 | 4. 56 |
| | | 6 | 濮阳县 | 王月城村 | 本村 | 分散 | 104 | 105 | 12. 60 |
| | | 7 | 濮阳县 | 曾小丘村 | 本村 | 分散 | 18 | 18 | 2. 16 |
| | | 8 | 濮阳县 | 西台上村 | 本村 | 分散 | 7 | 7 | 0. 84 |
| | | 9 | 濮阳县 | 毛寨村 | 本村 | 分散 | 40 | 40 | 4. 80 |
| | | | 濮阳县小计 | | | | 1 135 | 1 146 | 137. 52 |
| | | 10 | 开发区 | 张庄村 | 本村 | 分散 | 1 | 1 | 0. 12 |
| | | 11 | 开发区 | 李凌平村 | 本村 | 分散 | 7 | 7 | 0. 84 |
| | | 12 | 开发区 | 马凌平村 | 本村 | 分散 | 7 | 7 | 0. 84 |
| | | 13 | 开发区 | 南新习村 | 本村 | 分散 | 14 | 14 | 1. 68 |
| | | 14 | 开发区 | 前范庄村 | 本村 | 分散 | 31 | 31 | 3. 72 |
| | | 15 | 开发区 | 天阴村 | 本村 | 分散 | 17 | 17 | 2. 04 |
| | | | 开发区小计 | | | | 77 | 77 | 9. 24 |
| | | 16 | 示范区 | 后范庄村 | | | 61 | 62 | 7. 44 |
| | 合计 | | | | | | 1 273 | 1 285 | 154. 20 |
| 河北省 | 沧州市 | 17 | 献县 | 隋庄村 | 本村 | 分散 | 3 | 3 | 0. 36 |
| | 合计 | | | | | | 3 | 3 | 0. 36 |
| 总计 | | | | | | | 1 276 | 1 288 | 154. 56 |

总体来看,本工程建设用地呈线性分布,建筑物用地范围小而分散,沿线村庄的征收土地面积较小,因此建设征地对沿线村庄居民生产影响较小。可通过村内生产用地调整、土地整治、农田水利规划,安置受影响的生产安置人口。

#### 9.6.1.2 搬迁安置

本工程规划水平年搬迁安置共涉及河南、河北 2 省 2 市 3 县(区)17 个行政村 1 288 人。结合生产安置去向方案,规划水平年濮阳县渠村乡南湖村 634 人、安邱村 271 人采取集中安置,其余 15 个行政村 383 人均采取本村后靠分散安置。

### 9.6.2 移民安置环境影响分析

#### 9.6.2.1 移民安置环境容量分析

1. 搬迁安置人口去向

根据地方政府和移民群众意见,规划水平年濮阳县渠村乡南湖村 634 人、安邱村 271 人采取集中安置的方式,分别安置于牛寨村和翟庄村,安置用地分别为 76.08 亩和 32.52 亩。

2. 集中安置区基本情况

根据当地实际情况,牛寨村安置点位于南湖村东南约 4 km,黄河大堤西北,紧邻牛寨老村庄,以牛寨干渠为界,拟安置南湖村居民 159 户 634 人;翟庄村安置点位于安邱村东南约 3 km,黄河大堤西北,紧邻翟庄老村庄,拟安置安邱村居民 68 户 271 人。安置区场地地势较平坦,地面高程一般在 57.8 ~58.8 m,均为水浇地。本区浅层地下水水质较差,深层地下水为上第三系基岩孔隙裂隙岩溶水和第四系松散岩类孔隙水,水量丰富,水质较好。本渠段以半挖半填段为主,多为挖方,建议根据总干渠施工土方平衡,就地取材,采用总干渠挖方段的弃土,进行村台填筑。

3. 安置区土地环境容量分析

本工程沉沙池占地对南湖村和安邱村影响较大,牛寨和翟庄 2 个安置点占用土地类型主要为水浇地。结合生产安置(见表 9-15),牛寨村现有耕地 4 399 亩,人口 1 850 人,人均耕地 2.38 亩,安置南湖村 634 人,需生活用地 76.08 亩,生产调地 634 亩,调地后牛寨村人均耕地 1.97 亩;翟庄村现有耕地 4 789 亩,人口 2 310 人,人均耕地 2.07 亩,安置安邱村 271 人,需生活用地 32.52 亩,生产调地 271 亩,调地后翟庄村人均耕地 1.92 亩。生产及生活安置造成了当地耕地数量一定程度的减少,人均粮食拥有量也有不同程度的减少,最大减幅为 28.34%。通过合理调整村内用地、土地整治、完善水利设施配套建设和调整种植结构等一系列措施,最大程度上减轻对这两个村庄居民用地和农业生产造成的影响。

表 9-15　安置区环境容量分析

| 县(区) | 乡镇 | 村庄 | 总耕园地面积(亩) | | 人均耕园地面积(亩) | | 水平年土地承载力(人) | | 人均粮食拥有量(kg/人) | | 人均粮食拥有量减少幅度(%) |
|---|---|---|---|---|---|---|---|---|---|---|---|
| | | | 工程用地前 | 工程用地后 | 工程用地前 | 工程用地后 | 粮食人口 | 富裕人口 | 工程用地前 | 工程用地后 | |
| 濮阳县 | 渠村乡 | 牛寨村 | 4 399 | 3 688.92 | 2.38 | 1.97 | 4 973 | 3 101 | 1 426.70 | 1 195.35 | 16.22 |
| | 渠村乡 | 翟庄村 | 4 789 | 4 485.48 | 2.07 | 1.92 | 6 046 | 3 708 | 1 243.90 | 1 163.77 | 6.44 |
| | 渠村乡 | 南湖村 | 3 491 | 2 504.17 | 1.02 | 0.72 | 3 376 | | 610.85 | 437.76 | 28.34 |
| | 渠村乡 | 安邱村 | 1 840 | 1 343.08 | 1.17 | 0.84 | 1 569 | | 702.29 | 512.89 | 26.97 |

4. 水资源容量分析

安置区靠近黄河,地表水及地下水资源较为丰富,水环境容量充足,根据安置区村组常年用水情况分析,干旱年人畜用水均能保证,正常年份下能保证正常灌溉需求,且安置区域与原村庄距离较近,安置区水源选择地下水,采用打深水井、修建无塔供水设备集中供水,因此对区域人均水资源量基本无影响。

5. 安置区配套设施建设分析

根据《河南省村庄和集镇规划建设管理条例》等有关规定对该居民点进行规划,通过合理的居民点布局规划、公共设施布局规划、道路广场布局规划等一系列规划,同时结合安置点植被绿化及给排水、供电、通信系统的完善,不会对安置点居民正常生产生活造成大的影响。随着工程的运行,当地生态环境及灌溉条件能得到进一步的改善,也有助于当地群众生活质量的提高。

6. 生产开发规划

为使移民到安置区后生活有保障,生产有出路,并能持续发展,根据移民安置区的实际情况进行生产开发规划。生产开发规划内容包括:农田整治工程,调整种植结构,推广新技术,进行生产技能培训,提高移民的科学种田水平等。

7. 生产技能培训

科学技术是第一生产力,发展生产要以人为本,提高移民的科学文化素质。农业生产经营的效益在一定程度上受到劳动力素质低下的制约。为此,各县移民机构要负责举办各种类型的培训班,一是向移民传授种、养殖业新技术、新知识;二是组织各类技能培训,让移民既掌握现代农业技术,又熟悉其他致富本领,加快致富步伐。

#### 9.6.2.2　移民安置对环境的影响

1. 对水环境的影响

本次工程集中安置人数较多,规划水平年濮阳县渠村乡南湖村 634 人、安邱村 271 人采取集中安置的方式,分别安置于牛寨村和翟庄村。根据《镇规划标准》规划规模分级标准,该安置区为中型村,安置区的居民生活污水及生活垃圾等将对水环境产生一定的影响。根据本次工程安置点迁建规划,安置区人均生活用水量为 100 L/d,生活污水量按生活用水量的 80% 计算,则人均生活污水排放量为 80 L/d,牛寨安置区生活污水排放量为

50.72 $m^3/d$,翟庄安置区污水排放量为 21.68 $m^3/d$,生活污水主要污染物为 $BOD_5$、COD,浓度分别为 200 mg/L、350 mg/L。

根据安置规划设计,牛寨村安置区和翟庄村安置区内各布置 Z10 - 9 化粪池 1 座及一体化设施,以 WSZ - AO 系列一体化生活污水处理设施为例,经处理后 $BOD_5$、COD 浓度可分别达到 20 mg/L、70 mg/L,再采用次氯酸钠消毒处理后可达到《城市污水再生利用城市杂用水水质》(GB/T 18920—2002)标准,尽可能回用于安置区的道路除尘或洒水绿化,多余水量排入村头干沟内。安置区按每人每天产生 0.5 kg 生活垃圾计算,则牛寨安置区和翟庄安置区产生的垃圾量分别为 317 kg/d 和 135.5 kg/d,安置区内生活垃圾经收集后定期集中外运至濮阳县垃圾场进行处理。通过采取上述措施,移民对安置区的水环境影响得到了有效控制。

2. 对生态环境的影响

本次牛寨村安置点规划搬迁安置 159 户 634 人,新址用地 76.08 亩;翟庄村安置点规划搬迁安置 68 户 271 人,新址用地 35.52 亩。移民居民点房屋和配套生活基础设施的修建如道路、广场等,将永久占据一定耕地,挤占了自然植被和野生动物的空间,随着安置区土地资源量的减少,必将加重移民安置区农业开发的强度。

3. 对水土流失的影响

移民安置需要占用一定的土地,破坏原有植被,会造成一定范围和有限时间的水土流失。根据同类水利工程移民安置经验,移民安置区水土流失主要发生在“三通一平”时期,移民安置点的房屋建设和各专项设施的复建必然在一定范围挖取松散的表土层,并抛弃不需要的土、石方,如处理不当,不但破坏原有景观地貌,且可能造成废弃物堆体垮塌,加剧水土流失。

为了防止上述水土流失产生,必须统一规范安置区的各项建设活动,对施工弃土弃渣,选择合适的场地集中堆放,并采取相应的工程拦挡、植被恢复措施,通过采取合适的水土保持措施可以消除或降低水土流失风险。

4. 对社会环境的影响

安置后安置区人均耕地数量有一定程度减少,为弥补安置区原居民的损失,结合移民安置规划,应进一步完善安置区的农田水利工程,调整种植结构,提高粮食单产,改善移民生活质量,保障安置区移民的正常生产生活。

移民从安置区调剂得到的土地质量一般较差,县农业部门要制订计划,积极上门为移民提供土壤测土配方施肥服务,并向移民群众宣传讲解,促使移民群众按方施肥,达到降低生产成本、提高产出、增加农民收入的目的。

5. 对人群健康的影响

移民搬迁后,安置区基础设施健全,医疗和卫生条件较搬迁前将有较大改善,移民生活环境、质量都有所提高,不会增加新的传染病种。对安置区原居民健康不会产生不良影响。

# 第 10 章　环境风险影响研究

## 10.1　环境风险评价目的

根据《建设项目环境风险评价技术导则》(HJ/T 169—2004),建设项目环境风险评价从广义上讲,是指某建设项目的兴建、运转或区域开发行为所引起的或面临的灾害(包括自然灾害)对人体健康、社会经济发展、生态系统等所造成的风险,对可能带来的损失进行评估,并以此进行管理和决策的过程。从狭义上讲,是指对有毒有害物质危害人体健康的可能程度进行分析、预测、评估,并提出降低风险的方案和决策。

建设项目环境风险评价的目的是对建设项目建设和运行期间发生的可预测的突发性事件或事故(一般不包括人为破坏及自然灾害)引起有毒有害、易燃易爆等物质泄漏或突发事件产生的新的有毒有害物质所造成的对人身安全与环境的影响和损害进行评估,提出防范、应急与减缓措施,以使建设项目事故率、损失和环境影响达到可接受水平。

## 10.2　环境风险评价等级

该工程属于典型的非污染生态影响型建设项目,项目不属于化学品制造、石油和天然气开采与炼制、化学纤维制造、有色金属冶炼加工、采掘业等风险导则界定的项目类型,工程建设不设置炸药库等设施,项目不涉及危险性物质,不存在重大危险源,根据《建设项目环境风险评价技术导则》(HJ/T 169—2004),确定项目风险评价等级为二级。

## 10.3　风险识别

本项目是两个资源型缺水流域之间的生态影响型跨流域调水工程,区域生态环境较为敏感,且工程输水线路较长,现状渠道水质较差,涉及生态敏感目标较多,因此根据调水工程性质及类型,分调水区、输水线路区和受水区识别工程在施工期和运行期存在的环境风险。

其中,调水区主要环境风险包括:黄河上游突发水污染事故造成本工程取水口水质污染风险,天然文岩渠水质污染风险,因水文情势改变可能产生的黄河下游生态风险及水质恶化风险,调水期凌汛灾害风险。

输水线路区主要环境风险包括:输水渠道沿线污水处理厂污染风险、交通事故污染风险,输水沿线河渠底泥污染释放造成的水污染风险,输水沿线土壤盐渍化风险,沉沙池周边区域沙化风险。

受水区主要环境风险包括:白洋淀水质污染风险,白洋淀生物入侵风险,输水水质氨氮等因子超标造成水体富营养化风险,白洋淀及周边土壤盐渍化风险。

# 10.4　环境风险影响分析

## 10.4.1　调水区环境风险影响分析

### 10.4.1.1　黄河水污染风险

本工程取水主要来自于黄河，取水口位于濮阳县渠村引黄闸处，水污染风险首先来自上游黄河大桥运送化工原料、农药、化肥、油类等物资，一旦发生翻车泄漏事件，将使农药、危险化学品等固态、液态污染物进入水体，如果不及时采取应急措施，污染物随水体扩散流动，将会影响输水水质，特别是简易浮桥，一旦发生事故，污染物将直接进入水体，直接对黄河水质造成影响，因此在工程实施后，应制订水污染应急预案，并应加强调度管理，一旦上游发现污染事件，应及时与相关部门和地方政府沟通协作，采取相应措施，尽可能减轻污染事故对引水水质安全的影响。本次工程渠村取水口上游跨黄河桥统计见表10-1。

表10-1　取水口上游黄河大桥及浮桥统计

| 序号 | 取水口上游黄河大桥及浮桥 | 距离引水口(km) |
|---|---|---|
| 1 | 四合村浮桥 | 4 |
| 2 | 东明黄河大桥 | 9 |
| 3 | 马寨浮桥 | 32 |
| 4 | 西关寨浮桥 | 40 |
| 5 | 大流寺浮桥 | 48 |
| 6 | 东坝头浮桥 | 70 |
| 7 | 开封黄河公路大桥 | 94 |
| 8 | 开封黄河大桥 | 100 |
| 9 | 郑州黄河大桥 | 160 |
| 10 | 巩义黄河大桥 | 225 |

另外，黄河上游及渭河、伊洛河等支流沿岸石油、化工等企业的水污染事故，也可能对黄河水质造成一定影响。近年来已发生多次污染事故，包括2006年伊洛河柴油污染、2010年渭河油污染、2014年2月渭河渭南华县油类泄漏事件等，如果发生以上类似事故，将可能污染引黄闸处的取水口，使本工程取水口水质发生污染的风险。因此，应建立健全工程取水口水质污染应急预案，一旦发现上游污染事件，及时采取相应措施，根据污染处置情况，实时优化调水方案，尽可能保证调水水质安全。

总的来说，工程运行后，应加强统一调度管理，建立健全水质污染应急预案，一旦发生水污染事故，及时采取有效的措施，并与流域及地方相关部门加强沟通协作，同时加强取水口及上游水质监测工作，保证输水水质安全。

### 10.4.1.2　天然文岩渠水污染风险

2005年，为尽快解决洪汝河天然文岩渠等流域水污染问题，切实改善水环境质量，河南省人民政府办公厅按照“关于转发省环保局等部门洪汝河天然文岩渠及贾鲁河流域水污染综合整治实施方案的通知”要求，对天然文岩渠水污染治理提出了严格要求，天然文岩渠上游地区加大了治污力度。

根据天然文岩渠水质监测评级结果，总体上最近几年天然文岩渠入黄水质有较大改善，受上游来水及橡胶坝建设等影响，最近几年枯水期入黄口河段基本无水，因此本工程调水期天然文岩渠对老渠村闸水质影响较小。

考虑到天然文岩渠距离老渠村引黄闸较近，虽然最近几年天然文岩渠入黄水质有较大改善，为确保本工程引水安全，建议在渠村老引黄闸取水口处设置水质自动监测装置，引水期间实时对引水口水质进行监测，一旦发现水质超标现象应停止供水，保证引水水质安全。

同时，加强对天然文岩渠入黄口水质和水量监测，如发现有污染水进入黄河，应立即关闭老渠村闸，确保引水安全。

#### 10.4.1.3　黄河下游生态风险

调水区位于黄河下游，水资源贫乏，供需矛盾突出，在 1972～1996 年的 25 年间，有 19 年出现河干断流，对黄河下游生态系统造成了严重的破坏。虽然自 1999 年黄河统一调度以来实现了基本不断流，但调水工程实施后，黄河下游径流尤其是枯水期日径流过程将发生较大改变，枯水期水量将进一步减少，加剧了黄河下游断流的风险；同时，调水后，水文过程的改变对黄河下游及河口生态系统将产生不利影响，可能存在一定的生态风险。

#### 10.4.1.4　黄河下游水质风险

工程运行后，河北多年平均引水量 6.2 亿 $m^3$，调水时段为冬四月，引水后下游河道内流量有一定程度的减少，尤其是在冬四月，正处于枯水季节，调水将对黄河下游水文过程造成一定影响，减少了下游径流量，降低了黄河下游水环境的自净能力，在下游排污量不变的情况下，可能会对引水口下游河段水环境造成一定影响。

#### 10.4.1.5　凌汛灾害风险

本次工程调水时段为冬四月，黄河下游凌汛产生一般为 12 月至翌年 2 月，调水与防凌调度矛盾一定程度上增加了凌灾风险。从近几年引黄应急调水情况来看，冬季调水与防凌安全的矛盾依然存在，第一，凌汛期调水如要保证引水指标，需加大河道流量，水位陡涨，这将一定程度上影响防凌安全；第二，封冻期引水，如果引水流量变幅较大或者停止引水，也会造成防凌形势紧张，甚至形成凌灾；第三，凌汛期间渠道冰凌堵塞，壅冰壅水，导致过流能力急剧下降，可能会引发水流漫溢险情。

总的来看，工程运行后冬四月调水存在一定的防凌风险，建议加强与黄河调度部门的沟通协作，在保证防凌安全的前提下进行引水，同时加强引水期间凌汛监测，一旦发现险情，及时上报，并采取相关应急措施。

### 10.4.2　输水线路区环境风险影响分析

#### 10.4.2.1　输水沿线污水处理厂事故污染风险分析

根据污染源调查分析，现排入输水沿线干渠的污水处理厂有 6 家，分别为濮阳县、魏县、广平县、曲周县、巨鹿县、平乡县污水处理厂，排放的污水主要来自于各县城的生活污水及部分工业废水。根据相关环境保护规划，在“十二五”期间，河北省境内污水处理厂污水排放标准将全部达到《城镇污水处理厂污染物排放标准》(GB 18918—2002)一级 A 标准，若污水处理厂发生事故不能正常运行，则生活污水和工业废水可能直接排入输水干渠中，对输水干渠沿线的水环境产生污染。同时，虽然濮阳第二污水处理厂已投产试运行，但如濮阳第二污水处理厂运行出现故障或者事故，濮阳西部工业区污水可能重新进入第三濮清南干渠，将对该段输水渠道水质造成很大威胁。输水沿线污水处理厂情况见表 10-2。

表 10-2　输水沿线污水处理厂情况

| 编号 | 污水处理厂 | 现状污水处理量(万 t/d) | 现状 COD 排放浓度(mg/L) | 现状氨氮排放浓度(mg/L) | 规划污水处理量(万 t/d) | 排放去向 |
|---|---|---|---|---|---|---|
| 1 | 魏县污水处理厂 | 2. 2 | 45 | 6 | 3 | 东风渠 |
| 2 | 广平县污水处理厂 | 1. 8 | 33 | 5 | 3 | 东风渠 |
| 3 | 曲周县污水处理厂 | 1. 6 | 100 | 25 | 3 | 支漳河 |
| 4 | 巨鹿县污水处理厂 | 1. 3 | 40 | 5 | 2 | 老漳河 |
| 5 | 平乡县污水处理厂 | 3 | 50 | 5 | 4. 5 | 小漳河 |
| 6 | 濮阳市第二污水处理厂 | 5 | | | | 第三濮清南干渠 |

#### 10. 4. 2. 2　输水沿线水污染治理方案不能落实或者未完全实施带来的水质风险

由于本次工程基本利用原有河渠，而原有河渠大多为当地灌溉、排沥河道，水质目标要求较低，沿线排污口较多，主要补水对象白洋淀为水质目标要求较高的生态敏感区域，因此如果不采取严格的水污染防治措施，特别是冬季输水期间，输水渠道存在一定的水质污染风险。另外，输水干渠沿线河堤内有多处垃圾堆存，特别是靠近村庄的河道，居民将生活垃圾直接倾倒至河道内在一定程度上也影响了输水渠道水质。

根据国务院提出的“先节水后调水、先治污后通水、先环保后用水”的“三先三后”原则，目前河北段输水沿线已制订了水污染治理与入河排污口整治方案，并获得河北省环保厅、住建厅和水利厅的批复，同时各涉及地市政府也做出相关承诺函，确保完成辖区内输水沿线水污染治理工作。河南段濮阳第二污水处理厂运行后将收纳第三濮清南干渠全部污水，并改排马颊河。

以上措施对于保障沿线水质安全起到了一定的作用，但一旦水污染治理及入河排污口整治方案由于资金、技术工艺、经济快速发展及其他因素不能如期严格落实，或者实施后由于后期运行管理等导致排污口导排工程不能如期运行，输水渠道水质仍难以得到保障。根据水质保障分析章节，在未完全治理的情况下，入邯郸、入邢台、入衡水、入沧州及入淀水质存在化学需氧量和氨氮超标现象，输水渠道水质仍难以得到保障，建议制订相关的应急预案，加强水污染事故等应急管理，建立水污染防治的长效机制，同时加快沿线产业结构调整，确保输水沿线水质安全。

#### 10. 4. 2. 3　输水沿线交通事故污染风险分析

本次项目由于输水渠道较长，总共 480 km，故穿越较多主要交通干道，包括省道、国道及高速公路,根据调查,穿越沿线干渠的主要交通干道见表10-3。

本项目输水干渠穿越的交通干道较多,如果有运输有毒、有害物质的来往车辆,则对运行期水质安全形成一定潜在威胁,如果有车辆交通事故或其他原因造成的污染物泄漏事故,将会对输水渠道及下游的水质和周围环境造成污染,造成水质严重超标,严重影响供水安全和水质安全。

**表10-3 输水沿线穿越主要交通干道信息**

| 所属县(区) | 交通干道名称 | 穿越位置 | 涉及渠道 |
| --- | --- | --- | --- |
| 濮阳县 | S101 | 王助乡附近交叉 | 第三濮清南干渠 |
| | S213 | 王助乡附近 | 第三濮清南干渠 |
| | G45 | 顺河枢纽闸下游约几百米处交汇 | 第三濮清南干渠 |
| | S22 | 阳绍乡附近 | 第三濮清南干渠 |
| 魏县 | S234 | 北照河村交叉 | 东风渠 |
| | S313、S315 | 魏县东 | 东风渠 |
| 广平县 | S234 | 广平县东 | 东风渠 |
| | G309、邯馆公路 | 西吕营村附近 | 东风渠 |
| | G22 | 东辛店村附近 | 东风渠 |
| 曲周县 | S311 | 曲周县附近 | 南干渠 |
| | S009、S326 | 河古庙镇附近 | 南干渠 |
| 广宗县 | S325 | 广宗县西 | 老漳河 |
| 巨鹿县 | S324 | 洪水口村 | 老漳河 |
| | S327 | 官亭镇东 | 老漳河 |
| 新河县 | G20、G308、S233 | 新河县附近 | 滏东排河 |
| | S393 | 西方家庄村 | 滏东排河 |
| 桃城区 | S040、S282 | 衡水湖东北角 | 滏东排河 |
| | S39、G45、S006 | 欧家庄村附近 | 滏东排河 |
| 武邑县 | S040 | 武邑县西 | 北排河 |
| | S302 | 冯庄村西 | 北排河 |
| | G1811、G307 | 崔桥村 | 北排河 |
| 肃宁县 | S382 | 谭家庄村东 | 韩村干渠 |
| | S331、G1812 | 西张庄西北 | 韩村干渠 |
| | G45 | 田村西 | 韩村干渠 |
| | S381 | 出岸镇西 | 韩村干渠 |

#### 10.4.2.4　输水沿线土壤盐渍化风险

本次工程输水线路较长,共 482 km,由于大部分渠道没有衬砌,因此输水过程中渗漏水量将造成输水沿线地下水位一定的抬升,可能产生土壤次生盐渍化的风险,但由于本次工程输水沿线水资源较为缺乏,特别是河北段地下水漏斗现象严重,大部分渠段地下水位埋深大,输水渗漏可为地下水补源,不会造成大面积的土壤盐渍化现象。局部渠段地下水位埋深较浅,冬季输水期间地下水位短期上升,可能出现土壤盐渍化风险,滏东排河段沿线为土壤盐渍化风险渠段。

#### 10.4.2.5　沉沙池周边沙化及土壤盐渍化风险

黄河水含沙量较大,引水必引沙,泥沙淤积是本次调水工程存在的重要问题,本次引黄入冀补淀工程在输水干渠渠首处新建沉沙池,沉沙池为条形,共布置 2 条,单条宽 450 m,长约 2 500 m。从渠村引水,多数的泥沙将沉淀在沉沙池,故需定期对沉沙池进行清淤工作,若沉沙池运行管理不当,可能会导致沉沙池及周边土地沙化,破坏周边的陆生生态系统,影响周边居民正常生产生活。

但应特别注意沉沙池区域有可能造成的沙化风险,由于每年清淤量较大,可利用的洼地面积不断减少,泥沙处理难度日益增大,建议结合下游灌区近年来积累的经验,多种措施、多种途径做好泥沙处置工作,防止沉沙区及周边沙化风险。

#### 10.4.2.6　输水渠道底泥污染风险

本次工程输水线路较长,沿线疏浚扩挖河段较多,由于输水渠道多为灌溉、排沥渠道,长期受纳污水,污染物大量沉积河道,在河道蓄水后,底泥中的污染物向水体发生迁移扩散,对输水渠道水质产生不利影响。

根据输水渠道底泥重金属监测,本次 21 个监测点位底泥样品均满足土壤环境质量二级标准,但由于本次工程输水线路较长、涉及疏浚扩挖河道较多、工程量较大,因此在工程施工期间还应加强河道底泥重金属监测工作,一旦发现异常(超土壤环境质量二级标准),应及时采取有效措施,对污染土进行隔离处置,重新选择弃土场并进行防渗处理,避免对周边土壤及地下水产生影响。同时,加强调水期输水沿线水质监测工作,一旦发现重金属超标现象,应停止向白洋淀和农业灌溉受水区供水,避免底泥中的污染物向水体发生迁移扩散,对输水渠道水质产生不利影响,保障输水水质安全。

### 10.4.3　受水区环境风险影响分析

#### 10.4.3.1　白洋淀水质污染风险

根据河北省水环境功能区划,白洋淀水质目标为Ⅲ类,本次调水工程输水线路较长,共 482 km,基本上利用原有渠道进行输水,水质现状较差,加之输水沿线排污口众多,如不采取相关水污染防治方案,输水水质将难以得到保障,也可能对白洋淀水质造成进一步恶化;同时,调水区上游及输水沿线存在水污染事故风险,也对白洋淀水质造成潜在威胁。

#### 10.4.3.2　白洋淀生物入侵风险

本次调水工程中引黄河水最后入白洋淀,由于水系联通可能对白洋淀造成一定的生物入侵风险。经分析对比白洋淀、黄河下游及东平湖鱼类组成,基本上种类差异较小,白洋淀发现有珠鰕虎鱼,而黄河下游和东平湖均没有该种鱼类资料及记载,另外东平湖分布有鲐科的鳜,而黄河下游与白洋淀均未发现。综合分析,多次应急调水工程基本上没有改变白洋淀鱼类的群落结构类型,并未对白洋淀造成生物入侵现象。

总的来看,白洋淀自 1981 年至 2011 年 30 年间共实施流域内、流域外调水补淀 22 次,黄河水累积入淀量为 4.6 亿 $m^3$。由于调水补给,近些年白洋淀淀区的生态环境逐步改善,生物多样性得到一定恢复。通过河北省林业厅、河北大学等部门的专家调研考察,虽然每年调入大量黄河水,但尚未发现白洋淀受到外来物种入侵影响,没有出现入侵物种破坏淀区生态环境、损害当地生物多样性的现象。建议工程运行后,加强水生生物监测力度,及时跟踪调查白洋淀及输水渠道水生生物,形成长效监测机制,保证白洋淀淀区不受生物入侵影响。

#### 10.4.3.3　白洋淀水体富营养化风险

根据《河北省环境状况公报》(2008 ~2011 年),对白洋淀进行富营养化评价发现,白洋淀水体出现轻度和中度的富营养化现象。

本次环境影响评价 2013 年和 2014 年对调水区、输水沿线水质监测结果表明,调水区及输水渠道均存在不同程度的总氮、氨氮等因子超标现象,另外通过对位山线输水线路应急补水期间水质的监测,各断面也主要存在总氮超标现象。由于白洋淀已有逐步转变为封闭水域的趋势,本次调水区有总氮超标现象,加上输水沿线排污口众多,人类活动密集,现状水质较差,如水污染治理方案不能按期完全实施,白洋淀水体可能出现富营养化的风险。

#### 10.4.3.4　白洋淀及周边区域土壤盐渍化风险

本次工程运行后,将每年为白洋淀补水约 1.1 亿 $m^3$,随着白洋淀水量的增加,地下水位也有一定的抬升,有可能造成白洋淀及周边区域土壤盐渍化现象的发生。根据河北环科院的调查,2006 年多次应急调水以来,白洋淀及周边区域并未发生土壤盐渍化现象,但本次工程运行后,随着调水及白洋淀补水成为常态化,应加强白洋淀及周边区域土壤环境监测工作,一旦发现土壤盐渍化现象,及时采取相应措施。

## 10.5　环境风险防范措施

### 10.5.1　引水口黄河水污染风险防范措施

为防止取水口上游突发水污染事故,应建立健全工程取水口水质污染应急预案,一旦发现上游污染事件,及时采取相关措施,并与流域及地方相关部门加强沟通协作。根据污染处置情况,加强上下游统一调度管理,实时优化调水方案,尽可能保证调水水质安全。同时,工程运行后,还要加强取水口及上游水质监测工作,保证输水水质安全。

### 10.5.2　天然文岩渠水质风险防范措施

与天然文岩渠上游原阳、延津、封丘、长垣县环保局建立天然文岩渠水质信息联动机制,一旦上游出现水质恶化超标现象,及时通报有关信息,及时应对水质恶化情况;在老渠村闸引水口处安装水质自动监测系统,对水质进行实时监测预警,一旦发现老渠村闸水质出现超标情况,立即关闭老渠村引水闸,避免水质恶化对濮阳城市生活供水产生不利影响。同时,开展污染源头排查工作,找到造成水质超标的原因,从源头切断污染源,并采取措施,力争短时间内使水质达到要求。

(1)濮阳市城市生活供水应由新渠村闸引水提供;

(2)在新渠村闸无法引水且老渠村闸水质达标情况下,可由老渠村闸向濮阳市城市生活供水;

(3)在天然文岩渠发生污染事故情况下,本工程停止引水。

### 10.5.3 污水处理厂事故污染风险防范措施

一旦引水沿线的6家污水处理厂发生事故不能正常运行,污水处理厂需根据事故的大小决定应通知的范围并进行通知。应急指挥部接到信息后应立即展开活动,调集相关力量赶赴现场,并根据事故的大小及严重程度通知有关部门。应及时组织力量对城市污水进行拦蓄,最大程度减少进入引水渠道的污水量;水利、环保部门对污水处理厂下游水质进行监测并告知有关部门。

### 10.5.4 输水沿线交通事故污染风险防范措施

根据调查,与输水渠道交叉穿越的公路共有25条,涉及渠道有第三濮清南干渠、东风渠、南干渠、老漳河、滏东排河、北排河、韩村干渠共7条渠道。为防范运输有毒、有害物质的车辆发生意外,建议在各个渠道与道路交叉路段设置警示牌,并在交通事故多发的穿渠路段做好防护和应急水污染处置设施,同时应在涉及的10个区县分别成立引黄沿线应急事故处理指挥部,一旦发生公路桥交通污染事故,应急指挥部接到信息后应立即展开活动,调集相关力量赶赴现场,并根据事故的大小及严重程度决定应通知的范围,进行通知。对事故点泄漏物质进行及时收集,防止污染物进入河流。若有部分污染物已经进入引水渠道中,则需评估进入水体的污染物量,对水质进行跟踪监测,确定污染水体的浓度和位置,并及时通知有关单位。发生风险事故后,应急指挥部必须立即向当地环保部门报告,详细上报事故原因、污染物种类、泄漏量、入河量、处置手段等内容。

### 10.5.5 输水渠道底泥污染风险防范措施

由于本次工程输水线路较长、涉及疏浚扩挖河道较多、工程量较大,在工程施工期间应加强河道底泥重金属监测工作,一旦发现异常(超土壤环境质量二级标准),应及时采取有效措施。首先对污染土进行隔离处置,同时开展污染底泥浸出毒性试验,对照《危险废物鉴别标准 浸出毒性鉴别》(GB 5085.3—2007)标准判断污染底泥是否为危险废物,以防止疏浚、扩挖弃土通过淋溶作用对周边区域地下水及土壤造成污染,为污染底泥安全处置提供科学依据;重新选择弃土场,进行防渗处理,并综合采取植被措施,确保不对周边土壤及地下水产生影响。

同时,加强调水期输水渠道地表水重金属监测工作,一旦发现重金属超标现象,应停止向白洋淀和农业灌溉受水区供水,避免底泥中的污染物向水体发生迁移扩散,对输水渠道水质产生不利影响。

### 10.5.6　输水沿线及受水区白洋淀土壤盐渍化防范措施

土壤次生盐渍化又称次生盐碱化，一般指不合理的耕作灌溉而引起的土壤盐渍化过程，因受人为不合理措施的影响，使地下水位抬升，在当地蒸发量大于降水量的条件下，土壤底层或地下水的盐分随毛管水上升到地表，水分蒸发后，使盐分在土壤表层累积，从而引起土壤盐化。

由于项目区属于水资源匮乏区域，且降水量明显小于蒸发量，不当的引黄灌溉有可能造成土壤次生盐碱化。

本次工程输水线路较长，共 482 km，由于大部分渠道没有衬砌，按照多年平均引水 6.2 亿 $m^3$ 来计算，输水渠道总损失量为 4.16 亿 $m^3/a$，主渠道入渗补给地下水量为 1.35 亿 $m^3/a$，灌溉入渗量 2 662 万 $m^3/a$，槽蓄和支渠入渗补给量 4 293 万 $m^3/a$，沉沙池渗漏补给地下水量为 432 万 $m^3/a$，总地下水补给量 2.09 亿 $m^3/a$。因此，输水过程中渗漏水量将造成输水沿线地下水位一定程度的抬升，从而可能产生土壤次生盐渍化风险，但由于本次工程输水沿线水资源较为缺乏，特别是河北段地下水漏斗现象严重，输水渗漏可为地下水补源。工程运行期间，沿线灌区通过建立完善的灌溉和排水系统，对沿线地下水位变化情况，特别是局部沉沙池等敏感区域进行常态监控，有必要时可采取渠道局部衬砌等方式有效控制地下水位，上述情况下基本不会造成输水沿线的大面积土壤盐渍化现象。

本次工程运行后，将每年为白洋淀补水约 1.1 亿 $m^3$，随着白洋淀水量的增加，地下水位也有一定的抬升，也有可能造成白洋淀与周边区域土壤盐渍化现象的发生。应加强白洋淀与周边区域地下水及土壤环境监测工作，同时还应结合淀区内农药、化肥等面源污染的综合治理，降低淀区土壤中的养分积累，最大限度地避免和减缓淀区土壤盐渍化现象。

### 10.5.7　应急预案

根据《中华人民共和国环境保护法》第三十一条规定，因发生事故或者其他突然性事件，造成或者可能造成污染事故的单位，必须立即采取措施处理，及时通报可能受到污染危害的单位和居民，并向当地环境保护行政主管部门和有关部门报告，接受调查处理。可能发生重大污染事故的企业事业单位，应当采取措施，加强防范。第三十二条规定，县级以上地方人民政府环境保护行政主管部门，在环境受到严重污染，威胁居民生命财产安全时，必须立即向当地人民政府报告，由人民政府采取有效措施，解除或者减轻危害。

针对引黄入冀补淀工程可能出现的环境风险，有针对性地制订环境风险事故应急预案。环境风险管理程序流程见图 10-1，环境风险应急预案计划如下：

1. 应急计划区

针对本工程可能出现的各类环境风险的特点，以及周边环境条件，其应急计划区主要包括调水区（引水口下游、湿地保护区、水产种质资源保护区）、输水沿线（输水沿线各河渠、施工厂区、弃土场区等）和受水区白洋淀。

2. 应急组织机构

本工程属于跨流域调水，影响范围较广，主要涉及河南省和河北省共 6 市（濮阳市、邯郸市、邢台市、衡水市、沧州市、保定市）22 个县区。输水沿线 6 个地市应分别成立独立

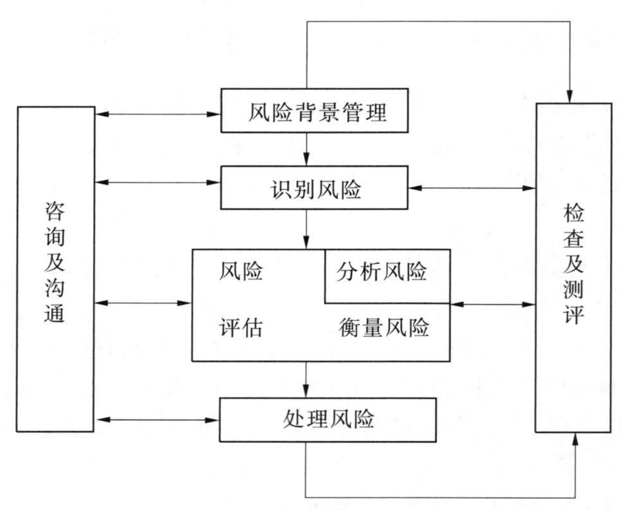


**图 10-1　环境风险管理程序流程**

的环境风险应急组织机构，其领导机构分别为各市的人民政府及环保等相关部门和单位，同时明确具体的应急协调领导责任人、响应应急预案的责任人等。

应急救援人员包括相关专家、环境监测、污染源控制、现场协调、善后处理等相关人员。

3. 应急预案响应条件

在应急预案计划中，由各地市应急机构按照城市正常运行风险分级的要求，明确引黄入冀补淀工程环境风险应急预案的响应条件。事故分为以下 4 个等级：特别重大（Ⅰ级），重大（Ⅱ级），较大（Ⅲ级），一般（Ⅳ级）。针对不同事故等级，试行分级响应。

因环境污染事故存在不可预见、作用时间较长、容易衍生发展的特点，现场指挥可根据现场实际情况随时将响应等级升级或降级。

4. 应急救援保障措施

（1）当输水沿线公路桥发生交通事故造成有毒有害物质泄漏，应及时组织消防、卫生、环保、水利等部门对事故现场进行救援，采取清除、设置浮栏、投药、水质监测等措施，防止有毒有害物质的进一步扩散，降低对下游水质的污染和可能带来的不利影响。

（2）当污水处理厂发生事故不能正常运行时，应及时组织水利、环保等部门对城市污水进行拦蓄、对污水处理厂下游水质进行监测。

（3）从保障受水区水质安全角度，当天然文岩渠出现水污染风险时，应停止老闸向濮阳城市供水预沉池供水，并及时通知环保及引黄管理部门。

（4）当水污染治理及入河排污口整治方案由于资金、技术工艺、经济快速发展及其他因素不能如期严格落实，或者实施后由于后期运行管理等排污口导排工程不能如期运行时，应通知沿线政府及环保、水利、林业等部门及时采取相关措施保障输水水质安全。

（5）加强运行期输水沿线土壤盐渍化监测，一旦发现输水沿线、沉沙池及白洋淀出现土壤盐渍化现象，及时通知环保、农业等有关部门采取有效措施遏制盐渍化的扩散。

5. 报警、通信联络方式

采用城市应急状态下的报警通信方式。

(1)应急通信:应急领导机构与现场指挥通过对讲机、电话进行联系;现场指挥与应急救援人员通过对讲机进行联系;应急过程中对讲机均使用同一频道;如无线通信中断,应急领导机构和现场指挥可组织人员进行人工联络。

(2)信息报送程序:发生突发性污染事故时,必须及时上报,按程序报建设单位环境保护管理办公室和安全监督部门后,报告应急领导机构和其他相关部门、上级部门,报送方式采用电话、传真、直接派人、书面文件等。

6. 应急环境监测、救援及控制措施

应急环境监测由涉及各地市环境监测部门负责,环境监测组负责人带领环境监测人员及应急查询资料到达现场,对事故原因、性质进行初步分析、取样、送样,做好样品快速检测工作,及时提供监测数据、污染物种类、性质、控制方法及防护、处理意见,并发布应急监测简报,对事故出现后周围的防护距离、应急人员进出场的要求提供科学依据,确保总体掌握事故的全面情况。

7. 事故应急救援关闭程序与恢复措施

事故应急救援关闭程序由当地政府办公室依据城市应急体系的启动程序,在应急预案计划中明确具体的事故应急救援关闭程序。同时,根据事故可能造成的影响和特点,启动事故影响的恢复措施。

为了确保应急计划的有效性和可操作性,必须预先对计划中所涉及的人员、设备器材进行训练和保养,使参加应急行动的每一个人都能做到应知应会、熟练掌握。

8. 应急培训计划

主要包括应急预案相关责任部门和单位的领导及相关责任人。应急培训可采取集中培训、应急演练等多途径的方式。

9. 公众教育和信息

对可能发生事故的企业、附近区域居民进行宣传教育,并发布相关信息。

# 第 11 章　环境保护措施研究

## 11.1　工程调水红线要求

(1)当输水沿线水污染防治及入河排污口整治方案未完全实施前,本工程禁止通水。

(2)从维持黄河下游生态安全角度看,本工程引水后,黄河干流高村断面流量不能低于140 $m^3/s$(11月至翌年3月)和320 $m^3/s$(10月),当高村最小生态流量得不到满足时,本工程渠首应停止引水 。

(3)从保护黄河下游敏感生态对象和保障黄河下游用水户用水角度看,南水北调工程生效前相机外延引水时段应避开黄河下游生态敏感期和农业灌溉用水期3~6月。

(4)从保障受水区水质安全角度看,当黄河引水口河段和老渠村闸取水口水质未达到其水功能区水质目标(Ⅲ类水)时,应停止引水;当入白洋淀水质超过Ⅲ类水标准时,应停止向白洋淀补水。

(5)从保障白洋淀湖泊基本生态功能角度看,当工程渠首可引黄水量不足时,优先为白洋淀生态补水,其次为河北受水区农业灌溉供水。

## 11.2　工程优化调度建议

(1)将本工程取水纳入黄河下游水量统一调度,根据黄河不同水平年来水情况,优化小浪底水库调度方案,在确保下游生态环境需水、原有用水户用水、防凌安全的基础上,提高枯水年供水保证率,科学调控河北输水沿线输水过程,尽可能保证白洋淀基本生态用水。

(2)进一步优化本工程渠首引水过程,特别是枯水年,在确保黄河下游生态环境用水前提下,可以采取小流量分散引水方式,避免集中引水对黄河下游生态环境造成的不利影响。

(3)当工程受水区引水流量小于50 $m^3/s$时,为确保水质安全,优先应用新渠村引黄闸引水。

## 11.3　输水水质保障措施

### 11.3.1　加强污染治理、明确责任主体

#### 11.3.1.1　严格实施输水沿线水污染治理与入河排污口整治方案

严格按照河北省人民政府《关于印发引黄入冀补淀工程输水沿线污染治理及入河排

污口整治方案的通知》要求，认真贯彻实施《引黄入冀补淀工程输水沿线污染治理及入河排污口整治方案》提出的输水沿线排污口治理措施，组织输水沿线有关县(区)政府和职能部门制订具体实施方案和计划，切实加强辖区引黄输水沿线水污染防治、入河排污口整治、污染源治理、城镇污水处理、生态处理设施建设等工作，落实资金，明确治污任务、责任主体、监管单位、实施时间、完成时间，建立治污责任主体考核监督机制，实行责任追究制度，确保 2016 年引黄入冀补淀工程输水前完成辖区内输水沿线水污染治理工作。河北境内输水沿线排污日治理措施及责任主体见表 11-1。

**表 11-1　河北境内输水沿线排污口治理措施及责任主体**

| 序号 | 排污口名称 | 规划采取措施 | 责任主体 | 监督管理主体 |
| --- | --- | --- | --- | --- |
| 1 | 魏县污水处理厂排污口 | 导流回用 | 魏县政府 | 邯郸市政府 |
| 2 | 广平县锦泰路排污口 | 导流回用 | 广平县政府 | |
| 3 | 广平县城北工业区排污口 | 依法取缔 | | |
| 4 | 曲周县城生活污水口 | 截污回用 | 曲周县政府 | |
| 5 | 新河县葛赵扬水站排污口 | 依法取缔 | 新河县政府 | 邢台市政府 |
| 6 | 新河县西关排污口 | 依法取缔 | | |
| 7 | 新河县污水处理厂排污口 | 截污回用 | | |
| 8 | 广宗城区排污口 | 截污回用 | 广宗县政府 | |
| 9 | 广宗县电镀园区合义渠排污口 | 依法取缔 | | |
| 10 | 平乡县城生活排污口 | 截污回用 | 平乡县政府 | |
| 11 | 平乡县自行车工业园区排污口 | 依法取缔 | | |
| 12 | 巨鹿县城排污口 | 截污回用 | 巨鹿县政府 | |
| 13 | 冀州市污水处理厂排污口 | 升级改造、截污回用 | 冀州市政府 | 衡水市政府 |
| 14 | 冀州市开元路西头南侧市政排污口 | 依法取缔 | | |
| 15 | 冀州市滏阳路桥南排污口 | 依法取缔 | | |
| 16 | 冀州市化肥厂市政排污口 | 依法取缔 | | |
| 17 | 冀州市长安路冀午渠桥北侧排污口 | 依法取缔 | | |
| 18 | 肃宁县第二污水处理有限公司排污口 | 截污回用 | 肃宁县政府 | 沧州市政府 |
| 19 | 任丘市东方水洗厂排污口 | 依法取缔 | 任丘市政府 | |
| 20 | 任丘市方元水洗厂排污口 | 依法取缔 | | |
| 21 | 任丘市凤莲水洗厂排污口 | 依法取缔 | | |
| 22 | 任丘市正阳水洗厂排污口 | 依法取缔 | | |

#### 11.3.1.2　加强输水沿线面源监管及治理工作

引黄入冀补淀工程输水沿线途经河南、河北 22 个县(区)，沿线村庄、城镇较多，且冬四月输水期跨冰期、跨春节。因此，应加强输水沿线面源污染尤其是生活垃圾管理、监督，加强输水沿线农村及城镇生活垃圾和污水处理设施建设，在输水沿线设立警示牌，加强宣传教育。通水前，妥善清理输水渠道已有堆放垃圾，集中送往距离县城最近的垃圾处理厂处理。

同时，受水区属冲积平原区，地势较为平坦，区内植被稀疏，容易产生水土流失。受水区面源污染的来源主要为水土流失和农药化肥。因此，为改善输水沿线的水环境，需要科学合理施用化肥农药，减少农药化肥的施用量，提高使用效率，减少污染物的入河量。

#### 11.3.1.3　加强天然文岩渠水污染治理工作

根据河南省人民政府办公厅《关于转发省环保局等部门洪汝河天然文岩渠及贾鲁河流域水污染综合整治实施方案的通知》要求，进一步加大污染治理力度，全面提升城镇污水处理水平，确保县东关生活污水、西关生活污水稳定达标排放。同时，严格控制重污染工业企业污染源，实现污染物稳定达标排放，凡是不能稳定达标的企业一律停产治理或关闭。加强排污口规范化整治，安装在线监测装置，做到早发现、早控制，最大限度地降低黄河取水口的事故性环境污染风险。

### 11.3.2　加强监测监控、建立监测网络

#### 11.3.2.1　加强黄河引水口河段及老渠村引黄闸水质监测

1. 在黄河引水口段设置常规水质监测

由于白洋淀受水区对水质要求较高，为了保障入白洋淀水质（Ⅲ类水标准），应在引水口设立常规水质监测站，一旦遇到水质超标现象，尤其是氨氮超标，应停止引水。

2. 在老渠村闸设置水质在线自动监测装置

对老渠村引黄闸处水质实时在线监测，当水质超Ⅲ类标准时，停止老渠村闸引水，确保引黄入冀补淀工程供水安全。

#### 11.3.2.2　加强输水沿线污水处理厂设施运营监管，禁止污水排入输水渠道

输水沿线目前分布有濮阳第二污水处理厂及魏县、广平县、曲周县、巨鹿县、平乡县污水处理厂。根据濮阳第二污水处理厂规划及处理工艺和引黄入冀工程会商纪要，本工程实施前，濮阳第二污水处理厂污水排入马颊河，不再排入输水渠道；根据《引黄入冀补淀工程输水沿线污染治理及入河排污口整治方案》，2016 年将对河北省输水沿线所有排污口进行整治，河北境内输水沿线将无排污口分布。

虽然本工程实施后，输水沿线不再有排污口分布，但一旦输水沿线污水处理厂出现故障、事故或者检修等，污水处理厂出水可能重新排入输水渠道；同时，因本工程输水时间为冬四月，其他时段不输水，如果监管不力，也可能出现非调水期污水排入输水渠道的现象。因此，应强化输水沿线污水处理厂运行管理，以市为单位明确各辖区输水沿线污水处理厂监管责任，禁止输水期和非输水期污水排入输水渠道。

#### 11.3.2.3　加强输水期水质监测工作，构建调水水质监测体系

水利部门和环保部门联合建立输水水质监督管理机构，专门负责引黄输水水质安全管理问题。在调水区老渠村引黄闸安置在线水质自动监测装置，在天然文岩渠入黄口段设置常规水质监测断面，在输水沿线入邯郸（省界）、入邢台、入衡水、入沧州、入白洋淀设

置常规水质断面，明确省界、市界水质断面水质目标，建立水质监测网络及监测机制，定期发布调水、输水水环境质量状况。

### 11.3.3　严格目标考核、实行责任追究

制定“引黄入冀补淀工程治污和水质目标责任考核办法”，对治污责任主体及输水期省界、各市界、入白洋淀水质目标责任主体进行考核监督，强化监督管理。严格实行断面水质目标考核制度和治污责任追究制度，避免水质风险，确保调水及输水水质安全。

## 11.4　水环境保护措施

### 11.4.1　施工期水环境保护措施

#### 11.4.1.1　混凝土拌和系统与混凝土养护废水

1.废水基本情况

工程施工中，现浇混凝土施工和混凝土拌和作业会产生部分生产废水，废水酸碱特性为碱性，主要污染物为固体悬浮物。输水线路上的明渠、倒虹吸、涵洞、桥梁等渠系建筑物，由于施工点分散，在各混凝土拌和站和混凝土预制厂需要修建简易沉淀池，采用间歇式自然沉淀的方式去除易沉淀的砂粒。

2.处理目标

废水经处理后悬浮物浓度小于70 mg/L，pH控制在6～9。

3.处理方案选择与工艺设计

针对混凝土废水水量少，且悬浮物浓度较高等特点，采用间歇式自然沉淀的方式去除易沉淀的砂粒。处理特点是构造简单、造价低、管理方便，仅需定期清池。系统采用统一形式和规模的矩形处理池，每台班末冲洗废水排入池内，静置沉淀到下一台班末回用于混凝土搅拌机，沉淀时间达6 h以上。池大小为3 m(长)×1 m(宽)×2 m(高)。池出水端设计为活动式，便于清运和调节水位。

4.运行管理与维护

由于混凝土冲洗废水量不大，处理构筑物简单，没有机械设备维护问题，在运行过程中要注意定时清理。

混凝土拌和系统废水处理流程见图11-1。

5.混凝土废污水处置典型设计

本次工程沿线共布置有拌和站49处，共有50台0.8 $m^3$混凝土拌和机，1台0.4 $m^3$混凝土拌和机，每台机器平均一天冲洗1次，小拌和机用水量0.5 $m^3$/次，大拌和站0.8 $m^3$/次，则施工期每天混凝土拌和系统冲洗废水排放总量为40.5 $m^3$，主要污染物为SS，浓度约为5 000 mg/L。由于施工场地较为分散，平均到49个混凝土拌和站，每个拌和站每天大概排放0.83 $m^3$冲洗废水，混凝土拌和系统冲洗废水排放量较小，可采用添加药剂自

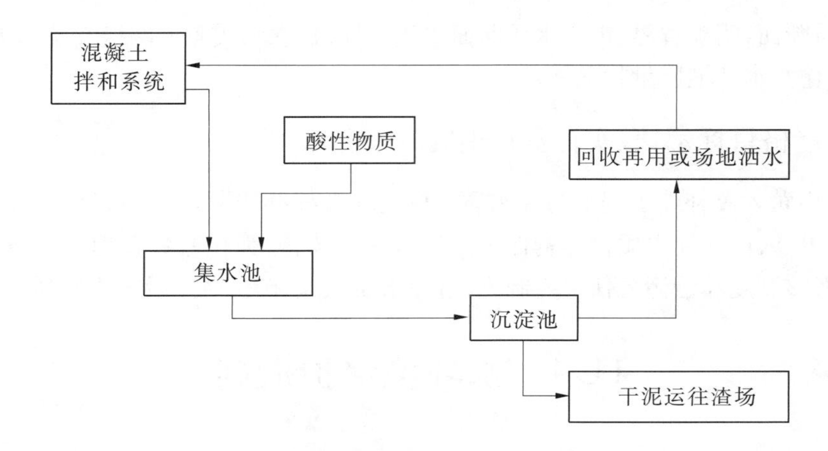


**图 11-1　混凝土拌和系统与混凝土养护废水处理工艺流程**

然沉淀法进行处理,处理后回用于混凝土搅拌。每座沉淀池容积为 6 $m^3$(3 m×1 m×2 m),可采用钢结构沉淀池。

混凝土拌和系统废水高峰期日产废水量远小于系统用水量。根据类似水利工程经验,废水经处理后,悬浮物浓度小于 200 mg/L,满足《混凝土用水标准》(JGJ 63—2006)的要求,可回用于混凝土搅拌。施工过程中可利用水泵从蓄水池抽取废水和新鲜水混合,用于混凝土搅拌。

#### 11.4.1.2　机械维修保养废水

由于本工程施工工期短,且距当地县市较近,各市、县内均可为工程提供一定程度的加工、修理服务。工程现场不单独设机械检修厂,由于施工期机械停放较分散,因此应加强机械维护与管理,尽可能杜绝跑、冒、滴、漏现象。

#### 11.4.1.3　生活污水

1. 污水基本情况

根据施工布置,输水沿线均布置有施工营地。工程生活污水来源于施工期生活用水和粪便排放。生活污水含有悬浮性固体、溶解性无机物和有机物,并含有大量的细菌和病原体,主要污染物为 COD、SS、$NH_3-N$,故需要在施工营地设置污水处理设施,以减少生活污水对周边水环境的影响。

2. 处理目标

处理后废水全部回用,作为生活区附近绿化用水及场地洒水、降尘用水,实现生活污水零排放,污泥可作为农用肥料外运。

3. 处理措施

本次工程输水线路较长,各段施工期生活污水排放比较分散,本次评价建议在各施工营地设置生活污水一体化处理设施,收集处理各段生活污水,其中渠首段工程涉及西水坡地表水饮用水源保护区,施工营地距离水源保护区较近,设置 1 套;其余河南段涉及的 3 个区县和河北段涉及的 19 个区县根据施工营地布置情况来设置生活污水一体化处理设施，具体布置情况见表 11-2。

表 11-2　涉及各县区施工营地情况统计

| 分区 | 县（市、区） | 营地数量 | 每个营地污水排放量（$m^3/d$） | 布置一体化设施套数 |
|---|---|---|---|---|
| 渠首段 | 渠村县 | 1 | 18.0 | 1 |
| 河南段 | 濮阳县 | 5 | 10.8 | 5 |
| | 开发区 | 3 | 10.8 | 3 |
| | 清丰县 | 6 | 10.8 | 6 |
| 河北段 | 魏县 | 4 | 12.0 | 4 |
| | 肥乡县 | 1 | 5.8 | 1 |
| | 广平县 | 1 | 4.5 | 1 |
| | 曲周县 | 6 | 8.1 | 6 |
| | 鸡泽县 | 1 | 1.9 | 1 |
| | 平乡县 | 1 | 10.7 | 1 |
| | 广宗县 | 1 | 8.9 | 1 |
| | 巨鹿县 | 2 | 15.2 | 2 |
| | 宁晋县 | 1 | 9.2 | 1 |
| | 新河县 | 1 | 20.3 | 1 |
| | 冀州市 | 1 | 26.8 | 1 |
| | 桃城区 | 1 | 22.3 | 1 |
| | 武邑县 | 1 | 23.3 | 1 |
| | 武强县 | 1 | 2.1 | 1 |
| | 泊头市 | 1 | 7.6 | 1 |
| | 献县 | 3 | 15.2 | 3 |
| | 肃宁县 | 2 | 11.5 | 2 |
| | 河间市 | 1 | 9.5 | 1 |
| | 任丘市 | 3 | 15.9 | 3 |

将处理后的生活污水用于生活区及施工现场灌木、草地的浇灌及洒水、降尘等。

4. 工艺流程与设施

生活污水处理流程见图 11-2。

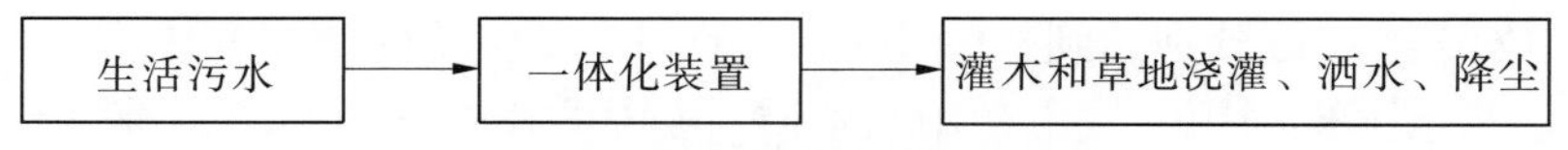


图 11-2　生活污水成套设备工艺流程

5. 生活污水处理典型设计

由于渠首段工程涉及濮阳西水坡地表水饮用水源保护区，经优化调整，施工营地已调出水源保护区范围，但仍距离水源保护区较近，本次选取渠首段2号施工营地进行典型设计，该营地施工高峰期人数为600人，主体施工期10.5个月，人均排放生活污水按30 L/d计算，渠首段产生废水18 $m^3$/d，生活污水主要污染物为$BOD_5$、COD，浓度分别为200 mg/L、350 mg/L。

由于施工营地生活污水产生量较小，且水质较为简单，可选择具有成熟工艺的一体化污水处理设备。根据污水水质及排放特点，建议采用WSZ－AO系列一体化小型生活污水处理成套设备，该设备具有占地面积小、运行管理简单、处理效果好、施工结束后可拆卸再利用等诸多优点。该设备采用的是接触氧化工艺，可埋入地表以下，地表可作为绿化或广场用地，也可以设置于地面。工艺流程如图11-3所示。

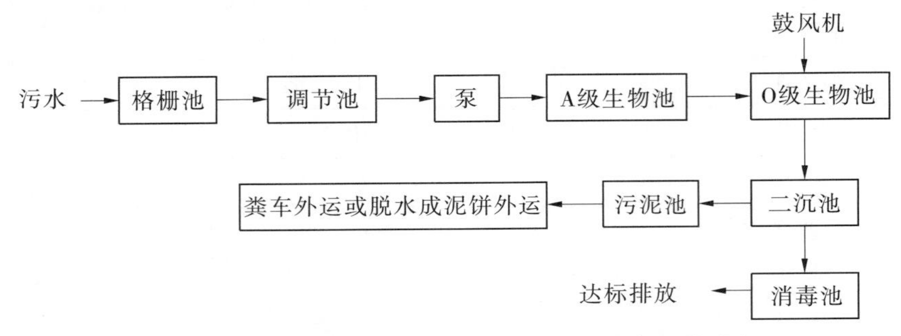


**图11-3　WSZ－AO系列一体化污水处理设备工艺流程**

其设计参数如下：

调节池：WSZ－AO系列调节时间为8 h。

初沉池：WSZ－AO系列初沉池为平式沉淀池，表面负荷为1.5 $m^3/(m^2 \cdot h)$。

A级生物池：WSZ－AO系列A级生物池为推流式厌氧生化池，污水在池内的停留时间为3 h，填料为弹性立体填料，填料比表面积为200 $m^2/m^3$。

O级生物池：WSZ－AO系列O级生物池为推动式生物接触氧化他，污水在池内的停留时间为5～6 h，填料为弹性立体填料，填料比表面积为200 $m^2/m^3$。

二沉池：WSZ－AO系列二沉池为旋流式沉淀池，表面负荷为1 $m^3/(m^2 \cdot h)$，沉淀时间为2.1 h。

消毒池：WSZ－AO系列消毒池为旋流反应池，污水在池内总停留时间为300 min左右。

污泥池：WSZ－AO系列污泥池中的污泥用吸粪车从入孔伸入污泥池底部进行抽吸后外运即可。

WSZ－AO系列污水处理设施运行稳定，技术成熟，广泛应用于生活污水处理中，经处理后$BOD_5$、COD浓度可分别达到20 mg/L、70 mg/L，污水经过处理采用次氯酸钠消毒后可达到《城市污水再生利用　城市杂用水水质》（GB/T 18920—2002）标准，回用于施工营地、施工场区、道路的除尘或绿化。

#### 11.4.1.4　基坑排水

施工产生基坑排水主要污染物为悬浮物(2 000 mg/L),需要进行处理后外排,降低对受纳水体的影响程度。将基坑排水静置沉淀12 h后抽至下游水体。

### 11.4.2　饮用水水源保护区保护措施

#### 11.4.2.1　西水坡地表水饮用水源保护区保护措施

本次渠首段1号枢纽工程紧邻濮阳城市供水预沉池,位于西水坡地表水饮用水源保护区一级保护区范围内,渠村老引黄闸位于二级保护区范围内,为保证水源地安全,施工期间应采取严格的水环境保护措施,确保西水坡地表水水源保护区水质安全。

1. 施工扬尘控制

合理布置施工地点、控制施工范围,尽可能减少环境影响范围。在预沉池东、西、南三面设置挡尘板,尽可能减轻土方开挖、渣场等产生的扬尘对预沉池水质的影响。

2. 施工污水排放控制

施工导流:为避免1号分水枢纽工程施工导流排水对水源地造成扰动和污染影响,建议沿预沉池一侧建设超出施工扰动范围的围护挡墙,杜绝一切施工排水进入预沉池。

机械油污:加强施工机械的管理,杜绝跑、冒、滴、漏情况的发生;围堰施工过程中,尽量选取非燃油机械或手工机械,避免机械油类跑、冒、滴、漏对预沉池水质造成影响。

施工营地生活污水:目前渠首段施工营地已调出水源保护区范围,在施工营地布设环保厕所及一体化生活污水处理设施,处理后水质可满足《城市污水再生利用　城市杂用水水质》(GB/T 18920—2002)要求,回用于施工营地、施工场区、道路的除尘或绿化。

3. 施工固体废弃物控制

生活垃圾:渠首段垃圾产生量300 kg/d,在施工营地设置垃圾桶,生活垃圾集中收集后运送至濮阳县垃圾填埋场进行安全处置。

废弃土渣:目前渠首段2个渣场已调出一级保护区范围,建议进一步优化施工布置,渣场尽可能调出保护区范围。同时,在弃渣场建设相应的挡土墙并于施工结束后进行绿化,避免产生二次污染影响。

4. 其他措施

严格贯彻执行《中华人民共和国水污染防治法》《中华人民共和国水法》《河南省人民政府办公厅关于印发河南省城市集中式饮用水源保护区划的通知》(豫政办〔2007〕125号)《饮用水水源保护区污染防治管理规定》(〔89〕环管字第201号)等法律法规及文件,以及环保厅关于水源地批复的要求,尽可能减轻对预沉池水质的影响。

施工期间严格控制施工范围,加强管理和教育宣传,定期培训水源保护区施工单位相关管理和施工人员,竖立施工警示牌,保证施工人员活动不影响水源保护区水质安全。

#### 11.4.2.2　李子园地下水饮用水源保护区保护措施

本次工程第三濮清南干渠部分输水渠道拟穿越濮阳市李子园地下水饮用水源保护区准保护区,该区域浅层含水层底板埋深120~151 m,水位埋深44~50 m,且直接受渠道渗漏、降水入渗及灌溉回渗补给。

由于该区域地质结构松散,地表水极易下渗补充地下水,受地表污染物排放及地质构造影响，濮阳市浅层地下水监测区域大部分监测点水质已不能满足地下水环境质量Ⅲ类标准要求。因此，做好引黄河道的环境保护，确保引黄水质安全，是保护沿线地下水不受污染的根本措施。本次工程输水沿线较长，施工较为分散，涉及准保护区范围内有1处施工营地，高峰期人数为360人，污水排放量为10.8 $m^3$/d，生活垃圾产生量为180 kg/d。本次提出如下措施建议：

(1)施工营地内生活垃圾集中收集后统一送濮阳县垃圾填埋场进行安全处置。

(2)施工营地内生活污水经一体化处理设施处理后，作为生活区附近灌木和草地等的浇灌用水及场地洒水、降尘用水。

(3)渠道穿越保护区段采用现浇混凝土衬砌，渠底和渠坡衬砌厚度为10 cm，衬砌高度为设计水位以上1.2 m，若衬砌高度达到设计堤顶，则在渠道顶部设20 cm宽的封顶板。衬砌混凝土为C20F150W6。

# 11.5　大气环境污染防治措施

## 11.5.1　混凝土加工系统粉尘控制措施

(1)砂石骨料加工应采用湿法筛分的低尘工艺，在初碎、预筛分、主筛分、中细碎车间配备除尘装置，可以减少粉尘产生量。

(2)混凝土采用封闭式拌和楼生产，内设除尘器，可有效减少粉尘。

(3)砂石骨料加工系统中的粗碎设备、旋回设备等加装喷雾器，以减少粉尘产生，并加快扬尘沉降。

(4)施工单位应加强施工区的规划管理，施工材料(水泥、砂石骨料等)的堆场应定点定位，缩小粉尘影响范围，并采取围挡、遮盖等防尘措施，减少粉尘影响。

## 11.5.2　燃油废气控制措施

(1)选用环保型施工机械、运输车辆，并选用质量较好的燃油，建议在排放口安装合适的尾气吸收装置，减少燃油废气排放。

(2)加强对施工机械、运输车辆的维修保养。禁止不符合国家废气排放标准的机械和车辆进入工区，禁止以柴油为燃料的施工机械超负荷工作，减少烟尘和颗粒物排放。

(3)配合有关部门做好施工期间周边道路的交通组织，避免因施工而造成交通堵塞，减少因怠速而产生的废气排放。

## 11.5.3　人员防护措施

(1)粉尘、扬尘、燃油产生的污染物对人体健康有害，对受影响的施工人员应做好劳动保护，如佩戴防尘口罩、面罩。必要时可在施工区周围设立简易隔离围屏，将施工区与外环境隔离，减少施工废气对外环境的不利影响。

(2)加强对施工人员的环保教育，提高全体施工人员的环保意识，坚持文明施工、科学施工，减少施工期的空气污染。

(3)主要工程施工区在非雨日应进行洒水降尘,缩小粉尘影响时间和范围,保障施工人员及村民的身体健康。

(4)其他保护措施。垃圾中的可燃物,如废纸、废木料、废包装袋等,禁止就地焚烧处理。

## 11.6 声环境污染防治措施

### 11.6.1 施工设备噪声控制

(1)设备选型时尽量采用低噪声设备;降低混凝土振动器噪声,将高频振动器改为低频率振动器,以减少施工噪声。

(2)施工期间加强机械设备的维修和保养,尽可能降低噪声。

(3)对于施工机械噪声,首先应在施工布置时合理安排混凝土搅拌机等噪声较大的机械,尽量避开居民区,必要时设置隔声屏。

### 11.6.2 交通噪声控制

(1)在以上村镇路段实行交通管制措施,分别在距村镇100 m的道路两侧设立警示牌,限制车辆行驶速度不高于20 km/h,驶入敏感区域内禁止长时间鸣笛。

(2)加强道路的养护和车辆的维护保养,降低噪声源。

(3)合理安排运输时间,避开午休时间,夜间禁止施工。

### 11.6.3 敏感点噪声防治措施

根据对3个典型敏感点噪声预测可知,南湖村距离扩挖河段较近,仅10 m左右,施工噪声预测值达到77.3 dB,不能满足《声环境质量标准》(GB 3096—2008)1类要求,因此施工期间要采取声屏障措施,最大限度降低噪声影响,对于采取措施后仍不能满足要求的第一排房屋给予噪声补偿经费。巴寨村距离拟建的沉沙池边界30 m左右,噪声预测值为57.7 dB,也不能满足《声环境质量标准》(GB 3096—2008)1类要求,由于超标倍数较小,建议施工期间采取临时声屏障,合理安排施工时段,优化施工设计,对施工机械加装降噪设施等措施来降低对区域声环境质量的影响。东风渠段张照河村距离渠道疏浚段50 m左右,噪声预测值为53.3 dB,能够满足《声环境质量标准》(GB 3096—2008)1类要求,施工活动不会对该敏感点村庄声环境质量造成大的影响。

总体来看,输水沿线敏感点较多,一大部分敏感村庄距离渠道在50 m以内,经噪声叠加预测难以满足《声环境质量标准》(GB 3096—2008)1类要求,因此对于该类村庄施工期间采取声屏障措施,并对施工机械加装降噪设备,最大程度降低施工噪声对敏感点的影响程度;对于一些距离施工区小于15 m的很近的村庄通过声屏障和降噪设备仍难以达标的,对受影响农户采取噪声补偿措施,根据声环境影响分析涉及噪声补偿的共计92个村庄2 514户;对于通过声屏障等措施可以满足《声环境质量标准》(GB 3096—2008)要求的敏感点,也要加强施工期管理,严禁夜间施工扰民,同时优化施工组织和机械使用,尽可能不影响上述村庄的正常生产生活。

## 11.7 固体废弃物污染防治及处置措施

### 11.7.1 弃渣处置措施

工程产生弃渣主要是土方开挖、清淤、建筑物拆除和清基、清坡、土料场表层土产生的弃渣。工程共布置 76 个弃渣场,其中渠首段 2 处、河北段 62 处、河南段 12 处,弃渣填埋后应做好水保措施,植树种草,防止水土流失。

渠首段的 1 号弃渣场顶面和边坡栽植灌木并撒播草籽进行植被恢复,2 号弃渣场顶面复耕,边坡栽植灌木并撒播草籽,挡水土埂撒播草籽进行防护。灌木选择紫穗槐,株行距 1 m×1 m;草籽选用高羊茅,播种量 300 $kg/hm^2$。

河南段和河北段的弃渣场使用结束并回填表土后,顶面复耕,对于弃渣场临近村庄的一面采取框格护坡,对于远离村庄、河流、道路等敏感点的弃渣场边坡采用灌木植草防护。另外,挡水土埂修筑后,表面撒播草籽进行防护。

河南段的弃渣场顶面全部复耕,边坡栽植灌木并撒播草籽,挡水土埂撒播草籽进行防护。灌木选择紫穗槐,株行距 1 m×1 m;草籽选用高羊茅,播种量 300 $kg/hm^2$。

河北段的弃渣场顶面全部复耕,边坡栽植灌木并撒播草籽,挡水土埂撒播草籽进行防护。弃渣场边坡坡比取 1∶2,采用灌木植草防护,灌木选用紫穗槐,株行距为 1 m×1 m,草种选用高羊茅,播种量 300 $kg/hm^2$。具体植被措施工程量见表 11-3。

**表 11-3 弃渣场植被恢复措施**

| 分段 | 措施类型 | 措施名称 | 单位 | 数量 |
| --- | --- | --- | --- | --- |
| 渠首段 | 植物措施 | 灌木(紫穗槐) | 株 | 28 911 |
| | | 草(高羊茅) | $hm^2$ | 6.73 |
| 河南段 | 植物措施 | 灌木(紫穗槐) | 株 | 131 902 |
| | | 草(高羊茅) | $hm^2$ | 65.95 |
| 河北段 | 植物措施 | 灌木(紫穗槐) | 株 | 266 366 |
| | | 草(高羊茅) | $hm^2$ | 36.50 |

### 11.7.2 生活垃圾处置措施

施工期按照每人每天产生 0.5 kg 生活垃圾,渠首段施工期共产生生活垃圾约 94.5 t,河南段施工期共产生生活垃圾约 84.2 t,河北段施工期共产生生活垃圾约 160.38 t。在每个施工营地设置垃圾桶对生活垃圾集中收集后,采取就近原则,委托地方环卫部门定期清运,统一运送至各段县城垃圾填埋场进行安全处置。

渠首段 1 个施工营地,施工高峰期人数为 600 人,垃圾产生量约 0.3 t/d,生活垃圾集中收集后,委托环卫部门统一运送至濮阳县垃圾填埋场进行处置。

### 11.7.3　拆除建筑垃圾处置

本次工程沿线拆除重建及扩建桥梁、涵闸等构筑物较多,其中渠首段主要是渠村老引黄闸拆除重建。河南段涉及拆除重建的分水口门 98 座,跨渠桥梁 115 座,节制闸 3 座。河北段涉及拆除重建桥梁 111 座,节制建筑物 6 座,引排水建筑物 18 座。因此,本次工程拆除重建工程量相对较大,评价建议除部分可用于渠道回填外,其余建筑垃圾应和各营地生活垃圾集中就近运送至各涉及县区的垃圾填埋场进行填埋处置。

## 11.8　生态保护及恢复措施

### 11.8.1　自然保护区及水产种质资源保护区保护措施

#### 11.8.1.1　自然保护区环境保护措施

本次工程直接或间接涉及濮阳黄河湿地省级自然保护区、白洋淀湿地省级自然保护区和衡水湖国家级自然保护区等敏感保护区目标,各保护区具体措施见表 11-4。

表 11-4　保护区环境保护措施

| 保护区 | 工程内容 | 保护措施 |
|---|---|---|
| 濮阳黄河湿地省级自然保护区 | 渠村老闸拆除重建工程距离保护区较近,约 800 m | 施工尽量减少人工、机械干扰范围和程度,优化施工布置;在施工生产区、施工场地设置移动声屏障,运输车辆禁止鸣笛,施工道路及施工场地定时洒水,禁止夜间施工,尽可能减少噪声、扬尘及人员活动等可能对自然保护区鸟类及其他野生动物正常栖息造成的影响 |
| | | 根据珍稀水禽栖息习性,在确保黄河防洪安全前提下,合理安排渠首段施工期,尽量避开主要保护鸟类集中越冬期(11 月至翌年 3 月) |
| | | 在保护区周边工程施工区设置警示牌,禁止到非施工区域活动,避免施工人员的非施工活动影响自然保护区 |
| | | 加强施工期鸟类监测,如发现珍稀保护鸟类及留鸟在施工区附近聚集,则临时停止施工,避免对鸟类的干扰 |
| | | 在引渠开挖及疏导工程施工时,要将施工弃渣和弃土运至指定地点,不允许向沟渠和河流倾倒,禁止向水体排放废污水 |
| | | 南水北调中、东线工程生效前相机外延引水时段避开植被的萌芽期(3～5月) |
| | | 针对留鸟生态习性,留鸟主要分布于保护区河谷及周边村庄附近,施工期间应加强鸟类监测,发现留鸟聚集区,尽可能停止施工,避免对留鸟的干扰,特别是留鸟的繁殖期(5～7 月);夏候鸟的繁殖期也主要为 5～7 月,主要栖息于保护区河流、滩地等开阔地区,施工期采取声屏障、禁止鸣笛、洒水等措施尽可能减轻噪声、扬尘等对其的干扰;冬候鸟和旅鸟在 11 月至翌年 3 月在保护区越冬或者途经保护区,主要栖息于保护区滩地及周边村庄附近,渠首段施工应尽可能避开鸟类越冬期(11 月至翌年 3 月) |

**续表 11-4**

| 保护区 | 工程内容 | 保护措施 |
| --- | --- | --- |
| 衡水湖国家级自然保护区 | 善官桥拆除重建工程距离保护区较近，为 600 m | 优化施工布置，减少机械干扰范围；路径保护区附近车辆禁止鸣笛，施工场地定时洒水，禁止夜间施工，尽可能减少噪声、扬尘等可能对自然保护区鸟类正常栖息造成的影响 |
| | | 加强宣传教育，设置动植物保护区警示牌，尽可能减轻人为活动对保护区鸟类活动的干扰 |
| 白洋淀湿地省级自然保护区 | 作为本次工程的主要受水区，任文干渠上新建隔碱沟排水闸工程距离保护区 1 km 左右 | 加强宣传教育，在保护区周边工程施工区设置警示牌，禁止到非施工区域活动，避免施工人员的非施工活动影响自然保护区 |
| 其他措施 | | 1. 施工前由施工单位和湿地自然保护区的管理单位一起划定施工范围，工程施工必须限制在划定范围内，并且在工程施工区设置警示牌，禁止施工人员和车辆在湿地保护区内进入到施工范围以外的保护区域，避免施工人员的非施工活动惊扰、影响鸟类；<br>2. 施工单位进入施工区域之前必须加强对施工人员生态保护的宣传教育，宣传有关自然保护的法律法规，使其认识到生态保护的重要性，减少施工以外的破坏；<br>3. 落实环境监理制度，由环境监理单位督促施工单位落实各项环保措施及地方环境保护部门和自然保护区管理部门提出的各项环境保护合理要求；<br>4. 委托自然保护区管理部门加强施工期鸟类的观测，施工期间发现有珍稀鸟类、留鸟在周围聚集的工程，应停止施工；<br>5. 严格控制施工时间，夜间禁止施工；<br>6. 施工期间和项目建成后，在项目区及保护区内设监测点，对调水实施后其生态环境变化进行长期监测监督，随时掌握鸟类群落和种群数量的变化情况，以便及时采取措施，最大限度地保护鸟类等动物资源 |

#### 11.8.1.2　水产种质资源保护区保护措施

本次工程涉及黄河鲁豫交界段国家级水产种质资源保护区和白洋淀国家级水产种质资源保护区，其中渠首段老引黄闸前引水渠道开挖涉及黄河鲁豫交界段国家级自然保护区部分核心区；白洋淀为本次工程的主要受水区，对白洋淀国家级水产种质资源保护区主要为积极有利影响，因此本次环境影响评价为减轻渠首施工活动对黄河鲁豫交界段国家级水产种质资源保护区的影响，需采取相关的生态保护措施。具体生态保护措施见表 11-5。

**表 11-5　水产种质资源保护区保护及恢复措施**

| 保护区 | 工程内容 | 保护措施 |
| --- | --- | --- |
| 白洋淀国家级水产种质资源保护区 | 受水区，任文干渠上新建隔碱沟排水闸工程距离保护区最近约 1.5 km | 加强运行期的水生生物及鱼类监测，一旦发现生物入侵，及时采取有效措施并上报渔业及环保部门 |
| 黄河鲁豫交界段国家级水产种质资源保护区 | 老引黄闸前引水开挖渠道部分段位于该保护区河南侧长垣县恼里乡东沙窝至濮阳东关前园村段核心区范围内 | 严格控制堆放范围，施工前期应建设防护墙等设施，避免其滑入河道。对于污染性质的废弃物，要避免其直接接触河床、水体，防止污染水体。施工过程中产生的固体废弃物要及时整理、清运；雨天来临时对于固体废弃物更要严格管理，防止随雨水进入水体，威胁水生生态环境。施工废水、生活污水应及时采取收集、清运并进行无害化处理措施，避免其流入河道，污染水体 |
| | | 加强施工车辆、机械管理，施工车辆、机械进驻施工地点前要进行检修、清洗。严禁漏油渗油车辆、机械进入施工河段，污染水体 |
| | | 施工期定期进行水质监测、水生态监测，并根据实际情况改进施工工艺，尽可能减少对水生生态环境的干扰和破坏 |
| | | 优化施工工艺，在引渠开挖过程中采取围堰措施，并且将开挖产生的泥沙全部运走，禁止排入下游河道，减少对区域内水生生物的影响程度，将工程施工对保护区的影响降到最低，减少施工期对水生生物造成的损失 |
| | | 严格控制开挖断面，尽量减小施工作业面，减轻对水体的扰动；合理调整施工进度和施工期，尽量避开该河段鱼类产卵盛期（4～6月），减小工程施工对鱼类繁殖活动的影响，严禁夜间施工 |
| | | 对施工期渠首段产生的生活垃圾、建筑垃圾、生产废料等固体废弃物先进行分类，后集中运至濮阳县垃圾填埋场处理，临时堆放要做好固体废弃物覆盖，防止雨水冲刷等进入水体 |
| | | 工程实施后调水期间在渠村老引黄闸引水口前布置铁箔栅栏挡鱼设施，减少引水对水产种质资源保护区保护鱼类的影响 |
| | | 对施工作业施工工艺进行优化。通过选择低噪声机械或加装消音装置降低施工噪声，选择最佳施工方案，以减小施工作业对水质和鱼类的影响 |
| | | 为减少工程施工作业对鱼类的伤害，工程开工前，可采用多种驱鱼技术手段，对施工区及其邻近水域尤其鱼类产卵场和鱼类分布较密集的深潭、回水沱进行驱鱼作业，将鱼类驱离施工区 |
| | | 在该工程施工期结束后，施工单位应及时开展因施工造成河床、河滩破坏和扰动的修复，采取生态措施，恢复河床、河滩植被，保护黄河干流水生生态环境，修复活动自觉接受保护区管理机构的监督和验收 |
| | | 施工单位应积极配合保护区管理机构加大对施工人员的宣传教育力度，提高对鱼类的保护意识；开展保护鱼类的专题教育、印制宣传册、发放宣传资料 |

结合已批复的水产保护区专题论证报告，其他措施还包括优化调度、后评估、渔业资源救护和渔政管理、增殖放流等。

1. 生态调度措施

建议进一步优化水量调度，由引黄入冀补淀工程管理部门协调上游小浪底及三门峡等水库在调水期间同时加大下泄流量，可以有效降低水资源量的减少对保护区河段产生的不同方面的影响，满足鱼类等越冬及索饵需求。同时，针对水产种质资源保护区主要保护对象产卵及湿地植被萌发繁衍等敏感保护期，本工程南水北调工程生效前相机外延引水时段应避开3～6月，尽可能减轻引水对保护区水生生物及鱼类的影响。

2. 渔业资源救护和渔政管理

根据工程建设及其对保护区的影响情况，为了减轻工程运行后引水对鱼类的影响，通过箔栅拦鱼、网式拦鱼、电栅拦鱼、坝堰式拦鱼等拦鱼设施的综合比选，最终确定在渠首段渠村老黄闸引渠安装铁箔栅栏拦鱼设施，根据工程设计，引水渠首连接渠渠道设计底宽30 m，边坡比1:5，纵坡比1/8 000，进口（青庄险工2、3号坝）设计引水位近似取大河水位为59.03 m，渠道底部高程55.95 m，闸前水位为58.92 m，渠道末端底高程55.89 m（与闸底板高程相同）。根据设计闸前水位，铁箔栅栏高度需5 m，设计网目5 cm×5 cm，根据计算共需安装铁箔栅栏约160 $m^2$。

但铁箔栅栏设施在一定程度上可能造成鱼类损伤，故建议由保护区管理站专人负责保护区鱼类救护工作，减少对鱼类的损伤，并保证救护所需资金。

建议在工程运行调水期间即每年的冬四月实行禁渔制度，进一步降低保护区保护对象生存压力，改善保护对象生存环境及生存空间，减少人为因素对保护区鱼类的影响，并进一步加大对保护区的巡查管理力度，在保护区河段杜绝电鱼及禁渔期捕鱼，由保护区管理部门负责实施。

3. 后评估

建议在项目运行后第三年开展项目运行对保护区水生生物资源环境影响后评估工作，可以有效并及时根据评估结果调整鱼类资源恢复措施，将工程的影响程度降至最低。

4. 增殖放流

本次以保护区9种保护鱼类及水生动物作为补偿放流对象。放流规模见表11-6。

**表11-6 补偿放流种类规格和数量**

| 科 | 种名 | 比例(%) | 规格 | 增殖数量(万尾/a) |
|---|---|---|---|---|
| 鲤科 | 黄河鲤 | 35.3 | 6～10 cm | 5.0 |
| | 鲇 | 11.8 | 5～8 cm | 2.0 |
| | 赤眼鳟 | 17.6 | 5～8 cm | 2.0 |
| | 翘嘴鲌 | 3.5 | 8～10 cm | 1.0 |
| | 乌鳢 | 1.8 | 5～8 cm | 0.2 |
| | 鳊 | 11.8 | 5～8 cm | 2.0 |
| | 光泽黄颡鱼 | 3.5 | 10～16 cm | 0.6 |
| 鳅科 | 大鳞副泥鳅 | 11.8 | 3～6 cm | 2.0 |
| 爬行类 | 中华鳖 | 2.9 | 30～70 g | 0.2 |

1)放流标准

放流的苗种必须采用目前正在放流的苗种,必须无伤残、无病害、体格健壮。鱼类增殖放流站鱼类苗种生产和管理符合农业部颁发的《水产苗种管理办法》(2004年4月1日),《水生生物增殖放流管理规定》(2009年5月1日),并有省级水产管理部门核发的《水产苗种生产许可证》。

2)放流地点

放流地点的选择遵循以下原则:交通方便;水流平缓,水域较开阔的库湾或河道中回水湾;水深3 m以内;饵料生物相对丰富的水域。由于涉及保护区管理的问题,放流活动由河南和山东两省保护区管理部门负责实施,放流地点选择在山东境内的东明谢寨河段及河南境内的渠村河段。

3)放流季节及周期

放流季节为每年的春季和秋季。每年集中分两次放流,以补充其种群数量。放流期间将根据人工繁殖技术条件、放流效果监测等适时调整放流对象和放流规模。

4)效果评估及监督运行

选择放流标记的鱼类,根据不同放流品种的数量和规格等进行同比例标记;根据选取的放流标记鱼类,选择适合于该种类的放流标记方法,结合本项目实际情况拟采用传统的体外标记方法剪鳍标记法,即将鱼的一个或多个鳍条全部或部分切除,全部切除会阻碍鳍的生长,从而产生永久的标志;对使用传统标记方法的鱼类进行重捕试验;根据试验所得的数据,选取适宜的增殖放流效果评估模型,对试验段流域增殖放流效果进行评价;水产保护区管理部门指定专人负责对各项保护措施及鱼类增殖放流的效果进行监督管理,同时制订严格的管理要求及应急预案,一旦发现问题,及时采取相关措施。

### 11.8.2　工程占地恢复措施

本工程占地总面积26 115.28亩,占地类型为耕地、林地、住宅及交通等建筑用地、水域、其他用地。总占地中永久占地12 791.81亩,临时占地13 323.47亩,从占地类型上看,工程占地以耕地为主,其次是水域及水利设施用地、林地,为尽可能地减轻工程施工占压对项目区植被的影响,施工期间应遵循以下原则:

(1)施工布置应本着节约用地的原则,尽量利用输水沿线两侧荒地、低洼地和坑洼地堆放弃土,不占或者少占农田和林地,将临时占地面积控制在最低限度,以免造成土壤及植被大面积的破坏,尽量不要占用植被生长较好的地段。

(2)对于施工临时道路、施工营地等临时占地,竣工后要进行土地复垦和植被重建工作,要求尽量恢复至原地貌。

(3)对于遭到破坏的农田,应先剥离表层熟土,在施工结束后对农田进行覆盖,保持原有土壤肥力。

(4)施工结束后,临时占地需要于施工结束的当年进行复耕或绿化,配置乔灌草措施,恢复地表植被,减少地表裸露时间。

针对项目区各段工程性质及特点,具体保护及恢复措施见表11-7。

**表 11-7　植被保护及恢复措施**

| 各段工程布置 | | 植被保护措施、恢复模式 |
| --- | --- | --- |
| 河南段 | 渠道工程 | (1)河南段输水渠道共 84 km,渠道工程永久占地 5 697 亩,主要为耕地、林地。其中林地面积为 2 003. 23 亩,占用面积较大。<br>(2)建议进一步优化施工设计,渠道扩挖应尽可能避开有林地,最大程度上少占用耕地和林地 |
| | 沉沙池 | (1)沉沙池永久占地 3 564. 35 亩,占地类型主要是耕地。<br>(2)严格控制沉沙池施工开挖范围,施工结束后结合水保措施在沉沙池四周及边坡采取乔灌草相结合的植物措施 |
| | 生产生活区 | (1)河南境内共布设工区 16 座,生产生活区临时占地为248. 90 亩,占地类型主要是耕地。<br>(2)保留 30 ~ 60 cm 的表土层,施工结束后,及时采取土地平整、表层土填埋、植被恢复措施。<br>(3)植被种类以濮阳当地农作物类型为主进行复耕,尽可能恢复原有农业生态系统 |
| | 施工道路 | (1)施工道路临时占地为 739. 8 亩,占地类型主要是耕地。<br>(2)保留 30 ~ 60 cm 的表土层,施工结束后,及时采取土地平整、表层土填埋、植被恢复措施。<br>(3)植被种类以濮阳当地农作物类型为主进行复耕,尽可能恢复原有农业生态系统 |
| | 弃渣场 | (1)河南段共布置弃渣场 15 处,弃渣场临时占地为 5 689. 7 亩,占地类型主要是耕地。<br>(2)保留 30 ~ 60 cm 的表土层,施工结束后,及时采取土地平整、表层土填埋、植被恢复措施。<br>(3)植被种类以濮阳当地农作物类型为主进行复耕,尽可能恢复原有农业生态系统 |
| 河北段 | 渠道工程 | (1)河北段输水渠道共 398 km,渠道工程永久占地 1 527. 93 亩,主要为耕地、林地,其中林地面积为 1 011. 15 亩,占用面积较大。<br>(2)建议进一步优化施工设计,渠道扩挖应尽可能避开有林地,最大程度上少占用耕地和林地 |
| | 生产生活区 | (1)河北境内共布设工区 33 座,生产生活区临时占地为 368. 57 亩,占地类型主要是耕地。<br>(2)保留 30 ~ 60 cm 的表土层,施工结束后,及时采取土地平整、表层土填埋、植被恢复措施。<br>(3)植被种类以河北当地农作物类型为主进行复耕,尽可能恢复原有农业生态系统 |
| | 施工道路 | (1)施工道路临时占地为 491. 01 亩,占地类型主要是耕地。<br>(2)保留 30 ~ 60 cm 的表土层,施工结束后,及时采取土地平整、表层土填埋、植被恢复措施。<br>(3)植被种类以河北当地农作物类型为主进行复耕,尽可能恢复原有农业生态系统 |
| | 弃渣场 | (1)河北境内共布设工区 62 处,弃渣场临时占地为 4 611. 9 亩,占地类型主要是耕地和林地。<br>(2)保留 30 ~ 60 cm 的表土层,施工结束后,及时采取土地平整、表层土填埋、植被恢复措施。<br>(3)植被种类以河北当地农作物类型为主进行复耕,尽可能恢复原有农业生态系统。<br>(4)优化施工布置,尽可能避让林地占用,对于无法避开的林地,在施工结束后,选取河北当地物种,采用乔灌草相结合的恢复模式及时进行植被恢复。<br>(5)针对东风渠、北排河及小白河疏浚河段清淤弃土涉及的 31 个弃土场,为避免可能产生的土壤污染风险,对弃土场底采用黏土防渗后再堆放清淤疏浚弃土,上层覆盖剥离的表土层用于复耕 |
| 总体原则 | (1)施工布置应本着节约用地的原则,尽量利用荒地、裸地堆放弃土,不占或者少占农田,将临时占地面积控制在最低限度,以免造成土壤及植被大面积的破坏,尽量不要占用植被生长较好的地段。<br>(2)对于施工临时道路、施工营地等临时占地,竣工后要进行土地复垦和植被重建工作,要求尽量恢复至原地貌。<br>(3)对于遭到破坏的农田,应先剥离表层熟土,在施工结束后对农田进行覆盖,保持原有土壤肥力。<br>(4)施工结束后,临时占地需要于施工结束的当年进行复耕或绿化,配置乔灌草措施,恢复地表植被,减少地表裸露时间 | |

### 11.8.3 水生生态保护措施

本工程河南、河北段输水渠道水质现状较差,水生生物较为贫乏,工程建设对水生生物的影响主要集中在调水区下游的黄河鲁豫交界段国家级水产种质资源保护区。工程施工期和运行期间将对引水口下游水生生物产生一定的不利影响,而且影响是一定时期的,因此须采取科学合理、切实可行的减免、补救、补偿措施。

(1)加大对水生生物保护的宣传力度,在渠首段施工区域、施工现场等场所设立保护水生生物的牌匾;加强对施工人员的教育,提高生态环境保护意识。严禁施工垃圾和废水直接排入黄河和输水河道;加强管理,严禁施工人员下河捕鱼和非法捕捞作业;同时,在重点渔业水域和鱼类"三场"分布区设置宣传牌匾,并向施工人员和周边群众散发保护渔业资源的宣传材料。

(2)优化施工工艺、采取避让措施。合理调整施工进度和施工期,施工应避开鱼类繁殖期,减小工程施工对鱼类繁殖活动的影响,严格控制夜间施工时间。对施工作业施工方案进行优化,通过选择低噪声机械降低施工噪声,选择最佳施工方案,以减少施工作业对水质及混浊度的影响。为了减免对水产种质资源保护区核心区的影响,建议枯水期在保护区进行施工作业。合理布置施工时间,尽量减少水中施工时间;严格控制水中施工的作业范围,不得随意扩大,尽量减少对输水河道水体的扰动,减轻对水生生态环境的影响程度。为减少工程施工作业对鱼类的伤害,工程开工前,可采用多种驱鱼技术手段,对施工区及其邻近水域尤其鱼类产卵场和鱼类分布较密集的深潭、回水沱进行驱鱼作业,将鱼类驱离施工区。

(3)切实贯彻落实《中国水生生物资源养护行动纲要》精神,实行"谁开发谁保护、谁受益谁补偿、谁损坏谁修复"的水生生物养护制度,确保水生生物资源养护的各项经费,特别是增殖放流、水生生物监测和管理、生态恢复等所需的各项经费按时足额到位。

(4)开展增殖放流,增加鱼类种群数量。鱼类人工种群建立及增殖放流是目前保护鱼类物种、增加鱼类种群数量的重要措施之一,在一定程度上可以缓解水利工程对鱼类资源的不利影响。

(5)切实做好水生生物监测工作,准确掌握该工程施工期和运行期水生生物变动状况。同时,要注意在工程运行后,加大河北段输水渠道及白洋淀水生生物的监测力度,严格控制外来水生生物及鱼类对输水河道和白洋淀造成的影响。

## 11.9 泥沙淤积处置及沉沙池环境保护措施

本次工程沉沙池多年平均淤积量217.97万$m^3$。沉沙池清淤时,采用挖掘机配合自卸汽车使用,优先考虑在施工期确定的弃土区进行堆放,堆满后在沉沙池周边临时征地,堆沙高度2.5 m左右,堆后复耕。每年清淤堆放需占用土地1 308亩。

近期,沉沙池泥沙处理还可以采用以下几种方法。

第一,供工程用土。随着城乡经济的发展,农村房屋及城市基础设施建设力度不断加大,施工用土量越来越大,把黄河泥沙作为土源可以满足工程施工的需要。

第二，利用泥沙代替建筑材料，如烧制成砖、烧结石等。研究证明，使用黄河泥沙烧制的砖具有质量轻、强度高、隔热保温性能好的特点，是很好的黏土砖代替品，用其建造房屋，可提高房屋的抗震性能，改善居住的热环境，凡此种种，为项目的泥沙处理提供了广阔的前景。

第三，借鉴黄河下游其他灌区远距离输沙的经验，采取优化渠道设计参数，沿渠合理布置支渠出流形式，衬砌渠道、减少糙率，人为增加动力及优化调度运行等措施，提高水流挟沙能力，实现远距离输送到下游，进行集中处理或者输沙到下级渠道进行清淤。

第四，多渠道利用泥沙。综合低洼地淤改、建材加工、新农村建设村台修筑，对沉沙池、总干渠进行清淤。这种方式一般运距较远，泥沙处理成本较高，但会带来显著的社会经济效益，减轻沉沙区生态环境的恶化。

沉沙池周围有村庄和耕地，为了尽量减少沉沙对周围居民生产、生活的影响，拟对沉沙池区域施行环境保护措施。主要有：①沉沙池围堤外坡植草，在外坡脚种植灌木、乔木。对沉沙池区的围堤外坡和 1 m 宽的护堤地采取植物措施进行防护，面积 1. 18 $hm^2$。沿围堤外侧坡脚单行间植乔木刺槐 1 116 株，株距 3 m；单行间植灌木金叶女贞 1 116 株，株距 3 m；四周撒播草籽野牛草，撒播密度 300 $kg/hm^2$；②设置截流沟，减少沉沙池蓄水侧渗对周围土壤环境及村庄的影响；③泥沙清运时对表面洒水，避免扬尘；④其他措施还包括对沉沙区及时进行植被恢复、原状土覆土及农田配套工程建设等。

总之，泥沙处理问题是该项目重点关注的一个问题，也是黄河下游所有引黄灌区水资源开发利用中的重要课题，是推动引黄灌区可持续发展，长期发挥引黄灌区社会经济生态效益的关键问题，因此针对泥沙处置问题，在工程建成运行后结合濮阳地方政府及相关部门意见再进行专项研究，以便最大程度发挥项目的经济和生态效益，同时降低沉沙区可能出现的生态环境恶化和社会风险。

## 11. 10　移民安置区环境保护措施

本工程规划水平年搬迁安置共涉及河南、河北 2 省 2 市 3 县（区）17 个行政村 1 288 人。结合生产安置去向方案，规划水平年濮阳县渠村乡南湖村 634 人、安邱村 271 人采取集中安置，其余 15 个行政村 383 人均采取本村后靠分散安置。

本工程建设用地呈线性分布，建筑物用地范围小而分散，沿线村庄的征收土地面积较小，通过村内生产用地调整、土地整治、农田水利规划，安置受影响的生产安置人口，因此建设征地对沿线村庄居民生产影响较小。针对移民集中安置区应做到以下保护措施。

### 11. 10. 1　生活污水处置措施

根据本次工程安置点迁建规划，安置区人均生活用水量为 100 L/d，生活污水量按生活用水量的 80% 计算，则人均生活污水排放量为 80 L/d，牛寨安置区生活污水排放量为 50. 72 $m^3/d$，翟庄安置区污水排放量为 21. 68 $m^3/d$，生活污水主要污染物为 $BOD_5$、COD，浓度分别为 200 mg/L、350 mg/L。

根据安置规划设计，牛寨村安置区和翟庄村安置区内各布置 Z10 －9 化粪池 1 座及生活污水一体化设施，以 WSZ - AO 系列一体化生活污水处理设施为例，经处理后 $BOD_5$、COD 浓度可分别达到 20 mg/L、70 mg/L，再采用次氯酸钠消毒处理后可达到《城市污水再生利用　城市杂用水水质》(GB/T 18920—2002)标准，尽可能回用于安置区的道路除尘或洒水绿化，多余水量排入村头干沟。

### 11.10.2　生活垃圾处置措施

安置区按每人每天产生 0.5 kg 生活垃圾计算，则牛寨安置区和翟庄安置区产生的垃圾量分别为 317 kg/d 和 135.5 kg/d，安置区内生活垃圾经收集后定期集中外运至濮阳县垃圾填埋场进行安全处置，保证居民点卫生条件。

### 11.10.3　生态保护措施

农村集中安置点建成后，应充分利用房前屋后和路边的空隙地，包括预留休闲用地，进行植树种草等绿化工作，有效改善居民点的生态环境。根据安置规划设计，牛寨村安置区和翟庄村安置区绿地建设面积分别为 0.35 $hm^2$ 和 0.14 $hm^2$。

### 11.10.4　水土流失防治措施

规划的集中安置点应尽量利用荒地，尽可能少占用耕地和林地，同时结合水保措施方案做好安置点水土保持工作，设置排水沟，减轻冲刷，保障居民点安全。开挖弃土应尽快回填或用于村台填筑，同时做好安置点植被恢复工作，在移民安置区预留绿地进行乔灌草相结合的植被恢复措施，植被种类采用濮阳县当地物种，乔木种类包括刺槐、杨树、龙爪槐等，灌木可采用女贞、桂花等，草本包括红三叶、早熟禾、狗牙根等。

### 11.10.5　人群健康防护措施

移民迁入新居时要对居住地及周边环境进行卫生清理，消除建筑垃圾，对道路进行平整，做好灭蚊、灭蝇、灭鼠工作，同时要加强卫生宣传工作，提高安置居民卫生知识水平和自我保护防范意识，保证居民人群健康安全。

### 11.10.6　其他措施

在移民安置过程中，各村组应该充分考虑当地土地资源状况，合理进行耕地调整，保证安置居民得到不低于当地人均耕地的耕地数量，以保证安置居民的基本生活。

结合移民安置规划，应进一步完善安置区的农田水利工程，调整种植结构，提高粮食单产，改善移民生活质量，保障安置移民的正常生产生活。

安置点合理规划，科学布置，建立完善的给排水系统，加强施工期和运行期的生活饮用水水质监测，保证居民点饮水安全及排水畅通。

## 11.11　人群健康和安全保护措施

本次工程施工线路较长，加上施工期内渠首段建设、沉沙池开挖等工程会造成局部人口数量短期内剧增，为保护施工人员的身体健康，施工期应采取的人群健康保护措施见表 11-8。

**表 11-8　引黄入冀工程建设人群健康保护措施情况**

| 时段 | 人群健康和安全保护措施 | | |
| --- | --- | --- | --- |
| 施工期 | 卫生防疫措施 | 环境卫生清理 | 在临时生活区定期灭杀老鼠、蚊虫、苍蝇等，防止传染病的发生。<br>加强施工区饮水水源、公共餐饮场所、垃圾堆放点、厕所等的卫生管理，定期进行卫生检查 |
| | | 疫情检查 | 在施工人员进驻工地前，对施工人员进行全面的健康调查和疫情建档，健康人员才能进入施工区作业 |
| | | 预防计划 | 根据疫情普查情况定期进行疫情抽样检疫，发现病情并及时治疗，定期对施工人群采取预防性服药、疫苗接种等预防措施 |
| | | 应急措施 | 各施工单位应明确卫生防疫责任人，按当地卫生部门制定的疫情管理制度及报送制度进行管理，并接受当地卫生部门的监督。<br>设立疫情监控站，随时备用痢疾、肝炎等常见传染病的处理药品和器材，一旦发现疫情，立即对传染源采取治疗、隔离、观察等措施，对易感染人群采取预防措施，并及时上报卫生防疫主管部门 |
| | 健康和安全措施 | | 施工人员进入施工场地必须佩戴安全帽，进入施工场地后必须严格遵守施工管理要求。<br>施工人员尤其是基坑开挖、砂石料加工场等扬尘较大区的施工人员，应配戴口罩、风镜等，强噪声源设备的操作人员配戴耳塞，加强身体防护 |
| | 环境卫生措施 | | 制定环境卫生、安全生产管理制度、疫情监控制度，以及各施工环节的安全生产操作程序，签订安全生产责任书，编制卫生防疫措施，疫情、安全事故应急措施 |
| | 宣传、教育措施 | | 在生活营区布设环境卫生展板，宣传环境卫生、卫生防疫的基本知识。<br>在施工区布设安全生产宣传板，宣传各施工环节生产程序、安全生产制度、危害，以及安全事故的应急措施等。<br>每年至少开展一次关于环境卫生、卫生防疫基本知识的讲座 |
| 运行期 | 健康和安全措施 | | 工程管理人员每年进行一次身体检查。<br>执行施工期的制度措施和教育措施 |

# 第 12 章　研究结论及建议

引黄入冀补淀工程是国务院批复的《海河流域综合规划》(国函〔2013〕36 号)确定的为河北省中南部农业灌溉和生态供水的水资源配置重点工程,本工程引黄口多年平均设计引水规模为 6.2 亿 $m^3$(河北境内),引水时段基本控制在冬四月。引水规模在国务院“八七”分水方案(国办发〔1987〕61 号)分配指标范围内,与国务院批复的全国水资源综合规划中关于黄河水资源“南水北调中、东线工程生效以前”和“南水北调中、东线工程生效后至南水北调西线一期工程生效以前”配置方案相符合。

引黄入冀补淀工程受水区为典型的资源性缺水地区,工程建成后可为白洋淀实施生态补水,并向工程沿线部分地区农业供水,保持白洋淀湿地生态系统良性循环,缓解沿线地区农业缺水及地下水超采状况,对促进地区经济社会协调可持续发展具有重要意义。同时,工程实施后,可一定程度上改善濮阳第三濮清南干渠引水条件,提高供水保证率,对缓解濮阳部分地区农业缺水状况有一定积极作用。随着引黄灌溉条件的改善,也对促进受水区农业发展、粮食增收、提高农民收入、改善区域生态环境都具有十分重要的作用和意义。

但由于黄河流域是资源性缺水流域,尤其是黄河下游水资源供需矛盾突出,调水工程实施后,黄河下游径流尤其是枯水期径流过程将发生一定程度改变,对黄河下游河流生态系统及其他用水户产生一定不利影响,建议根据不同水平年黄河下游来水情况优化调水过程,严格遵守相关规划及分配方案规定的引水指标,确保黄河下游生态环境用水安全。同时,应妥善处理工程运行过程中泥沙淤积问题,最大程度减少因泥沙淤积可能造成的不利环境影响。本工程输水沿线水污染严重,存在一定水污染风险,应全面贯彻国务院“三先三后”的调水原则,严格执行河北省人民政府下发的《关于印发引黄入冀补淀工程输水沿线污染治理及入河排污口整治方案的通知》要求,采取工程监测、监督、管理等综合措施,确保水质安全。同时,工程运行期应加强调水区与下游、输水沿线及受水区各类环境风险的监测和防范,确保项目区生态环境安全。

# 参 考 文 献

[1] 黄学超,等. 跨流域调水对区域生态环境影响分析[J]. 水利水电技术,2009.
[2] 李蓉,等. 跨流域调水对区域生态环境影响界定及影响因素分析[J]. 生态经济,2009.
[3] 赵敏,等. 跨流域调水对生态环境的影响及其评价研究综述[J]. 水利经济,2009.
[4] 王朝华,吕丹彤. 引岳济淀对白洋淀水环境影响分析[J]. 海河水利,2005.
[5] 王文林,吴新玲,等. 引黄济淀对白洋淀的生态效益分析[J]. 水利建设与管理,2011(7).
[6] 周奕帆,阎广聚. 引水补源对维系白洋淀生态影响及对策研究[J]. 水科学与工程技术,2012(6).
[7] 孟睿,何连生,等. 白洋淀污染的主成分分析[J]. 环境科学与技术,2012.
[8] 谢松,贺华东,等. 引黄济淀后河北白洋淀鱼类资源组成现状分析[J]. 科技信息,2010.
[9] 刘越,程伍群,等. 白洋淀湿地生态水位及生态补水方案分析[J]. 河北农业大学学报,2010.
[10] 张赶年,等. 白洋淀湿地补水的生态效益评估[J]. 生态与农村环境学报,2013.
[11] 谢松,黄宝生,等. 白洋淀底栖动物多样性调查及水质评价[J]. 水生态学杂志,2010.
[12] 王瑜,刘录三,等. 白洋淀浮游植物群落结构与水质评价[J]. 湖泊科学,2011.
[13] 曹玉萍,王伟,等. 白洋淀鱼类组成现状[J]. 动物学杂志,2003,38(3).
[14] 李英华,崔保山,等. 白洋淀水文特征变化对湿地生态环境的影响[J]. 自然资源学报,2004,1(19).
[15] 程朝立,赵军庆,等. 白洋淀湿地近10年水质水量变化规律分析[J]. 海河水利,2011.
[16] 席广平,等. 位山灌区泥沙分布及其对环境的影响[J]. 山东水利,2000.
[17] 连兴强. 位山灌区引黄泥沙问题分析与治理方案研究[D]. 山东大学,2011.
[18] 程秀文,等. 黄河下游引黄灌溉中的泥沙处理利用[J]. 泥沙研究,2000(2).
[19] 李坷凌,宋丽红,等. 濮阳市地下水位下降及其防治[J]. 水文地质工程地质,2004(1).
[20] 黄锦辉,郝伏勤,高传德,等. 黄河干流生态环境需水研究[M]. 郑州:黄河水利出版社,2005.
[21] 连煜,王新功,王瑞玲,等. 黄河生态系统保护目标及生态需水研究[M]. 郑州:黄河水利出版社,2011.
[22] 石伟,王光谦. 黄河下游生态需水量及其估算[J]. 地理学报,2002,57(5).
[23] 倪晋仁,王金玲,等. 黄河下游最小生态环境需水量初步研究[J]. 水力学报,2002(10).
[24] 姜永生,田忠志,等. 南水北调东线工程环境影响及对策[M]. 合肥:安徽科学技术出版社,2012.
[25] 海河水利委员会. 海河流域水资源综合规划[R]. 2009.
[26] 河北省. 河北省主体功能区规划 [R]. 2013.
[27] 河北省. 引黄入冀补淀工程输水沿线水污染治理与入河排污口整治方案[R]. 2014.
[28] 河北省. 河北省水资源综合规划 [R]. 2011.
[29] 河北省. 河北省生态功能区划 [R]. 2012.
[30] 河北省. 白洋淀自然保护区规划 [R]. 2012.
[31] 河北省. 海河流域"十二五"水污染防治规划 [R]. 2010.
[32] 河北省. 河北省地表水资源数量评价 [R]. 2011.

[33] 河北省．河北省水资源开发利用现状评价［R］. 2011.
[34] 河北省．河北省水质与水量结合评价方法研究报告［R］. 2010.
[35] 河北省．河北省生态建设纲要［R］. 2012.
[36] 河北省．白洋淀湿地保护和恢复建设项目可行性研究报告［R］. 2010.
[37] 河北省．河北省地下水功能区划［R］. 2010.
[38] 河北省．河北省地下水超采综合治理中长期规划(2014—2020)［R］. 2012.
[39] 濮阳市．濮阳县黄河湿地省级自然保护区总体规划［R］. 2007.